自动化机构设计工程师速成宝典

实战篇

柯武龙　编著

机械工业出版社
CHINA MACHINE PRESS

作为《自动化机构设计工程师速成宝典 入门篇》的姊妹篇，本书从企业自动化项目的开展和实践出发，着重梳理了自动化机构设计相关的流程、方法、技巧和经验等，主要包括自动化设备的制作剖析、标准机/件的选用、常见的机构传动方式、自动化设备的设计方法和技巧等内容。在如今国家高度定位智能制造，促进自动化大发展和机器换人的时代，本书将填补国内在自动化机构设计方面职场新人教育培训上的空白，能满足读者转行、转岗的知识和技能提升需求。

本书适合新入职的工科毕业生、企业一线技术员、技能人员，以及有志于从事自动化行业工作的社会青年等阅读。

图书在版编目（CIP）数据

自动化机构设计工程师速成宝典. 实战篇/柯武龙编著. —北京：机械工业出版社，2018.1（2025.2 重印）

ISBN 978-7-111-58707-1

Ⅰ.①自… Ⅱ.①柯… Ⅲ.①自动化－机构综合 Ⅳ.①TH112

中国版本图书馆 CIP 数据核字（2017）第 307701 号

机械工业出版社（北京市百万庄大街 22 号 邮政编码 100037）
策划编辑：何月秋 责任编辑：何月秋 雷云辉
责任校对：郑 婕 封面设计：马精明
责任印制：单爱军
北京虎彩文化传播有限公司印刷
2025 年 2 月第 1 版第 11 次印刷
169mm×239mm · 22 印张 · 495 千字
标准书号：ISBN 978-7-111-58707-1
定价：98.00 元

电话服务	网络服务
客服电话：010-88361066	机 工 官 网：www.cmpbook.com
010-88379833	机 工 官 博：weibo.com/cmp1952
010-68326294	金 书 网：www.golden-book.com
封底无防伪标均为盗版	机工教育服务网：www.cmpedu.com

序 PREFACE

2013年4月，德国在汉诺威工业博览会上首次提出“工业4.0”战略，其后迅速在全球引起研讨热潮。紧接着，美国发布了《加速美国先进制造业》，日本提出了《日本机器人新战略》，我国也发布了《中国制造2025》。一场全球性的工业变革正在酝酿，世界工业发展将逐步迈向以物联网、移动互联网、大数据、云计算等新兴技术为主要特征的新阶段。

在这样的背景下，国内制造业迎来了特别的时代，国家发布智能制造发展战略，地方政府纷纷出台激励和补贴政策，企业也在积极推行自动化改造，“机器换人”正在许多企业如火如荼地开展。但是，我国的传统制造业比重较大，无论管理水平还是技术能力都有待提高，在推进自动化的过程中存在诸多困难、误区。例如，有的企业没有建立自动化技术和设备管理维护团队，就盲目导入自动化，结果发现设备很难开动起来；有的企业生产的产品附加价值低，或者生产要求并不严苛，用普通非标自动化设备即可完成生产，却非要去采购国外昂贵的高精尖设备；有些媒体对工业机器人的夸大宣传，导致部分企业片面地认为使用了工业机器人就等于自动化了……

工业4.0愿景很美好但还很遥远，更像是一个概念性的事物。当前绝大部分企业应该从务实进取的角度出发，一方面紧跟制造业趋势，阶段性地规划和实施自动化技术改造，争取尽快全面实现工业3.0（自动化生产）；另一方面要着力于多层次专业人才和技术团队建设，这是企业推行自动化以及升级智能制造水平的前提和根本。

企业大量从业人员都是从企业内部成长起来的，机器换人的落地和推行，也必然会吸引其他行业或社会人员转行转岗于自动化。那么，要避免行业技术群体的良莠不齐，就必须依靠教育培训来加强员工的知识储备和能力。然而，我国在自动化机构设计方面起步较晚，市面上也很难找到一本接地气的实用培训教材；学校传统理论和企业应用之间出现了认知上的沟壑，学校培养的学生也很难在企业刚入职就可以上手——学校和企业之间需要一座连接的知识桥梁，而本书正是这样一本为入职者架起的一座迈入企业大门，顺利上岗工作的成功之桥。

本书编者结合多年企业的工作实践，为自动化机构设计人员编写了本书，作为高等院校机械或自动化相关专业学习的补充。本书具有非常强的针对性和实战性，也可作为企业员工或社会人员业余加强从业技能的“技术快餐”，帮助我们的行业新兵迅速融入企业，更好更快地在技术工作中成长和提升。

师傅领进门，修行在个人，在此，衷心希望本书把大家领入成功的大门。

重庆大学教授、博导、国家级突出贡献专家　刘飞

前言

在制造企业从事自动化技术及相关工作多年，本人一直想编写一套兼具理论和实战的培训教材，与自动化行业技术新兵（技术员、应届毕业生、初学者等）分享我在工厂自动化领域的一些见闻和感悟。拖了多年后，在机械工业出版社的鼓励和支持下，《自动化机构设计工程师速成宝典》（分入门篇和实战篇）终于得以出版。严格来说，本套书籍不属于传统的理论教材，更像是技术笔记或从业博文性质的文章合辑，具有以下三个特点：

1. 风格大众化。语言通俗易懂——口语化，论述避虚就实——轻量化，淡化理论知识的研讨和减少之乎者也的论调，如非必要的场合，也尽量回避晦涩的理论推导及公式计算。

2. 内容实战化。抓住制造业技术群体普遍“工作忙碌、渴望快速提升技能”的痛点，直接从企业运作和工作实践出发，从常见的自动化机构设计案例的立体图、流程图、方案做法等方面阐述自动化机构的设计制作，图文并茂，一目了然。

由于自动化机构设计行当的非标性和实战性，学校专业课程和传统理论教材难以满足从业人员“简单、速成、实用”的潜在需求，因此作为“技术快餐”，本套书籍是一个极佳的补充！“入门篇”为行业新人介绍自动化职业应知必会的常识和基本观念，“实战篇”着重梳理机构设计相关的流程、方法、技巧和经验等，两者相辅相成，缺一不可，共同构成广大读者设计入门的速成宝典。特别适合工科机械设计及自动化类本科、专科或高职类毕业生、有志于转岗从事自动化工作的社会青年、企业从事自动化机构设计的初级技术人员等作为课余或业余的参考读物，可帮助读者快速掌握自动化机构设计的要点和技能。

在本书的编著过程中，本人参阅和借鉴了大量的工作和网络资料，由于素材缺乏版权或作者信息，未能一一列明出处，在此深表歉意；我们真诚恭候您的诉求和建议，并且将在修订版结合您的建议加以完善。

本套书籍的编著和出版，离不开众多前辈和师友们多年来对本人的帮助和教诲，同时也得到了机械工业出版社的大力支持，在此一并表示感谢！

鉴于笔者水平有限，书中错误在所难免，欢迎广大读者批评指正。

编　者

于东莞

第1章 CHAPTER 1

自动化设备的制作剖析

所谓自动化设备，指的是在无人干预的情况下，能按既定的程序或指令自动运行的机器或装置，它包括标准设备和非标准设备（以下简称非标设备），如图1-1所示。从设备原理和构成来看，标准设备和非标设备没有什么本质区别，但是在具体的设计工作中，两者的定位和功能是不太一样的，机构设计人员需要对这点有清晰的认识。

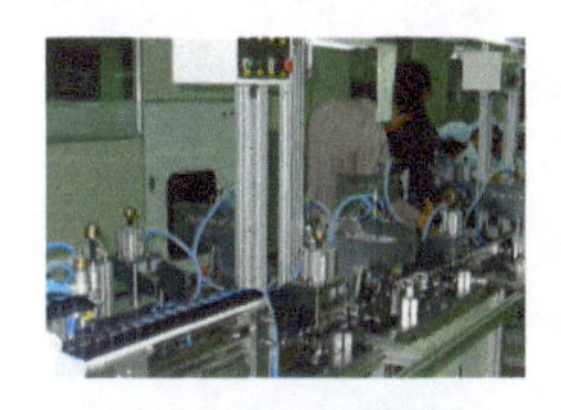

a)

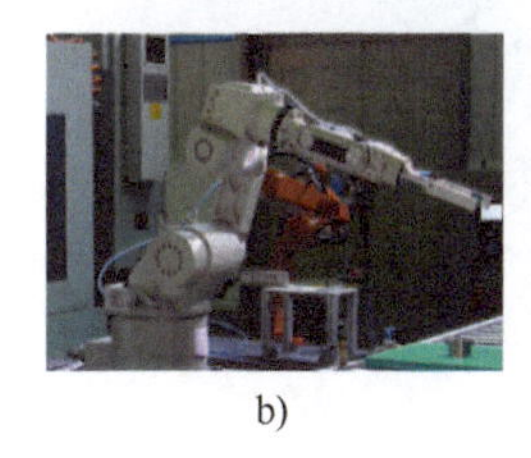

b)

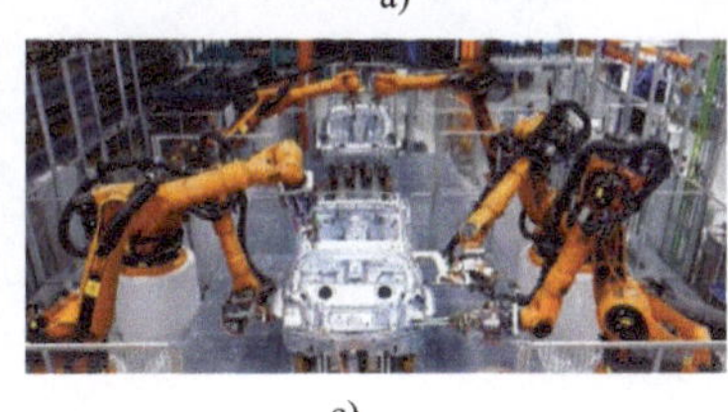

c)

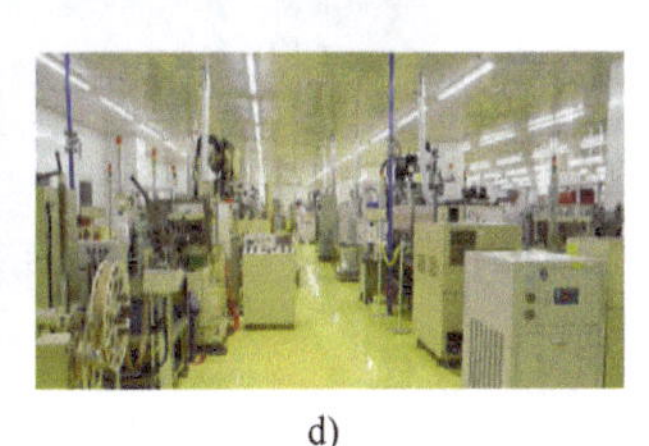

d)

图1-1 工厂常见的自动化设备

a）非标设备 b）工业机器人工作站 c）工业机器人流水线 d）自动化设备（标准设备/非标设备）

一般来说，企业实际应用的设备，几乎都是非标设备，每次设计和制作，都要依据不同客户的喜好、产品工艺、品质要求、现场条件等量身定制。标准设备则为通用的，甚至不同行业都可以兼容应用，经过厂商不断地标准化和模块化后，相对成熟和稳定。多数情况下，标准设备是作为功能模块/组件整合到非标设备中去的，俗称集成应用/设计。例如：工业机器人本体是一个标准设备，但不能独立使用，需要为其制作“周边设备”配合作业，然后才能作为非标设备正常工作。

标准设备，可通过向专业厂商采购来获得，不需要自己进行繁琐或重复的设计，只要熟悉产品和选型应用即可；而企业定制性质的非标设备，种类庞杂多变，不太容易掌握，是学习设计的重点，也是本书论述的主要对象。

非标设备的机构设计，由于涉及的内容比较繁杂，同时没有固定的套路、模式，对于初学者而言，不太容易入门、上手。本书对相关知识点进行了梳理和总结，建议读者朋友们以之为指引线索，结合大量案例演练，不断进行拓展学习。

1.1 自动化设备的功能模块

非标设备虽然很难理论化，但通过对大量案例的分析可以发现，在设计和制作上，非标设备还是有一定原则、技巧和规律的。一般来说，根据不同的功能实现，非标设备可以拆分成若干个模块（机构组合），例如供料机构、上料机构、移料机构、收料机构、工艺机构、标准机/件、辅助机构等，如图1-2所示。各个机构既是独立的单元，相互之间也有紧密的联系，如何进行机构的布局和细化，是设计工作的重要内容。需要特别强调的是，单纯就机构设计本身而言，没有什么本质差别，换言之，很多场合的机构即便应用不同也可以“长成”一模一样，之所以要细致地划分各个功能模块，是为了让读者朋友们更清晰、更完整地认识自动化设备。

所谓机构，指的是由两个或两个以上构件通过活动连接形成的构件系统，也可理解为传递动力、转换运动或实现某个特定动作而由若干零件（包括加工件、标准机/件、其他配件）组成的机械装置，如图1-3所示。自动化机构的设计，难度往往不在机构本身，而是体现在具体项目的条件和约束方面，如客户要求太严苛，作业工艺复杂，产品结构不合理等。经过多年的发展，各行业都积累了大量前人摸索和改良的成熟机构、模块，设计时如能善于运用，将会提高效率和准确率，反之则费时费力不讨好。

图1-2 非标设备的主要功能模块

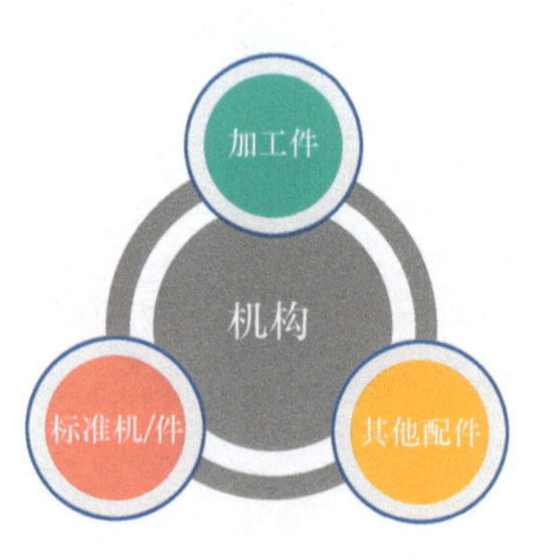

图1-3 机构的零件构成

1.1.1 供料机构

生产制造总是从物料的供应开始的，然后经过一系列工艺，最终得到预期的产品。非标设备的设计与制作也是一样的，除了需要考虑必要的生产工艺外，还需要重点研究产品加工过程中的一系列物料供应和输送问题。物料能否实现自动供给，往往是一个项目可否实施自动化的前提，对应的机构设计也是设计工作的技术重点和难点之一。

能够实现物料整列（整理排列）和定向，并连续性供给到设备的机构，我们称之为供料机构（如果是机构或装置的组合，则称为供料系统）。

1. 决定因素

具体到特定的项目，供料机构应该怎么来设计，主要取决于以下四个方面。

（1）产品结构　如果产品的结构设计贯彻了自动供料的思维，具备面向装配自动化的外形和特征，则能大幅提高实现自动化的可行性和成功率；反之，可能会造成诸多无谓的困难或浪费。从便于整列和定向的供料角度来说，产品结构设计要考虑的重点是方向是否便于识别，如图 1-4 所示；结构是否可避免缠搅，如图 1-5、图 1-6 所示。

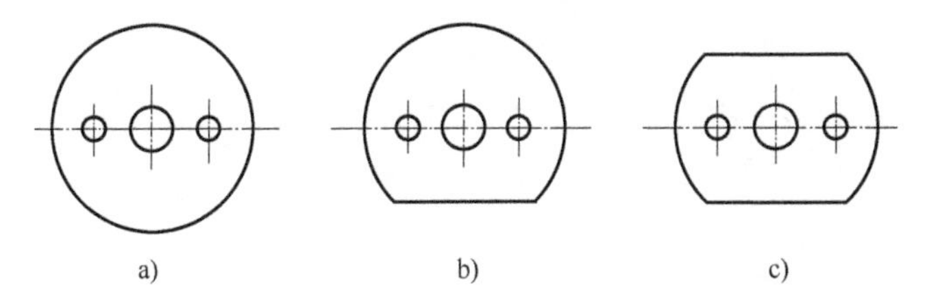

图 1-4　垫圈产品结构

a)、b）方向不便识别　c）方向便于识别

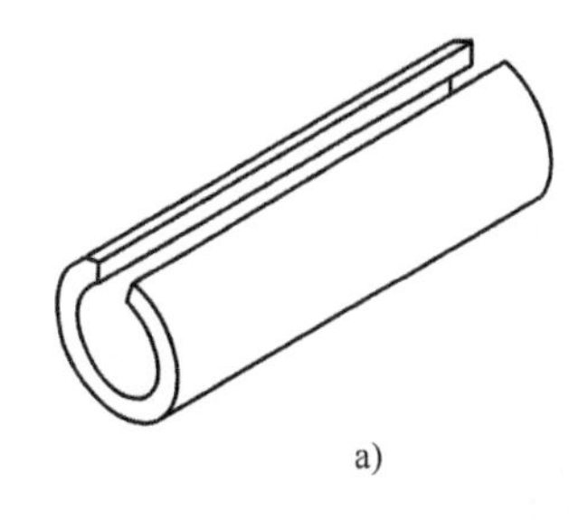

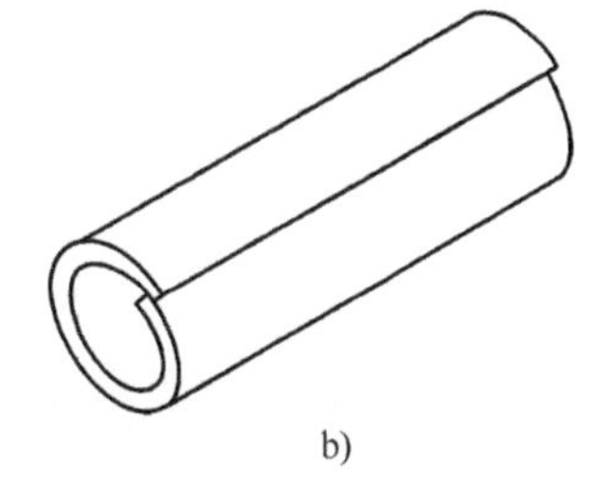

图 1-5　滚子销产品结构

a）易缠搅　b）不会缠搅

（2）来料包装　产品装配涉及的物料多种多样，而且可能来自不同的供应商，制造过程必然少不了包装和运输环节。一般来说，固体物料状态有两种：散料（处于杂乱无序的离散状态）和连料（处于规则有序的连续状态），这两种状态对应着不同的包装方式，也对应着不同的供料机构，分别如图 1-7 和图 1-8 所示。开展项目前，应该有一个评估供应商物料包装方式的环节，确认其是否适合本公司非标设备实现自动供料（由于连料包装方式相对简单，本书不过多介绍，如无特别说明，本书描述的供料状态基本上指的是散料）。

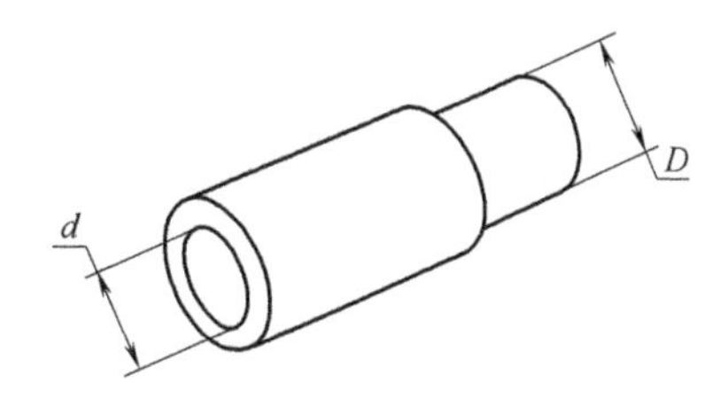

图 1-6　车削工件产品结构

（当 $d>D$ 时容易缠搅到一起）

（3）基础工艺　能够实现散料整列、定向的基础工艺及其装置一般都很成熟，也有广泛的通用性，从机构设计的角度而言，只要熟练应用即可，并不需要过多地去深度研究。

从原理上看，典型的供料机构实现方式有很多种，如振动式、气压式（分为气吸式和气吹式）、旋转式、往复式等。尽管每个原理在细节应用上多种多样，但基础工艺大同小异，因此只要稍微梳理和总结，是比较容易掌握的。

例如小型的五金件或塑胶件，常用振动盘来供料，就是利用了振动式的基础工艺：电磁铁使料斗产生扭摆振动，物料便沿着螺旋轨道上升，直至出口，如图 1-9 所示。

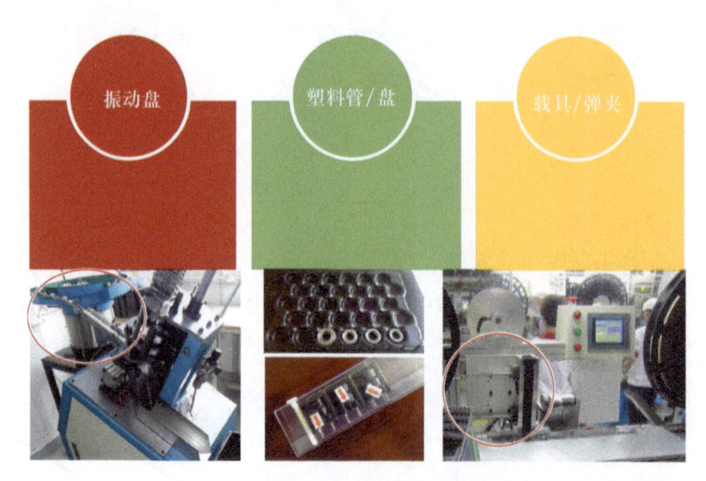

图 1-7 散料的包装方式和供料机构

例如弹簧这类容易缠搅到一起的物料，可用图 1-10 所示的设备来实现供料，它利用了气吹式的基础工艺：弹簧在气体的吹动下，有一定概率从料道排出，进而被输送到作业工位。

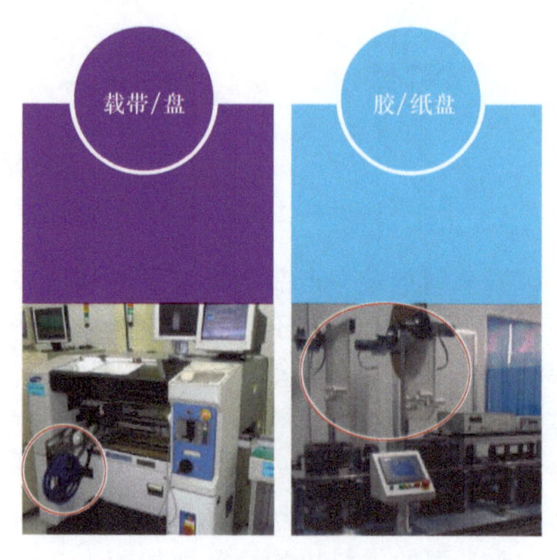

图 1-8 连料的包装方式和供料机构

图 1-11 和图 1-12 所示分别为旋转式和往复式基础工艺应用的螺钉供应设备。

除非项目要求很特殊，在做供料机构时，原则上以采购和整合现成的供料装置为主，因为无论从成本还是性能来看，自己设计和制作都不占优势。图 1-13 所示是一个弹簧供料机，只需要从供应商处稍微了解一下性能参数，要来装置模型的外形尺寸，便可将其方便快捷地集成设计到设备中去，何乐而不为呢？这里也强调一点，出于工作的需要，既要多了解各类供料装置，也要多留意有哪些供应商，以备不时之需。

（4）品质要求 不同产品/物料有不同的品质要求，对应的供料方式或机构也是不同的。图 1-14 所示 mini-USB 产品的铁壳，外观表面有镀镍和镀锡两种，前者可用振动盘来实现供料，后者若也采用振动盘供料则容易被剐伤，所以一般改为连料的包装方式（铁壳与铁壳用料带连接，卷盘包装）。

如图 1-15 所示，现在要求做一个插端子机，就需要首先确认物料的状态，对品质要求较高的场合常采用连料（料带连接），反之散料更适合低成本模式（散针，袋装）。

总体来说，自动供料机包含了整列定向和连续供给两个重要的层面，前者取决于产品结构和基础工艺，而连续供给则往往可以通过非标机构实现，一般思维如图 1-16 所示。

图 1-9　小型散料的标准供料设备——振动盘

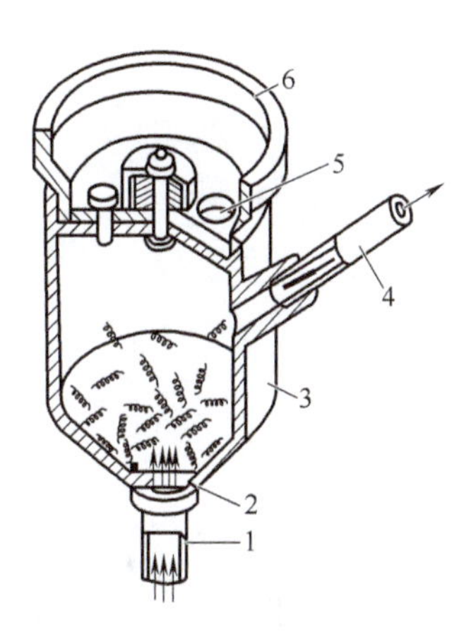

图 1-10　气吹式弹簧供料设备和原理

1—气管　2—喷嘴　3—斗体　4—排料滑道　5—投料口　6—上斗

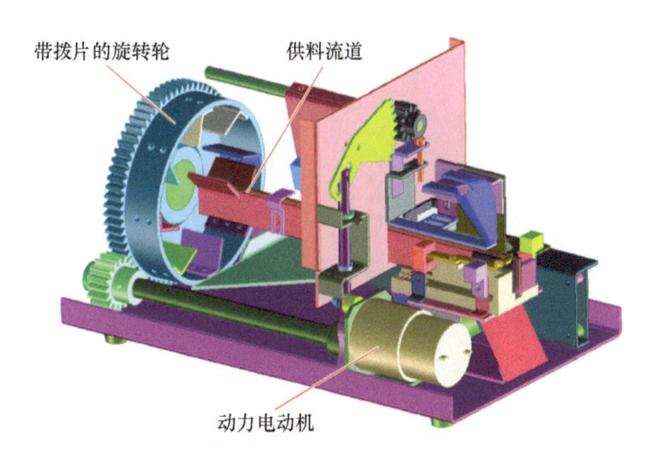

图 1-11　旋转式螺钉供应机

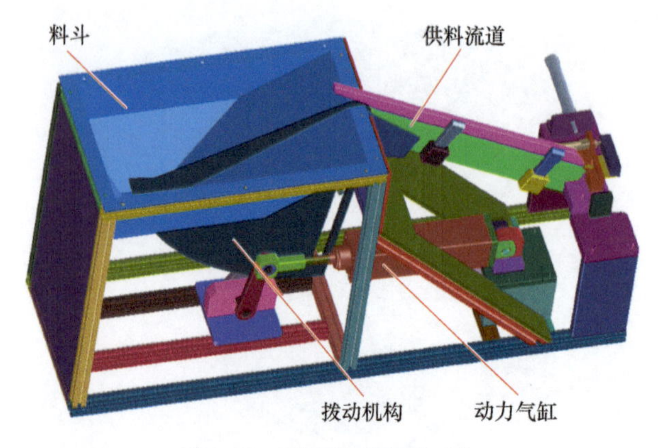

图 1-12　往复式螺钉供应机

图 1-13　弹簧供料机

图 1-14　产品电镀方式会影响供料方式

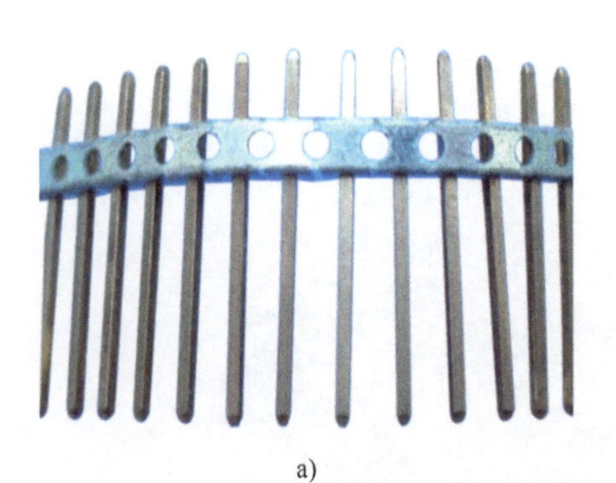

a)

b)

图 1-15　不同的物料状态会影响机构设计

a）连料　b）散料

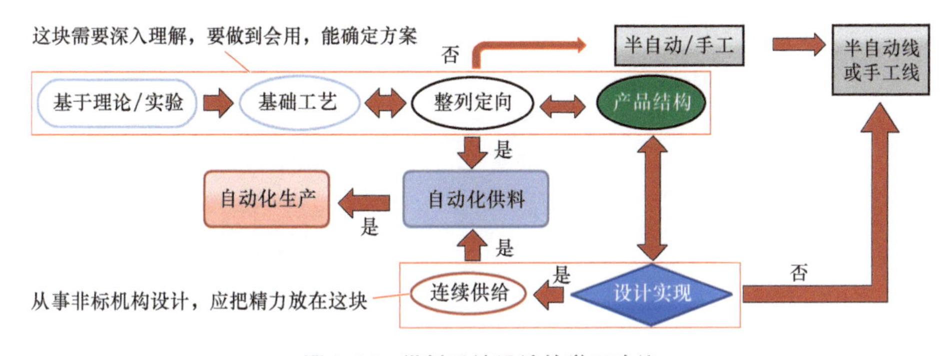

图 1-16　供料系统设计的学习建议

有人说，自动供料环节做得好，几乎就完成了自动化的 90%，不无道理。考虑非标设备总体方案时，最重要的工作之一就是评估产品的物料整列定向、连续供给的技术可行性。电子行业自动化程度较高，与物料包装“规矩”和产品易于供料、上料、移料、收料有很大关系。在实际工作中也会遇到一些棘手的情况，类似图 1-17 所示的这些“没规矩”、不便包装的物料状态就不容易实现自动供料。遇到这种情况时，行业做法多是采用半自动化供料，或借助视觉系统 + 分拣机构间接实现。

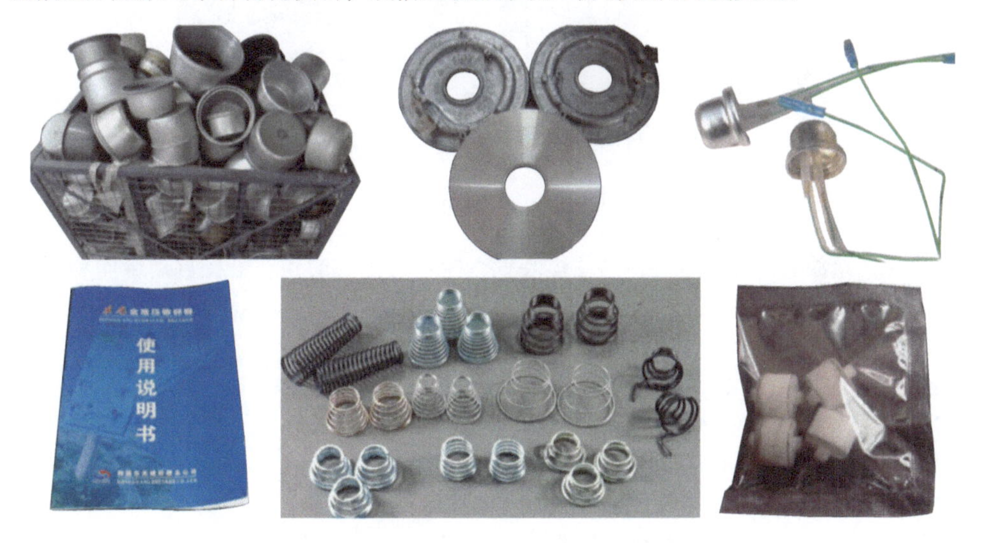

图 1-17　“没规矩”、不便包装的物料

当然，不容易≠不可以，在行业众多技术达人的不断摸索下，过去很多难度很大的领域都慢慢实现了突破。例如弹簧的供料，如图 1-18 所示，最大的问题就是容易缠搅到一起，采用图 1-19 所示的弹簧分离机（利用离心力原理）来辅助作业可以缓解这个问题。

2. 基本构成

完整的供料系统（装置），通常包含供料、缓冲和分离等机构。以电子行业为例，典型的自动化供料装置如图 1-20 所示。一般来说，需要用到料仓的情况不多，为设计的可选项，当物料尺寸偏大，振动盘容量有限时，料仓（容积较大）可用于适时补

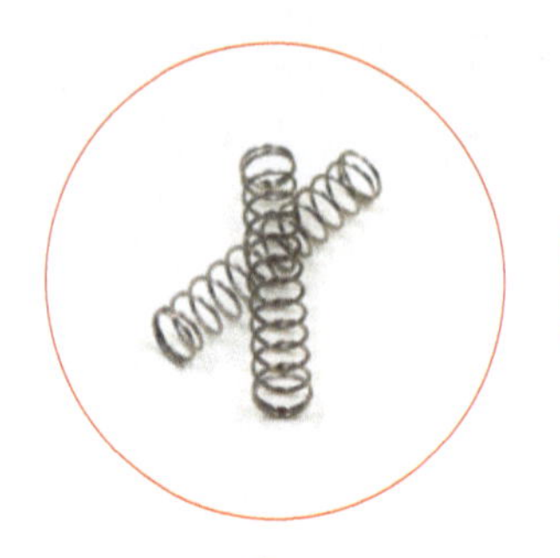
手工分离
两个缠绕在一起的弹簧，可能只需要几秒钟就可以手工将其分离

手工分离
一些缠绕在一起的弹簧，可能只需要几分钟就可以手工将其分离

很多缠绕在一起的弹簧，手工分离耗时费力，弹簧分离机可以派上用场

图 1-18　弹簧供料的难点是容易缠搅到一起

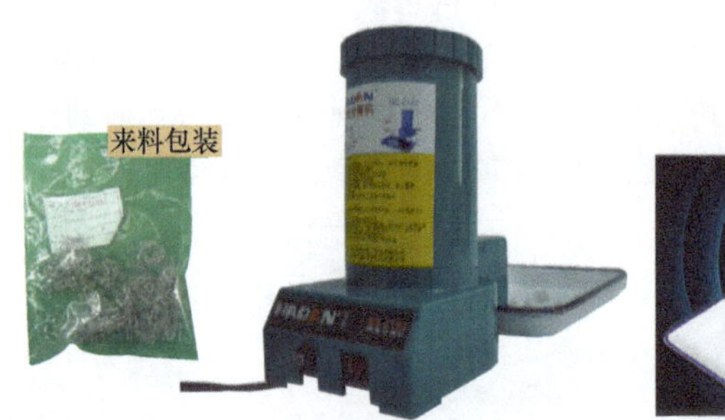
来料包装

图 1-19　弹簧分离机

给，避免频繁添料；振动盘为供料主体装置，能够对散乱的物料进行自动定向和规则排列，并通过流道将物料连续性输出，在电子行业中的应用十分广泛。直振，也叫直线输送器或平振，通过振动原理将物料沿直线送进，相当于一段具有动力的流道，起缓冲的作用（振动盘缺料时，直振能继续供料，避免设备停机）；分离机构担当的角色，则是让已有明确方向的连续性物料分成一组或单个，因为设备的工艺机构，实施的对象往往是一组或单个产品，这样首先就需要让进入设备的物料单元化和个体化，如图 1-21 所示。

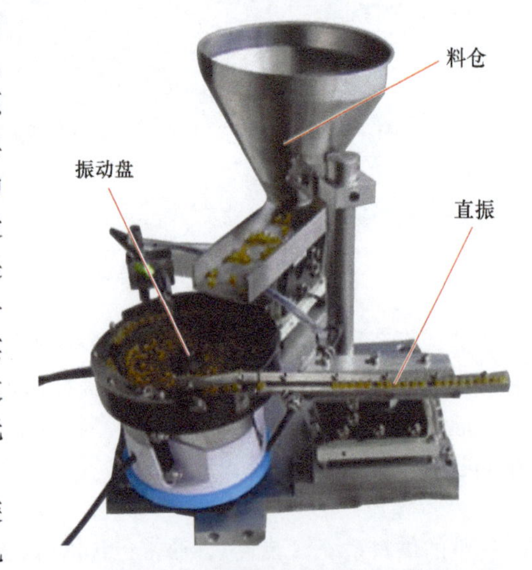
料仓
振动盘
直振

图 1-20　典型的自动化供料装置

（1）供料装置　最典型的供料装置莫过于振动盘了，价格方面，从几千元到几万元不等。振动盘的整列定

向能力强大，因此应用十分广泛，如图 1-22 和图 1-23 所示，很多产品都可以通过振动盘来实现自动供料。

由于篇幅所限，本章不过多地探讨装置原理，仅从应用的角度来介绍振动盘。

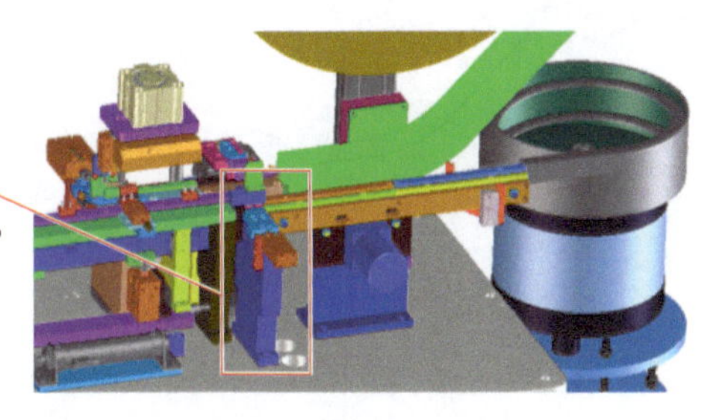
分离机构作用：物料从振动盘出来后，经过输送带向设备流道连续性输送，分离机构可将其“切”成一组或单个，便于后续定位、送进和工艺的实现

图 1-21　设备上的分离机构

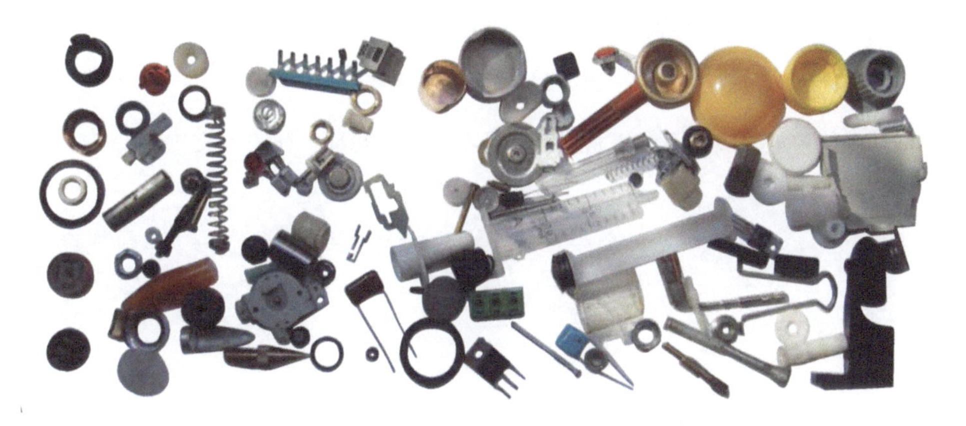

图 1-22　可通过振动盘供应的各类产品/物料

图 1-23　振动盘的应用十分广泛

1）振动盘的类型。如图 1-24 所示，振动盘是一个特殊的标准设备，由底盘和顶盘构成，其中底盘为标准通用装置（同一规格的底盘可配用不同的顶盘），提供装置

动力；而顶盘为人工打造（非标准，但不需要自己设计），起着储料和供料作用。一般来说，因为最影响品质的顶盘为人工打造，所以太大或太小的振动盘都不容易做，尤其是一些用于精密零部件的小型振动盘，普通的供应商难以确保品质，往往需要从国外采购，价格较高，每个动辄两三万元。

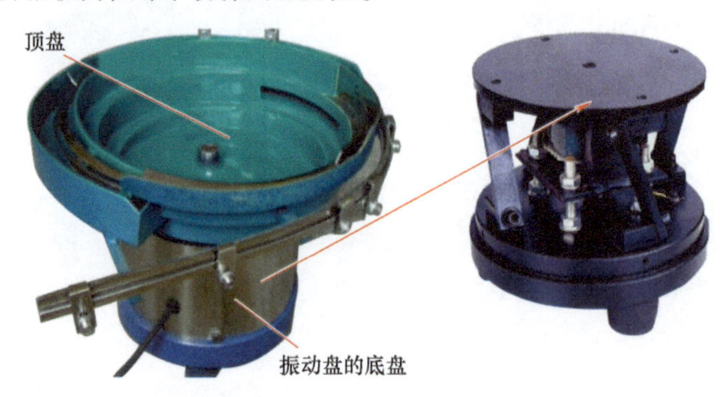

图 1-24　振动盘的构成

振动盘的顶盘一般为不锈钢材料，其类型有以下几种，如图 1-25 所示。

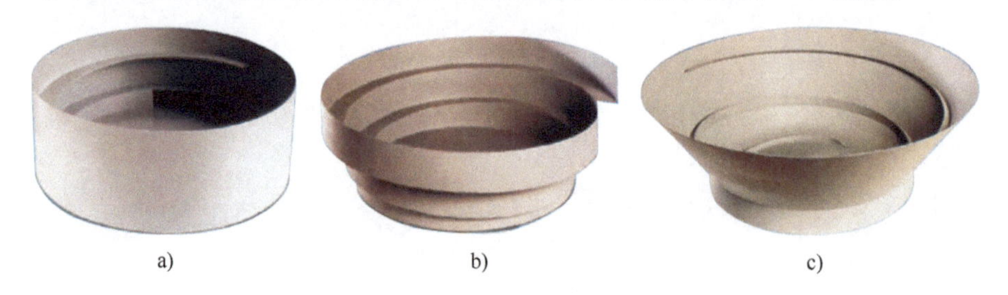

a)　　b)　　c)

图 1-25　振动盘的类型

a）桶形顶盘　b）阶梯形顶盘　c）锥形顶盘

① 桶形顶盘：形状简单，存储空间大，适合各种形状的工件，应用广泛，顶盘直径大概在$\phi100 \sim \phi1500$mm。

② 阶梯形顶盘：工件在流道内不易堵塞，用于分辨特简单的工件，顶盘直径大概在 $\phi160 \sim \phi350$mm。

③ 锥形顶盘：定向轨道长，能避免工件在轨道间的堵塞，适用于传送简单形状的零件，顶盘直径大概在 $\phi160 \sim \phi350$mm。

2）振动盘的规格。主要指的是底盘规格，不同的底盘可承受的顶盘重量有差别（配不同顶盘），一般可通过厂商的产品型录获得（不同厂商的产品介绍大同小异），如图 1-26 所示。具体到当前的某个项目机构，到底用多大的底盘才适合物料供给，机构设计人员最好能够做到心中有数，起码要知道大致的数据，因为做设计时，振动盘是其中一个机构组件，不同的规格不同的空间尺寸，是要体现在设计图上的。

3）振动盘的技术要求。实际的做法是，当有项目要开展时，把具体的供料要求和一定数量的样品提供给供应商，由供应商进行专业的验证和评估。类似以下这些技术要求，一般罗列并注释在振动盘的外形尺寸示意图上，提供给供应商。

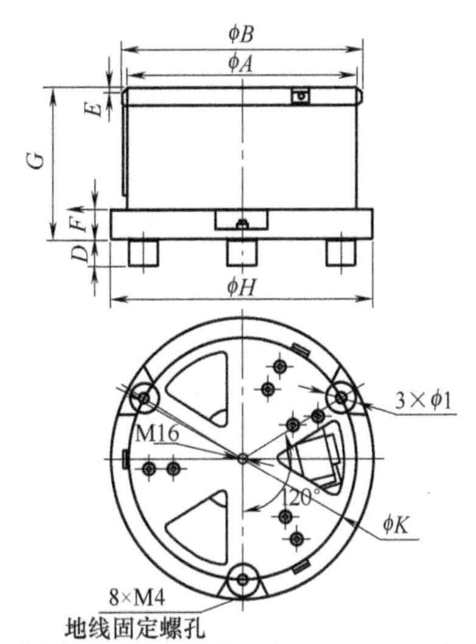

型号		JME14	JFC230	JFC300	JFC390		JFC460		JFC610
输入电压AC/V		220V							
允许电流/A		0.8	1.5	2.5	5		5		6
输入频率/Hz		50/60							
振动底盘质量/kg		9	24	40	78		127		260
可承受最大振动盘	可承受最大盘径ϕ/mm	220	370	500	650		800		1000
	可承受最大盘质量/kg	3	6	12	20		30		50
可承受工件质量/kg		0.5	3	4.5	8		10		15
适用控制器		调频调压							
驱动线圈个数		1	1	1	1		1		2
驱动波形		全波	全波	全波	全波	半波	全波	半波	半波
驱动形式		正拉	侧拉						
最大空气间隙/mm		0.3	0.8	0.8	0.8	1.6	0.8	1.6	1.6
弹簧片材质		优质合金弹簧钢							复合材料
弹簧片组数		3	3	3	3		4		4
减振橡胶脚/个		3	3	3	3		4		4
振动盘固定块/个		3	3	3	3		4		6
电缆长度/m		1							1.5

图 1-26　振动盘厂商的型录举例

① 大致空间尺寸（高度、直径的参考尺寸，包括出料方向），用示意图表达。

② 出料速度，一般定义为每分钟出料的个数。

③ 振动盘容量，即选用多大规格（底盘）振动盘。

④ 通用要求，例如不反料、不卡料、具体的电气规格等。

⑤ 特殊要求，例如希望振动盘一次同时出几个产品（一般是一次出一个产品，图 1-27所示为一次性出六个产品）；例如增加隔音棉防护罩，降低噪声、防尘；例如是否需要增设料仓……

4）振动盘的应用经验

① 如果塑胶件又轻又薄，则容易因为静电等原因粘连到一起造成供料不顺，可采用静电风扇吹物料，或者要求供应商对盘面进行喷砂、涂胶。

② 振动盘是一个特殊的标准化装置（底盘通用、外形相近），但由于顶盘为纯手

工打造，师傅的技能水平会影响质量，因此采购时需要注意甄选供应商。

③ 供料的原理是靠振动，因此物料一般是刚性物体，如遇到软的或有弹性的胶体（如硅胶环之类的），会因为吸振造成送料效果不佳。

④ 振动盘只是供料系统的一个环节，因此在其品质得到保证的前提下，周边配套机构（如缓冲机构、分离机构等）的设计是否合理和稳定，也会影响供料的效果。

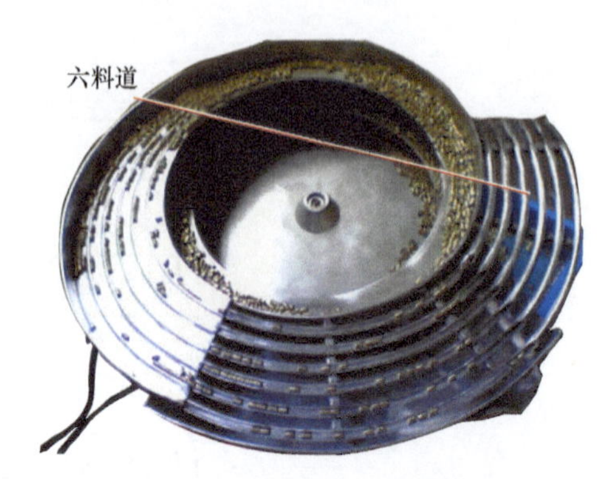

图 1-27 一次出多个料的振动盘

⑤ 有些产品结构特殊，振动盘没办法分出方向（即不能定向），则一般会在振动盘之后增加分选机构（先用 CCD 或光纤检测后，再机械式纠正方向）。

⑥ 振动盘对于产品或多或少有破坏作用，因此一般外观要求苛刻或者容易受损的物料，不太适合采用振动盘来供料。

⑦ 由于振动盘的振动对设备有一定的不良影响（如紧固件易松脱、产品会抖动、检测信号不稳定等），因此对于大多数精密装配，尤其是带有检测设备的情况，不要将振动盘设计到设备上面（应独立机架，另行安装）。

（2）缓冲装置 这里的缓冲可以理解为，在供料装置缺料时，不会立即影响设备的正常运行，常用的缓冲装置大概有三种，如图 1-28 所示。缓冲装置作为桥梁，一般设置在供料装置和设备移料机构之间，相当于一段有动力的流道。缓冲装置的设计有很多讲究。缓冲装置上的储料（流道）长度建议是：在自动供料装置缺料时，至少能维持设备 0.5 ~ 1min 的作业时间，这样操作员在添加物料过程中，设备不至于因短暂缺料而停机。

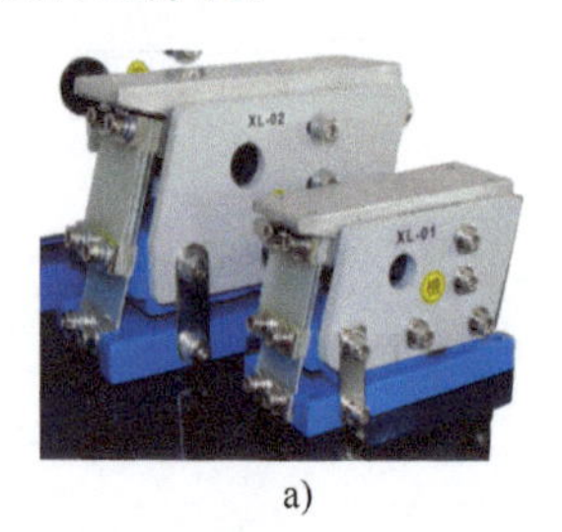

a)

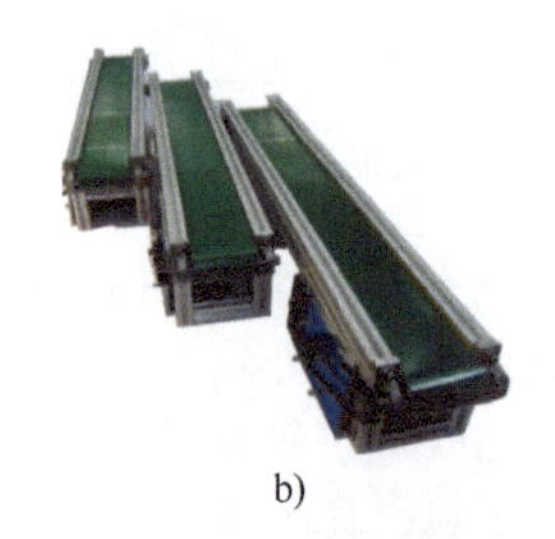

b)

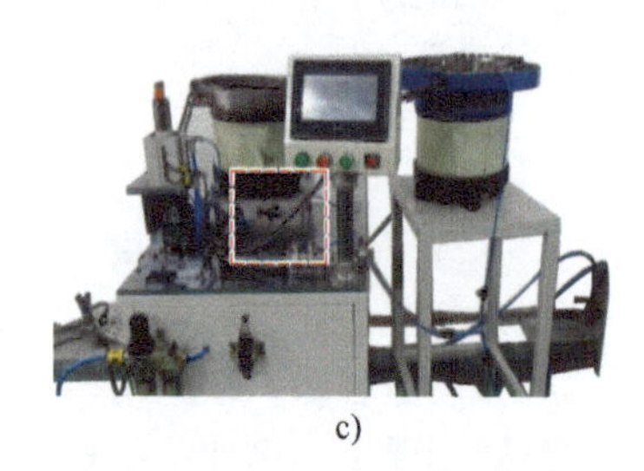

c)

图 1-28 常见的缓冲装置

a）直振 b）输送带 c）倾斜流道

1）直振缓冲。机构用到的直振为外购装置，只需要设计物料流道和固定支架即可，如图 1-29 所示。外购的直振，也有相应的规格，如图 1-30 所示，一般根据流道的长短或重量来选定（亦可咨询供应商），同时要注意流道和直振之间有一个安装的尺寸配比关系，如图 1-31 所示，不照此尺寸配比，可能运行效果会打折扣。

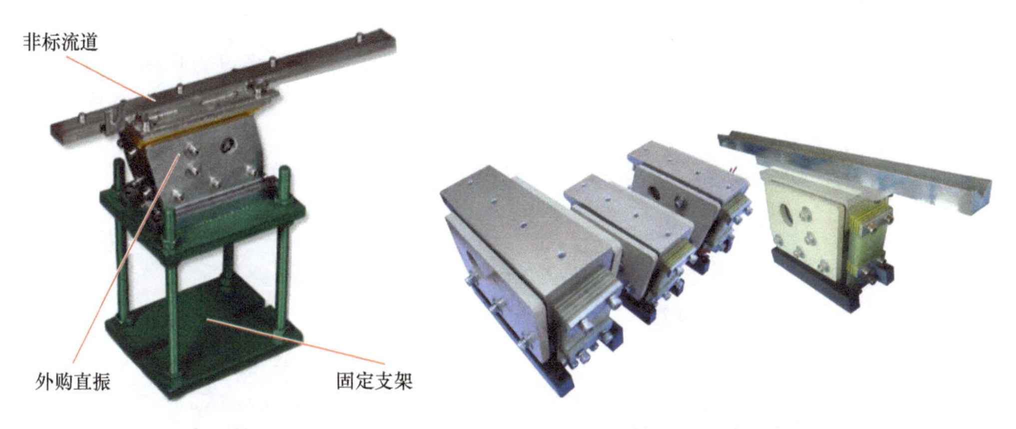

图 1-29　直振的机构设计　　图 1-30　直振的规格及安装

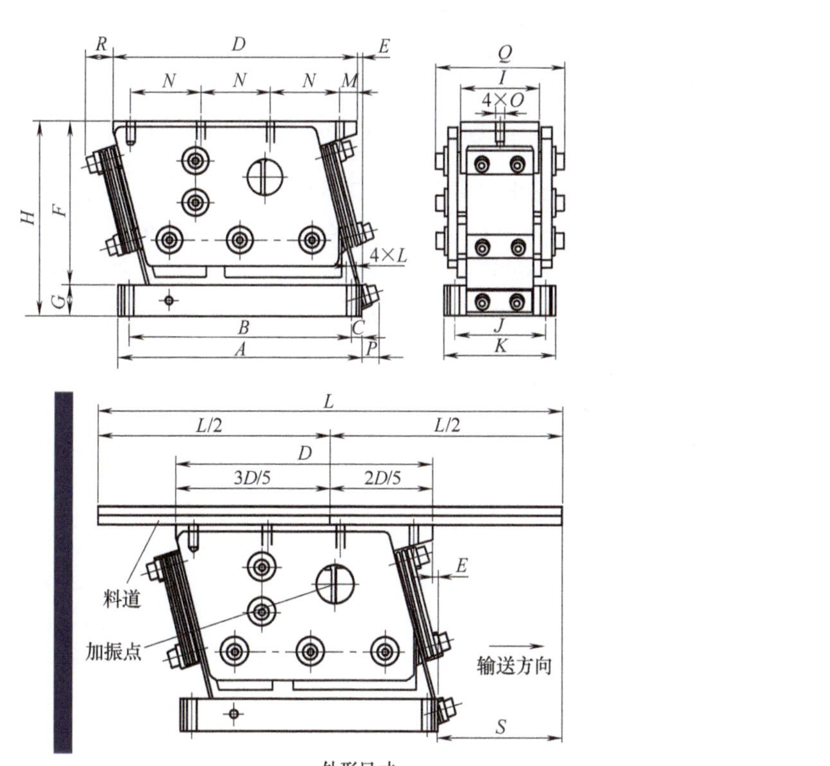

外形尺寸

型号	*A*	*B*	*C*	*D*	*E*	*F*	*G*	*H*	*I*	*J*	*K*	*L*	*M*	*N*	*O*	*P*	*Q*	*R*
LFC-1	140	128	6	140	3	86	16	102	45	52	64	M6	10	40	4×M5	12	75	18
LFC-2	192	176	8	192	4	118	22	140	62	70	88	M8	15	52	4×M6	15	102	25

安装尺寸配比

型号		直线料道长度*L*														*D*	2*D*/5	*E*
		200	250	300	350	400	450	500	500	600	650	700	750	850	950			
LFC-1	*S*	41	66	91	—	—	—	—	—	—	—	—	—	—	—	140	56	3
LFC-2	*S*	—	44	69	94	119	144	169	—	—	—	—	—	—	—	192	77	4

图 1-31　直振的流道安装尺寸配比

由于直振的制作工艺比较粗糙，因此作为标准装置，在外形尺寸上难以达到设备的精度要求，所以通常需要提前做好可调性方面的设计，主要是高度方向和送料行进方向，前者有螺栓固定和垫块支撑两种常见方式，后者则一般把螺钉安装孔开成长条孔，如图 1-32 所示。

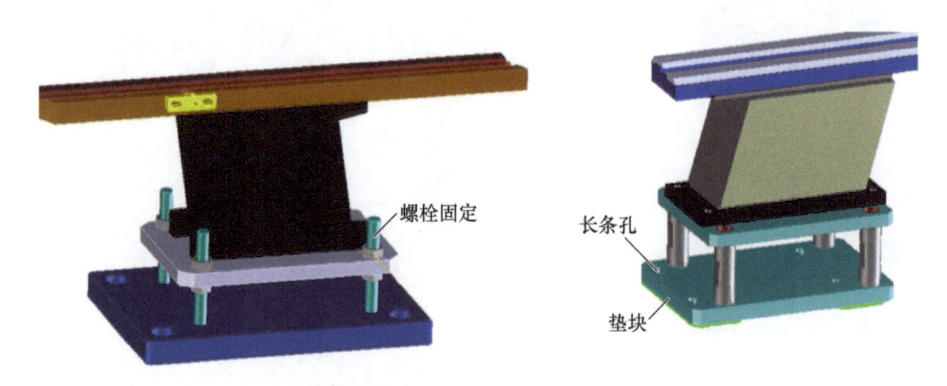

图 1-32 直振机构的可调性设计

具体设计上还有很多细节需要留意，具体如下：

① 直振缓冲机构，一般和振动盘配合使用，有一定的噪声，推送物料的力量不大，适用于比较轻薄或细小的产品，流道要做得很顺滑，否则容易卡料。

② 产品长度尺寸大的场合，为了确保缓冲效果，可能需要加长流道，但如果直振承载不足，效果反而不佳，此时可用两个直振接短流道再一前一后拼装到一起。

③ 直振流道有振动，与其衔接的流道要有足够的导向，例如可以斜切口相接，如图 1-33 所示，物料在过渡位置的导向，图 1-33b 比图 1-33a 充分些。

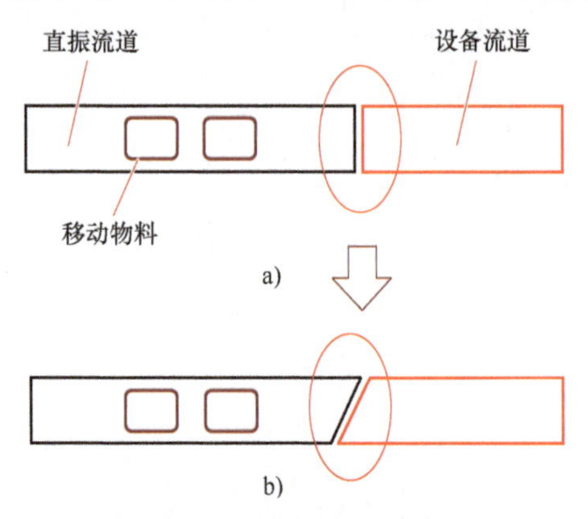

图 1-33 流道的断口设计比较

a）导向不充分 b）导向充分

2）带输送机。带输送机用于连续或间歇性地输送各种轻重不同的物品，如果接在自动供料装置之后，则和直振缓冲机构的作用类似，起物料供给和缓冲的作用，规格尺寸多样，适用面更广。输送带的动力源是电动机，通过调节电动机转速和转向，可控制供料速度和方向；输送带通过与物料之间的静摩擦力带动物料行进，因此要确保阻力不大于该静摩擦力。

市面上有很多标准输送机，可以外购或订制，但在某些物料输送场合，往往需要非标机构，尤其是小尺寸的输送机，多数是自己设计，如图 1-34 和图 1-35 所示。

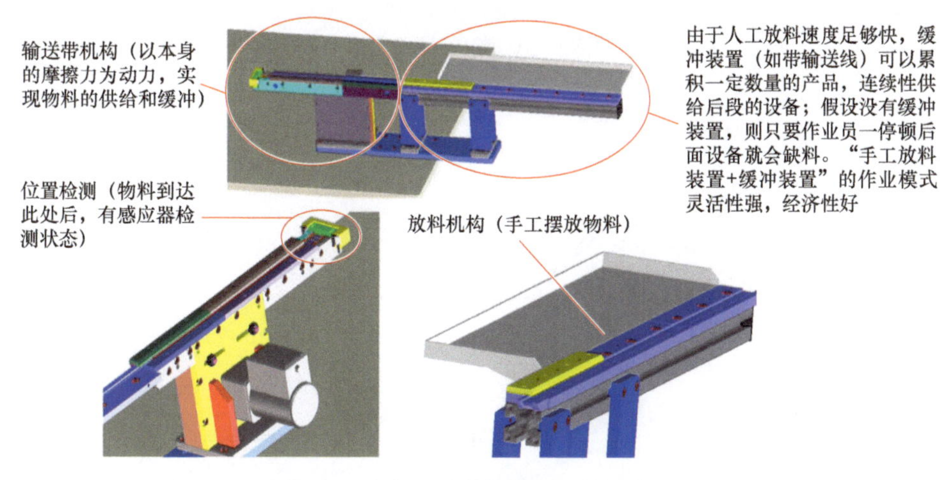

图 1-34　非标设计的输送机（输送产品）

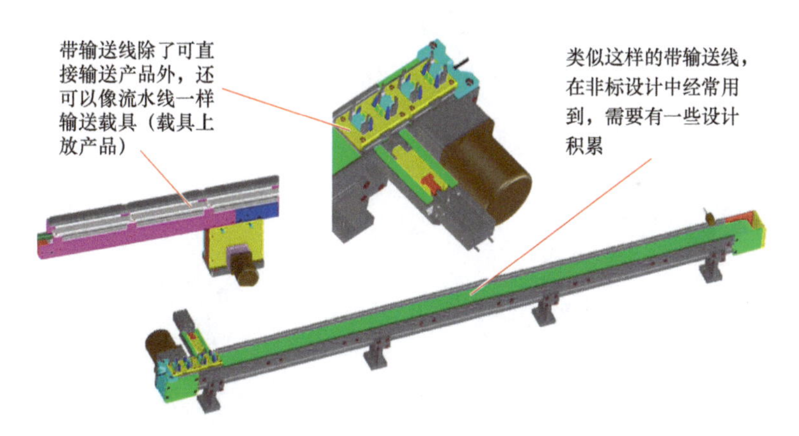

图 1-35　非标设计的输送机（输送载具）

3）倾斜流道。通常情况下，物料会被赋予一定的输送动力，例如吹气、直振、输送带摩擦等，还有一个也是常用的但隐藏起来的力，那就是重力。重力的特性就是垂直向下，和物料质量成正比。

倾斜流道就是利用物料重力在流道方向的分力驱动的缓冲机构，物料靠工件的重量堆叠推挤。倾斜流道要和设备流道相接，因此会有一段水平部分，斜槽要足够长，工件要装载到一定数量，才能确保“推”得动。如图 1-36 所示，倾斜流道的设计，有一些理论可以遵循。此外，还要注意以下几点：

① 流道应该可靠固定，并便于拆卸，安装斜角至少应达到可使物料克服与滑槽间的摩擦阻力，一般在 40°以上。

② 流道大致尺寸根据供料装置和设备入口的高度来定，倾斜和水平部分的弧线曲率半径越大越好。

③ 斜槽的精度较差，不太适合细小轻薄的产品或精度要求较高的场合。

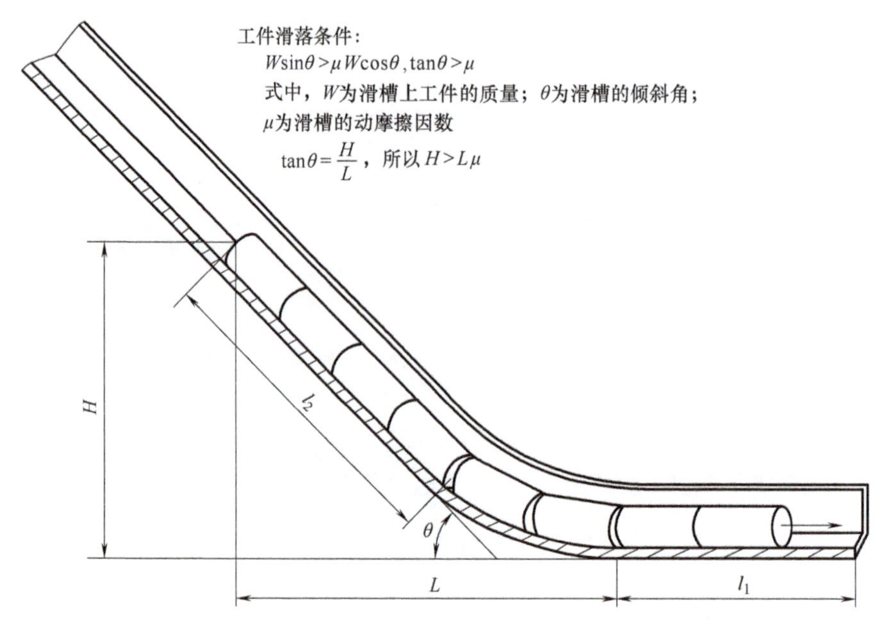

工件滑落条件：
$W\sin\theta>\mu W\cos\theta,\tan\theta>\mu$
式中，W为滑槽上工件的质量；θ为滑槽的倾斜角；
μ为滑槽的动摩擦因数
$\tan\theta=\frac{H}{L}$，所以$H>L\mu$
H
l_2
θ
L
l_1

图 1-36 倾斜流道的设计要点

特殊情况，是把倾斜流道做成圆弧形或者竖直的形式，如图 1-37 所示。

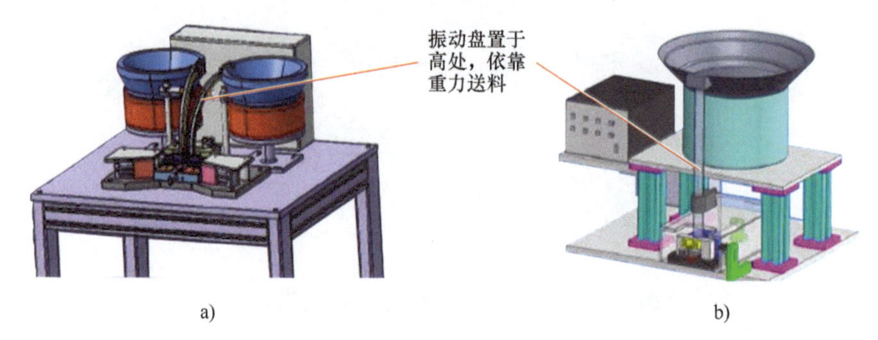

图 1-37 圆弧形流道和竖直流道设计

a）圆弧形流道 b）竖直流道

在设计缓冲装置时，只要抓住它的一些特点和用途，处理起来就比较灵活了。例如，要增加缓冲的效果，可以在倾斜流道的水平段再接一个直振或输送机缓冲机构。

（3）分离机构 散料经过整列定向后，一般是连续性流动，但在实施工艺时，往往又是单个/单组作业，所以大多数情况下，供料（缓冲装置）之后、上料之前需要一个能将物料从连续运动物料流切割成“单个或单组状态”的机构，即分离机构。常见的分离机构形式如图 1-38 所示。

分离机构很简单，但是细节没考虑周全和做到位时，故障和问题也比较频繁。由

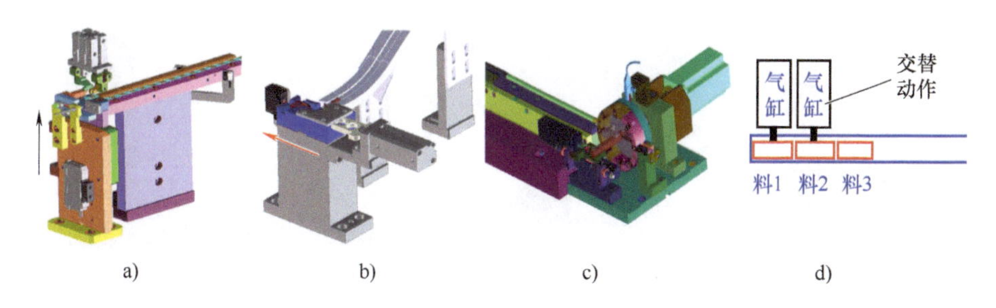

图 1-38　常见的分离机构形式

a）上下错位分离　b）水平错位分离　c）分度旋转分离　d）双气缸分离

于机构的功能是将供料切整为散，除了要注意防止物料剐伤的问题，还有以下几个设计要点。

1）位置检测。分离机构一定要设置“眼睛”，就是要有感应器来判断物料是否到位，绝对不要让分离动作盲目化，否则容易卡料。

2）防止跑位。应避免跳动，如上下分离，例如遇到物料轻薄的情况，要考虑给接触产品的工件增加吸附功能（接真空装置），或者增加盖紧装置，这样在分离时能使产品在上料前保持正确的位置。

3）调整方便。很多产品是系列化的（长度不同），机构可能要设计成多料号共用的情形，此时就要注意机构的调整性。一般来说，按最长的规格去设计，然后向最短方向进行调整，如图 1-39 所示。

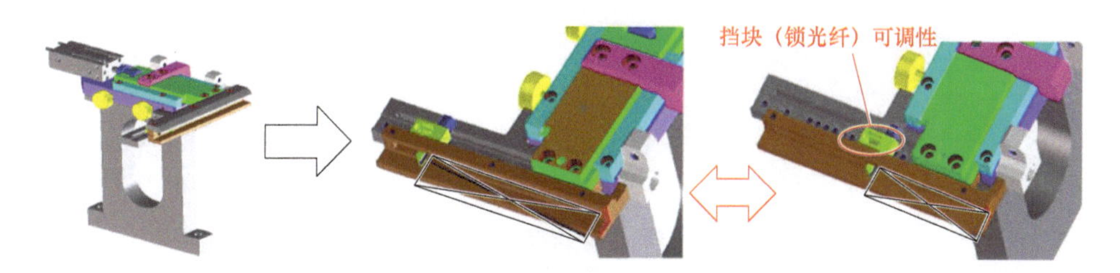

图 1-39　适用不同料号的分离机构设计

（4）其他类型　根据产品结构和物料包装，常用的供料机构还有很多，下面再列举几个模式。

1）塑料管包装方式的供料。如图 1-40 和图 1-41 所示，这类方式主要用于成品或半成品之类的怕损伤的物料，先放到塑料管内，再一次性将管子叠放到设备的定位座，通过吹气将物料吹入供料流道。产品被吹送完后，空管自动排出，下一个管子继续供料。

注意：

① 管子对产品的定位要好，不能碰触产品的薄弱位置，也不能让产品在里边晃动或叠到一起。

② 管子和机构的流道结合要顺滑，关键位置必须设置检测装置。

2）塑料盘包装方式的供料。如图 1-42 所示，大量的产品在搬运过程中会用到塑料盘（在生产线流动、用于承载工件在生产线上运转的，也叫吸塑盘或 tray 盘）包装

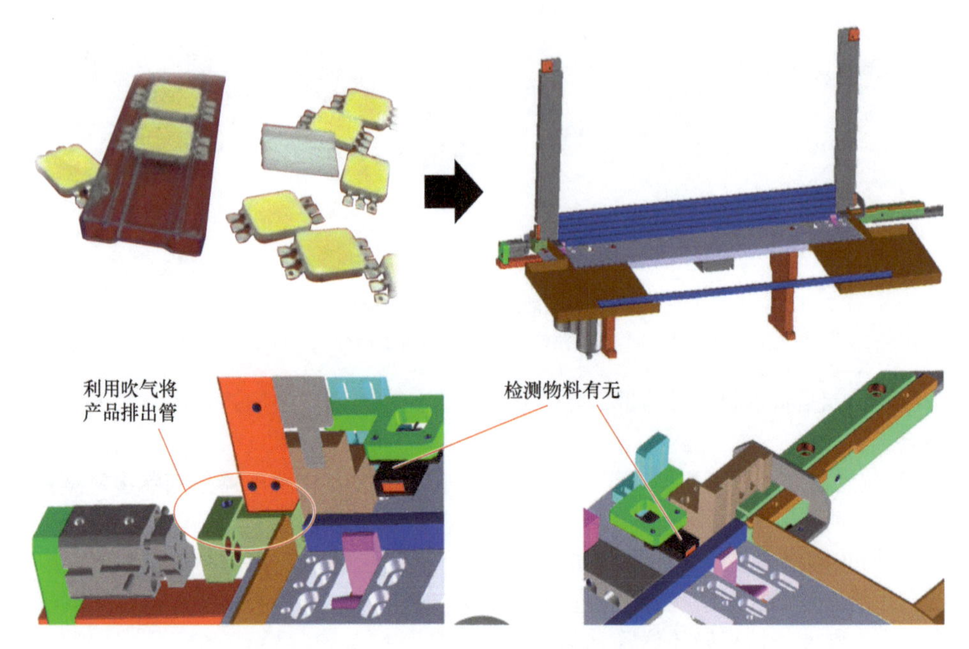

图 1-40 塑料管水平摆放送料（吹气）

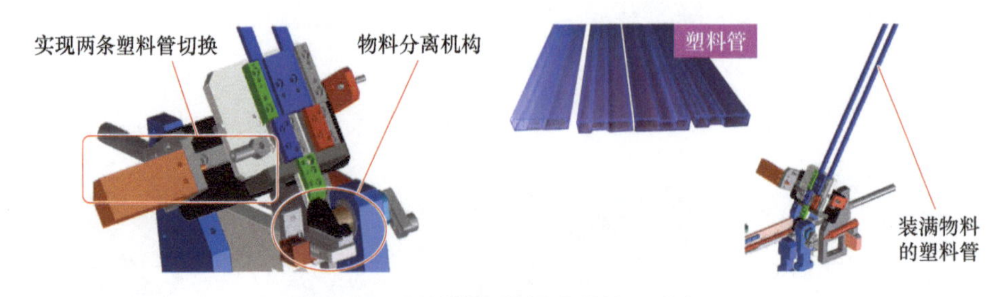

图 1-41 塑料管倾斜摆放送料（重力）

图 1-42 塑料盘包装方式

（物料摆放到塑料盘后，再叠放成摞），也有对应的供料机构，如图 1-43 所示。

3）半自动化的方式。很多不方便或不容易自动供料的场合，常常采用半自动

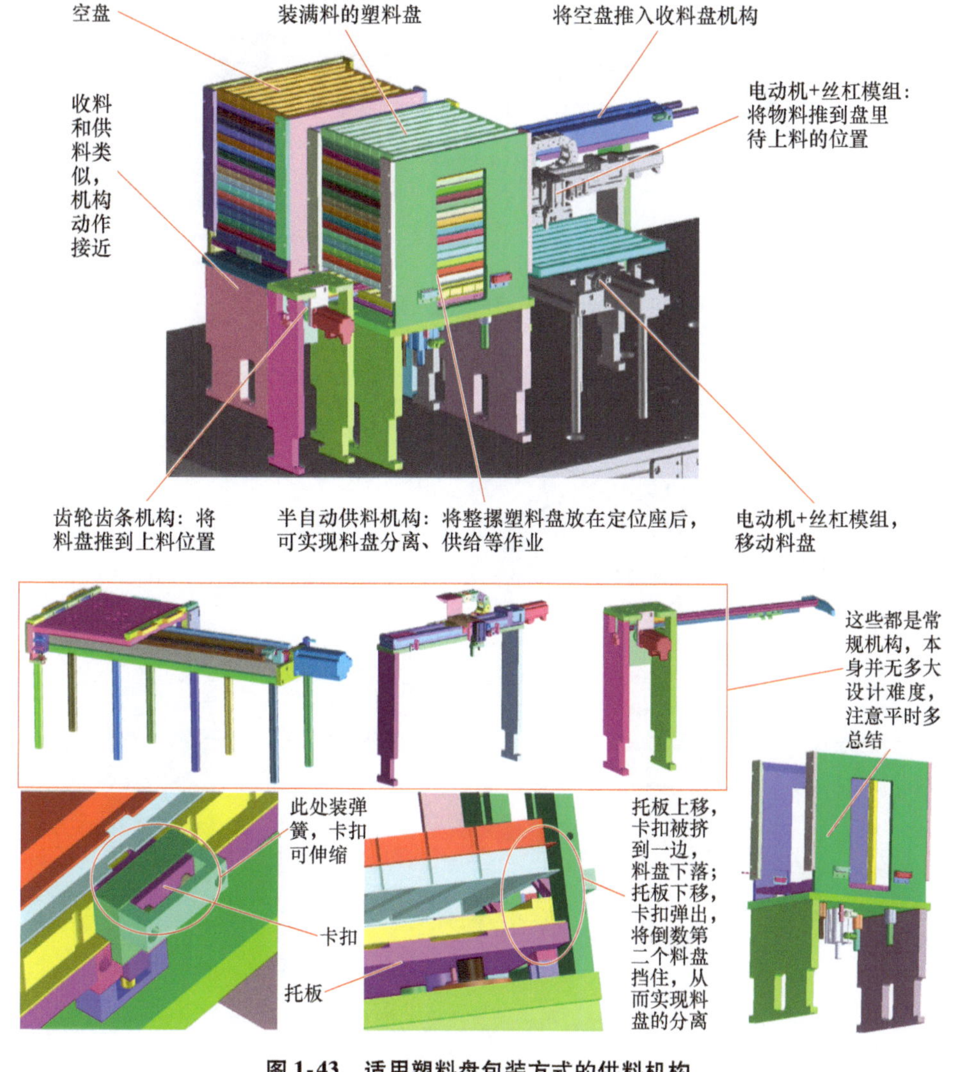

图 1-43　适用塑料盘包装方式的供料机构

（人工小批量加料，整列定向）供料方式，实现方法也很多，例如靠重力来实现的倾斜流道（见图 1-44），或使用弹夹容器（形象的叫法，是倾斜流道的特例，见图 1-45）。一般来说，需要注意以下几个要点。

① 放置产品的辅助机构，在细节上要做到位，如导向、防呆、缓冲等机构，要考虑很多，例如人是站着还是坐着作业（是否舒适）。

② 确保产品本身可以贴合到一起，同时不会缠搅或反转。

③ 利用重力，如果是斜面，要考虑动力是否足够。

④ 分离机构要能实现产品顺畅有序地落到关联机构上，要考虑缓冲是否充裕，不要出现作业员打个盹生产就停下来的情形。

自动化程度较高的，通常是一些产品的自动化供料能够得到保障的行业。首先是产品本身的特征适合整列定向（如方方正正的塑胶），其次是有一些成熟的适用于这

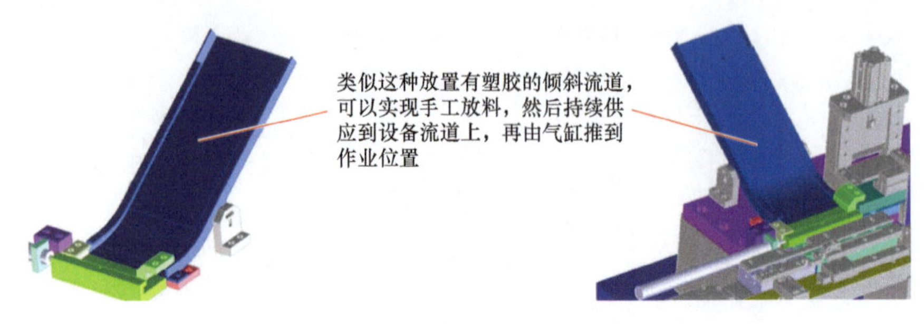

图 1-44 用于摆放产品的倾斜流道

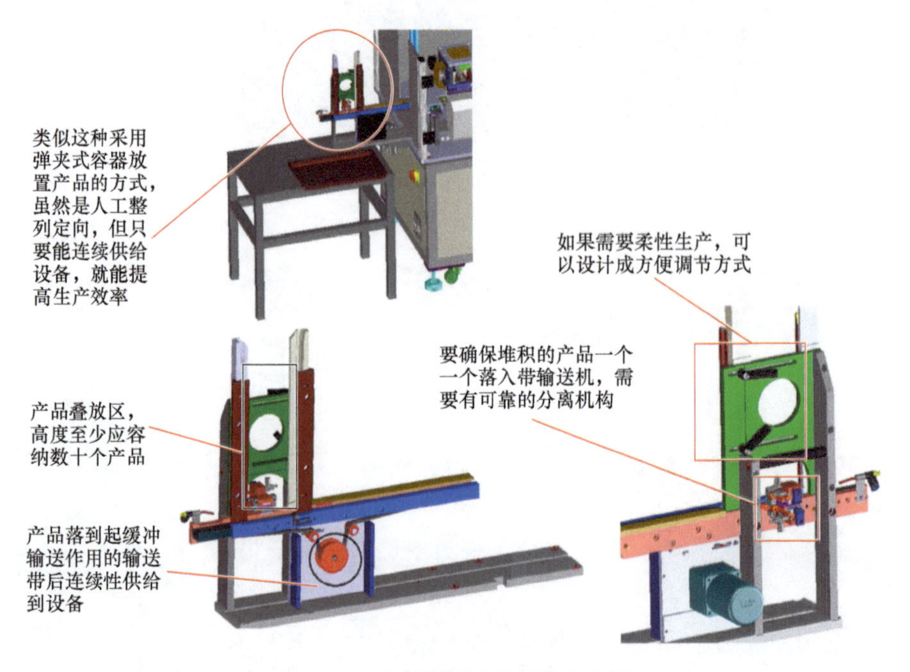

图 1-45 用于摆放产品的弹夹容器

种要求的基础工艺设备（如振动盘或供钉机）。而一些冷门或技术不成熟的行业，则由于产品本身难以整列定向以及缺乏一些基于理论和实验的工艺设备来克服，给自动化的实现增加了很大的难度。对于产品定向整列的研究，说一般非标设计者无能为力，并不是说就一定做不出来（如市面标准的供钉机），只是绝大多数从事普通非标设计的人员，在理论基础方面的广度和深度有所欠缺，同时也没有太多精力和动力去做这个事情，所以很少有成功的。

对难以自动供料的场合，要实现自动化生产，可尝试努力的方向是什么？如图 1-46 所示，这些问题都需要认真检讨和总结，才能更好地掌握。

除此之外，给广大读者如下几点建议。

1）限于篇幅有限，本书只能对典型案例进行介绍，但在网站也能找到相同或类似的 3D 图样，如图 1-47 所示，读者朋友们可以下载后反复查看细节，结合本书的阐述，认真揣摩设计。

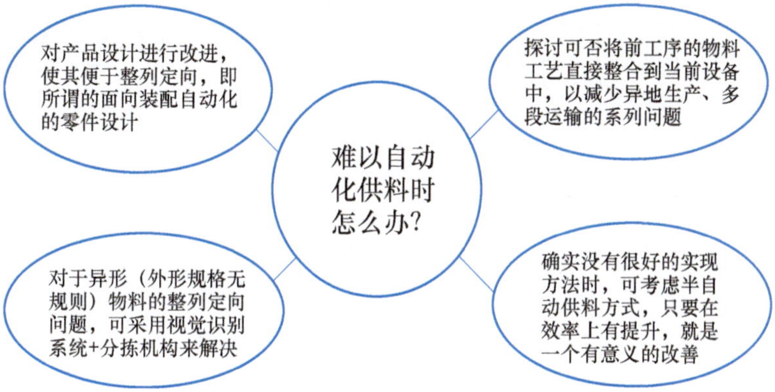

难以自动化供料时怎么办？

对产品设计进行改进，使其便于整列定向，即所谓的面向装配自动化的零件设计

探讨可否将前工序的物料工艺直接整合到当前设备中，以减少异地生产、多段运输的系列问题

对于异形（外形规格无规则）物料的整列定向问题，可采用视觉识别系统+分拣机构来解决

确实没有很好的实现方法时，可考虑半自动供料方式，只要在效率上有提升，就是一个有意义的改善

图 1-46　难以自动化供料时的建议

图 1-47　有关网站的图样（案例）

2）熟悉市面各种可以实现整列定向和连续供给功能的装置，如振动盘、电泵、供钉机等，清楚什么时候可以用上，以及怎么用，要用的时候可以向哪些供应商（名录）采购，同样的产品有哪些特点（例如同样是供钉机，不同原理不同方式就有不同的特点，见表 1-1）等。

表 1-1 不同方式供钉机的使用特点

供钉方式	使用特点
振动式	供料主体为振动盘，供料速度较快，适应面广，但噪声较大
往复式	供料主体为拨料流道，供料速度一般，应用较为广泛
转盘式	供料主体为转盘，供料速度一般，噪声较小，机构略显复杂

3）供料机构常见的问题是供料不顺或损伤物料（原因是多方面的，见图 1-48），因此必须掌握一些物料连续供给机构的细节设计，如直振、倾斜流道、输送带装置等，这些通常都是接在有整列定向功能的自动供料装置之后，作为供料系统的重要组成部分，对机构的工作性能影响显著。

图 1-48 供料不顺或损伤物料的主要原因

① 定位不佳的原因是多方面的：例如没有考虑到塑胶进胶口和五金件合模线（设计前要看看在哪个位置）的避位；例如定位的是物料容易受前段工艺影响而易波动的尺寸方向（见图 1-49）；例如没有遵循物料行进方向的“定位面就长就宽”原则；例如流道和物料的间隙不恰当等。

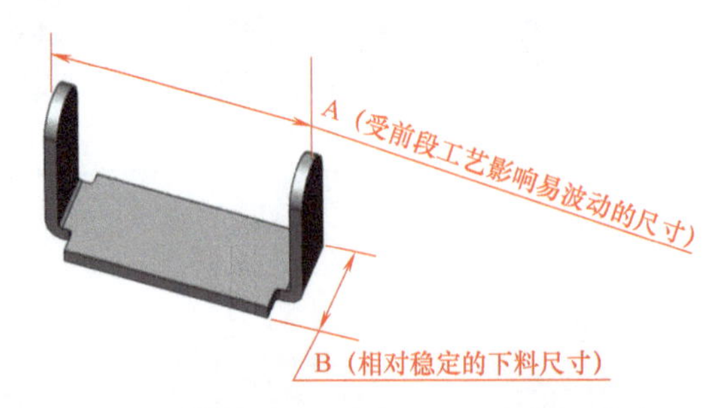

图 1-49 物料部分尺寸受前段工序影响较大

② 所谓智能，就是自动识别并进行相应处理。例如，借助视觉系统提前分析判断物料状态（OK 就装配，NG 则排除），使用光纤感测物料位置（物料是否到达装配位置），不能简单地把动作延时作为条件来定义机构的工艺动作，应多利用感应器或检测元件来实现。

③ 来料尺寸不稳定，但不是影响装配结果（例如定位或尺寸）的情况，可尝试考虑增加导引或防呆机构来克服；如果装配的物料尺寸波动太大并且无法克服，那么最好是请客户改善物料，否则建议放弃这样的项目！

④ 卡料问题大都发生在流道与流道之间的衔接口，当出口限位或入口导引不佳时，就容易出现物料卡住现象。

除了上述原因之外，还可能出现的状况是：推进物料动力不够，例如直振选小了或安装尺寸配比不对，可能会造成物料行进缓慢的现象。

当对机构可能出现的问题有较为全面的认识并在设计上做好预防措施后，也意味着机构的稳定性和可靠度得到了保障，这也是为什么很多行业前辈建议设计新人要深入一线实践的原因。

1.1.2　上料机构

经过整列定向的物料供应到位后，要进行往下的一系列工艺，首先需要将其搬移到设备内部的预设位置（一般是移料机构的流道或定位载具、承座），能够实现这一功能的机构，我们称之为上料机构。特殊情况是，上料机构也可以是把物料/零件直接装配到另一个物料/零件构成半成品的机构。部分类型的上料机构，主体部分已被厂商标准化，市场上可以买到，称为 PPU（Pick and Place Unit，即拾放模组），如图 1-50所示，但柔性较差，价格偏高，主要用于精密电子行业。

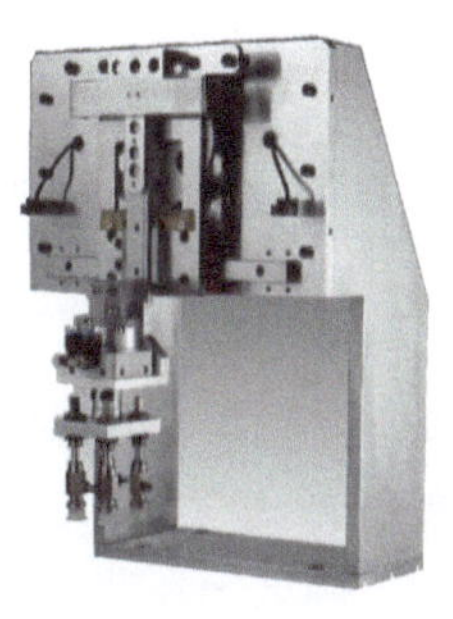

图 1-50　市面通用的 PPU 模组

上料机构可归属为搬运类机构，把物料从 *A* 点搬运到 *B* 点或更多的位置，因此也叫作拾放机构或移载机构，意思是将物料拿起来移动到另一个位置放下去。为了描述得更清晰，可以这样来理解：如果是布置在供料机构之后的搬运机构，我们叫作上料机构，否则就叫作拾放机构或移载机构。

如图 1-51 和图 1-52 所示，上料机构包含了执行机构（亦可理解为工作端）、导引机构、动力源、机架和附件等部分。其中，执行机构可以是夹爪，也可以是吸嘴等，每次设计都要依据产品、工艺、要求等二次确定；导引机构主要用于限制执行机构的运动轨迹，确保速度和精度及负载能力等达到工况要求；动力源则提供相应的动力。除了这些核心设计内容，还需要设计稳重的机架，以及检测、限位、防护等辅助或配套的部分。

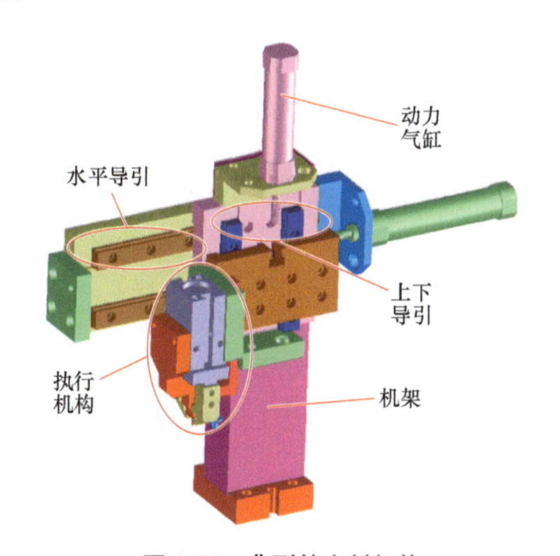

图 1-51　典型的上料机构

1. 设计指标

供料机构的设计，以物料的整列定向和顺畅的连续性供给为目标；而上料机构的设计，则更多侧重以下几个方面（“一力”“二度”“三性”），当设计或评估一个上料机构时，要围绕这些内容来进行。

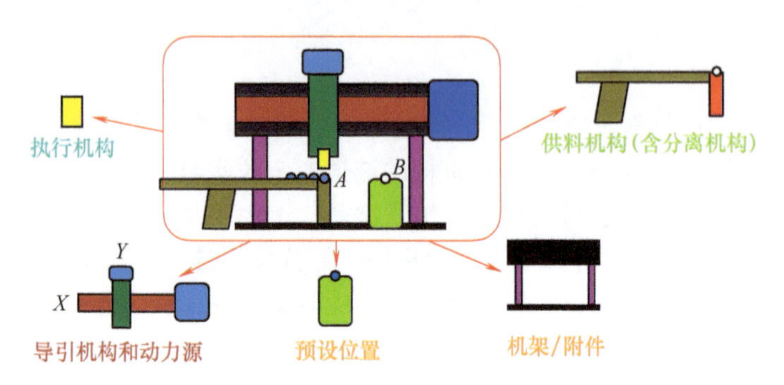

图 1-52 上料机构的功能构成

机构的负载能力、运行速度和精度是上料机构正常工作的最起码的硬性指标，主要决定于动力类型和导引（物体按一定规律运动到目标位置的约束）方式。

（1）负载能力 机构负载能力包括以下两个层面的内容。

1）机构能够克服外界阻力的富裕程度，这部分主要看动力源的选择，不建议通过计算后选定一个规格刚好适用的动力源，最好能够做到“绰绰有余”，因为非标设备的机构有很大的不确定性（从设计到加工、装配、调试等环节，都是非标的，经常会有各种“意外”），如果动力“刚刚好”就很容易出现问题。例如经过计算分析，某个机构用200W的电动机是可以的，但可能安装的技术员技术不到家，机构移动起来没有那么顺畅，相当于增加了阻力，整组机构动起来就会有“卡卡的，动力不足”的错觉。

2）机构能够抵抗意外破坏的耐用程度，这部分主要看选用的导引（物体按一定规律运动到目标位置的约束）方式是不是足够强健。例如直线导轨的选用，大多数设计人员考虑的可能是该工况下正常工作需要多大的规格。但事实上还不够，还需要考虑在“意外情况”下，该直线导轨能否承受得住，不能因为一次异常的误操作就报废了吧？因此，对于导引方式及具体零部件的规格选用，原则上越强越好，这样不容易损坏。

当然，主张动力和导引方式宜大不宜小也不是无限制的，毕竟规格越大，空间占用就越大，价格相对也越高，这需要在设计时综合考虑。一般来说，在满足起码要求的前提下，只要动力元件外形和机构尺寸是协调的，可以选大一点；同样道理，在满足起码要求的前提下，在选用导引件的时候，也需要兼顾动力的情况。例如，同样一个上料机构，当动力源分别是一个缸径 ϕ20mm 的气缸和一台功率200W的电动机时，出现异常状况对机构导引件的破坏程度就会有差别，后者往往需要有更高承受能力的导引件。

（2）速度和精度

1）精度需要思考的问题是：执行机构是否每次都能停留在预期位置；假设精度不足，会出现什么后果。上料机构精度主要取决于以下几个方面。

① 动力源的停止精度，例如选用伺服电动机，则看分辨率，如果和滚珠丝杠配套使用，由于电动机转一圈进给1个导程，可以按比例将角度误差换算成线性位移误差。

② 导引方式的移动精度，例如选用线性导轨，则看高度、宽度的配合误差以及移

动平行度（类似这些数据都可以通过查询厂商的产品型录来获取）。

③ 物料的定位方式是否合理，例如产品和定位零件的间隙值取得是否准确。

④ 实际机构的安装和调整精度，这方面主要取决于装配调试人员的技能和经验。

成本和精度几乎是成正比的关系，笔者建议，对于精度的把握，应该以特定产品工艺要求为准，"量体裁衣"，不能片面地认为机构的精度越高越好。

2）速度这个参数是设备生产节拍的决定因素之一。由于设计新人对于速度往往缺乏实战性的理解，稍不注意就会出现一些设计纰漏。事实上，设备空运行和生产运行的速度往往差别很大，主要原因是，机构时间只是生产节拍的重要影响因素，但不是唯一，见表1-2。平时应多看看现成设备（自己车间的、网上视频的、展会展览的等）的运行状况，培养一些"感觉"，久而久之就会明白类似这样的问题，为什么一个理论上1s可以做完的动作，实际需要1.5s或更长时间。

表1-2　设备/机构生产节拍的影响因素

生产节拍/s			
机构时间	工艺时间	控制时间	其他影响
采用电动机构，可估算出大致时间；采用气动机构，更多基于经验判断（因为气动不是稳定动力源）	与产品结构有关，例如装配导向性不好的产品，往往有动作延时需要；与工艺要求也有关，例如电阻焊工艺本身就需要时间	包括位置感测、动作延迟、程序运行等，根据机构的复杂程度和工艺实施要求，几毫秒到几百毫秒不等	设计不周原因，例如机构负载能力不足，只好降低速度；装配调试原因，例如产品定位不准确，速度快了就会压坏产品等

注：有速度方面的量化要求时，要尽量避免气动机构（改用电动机构）

在具体设计时，需要注意以下两个方面：

① 机构完成动作的周期时间是否达标，包括动力输出的速度是否足够，标准件和零件是否适用于该速度，产品工艺本身能否满足该速度等。

② 如何缓解速度过快带来的副作用，例如如何减小高速作业带来的冲击；机构振动加剧，有无防松的必要；有无其他润滑、冷却、磨损问题等。

（3）平稳性，调整性，经济性　一个上料机构，负载能力、运行精度和速度都达标了，未必这个机构就设计到位了，还有一些需要注意的问题，例如平稳性、调整性和经济性也是非常重要的隐性要求，虽然没有什么量化数据来衡量，且更多是作为原则指导设计，但运用得当可展现个人的设计基本功。

1）平稳性：零件的固定是否足够牢固，移动部分的限位是否足够稳当，工件的强度是否足够盈余，机构的刚性是否足够可靠等，这些都会影响机构的运行效果。如果机构实际运行起来摇摇晃晃，那基本可以断定是失败的。

2）调整性：非标机构设计特殊的地方，在于存在很多的未知性，因此机构的运动行程和位置，需要预留足够的调整空间，且要便于操作。调整性贯彻得是否到位，对于客户的使用和评价，有着较大的影响权重。

3）经济性：并不是说越便宜越好，而是应该以客户为导向，有些客户喜欢气动机构，有些客户喜欢电动机驱动的线性模组，还有些客户喜欢工业机器人……原则上按客户偏好来设计，否则可能会出力不讨好。

2. 设计方法

提到设计，我们可能会想到“创新”“专利”“技术含量”等关键词，事实上，正如在“入门篇”中提到的，非标设备的机构设计很特殊，更多地要突出“非标”“应用”“速成”“成熟”这些特点（需要设计人员牢牢记住）。例如上料机构（其他机构也类似）的设计流程便分为两种情况。

情况一，从未做过类似机构，也找不到可借鉴资源，那么构思一般是从执行机构开始，分析运动，确定导引方式和动力，如图1-53所示。一开始绘制的机构不用太细节化（粗糙点都可以），等这些核心内容有谱后，再边检讨校核边调整修正（主要是空间占据、工件尺寸、机构位置等），直到机构最终完成。

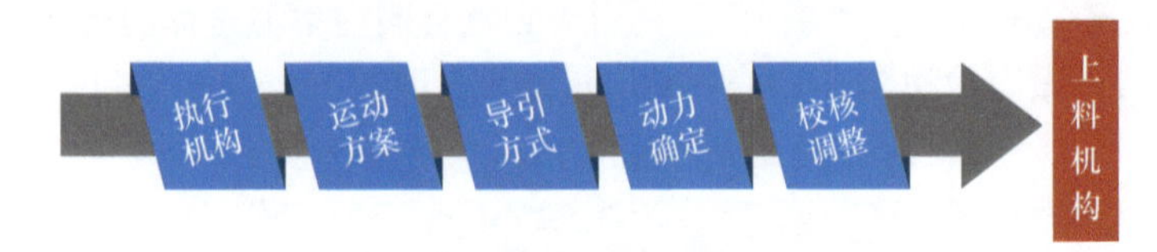

图1-53 上料机构的设计流程

情况二，做过类似或相同的机构，或者已有现成案例（别人做过），一般就直接跳过构思的部分。对于工况简单或要求重合度高的场合，大概判断一下，改一改执行机构就差不多了；对于工况和要求较为严苛的场合，则需要进行必要的分析校核与调整确认。

当然，无论是哪种情况，从学习的角度，还是要了解一些设计的基本原则、方法和技巧。下面针对流程的一些重点步骤，再着重阐述一下。

（1）执行机构（也叫作工作端） 在特定产品、工艺、品质等约束要求下，几乎每次都要重新设计，所以要非常熟练。电子行业的上料机构，常用的执行机构有夹爪和吸嘴两种方式，二者各有特点，什么时候适合夹爪，什么时候适合吸嘴，设计者要心里有数，夹爪和吸嘴的适用场合见表1-3。

表1-3 夹爪和吸嘴的适用场合

方式	产品特征				
吸嘴适用场合	薄片状	轻量化	表面平整	怕刮伤、变形	拾放
夹爪适用场合	细长条	比较重	凹凸或曲面	不易变形，允许刮痕	拾放+预装配

1）夹爪。只要设计出定位零件，然后安装到气动手指（简称气指）气缸上，就构成了一个具有夹持功能的夹爪。夹爪设计的核心内容是：定位精度及夹持能力。在夹爪的设计过程中还要注意一些细节设计，例如，是不是抓在产品定位效果较好的部位；是不是有足够的夹持力并且不会伤害到产品；是不是在搬运或装配过程中有防呆（不会错漏）措施等。这些都依赖于平时的学习积累。

① 根据不同的产品夹持工况，需要选用不同的夹持方式，如图1-54所示，常用的有气动、电动、非标三种方式，一般普通物件的夹取常采用气动夹爪（如果没气源则只能采用电动夹爪），其应用普遍，但容易夹伤产品；易破碎、易变形工件的夹取

常用电动夹爪，其夹持力可控，但成本较高；工况特殊的场合则需要根据要求定制非标夹爪。

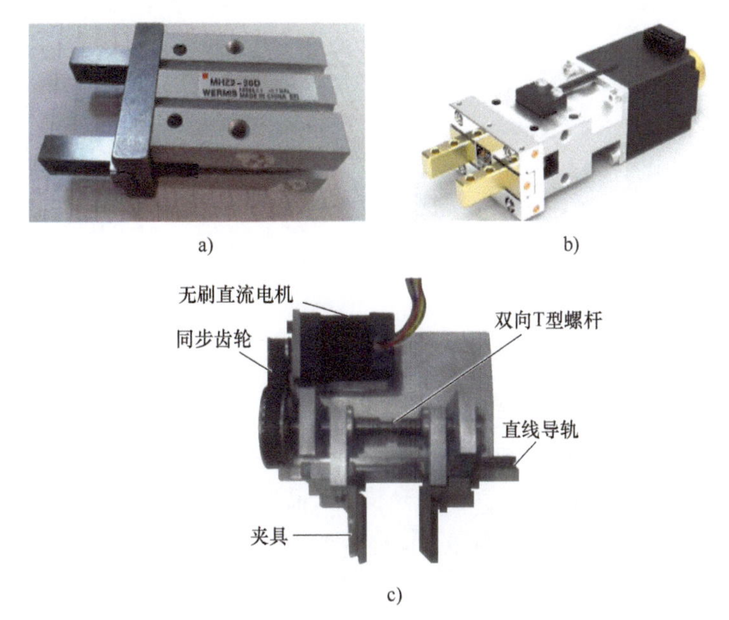

a)　b)

c)

图1-54　适用不同工况的夹爪形式

a）气动夹爪　b）电动夹爪　c）非标夹爪

夹爪有很多类型，除了有两爪的，还有三爪、四爪等，各有特点，可依据定位效果来设计。例如：两爪（平行移动）最常见，还有三爪、四爪的用在一些特殊场合。如圆柱、圆环形零件用三点夹持（三爪夹爪）更合理；如安装矩形密封圈（安装前四个边需要张开）可用四爪夹爪来实现，如图1-55所示。

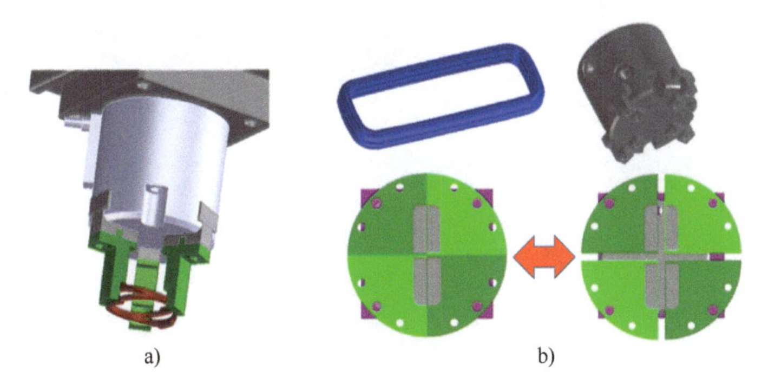

a)　b)

图1-55　适用于不同工况的气动夹爪

a）三爪　b）四爪

② 应夹持产品厚实或强度较高的部位，定位要平衡稳固（以防抖动或脱落）。

③ 由于夹爪机构运动频率较高，通常都会设计得比较细薄、小巧，需注意薄弱位置强度是否足够，以及更换的便利性。

④ 产品比较小或比较长的情况，要考虑抓取前先进行导向、定位或校正，如图 1-56所示的机构增加了定位针的功能（气指气缸上有很多安装孔可以利用）。

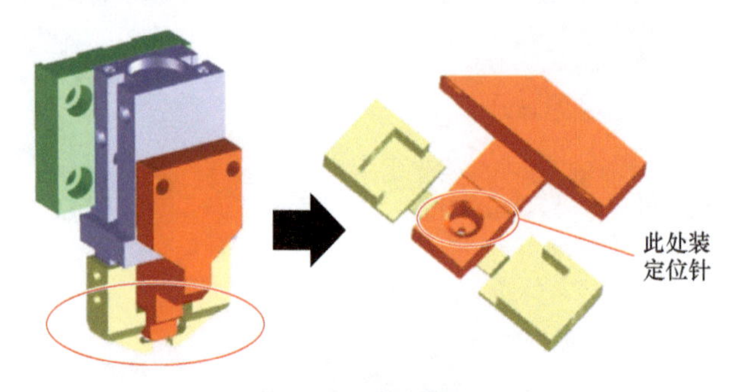

图 1-56 定位针定位

⑤ 某些情况，标准的夹爪是用不了的，例如空间非常小的情形，这时就要考虑自己设计夹爪机构（动力源仍然可以用气缸），但要确保机构有足够的精度和强度。

⑥ 夹爪没有人手那么灵活，为了避免伤及产品，要注意一些细节，例如某些场合要用聚四氟乙烯（一种白色工程塑料，俗称铁氟龙）。

⑦ 某些场合的夹爪定位零件表面（和产品接触的部位）要开设纵横交错的浅槽或纹路防滑。

2）吸嘴。如果遇到一些产品怕剐伤或薄弱以致夹持不了的情形，则采用真空吸嘴作为执行机构。吸嘴有两种，大多数情况采用标准的胶质吸嘴（选型见第 2 章 2.2 节），如图 1-57 所示，或海绵吸嘴（适用包装箱之类的吸附）；产品表面不规则或者有特殊要求（如作业空间很狭小）的场合，则可能需要自制非标的仿形吸嘴（吸附孔根据产品形状来定，圆孔、长条孔均可），如图 1-58 所示。需要注意以下几个方面。

图 1-57 标准的胶质吸嘴

① 吸嘴触碰产品的过程需要有缓冲（弹簧）。

② 吸嘴是有力量范围的，选型要留意是否足够（取决于真空度和吸嘴面积），另外如出现吸附失效的情形，要有真空报警装置，吸附动作也是有响应时间的，在评估机构时间时要考虑进去。

③ 如果吸附的面积较大，可增加吸嘴（孔），如果是自制的非标吸嘴，最好拆分成若干吸附点/块，以防接触面不平而失效。

总而言之，无论采用夹爪，还是吸嘴，根据不同工况，执行机构的设计是灵活多样的，也比较考验通过机构设计解决问题的能力，所以平时要多思考和总结。如图 1-59所示，当夹持物体积较大，而夹爪气缸张开的幅度不够时，可考虑间接放大初始位置的方式来解决。如图 1-60 所示，实际作业时，经常会遇到上料前后的物料间距状态需要改变的情况，采用一些比较巧妙的间距变换机构，可大大降低机构的复杂程度。这些都有赖于设计人员的非标设计（经验积累）。

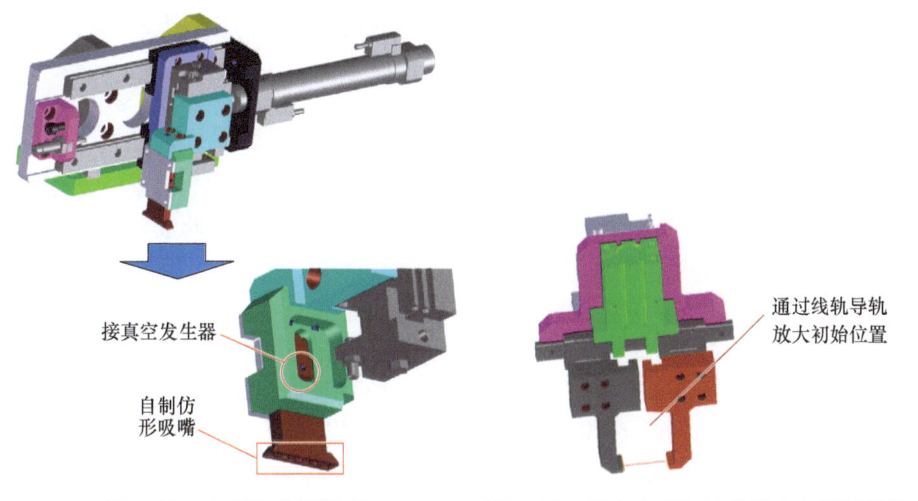

图 1-58 自制的非标吸嘴　　**图 1-59 解决夹爪初始位置宽度不够的机构**

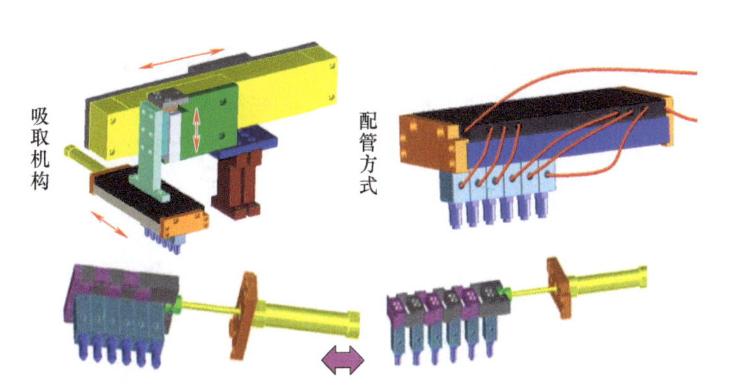

图 1-60 解决吸取和释放时的间距需要改变的机构

（2）运动方案　上料机构的功能是把物料从供料系统又快又稳地搬运到另一个位置，这就涉及运动方面的内容。参数包括位移（S）、时间（T）、速度（v）、加速度

(a) 等，其中最常见也最简单的是“停止-运动-停止”运动，从静止到运动或从运动到静止，由加减速和匀速等运动组合而成，如图 1-61 所示。

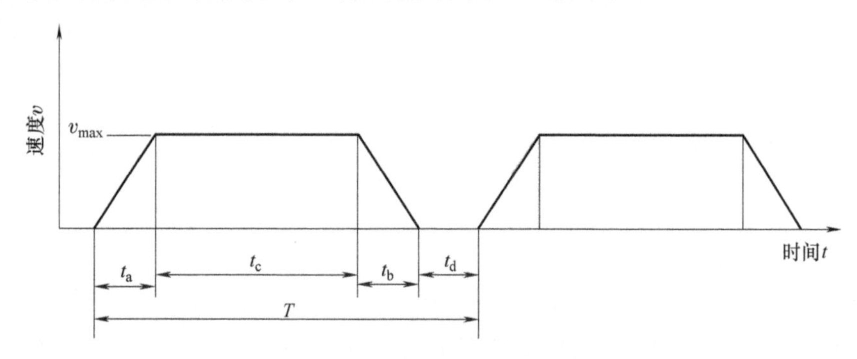

图 1-61 “停止-运动-停止”运动

以某一段“停止-运动-停止”运动为例，物体在时间 T 内的行程为 S，则：

$$T = t_a + t_b + t_c + t_d$$

$$S = S_a + S_b + S_c + 0$$

下面对图 1-61 中所示的几个参数进行介绍。

1）行程 S。在不重要的场合，根据设备空间来定，以布局协调为原则，大一点小一点都可以；但对作业时间有要求时，就要尽量往小定，尤其是一些高速设备，行程缩短 1mm，都会有它的意义所在。

2）时间 T。当客户的要求匹配或低于我们既有经验能达到的水平时，直接给出数据，反之则要进行必要的评估和确认。例如要设计一个上料机构，把物料从 A 点移动到 B 点，手头刚好有个现成的机构（原来的作业时间是 2s)，现在客户要求做到 1s，能不能直接拿来就用呢？能，依据在哪里，不能，原因又是什么，心存侥幸或敷衍了事都不是设计人员应该有的态度。

3）速度 v。通常希望作业速度越快越好，但一方面受限于机构的性能，另一方面取决于产品工艺，同时还受限于控制需要和其他因素的影响，往往会有一个瓶颈。所以实际的做法是，在行程确定的情况下，根据作业时间来设计满足要求的机构。需要注意的是，只有当机构的运动参数可控时，用运动规律来分析才是必要的，否则几乎没有什么意义。例如，我们都清楚气压是非常不稳定的动力源，那么用气缸去驱动机构，几乎不太可能确定速度和加速度，最多就是大致判断一下（如要精确量化，一般换用电动机构)。

4）加速度 a。这个参数非常重要，表示单位时间内的速度变化量，是运动和外力（F）联系的桥梁，如果运动物体的质量是 m，根据牛顿第二定律，$F = ma$。

假设最大速度为 v_{max}，t_a 段的行程为 S_a，则匀加速段：

$$v_{max} = at_a$$

$$S_a = at_a^2/2 = v_{max}t_a/2$$

类似的，匀减速段：

$$v_{max} = at_b$$

$$S_b = at_b^2/2 = v_{max}t_b/2$$

匀速段：

$$S_c = v_{max}t_c$$

5）转动。提到运动规律，作为类比，这里把转动涉及的公式也罗列一下。如图 1-62 所示，假设圆周上的 A 点以角速度 ω 转动，经过时间 t 转动到 B 点，发生角度为 ϕ，则：

图 1-62　旋转运动示意图

角位移 $\phi = \omega t$，单位是弧度（rad）。

A 点线速度为 v，圆周半径为 R，则有 $v = \omega R$。

角加速度为 α，单位是 rad/s^2，从静止开始加速到 ω，历时 t_a，则 $\omega = t_a\alpha$（角速度 ω，单位是弧度/秒，即 rad/s）。

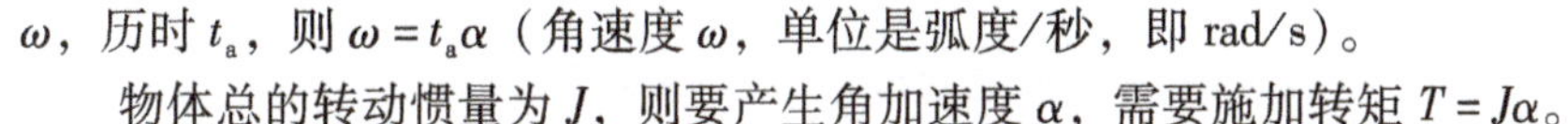

物体总的转动惯量为 J，则要产生角加速度 α，需要施加转矩 $T = J\alpha$。

通常说的转数 n，指的是每分钟转过的转数，单位为 r/min，与 ω 的关系为 $n = 60\omega/2\pi$。

（3）导引方式　不管机构多么复杂，都希望运动的轨迹简单直接，因此绝大部分采用线性导引方式。同样是线性导引，具体的实现方式有很多种，最常见的是采用线性导轨，如果行程较小且负载能力要求高，可采用非标的滑槽滑块方式，如果要节省空间，亦可直接采用带导引功能的气缸（滑台气缸或导杆气缸）或电动线性模组等。

就导引方式的设计而言，在保证设计指标的前提下，几乎是自由发挥的（没有设计标准）。当然，再怎么天马行空，正如“入门篇”（194 页）提到的，总有一种优劣等级的观念左右着我们，指引着我们应该这样或那样来做具体的设计。

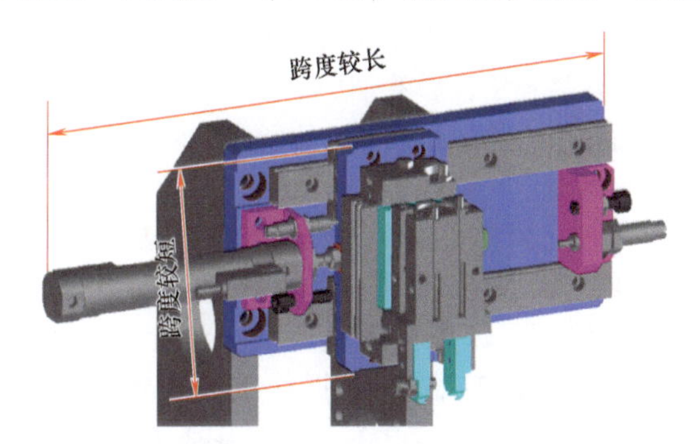

图 1-63　反映一定设计观念的设计

图 1-63 所示的设计，水平方向的跨度较长，采用线性导轨作为导引方式，动力是笔形气缸；竖直方向，其实也可以采用类似图 1-51 所示的方式，但这里直接采用了滑台气缸（兼具导引和动力作用），空间跨度显得比较节省，这就反映了设计人员的设计观念。设计观念往往是初学者比较欠缺的，最好能多向前辈请教，如不重视学习和提升，技术水平的提高会受到制约。

（4）动力确定　根据动力类型，非标设备大致可以分为气动、电动两种类型（也有液压类型设备，但用得较少，本书从略），如图 1-64 所示，根据实际需要，也可能会气、电混搭，但总体而言，气动设备在制造行业应用最广（占比可能在 80% 以上）。

气动设备采用气缸或真空元件作为动力源，其特点是工艺动作单一，机构相对简单，设计比较容易上手，几乎不需要机械方面的理论支撑。

电动设备采用电动机作为动力，也被大量应用。多被用于高速、复杂、品质要求高的工艺动作，机构相对复杂，设计时需要熟悉基本的机械理论乃至分析计算，常与气动机构混搭使用。

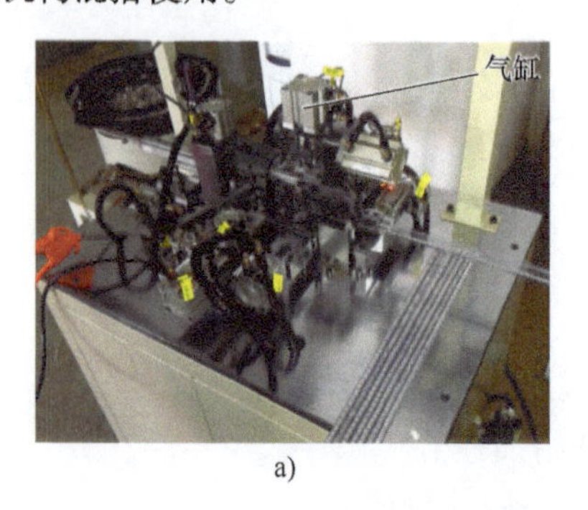

a)

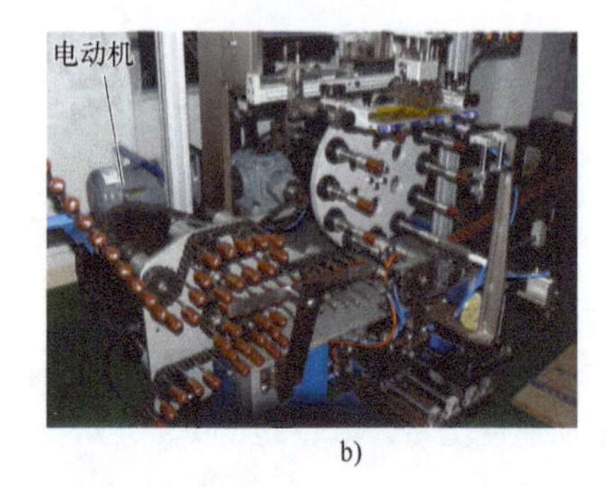

b)

图 1-64　根据动力进行分类的设备类型

a）气动设备　b）电动设备

对应到具体的机构，由于机构性能和要求的差异性，动力选型的方法和难度也有所不同。例如一个普通气动上料机构的动力选型，由于实现的工艺动作都比较单一，只需确保起始和终止位置即可，因此除了需要大致确认一下空间、行程、缸径（负载能力）及动作时间，基本上不需要什么计算分析。因为气动本身就不是一个稳定的动力类型，即便有精确的计算，也经常出现实际和理想有很大偏差的情形，所以更多依赖于经验判断。很多基层员工，看的生产设备多了，自己就能做做类似的简单设计，就是这个道理。现在企业倾向于发展“简单、速成”的气动相关设备，即便设计人员并不精通多广多深的机械理论，也可以有一些成长和发挥的空间。但如果据此认为非标机构设计易上手，那就是一个误区了。从事这个行业，做个三五年设计的，可以说已经入门上手了，但还没有一个敢说自己已经什么都会了，因为技术或设计难度往往不在机构层面。

（5）校核调整　如果设计的是一个要求较高的机构，则可能需要做一些分析和校核的工作，尤其是在负载能力、精度、速度等方面，如何确保，依据什么等，都必须做到心里有数，言之有据。如图 1-65 所示，假设要设计一个机构，固定座从 *A* 点移动到 *B* 点，当有速度（多长时间）和精度（尺寸公差）要求时，除非已经有成功案例或对性能了如指掌，否则就需要简单地评估一下导引方式（线性导轨）和动力（电动机 + 丝杠）是否能满足要求。机构本身不是很复杂，但是初学者如果拿来就用，不求甚解，在某些情况下就会出问题，例如为了降低成本，将伺服电动机换成步进电动机了，结果发现机构的运行周期达不到原来的要求（步进电动机一般工作在数百转/min，而伺服电动机则可以达到几千转/min），最后搞得手忙脚乱，狼狈不堪，完全没有必要，也是

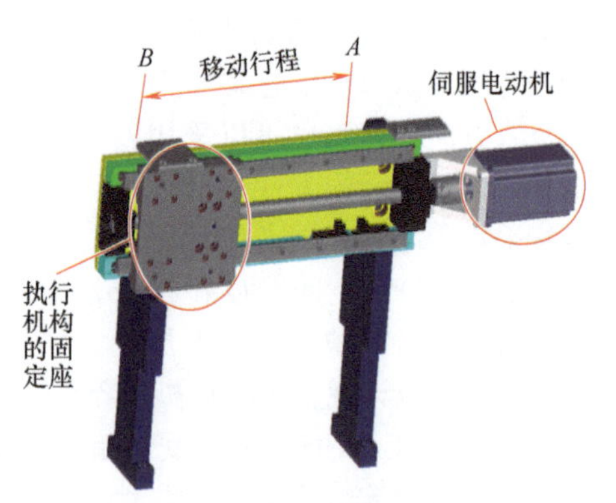

图 1-65　校核调整

可以避免的。

（6）案例掠影　作为通用性的非标设计指导，由于篇幅关系，本书无法针对某个特定行业或工艺对每个机构进行详尽讲解。下面简单罗列一些常用的上料机构类型（忽略执行机构，以动力 + 导引方式进行简单划分），仅供了解。如果读者朋友们感兴趣的话，可以到有关网站下载类似的模型，认真揣摩设计细节，再结合本书中的一些设计要点，掌握机构本身的设计并不困难。

1）（笔形）气缸 + 线性导轨。如图 1-66 所示，其特点是成本低，广泛应用于连接器、开关、五金等行业的散件上料和装配工艺。机构速度一般，稳定作业时很难达到 1s 以内，固定小行程（如 200mm）可考虑选用。如果动作太快，机构的冲击比较大，不仅会降低稳定性，还可能破坏薄弱机件，一般需要在限位处增设缓冲器。

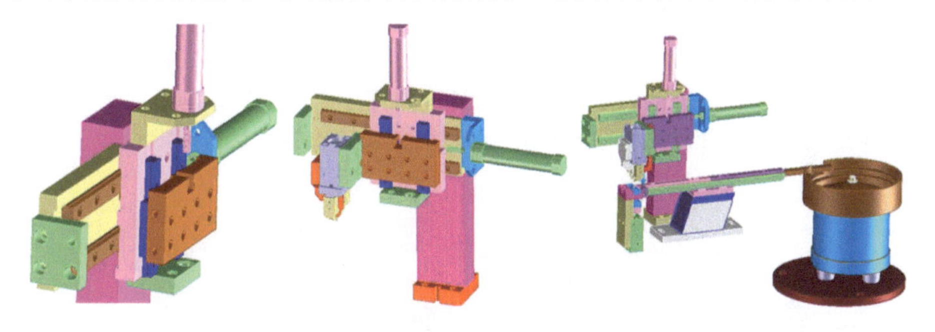

图 1-66　（笔形）气缸 + 线性导轨方式

以气缸作为动力源的类似机构还有很多，可根据不同场合选用，例如：

“气缸 + 线性导轨”用精密气动滑台（如 MXW12-150-F9N）来替代，如图 1-67 所示，虽然成本略高，但可节省空间，也减少了设计的绘图量，只需设计执行机构，再固定到滑台气缸即可。

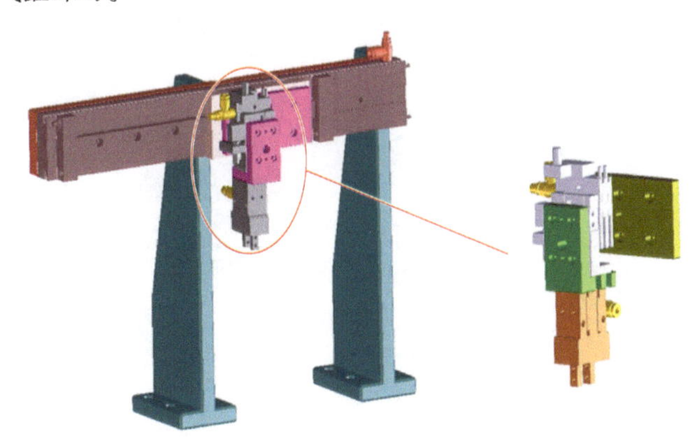

图 1-67　精密气动滑台方式

如果行程过大（如 600mm），则普通的“气缸 + 线性导轨”机构会显得很长，可用磁偶式无杆气缸（如 CY1L15H-600-A72H）来替代，这样可节省空间，也减少了设计的绘图量，只需设计执行机构，再固定到无杆气缸即可，如图 1-68 所示。

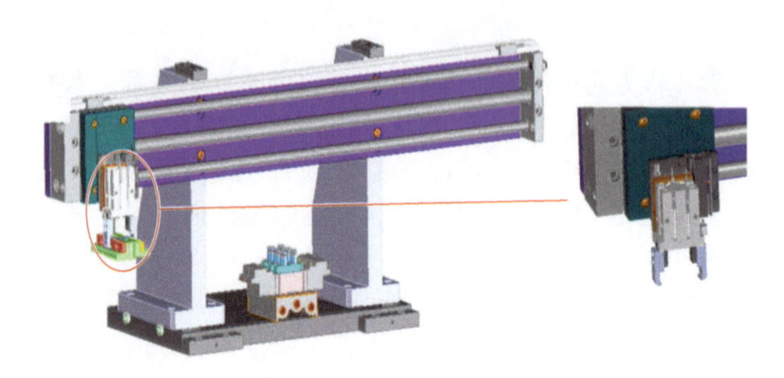

图 1-68 无杆气缸方式

2）电动机 + 丝杠 + 线性导轨。如图 1-69 所示，其特点是成本高，广泛应用于连接器、开关、五金等行业的散件上料和装配工艺。机构的动作平稳，精度和控制性能佳（可在行程内任意位置精确停动），运行速度决定于电动机转速和丝杠螺距及执行机构的设计，比较适用于中小行程场合，也是很多线性机器人所采用的机构形式，如图 1-70 所示。

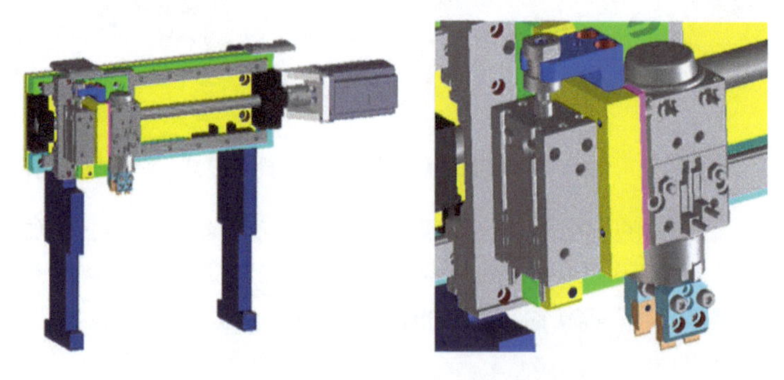

图 1-69 电动机 + 丝杠 + 线性导轨方式

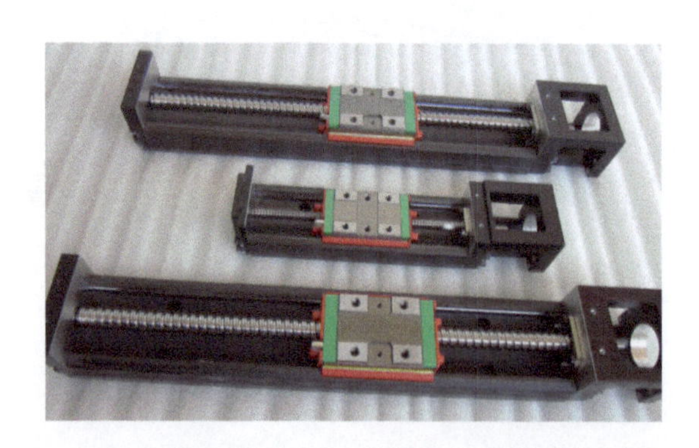

图 1-70 线性模组（配上电动机后，也叫线性机器人）

3）电动机 + 封闭凸轮 + 线性导轨。俗称 n 形机构，如图 1-71 所示，其特点是成本偏高，一般用于连接器、开关、五金等行业的散件上料和装配工艺。机构的动作平稳，精度和控制性能佳（可在行程内任意位置精确停动），运行速度相对较高（水平行程 60 ~ 80mm、竖直行程 30 ~ 40mm 的机构，可以做到 0.5 ~ 1s），比较适用于中小行程场合。其动作原理是：伺服电动机（配减速机）带动红色工件摆动（角度可调），通过随动器带动机构沿黄色的n形轨道移动，此过程机构的上下和水平运动都是直线的。随动器和粉红色工件固定在一起，后者和机构（上下两个滑轨）是整体，在随动器的带动下，实现水平和竖直方向的移动。

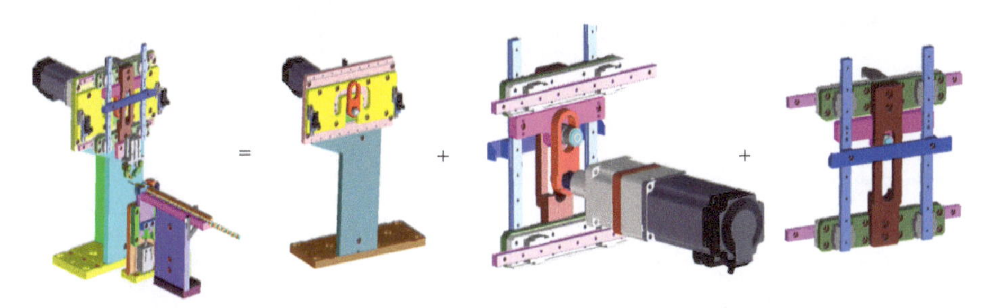

图1-71　n形移动机构

如图1-72所示，该机构的移动轨迹靠封闭的n形凸轮来保证，除了n形，还可以设计成其他的形状，如扇形等，形状不同，执行机构的运行轨迹就不一样。

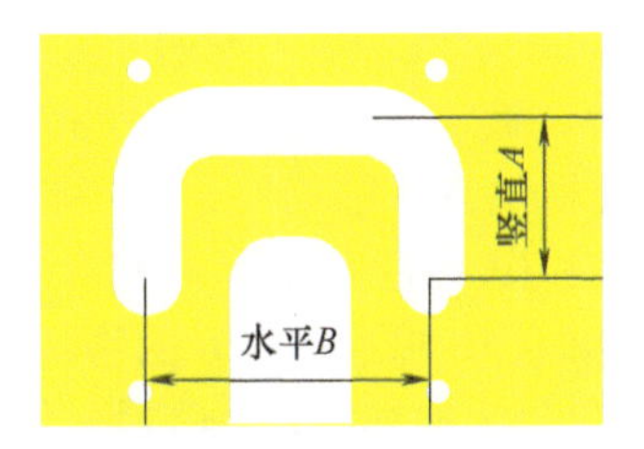

图1-72　特殊的n形凸轮

同样是n形上料机构，如图1-73所示，可以同时安装若干夹爪或吸嘴，这样在某些工艺下，会有很好的效率表现。

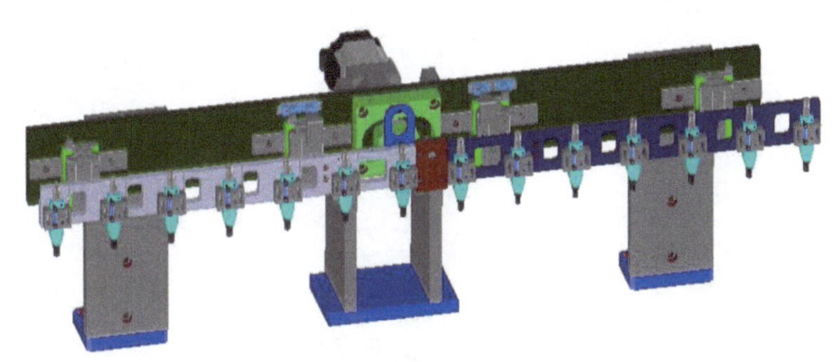

图1-73　整组搬移的n形机构

4）电动机+带传动+直线轴承（导杆）。如图1-74所示，其特点是机构的动作平稳，控制性能佳（可在行程内任意位置精确停动），移载速度相对较高，比较适用于中长行程的场合。与电动机+丝杠+线性导轨方式相比，这种方式精度上略有欠缺（一方面是移动距离大、累积误差大，另一方面是导引方式的精度稍差），但如果导引方式换成线性导轨（很多线性机器人采用的就是这种方式，见图1-75），则精度会大幅提升。

5）双电动机+上下/旋转搬运机构。如图1-76所示，该机构属于非标机构，通用性略差，但在特定场合，有一定的技术优势。机构空间占据比较紧凑，移载速度相对较高，控制性能佳（可在行程内任意位置精确停动），在特定的工艺动作下，有很好

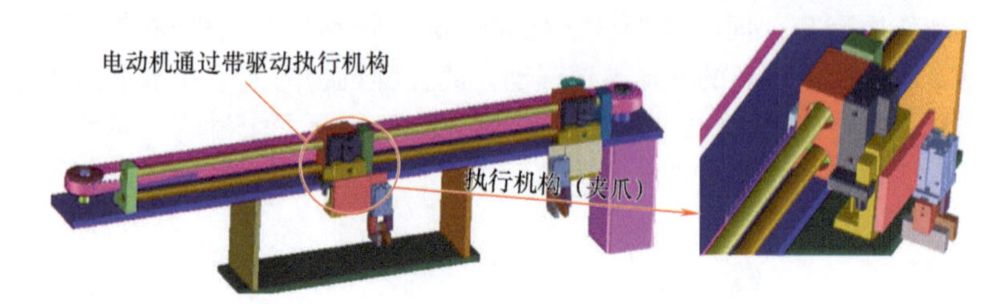

图 1-74 电动机 + 带传动 + 直线轴承机构

的效率和精度表现（作业速度可达到0.5s以内）。除了用于一些产品装配外，也适用于包装机等需要频繁动作的场合。该机构的动作原理为：振动盘为双通道供料，执行机构既可上下动作又可旋转90°（各由一个电动机控制），往下的时候，进行上料和吸取/抓取供料*A*的物料，往上转90°之后再往下，进行上料（供料*A*的物料）和吸取/抓取供料*B*的物料……循环往复（上料和吸取/抓取物料同步）。

图 1-75 电动机 + 带传动 + 线性导轨机构

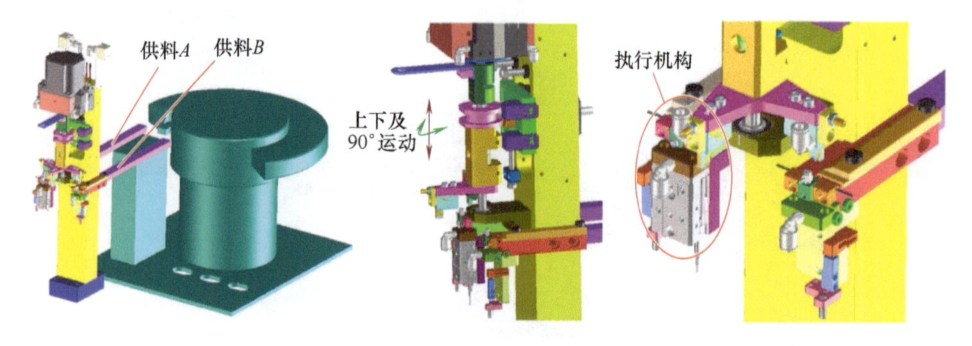

图 1-76 双电动机 + 上下/旋转搬运机构

6）凸轮机构。小行程的场合，有时会用到凸轮机构，可以自己非标设计（见图1-77），也可以外购标准机构（见图1-78），虽然成本较高，柔性较差，但机构动作快速而稳定，比较适合有速度要求的精密零组件的上料或装配场合。

7）工业机器人方式。如图1-79所示，工业机器人的精度和速度以及负载能力都比较高，而且通用性非常强，广泛应用于装配、搬运、焊接、码垛、加工等制造工艺，是一种典型的智能设备。就机构设计而言，工业机器人属于标准化程度较高的外购品，设计人员只需关注选型和应用，并且能根据工况设计对应的夹治具和周边设备即可。

当然，由于工业机器人的价格高昂，在某些工况下的应用性价比不如普通设备/机构，过去主要用于附加价值较高的汽车（占比约40%）和电子行业（占比约20%），要普及到更多行业并没有想象中那么容易。随着国家对于国产工业机器人产

图 1-77　模仿人工作业的非标凸轮机构

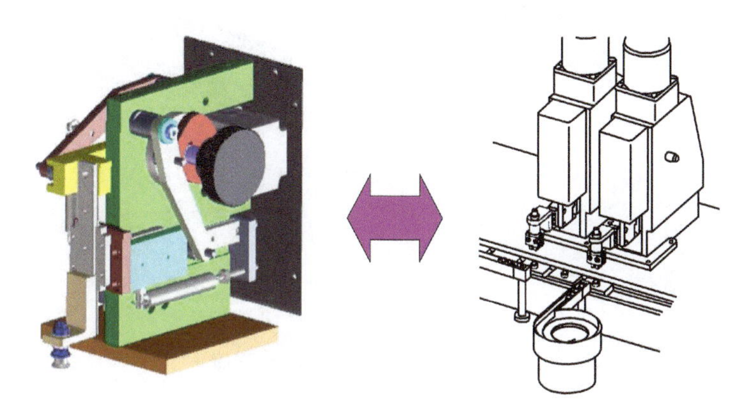

图 1-78　标准化的凸轮机构

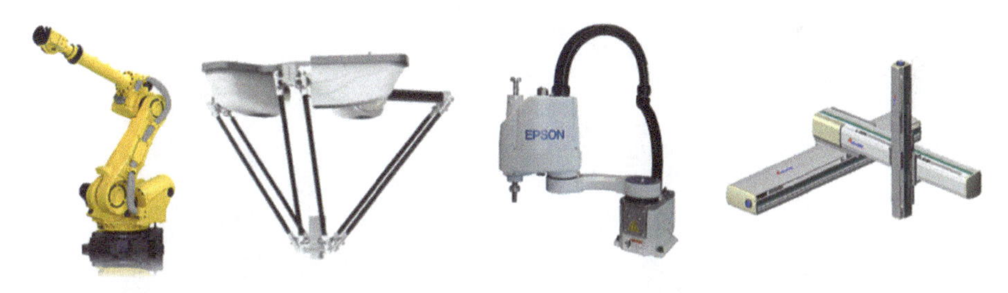

图 1-79　工业机器人方式

业的大力扶持，相信工业机器人的价格会逐年下降，应用的范围会越来越广。

除了本书的介绍，建议读者朋友们自己多思考、总结和积累，功夫在平时。类似以下这些机构，花些时间学习一下，需要时即可拿来就用。

图 1-80 所示是一个平行移动的双杆机构，可实现产品的三点（即第一次，产品 1 从 *A* 点到 *B* 点；第二次，产品 2 从 *A* 点到 *B* 点，产品 1 从 *B* 点到 *C* 点……循环往复）搬移。

图 1-81 所示的机架，采用了两根圆棒来支撑，简单直接，有利于布线布管，同时也增大了机构的调试、维护空间。

如图 1-82 所示，产品的定位方向和进料方向的不一致时，可采用旋转机构来过渡。

图 1-80 平行移动的双杆机构

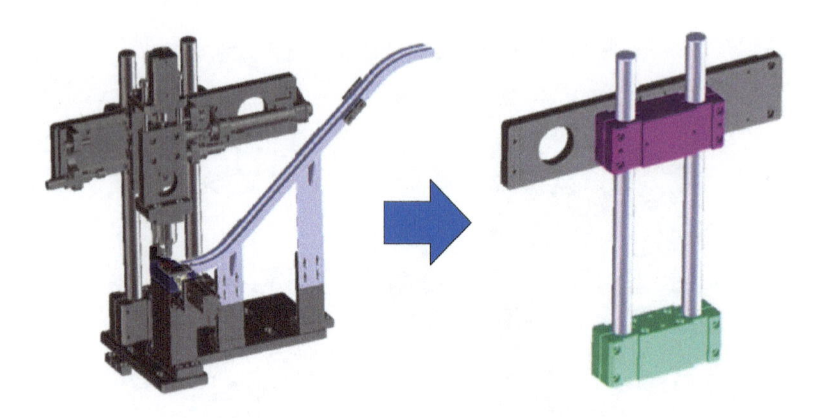

图 1-81 机架采用两根圆棒支撑

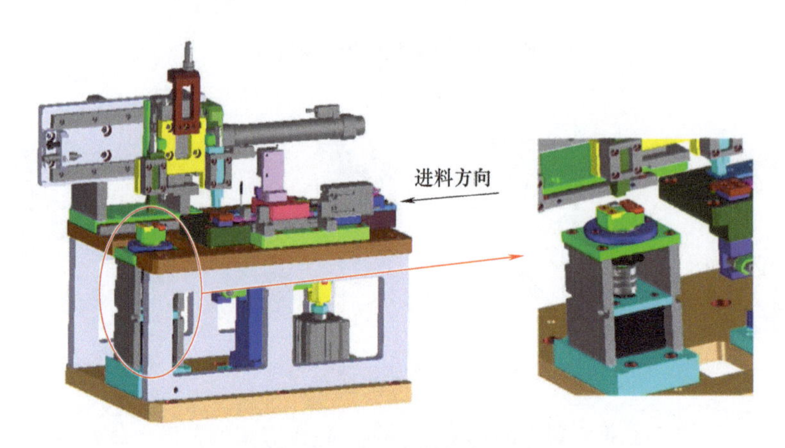

图 1-82 采用旋转机构过渡

上料机构的相关设计方法，事实上也适用于其他类型机构的设计，原则、方法、技巧、思路等大同小异，希望广大读者能够认真体会。如果能够结合所在行业、企业的机构案例，揣摩一些设计要点，如图 1-83 ~ 图 1-87 所示，牢牢抓住几个设计指标，找几个典型案例进行揣摩，并且自己动手画一画，相信很快就能上手设计。

1.1.3 移料机构

物料的加工一般会经历多道工序，这就需要有一个机构将其进行多个位置的搬移

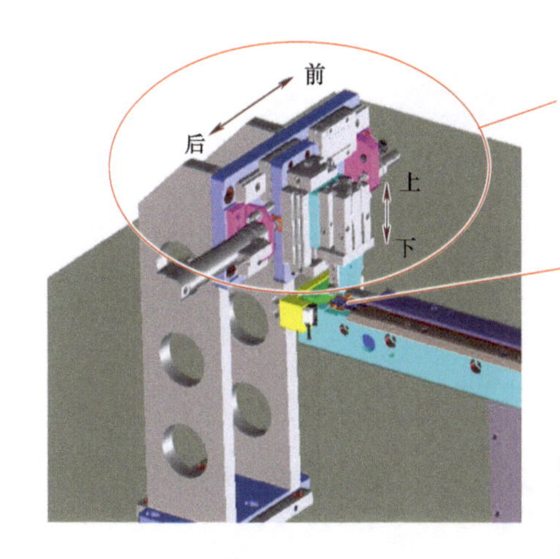
前
后
上
下
机构是否需要计算分析，与机构形式有关系，类似这种可免计算分析
物料供应到位后，被机构抓取到移料机构的预设位置，再实施系列工艺

搬移产品的执行机构，最常用的是夹爪和吸嘴两种方式，视工况选用

图 1-83　气缸＋线性导轨搬移机构

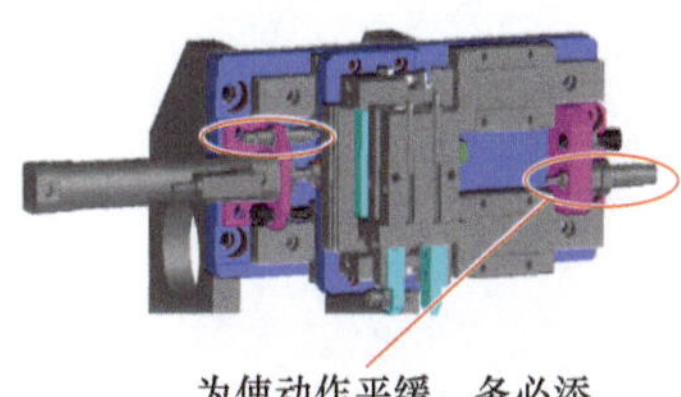
为使动作平缓，务必添加缓冲器，以减少冲击

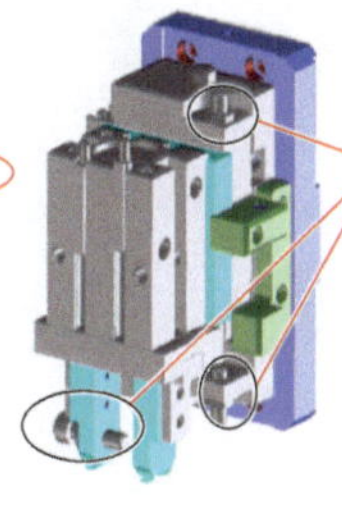
气动夹爪竖直移动及本身张合，都要有可调限位，滑台气缸也可用气缸+滑槽滑块方式替代

图 1-84　缓冲器和可调限位的使用

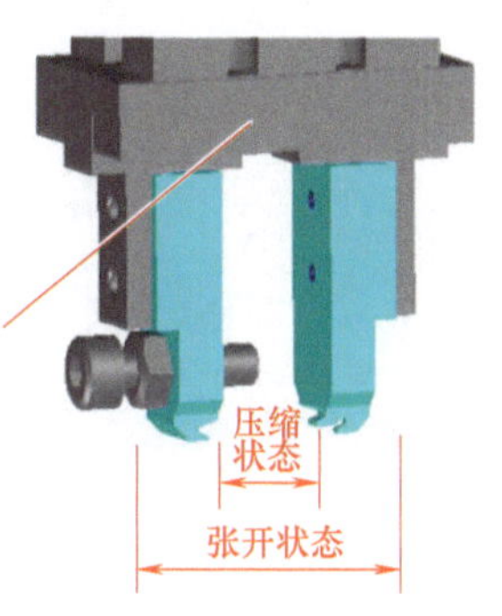
使用标准气动夹爪，需确认几个指标：夹持力；开闭行程；夹爪安装固定方式；夹爪定位产品是否牢靠等
压缩状态
张开状态

图 1-85　使用标准气动夹爪注意事项

或输送，直到最后成为产品，我们称这样的机构为移料机构。

如图 1-88 所示，如果说供料机构是自动化实施的先决条件，那么移料机构就是自动化设备的设计重点。在做自动化实施方案时，除了要评估产品的组件物料是否便于自动化供应，也要考虑物料在设备中的流程排配和对应机构的布局，在一些物料组件众多、工艺复杂、流程繁琐的场合，有时难度还是比较大的。一般根据产品设计、制程工艺、品质要求、现场条件等综合评估，这个工作比较考验设计者的经验和能力。尤

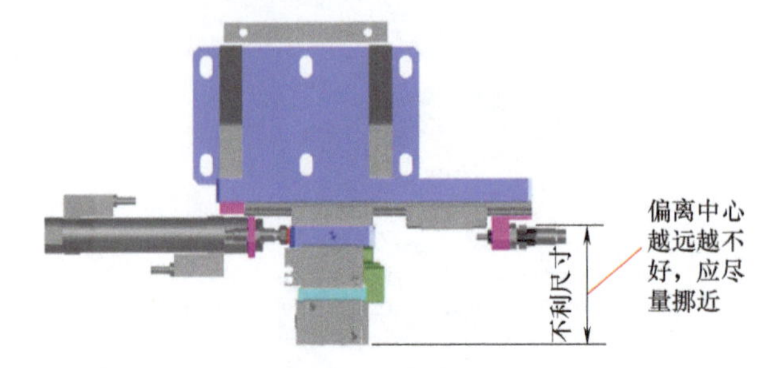

图 1-86 不利尺寸

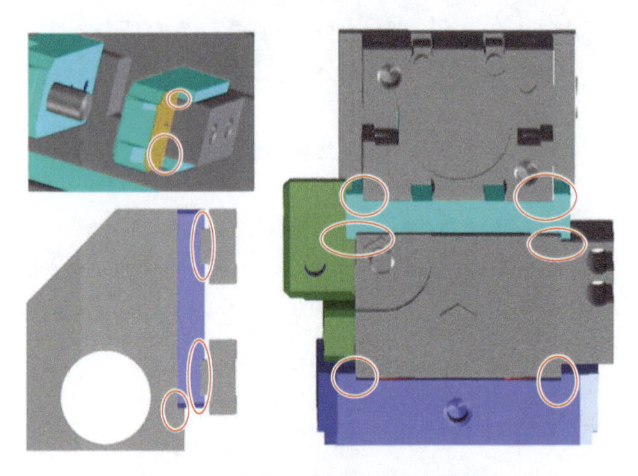

图 1-87 采用卡槽的方式定位零部件

图 1-88 移料机构是设备的设计重点

其是工艺复杂的生产线，物料能否从头顺畅地“流”到尾，是关乎设备正常生产的关键。

1. 物料流向

评估自动化实施方案的时候，一般会先将产品拆解成若干组件，再根据流程设计相应的工艺/机构，接着就会有一个问题需要解决：如何将这些工艺/机构合理地排配和布局，也就是物料流向的确定。

基于大量案例的分析后，笔者认为，物料流向可笼统划分为线性（非循环式）和非线性（循环式）两种（以及由二者组合而成的组合型），各自特点见表 1-4。

表 1-4　线性物料流向和非线性物料流向的特点对比

搬移方式	效率	精度	成本	维护性	拓展性	所占空间	适用情况
线性	有可能做到 1s 内	线性送料精度较高，转盘送料精度随直径增大而下降，但两者一般都需要二次定位	差不多，但同样工位下，用转盘略占优势，而用载具成本稍高，具体需要看设计	看设计本身是否有充分考量	如评估可行，较好实现	长度方向占空间多	1. 好定位的条形或块形物； 2. 工位太多或有高速要求
非线性	基本都是 1s 以上，但特殊做法效率高				如果是转盘，则不便实现	紧凑，占方形空间	1. 普便适用于简单工艺散件装配； 2. 不能走线性流向的物料

建议：以上是一个大概总结，具体到设计，实际上是非常灵活的。一般来说，优先选用线性流向，在不得已或有其他考量时，再考虑非线性流向。

很多精度要求不高的散件装配场合，大都采用非线性流向，因其优势明显：①散件产品通常采用载具或盛器放置，在流动过程中外观一般不会受损；②载具或盛器循环使用，柔性较好，更换载具或盛器就可以生产其他类似产品。

当然，非线性流向也存在短板：①由于物料采用载具或盛器间接输送，精度不足，需要评估是否符合工艺要求；②由于机构布局的紧凑和集中，工艺复杂的设备在调整维护方面会比较困难。

无论物料流向和机构布局采用哪种方式，总体的设计观念和原则如下。

1）再复杂的生产线也是由若干设备构成的，再复杂的设备也是由若干功能模组组成的。

2）产品制造流程决定物料流向和机构布局；作业工艺决定机构形式，形式优劣受限于设计观念和模型储备，不同行业的机构差异源自工艺的特殊性。

3）好的机器 = 合理的空间布局 + 成熟的工艺机构 + 融入审美观念 + 正确绘图 + 符合基本原理或数据要求。

4）机构 = 设计的加工件 + 符合期望的标准机/件 + 基本动作的再现或模仿。

2. 机构布局

物料流向的确定，也就是机构布局的确定，典型的非标设备机构布局大概有工站型、直线型、圆周型和环型等几种类型，各有适用优势。总体来说，笔者的建议如图 1-89 所示，有精度要求的场合，一般优先选用线性流向布局（工站型、直线型），在不得已或有其他考量时，再考虑非线性流向布局（圆周型、环型）。

（1）工站型　如图 1-90 和图 1-91 所示，产品工艺单一或半自动化的情形，常选用工站型布局，物料搬移机构相对简化很多。市面上的标准设备，大量采用工站型布局，在做设计时，可将其整合到非标自动线或设备中去。

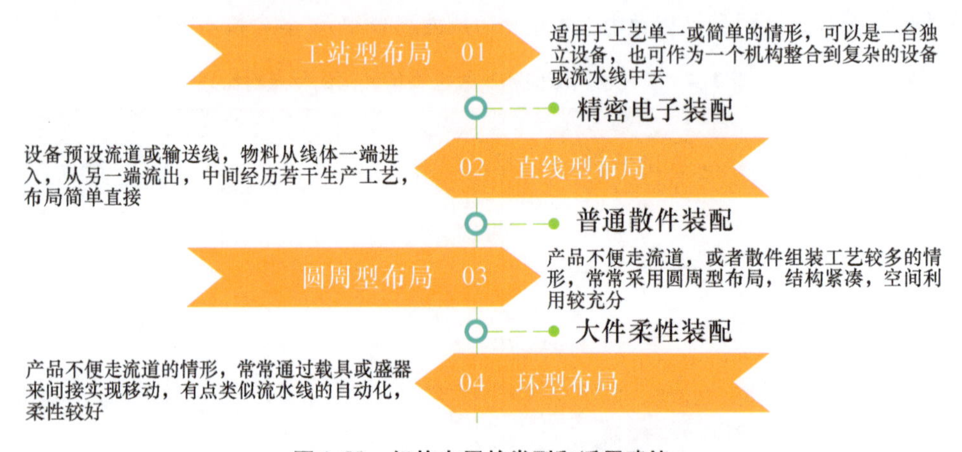

图 1-89 机构布局的类型和适用建议

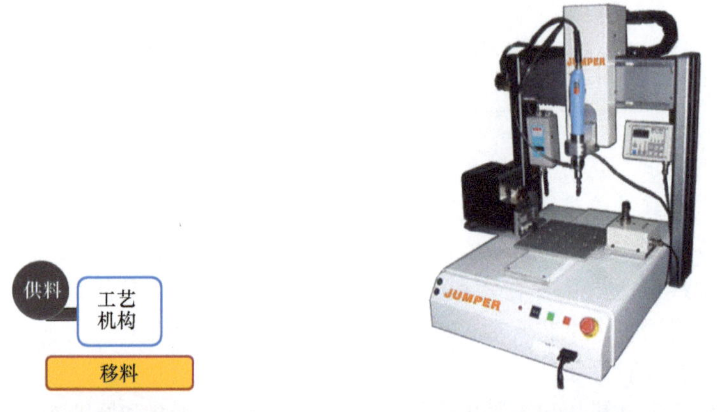

图 1-90 工站型机构布局示意图　　**图 1-91 三轴平台型螺钉机**（工站型布局）

（2）直线型（线性） 如图 1-92 和图 1-93 所示，从物料到产品的装配需经历一系列工艺，整体而言，机构的布置呈直线特征。

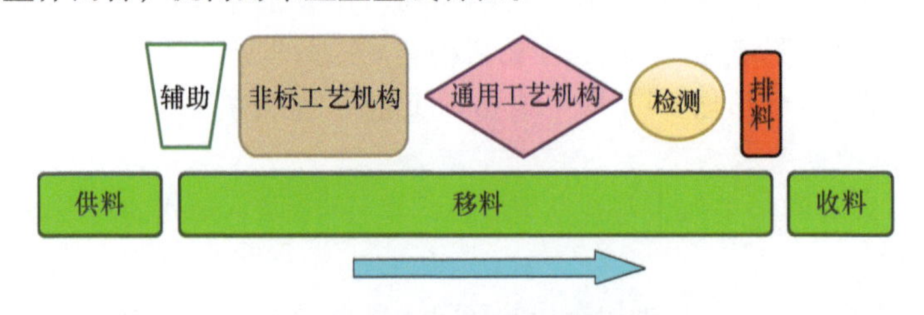

图 1-92 直线型机构布局示意图

（3）圆周型（非线性） 如图 1-94 和图 1-95 所示，圆周型布局的特点是：转盘上安装载具，将物料放到载具中后，转盘每次转动固定角度（一个工位）后，机构开始实施工艺动作……经过一系列加工后，再将产品取出。市面上多数散件装配的非标设备采用的都是该类型，移料转盘动力有多种，可以是分割器、直驱（Direct Drive，DD）电动机、普通电动机等，各有其适用特点。

图1-93　直线型机构布局的设备

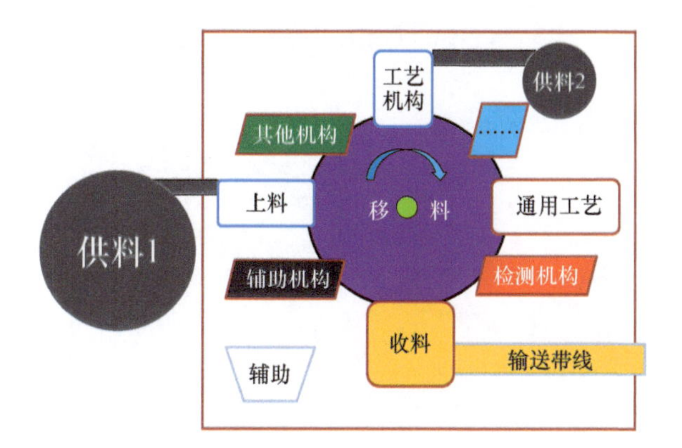

图1-94　圆周型机构布局示意图

图1-95　圆周型机构布局的设备

（4）环型（也叫回字型，非线性）　如图1-96和图1-97所示，环型布局的特点是：物料放到载具，经过一系列加工后，再将产品取出，同时载具继续在流水线上循环使用。由于产品的复杂性和差异性，自动化设备一般做不到通用化，经常需要因项目的不同而重新设计制作，而环型恰恰在这一方面具备一定的优势，更换载具就可以实现不同料号产品的生产切换，属于工业 4.0 概念的布局模式。

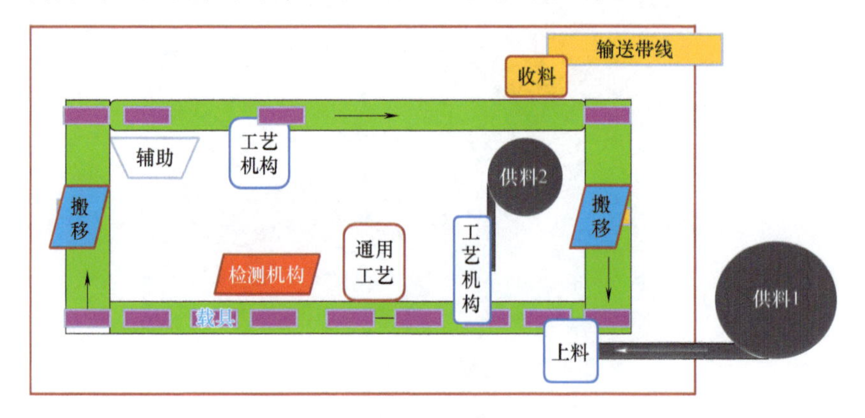

图 1-96　环型机构布局示意图

图 1-97　环型机构布局的设备

（5）混合型（非线性）　以上各种基本类型的组合，从略。

拟定设备的物料流向和机构布局方案时，除了机构能力本身的考虑外，还要综合产品、工艺、品质、现场条件等因素，因此反映了设计者对于产品组装流程和工艺的掌控和规划能力。

3. 设计要点

从物料到产品过程的流向设计，体现了工艺方案和设计思路，是自动化机构设计的重中之重，不容有失。从设计的角度来说，主要聚焦于流向选择（满足生产要求）、定位载体（确保运动方案）、动作方式（解决动力问题）等，如图 1-98 和图 1-99 所示。例如机构的布局方面，有直线型、工站型、圆周型和环型等，选用哪一种呢？例如定位载体方面，要实现物料或产品的位置变换，有料道、载具、盛器等载体，选用哪一种呢？例如移动物料或产品的动作方式有推动、搬动、移动，选用哪一种呢？这些都是设计的重要考虑因素，也都对应着不同的机构模式。

图 1-98　物料流向设计的考虑重点

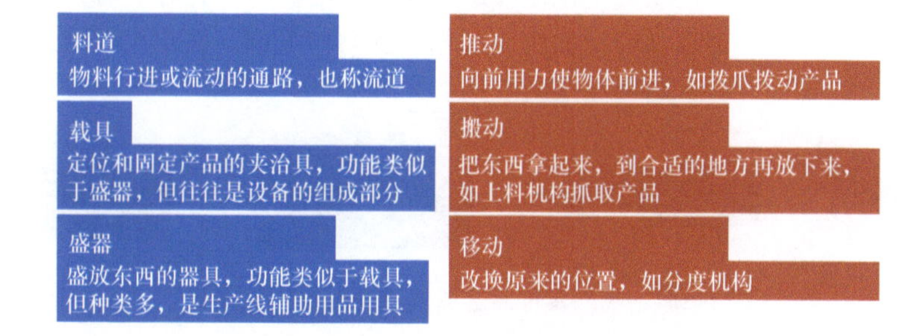

图 1-99　物料的定位载体和动作方式

（1）直线型布局设计要点　最常见的定位载体为流道，采用推动/移动的动作方式；也有采用载具或盛器的，动作方式一般为搬动。

1）流道 + 推动/移动。流道就好比汽车行驶的公路，公路是否顺畅，直接影响着最终的目标行程。因此，对流道的设计，不能掉以轻心，绝对不是简单地挖个槽或开个缝就完事了，有很多需要注意的地方。

① 只有当物料流向（大体制造流程和机构雏形、设想）定下来后，才能进行流道的细节设计，同时，在做物料流向方案时，也一定会考虑到产品走流道的可行性及问题点，两者的考虑是交叉进行的。完成流道大概的布局后，再进行一些细节修整，例如连接处的倒角，工艺机构的让位，物料行进的缓冲等。

② 如果产品在“流动”的过程中始终保持一个姿态，那么应该选取有利于定位的部分，进行流道的设计。但是如果产品在移动过程中存在多个姿态的变换时，就需要全盘考虑，常见的做法是从最后一道工艺逆推，因为越往后产品肯定越复杂，能设计出适合复杂情况的流道，则前部分的简单情况一般问题不大。

③ 不要简单根据产品外形线切割一个仿形腔体来作为整体式流道，应该采用若干工件的组合形式，有支撑块、盖板、扶持块等，同时应尽量将非定位功能的流道（盖板）挖空，便于拆装和窥视。工件之间应务必保证良好的定位关系（定位销或槽），同时采用外向或裸露的固定方式，不能出现拆个盖板要拧很多螺钉的情况！

流道上不同方位的定位意义是有差别的，所以定位面的选择也是有规律的。例如，基准定位要选产品受力平衡并且是结构尽可能强壮一点的面；挡位定位则只要使产品不翻或掉出去就好了；盖板定位要求产品不跳出来；支撑定位要选产品最平稳的那个面（自然状态下不会翻转，否则要增加定位面），如图 1-100 所示。

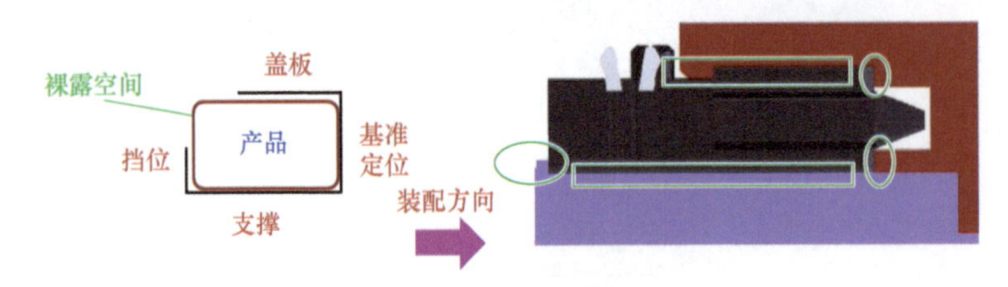

图 1-100 物料在流道中的定位方式

能用流道来定位的，通常是外观要求不苛刻的外形规则的产品，往往也便于实现自动供料。但也不是每个产品的定位面都是规则的或足够的，有时要努力挖掘或进行一些特殊处理，尽量将最有利的定位面（如相对规则的平面、面积比较大的面、产品的强壮部位等）留给支撑和影响精度的方向，如图 1-101 所示。

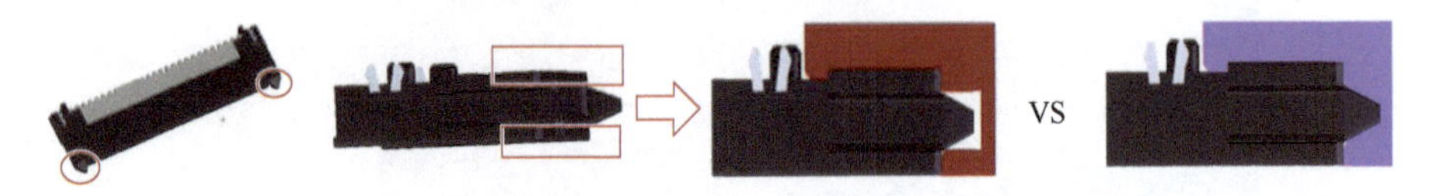

图 1-101 物料定位面选取（避免过定位）对比

流道与流道之间衔接在一起时，需要有一些过渡倒角或导向处理，以便产品顺畅通过或避免刮磨，如图 1-102 所示，倒角长度以确保产品维持原来定位（不翻转或摇晃）为准，如占产品长度的 1/5 或 1/10。

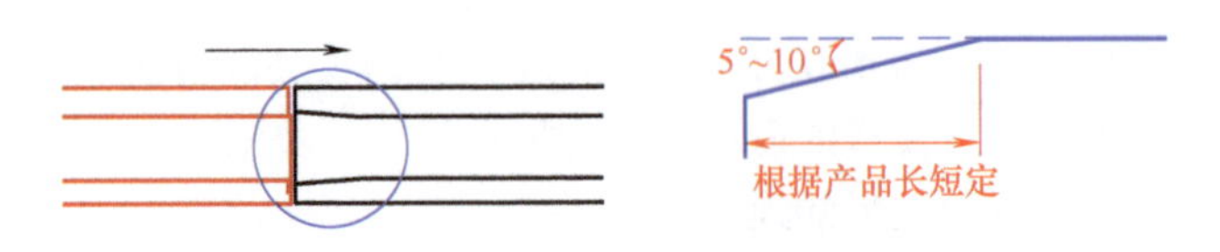

图 1-102 流道的断口应有适当的倒角

④ 流道和产品之间应该保持合适的间隙，一般是 0.05mm 左右，当然，这个不是绝对的，如果产品比较粗大，也可以是 0.1mm，如果只是要求顺畅移料，还可以放大到 0.2mm 甚至更大。除了必要的定位、限位，还可对流道进行掏料或挖空处理，以便可以窥视和了解产品的行进状况，如图 1-103 所示。

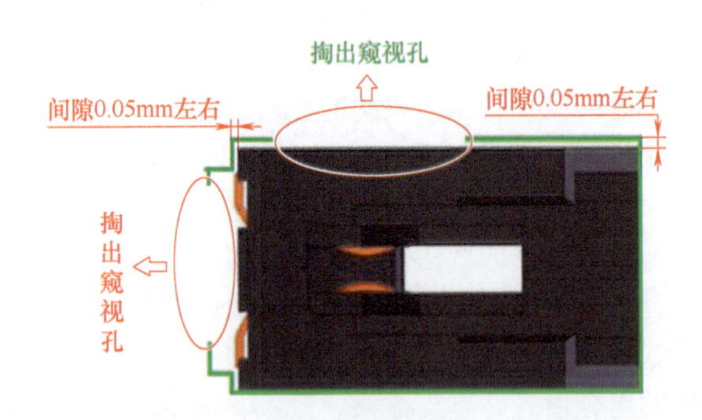

图 1-103 产品在流道中的定位效果

⑤ 具体到绘制一段流道，如图 1-104 所示，对类似这些问题需要有把握：

a. 产品的送进间距（也叫 pitch）多大合适（拨爪间距应为多少）？这个一般根据

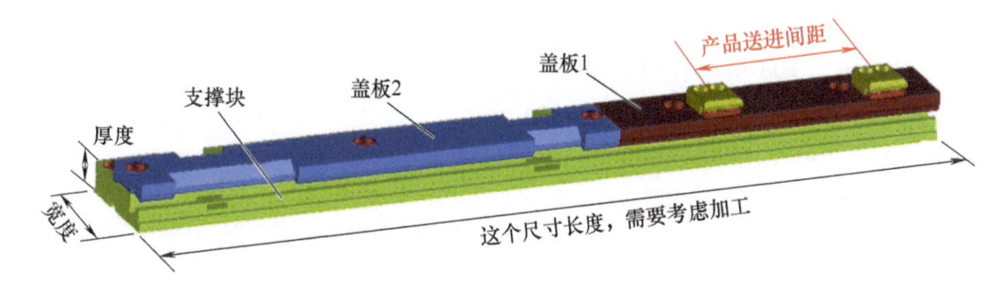

图 1-104　组合式流道的设计要点

产品尺寸来确定，如果产品较短（如长度为 10mm），一般定为 60～100mm，产品较长（如长度为 100mm），则可适当增大到 120mm、130mm 等。但需要注意的是，产品送进间距太长则意味着送料行程加大，会造成时间的浪费；定太短也不合理，会导致要配置更多的拨爪来实现移料目标（浪费成本）。

b. 采用单独支撑块上面布置若干盖板的流道组合形式时，要注意盖板可以拆分成若干块，主体工件尽量做成一块（统一基准），但要确保总长不影响加工（如控制在磨床摇动行程内），一般以 300mm 内为宜。

c. 流道的宽度（如 30～50mm）和厚度（如 10～20mm）方向也不要设计得太强壮，合适就好，不然比较难看。

⑥ 由于流道和产品之间有间隙，每次拨动产品到位后，产品可能会偏离设计的位置（有惯性），所以流道上需要有克服这个问题的结构，例如设置弹簧压块，或者二次定位机构，以及位置感测功能等，如图 1-105 所示。

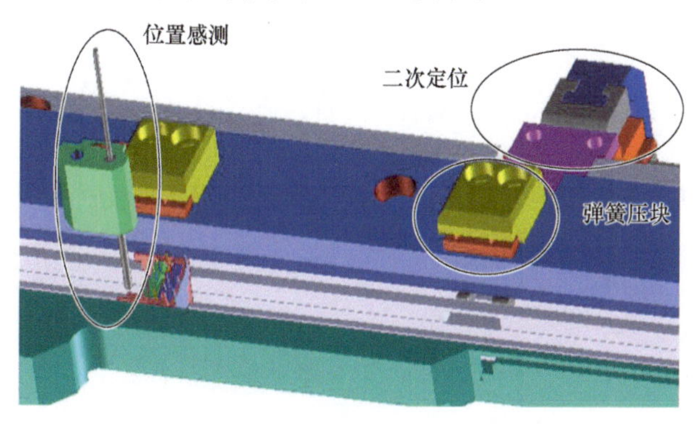

图 1-105　流道的压块、定位、感测功能

机构流道上的二次定位，一般都是独立的机构，但是如果出于同步考虑或者有空间布局的需要，可考虑图 1-106 所示的方式。线性机构可以是气缸 + 线轨，上面固定一些斜楔，同时驱动定位机构，连接处可用凸轮随动器。

⑦ 流道兼容多个产品生产的场合：一般来说，不需要因物料在行进方向的外形尺寸差异而更换零部件，如果是其他方向有差异，则难免要更换零部件或调整位置，在设计时应该特别注意流道的通用性和可换性。例如弹性压料机构的设计，如图 1-107 所示，表面看，单个和两个产品，压块都能压到，但如果产品有高度差就未必了，因此压块也要分成两块。

起缓冲作用的弹性压块设计，最常用的方式如图 1-108 所示，可以装弹簧，也可以装弹簧螺钉（头部是弹性圆球的螺钉），当然还有其他方式，注意压块的导向及弹力是否和产品匹配即可。

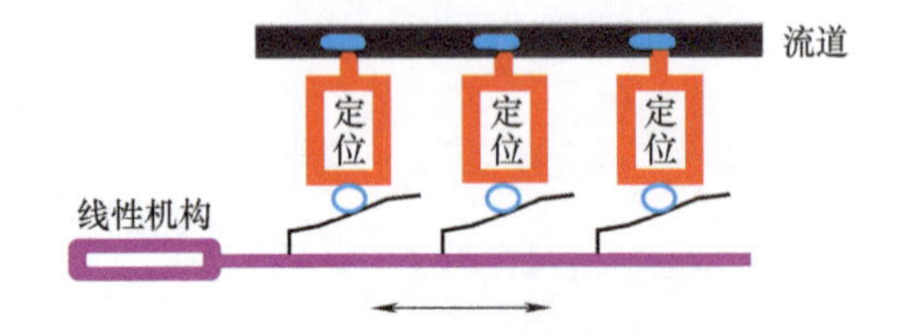

图 1-106　确保多个二次定位机构同步性的设计

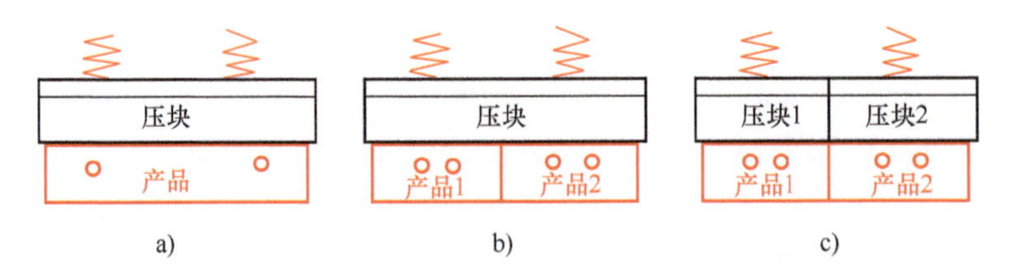

图 1-107　考虑多个物料的尺寸差异的压块设计

a）单个产品单个压块（合理）　b）两个产品单个压块（不合理）　c）两个产品两个压块（合理）

图 1-108　弹性压块的设计方式

a）装弹簧　b）装弹簧螺钉

⑧ 对于具体的流道布局，推荐站脚 + 工件组合式流道形式，如图 1-109 所示。除非流道本身在某些工艺上需要直接承载比较大的力量（如完成大吨位冲裁工艺），否则建议不要将流道“摊”在大板上，既影响美观，也削弱了维护性。

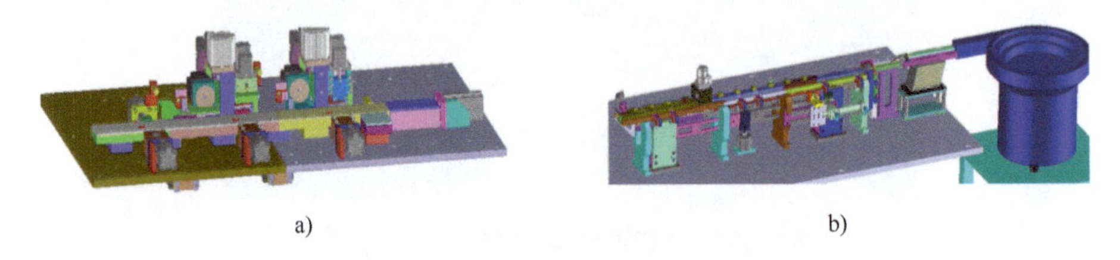

图 1-109　站脚 + 工件组合式流道

a）不合理　b）合理

⑨ 流道的材质是有讲究的，平时多看看多总结。例如当物料是金属（如螺钉或铜片等）或上面易粘带粉尘时，料道和盖板的材质最好使用 S136 钢或不锈钢；例如光学测试机上的流道，经常要染黑以防光反射；例如要可视化，就用聚甲基丙烯酸甲酯（俗称亚克力）作盖板。

流道最常出现的问题是卡料，原因是多方面的，对设计本身，则要注意预见性地进行一些处理。例如评估一个塑胶或一个铁壳的流道设计时，要知道进胶点或合模线在产品的哪个位置，同时注意塑胶哪个位置容易产生飞边，提前在流道给予规避。还有尖锐的棱边、拔模角度等，考虑越全面，流道越顺畅（见图 1-110）。

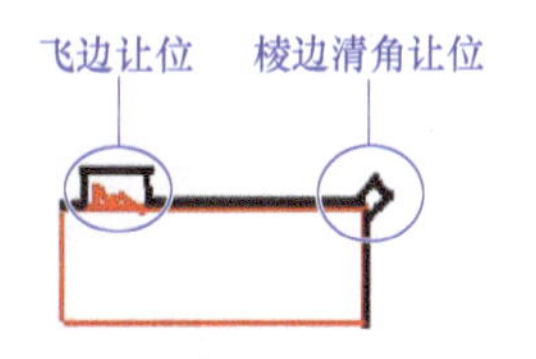

图 1-110　流道应开槽或掏角以避开飞边、棱边等

流道只是限制了产品或物料流向的轨迹，如果要物料运动起来，还需要有动力，比较常见的是通过推动和移动的方式来实现，对应着拨料和移料机构。

a. 常见的推动或拨动物料前行的拨爪有单向和双向两种，如图 1-111 所示，单向弹性拨爪适合朝一个方向（一个动力）拨动的直线运动场合，其他类型的拨爪则适合走 U 形轨迹（垂直方向各有一个动力）的场合。

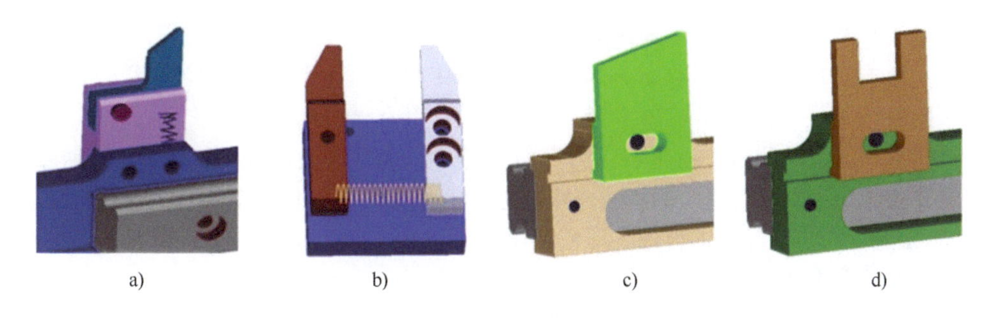

图 1-111　常见的拨爪类型

a）单向弹性拨爪　b）双向弹性拨爪　c）单向拨爪　d）双向叉拨爪

b. 走一个方向的线性拨动方式，在机构速度上占优势，但会刮磨到产品造成轻微剐痕；走 U 形的拨动方式，可从上方往下拨，也可水平拨，还可从下方往上拨，如图 1-112所示，机构复杂且动作费时，但对产品的机械破坏程度较小。基本形式的选择，受限于产品的定位特征和品质要求，机构布局上灵活多样。

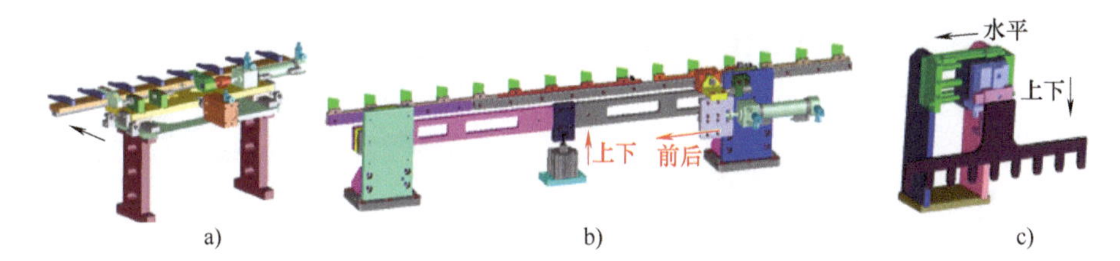

图 1-112　走 U 形的拨爪机构形式

a）水平拨动　b）往上拨动　c）往下拨动

c. 当拨爪机构长度偏大时，拨爪固定块应拆成若干块（再连接到一起），避免工件太长时的变形或加工困难，如图 1-113 所示。

需要注意的是，由于拨爪机构长度过大，有些人员可能考虑到受力平衡问题，会在机构两端各加一个气缸驱动（气缸旁边有线性导轨），如图 1-114 所示，但事实上并不能保证两气缸的动作同步，并且容易破坏导引部件（线性导轨）。如果确实需要

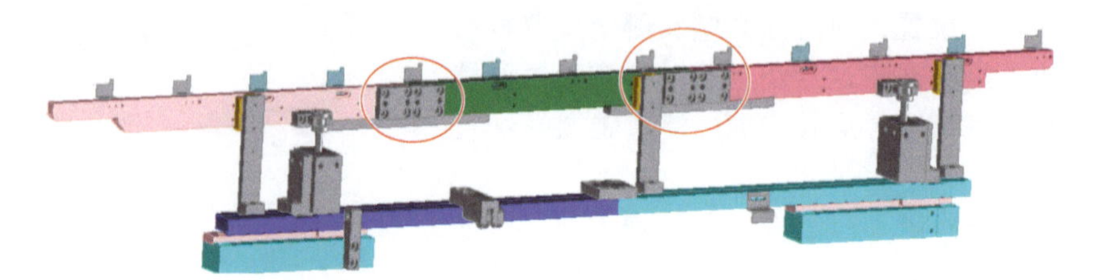

图 1-113 机构长度偏大时拨爪固定块的连接方式

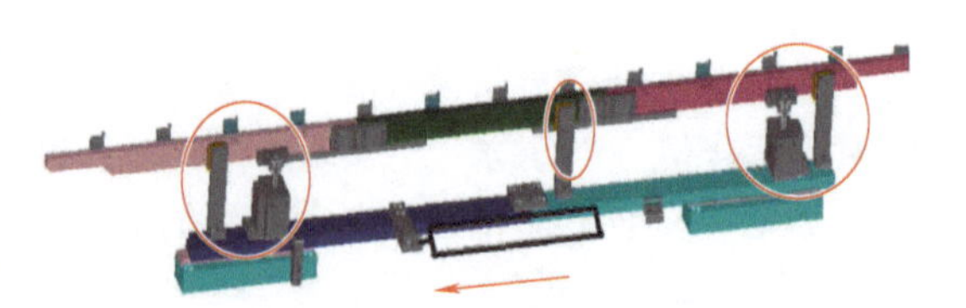

图 1-114 走 U 形的拨爪机构形式

两个独立的动作做到同步，一般是通过轴 + 凸轮来实现，如图 1-115 所示。

当然，凸轮机构相对比较复杂，成本投入也比较大，还有一种兼顾简单经济而又可以克服两端动力不同步问题的做法。思路是不想方设法维持两个气缸的同步，而是默认为做不到同步，这时该怎么办？如图 1-116 所示，只需要将两个气缸移动模组的刚性连接改为柔性连接（一个 U 形工件，一个凸轮随动器）。这样，定位产品时的方向，即便两个模组一快一慢，也不会相互影响，在拨料时能维持精度不变。

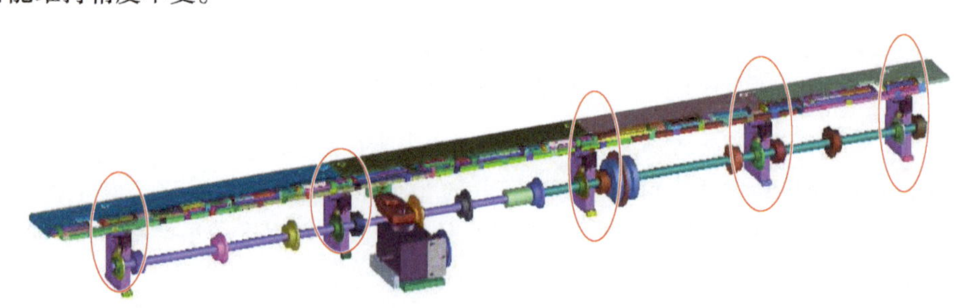

图 1-115 轴 + 凸轮确保各个动作点同步

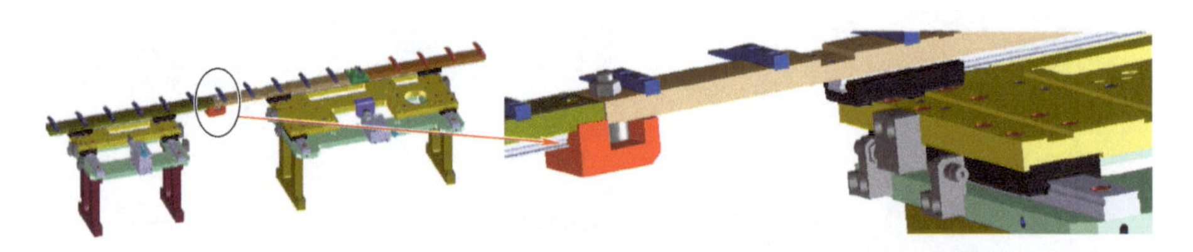

图 1-116 U 形工件 + 凸轮随动器克服两边机构不同步的问题

d. 如果拨料过程有多个位置停留要求时，可采用伺服电动机 + 丝杠来作为动力，如图 1-117 所示，否则就直接用气缸。前者要注意有机构起点、终点限位的保护感测和原点感测（使用光电开关），后者别忘了添加足够大的缓冲器，以减小冲击带来的影响。

e. 在保证强度的前提下，拨爪机构的运动部分越轻越好，例如，可以作掏料处理

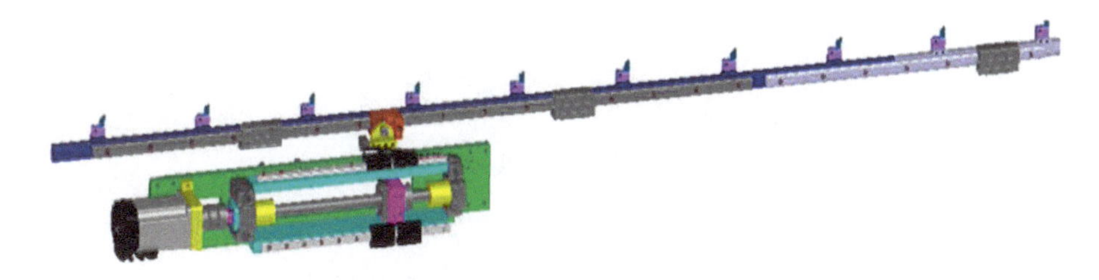

图 1-117　伺服电动机 + 丝杠适用于拨爪多点停留场合

或用铝材来做固定架（但要避免机构伸出部分太长太弱，从而造成抖动或摇晃）；拨爪位置在送进方向应可调（可单边加定位销，但不能定死）并且有定位（防止锁偏），如图 1-118 所示；拨爪应该作用于产品强壮或受力平衡的部位。

f. 同样是流道，同样是推动，有一种比较特殊的情形：在进料处设置一个推动产品的机构，物料一个推挤一个向前移动，如图 1-119 所示。这种方式减少了动作拨爪，在成本上是有优势的，多用于小型半自动机，或者只是纯送料（没有进料方向的精度要求），但由于产品本身是有误差的，产品数量越多，误差越大，因此推料机构和工艺机构不宜间隔太大距离（具体看产品允许累积误差大小）。

在实际做法中，为了兼顾成本和效率，常采用“一出几”的拨料方式。例如分离的时候，一次分 2 个、3 个或者 4 个，然后成组（一次性几个）进行拨动或搬移，这样，由于每组产品数量不是很多，基本上不会影响太大（看产品精度），又能实现多个产品的移动和工艺实施。

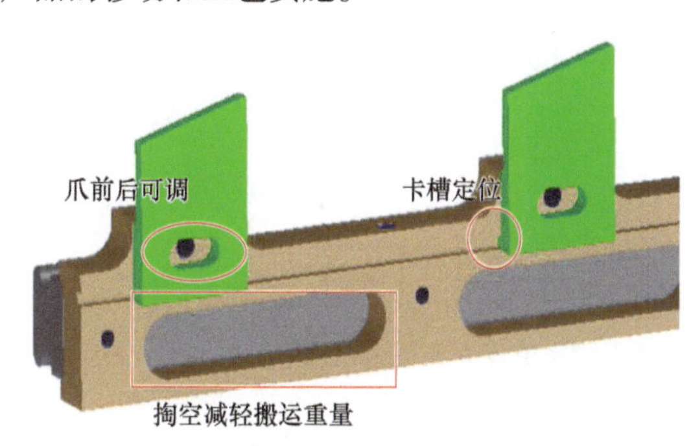

图 1-118　拨爪机构应有定位并且轻量化

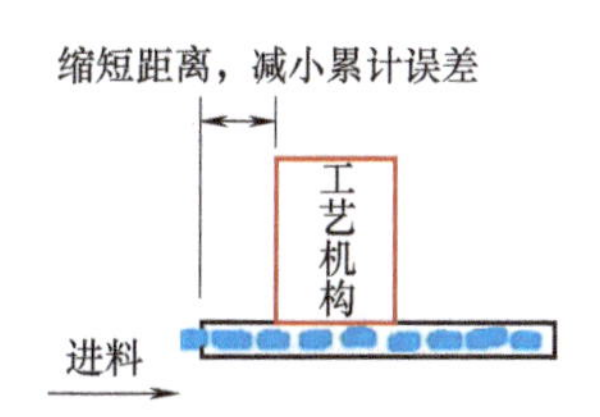

图 1-119　物料成组或一个推挤一个的移动方式

当然，能用上述方式的产品，一般都是方方正正、容易组合在一起的，并不是什么场合都适用的。

g. 遇到产品多个方位都有工艺要实施时，在移料过程中需要对产品进行状态的变换，例如从 A 流道切换到 B 流道，往往需要一些切换机构（如旋转或抓取），如图 1-120所示。由于多了一些切换机构，增加了工艺出错和不稳定的概率，因此能避免就尽量不要用，当不得已要用时，必须把机构细节做到位，尤其是切换机构部分，较容易出现问题。

h. 除了流道，物料的线性送给经常会用到输送机或输送线，如图 1-121 所示，因

图 1-120 物料在不同流道的移动需要有切换机构

此也是需要学习的内容（这方面留给大家自行总结）。

2）载具/盛器 + 搬动。物料的线性移动，除了流道、输送机（线）等外，还会用到定位座（线性布置）。这种方式的工艺机构布置和一般流道差不多，只是物料流向的动作方式不同。结构薄弱，怕剐伤，定位面不足，有多方位工艺要求等的产品，常用这种移料方式。其特征为：物料整体是线性运动，但不是连续的，存在多个位置的拾放动作，如图 1-122 所示，常见于测试机或包装机，也见于装配机。典型的搬移机构如图 1-123 所示，不太适于直接走流道的产品适用。

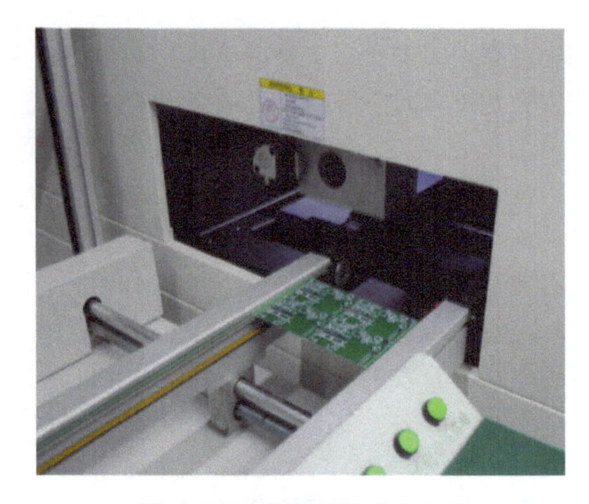

图 1-121 带输送线移动产品

图 1-122 物料在不同定位座之间的移动

使用到定位座的，往往是一些特殊场合（产品不好定位，怕剐磨，几个面都有工艺要求等），相应也会有一些特殊做法，例如座子可旋转（放置的同时，另一边可作业），如图 1-124 所示。

（2）圆周型布局设计要点 圆周型是除环型以外的另一种重要的非线性流向布局类型，如图 1-125 所示，其应用广泛，几乎已渗透到行业的各个角落，是学习的重点。

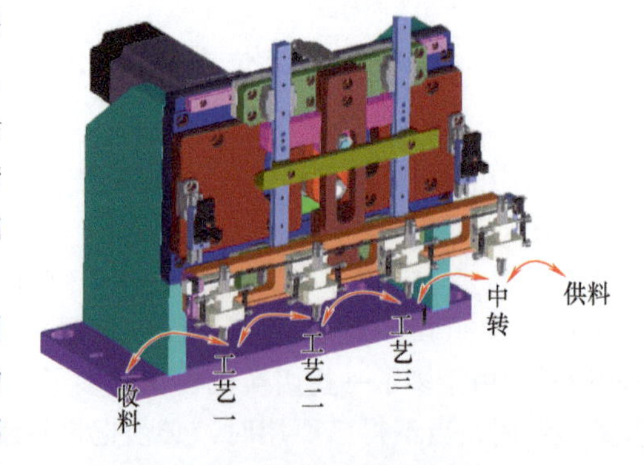

图 1-123 搬移机构

图 1-124　灵活多变的定位座设计

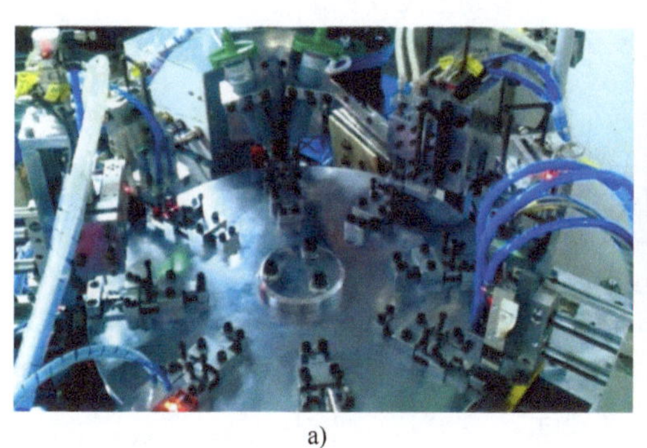

a)

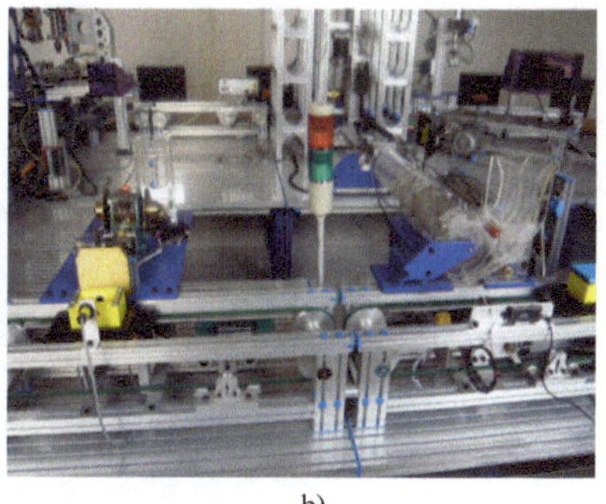

b)

图 1-125　非线性流向的机构布局

a）圆周型（转盘机）　b）环型（组装线/设备）

作为非线性流向布局的一种，其移料过程大概有两个特征：①产品的流动一般通过载具或盛器来间接实现，载具或盛器和产品位置相对不变；②载具或盛器是搬移的对象，一般要循环使用。

对圆周型机构布局的移料机构进行拆解后发现，机构主要由转盘、载具、转盘驱动部件及动力和传动机构等几个重要部分构成，如图 1-126所示。

1）机构形式选择的总体原则。非标机构的设计往往会有很多备选方案，例如能够实现转动移料功能的机构形式就有很多，见表 1-5。首先要做的，就是找到相对合适的形式，选择的总体原则是依据客户的需求来定。前提是要对各种型式的特点（包括负载能力、速度、精度等方面）非常熟悉，同时能够充分考虑具体项目的潜在要求（见“入门篇”4.7.1 节）。

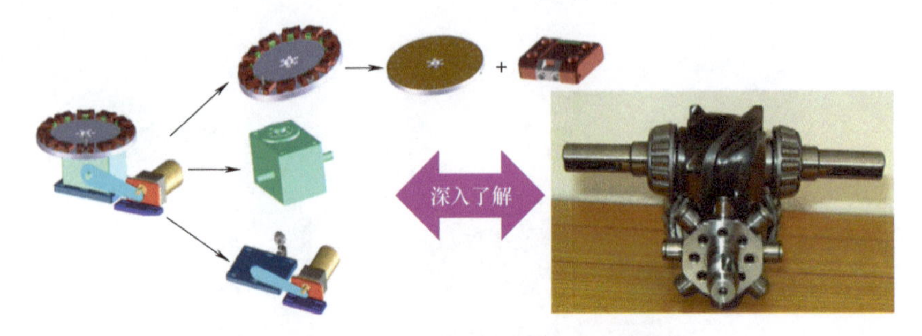

图 1-126　圆周型机构布局的移料机构组成

表 1-5　常见的能实现转动移料的机构形式

形式	类别	特　点	应　用	外　观
分割器	凸轮式（分度方式）	1. 工位时间固定且电动机连续运转场合 2. 动力装置须有制动功能但不用精确停止 3. 负载、精度俱佳，但机构较占空间 4. 分割数有 2、3、4、5、6、8、…	1. 与攻丝机、钻床、铆钉机、超声波、烫金、丝印、移印、CNC 数控加工或其他工作机配合，实现自动组装、加工 2. 驱动方式一般是采用带制动功能的电动机（异步电动机）或步进电动机	
分度盘（非凸轮分度）	电动（类似分割器）	1. 电动盘常用伺服电动机驱动 2. 气动分度盘控制简单，反应速度快，标准等分有 4、6、8、12、24、48 等。特殊分割等分可定制，如 2、3、5、7、9、10、11 等 3. 气动分度盘可取代分割器，但负载、精度略差，价格低，有噪声和冲击	与攻丝机、钻床、铆钉机、超声波、烫金、丝印、移印、CNC 数控加工或其他工作机配合，实现自动组装、加工	
	气动（实现正反转，占用空间小）			
	手动		多使用在加工中心等数控机床上来实现手摇分度	
旋转台（任意分度）	伺服电动机驱动（或电动分度盘）	伺服电动机 + 减速机 + 非标转台	1. 旋转角度和时间可控，灵活性高 2. 机构空间布局自由，适应性强 3. 精密场合电控性能佳	
		直驱电动机		
	步进电动机驱动制动电动机驱动	步进电动机 +（减速机）+ 非标转台带制动功能电动机 + 非标转台		

注：1. 应从内在构成去理解这些叫法各异的机构形式。
2. 多数分度场合用分割器，但任意分度场合旋转台适应性更高。

如果客户生产的是精密零部件，对转盘的加减速（频繁）、精度（线性误差达到微米级别）、调整性（分度数可变）要求较高但对成本不太关心时，可考虑采用直驱电动机 + 转台的形式（见图 1-127），例如液晶显示器（Liquid Crystal Display，LCD）划线，液晶玻璃的划线、分割、倒角，激光晶圆的切割，光纤组件的点胶，牙刷植毛，五金件的精密加工等场合。

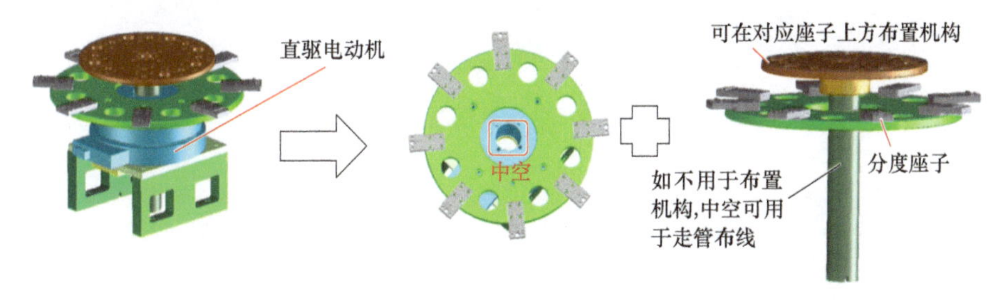

图 1-127　采用直驱电动机的设备

如果客户生产的是低端快消品时，生产组装工艺简单，希望以小投入提高效率，可考虑采用气动分度盘（见图 1-128），例如化妆品盖的铆压，超声波熔接，五金件的粗加工等半自动化生产场合。气动分度盘价格较低，但整体性能表现不如分割器，所以一般的自动化设备用得不多。

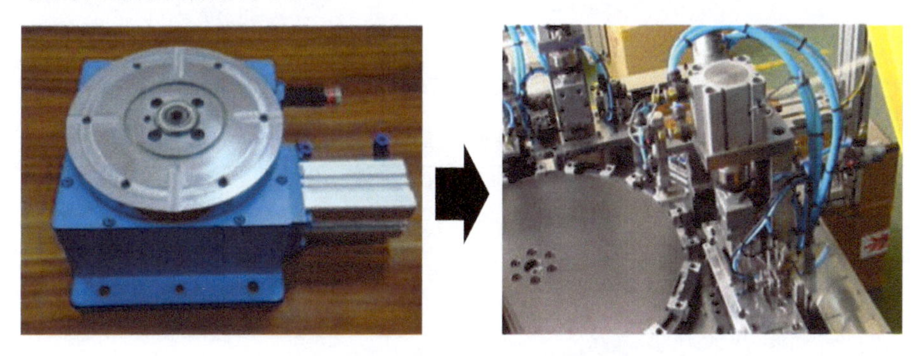

图 1-128　采用气动分度盘的设备

更多既有性能要求又要兼顾成本投入的场合，分割器（见图 1-129）是相对较多被采用的类型，虽然柔性（普通分割器不能改变分度量）较差，但在精度、速度、负载能力方面有不错的表现。常用场合包括电风扇齿轮箱的装配，脚轮的自动化安装，小家电的螺钉锁付，五金件的加工，灌装封口等，应用几乎遍布各行各业。

还有一些同样需要转动移料，但是转动部分的转动惯量较小（直径小、重量轻）的场合，可采用电动机直接驱动的方式（与直驱电动机类似，但占据的空间更大，设计量也相对较多），如图 1-130 所示。

2）转盘及载具设计。这个环节相对比较模式化，需要依据客户要求和特定工况确定一些指标和参数，分割器的选型需确定的指标和参数见表 1-6。这些内容确定了之后，就可以进行转盘驱动部件的选型（甚至可以把参数提供给厂商来帮助选型）了，然后再进行动力和传动设计。

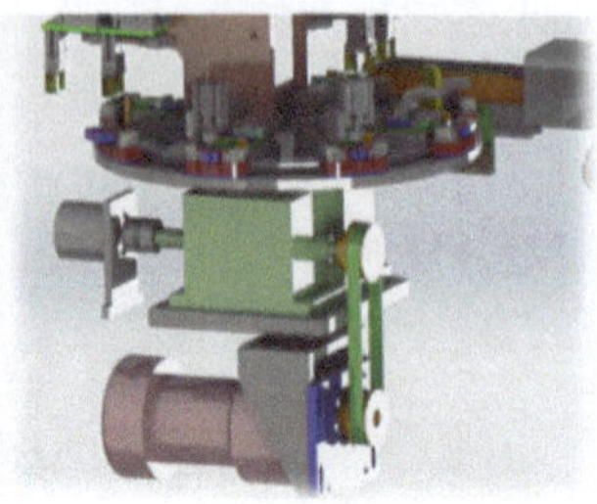

图 1-129 采用分割器的设备

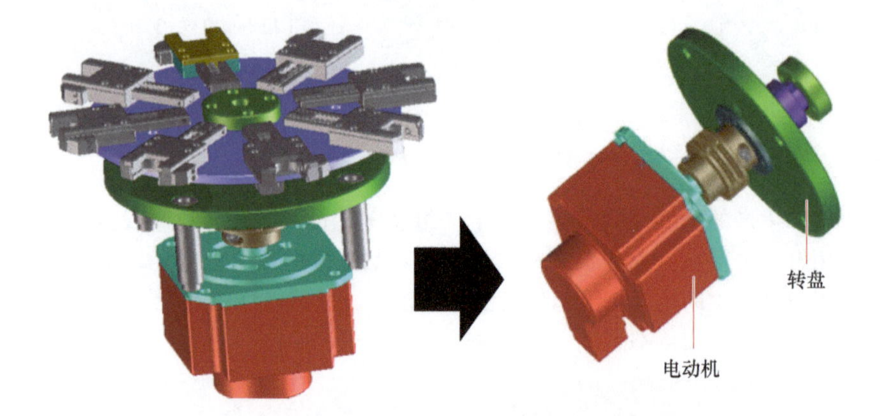

图 1-130 采用伺服或步进电动机直接驱动的设备

表 1-6 分割器选型需确定的指标和参数

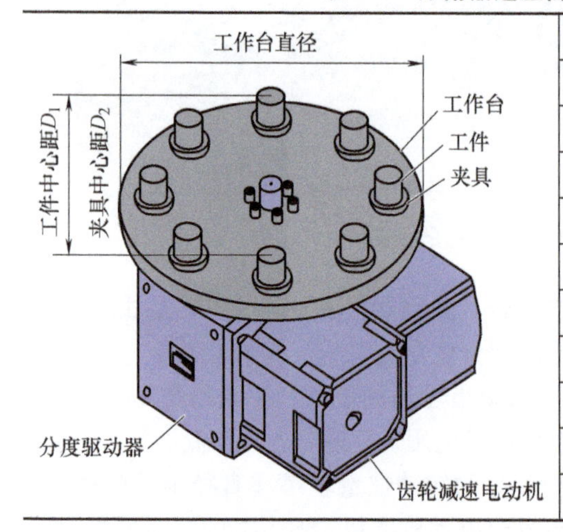	分度数（工位数）	
	每个工位分度所需时间	
	每个工位停留的时间	
	工作台直径	
	工作台质量	
	夹具中心距 D_2	
	每个夹具的质量	
	夹具的数量	
	工件中心距 D_1	
	每个工件的质量	
	工件的数量	

各参数的意义及确定思路如下。

① 分度数。顾名思义，就是有几个工位，例如零件 A 和 B 装到一起并且铆压一次的工艺，可以首先将零件 A 上料到转盘上（1 个工位），再将零件 B 上料/装配到 A 上（1 个工位），然后铆压一下（1 个工位），最后再将成品取出（1 个工位），一共 4 个工位，即 4 分度。有些情况特殊，同样的工艺，有可能被要求增加一个检测工位或不

良品排出工位，那么则可能原本只是一个铆压工艺，实际需要6个工位，即6分度。

② 每个工位分度所需时间。取决于设备的设计周期（每完成一个产品生产耗费的时间），例如要求设备运行周期为2s，铆压工艺需要0.5s，则意味着转盘分度的时间不能大于1.5s。

如果采用直驱电动机或电动机直接驱动的非标转台，则可以通过灵活编程来实现分度时间的控制。

如果采用分割器作为转盘及夹具的驱动部件，则分为两种情况：

a. 提供动力的电动机持续匀速运转，则应该选用动静比为3:1的分割器，如电动机每2s转一圈，则分割器动1.5s，停0.5s，如果选用其他动静比的分割器则达不到要求。

b. 提供动力的电动机在分度的时候转动，持续时间小于1.5s，然后静止下来，0.5s后再继续运转，周而复始，此时可以忽略分割器的动静比参数，或者选用动静比偏大（因分割器为凸轮机构，动的部分占据角度越大，意味着运动越平稳）的分割器，实际做法多数属于这种情况。

③ 每个工位停留的时间。取决于工艺机构的运作时间，例如铆压机构动作起来需要0.5s，分割器的停留时间就不能少于0.5s，考虑到还有位置检测、程序运行等因素，可能需要定到0.7s或1s等。

④ 工作台（转盘）直径。毫无疑问，一般情况下，直径越小越好，如果要说依据，则主要与一个叫转动惯量的物理量有关（见第2.4节的介绍）。但是，工作台直径也不是想小就能小的，因为还有很多工艺机构是围绕着工作台来布局的，“月亮”太小，“众星”难拱，机构之间会很拥挤，造成调试和维护方面的困难。例如，一不小心掉了颗物料到转盘下方，然后可能要大费周章才能将其取出来，或者要换个零部件，发现拧螺钉时扳手磕磕绊绊。因此，原则上是在转盘及载具的转动惯量与转盘驱动部件匹配的前提下，尽量让工作台的布局区域协调合理，不要为了缩小而缩小，但也不要毫不讲究。如果工艺机构占据空间不大，一般4～10工位的转盘直径大概在ϕ400～ϕ1000mm。

⑤ 工作台质量　同样跟转动惯量有关系，同样是越轻越好，但要注意不能因此而牺牲必要的强度，或者对工作台进行不合理的过度切削。尤其是铆压、装配工艺的工作台，应该有一定的厚度，通常在15～25mm之间，具体还要结合材质、直径来定。例如同样一个ϕ400mm的转盘，用铝合金和钢材时，同样强度下厚度肯定不一样；同样用钢材，转盘直径是ϕ400mm和ϕ800mm时，厚度也是不一样的，要灵活定义。

⑥ 夹具/载具中心距。可以理解为任意两个载具之间的最大距离（通过转盘中心），这个参数一样是越小越好，定义原则和工作台直径类似。

⑦ 夹具/载具质量。同样是越轻越好，定义原则和工作台质量类似。

⑧ 夹具/载具数量。通常情况下，跟分度数或工位数一致，但也有一个工位同时有几个夹具或载具作业的情形，实际多少就多少。

⑨ 工件中心距、质量、数量等。定义原则和夹具/载具的类似，但如果被加工的产品或物料质量较小，则往往可以忽略不计。

3）动力和传动机构设计。动力和传动机构设计一般放在最后一步，具体将在本书第2.4节再进行介绍。

4）其他设计提示。圆周型物料流向和机构布局是比较常见的模式，所以广大读者务必作为一个学习重点，多作总结，例如以下这些。

① 一般工艺机构是设计在转盘之外的，不会受转盘的运动影响，但特殊情况下，需要将工艺机构做到转盘上，或者转盘上要布置一些有电线或气管的机构，为了避免缠搅到一起，可以采用一种叫旋转接头的标准器件来解决，如图 1-131 所示。

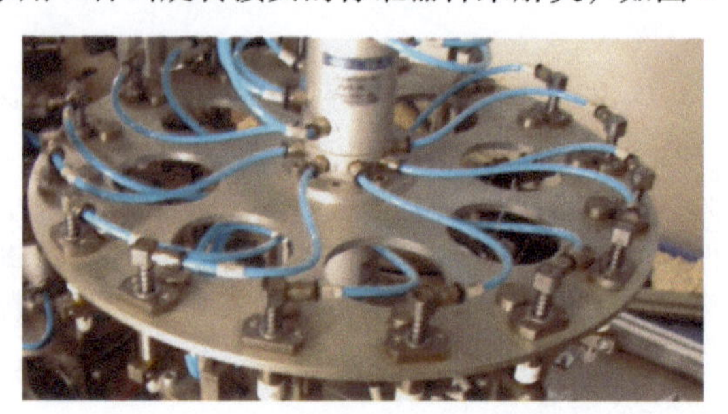

图 1-131　采用旋转接头的转盘设备

② 有时工艺比较复杂，可能会混搭线性和非线性的物料流向及机构布局，设计过程可以拆解成独立的部分，分别设计，最后再通过切换机构（如机械手）连接到一起，如图 1-132 所示。但是要特别强化这样一种观念：产品的移动固然是必要的，但并不是有贡献的工艺，所以应该有意识地尽可能缩短或简化。换言之，能不搬运就不搬运，不需要方式切换就不要切换，搬运越多，费时越多，方式切换越多，不稳定概率也越大。

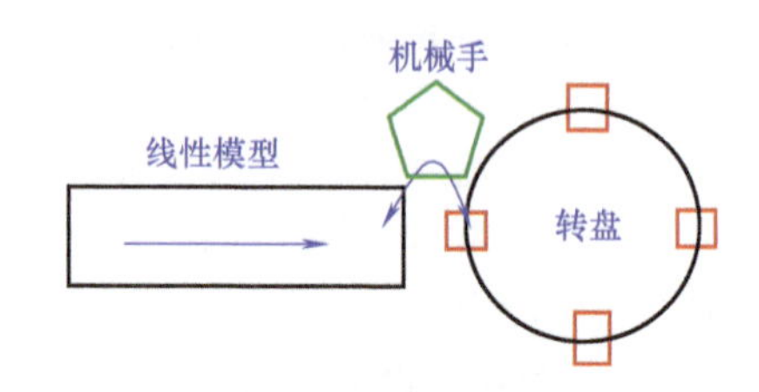

图 1-132　混搭线性和非线性机构的布局方案

（3）环型布局设计要点　如图 1-133 所示的环型物料流向和机构布局，最大的特点就是利用了载具的循环，间接实现了物料在不同工位的移动或切换。本质上，这种布局方式更接近于微缩版的循环式生产线，因此从移料的角度看，与其说移动的是产品/物料，不如说移动的是夹具/载具，在设计时需要注意以下细节。

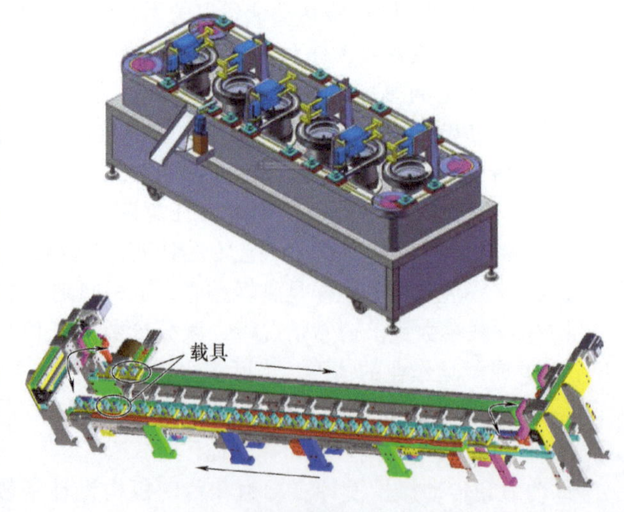

图 1-133　环型物料流向和机构布局

1）夹具/载具在移动过程的位置感测、定位、搬移等要设计到位，如在某个位置需要将夹具/载具转 90°，或者需要将夹具/载具从 A 流道切换到 B 流道，采用什么机构为好，这些都要有一定的设计经验，否则容易出现卡料或不稳定问题。

2）夹具/载具设计也很关键，要确保产品的可靠定位和固定，因为移动过程难免抖动或磕碰，需要防止产品从夹具/载具跳出或位置跑偏。

3）夹具/载具的移动，除了通过输送带或拨爪等外力来实现外，还有直接“长”在输送带或输送链上的方式。如图 1-134 和图 1-135 所示，输送带都加工了各种形状的挡块（有安装孔），输送链也一样，只要在上面固定载具，它就是一个非标的输送机构，移动的轨迹可以是水平布局，也可以是竖直布局。

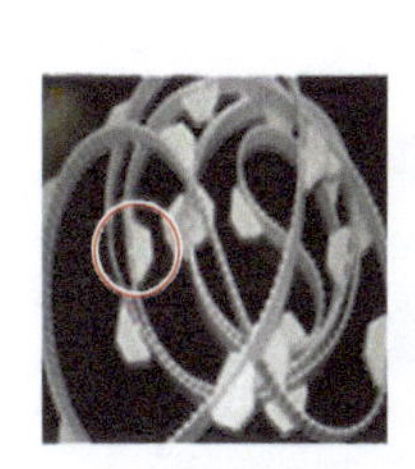
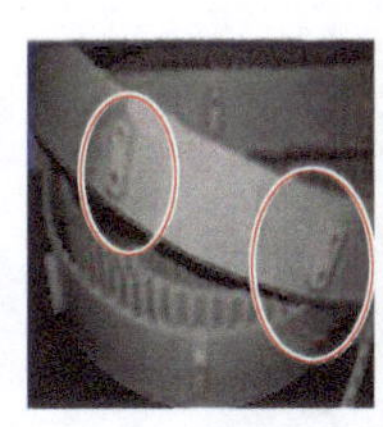

图 1-134　可固定附件（载具）的输送带和输送链

图 1-135　固定了附件（载具）的输送带和输送链输送机构

总之，环型布局的灵活性更强，也相对复杂一些，限于篇幅不作为论述重点，但也是非标机构设计中常用的物料流向和机构布局模式，各位读者应该有所了解。

许多经验丰富的设计前辈都有这样的感慨：非标机构设计工作很繁琐，大部分是在琢磨物料流向和机构布局。而广大读者也看到了，本节内容也是比较繁杂而不易理解的，所以务必重视并花精力学习。

1.1.4　工艺机构

一般来说，工艺机构是和具体行业和特定工艺紧密关联的，有的专业度高，只有进入特定的行业才能掌握设计诀窍（不太容易通过看设备机构图样就能了解），例如连接器行业的插针机构是专业度高的工艺机构；有的则通用性强（跨行业应用），能通过培训学习或案例交流获得设计知识，例如家电产品的锁螺钉机构。因此在学习道路上，可以采取这样的策略：所谓行业有专家，非标无高手，如果不是处于特定的行业（如连接器行业），可以将重点放在通用的工艺机构方面，如点胶、焊接、锁螺钉等；如果进入某特定行业，则应深入熟练掌握该行业的产品制程和工艺机构。为了兼顾更广泛的读者，本节以比较通用的螺钉锁付工艺为例，简单对工艺机构的设计思路和学习方法进行介绍，读者朋友们可以点带面，触类旁通。

1. 基本认识

螺钉锁付，是大小家电、汽车电子、仪器仪表、玩具、电源、手机、平板电脑、鼠标键盘等行业常用的生产工艺。由于螺钉都是外形、尺寸规格化的产品，因此锁螺钉工艺也基本上实现了标准化、模式化。单纯从某个机构的设计来看，螺钉锁付可能技术含量不高，但是结合到具体的行业工艺要求，还是有大量设计门道需要初学者掌握的。

例如常见的螺钉锁付作业模式主要有手持式、坐标式和多轴式等几种，如图 1-136所示，各种作业模式的特点、优势和选用建议见表 1-7。

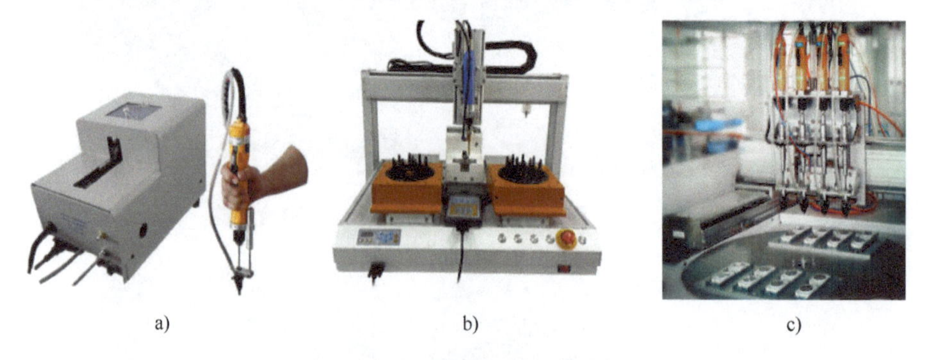

a) b) c)

图 1-136 常见的螺钉锁付作业模式

a）手持式 b）坐标式 c）多轴式

表 1-7 螺钉锁付作业模式的对比说明

类型	手持式	坐标式	多轴式
特点	配自动供钉机，人工完成对位和锁付动作，每次拧好一颗螺钉，效率较低	电批根据设置的坐标一颗一颗地拧螺钉，也可一次性拧 2 颗（设备上多布置一组锁付功能机构）	效率最高，一次可拧好多颗螺钉（2～20 颗），可替代多名员工
优势	投资成本最小，回收成本时间短，较适合小批量人工生产	作业员只需摆放产品，设备即可自动完成螺钉锁付工艺，效率较高	可一次性拧好产品上的多个螺钉（螺钉太多则也可能实现不了），从而替代多名操作员工
选用建议	以上模式在不同的客户要求和产品工艺不会有不同的优势呈现，因此在评估项目时，应综合考虑投资回报和技术实现两个方面。例如某项目：一件产品有 100 多颗螺钉需要锁付，理论上一次性拧好所有螺钉，效率最高，但配置 100 把电批和一次输送 100 颗螺钉的成本会大大超出企业的预期，同时方案的技术可行性也不强（一次输送 100 颗螺钉和 100 把电批同时作业的设计难度较大），因此就不具备技术可行性		

再例如用于拧紧螺钉的螺丝批有电批（见图 1-137）和风批（见图 1-138）两种，性能参数分别见表 1-8 和表 1-9，两种类型螺丝批的特点和选用建议见表 1-10，需要根据实际工况灵活选用。

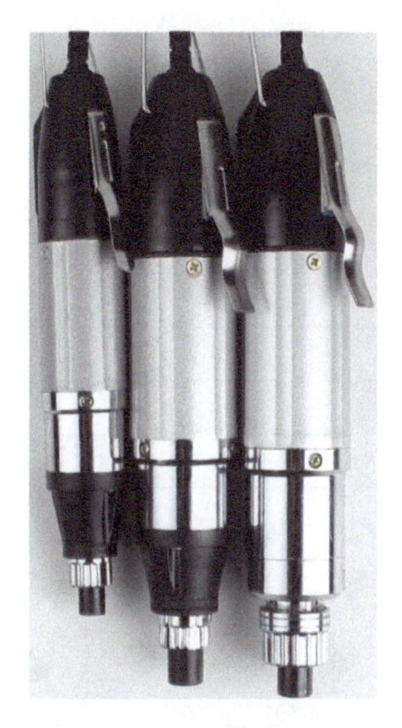

图 1-137　某品牌电批

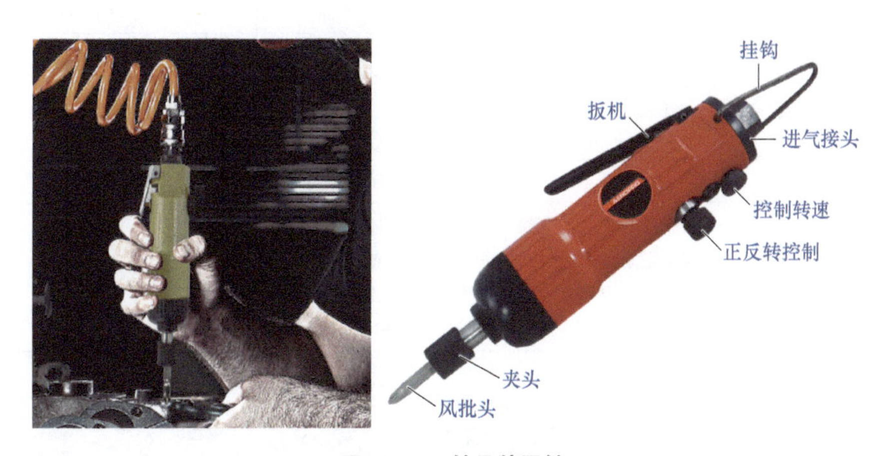

图 1-138　某品牌风批

表 1-8　某品牌不同型号的电批性能参数

产品型号	经济型 800-3C	经济型 801-4C	经济型 802-6C
工作电压	12～36V	12～36V	12～36V
适合螺钉	1.2～4mm	2～5mm	3～6mm
输出力矩	0.5～6kgf·cm	4～16kgf·cm	8～30kgf·cm
空转速度	400～1000r/min	320～830r/min	320～830r/min
配用刀头	4mm	5mm	6mm
产品自重	350g	500g	600g
原配批头	2.5mm、4mm	3mm、5mm	4mm、6mm

表 1-9 某品牌不同规格的风批性能参数

型号	5H 风批-7225BH	5H 风批-7225AH	5H 风批-7222LH	6H 风批-7221H
工作压力/(kg/cm^2)	6.2	6.2	6.2	6.2
自由转速/(r/min)	12000	12000	12000	8000
最大力矩/N · m	40	40	45	108
进气接头/in	1/4	1/4	1/4	1/4
气管尺寸/in	3/8	3/8	3/8	3/8
螺钉规格/mm	≤5	≤5	≤5	≤6
重量/kg	0.68	0.7	0.77	1.02
图例				

型号	AM-620A	AM-820A	AM-830A
输入电压	AC220V		
扭力范围	20～127N · cm	59～245N · cm	98～343N · cm
空载转速	850r/min		480r/min
适用螺钉直径	2～4mm	2～6mm	
适用批头（柄径）	5mm	6mm	
自重		0.53kg	
适用范围	适用于拆装一些中等螺钉，如笔记本电脑、台式电脑、家用小电器等中的螺钉	适用于拆装大型螺钉，如冰箱、洗衣机、音响、空调、抽油烟机、大型电器等中的螺钉	适用于在木材上打自攻螺钉、装修等需要扭力较大的场合

表 1-10 螺丝批的类型对比说明

电批	风批
多为塑料材质	多为金属材质
更适宜长时间操作	防静电性能较好
工作转速一般为 1000～2000r/min 左右	工作转速一般为 1000～2800r/min 左右
精度更高，更适合小扭力作业，一般最大扭力在 5N · m 以内，重复精度在 3% 以内	误差大些，一般重复精度为 3%～5% 左右
扭力稳定度高，价格便宜	适用于易燃易爆场所

选用建议：正常情况下，根据扭力的大小选用。一般扭力在 5N · m 以下时可以用电批，扭力达到 5N · m及以上就建议选用风批。风批比电批贵，但寿命较长，工作效率高。

还例如多轴式锁螺钉机构，由于螺丝批（挨紧）固定后的锁付端有一定间距，对需要锁付的螺钉间距有一定要求，采用万向节联轴器（见图 1-139）来传递螺丝批动力，可适用螺钉间距较小的场合（如 20mm）。

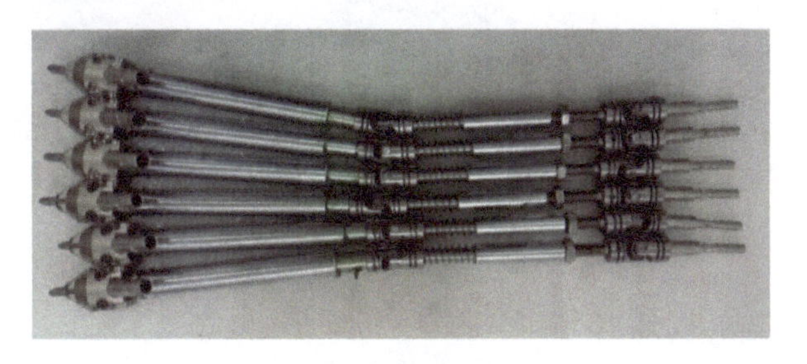

图 1-139　万向节联轴器

总之，当审视一台现成的设备或已设计好的机构图样时，可能会觉得很简单，但结合到具体行业特定工艺后，需要具备一些类似上述的基本认识，才能够驾驭这个工艺机构的设计工作。

2. 设计要点

类似于图 1-140 所示的螺钉锁付设备，由供钉机、动作机构、电控箱、产品工装夹治具等构成的，其中供钉机是标准机，其他的机构更多为依据具体要求具体设计。

（1）工装夹治具（产品定位和固定）设计　生产工艺的实施，一般都需要相关产品、物料有明确的姿态，并且牢靠固定。同理，在设计螺钉锁付之类的工艺机构时，这一个环节少不了，也非常重要。图 1-141 所示，是一台已经完成设计的喇叭产品（作业员已经将产品配件预装好，见图 1-142）螺钉锁付设备，在绘图设计过程中，有一项很重要的内容，那就是依据产品的外形尺寸、工艺特点、品质要求等进行工装夹治具的设计。虽然看起来很简单，但是否能设计得“定位准”“限位稳”“取放易”“结构巧”“够安全”，还是有一些讲究的。

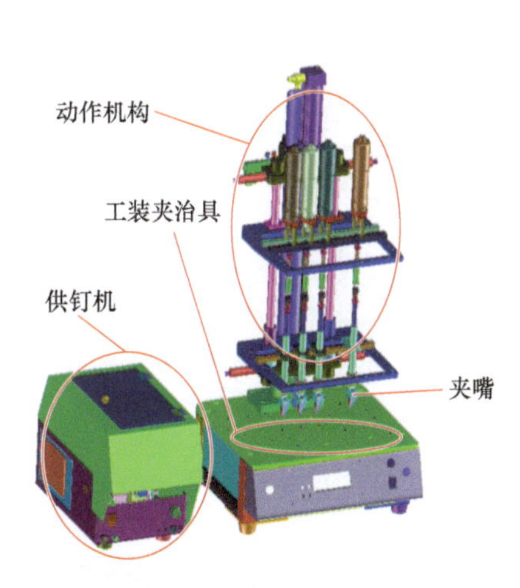

图 1-140　螺钉锁付设备（多轴式）

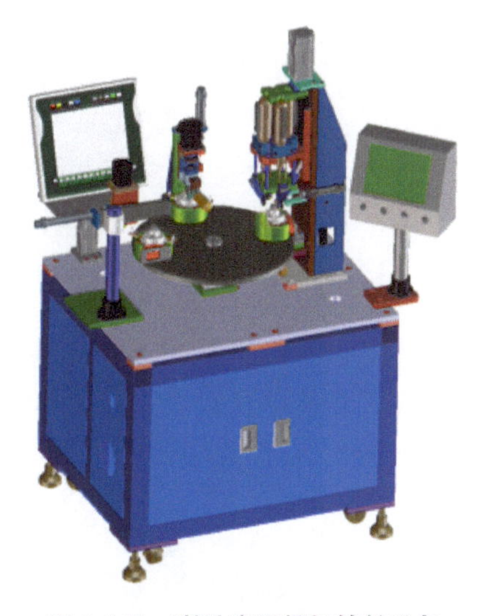

图 1-141　喇叭产品螺钉锁付设备

具体如何考虑呢？首先是定位约束，由于产品是圆的，有 X（水平）、Y（水平）、

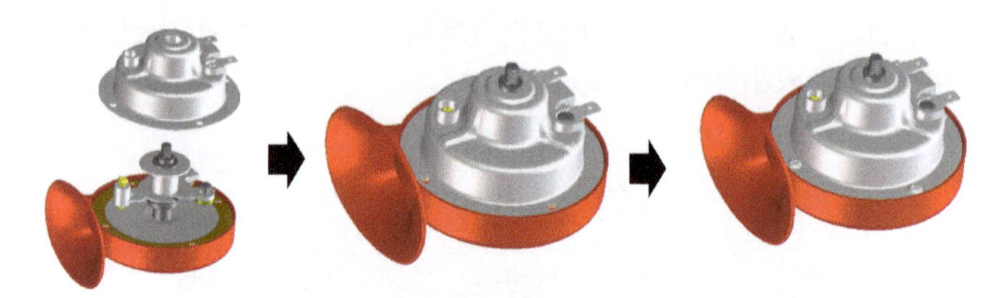

图 1-142 喇叭产品由人工预装好

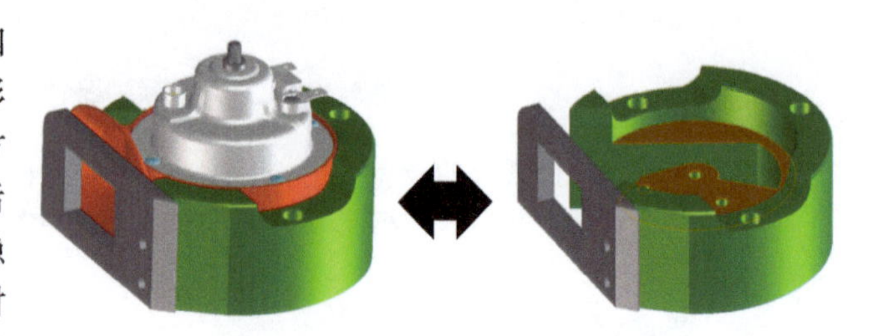

图 1-143 喇叭产品的定位载具

Z（上下）、绕 *X* 轴旋转四个自由度要约束，采用仿形腔体的结构加侧挡板的方式，如图 1-143 所示。然后是其他的考虑，如限位稳吗，在移料过程、螺钉锁付前，预装好的喇叭盖子会不会“跳出来”或“跑位置”（最好拿到样品评估下，如果会跳出来，则工装夹治具需要设置盖住、压紧之类的功能），再例如产品是手工放置到工装夹治具上的，会不会有碰到手或不便利的地方等。类似实际生产方面的种种考虑，都是非标机构设计非常重要而又容易忽略的内容。

（2）供钉机（也叫螺钉排列机或螺钉输送机）的选型　这个属于供料机构的内容，一般有振动式、往复式和旋转式三种类型，图 1-144所示是旋转式（也叫转盘式）供钉机的实物结构图，图 1-145所示是往复式（也叫推举式）供钉机的 3D 机构图。供

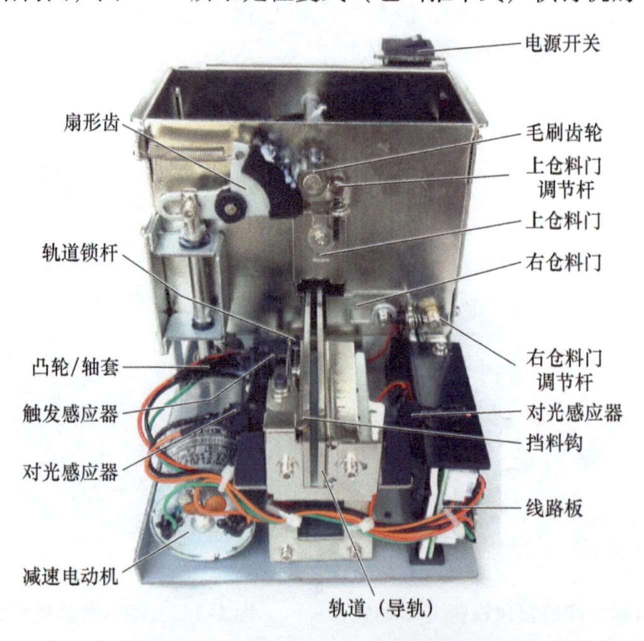

图 1-144 旋转式供钉机的实物结构图

钉机的功能，主要是实现螺钉的整列定向和连续性供给，可以自己设计，也可以外购。对市场上销售的标准件而言，无论是设计参考（不买），还是需求采购（要买），都可以通过百度、淘宝等平台来获取相关的信息。如图1-146所示，搜一下“螺钉机夹嘴”，就可以得到大量供应商的产品介绍（应用、价格、交期等），平时应多搜索、了解和熟悉。

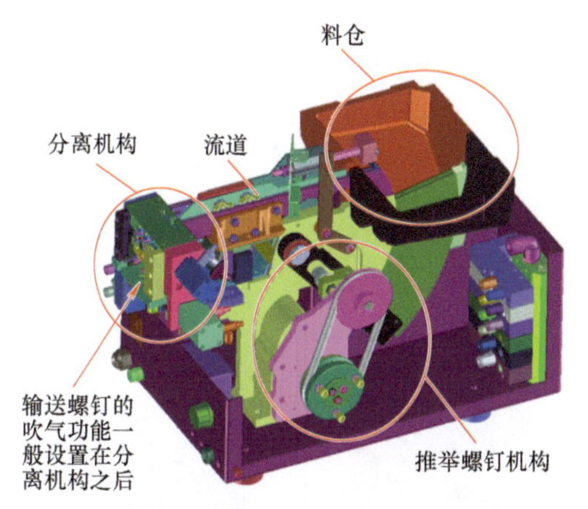

图1-145 往复式供钉机的3D机构图

图1-146 螺钉机夹嘴（标准件）的了解和熟悉

供钉机一般能兼容若干规格的螺钉，但都有一定的局限性。常用的螺钉有普通螺钉、平头螺钉、带垫片螺钉、自攻螺钉等多种，如图1-147所示。在采购时应和供应商充分沟通（了解供钉机的适应面），也可参考其规格适配表（类似表1-11）或产品介绍，如图1-148所示。

表1-11 螺钉与机型适配表

机　型	螺杆直径/mm	螺母直径/mm	螺母厚度/mm	螺丝长度/mm	卡盘型号/mm
SF-1050R-1.2	M1.2	1.4~9	0.35以上	1.8~10	M1.2
SF-1050R-1.5	M1.5	1.7~9	0.35以上	2.1~15	M1.5
SF-1050R-1.8	M1.8	2.0~9	0.35以上	2.4~15	M1.8
SF-1050R-2.0	M2.0	2.2~9	0.35以上	2.6~15	M2.0
SF-1050R-2.3	M2.3	2.5~9	0.35以上	2.9~15	M2.3
SF-1050R-2.5	M2.5	2.7~9	0.35以上	3.1~15	M2.5

（续）

机 型	螺杆直径/mm	螺母直径/mm	螺母厚度/mm	螺丝长度/mm	卡盘型号/mm
SF-1050R-3.0	M3.0	3.2～9	0.35 以上	3.6～15	M3.0
SF-1050R-3.5	M3.5	3.7～9	0.35 以上	4.1～15	M3.5
SF-1050R-4.0	M4.0	4.2～9	0.35 以上	4.6～15	M4.0
SF-1050R-5.0	M5.0	5.2～9	0.35 以上	5.6～15	M5.0

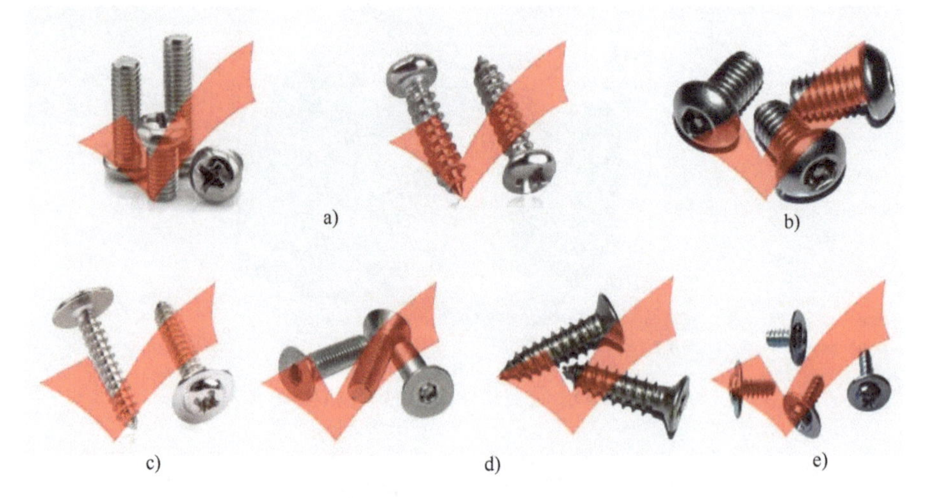

图 1-147 常用的螺钉类型

a）十字槽盘头螺钉 b）内六角螺钉 c）带介螺钉 d）沉头螺钉 e）带垫片螺钉

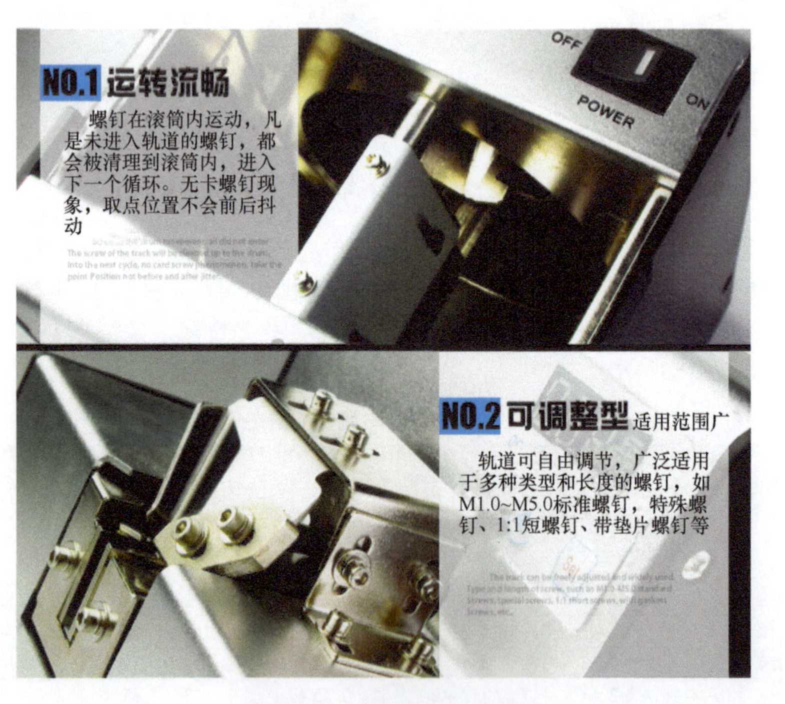

图 1-148 螺钉机产品介绍

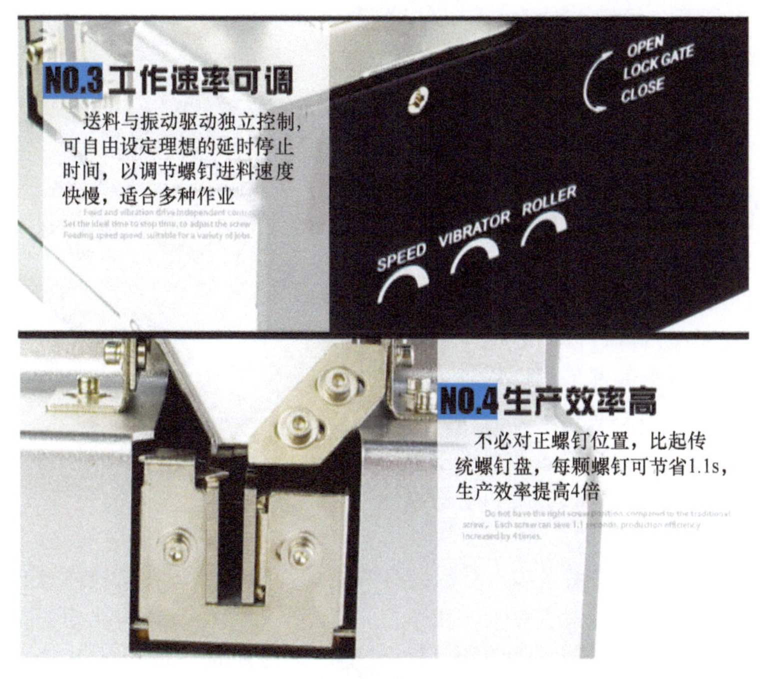

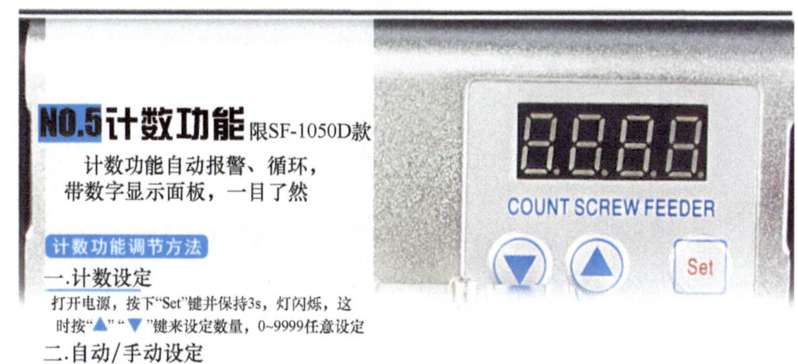

图 1-148　螺钉机产品介绍（续）

供钉机虽然只是螺钉锁付设备的一个部分，但正如在 1.1.1 节中提到的，供料不顺往往从源头上就削弱了设备的品质。此外，供钉机的标准化程度高，意味着生产制造的门槛低，市面的供应商多如牛毛，供钉机也是良莠不齐，采购时要特别重视供钉机品质的把关，例如：

1）纠错功能是否足够强大：抓一把含有各种异形（飞边、扁头、大头等）的不符合规格的螺钉（模拟实际生产中来料不良的情形），放在料斗里面，如果供钉机在运行过程中能自动筛选出异形螺钉，不会出现卡料现象，则说明供钉机品质较优。

2）检查是否可以补料：螺钉机自动筛选并排除掉异形螺钉后，必定会有一个空档，如果供钉机能及时进行补给的话，则不会影响正常的螺钉锁付作业。

3）检查是否会浮牙：有厂家为了使异形螺钉顺利通过，将所有通道变大，这样会造成电批嘴不易对准螺钉十字槽，造成锁螺钉浮牙，增加不良品。

4）检查是否重复给料：一般供钉机每次只输送一颗螺钉，如果出现重复供料（每次送两颗及以上）的情形，则为信号或程序设计不合理的表现。

（3）夹嘴设计（与其说是设计，不如说是选用，一般外购） 如图1-149所示，夹嘴可与螺钉旋具（俗称螺丝刀）、电批、风批等锁紧工具配合，将通过气压输送到流道出口处的螺钉准确地锁紧到对应的螺钉孔内。这个部件是螺钉锁付工艺的重点机构，同样会关系到设备的锁付质量。特殊工况下，如果标准的夹嘴适用不了，也可以通过了解夹嘴的功用和结构原理，自己非标设计制作。

图1-149 各种螺钉机夹嘴

如图1-150所示，夹嘴本体上对称设有两个活动夹紧块，夹紧块通过转轴铰接在夹嘴本体上，由于内部设置有弹簧，在弹力的作用下，两个夹紧块能相互扣合而形成与螺丝刀或螺丝批通道连通的螺钉出口。夹嘴的尺寸不同，适用的螺钉规格也不一样，见表1-12。

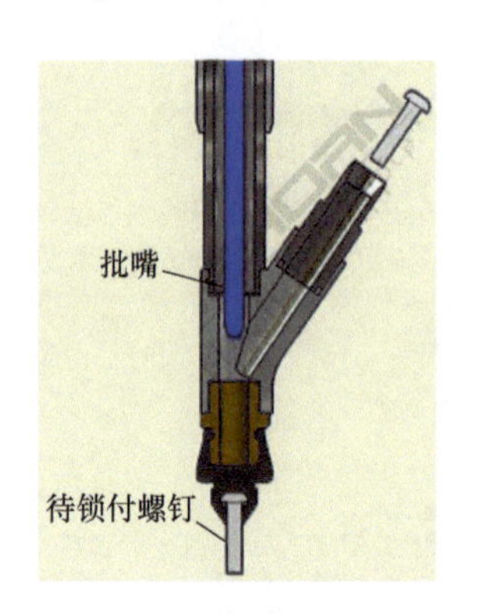

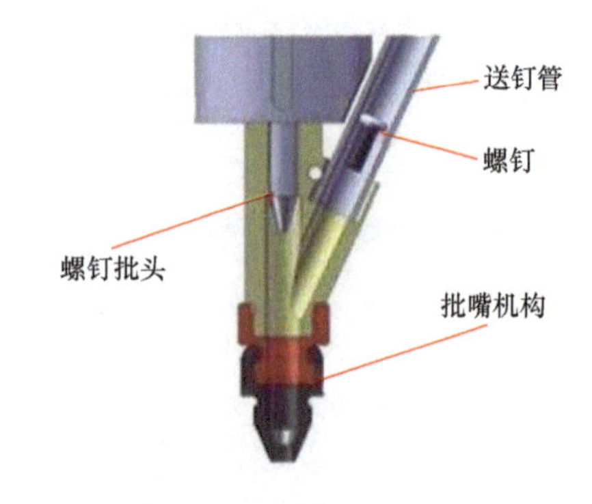

图1-150 螺钉机夹嘴的结构示意图

夹嘴的结构，除了采用两片活动弹性夹紧块的形式外，还可以是类似弹性压紧功能原理的其他结构，如图1-151所示，采用4个滚珠和一个弹性胶圈，适用于狭小的作业空间或者待锁付的螺钉位置较为紧凑的场合（见图1-152）。

螺钉从供钉机（的分离机构）出来后一直到夹嘴之间的输送，通常用的是塑胶管（一般为透明的），如图1-153所示，螺钉实现自动送料的基本条件为$L>1.2D$，否则螺钉会在管道内翻转，不能正确送料，如图1-154所示。

螺钉在管道内的输送动力为气压，有吹气和吸气两种方式，主要依据螺钉的外形和尺寸及锁付环境来选定。当$L-D\geqslant 0.2$时，适合选用吹气送料方式；当$L-D<0.2$时，适合选用吸气送料方式，如图1-155和图1-156所示。

表 1-12　夹嘴尺寸和螺钉规格适配表

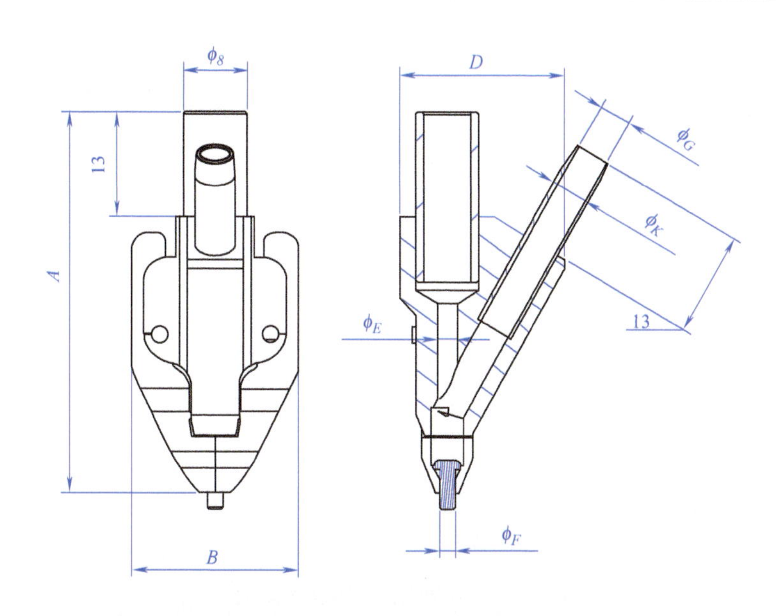

规格＼尺寸	A	B	E	F	G	K
M1.0	47	21	2.6	1.0	4.0	5.0
M1.5	47	21	2.6	1.5	4.0	5.0
M2.0	47	21	2.6	2.0	4.0	5.0
M2.0 大头螺钉	50	21	3.1	2.0	5.0	6.0
M2.5	50	21	3.1	2.5	5.0	6.0
M2.5 大头螺钉	52	23	3.1	2.5	6.0	7.0
M3.0	52	23	3.1	3.0	6.0	7.0
M3.0 大头螺钉	55	25	4.1	3.0	7.0	8.0
M3.5	55	25	4.1	3.5	7.0	8.0

（4）动作机构　如图 1-140 所示的螺钉锁付设备，完整工艺动作为：螺钉首先在供钉机进行整列定向，然后进行分离，再通过管道输送到夹嘴位置（每次送一个）；同时整组动作机构向下移动，先将夹嘴（带着螺钉）送到工艺位置，确保螺钉和产品锁付位置准确对应，然后固定电批或气批的这部分机构（不是整组机构）继续向下移动，直到完成螺钉的锁付工艺，再逆序复位，如图 1-157 所示。

3. 案例分析

下面仍然以本节提到的喇叭产品为例，如图 1-158 所示，向大家简单介绍下螺钉

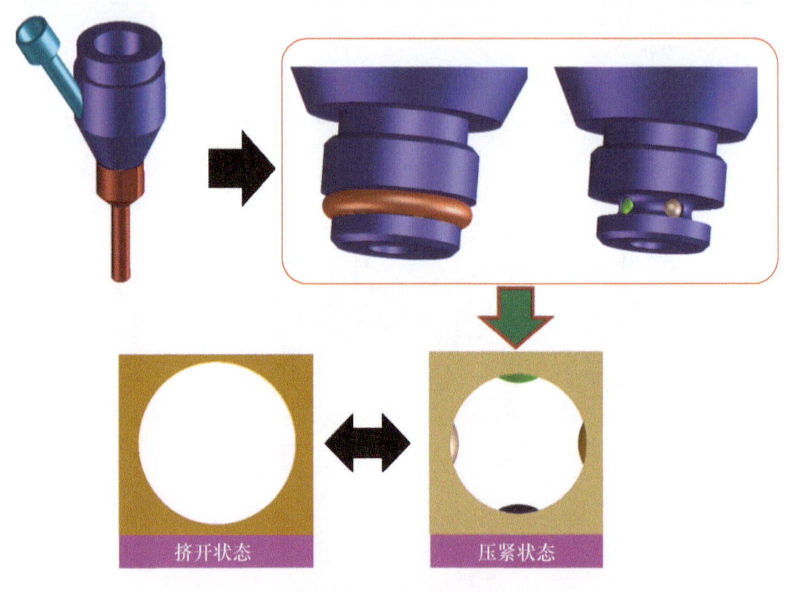

图 1-151 采用滚珠和弹性胶圈的夹嘴形式

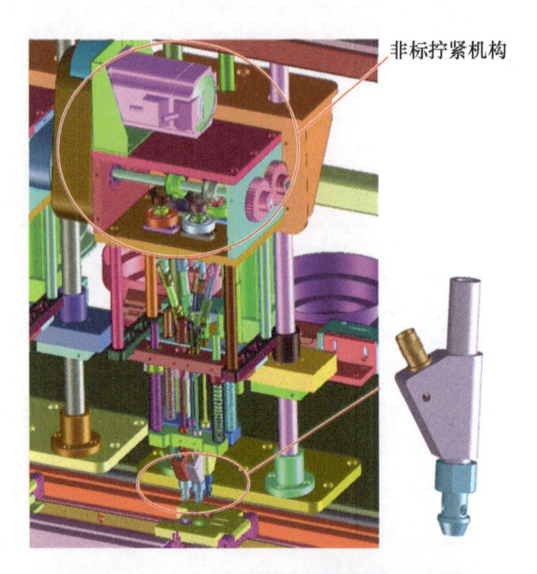

图 1-152 适用于螺钉位置紧凑的夹嘴

锁付设备的方案设计思路。

首先，由于螺钉锁付设备会用到很多的标准化设备和工具，因此首先大致评估一下。例如供钉机的选用，由于本案例用的是很普通的 M4 十字槽盘头螺钉，可优先采购现成的供钉机（但要注意不同型号有各自的适用范围，具体可以查阅厂商的产品说明书）。图 1-159 所示的旋转式供钉机，其规格性能说明见表 1-13。

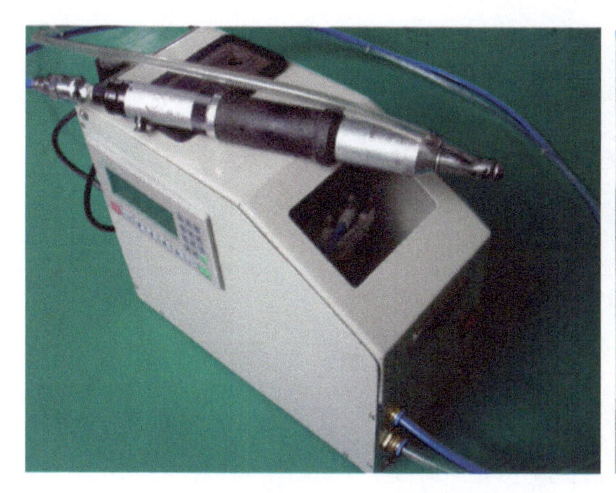
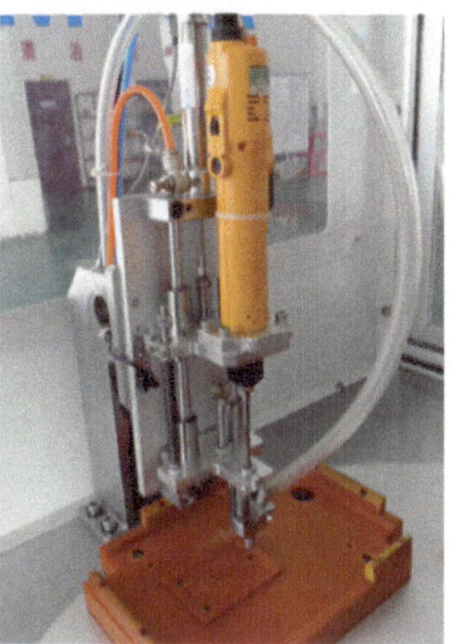

图 1-153　螺钉的输送载体——塑胶管

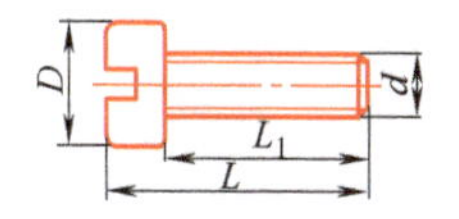

图 1-154　螺钉实现自动送料的基本条件

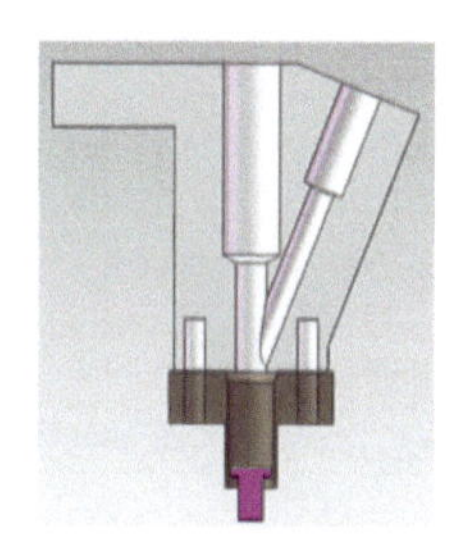
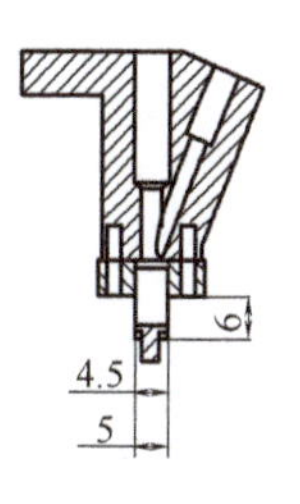

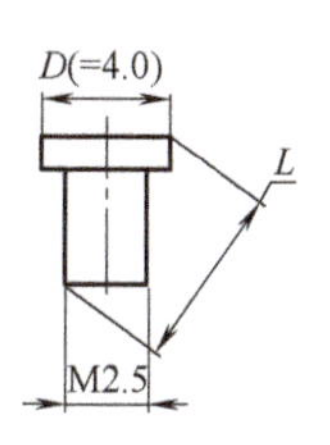

图 1-155　适合吹气送料方式的场合

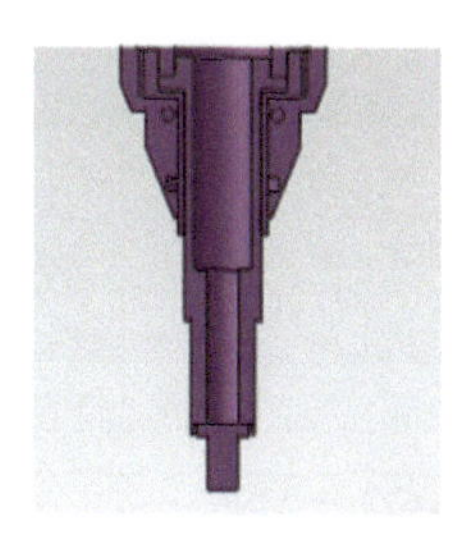
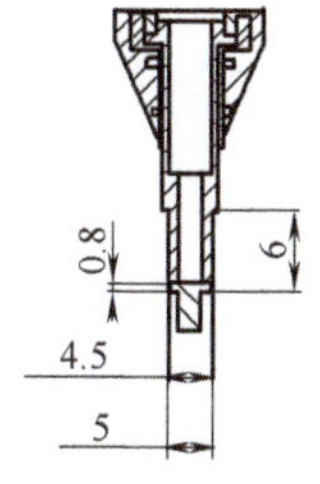

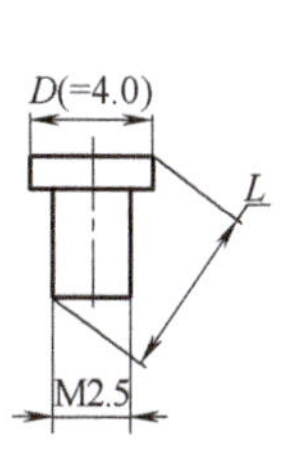

图 1-156　适合吸气送料方式的场合

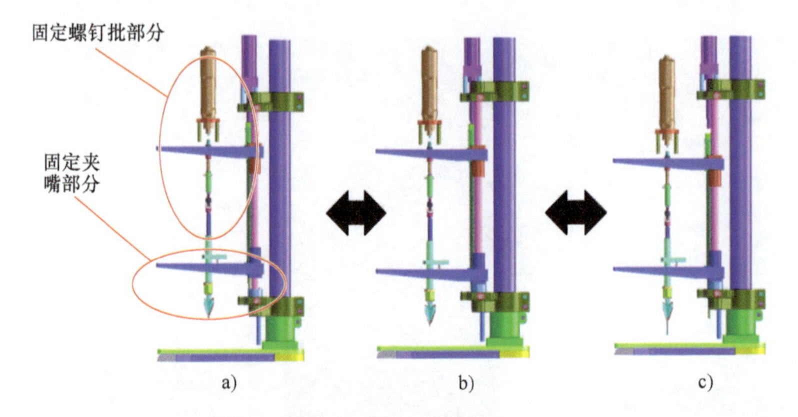

图 1-157 典型的螺钉锁付工艺（机构动作）

a）在气缸驱动下，整组机构向下运动 b）夹嘴（含螺钉）到位后停止

c）固定螺丝批的机构继续运动拧紧螺钉

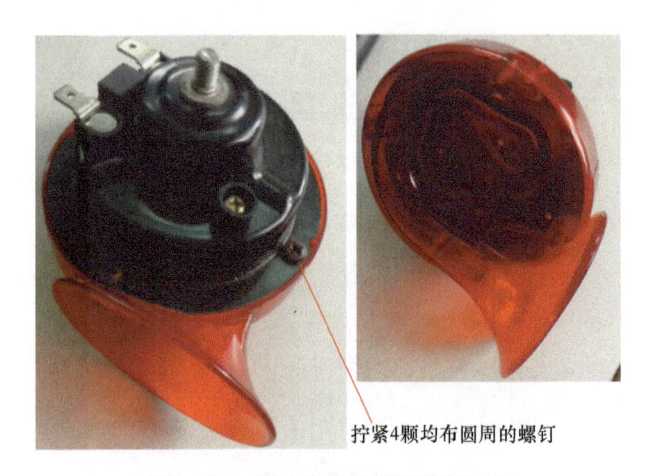

图 1-158 喇叭产品的螺钉锁付工艺

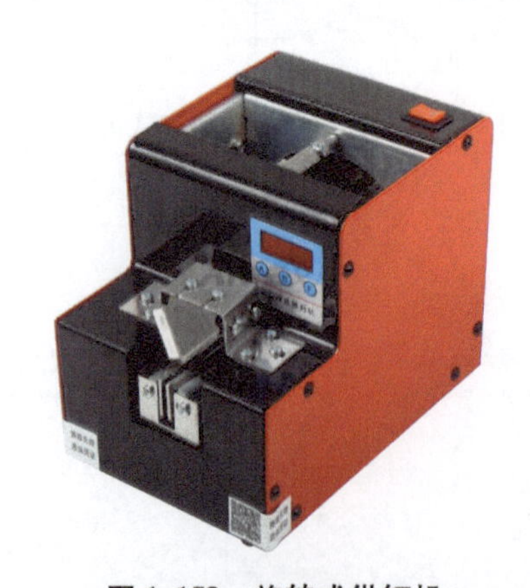

图 1-159 旋转式供钉机

注：此螺钉机适合螺钉长度小于 10mm，M1.5 ~ M4 不带垫片的螺钉

表1-13　供钉机SAM-620和SAM-630的规格性能

型　号	SAM-620	SAM-630
数显计数	不带	带
适合螺钉直径	1.0~5.0mm	
适合螺钉长度	<20mm	
功能	排列螺钉，装配用	
轨道可调范围	1.0~5.0mm	
螺钉头	适合各种型号螺钉	
螺钉导入方式	吸附式	
螺钉兜容积	2000个左右	
螺钉兜上盖	带	
出螺钉效率	120个/min	
额定功率	12W左右	
外形尺寸	180mm×125mm×150mm	
电源	直流电源（输入180~220V，输出DC12V）	
包装	纸箱包装	
净重	约2.5kg	

例如螺丝批的选用，可以查下国标，多大的螺钉，什么材质，最小破坏和最大锁紧力矩分别是多少，据此选定合适的类型和规格

再例如，从产品结构看，这个案例需要一次性锁付4颗螺钉，采用多轴式的作业模式效率较高。

还例如是否可以采用市面通用的标准移动平台（三轴或四轴），如图1-160，如果可以，则会大大缩短设计工作量和制作周期。

以上这些锁螺钉工艺基本条件或技术要素确定后，接下来的设计工作，其实就和做普通的非标机构设计差不多了，不外乎就是研究如何供料、上料、移料、收料，以及产品的定位工装夹治具怎么设计等问题，最后看到的设备，如图1-141所示。

本节对螺钉锁付设备的机构设计进行了一些梳理和总结，限于篇幅无法覆盖各行各业种类繁多的具体工艺和机构，但是，点胶、焊接、铆压等工艺机构其实也是类似的。在做具体的机构设计时，往往不能停留在机构本身，而应该将思路延伸到对相应的工艺的认识和理解上，只有充分考虑实际生产的方方面面，制作的设备才能满足企业的潜在要求。换言之，工艺机构和制造流程是互为基础和制约的，定一个机构要考虑制造流程及其工艺，定一个制造流程和工艺也不能脱离机构（能力）。

此外，就机构设计本身而言，由于有大量的行业资源积累，是比较容易找到设计参考的。但是非标自动化的方案通常不唯一，也没有特定的标准来评判优劣，因此在学习的过程中，要把很大一部分精力放在类似本节给大家提到的内容上。只有这样，遇到具体的项目，才可以综合考虑，得到一个相对合理的评估方案，这也是设计工作比较有价值的部分。

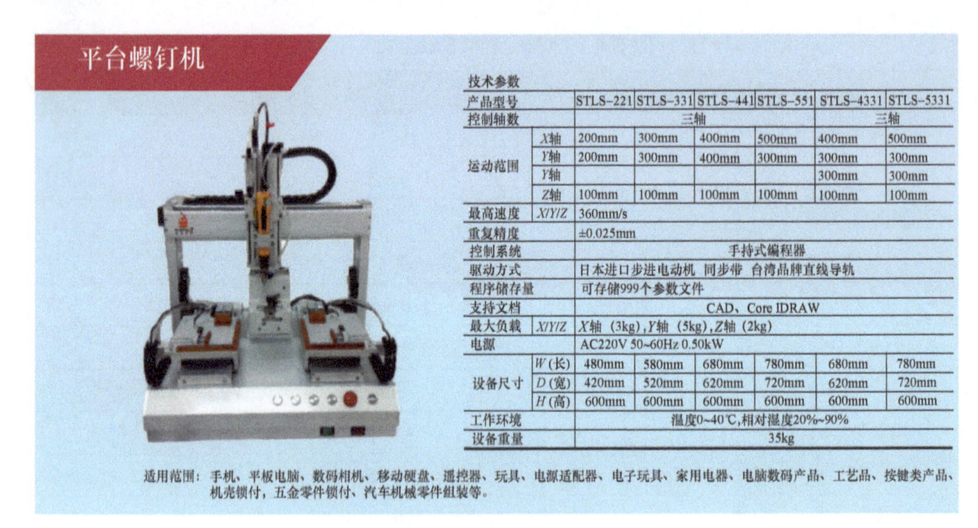

技术参数

产品型号		STLS-221	STLS-331	STLS-441	STLS-551	STLS-4331	STLS-5331
控制轴数		三轴				三轴	
运动范围	X轴	200mm	300mm	400mm	500mm	400mm	500mm
	Y轴	200mm	300mm	400mm	300mm	300mm	300mm
	Y轴					300mm	300mm
	Z轴	100mm	100mm	100mm	100mm	100mm	100mm
最高速度	X/Y/Z	360mm/s					
重复精度		±0.025mm					
控制系统		手持式编程器					
驱动方式		日本进口步进电动机 同步带 台湾品牌直线导轨					
程序储存量		可存储999个参数文件					
支持文档		CAD、Core IDRAW					
最大负载	X/Y/Z	X轴（3kg）,Y轴（5kg）,Z轴（2kg）					
电源		AC220V 50~60Hz 0.50kW					
设备尺寸	W(长)	480mm	580mm	680mm	780mm	680mm	780mm
	D(宽)	420mm	520mm	620mm	720mm	620mm	720mm
	H(高)	600mm	600mm	600mm	600mm	600mm	600mm
工作环境		温度0~40℃,相对湿度20%~90%					
设备重量		35kg					

图 1-160 市面销售的标准移动平台

1.1.5 收料机构

这里的收料机构，可以理解为对已经加工完毕的产品进行收集或包装的机构。就机构本身而言，和其他机构并没有多少本质区别，只是功能定位不同，因此本章提到的上料机构，如果作收料用，也可以叫作收料机构。相应地，设计方法、原则、技巧等都是共通的，读者朋友们可以借鉴。

下面以一台接在检测设备之后的收料设备（机构）为例（见图 1-161），对收料设备的设计要点进行介绍。

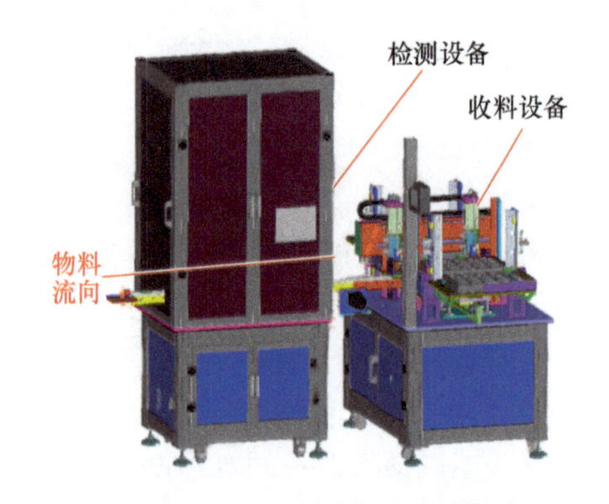

图 1-161 塑料盘收料设备

该设备大致分两个区域，一个区域摆放空盘，一个区域收集装好产品的塑料盘，在空盘从一个区域移动到另一个区域的过程中，上料机构会将前一台设备的产品抓取并放置到塑料盘上，如图 1-162所示。

其中，上料机构由电动机、同步带、线性导轨、执行机构等构成，这些都是我们所熟悉的，如图 1-163 所示。

该设备的重点，在于研究如何使塑料盘从一边移动到另一边，并整齐堆垛，如图 1-164所示。

塑料盘的堆垛机构主要实现两个功能，一个是定位和摆放塑料盘，一个是分离或叠合塑料盘，如图 1-165 所示；移动机构则主要是利用拨爪，将塑料盘从一端（塑料盘一个一个地分离）移动到另一端，并将塑料盘一个一个地进行叠合（收集），如图 1-166所示。

如果对设备进一步拆解，可以发现，尽管设备看上去有些复杂，但各个机构（如

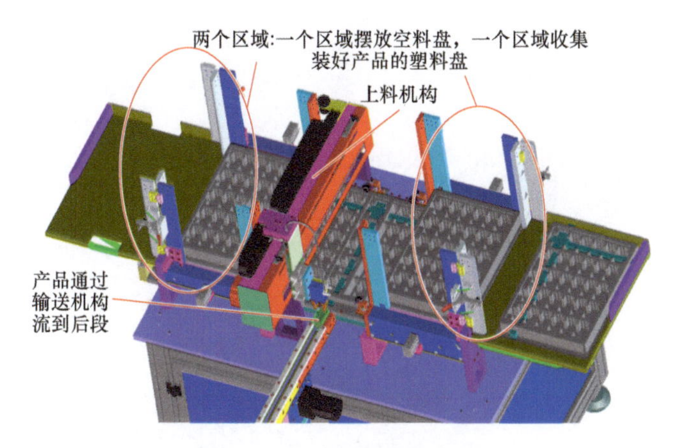

图1-162　设备的功能设置

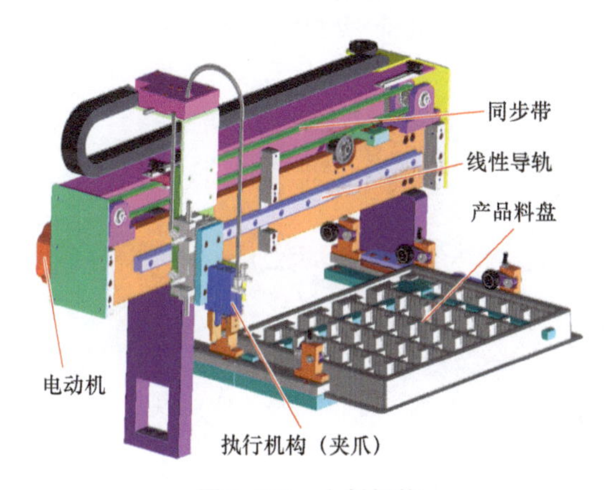

图1-163　上料机构

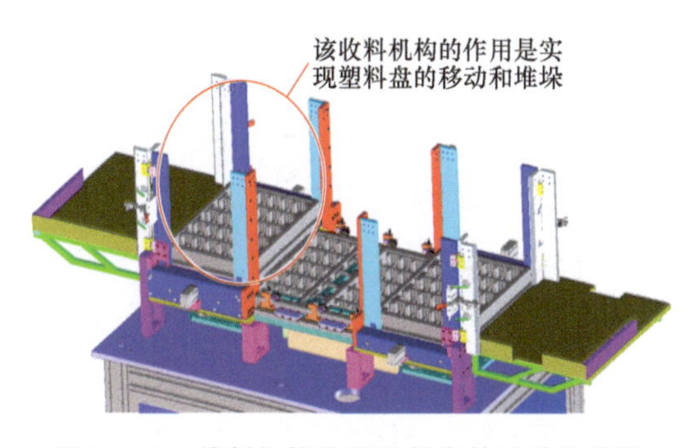

图1-164　移料机构实现塑料盘的移动和堆垛

卡位机构、顶升机构、拨料机构等）都比较简单，如图1-167和图1-168所示。这也从另一个侧面说明一点：非标机构设计的难点，往往不在于机构本身有多么高精尖，而是研究如何用各种机构组合，去实施各种特定条件、要求下的工艺。

由上所述，读者朋友们应该注意到，最终的机构方面的内容并没有超出我们熟悉的范畴，但非标机构设计往往是看时容易做时难，因为机构是有大量工艺细节需要考

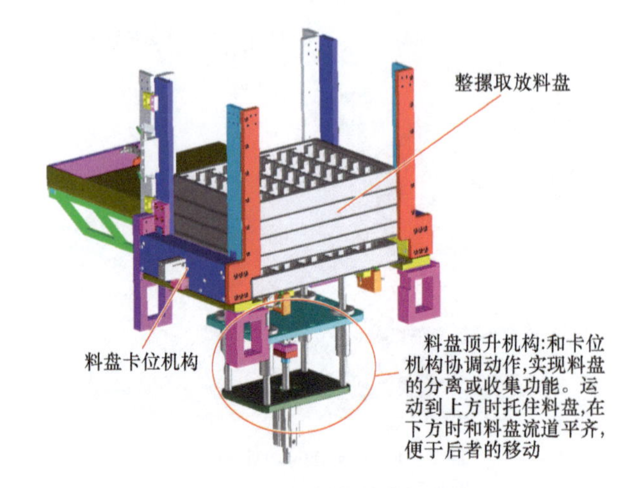

图 1-165 塑料盘的堆垛机构

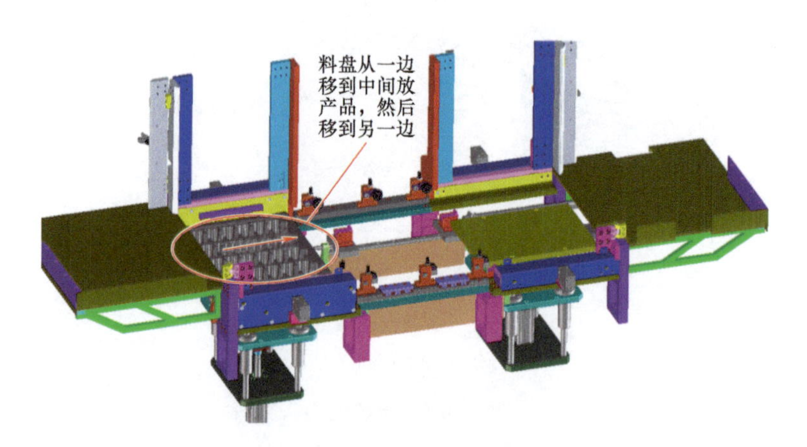

图 1-166 塑料盘的移动机构

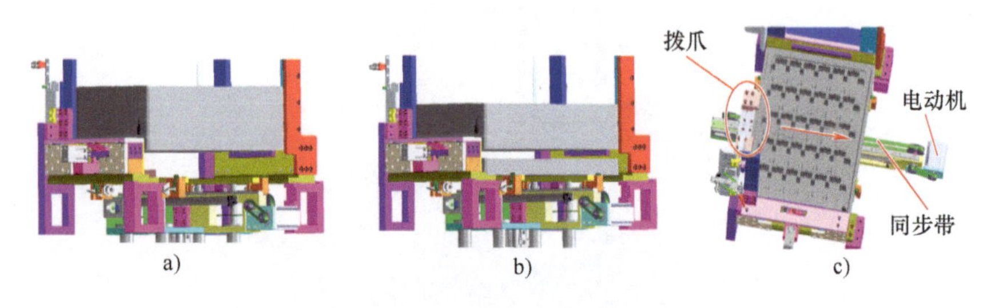

图 1-167 料盘的分离工艺细节

a）卡位机构将料盘挡住 b）料盘分离成单个状态 c）拨料机构将料盘移走

虑的（不是纯机构原理性质的）。例如塑料盘不能用生产线普通中转用的塑料盘，应该定制有一定厚度（如 1mm，不容易变形）的塑料盘，其放置产品的型腔外形、位置不能偏差太多（同时对产品的定位要准确可靠），如图 1-169 所示，否则会影响工艺实施效果；例如盘和盘摞起来后，不应该出现卡死（分不开）状态，而且要有类似凸

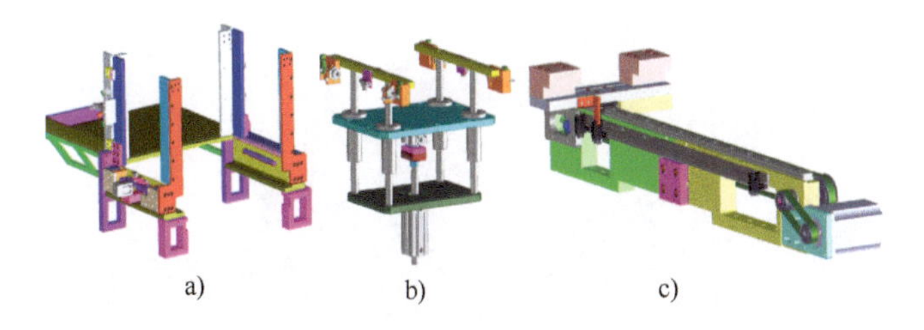

图1-168　料盘固定机构、顶升机构、拨料机构细节

a）料盘固定机构　b）顶升机构　c）拨料机构

缘的结构，便于分离作业，如图1-170所示；例如机构的接口和断面要加强导引效果（圆角、倒角），否则容易卡料，如图1-171所示；再例如塑料盘的耐磨性不好，作业一段时间后可能会出现破损状况，需要及时更换……

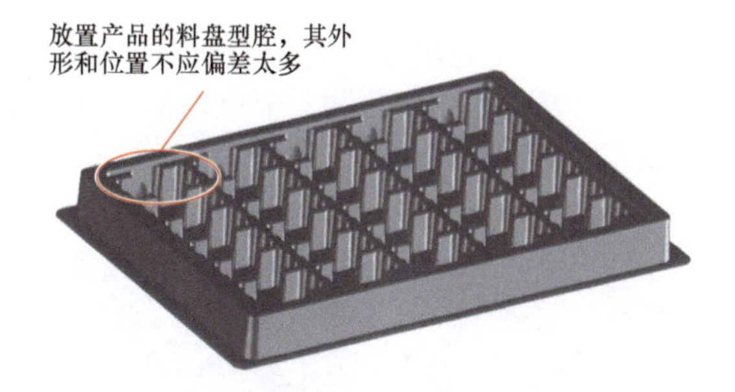

图1-169　塑料盘需要定制

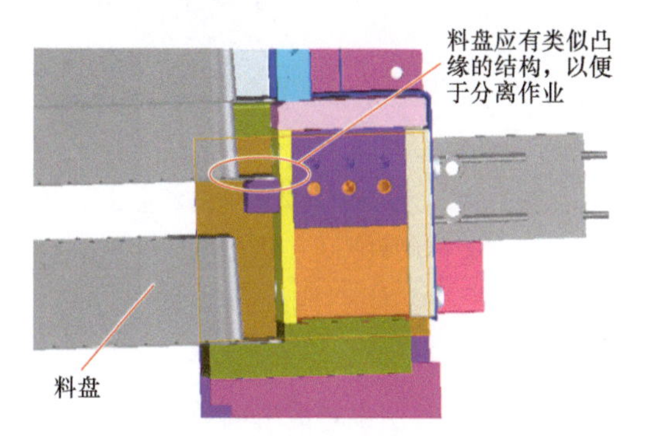

图1-170　塑料盘应设计成便于分离的形式

具备收料功能的机构还有很多类型，各位读者可以找找相关案例来学习，但不要停留在机构原理或理论分析上，而应该放在设计思路以及产品、工艺的综合考虑上。例如，图1-172所示为载带和塑料管包装的形式，那么对应的收料或包装机构应该怎么设计呢，很难用一套成熟的设计理论来定义和描述。通过本节的学习，希望在您设计一个以塑料盘为载体的收料设备或机构时给您带来设计思路上的启发。

1）评估塑料盘实施自动化的可行性，如果不满足，提出改进意见。

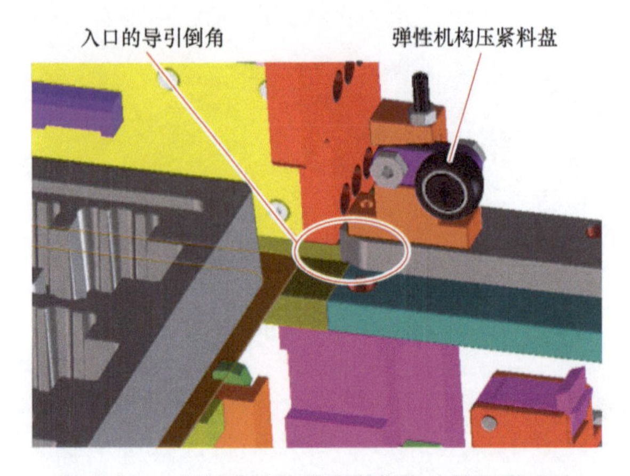

图 1-171 塑料盘的流道应做好充分的导引设计

2）根据产品和工艺要求，制定物料（这里为塑料盘）流向和机构布局方案。

3）机构细节设计，包括塑料盘固定机构、卡位机构、顶升机构、移料机构等，注意塑料盘移动过程中的定位和导引问题等。

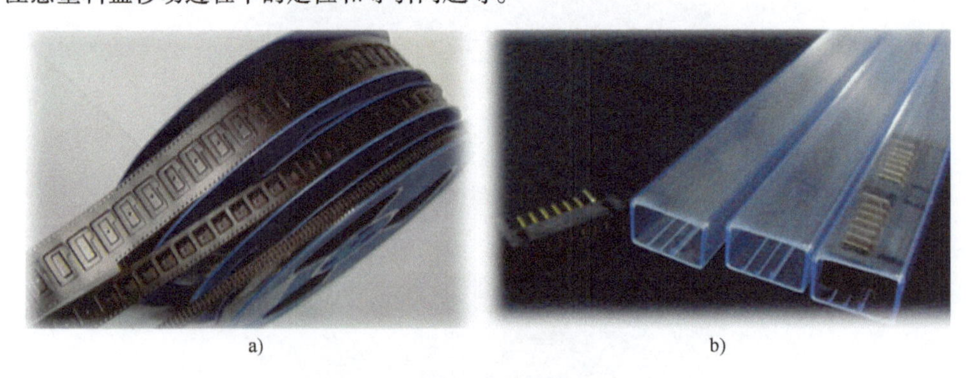

a) b)

图 1-172 载带和塑料管包装的形式

a）载带包装 b）塑料管包装

1.1.6 其他机构

本章对机构设计的论述，主要是围绕对散料的处理来展开的，事实上还有很多物料是以连料方式（见图 1-173）供料的，其相关机构也需要了解和掌握，本节给大家介绍一下连料的输送机构。

1. 基本认识

对于连料方式相关的输送机构，相对来说需要懂一点理论，才能设计得有理有据，主要有以下几个重点。

（1）产品/物料结构参数 如图 1-174 所示，一般连料方式的输送，通过其载带/料带上的定位孔来实现，因此需要了解载带/料带的厚度、孔的直径、孔与孔的间距等结构参数，才能确定相关的机构参数。

（2）送料机构形式的选用 首先要明确送料机构要达到一个什么样的效果，例如

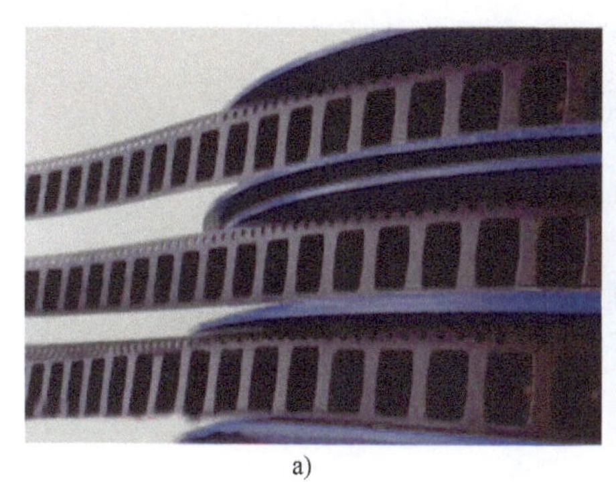

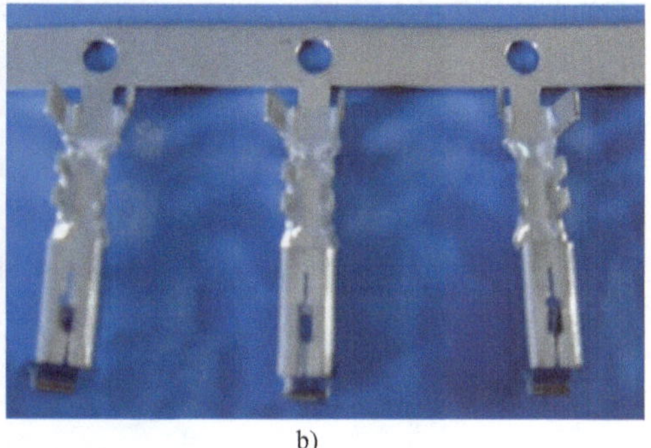

a)　　b)

图 1-173　连料方式的物料

a）成品包装载带　b）五金件料带

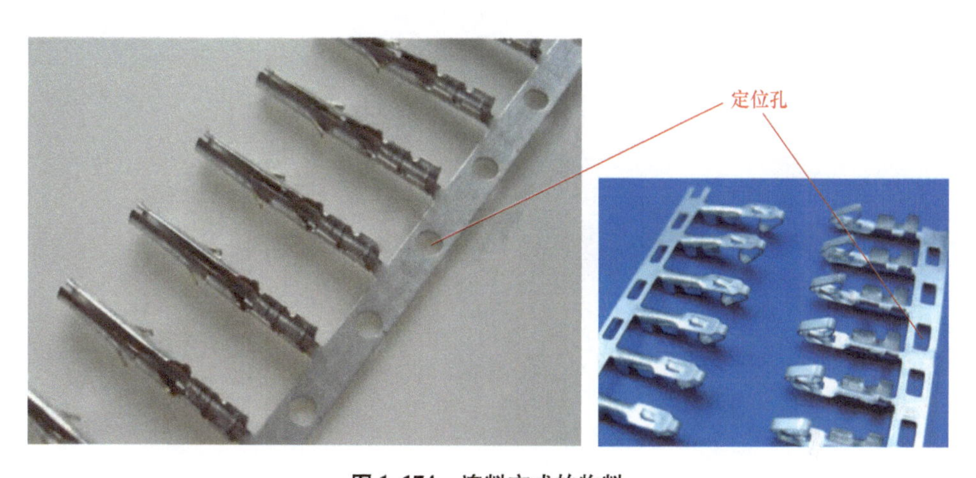

图 1-174　连料方式的物料

送料长度要求可变或者对送料速度要求高，那么可以采用电动机 + 齿轮方式；如果只是简单的定长送料（且行程不大），则可以采用普通的气缸 + 拨爪方式，选用建议见表 1-14。

表 1-14　送料机构形式的选用建议

送料机构形式	定长	不定长	长行程	高速	稳定	精密	送端子	送胶带
电动机 + 齿轮	适用	适用	适用	适用	适用	适用	适用	适用
	注：电动机 + 齿轮方式适用面更广，但成本投入较大，如非客户指定，倒也未必逢“机”必用。							
送料机构形式	定长	不定长	长行程	高速	稳定	精密	送端子	送胶带
气缸 + 拨爪	适用	不建议	不建议	不建议	适用	适用	适用	不建议
	注：气缸 + 拨爪方式受限于气动，速度不高，尤其是长行程时，需要确认速度是否足够。							

当然，原则归原则，还需要具体情况具体分析。例如载带孔的间距太大，就不太

适合采用电动机 + 齿轮的形式，因为齿轮需要做得很大（有时空间不允许），否则轮齿和孔匹配困难；对于不定长送料，也可以采用气缸 + 拨爪形式，机构设计起来也比较简单（只是调试时需要手动进行罢了）。

此外，根据不同的应用场合，机构的呈现也是多种多样的（这也是非标机构设计的特点），如图 1-175 所示，都是一些比较常见的形式（及其延伸做法）。针对每一种设计形式，平时应该有一些相关的搜集和整理（客户要求、功能表现、空间布局等），需要的时候，可以调出来使用。

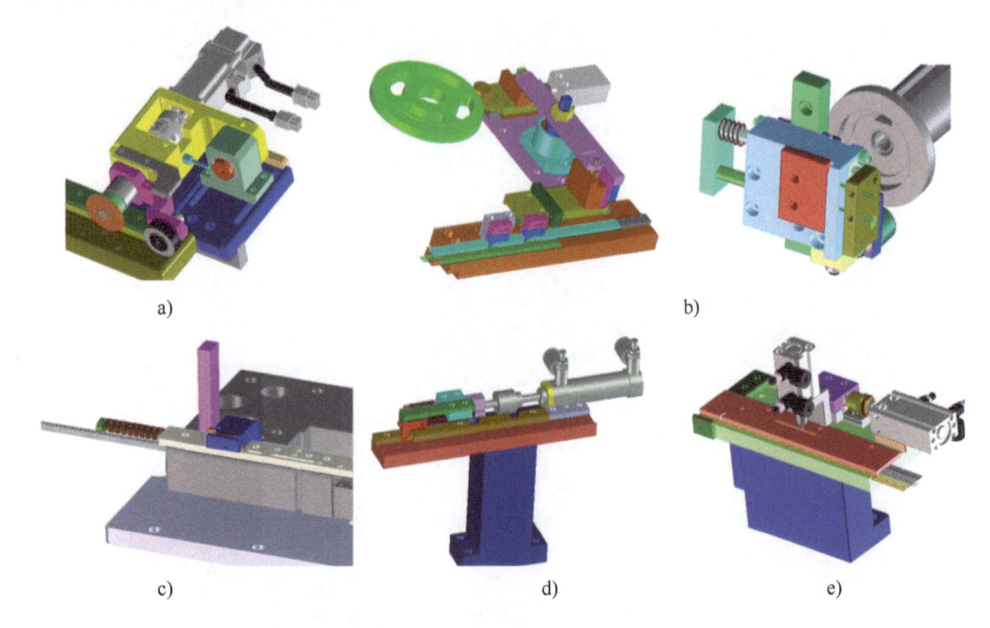

a) b) c) d) e)

图 1-175 连料的送料机构形式

a）伺服/步进电动机 + 齿轮 b）凸轮 + 连杆 + 拨爪/定位针
c）（气缸）+ 斜楔 +（弹性）拨爪 d）气缸 +（弹性）拨爪 e）双气缸 + 定位针

（3）齿轮设计 对于气缸 + （弹性）拨爪的形式，读者朋友们只要找几个案例看一看，基本上就会了，没有设计上的理论困扰；而电动机 + 齿轮则不一样，有一些公式和数据需要熟悉下，这也是本节论述的重点。

首先来学习下用于输送连料的齿轮是怎么设计的。注意，如图 1-176 所示，此齿轮（用于连料输送的）非彼齿轮（标准齿轮），可理解为有齿或有针的轮子。

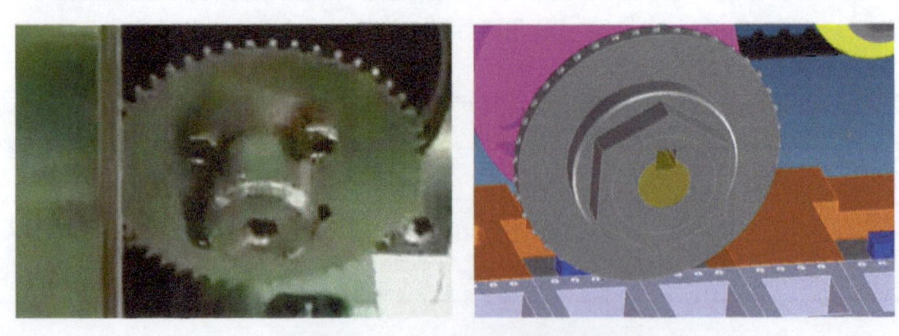

图 1-176 连料的送料齿轮

1）关于圆周。

公式一：$360°/2\pi$ = 对应角度/对应弧度

一个圆周的角度是360°，对应弧度是2π，$\pi\approx3.14$，角度用于度量，但不能直接用于相关计算（要将角度转换为弧度）。例如，已知30°，对应弧度就是30°/（360°/2π）= $\pi/6$；已知$\pi/3$，对应角度就是60°。

公式二：弧长L = 对应弧度ϕ × 半径r = 对应弧度ϕ × 直径$D/2$

极限状态下，公式为周长C = 圆周对应弧度2π × 半径r = π × 直径D。

2）电动机常识。

齿轮的送料，不能用普通电动机，必须选用具有控制功能的电动机（如步进电动机或伺服电动机）。控制用的电动机，其旋转是靠控制器程序触发脉冲信号（以个为单位，没有类似0.5个的说法）到驱动器（进而控制电动机）来完成的。步进电动机和伺服电动机两者性能略有差别，体现在分辨率、工作转速、转矩-速度特性等指标上。

① 步距角：电动机接收到一个脉冲信号所转过的角度，它是电动机的旋转精度指标。

常用的步进电动机步距角，两相的为0.9°、1.8°，三相的为0.75°、1.5°，五相的为0.36°、0.72°。以五相步进电动机为例，设置驱动器不同的步距角为0.72°或0.36°，则转一圈分别需要360°/0.72° = 500个脉冲或360°/0.36° = 1000个脉冲（有的步进电动机性能优越，还可以进一步细分为0.18°、0.09°等，细分越多则电动机运行越平稳，例如东方电动机RK系列5相步进电动机，步距角可进行多次分割，最小的理论步距角为0.00288°）。

如果是伺服电动机，它转一圈的脉冲数可以设置为很大（也就是分辨率高），所以几乎不需要有最小步距角的考虑（脉冲数也不是越大越好，这样可能会造成程序运算繁琐、缓慢。）

② 工作转速：电动机稳定工作状态下的速度性能差别很大，步进电动机一般是每分钟几百转，而伺服电动机可以达到每分钟几千转，具体工况需要多大的转速，是选型考虑点之一。

③ 转矩-速度特性：略。

④ 加减速特性：频繁加减速的高速机构，应尽量选用性能更优的伺服电动机。

关于电动机相关的性能参数及选型认识，当然不止以上这些内容，具体将在第2.3节介绍，各位读者可先了解下跟本节内容有关的部分（见表1-15和图1-177）。

表1-15　步进电动机和伺服电动机的性能对比

	转矩	速度	控制模式	运动平滑性	精度	转矩特性	过载能力
步进电动机	中小（<20N·m）	一般小于1000r/min	位置	低速有振动	一般	高速时，转矩下降快	容易失步
伺服电动机	全范围	高达3000r/min以上	位置/速度/转矩	平滑	高	额定转速时，转矩稳定	3倍左右

（续）

	原点	卡料	排障（换料）	断电/急停
伺服电动机	（程序）自行找原点	过载报警，转矩自动释放	分离物料和拨齿，电动机回原点，挂上物料，偶尔需要对位置	同“排障”
步进电动机	不能自行找原点，机构需添加原点位置检测感应器或编码器	憋停	手动释放电动机转矩，分离物料和拨齿，通电励磁，挂上物料，对位置（可能需要重置原点或微调初始位置）	分离物料和拨齿，通电励磁，挂上物料，对位置（可能需要重置原点或微调初始位置）

注：机构需要确保物料和拨齿可分合，便于上料换料和卡料排障。

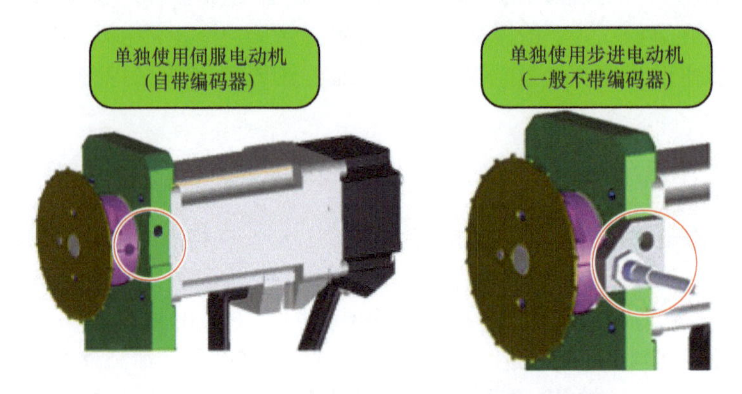

图 1-177　使用步进电动机需设置原点检测感应器

3）齿轮相关。

对于电动机+齿轮的送料机构而言，齿轮的设计是一项重要内容，主要包括齿轮直径、齿数、齿形等参数。

① 分度圆直径。分度圆是计算的纽带和依据，可以认为是拨齿和孔实际啮合时，料厚一半处所在圆，如图 1-178 所示。这个参数的确定有一定的弹性，通常是先根据整组机构所占据的空间大致预估一下，例如 ϕ50mm 左右，再结合其他的参数来定，最后可能是 ϕ54.33mm 或者 ϕ46.89mm 之类的数据。

例如：已知齿与齿的间距（也就是弧长）$L=6.4$mm，对应的弧度（不是角度！）$\phi=0.2514$，则根据弧长公式，齿轮分度圆直径 $PD=2L/\phi=2\times6.4/0.2514$mm $=50.9$mm。

② 齿数的确定。齿轮和物料的各相关参数如图 1-179 所示，据此可进行一些简单的计算。齿轮带着载带/料带行进的距离 S 等于齿轮转过角度 ϕ 对应的弧长 L，故 $S=L=\phi r$。这个关系式是设计的纽带，实际设计过程中，一般是根据行进距离 S，结合所选电动机，然后进行齿轮设计。

例如：已知（或预估）齿轮分度圆直径为 ϕ50.9mm，齿与齿的间距（也就是弧长）$L=6.4$mm，则对应的弧度 $\phi=L/r=6.4/25.45$mm $=0.2515$mm，换算成角度为 $(360°\times0.2515)/2\pi=14.42$rad，那么一个圆周分成 $=360°/14.42°=24.97\approx25$ 份，即圆周上有 25 个齿。

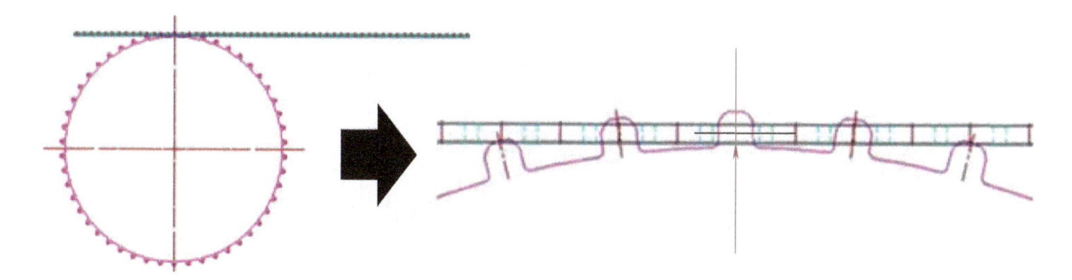

图 1-178　齿轮分度圆的确定

电动机的步距角对齿轮设计的意义在于，送进距离 S 时，齿轮转过的角度为 ϕ，当 ϕ 是步距角的整数倍时，运转和控制系统获得较高的精度，反之多少会有误差。因此要么以电动机定齿数（见表 1-16），要么以齿数选电动机，两者需要匹配。

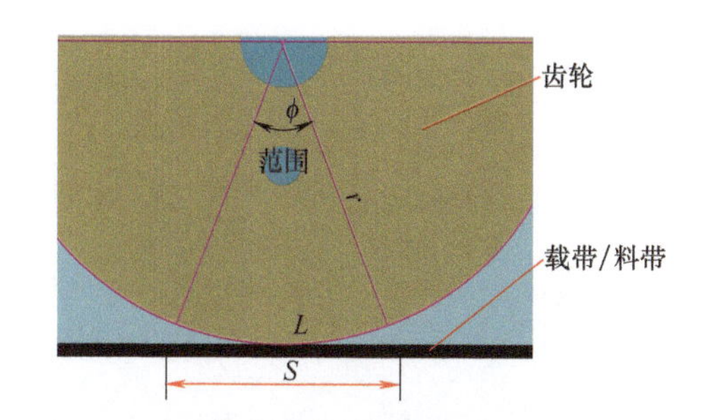

图 1-179　齿轮和物料的各相关参数

表 1-16　选用步进（步距角 0.72°和 1.8°的情形）电动机时齿轮齿数的确定

基本步距角 α	0.72°				1.8°		
脉冲数/转 N_Z（$N_Z=360/\alpha$）	500				200		
齿轮合理齿数 Z	25	100	50	20	25	50	40
齿距占用脉冲数 N	20	5	10	25	8	4	5

例如，齿轮齿数定为 60，则 $\phi=360°/60=6°$，如果选五相步进电动机，就不合理，60°/0.72°=83.3333，程序只能触发 8 或 9 个脉冲才能接近这个数值……反之，如果选用伺服电动机，就不一定非得定 50 个齿（$\phi=360°/50=7.2°$）之类的，例如 60 个齿也可以，因为伺服电动机的步距角远比步进电动机的要精细很多，实际造成的误差几乎可以忽略（从兼容或通用考虑，把齿轮齿数定为 50 更合理）。

还需要注意的是，送进距离 S 与轮齿齿数对应，但 S 长度内可能有若干个孔空着，如图 1-180 所示。从啮合效果看，孔齿对应的情形是较精确的，而且齿轮的直径越大越好（但越大越占空间），齿轮的齿数越多越好（但越多加工量越大），有时会酌情考虑一下经济性原则。经验上，直径一般在 ϕ20 ~ ϕ80mm；齿数根据孔与孔间距来定，间距越小齿数越多，反之亦然，例如间距为 2.5mm 或 4mm，如选用步进电动机，很自然地就想到齿数 25 或 50，如果间距为 9mm，则齿数是 20 或 25 等。

③ 轮齿形状。轮齿的形状会影响齿轮啮合效果即送料精度，普遍采用矩形、方形和圆形等。这方面并无什么技术规范，但从合理的角度而言，需要注意以下几个要点。

a. 物料结构特征。轮齿要根据物料结构来设计，例如可做成拨片或定位针之类的结构。原则上讲，圆孔用圆齿，方孔用方齿，但也不拘泥于此，如图 1-181 所示，各种轮齿的拨料精度和效果略有差别，$A>D>B>C$。

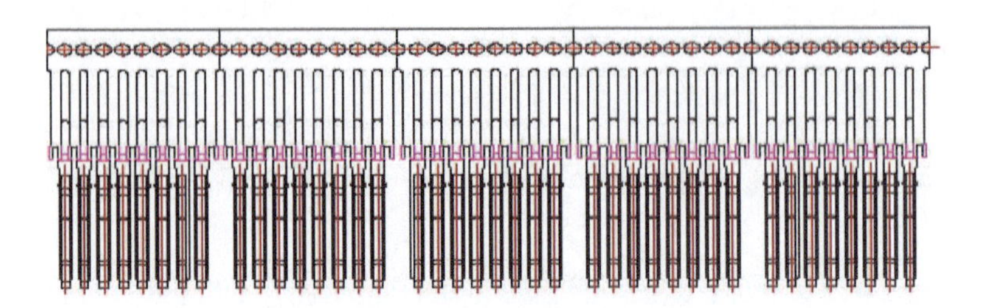

图 1-180 齿轮和物料的参数关系

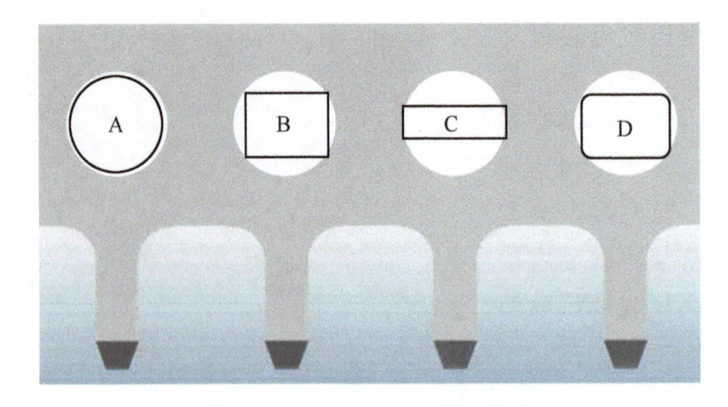

图 1-181 圆孔对应不同的齿形

b. 轮齿的拨动位置选择。一般来说，轮齿拨在连料上定位较为可靠的元素上，有料孔的情况下，一般拨在料孔上，但未必一定是圆孔，如图 1-182 所示，拨的就是长方孔；物料过长而料带（定位孔）约束不佳或没有料孔的场合，可直接拨在针脚上，如图 1-183 所示；如果物料的料带是双边的，如图 1-184 所示，则一般用双齿轮来拨动两边的料孔。

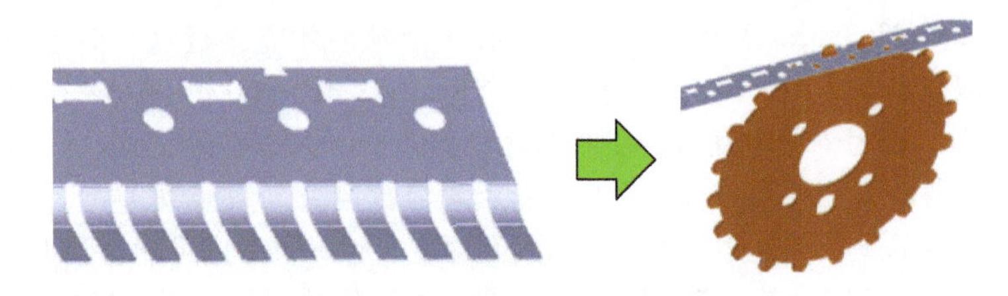

图 1-182 轮齿拨在长方孔上

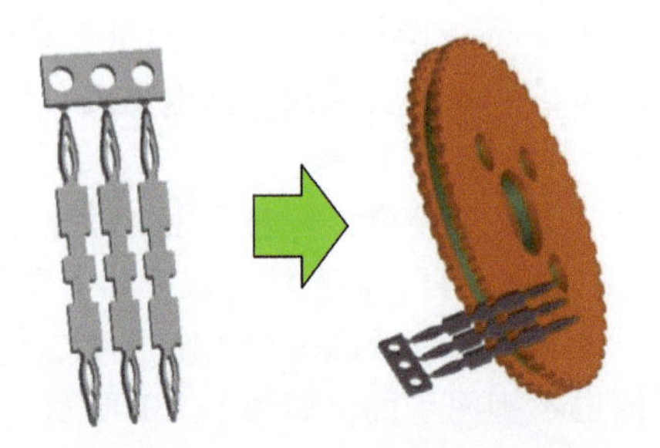

图 1-183 轮齿拨在针脚上

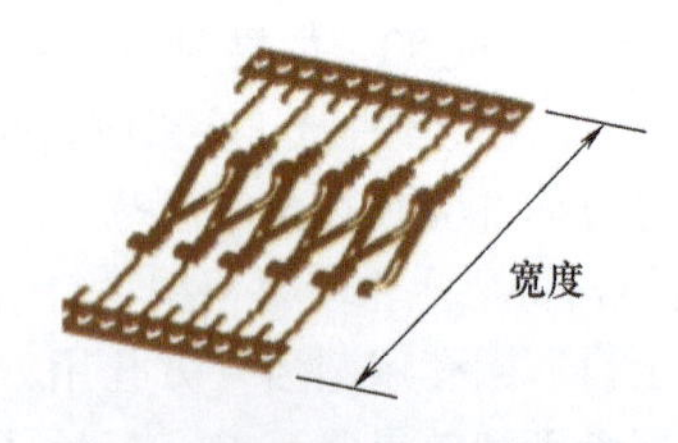

图 1-184 双轮齿拨在两边的料孔上

④ 轮齿参数。

a. 轴向截面。齿轮参数的确定，可以借鉴标准齿轮的齿轮理论，如图 1-185 所示，为了简化设计和降低加工难度，轮齿一般做成直边形式，如图 1-186 所示。

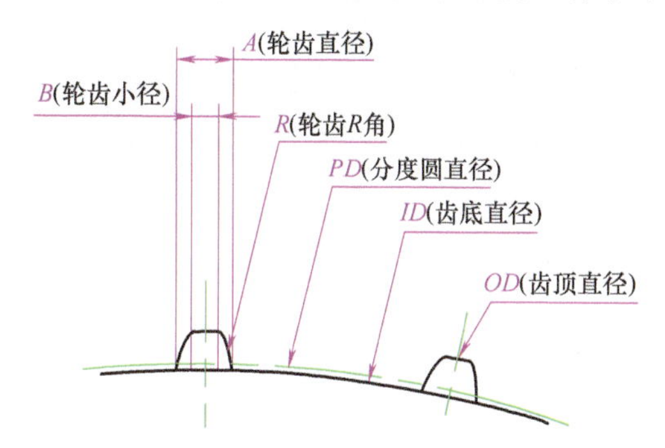

图 1-185　轮齿相关尺寸的定义

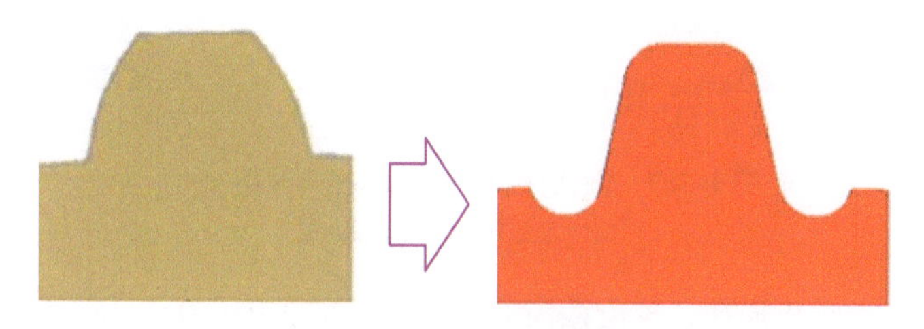

图 1-186　直边形式轮齿

假定孔与孔间距为 4mm，孔直径 $D=\phi1$mm，厚度 $T=0.15$mm，相关参数计算见表 1-17。

表 1-17　轮齿相关参数的计算

参　　数	代　　号	公　　式	数值/mm
物料孔径	D	—	1
齿距或孔距	L		4
物料厚度	T		0.15
齿数	Z		25
轮齿直径	A	$D-0.127$	0.87
分度圆直径	PD	LZ/π	31.85
齿底直径	ID	$PD-2T$	31.55
齿顶直径	OD	$ID+(2A\times0.66)$	32.7
轮齿小径	B	$A/2$	0.44
轮齿 R 角	R	$A/0.85$	1.03
齿高	H	$(OD-ID)/2$	0.58

b. 径向截面。如图 1-187 所示，例如圆齿定圆孔，其截面直径 d = 料孔直径 D −

0.10mm，其中0.10mm为经验值，理论上定义了轮齿定到孔内后单边有0.05mm左右的间隙，实际上根据设计情况可能会取0.15mm、0.12mm等值（有些网络讲义，取了0.127mm，这个值得商榷，可能是把这个应用场合的齿轮当作标准齿轮了，其实没有必要）。

例如方齿定圆孔，根据直角三角形勾股定理，$a^2+a^2=c^2$，即 $a^2=c^2/2$，则 $a=\sqrt{c^2/2}=(\sqrt{2}\div2)c=(1.414\div2)c=0.707c$，再放一个经验间隙，一般0.05～0.10mm，所以轮齿边长 $a=0.707c-(0.05\sim0.10)$。

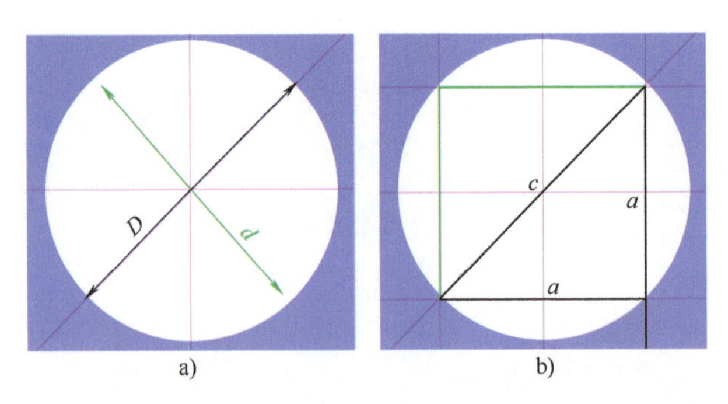

图1-187 圆孔/圆齿/方齿的径向截面尺寸

a）圆齿定圆孔 b）方齿定圆孔

再例如矩形齿定矩形孔，轮齿截面的长度＝孔的长度－0.1mm，齿的宽度＝孔的宽度－0.1mm。这里的0.1mm同样是一个经验值，可灵活选取，如图1-188所示。

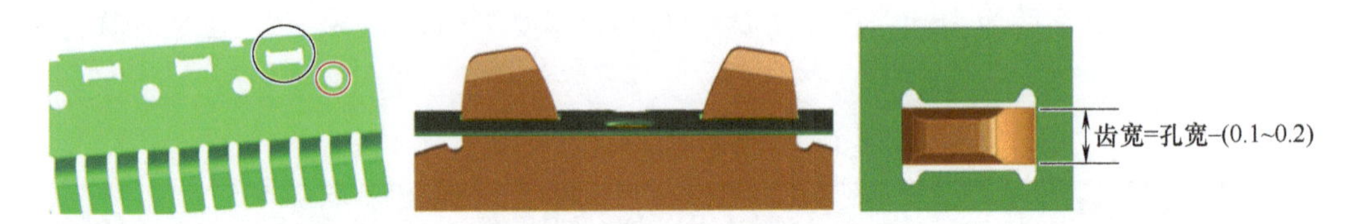

图1-188 矩形齿定矩形孔

⑤ 轮齿形式。最常用的齿轮结构形式有三种，如图1-189～图1-191所示，各有优缺点，一般根据实际工艺要求来选用。例如输送的连料要求速度快、精度高，往往采用整体式圆针结构，但如果针比较细，容易折断，则往往采用拼装式散针结构，更多的场合，则用线切割的叶片式齿轮。

a. 结构类型。送料机构有多种结构形式，可以将齿轮布置在流道的上方或者下方，一般是直接固定在电动机的输出轴上，如图1-192和图1-193所示。如果电动机带动的是双齿轮（齿轮偏离电动机较远），则需要设计成电动机＋联轴器＋轴的方式，如图1-194所示。

b. 案例分析。如图1-195所示，已知物料（连料方式）的定位孔直径为 $\phi1.5$mm，孔与孔的间距为2.54mm，料厚度 T 为0.45mm，每个定位孔对应一片端子。现要求能满足不同长度（一次送20～32之间任意数量的端子，例如送23片、28片、30片等）的送料，要能快速切换，速度30～40片/min，试设计出该送料机构。

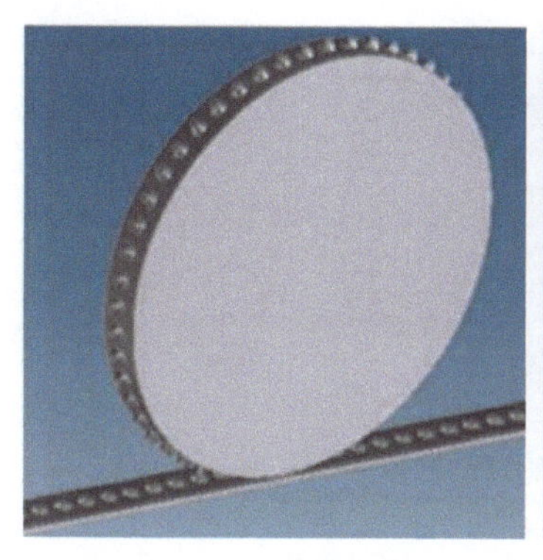
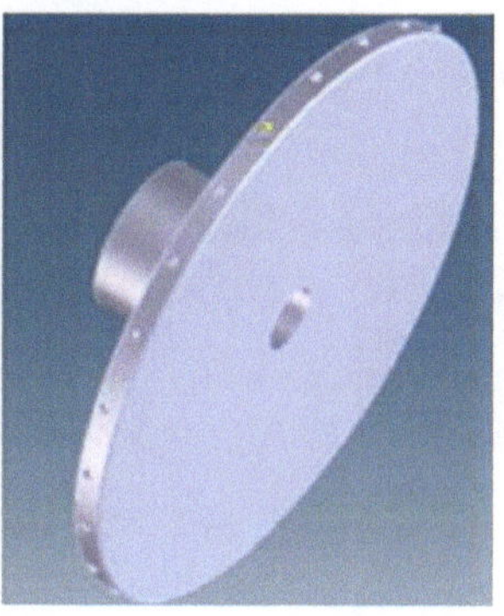

图1-189　整体式圆针结构

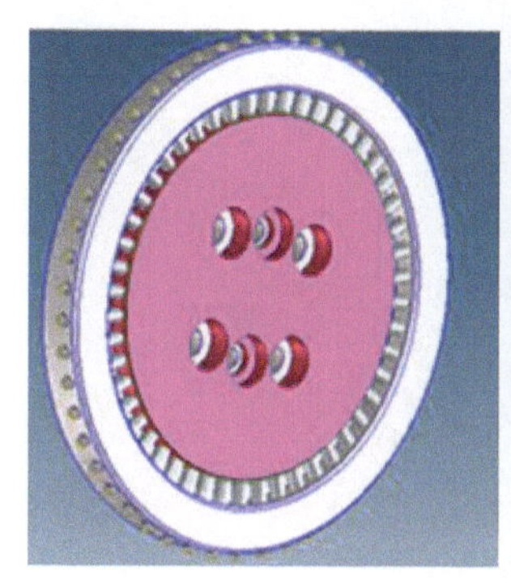
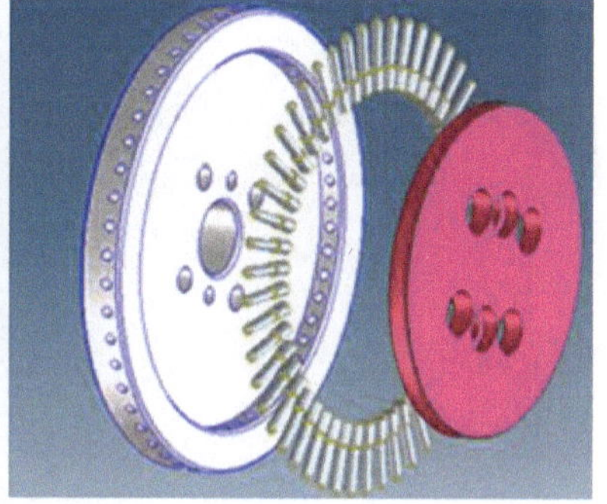

图1-190　拼装式散针结构

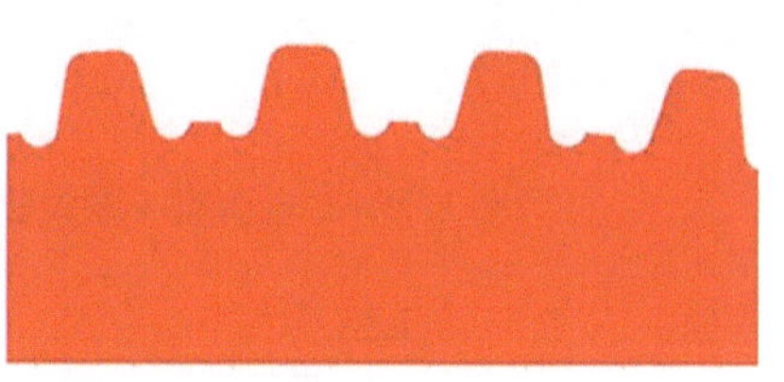

图1-191　线切割的叶片式齿轮

【分析建议】

ⅰ. 结构类型或方式。任何时候都要确保自己的设计满足客户期望，不了解客户要的是什么，即便设计再好也白搭！由于要实现多个长度的送给，且要能快速切换，普通的气缸+拨爪方式不太符合（每次切换都要人工调整机构），如果用电动机+齿轮方式的话，是用伺服电动机还是步进电动机呢？从要求看并不苛刻，技术上都可以实现，经与客户沟通（假定客户倾向于伺服电动机，并且厂内伺服电动机的品牌都是松下），最后选定松下伺服电动机。由于只是送料，低负载（可简单计算校核下），选用50W或100W的松下伺服电动机。

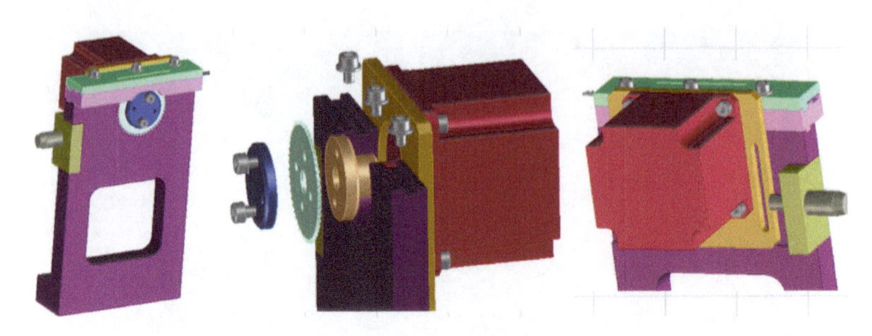

图 1-192 电动机 + 齿轮（下方）

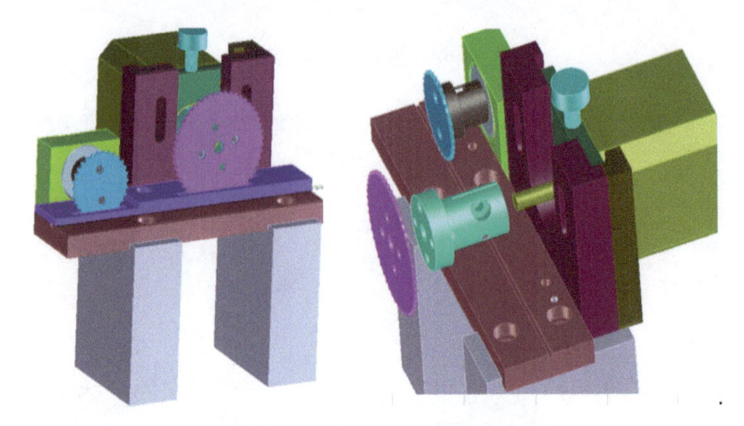

图 1-193 电动机 + 齿轮（上方）

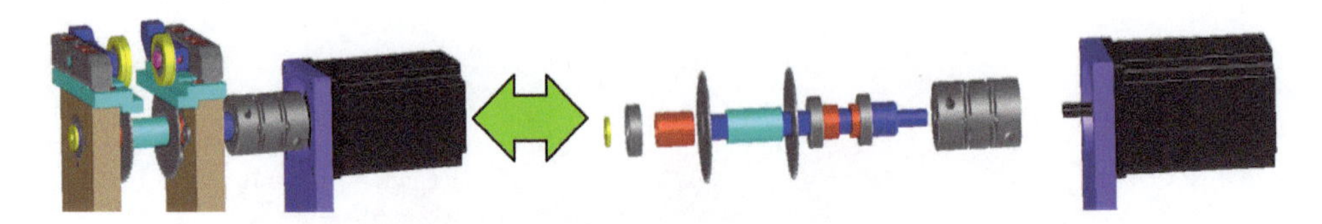

图 1-194 电动机 + 联轴器 + 轴 + 齿轮

ⅱ. 齿轮直径。大概评估机构能容纳多大的齿轮，例如 ϕ50mm，如果孔和齿一一对应，那么取 60 个齿时直径为 ϕ48.54mm，可满足（2.54mm × 60/π = 48.54mm），由于用的是伺服电动机，齿数可以取 60 个。注意两点：如果用的是步进电动机，假设是五相的，则应变更下齿数，例如 50 个齿，则直径变为 ϕ40.45mm，看看是否能满足空间要求；孔和齿其实也可以是不一一对应的，也就是说，齿距可以是孔间距的整数倍，假设取齿距为 2.54 × 3mm = 7.62mm，则 ϕ50mm 的齿轮齿数约为 50 × 3.14/7.62 ≈ 20（齿）。那具体定多少个齿呢？类似这种问题，在非标机构设计工作中经常会遇到，答案可以有多个，而且没有标准答案，所以

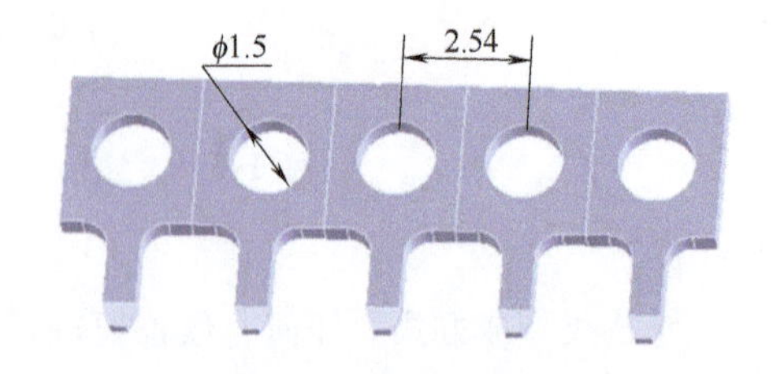

图 1-195 料带及其孔位尺寸

就要综合考量，追求合理。例如这样一个思路：根据经济性原则，齿数肯定是越少越好（加工少，成本低），但要确保轮齿和孔的啮合，则又必须增大齿轮的直径，所以不是无限制地减少的，因此在确保啮合（模拟下）前提下，齿数可取20个，则对应的齿轮分度圆直径 $PD=7.62\times20/3.14\text{mm}=48.53\text{mm}$，齿底直径 $ID=PD-2T=47.64\text{mm}$，齿顶直径 $OD=ID+(2A\times0.66)\text{mm}=49.49\text{mm}$，轮齿小径 $B=A/2=0.7\text{mm}$，轮齿 R 角半径 $R=A/0.85\approx1.5\text{mm}$。

ⅲ. 轮齿大小。采用圆针，直径 $A=1.5\text{mm}-0.1\text{mm}=1.4\text{mm}$，如果采用方形齿，边长 $a=0.707d-0.05\text{mm}=0.94\text{mm}$。

ⅳ. 结构布局。先用一个圆形工件代替齿轮固定到电动机轴端，看看是不是协调，同时考虑更换齿轮是否方便，确定大概的尺寸后，再根据计算的参数进行齿轮的细节化。此外要注意，用到伺服电动机的时候，在停电或原点丢失的情况下，需要进行原点的校核或复位，此时齿轮和物料应处于脱离状态，因此电动机＋齿轮的整组机构可设计为升降结构，方便上料、换料、复位处理等，如图1-196所示。

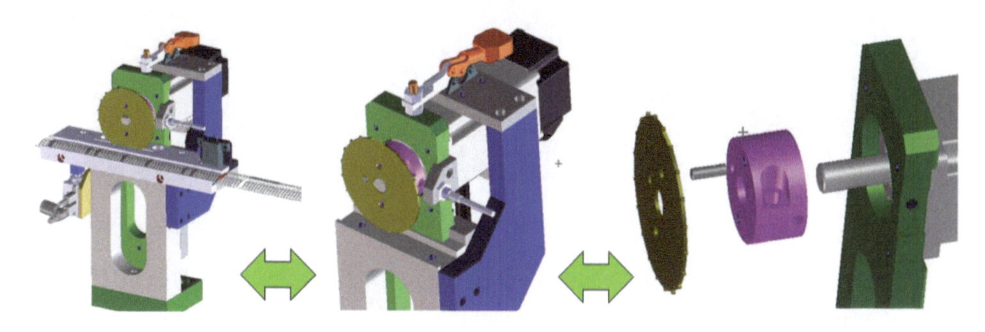

图1-196　伺服电动机＋齿轮机构设计应考虑上料、换料、复位处理

为了增加读者朋友们的基本认识，再来看一个案例。如图1-197所示，一个采用松下伺服电动机送端子的“夹切插”机构，假定孔距为 $L=1\text{mm}$，每次要送的距离为 S，$S=6L$，物料孔径 $D=(0.70\pm0.05)\text{mm}$，料厚 $T=0.15\text{mm}$，应如何设计该机构的拨料齿轮呢？

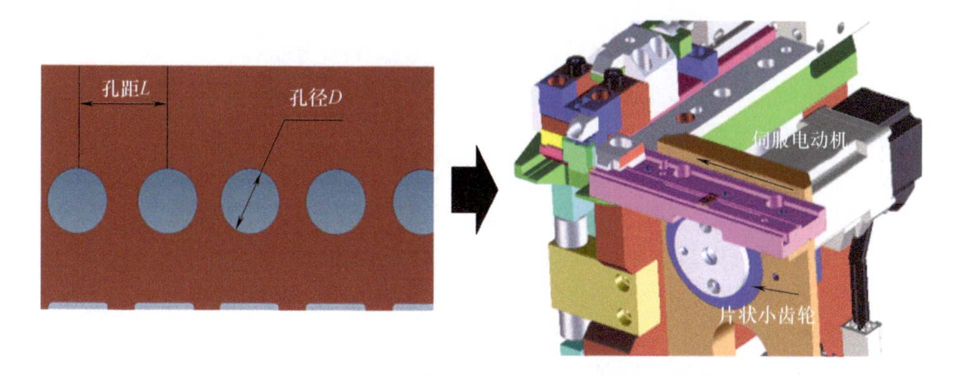

图1-197　物料（料带）及其“夹切插”机构

【分析建议】

类似这种工艺（插针）机构，首先设计的是“夹切插”部分，如果机构的整体尺寸偏小，则意味着送料部分的齿轮也应取较小的直径（假定齿轮在 ϕ50mm 左右为宜）。案例要求每次送 6 个孔间距，所以不必孔齿对应（例如可以隔 1 个孔，甚至隔 2 个孔、3 个孔等），可设定每两个齿之间空 1 个孔，那么齿数应该是周长/齿距 = $\pi \times 50/2 = 78.5$，由于采用的是伺服电动机，所以对于齿数的选取要求也比较宽松，可取整数为 80 个，反过来计算直径 = (齿数 ×2)/π = 50.95mm……

下面简单介绍下普通齿轮的绘制过程。

ⅰ. 如图 1-198 所示，采用简化的方形齿，孔径为上限值 ϕ0.75mm，则齿边长（齿轮厚度）为 $(0.70c)-(0.05\sim0.10)=0.70\times0.75\text{mm}-0.05\text{mm}=0.475\text{mm}$。

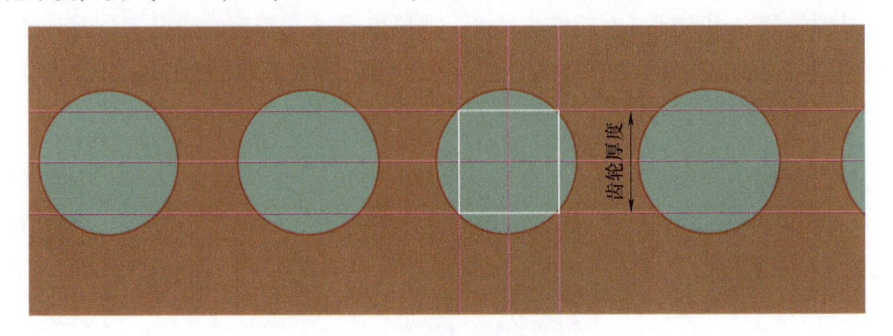

图 1-198　齿轮的厚度确定

ⅱ. 根据步骤 ⅰ 做一个厚度为 0.475mm 的直径 P_D 为 ϕ50.95mm 的薄圆柱工件，其半径为 $R=50.95/2\text{mm}=25.48\text{mm}$。

ⅲ. 如图 1-199 所示，作一条过圆心的辅助线，同时向两边平移复制，得到一个长度是 $B=0.475$mm 的距离，齿顶圆半径 $R_2=R+(2\sim2.5)T=25.48\text{mm}+2\times0.15\text{mm}=25.78\text{mm}$，其中 $T=0.15$mm 为物料厚度。

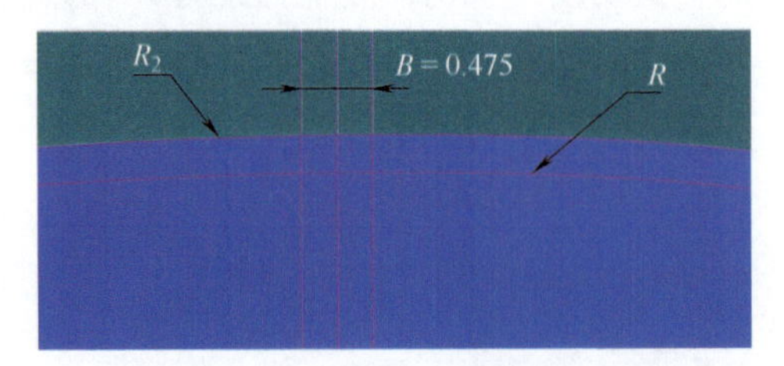

图 1-199　齿轮齿顶圆半径的确定

本例虽然为方形齿，亦可根据圆齿的相关公式，类比计算出其他的参数。

轮齿长度 $A=D-0.127\text{mm}\approx0.58\text{mm}$（类比轮齿直径 A）

齿根圆直径 $I_D=P_D-2T=50.95\text{mm}-2\times0.15\text{mm}=50.65\text{mm}$

齿顶圆直径 $O_D=I_D+2A\times0.66=51.41\text{mm}$

齿高 $H=(O_D-I_D)/2=(51.41-50.65)/2\text{mm}=0.38\text{mm}$

……

ⅳ. 过圆心再作辅助线，然后以相邻辅助线作图 1-200 所示的实体线，然后通过阵列功能形成环绕圆周的80个同样的封闭实线，再一并切除即可。

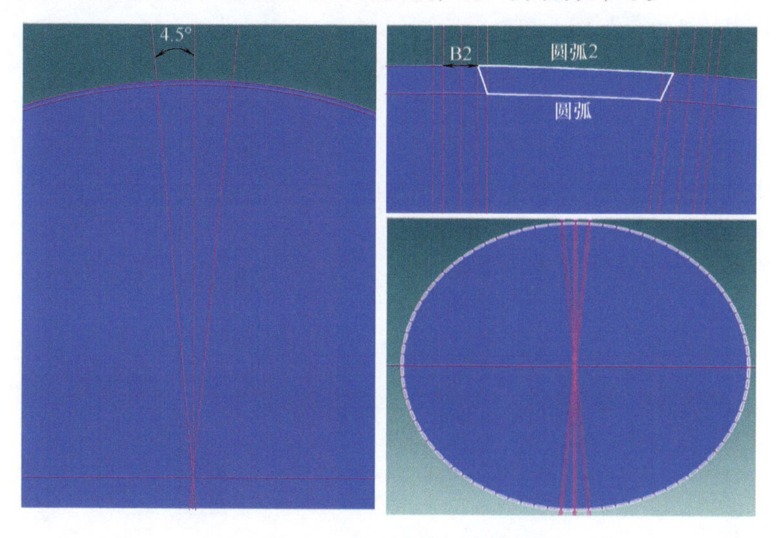

图1-200　齿轮齿顶圆半径的确定

ⅴ. 得到若干齿后，再用同样的方式进行切除，得到齿根圆，齿根圆直径 ID = 50.65mm，即半径为25.325mm，同时再对所有齿顶进行倒角（如 R0.1mm）。

ⅵ. 上述步骤ⅴ，也可以省略，那么齿根部分则需要进行清角处理，如图1-201所示。

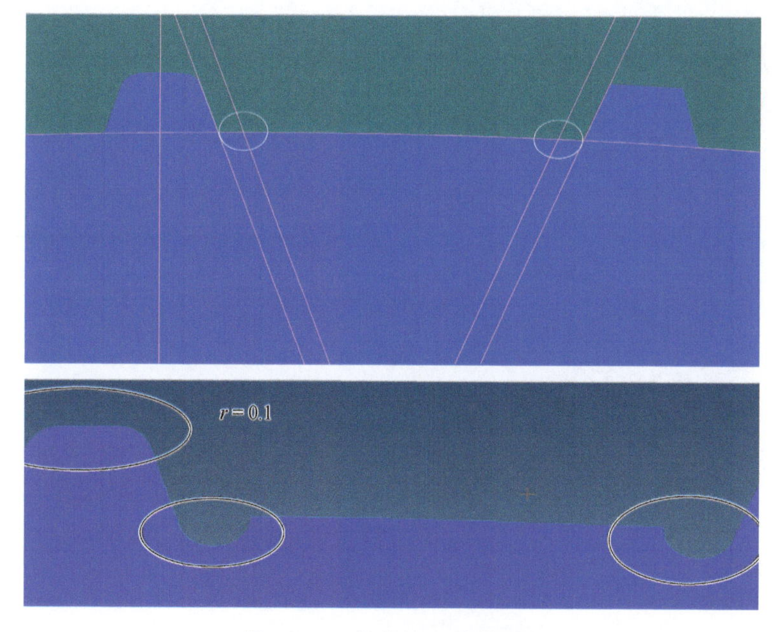

图1-201　轮齿切除后的效果

ⅶ. 至此，齿轮的核心部分已画好，接下来就是根据机构形式开固定孔，如图1-202所示。

ⅷ. 最后检查下孔齿的啮合效果，看看有无卡死或疏漏的地方，如图 1-203 所示。

⑥ 图样标注。齿轮的标注如图 1-204 所示。

2. 学习提示

一个简单的齿轮送连料机构，费了很大的篇幅来论述，可见非标机构并不是难度大而是很杂乱。在学习方法上，平时要注意不断积累、总结和修正，有一些基本的资料储备，才

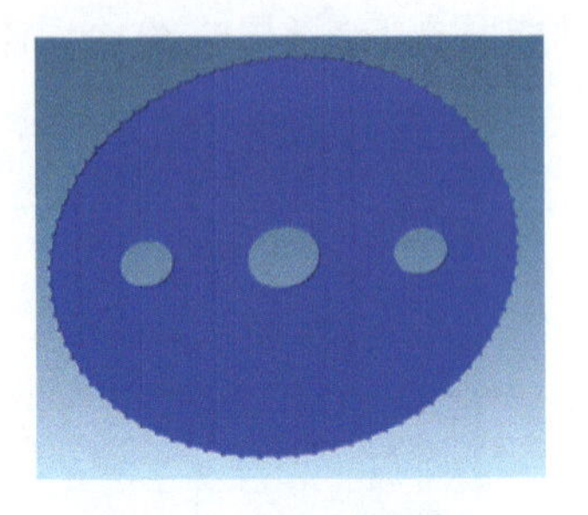

图 1-202 齿轮开固定孔

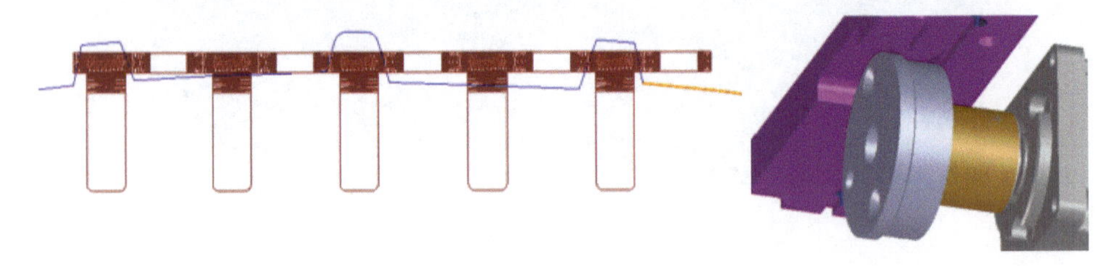

图 1-203 检查孔齿的啮合效果

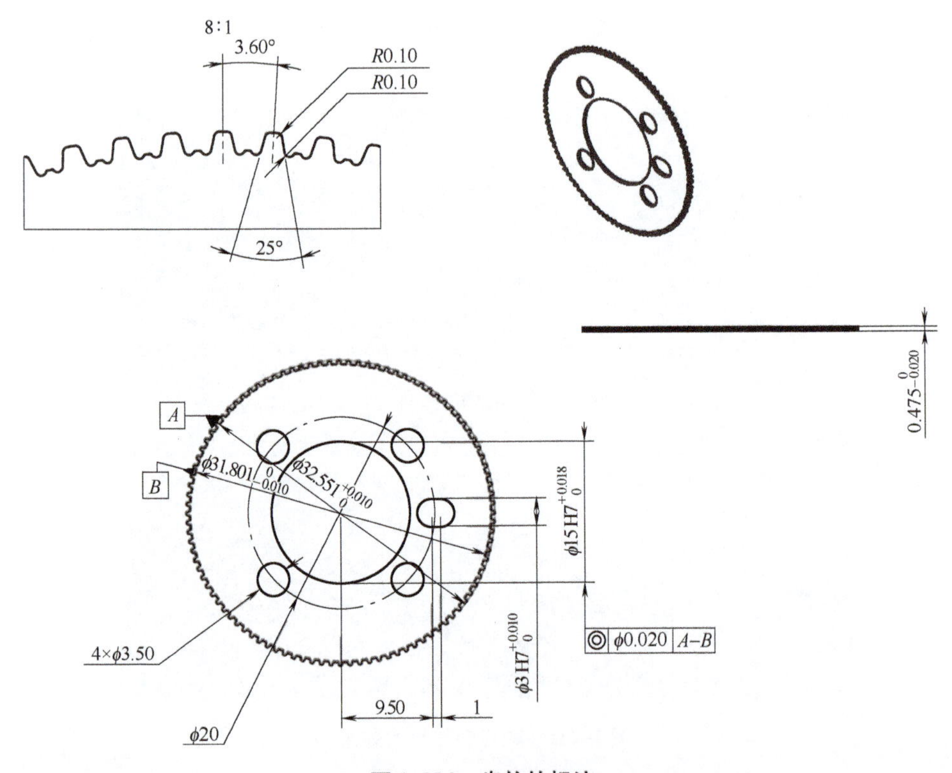

图 1-204 齿轮的标注

可以胜任设计。积累，就是不断搜集遇到的各种不一样的情形（遇到的多了，思路就开阔了）；总结，就是对搜集到的资料进行分析和评估，剔除重复的没有意义的内容；修正，就是根据经验或实践，将资料进行二次加工或改进。总之，很多东西未必要自己去做了才叫经验，只要平时稍加留意和加强整理，很容易变为设计模型。要知道，具体的设计工作，是少不了素材的，巧妇难为无米之炊，而素材的来源，也是多种多样的，要做有心人，否则就算自己躲在少林寺的藏经阁，也不会学到什么招式！

例如以下这些总结就很重要。

1）依据物料的公差：端子长度公差一般为 ±0.05 ~ ±0.1mm，厚度公差为 ±0.02mm，物料（如端子之类）和流道配合间隙，建议如图 1-205 所示。

2）为了更好地导向物料，有时会在送料机构上设置导引齿轮，如图 1-206 所示。

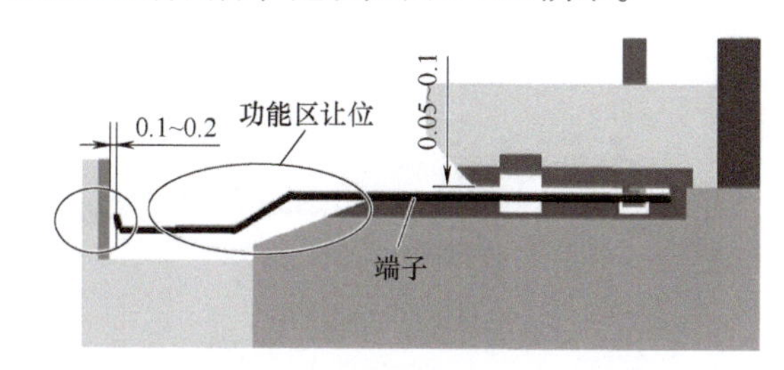

图 1-205　物料和流道的配合间隙

3）卷盘里边的物料是有固定绕向的（一般在图样有定义），需要明确来料（绕向）状态。料卷只是一种前一工序或供应商的物料包装方式，到了生产环节（作为来料），将维持前后上下位置不变，输出到设备/工站，因此怎么进就怎么出。如图 1-207 所示，左图表示生产前工序——电镀（制程）中的收料方向，需要明确本工序设备工艺机构需要的物料是弹片朝下还是朝上，如果是朝上，则应该将料卷布置在工艺机构的左侧；如果想弹片朝下（颠倒上下位置），则需要将卷盘调换到工站的右侧。

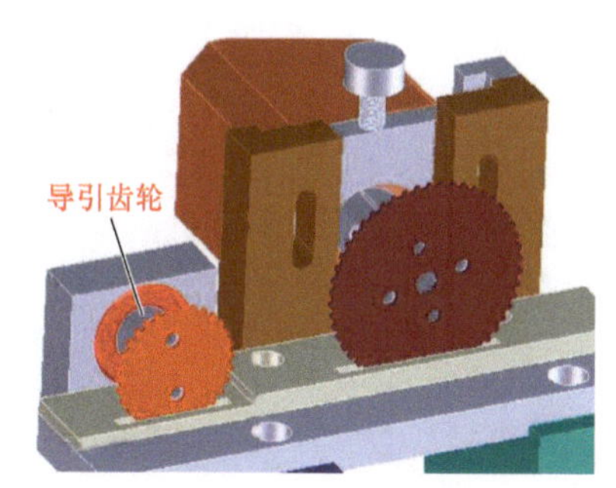

图 1-206　设置导引齿轮有利于导向物料

4）如图 1-208 所示，有些物料不分正反，有些则有正反之分，万一进料方向弄反了，是非常麻烦的事情，可能涉及机构报废或重新设计的后果，建议多拿几份图样确认和验证自己的理解。

5）有的料盘比较重，更换费力，不能设计得太高，如图 1-209 所示。

6）料卷在移动过程中，很容易挂到或碰伤，因此相关的流道和钣金件务必“大圆伺候”，增强导引效果，如图 1-210 所示。

7）由于料卷有一定的重量（一般十几二十千克），因此在设备运行过程中，很容

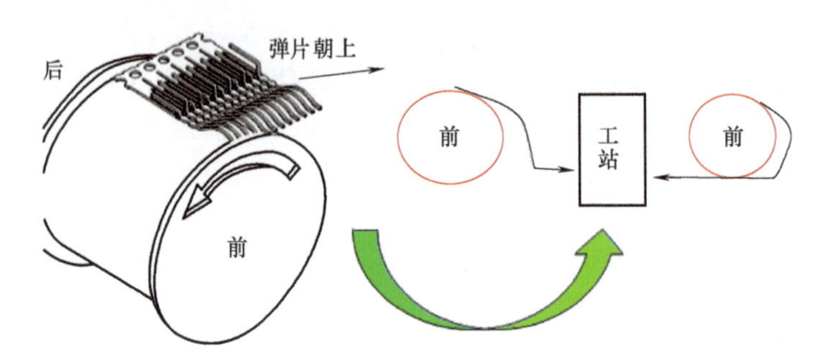

图 1-207 来料的卷料方向和工艺要求决定料卷布局

图 1-208 物料的正反

a）不能弄反 b）无正反

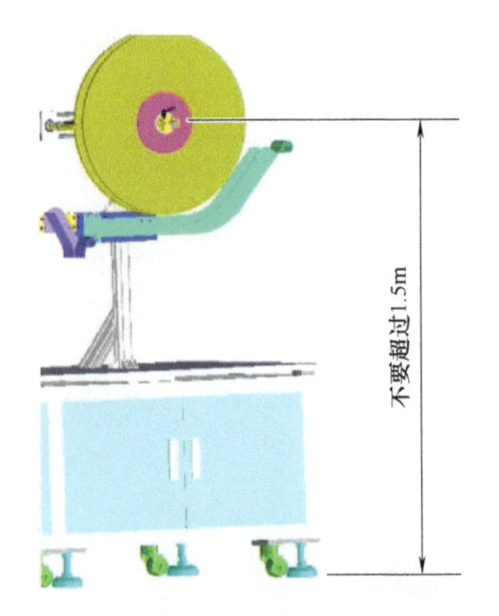

图 1-209 料卷更换应考虑人的负荷能力

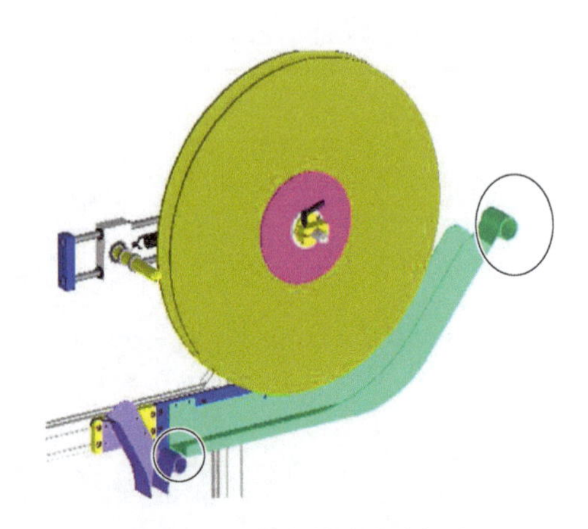

图 1-210 料卷的流道或钣金件应该增加导引效果

易摇摇晃晃，需要将支持的机架设计得扎实一些，如图 1-211 所示。

8）如图 1-212 所示，连料的输送过程至少要有“三检”（机构）：

料结检测：厂商会把断掉的料带拼接到一起，这时该段厚度就会增大，容易造成物料卡死在流道（间隙是固定的）里，如果检测到后一般要停机并由人工处理。

缺料检测：物料生产完后需要报警，提醒操作员更换物料。

位置检测：有物料到位的检测信号，才能继续执行接下来的动作。

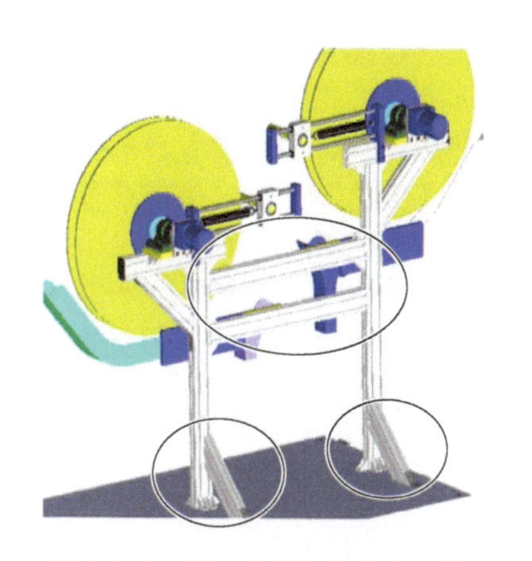

图 1-211　料架应设计得牢固可靠

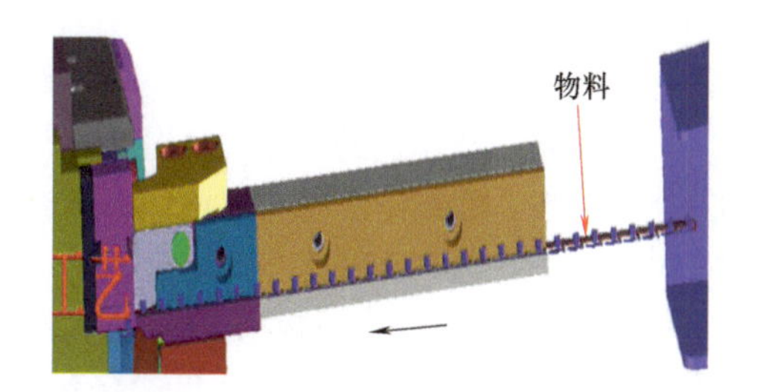

图 1-212　实施工艺前的流道及物料

还有很多需要注意的设计细节，限于篇幅便不再赘述，但可以提醒广大读者的是，非标机构设计有太多的细节要讲究，确实需要一些工作实践来积累和提升。

1.2　自动化设备的制作指标

任何商品都需要有评估的指标或参数，例如相机的性能参数有耗电量、像素、焦距、存储能力等，指标的参数表现越好，表示其性能越佳。非标自动化设备也是一样的，有品质、产能、成本、交期等几个重要指标，但比较特殊的是，非标设备属于定制设备，它的指标不是一成不变的，必须根据客户要求结合自身能力来制定。如果我们的设备在这些指标上没有好看的数据，就很难有说服力，例如为某客户定制了一台设备，技术含量很高，但实际上我们的竞争对手也做了同类的设备，各项运行指标并不比我们的低，并且价格只有我们投入的一半，这个时候客户往往会倾向于竞争对手，这就是行业的特质。

我反复强调一个观点，从事非标机构设计工作时，纯机构设计技术只是能力的一部分，即便再精通，离开产品、工艺、生产、品质等生产要素和约束，也可能设计出来的是一些破铜烂铁，读者朋友们千万不要把个人的设计能力片面理解为机构的设计能力，对从事制造业的非标自动化设备机构设计工作而言，那还远远不够！

由于在“入门篇”已经给广大读者进行了较大篇幅的介绍，本节不再赘述，仅从实战的角度，给大家补充一些重要提示和建议。

1.2.1　产能

这是制造型企业较为关注的设备性能指标，大部分产品制造以量取胜，因此对产能非常敏感，产能高意味着生产压力可以得到缓解。该指标通常都是由客户提出来的，通过与供应商的谈判和沟通，可能会有数据上的修正，但幅度不会太大。例如客户说，某某供应商，你给我们做一台设备，要求每小时生产 4000 件产品；如果做不到，经过反复争取，最后也许会定到 3600 件/h 等。

需要特别注意，客户关心的是实际的良品产能，所以设备产能往往拆分成理论产能、时间稼动率（或效率）、良品率三者来描述。最后的实际产能，受到很多客观或临时因素（如料号切换、故障维护、来料异常等）的影响，有时偏差非常大，所以不是一个能用公式或经验简单算出的数据。举个例子，某设备能生产 A、B、C 三种料号的产品，生产料号乱搭（一会 A，一会 C，一会 B，没有讲究）和料号合理有序排配（尽量减少切换次数）相比，生产顺畅度和产能表现会有很大的差别。类似这种频繁更换生产线的设备（更换设备模具、刀具存在时间损失），利用率较低，为了出问题时有效地认定责任，最好在签合同前和客户沟通协商，否则后期可能会为此扯皮。

一台设备正常作业的产能，可以通过预估得到一个相对合理的数据，但要做到精确几乎不可能。数据的制定，应该以降低客户预期为原则（应该让客户认为这个项目大概就只能达到这个产能了，哪怕事实上还有空间），并围绕以下几个考虑重点。

1）投入产出比。企业最终一定是以营利为目标的，所以非常注重自动化设备项目导入的投入产出比。不同企业可能存在差异，但大部分企业的投资逻辑是一致的：回收周期越低，代表设备的投入产出比越高，也就越值得投资。一般来说，回收周期在 1 年内时，老板都乐于投资设备；在 1 ~ 2 年时会犹豫不决；超过 2 年几乎不太会考虑什么设备，除非是特殊情况，例如为了解决突发的品质问题，或者为了缓解急迫的订单压力。

换言之，大部分情况下，可以这么认为，如果一个自动化设备项目在产能方面没有良好的投入产出比数据，即便客户对开展项目表现出极大的热情，最后都可能是悬而不决或不了了之的结果，建议不要投入过多的精力和抱有过高的期望。

2）既有产品生产状况。搞清楚客户提出产能要求的依据是什么，如果是基于成功案例的（或者要到竞争对手的方案数据），则往往不会有讨价还价的余地，例如客户要求每小时生产 4000 件，你就很难说服他降低，除非设备的投入也相应降低，并且投入产出比数据有优势；如果出发点是订单量的预估和达成（还没有经验），则客户的产能要求属于“主观和摊派”性质，例如一个月订单有 20 万件，工作日 22 天/月，则它会要求供应商的设备产能到每天 1 万件（预留约 10% 的时间以备出现异常），因此是可以通过谈判来获得一些降低客户预期的空间的，例如会说这个工艺有困难或者那里有瓶颈，最后可能定到每天 9 千件的产能，当然，谈判也是要有筹码和把握好度的，竞争对手也在虎视眈眈，稍不留意就会丢失订单。

3）行业经验或技术能力。有些竞争对手为了抢单，或者本来就没有什么风险概念，会刻意报出较高的产能数据（也许后面根本做不到，但在竞标时会蒙蔽部分客户，导致报出去的技术指标黯然失色），这时怎么办？一方面要看跟客户的关系或者客户的态度，有些客户还是能明辨真假的，也很排斥这种做法，反而会倾向于数据务实的供应商；另一方面是看项目的风险系数（任何非标项目都有，大小区别罢了），可以适度拔高（如 10%）评估数据，如果这样还是达不到竞争对手的水平，建议直接放弃项目，明知道做不到就没必要冒着风险去做烂一个项目影响口碑，况且客户的项目不只是一个两个，以退为进，等客户吃亏了，总会有更好的机会。

4）设备的生产节拍/机构动作时间。设备/机构生产节拍的影响因素见表 1-2，影响因素还是挺复杂的，也很难给到准确数据（不是算出来的），所以缺乏行业经验的设计人员尤其是初学者，一般对于生产节拍的评估都不太有把握和信心。但是，设备的生产节拍或者机构的动作时间并不是毫无规律的，有一些方法、工具可以辅助分析。

例如位置-时间图就特别实用，尤其是机构的动作复杂或者对动作时间有较高要求时，这个工具可以起到很好的辅助设计作用。当机构比较复杂（动作较多）时，就很难直观地判断各个机构的动作次序和时间，如果绘制出位置-时间图，不仅可以掌握和优化机构的动作次序和时间分配，而且还能传递设计意图，便于电控人员据此编制程序。如图 1-213 所示，很容易了解到，在一个工作循环内，该机构最先动作的是载具错位的工序，然后是拉锡片……

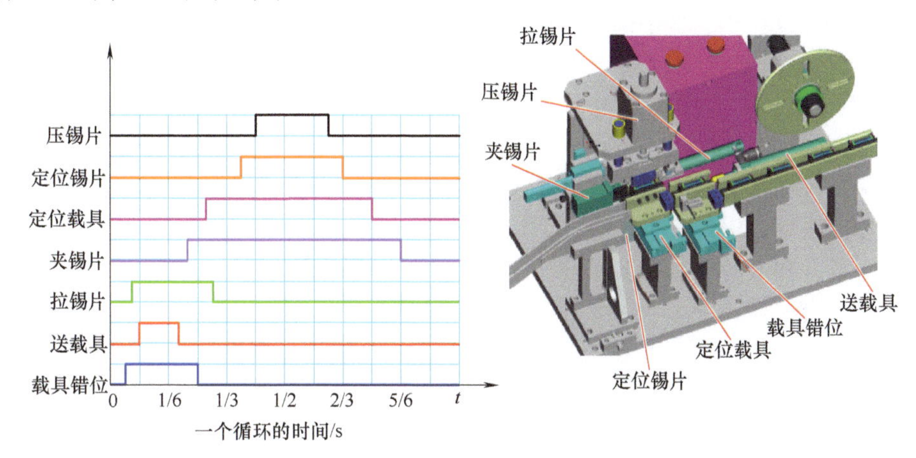

图 1-213　气缸位置-时间图

当然，作为一个工具，位置-时间图的制定也是有讲究的，动作的次序还比较好排配，但要合理确定每个动作的时间量并不是轻而易举的，很多情况关联行业工艺，甚至需要经验判断，需要平时多摸索和总结。

1.2.2　品质

非标设备的品质保证，包含了两个层面：一个是设备生产出合格产品，一个是设备达到客户验收标准。

1. 设备生产出合格产品

要确保设备生产出来的产品是合格的，首先就一定要了解合格的产品有哪些要求，而我们的设备又是否有足够的工艺能力。许多企业特别看重供应商的项目经验（有没有做过类似产品的成功案例），或者起码会关注到行业经验（是不是做过本行业的相关项目）。其根本原因就在于，企业非常清楚，即便供应商有再好的技术（制作设备）能力，如果没有充分了解具体行业特质、产品工艺、品质要求等，也是做不好项目的！

2. 设备达到客户验收标准

许多设备供应商在制定指标时，往往立足于我做过什么（案例）或我能做什么（强项），却忽略了定制化设备最关键的影响因素——差异化的客户情况和诉求。

举个例子，生产同类产品的甲乙两家客户，甲客户制度完善，有自己的生产技术支持团队，乙客户管理薄弱，没有专业的设备维护人员。那么，我们交给甲客户的设备，即便运行过程出现些小问题，也能迅速被解决掉，甚至客户自身会组织人员持续改善，这样很快就能达到量产要求；交给乙客户呢，时不时会因为操作不当导致一些意外故障，有点小问题，动不动就找供应商技术支援，生产线运转很不顺畅，停机时间很长……因此，制定设备性能指标，别忘了考虑客户的运营和技术实力，同样的设备，给甲客户定85%的时间稼动率，到了乙客户可能就得改为80%了。

在制定设备的性能指标时，也要考虑差异化的产品结构。举个例子，某款产品的装配结构示意图如图1-214所示，相对来说，图1-214b是有利于装配的导向结构（对插位置有倒角），可以定更高的良品率（甚至生产节拍都可以偏高），但如果简单地套用成功案例的性能指标，结果可能会相去甚远。

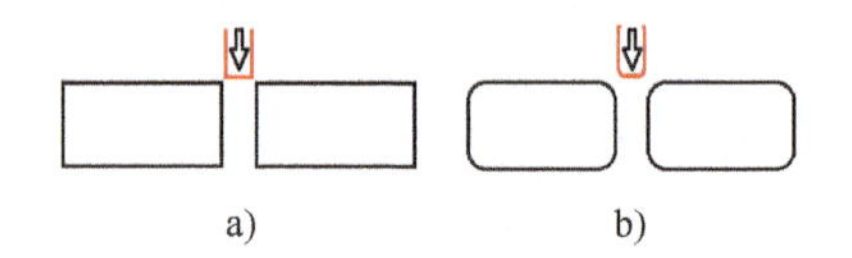

图1-214　产品结构的差异化会影响装配

a）现在一家客户的产品　b）以前成功案例的产品

由于品质相关的内容，我在“入门篇”给广大读者进行了较大篇幅地介绍，本节从略。

1.2.3　成本

绝大多数企业越来越吝啬于自动化设备的投资了，如果项目产生的经济效益不佳，一般很难使客户投资开展该项目。事实上，不仅客户企业希望采购到物美价廉的设备，即便作为供应商自身，也希望产品好用并且价格有市场竞争力，所以并不矛盾。然而，所谓一分钱一分货，盲目地降价、杀价（走低端路线）并不是一个健康的市场行为，也未必符合当前制造业的发展趋势。以国内手机行业为例，以往几百块一台的山寨机很有市场，但现在几乎没人愿意购买，更多消费者倾向于花更高的价格买更好的产品。自动化行业也是一样的，价格取决于市场的供需关系，大家都在做同质化的设备（没什么惊喜或优势），价格逐渐下探是正常的，如何制作出性价比更高的设备，或者降低设备的成本投入，以及把非标设备报价工作做得相对合理，却是可以努力的。

如图1-215所示，一个项目，扣除企业老板的利润预期（如10%）和项目风险（非标项目周期长，尤其是尾款，大概占10%，时有拖个一年半载乃至各种原因收不回的情形）的部分，事实上还要摊派到诸如机台（加工件/外购件）、人力、销售、管理、服务等很多环节，所以设备的成本或者说设备的报价，对于企业来说，是一件非常重要的事，应谨慎而规范。

图1-216所示是企业降低设备制作成本的思路，其中机构变更/优化设计、机构标准化/模块化主要跟设备的技术革新有关，显然，设计人员也肩负着帮公司创造运营利润的重任。

一般来说，报价是老板或业务的事，设计人员主要做设备成本核算，设计人员做好这个工作，必须抓住因地制宜、技术优先、成本适用三大原则，如图1-217所示。

假设你以前在A公司做过一台10万元的设备，现在跳槽到B公司，要再复制一台同样的设备，如果直接套用经验，简单做出该设备成本10万元的结论，这是非常不负责任的表现！如图1-218所示，A公司跟B公司的成本控制能力很可能差异很大，

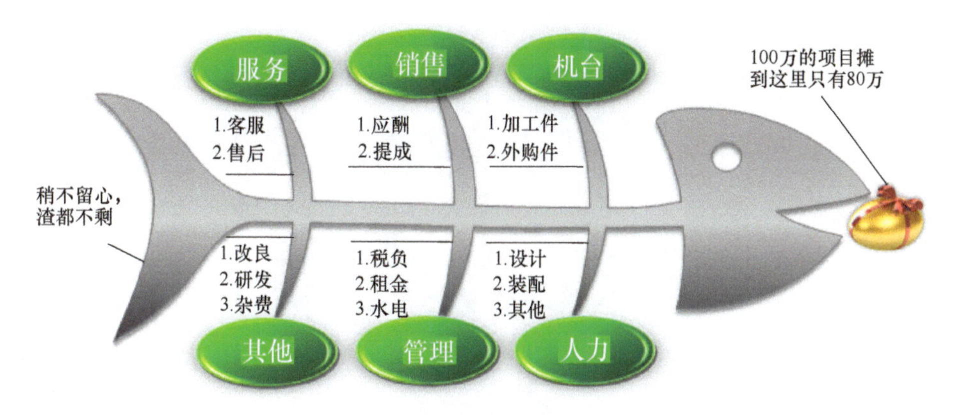

图 1-215　自动化设备项目的成本构成

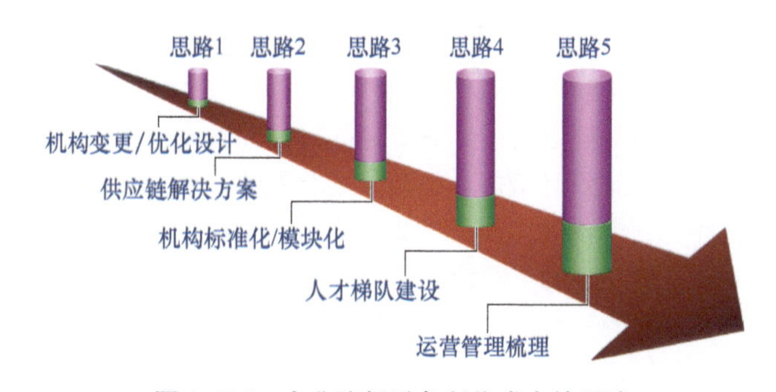

图 1-216　企业降低设备制作成本的思路

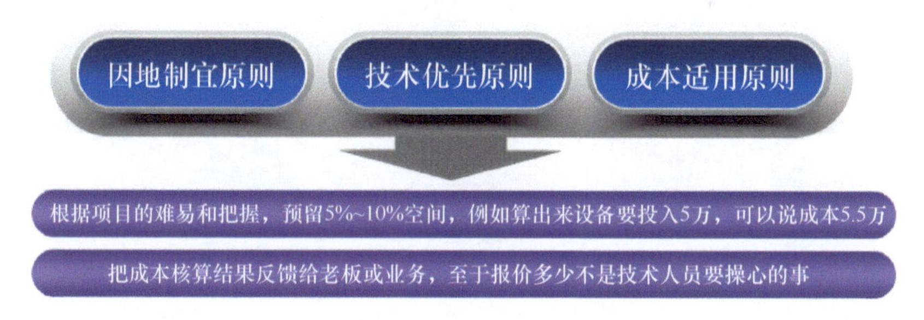

图 1-217　成本核算的三大原则

例如同样一个加工件，A 公司是 150 元，B 公司则可能要 300 元，不讲究因地制宜原则，最后的结果可能是花同样的钱做不出设备来；反过来也不合理，既然公司的成本得到控制，本来只要 7 万元的投入，非要核算出 10 万元成本来，这样做等于无意间向设备的成本注入“水分”，降低了设备在报价方面的市场竞争力。

此外，设计人员有责任确保所设计作品的成本控制在核算结果范围内，并且具备一定的技术竞争力。同样的机构，怎么以更低的成本来制作，同样的成本，如何提升机构的性能……这些都是设计人员经常要自我检讨的问题。换言之，设计人员要非常了解设备及其机构的组成（见图 1-219）及决定因素，从而在设计机构时有意识地平衡技术和经济的矛盾。

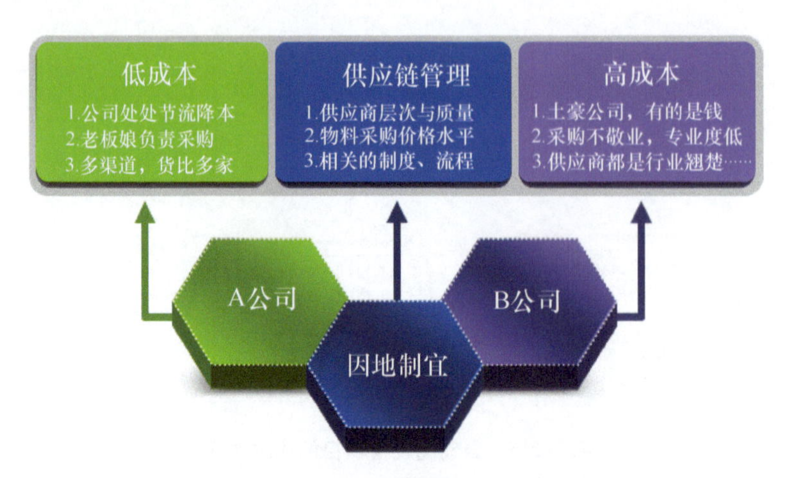

图 1-218 成本核算的因地制宜原则

机台成本中的加工件成本主要取决于材料选用、工件结构、厂商规模、采购数量、品质售后等，以及非常规原因，价格浮动空间较大，设计方面应着力于正确选材和简化零件结构（有意识地设计低成本加工方式的零件）和减少零件数量等。外购件包括动力件、机械件、气动件等，如图 1-220 所示，取决于品牌、规格、渠道、数量等，以及非常规原因，价格浮动空间较小，设计方面主要侧重于正确选型（品牌、类型、规格等对成本均有影响）和贯彻经济适用原则。

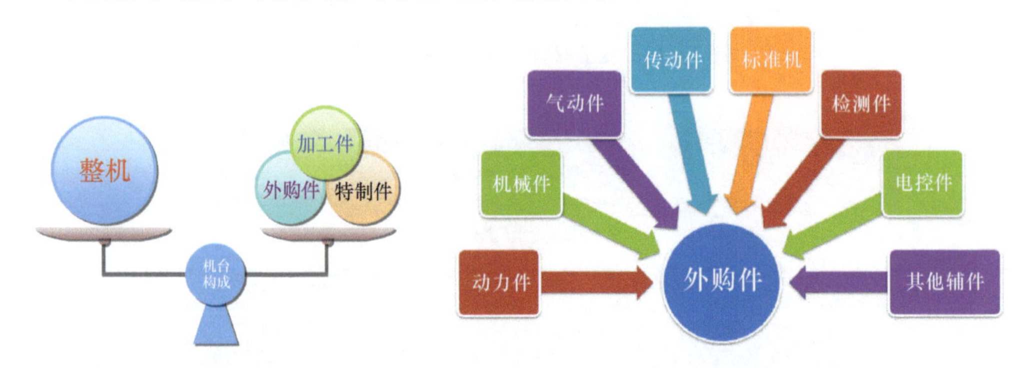

图 1-219 机台的构成

图 1-220 设备常用的外购件

虽然设备的报价有很大的灵活性（非技术内容，略），但要维持一定的竞争力和合理性，是必须建立在相对准确的成本核算基础上的。因此，不管项目催得多急，也不能脑子一热敷衍了事，务必有一定的参考和依据。

如图 1-221 所示，能够进行成本核算的情形，最好是有现成或熟悉的案例可供参考，或者有相关经验的人给予建议，起码要把设备的核心或主体机构（方案设计）定下来，否则预期可能和实际情况存在较大偏差。

如图 1-222 所示，当主体机构确定下来后，实际的成本估算方法是这样的：首先把机构拆解成标准件和加工件，前者列成清单发到供应商处询价（如果公司已经采购过类似的零部件，则价格可以参考，再乘以当前用量即可）；后者可以把一些特别复

图 1-221　设备常用的外购件

杂的或精密的零件挑出来（单独发给供应商报价），其他的普通零件按照经验估算，例如以往项目的零件均价约 200 元/件，当前机构有 50 个，那么就是 10000 元左右。最后汇总下各项金额，就是相对比较准确的机构零部件成本。

图 1-222　机构的构成

读者可能会有疑问，这样去算设备的成本准确吗？应该这么来说，如果项目能够等到发包阶段（所有图样都出完了，采购清单也做完了）才报价，那自然是相对准确的，但实际工作中往往到不了这个阶段，就要给出一个成本数据，所以也只能按照这种方式来进行会比较合理一些，误差在所难免，但从经验看，不会太大。

有时候，客户提一个方案概念或项目意向，就要供应商给个大致的报价，因为需要搜集包括投资金额在内的数据，去给公司或领导申报项目；项目通过后，客户就会要求供应商控制在该投资金额内开展项目……要注意的是，申请的费用跟设备的实际投入成本不是一回事，因此，早期给到客户的预估成本不需要很准确，而且必须留有足够的空间，例如评估 80 万元，可以让客户申请 100 万元，最后假设实际用了 90 万元，多出来的 10 万元只是个财务数据，但如果少报了，到时就会有很大的麻烦，例如实际要花 110 万元，客户就要跑追加投资资金的流程，费时费力，而且未必能够通过。

1.2.4　交期

非标设备的制作特质和行业环境的竞争状况，导致它的制作周期存在很多变数，因此几乎很少有如期交付设备的案例，延迟十天半月很常见，拖三五个月也时有发生。读者可能会有疑问，既然如此，只要承诺交期时有意拉长点时间，再努力赶一赶，不就可以做到了？这就是对制造业不了解了，有时产品的订单来得太突然（急速增长），即便是新产品，其推出也是越来越快，所以生产任务急迫几乎是常态，作为生产的必备工具——自动化生产设备是不能拖后腿的。设备交付速度也是客户评估供应商（能力）的重要指标，同一家客户可能会有多家设备供应商可选择，存在着剧烈的竞争，不是想怎样就怎样的。同一个项目的交期，甲说 3 个月，乙说 30 天（可能是实力确实强劲，也可能是为了抢单瞎搞），由于是非标性质，所以也很难有一个标准判定谁的说法准确合理，客户当然会倾向于后者。

对于设计人员来说，尽管项目的开展涉及多个环节，有的可能不在自己职责范围之内，但是正如我在“入门篇”提到的观点，机构设计工程师往往需要充当项目主导者的角色。要做好项目管理的工作，就不能简单地跟跟进度问问情况，而是要做好项目的时间规划、问题解决、沟通协调等工作，确保项目尽可能朝着既定（交期）目标进行。

假设遇到这样一个情况：项目进展到零件采购阶段，本来预计本月10号所有零部件全部到位，但实际上有几个零件不能准时送达，这时可能会有以下几个结果：

1）如果对这个意外情况缺乏了解，等到技术员装配设备时才发现，那就来不及了，属于项目失控的情况。

2）知道异常情况，但认为那不是自己负责的部分，仅仅做了问题记录或汇报，那不叫项目管理，叫文员跟单。

3）清楚异常情况，评估问题的严重度，提出对策（临时或紧急的），研究补救方案（如安排哪个时间加班），制定责任人和完成时间，确认改善效果，总结教训等，这些才是项目管理的重要内容。

也许有人会说，这是采购负责的啊，关我们设计人员什么事呢？问题就在这里，首先项目一定要有一个主导和管理者，那么谁来担当，让老板自己来，还是找个非专业人士（如采购）？老板一天到晚忙着公司大计和客户应酬，根本没有精力顾及项目的具体细节；非标设备项目的进度管理，涉及的障碍绝大部分跟技术相关，非专业人士在处理这类问题时，效率和效果一般都不理想。显然，担子落在设计人员身上是比较合理的，从另一方面来说，也只有勇于承担这样的责任，才可能更有信心和把握完成好项目，更有底气和实力向老板要高薪。

作为供应商，为了争取到项目订单，一般都希望以最短的交期承诺打动客户。但是，打铁还需自身硬，没有一定的综合实力，疲于奔命式地做项目，并不是长久之计。

1. 给出的交期一定要有起码的依据，不能信口开河。

如图1-223所示，是一台内存条连接器的卡扣组装设备，涉及的各个环节以及时间分配见表1-18，根据计划，理想状态下，大概2个月就可以交付设备。

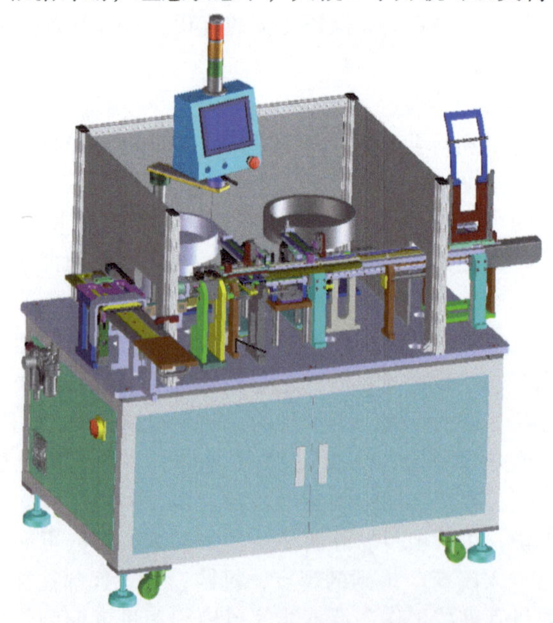

图1-223 内存条连接器的卡扣组装设备

表 1-18　××项目时间分配说明

环节	时间	说　明
方案制定	5 天	和项目难度、设计能力、工作负荷等因素息息相关，快的一周半月，慢的可能要 20 天到 1 个月，如果客户要求反复检讨的，时间有可能在一个月以上
机构绘制	12 天	和项目难度、设计能力、工作负荷等因素息息相关，快的一周半月，慢的可能要 20 天到 1 个月，如果客户要求反复检讨的，时间有可能在一个月以上
出工程图	7 天	设计（方案）确认后，接下来的进度才是本公司可掌控的，一般人员的出图速度大概是 20～30 张/天
零件采购	15 天	标准件采购周期一般在半个月以内（尽量少用交期长的标准件）；加工件采购则有灵活性，大不了分几家厂协力加工做，一般也能控制在 15 天以内
初步装配	7 天	和设备繁杂程度、装配人员专业技能水平、公司工作排配合理性等因素息息相关
运行调试	7 天	和客户物料状态、调机人员专业技能水平、公司工作排配合理性等因素息息相关
做样出货	3 天	到了这步，成功在即，务必和客户多互动、沟通，并跟催客户验收
机动时间	7 天	至少预留 10% 的时间，弥补各种突发状况的时间损失

类似图 1-223 案例这样的一个交付计划，仅仅代表着作者当时的单位和个人以及客户的实际情况，仅供读者朋友们参考，情况有变，结果就不一样了，换言之，有些情况可能要 90 天，有些情况可能 50 天。举个例子，同样设计一台设备，甲有 10 年经验，乙只有 3 年经验，甲有同类行业经验，乙对工艺比较陌生，那么甲完成的速度和质量一般会比乙强很多，乙要花 10 天设计的东西（可能还问题一堆，会造成后段环节诸多问题），甲可能 3 天就完成了（并且后面没有什么问题），这样对于交期的影响就差别很大。

此外，非标设备的制作过程还涉及很多不可控因素，因此常常造成延期，例如某个关键零件买错或加工错了，不得不重新购买，就难免有等待时间，所以在总体评估的基础上，必须留有适当的机动时间。

2. 务必从增强企业综合实力的角度来看待交期延误问题

企业是有运营和技术能力高低之分的，只有在充分提高公司的整体实力，具备缩短项目交期的实质能力后，去跟市场拼速度、拼价格，才有更多的资本和胜算。单靠员工加班加点不会从根本上提升公司的核心竞争力。要在设备交期上有所改进，很难有立竿见影的方法，公司上下应着眼于图 1-224 所示方向多层次地长期努力。

由于非标自动化设备制造企业的核心竞争力更多与技术相关，因此以下两点是企业需要加强建设的。

（1）技术管理

1）忌讳什么项目都想原创或做高精尖，集中精力做好有前景的技术，能达到不怕市场抄袭的层面是最理想的状态。其他普通的项目，可多利用现成的行业资源，提高资源利用率。

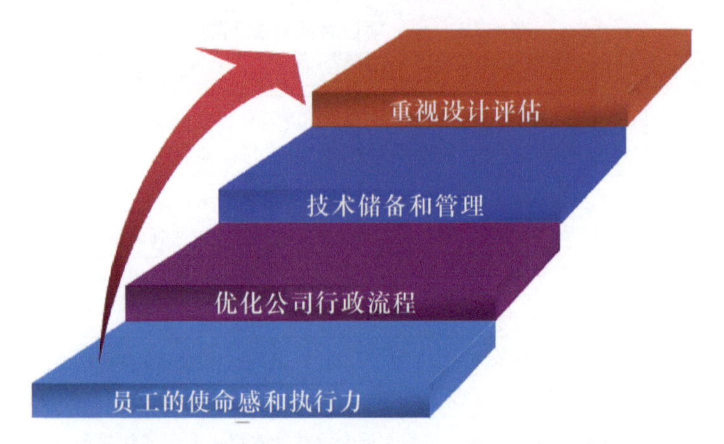

图 1-224 企业提升竞争力（设备交期）的方向

2）对于既有的成熟设备或机构，务必经常维护更新，确保市场竞争力，减少错漏，提高人员的工作效率。

3）招揽人才要注重是否有相同或类似的行业经验，也不要忽略人员技术能力的培训，尤其是新进人员，工作态度和技能对项目交期的影响举足轻重。

（2）精兵良将　人是中小企业最宝贵的财富，既要打感情牌，也要持福利剑，把有能力的人招揽进来并留住，反之，用人不善，则容易把项目做乱做砸。纵观项目开展的各个环节，最影响交期的是方案设计和组装调试两个阶段，这两块的（人员）实力越强，对交期的达成掌控会越有效，尤其是调试段，经常会蹦出各种疑难杂症，容易导致交期受阻，不同的人来处理会有不同的效率和效果。

1.2.5　其他

非标设备的每次设计和制作，都要依据不同客户的喜好、产品、工艺、品质要求、现场条件等量身定制。换言之，非标就是没有标准的意思，提到标准或规范，就有点自相矛盾的味道。尽管如此，非标设备制作是一门技术行当，并不能天马行空，具体展开和实施起来，也有很多条条框框的，初学者未必有留意，下面罗列一部分，仅供参考。

1. 非标设备通常遵循的是公司标准

一般的标准和规范，都是国家或行业团体联盟制定的，但在非标设备这块，除了一些国家法律法规（本文略）外，更多的是各家公司自行制定的标准，也就是说，这种标准，不同公司间是有差异的，一般仅适用于本公司。如果以适用面来划分，公司标准也可分为两大类：

（1）通用标准/要求　同一家公司开展的不同项目，基本上都需要符合这个标准（规范）。一般做成文件形式，不一定会对外发行，但会作为公司相关技术部门的执行依据。例如 EHS 稽核标准，例如电气规范，例如标准件厂商建议表，例如设备验收标准中的非选填部分等。

（2）个案标准/要求　这个是根据具体个案来定的，通常是和供应商相互协商和约定的合约式内容，例如设备验收标准（选填部分）。严格来说，这个不能算是标准，但纳入了标准这个范畴，原因是，上规模的公司通常有自己的设计偏好和管理规范，会有意无意地强制供应商执行。例如，同样一台插端子机，A 公司会要求这样做，B 公司可能会倾向另一种做法，你给 A 公司供应设备，就不能随意套用 B 公司的标准或规范，否则可能会出力不讨好。

相对来说，通用标准的执行比较直接，如果没有特殊原因，很少会有讨价还价的地方。同时它的描述比较概括和宽泛，也很容易被设计人员所忽略和轻视！虽然违背这类标准的设备未必会被拒收，但基本上会被要求改善（除非没有空间），最好能提前一步做到位。此外，一般有通用标准要求的，都是一些站在行业前沿、财大势雄的大公司，中小企业则往往更多重视个案标准要求。

个案标准要求的执行和贯彻，不同案子的细则会小有差异，属于强制性条款。由于客户与供应商间一些理念、管理和经验的差异，要达成共识，有时并不容易，也经常会遇到阻力和争议，所以要强化沟通。如果不是很离谱或伤不起，供应商不应在这个环节表现过于强势，当然也不要勉强或硬上，不然最后结果可能是个悲剧。例如实力不够，偏偏去迎合客户，结果最后机器达不到验收标准，客户拒收，损失惨重，两败俱伤。

2. 常见的公司通用标准

（1）环境、健康、安全（Environment，Health，and Safety，EHS）管理体系 EHS 管理体系是环境管理体系（Environmental Management System，EMS）和职业健康安全管理体系（Occupation Health Safety Management System，OHSMS）两体系的整合。只要有点规模的公司，尤其外资公司，都会推行这一套政策，涉及面很广，有专门的 EHS 工程师在做这事，我们需要关注和设备相关的部分，在给这样的客户提供设备时，最好能要到一份相关的标准或规范文件，仔细阅读，看看哪些规定和细则是自己现在做不好的，稍微改进下；了解其包括哪些内容，这个标准大的原则是普遍适用的，例如：

A. 人机工程

A1. 所有需要手工操作的零件/部件重量均不超过 40lb（18.14kg）；

A2. 操作员能安全地持有通过托盘/货盘装运的部件；

A3. 用于加载/卸载的装置、工具等，设备高度是可调节的；

A4. 识别和标记所有封闭空间；

……

B. 机器防护

B1. 所有在离地 7ft（2.13m）内的夹、卷、剪切等点有足够的保护；

B2. 脚踏开关有防误操作保护；

B3. 如适用，设备被螺栓或其他方式固定在地面上；

B4. 防止飞溅的碎片、火花、冷却液、脱落颗粒的防护罩；

B5. 适当的“危险/警告”标志；

B6. 如可能，防护罩的连锁；

B7. 所有非连锁防护需要手动工具才能解除（不是普通的螺丝刀）；

B8. 提供合适的屏障/装置/标识等；

B9. 急停开关可无障碍接触，急停开关/连锁没被连接成联合制动；

……

C. 其他

C1. 机械表面（没有粗糙的边缘、凸出等）；

C2. 安全运行空间（设备/人员之间的安全空间）；

C3. 机器有充分的照明；

C4. 不能通过工程控制解决的危害，必须计划好个人防护用品；

C5. 超过6ft（1.83m）时，提供维修平台；

C6. 危险评估员工培训必须完成，使用适用的个人防护用品；

C7. 员工已接受了设备/工艺上使用的新的化学品危害培训；

C8. 任何辐射危害，包括设备的激光都被解决；

C9. 一个包含操作者可能犯的错和应对控制措施的风险评估已被完成；

……

实际EHS的条款还有很多，具体实施和贯彻程度看各家公司的规定，基本上是围绕着环保、健康和安全这三个方面。还有，除了宽泛的定义外，有些条款客户会给出一些具体的数据要求，例如噪声不能大于75dB，那在设计机器时就要有些降噪措施；例如料盘更换高度不要超过1.7m；例如机器一定要6面防护（不是普通的4面），还有很多如需要添加防护罩或者安全光栅等。这些或多或少会限制设计的细节处理，但毫无疑问，EHS的一些标准和要求，并不是用来刁难人的，确实是合情合理的，要尽可能去满足，特殊情况做不到，可以和客户协商。

违反EHS标准的设备，虽然不至于被拒收，但往往会被要求改善，除非真的没有空间。

（2）电控检验标准　电路要设计安全，布局合理，布线规范，维修方便等，见表1-19。

表1-19　某设备电控检验标准

项　目	要　求
机台底板走线	底板需留出导线的走线孔位，且采取就近原则，避免过长的导线部分露在机台底板上
触控面板	1. 触控面板高度为H，$1\text{m} < H < 1.6\text{m}$ 2. 触控面板需设计在安全光栅和安全门安全区域外围，以方便作业员操作 3. 触控面板有滑动机构，需要用电缆保护链对从触控面板出来的导线进行引导
电控箱体	1. 电控箱体要做隔离板筋（防止金属碎屑掉入箱体，造成电路短路） 2. 电控箱体要留出走线孔，而且要考虑通信线缆的连接器最大尺寸来留孔径大小 3. 电控箱的两扇门页要加装散热风扇 4. 电控箱要留主电源和主气源的入口孔
电测设备	1. 电测设备位置的确定（放置在机台底板上面还是在机箱里），是否要做成抽屉式 2. 确定电测位置后，要保证为电测设备所留空间足够大，且没有与走线位置冲突
辅助装置	辅助装置如气枪等，需要考虑其放置位置，以方便取放

（续）

项　目	要　　求
感应器	1. 感应器包括光纤放大器、气缸原点动点感应器、光电开关以及安全光栅等需用NPN型 2. 为光纤放大器等预留安装位置 3. 机构安装完成后，要考虑是否方便装卸感应器，尤其是气缸的感应器
安全光栅	选取的安全光栅，要有足够的高度，确保作业员手触摸到危险机械部位前碰到光栅，机台停止运行
电磁阀	对于行程较长的气缸，或者在机台突然断电的情况下，会产生机械部分干涉的，要选择双动电磁阀
温控器	机台需温控器的，温控器要和触控面板放置在一起，方便调节参数

如果说非标设备制作还需要遵循国家或行业标准，那么主要也体现在设备使用安全方面（尤其是电控部分），如果设备要出口到其他国家或地区，不在我们平时熟悉的认知范畴内，则务必对该国家或地区的相关标准进行一个了解，例如欧洲机械安全标准（EN Machine Safety Standards）等。

（3）设计图样以及文件的交收和规范要求　一般大公司都要求供应商在交机后，同时提供设备相关的文件，见表1-20。也许有些强势的供应商可以拒绝，但不论怎么牛的厂商，至少会被要求提供备件或易损件清单和图样。

表1-20　提供给客户的某设备文件清单

序号	文　　件
1	提供包括机构装配图、零件明细表、零件图以及电气接线图等在内的图样副本一份
2	提供电子图样（AutoCAD或其他文件格式，不同公司要求不同）
3	提供使用说明书，同一台机器生产多个零件时，要提供零件切换对应表（清单）

注：1. 应使用客户公司的电子编号方式（客户需要录入系统，所以有自己的一套编号方式，一开始就应该要到，否则到后期再改图号很麻烦。
2. 制图应符合客户公司的电子制图标准。
3. 应使用客户公司的电子图纸。

（4）标准件品牌建议　也许供应商有自己喜好的或性价比高的合作品牌，但到了客户这里，如果有类似表1-21的建议，则只能更换品牌。特殊情况，例如某个机构实在用不了客户推荐的品牌，一定要和客户协商，取得书面同意后再更换，不要自行处理。

表1-21　客户建议的某设备常用标准件品牌清单

	分　　类	品 牌 一	品 牌 二
品牌选择	气动元件	SMC	—
	滚珠丝杠	米思米（Misumi）	THK
	伺服电动机	安川（YASKAWA）	松下（Panasonic）

（续）

	分类	品牌一	品牌二
品牌选择	步进电动机	东方（Oriental）	信浓
	减速机	新宝（Shimpo）	精锐广用（Apex）
	普通用途电动机	东方（Oriental）	—
	线性滑轨	米思米（Misumi）	THK
	导柱导套	米思米（Misumi）	—
	轴承	米思米（Misumi）	NSK
	其他机械配件	米思米（Misumi）	
	PLC	三菱（Mitsubishi）	欧姆龙（Omoron）
	开关电源	明纬（MW）	—
	触屏	海泰克（Hitech）	—
	三色灯	天得（TEND）	—
	光纤及放大器	基恩士（Keyence）	—

给大客户的各种工程文件（特别是图样），是一定要符合他们系统规定（例如零件编号之类的）的，否则他们在后期管理和维护上会有困难，所以最好提前了解，免得做完后又浪费时间修改。

3. 公司的个案标准（或指标）

一般来说，大多数客户都会要求做设计的概念性评审（就是大致方案），部分制度完善的公司除了要评审方案，可能还会做进一步的细节评审，少数实力一般的公司，可能从头到尾只要求供应商自己评审。只要有客户参与评审的案子，在制定交期时应留有适当的盈余（1~2周），一定会有些修修改改甚至被推翻重来的情况。

除了“必须有合理的结构设计，合理的工位布局，以及易于维护保养”之类的套话，大公司在机器设计要求上，是有很多量化和具体指标的，例如以下这些：

设备外形尺寸：总体长宽高，高度可调节。

生产料号：附图样或清单，料号多时要能快速换线，并有新料号拓展的便利性。

安全防护：防护罩，报警，急停，接地，程序保护，载具搬移不能过高或过重。

稼动率：一般为85%~90%，可能更高，双方协商确定。

良品率：来料造成的不良不计算，机器造成的不良，一般在0.5%~2%左右，实际还要参考具体产品的生产难度。

产能：评估时要注意效率的影响，这个是实际产能，不要随便给个达不到的产能。

CPK：个别客户部分产品会有这个要求，前提是物料尺寸的CPK也是符合要求的。

换线时间：越短越好，双方协议确定，但有此情况的机台，一般会被要求设计模块化、标准化。

有时对个案的设计要求，甚至细化到以下的地步：

1）刀具所用材料硬度不能低于58HRC，或者下刀用钨钢上刀用SKD11钢，铝材则要阳极氧化。

2）机台主色采用色卡 RAL 7035 石灰颜色或 × × 色，机架用铝合金或方通——保持设备基调一致。

3）换线时间少于 × × 小时，机构调整部位空间足够，流道上的产品可以窥视，更换件有定位。

4）机构要有防错防呆功能。

以上通常是写入合同条款或罗列成为附加文件，作为机器交付验收时的法律文件，所以是值得字斟句酌的，不然容易吃哑巴亏。不同客户和不同产品的验收标准有些差异，是客户设备标准和要求的集中和概括性体现。

客户参与度越高的案子，成功率就会越大，而且最重要的是，可以减少和避免诸多争议和浪费。

4. 设计人员的自我修炼

上述标准或规范，都是白纸黑字硬性规定的，只要认真钻研，执行和配合起来并不困难。但是，还有一类是隐藏的，这类标准和要求也是需要多加留意和贯彻的，那就是前人或自己累积的一些机械设计方面的禁忌、原则和经验（属于自我约束类型的标准要求）。

除了掌握机械本身的一些设计原则和避免前人或自己总结的诸多禁忌，在产品（设备服务对象）方面也要有所涉猎，这样才能反过来给设计部门一些有助于自动化的建议。学习方法上，一方面是工作上的总结积累，另一方面可多看看类似《机械设计禁忌 1000 例》等书籍，不必面面俱到，可选择性学习吸收。类似图 1-225 所示这些。

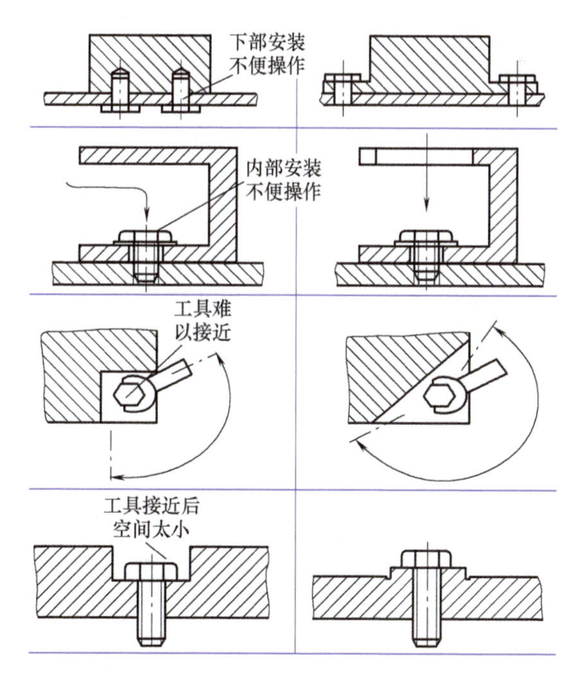

图 1-225　考虑工具操作便利性的结构

还有以下这些：

给出装配考核指标。

确定是自动装配还是手工装配。

维修拆目标零部件时，不必拆开不相关零件。

徒手可以拆卸，最多1个工具+2只手。

拆装用到的工具种类和规格。

拆卸工具为非专用工具（不希望客户维修的除外）。

拆卸零部件不需在超过1个的方向上操作。

更换零部件所花费的时间<1人小时。

不好安装的零件设计成一体化组件。

留有装配工具和手的活动空间。

锁紧部位应使用标准的固定扳手。

……

对设计者来说，千万不要闭门造车或者只停留在玩机构的层次上。要非常了解行业资讯，了解客户背景、标准和要求，这样在做案子时，才会充分考虑方方面面的细节，才会避免后期一些不必要的争议和扯皮，更重要的是，有利于自己在多如牛毛的竞争对手中脱颖而出。

总而言之，设备做得好不好，全看以上这些指标达成的情况怎么样，而要制定非标设备的指标，缺乏一定的行业经验，有时是比较困难的。那么情报的获取和消化，市场的调研和总结，就显得非常重要了。不了解客户的内幕，不清楚对手的实力，就很难有恰如其分的对策，从这点看，市场业务和设计人员应该紧密合作、协同作战。

1.3 如何制作自动化设备

本节以电脑主板内存条连接器产品的卡扣组装工艺为例，介绍一下设备制作的流程和思路。虽然案例很简单，但是呈现的原则、方法、技巧等是共通的，各位读者可以点概面，举一反三。

1. 产品的应用

该产品为某型电脑主板内存条连接器，卡扣（俗称海马）拨开时，可插入内存条，拨正时起着扣紧内存条的作用，如图1-226所示，其组装为本项目要实现的工艺。

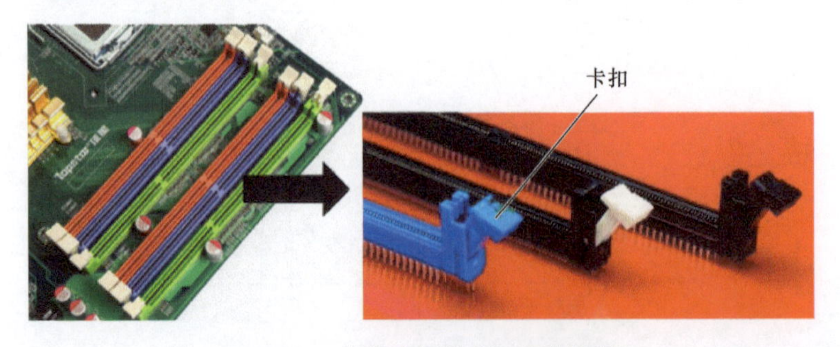

图1-226 电脑主板的内存条连接器

2. 产品和制程信息

该产品由塑胶、端子、接地片和卡扣构成，有多个不同的规格，对应不同的组件。根据规划，要制作一条自动化生产线，完成该产品的装配，且要适应不同料号，产品结构如图 1-227 所示，卡扣的组装（左右各 1 个）放在制程的最后一个工序。

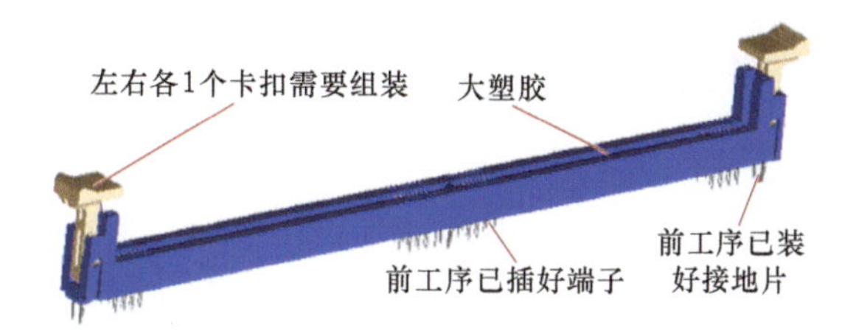

图 1-227　卡扣的组装放在其他零件组装之后

1.3.1　项目的评估

所谓的项目评估，简单来说，就是对项目进行调查和研究，然后结合自身的技术能力和行业经验，给出一个客观真实的判断，到底能否制作出满足客户各项指标要求的自动化设备，如果可以，具体思路和实施计划是怎么展开的。

1. 设计指标的达成

产能方面，由于卡扣仅是组件之一，对应的设备也是该产品生产线的一部分，故在确定的时候应兼顾生产线的平衡。如图 1-228 所示，卡扣组装工序定在最后一段，前端的生产节拍为 1.2s 左右，故需要研究卡扣组装设备是否能够满足。品质方面，卡扣品质问题集中在终端客户的使用上，属于结构功能问题（产品设计来保证），不影响下游客户（主板）的生产，只要组装到位了，没有刚伤或断裂即可。成本方面，自动化生产线总投入预估 70 万元，摊派到卡扣组装机的大概是 15 万元左右。交期方面，整条线是 3 个月，卡扣组装机也应该在这个时间内完成。

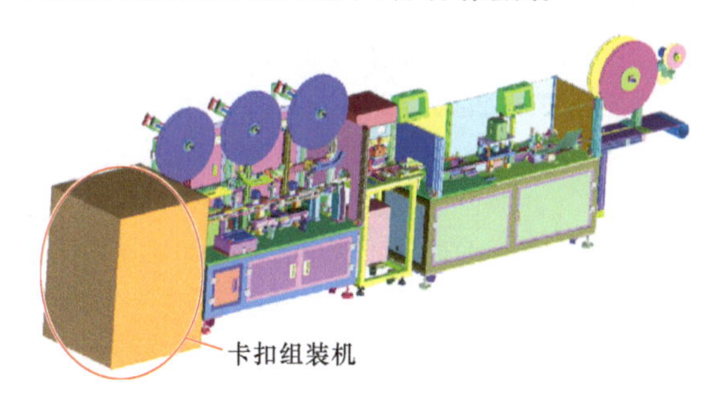

图 1-228　卡扣组装机接到原有设备的最后一段

2. 技术能力/行业经验

了解了项目的来龙去脉后，接着要评估实施的可行性。这个时候，如果之前已经做过类似案例（有行业经验），基本上轻车熟路；如果缺乏经验，则可以到各大技术网站找找看有没有案例（这个功夫最好下在平时，例如在有关网站搜一下“DDR”就能找到一些设计图样案例，如图 1-229 所示），或者向行业内有经验的朋友请教，对搜集到的资源进行梳理和消化，确定是否有能力承接该项目，具体又应该如何来开展……由于行业多年的技术积淀，找不到资源参考的项目少之又少（即便有，也是个别），所以实际的设计工作流程，第一步就是信息搜集和处理。

图 1-229 要善于查询和搜索既有的参考资源

设计人员尤其是初学者必须树立这样的一个观念：以最快的速度达到设计目标才是王道，至于设计工作过程投入多少精力和作品有多少创意，那是另一回事。

1.3.2 方案的制定

无论做什么项目，评估完成后的正式设计内容都是从方案制定开始的，方案得到批准和肯定，才会往下走设计流程，因此可以说，方案的制定是一个设计工程师（尤其是早期）最主要的工作。根据深入程度和提交时间，评估方案大致可以分为粗略方案、初步方案、细化方案三个阶段。其中，粗略方案指的是根据客户的需求，提出一些项目开展的思路和见解（未必有依据和把握），可口头表达，也可以是简单的三两页图文说明；初步方案指的是进行相对充分的评估后，给出一些有依据和有把握的项目实施方法和建议，至少应该是报告的形式，对于项目的技术难点有解决对策；细化方案则指的是，在初步方案的基础上，完成了机构的 3D 设计，处于接近发包和采购的阶段。

制定方案评估报告的意义，在于理解产品结构，弄清制程工艺，以及相关要求，再把实施计划和项目信心传达给客户，因此，一份简明有力的报告（哪怕陈述的只是初步方案），以下要点不可或缺。

第 1 点：封面页。把项目名称写得醒目些，并写明单位和发布人，如图 1-230 所示。

第 2 点：对项目背景和客户要求进行简单介绍。看报告的人未必都清楚项目细节，同时客户也想知道供应商是否清楚他们的要求（做不到的不要罗列，成本和交期两项一般放在最后的设计指标中），如图 1-231 和图 1-232 所示。

第 3 点：产品分析（包括料号、结构、组件等）、制造流程、实施工艺等简介。客户想知道你是否清楚产品是怎么做的，如图 1-233 和图 1-234 所示。

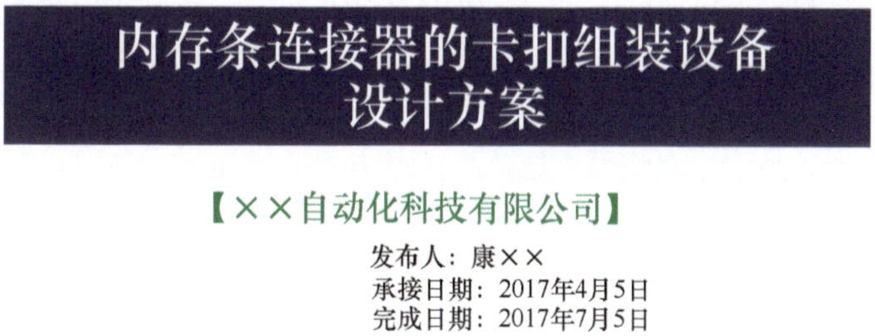

内存条连接器的卡扣组装设备设计方案

【××自动化科技有限公司】

发布人：康××
承接日期：2017年4月5日
完成日期：2017年7月5日

图 1-230　设计方案的封面

项目背景

客户××公司的DDR4连接器生产线需要实施自动化改造，其中端子、接地片已经在前工序完成，现需要设计一台组装机，接到生产线的后段，组装卡扣。

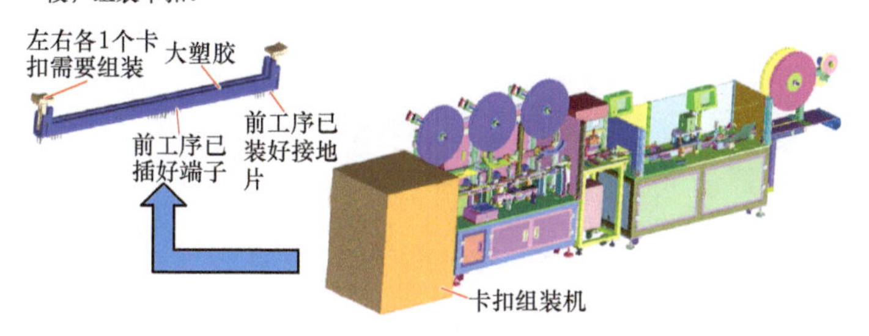

图 1-231　项目背景（一笔带过）

客户要求

客户要求如下：

1）适用料号：零件有两个，一个是前工序半成品，一个是卡扣（3种类型），要兼容3个成品料号。

2）产能指标：生产节拍和前段设备（CT=1.2s）匹配，稼动率为85%，不良率0.2%

3）空间占据：移料从右到左，总长XXm，该设备为长×宽×高=1m×0.9m×1.8m。

4）工艺要求：例如装配完成后应整齐排列，便于人工取放，例如要有漏装卡扣的检测和处理工艺等。

5）其他要求：诸如外观统一、标件品牌、电控标准、换线时间、成本限制、操作人数等。

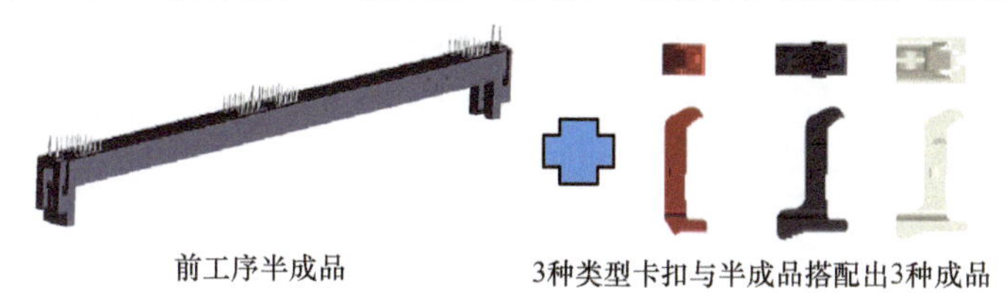

图 1-232　客户要求（罗列重点）

第 4 点：设备布局和机构细化。应该采用怎样的物料流向，是圆周型、环型、直线型、单工站型，还是混合型，每个模块的机构又应该怎样设计，如图 1-235 和图 1-236所示。

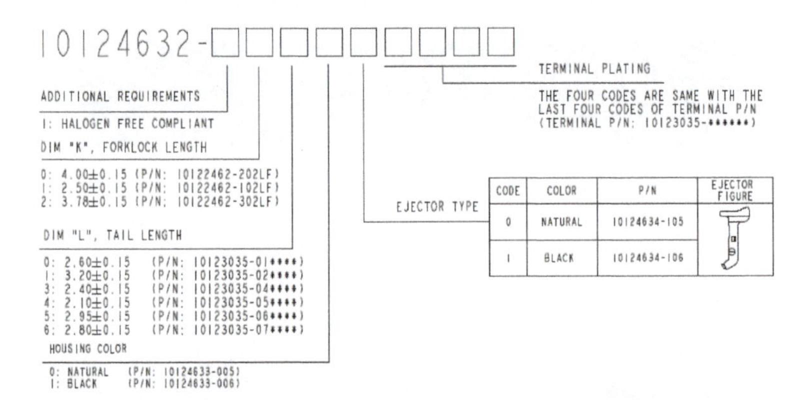

CODE	COLOR	P/N	EJECTOR FIGURE
0	NATURAL	10124634-105	
1	BLACK	10124634-106	

图 1-233　不同产品料号的组件不同（查阅客户图样）

大致方案（物料流向和机构布局）

工艺类型有很多种，这种模仿人工装配，一般是从动作的拆解开始的，然后再进行一些简化。

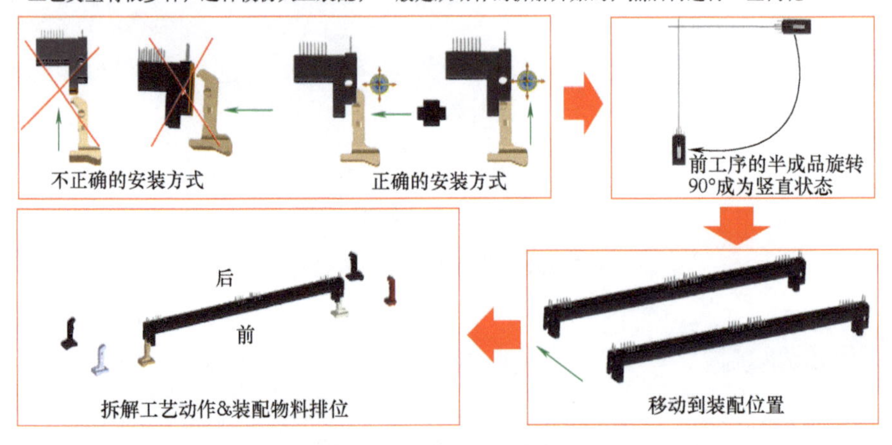

图 1-234　产品的结构和装配分析

大致方案（物料流向和机构布局）

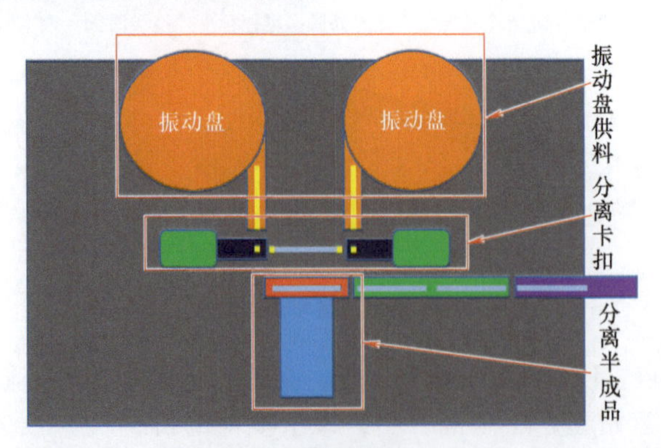

图 1-235　物料流向和机构布局

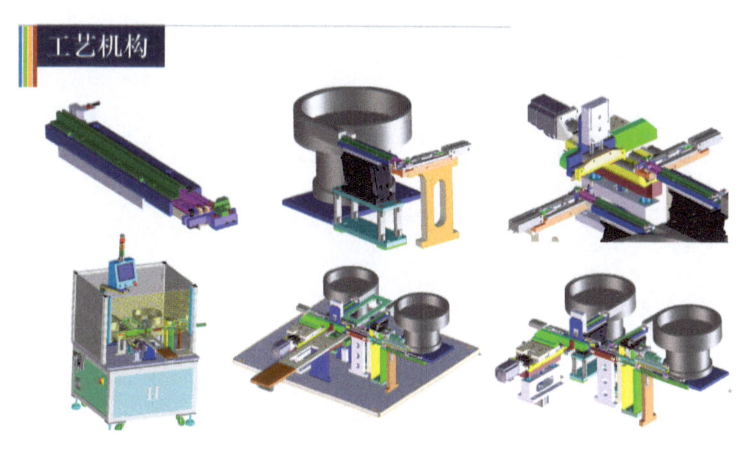

图1-236　机构细节

第5点：难点、重点工艺或机构讲解。客户想知道你是否清楚项目难点，是否有解决问题的方法（一般集中在跟客户端关联性较大的产品或工艺方面）。如图1-237所示，如果有必要，就可以在报告中呈现类似这样的问题以及解决办法。

1）切换时间：假设不同料号要切换生产（卡扣换掉），这个切换时间多少为合理呢？有时客户会提出××分钟，如果有难度，这里就可以结合机构瓶颈解释一下，并给出合理建议。

2）混料、缺料：由于卡扣长得类似（见图1-237），如果换料的时候没有清理干净，可能会导致零件装错，当然也可能会漏装，如何避免不良品流出？可增加感应器检测等。

第6点：设备制作的重点目标与规格。在对项目进行充分的评估后给客户做出的承诺，一般是能量化的评估结果，包括产能、良品率、交期、成本等，和上述第2点要求匹配的部分可不写，如图1-238所示。

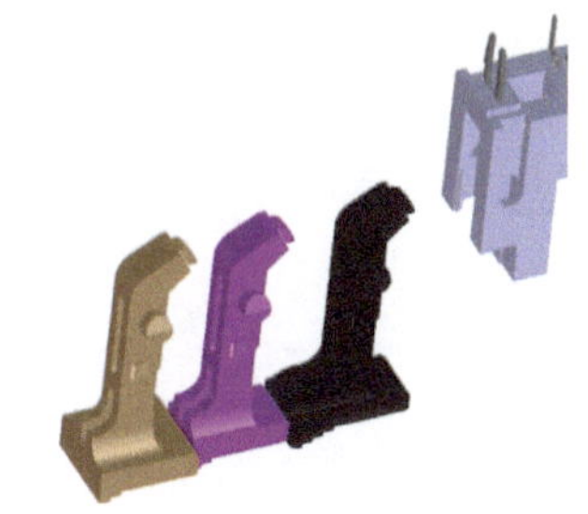

图1-237　不同的卡扣和前工序半成品搭配组装

方案用于和客户前期沟通，因此和客户要求匹配的非重要指标（如符合客户EHS要求，机箱烤白漆、振动盘加防护罩等）罗列在客户要求中，或等签合同时定义到协议里即可。

第7点：附录，例如选型品牌表等。

以上每一点的表达，尽量简化为1～3页，如有辅助说明的文件资料，尽量以附档的形式来实现。

具体到每一点的描述，当然也有些表达的讲究之处，例如描述制程或工艺时，根据当时进行的程度来定，最好能贴出各个工序的零件图片，类似图1-239所示。

1.3.3　机构的设计

这个环节考验机构设计的基本功，也就是普遍认为很重要的标准件选型、常用机

设计指标

在满足客户要求前提下，经过我司评估，该设备的主要设计指标（适用料号、产能指标、设备价格、制作周期）如下：

1）适用料号：设备兼容生产料号A、B、C。

2）产能指标：生产节拍为1.2s，稼动率为85%，不良率0.2%。

3）换线时间：0.5h。

4）设备价格：14.8万元。

5）制作周期：3个月。

6）其他，例如选型表、报价单等，可附上（佐证）……

图1-238 设备制作的重点目标与规格

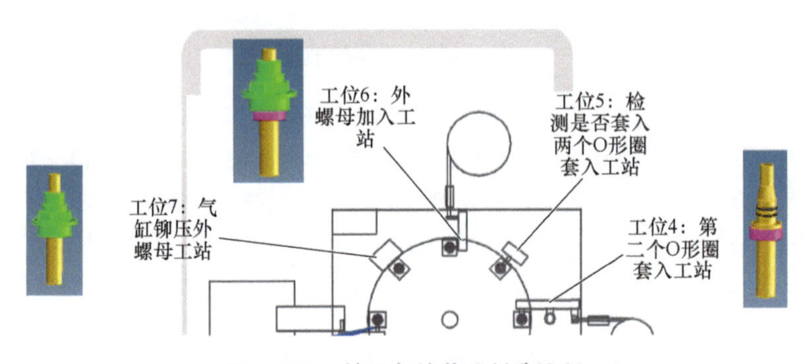

图1-239 某设备的装配制造流程

构类型、机械设计禁忌等常识和方法，在这里将发挥实战的作用。

设计，就是有预见性地搜集和规定制造新设备所需的数据和资料，预见性的基础往往来自于条件假设和预防思维。为了体现设计的严谨态度和减少设计疏失，可以用表格形式（见表1-22）对设备的难点、重点逐条检讨，即便不做表格，也应有类似的缜密的设计思维。

表1-22 自动机构设计审查表

主导：

与会：

No.	工站名称	设计审查内容	改善对策	责任人	预计完成日期
1	振动盘送料				
	1.1 如何保证不会卡料？				
	1.2 如何保证送料方向正确？				
	1.3 送料速度是否能达到机器制品要求的周期？				
	1.4 工作过程中振动盘是否会出现移动？如何保证？				

（续）

No.	工 站 名 称	设计审查内容	改 善 对 策	责任人	预计完成日期
2	输送带送料				
	2.1　如何保证轨道内不会卡料?				
	2.2　送料速度是否能达到机器制品周期?				
	2.3　如何保证胶体不会刷伤?轨道内侧是否进行抛光处理?轨道间隙是否合理?				

此外，非标机构的方案是很多的，甲这样做，乙可能那样做，但基本的原则、方法、思路是共通的，在给客户演示机构细节时要能自圆其说，否则很容易在专业度方面受到质疑。如图 1-240 所示，当有客户问，你这机构为什么设计成伺服电动机 + 滚珠丝杠 + 线性导轨方式?就要能够给出设计的依据和说法，而这些都建立在平时对各种机构的动作、精度、速度、负载等性能指标熟悉的基础上。换言之，到了机构细化的阶段，考验更多的则是机构类型的选取方法、细节的掌控能力以及绘图的熟练度，因此除了多看别人案例、多做具体项目，没有很好的速成方法。

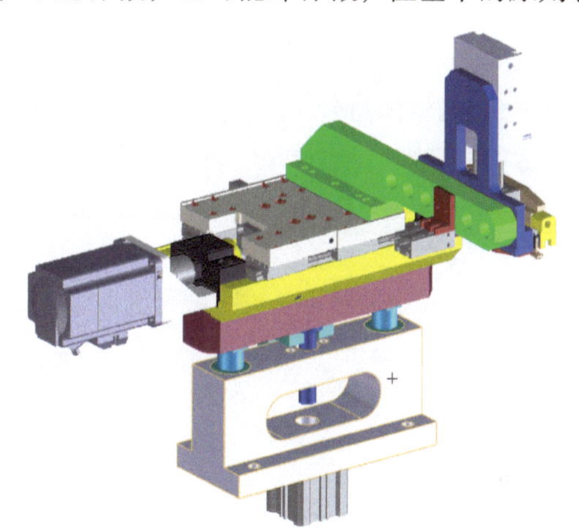

图 1-240　设计人员要熟悉机构的来龙去脉

1.3.4　工程图样和表单的制作

这个环节同样考验机构设计的基本功，机构设计工程师需要编写和处理的文件主要有以下类别（电控工程师负责的电路图、PLC 程序、电控件清单等，这里略过）。

1. 设备的技术文件

主要包括 3D 机构设计图，加工件 2D 图样，标准件采购清单，易损件（需要定期检查更换，也叫备用件）清单等，如图 1-241 所示。

（1）3D 图样　一般来说，3D 图样是设计图样，用于评估和检讨以及交流。

1）命名规则。图样文档命名应尽量避免使用中文，因为在录入电脑系统时可能会有（国外）软件不兼容的情形，对于设备、模组、零件的命名规则，建议如图 1-242所示。

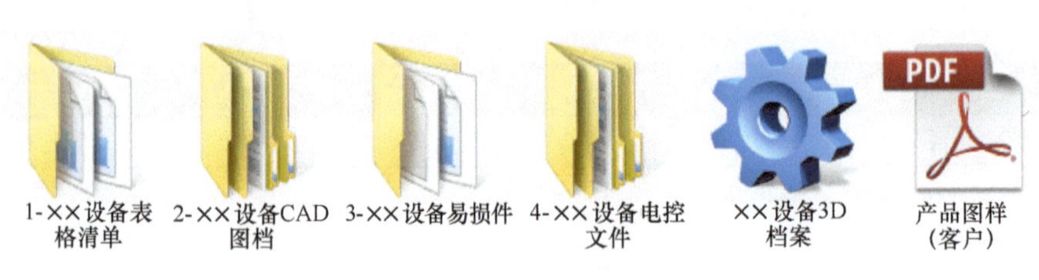

图 1-241　设备的技术文件

项目号	产品代号	公司代号	最后一次修改日期

例如：10127379-BTB-××-17-01-20

项目号	设备号	设备功能

例如：10127379-1000-loading

项目号	低阶模组号……	流水号	材料

例如：10127379-1210-001-SKD11

图 1-242　图样、文档的命名规则建议

对于 3D 图样的命名，应该区分模组（组件）和零件，采用模型树格式展开，对应的机构 3D 图样，也应该是一组一组的，如图 1-243 和图 1-244 所示。

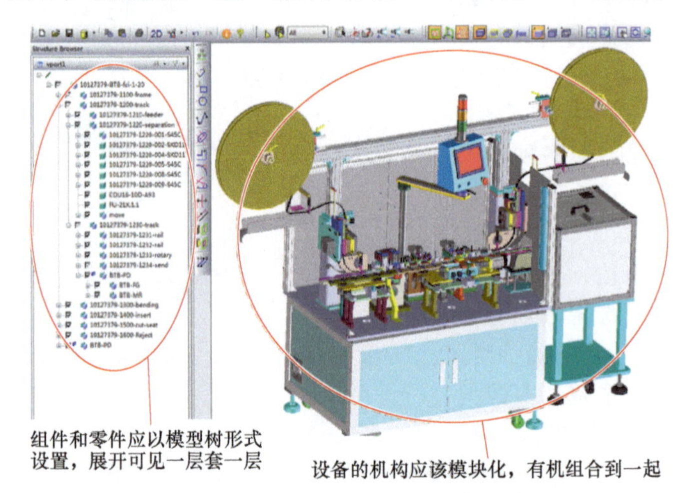

图 1-243　机构的 3D 应以“模型树”方式命名（一）

零件的模组化应以机构功能来定义，同时兼顾查找、编辑和仿真的便利性。如图 1-245所示，当要模拟机构的移动情况（气缸动作）时，如果零件是散的，就非常不便利，要一个一个地移动；如果将移动的所有零件编入一个组，如图 1-246 所示，就能整组移动，而且更直观、真实。

2）表达的细化程度。尽量把图样细节表达到位，如图 1-247 所示，甚至可以将气管或电线也添加上去，这样能够避免一时疏忽导致的个别位置的元件安装不了，或走电线、布气管不便的问题。

3）标准零部件的时效性。设备或机构包含有大量的标准零部件，务必经常更新维护。例如 3 年前做了一个设备，图样虽然保留下来了，但当时用的一些标准零部件

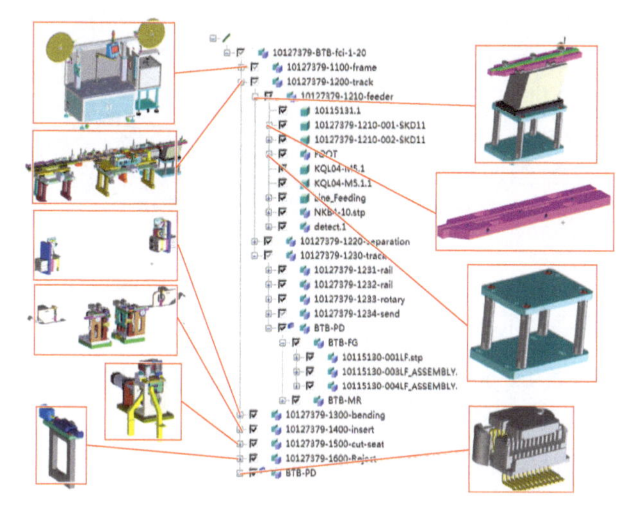

图 1-244　机构的 3D 应以“模型树”方式命名（二）

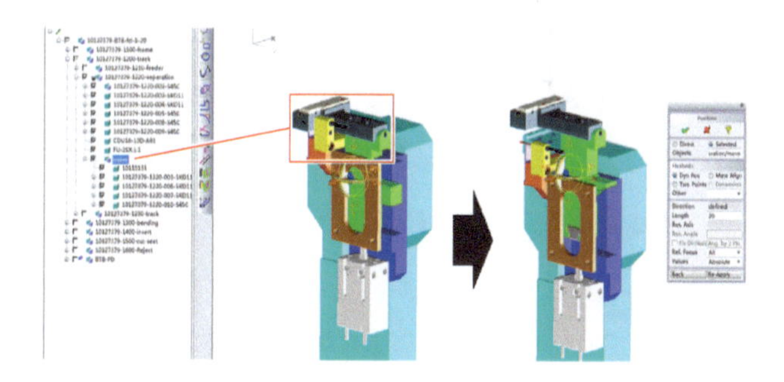

图 1-245　模组化结构便于机构动作的模拟（一）

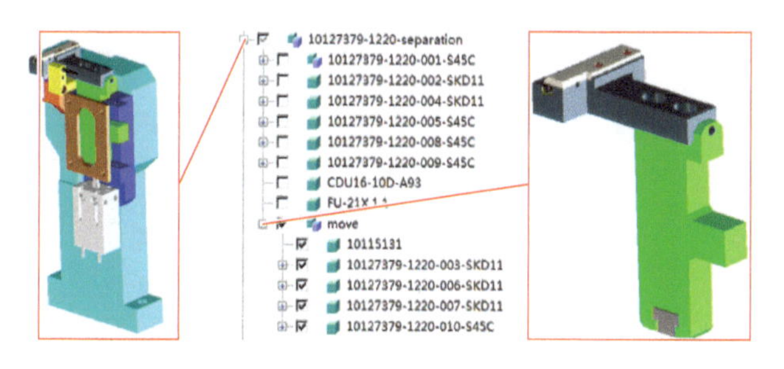

图 1-246　模组化结构便于机构动作的模拟（二）

（如线性导轨、气缸之类的）可能已经停产了，那么就需要及时找到替代品修正过来，否则一旦发包出去，就会有采购不到的问题，几经折腾，容易造成项目进度延误。

4）图样的版本更替。因为非标设备的外在影响因素很多，经常会改来改去，例如客户产品物料的尺寸变了，要求对机构进行变更，这些是司空见惯的事。那么，设计人员就要特别注意做好设计图样的版本更替和变更记录，否则很容易丢三落四。

（2）加工件2D图样　无论是用什么软件做的设计，最后都要转成2D的图样，再发包给供应商加工。2D图样的表达一定要规范，图样标注一定要细致，因为到了这个阶段，任何一点疏失，都会直接造成后面的成本浪费和进度延误。

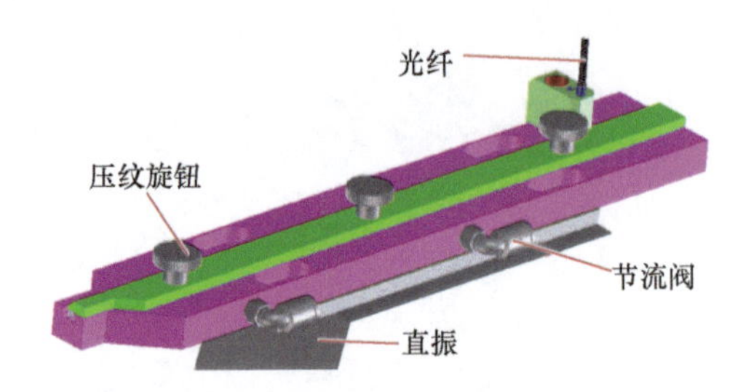

图1-247　3D图样的表达越细致越可靠

一般公司都有自己的标准图纸，常用的为A3和A4，如图1-248所示。图纸的右上角一般为版本变更记录，右下角为标题栏，如图1-249所示，标题栏的项目很多，如图1-250所示。

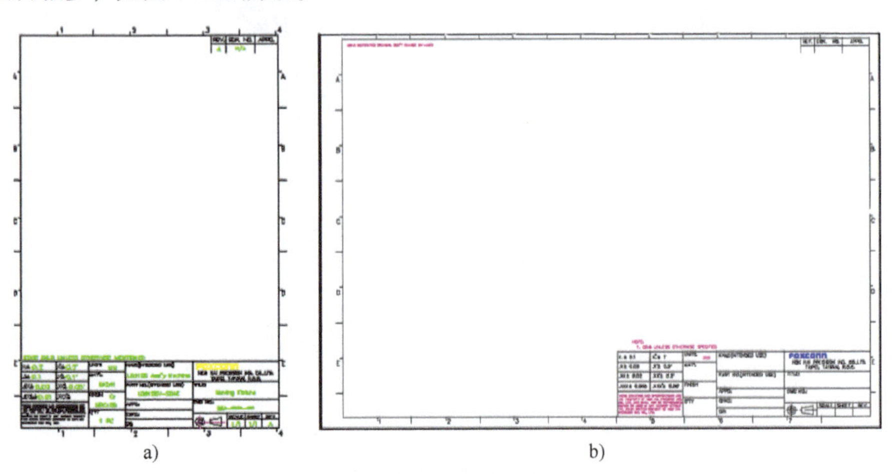

a)　　b)

图1-248　2D图样的图纸

a）A4图纸　b）A3图纸

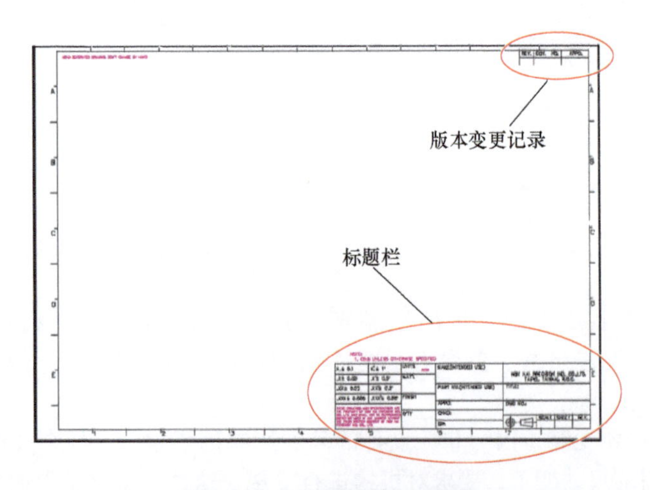

图1-249　2D图样的A3图纸

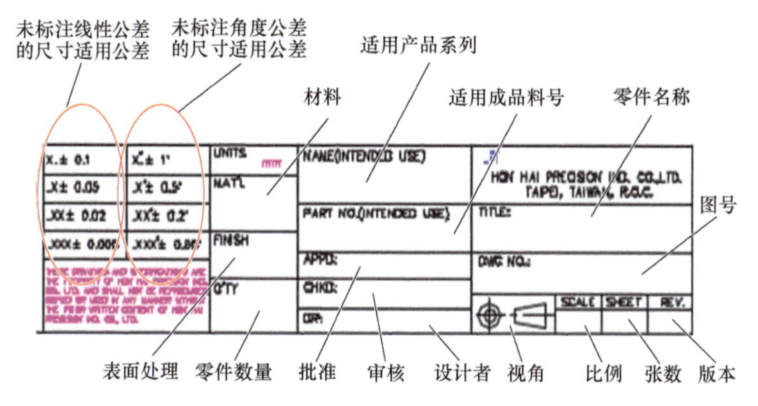

图 1-250　图纸的标题栏构成

图样标注的基本要求是：

1）准确，尺寸标注要符合机械制图国家标准。

2）完整，尺寸标注不能遗漏，也不能重复。

3）清晰，尺寸的布局要整齐、清楚，便于阅读。

4）合理，尺寸的标注，不仅要保证零件的品质，而且也要有利于加工。

建议读者朋友们拿几张自己所在单位的图样，认真细致地看看。当然，光看不练假把式，除了要能看懂别人的图样外，别忘了自己尝试找几个零件进行标注，拿捏不准的，可以去请教前辈或师兄。在具体标注尺寸时，是有很多技巧，如图 1-251 ~ 图 1-259所示。

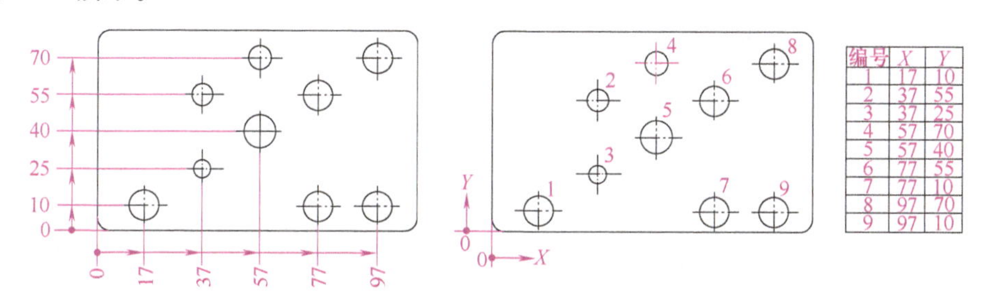

编号	X	Y
1	17	10
2	37	55
3	37	25
4	57	70
5	57	40
6	77	55
7	77	10
8	97	70
9	97	10

图 1-251　统一基准的标注方法（适合尺寸较多的场合）

更多的技巧和常识，则留给大家自学和积累，例如未标注圆角或倒角，应以注释的形式，在图样上说明；例如基准的选择，应以机构实际情况为参考，标注的尺寸应便于量测，同一张图样避免重复标注尺寸……

（3）加工件清单、标准件采购清单、易损件清单（和图样）等　2D 图样、加工件清单（见表 1-23）、标准件清单（见表 1-24）是采购外发（供应商）的必备文件，个别零部件可能还需要附上 3D 图样（供应商要参考，或直接用 3D 图样来指导加工）。易损件清单（和图样），则主要是在交付设备时提供给客户的，这样客户能够清楚设备哪些零部件是要经常检查和替换的，并且可加工或采购一些零部件备用。

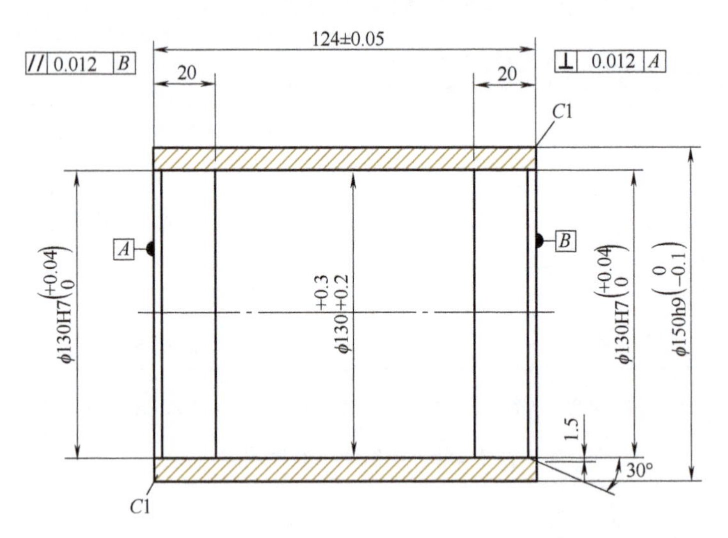

图 1-252　直径尺寸尽可能标注在非圆视图上，尺寸尽量不标注在虚线上

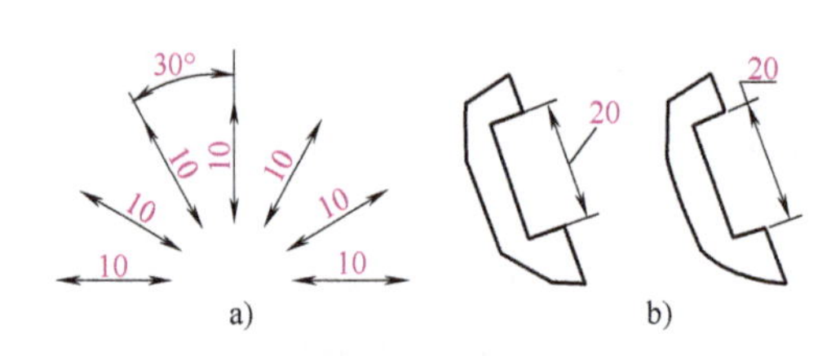

图 1-253　线性尺寸数字的方向

a）尽量避免标在图示 30°范围内

b）30°范围内无法避免时的标注方法

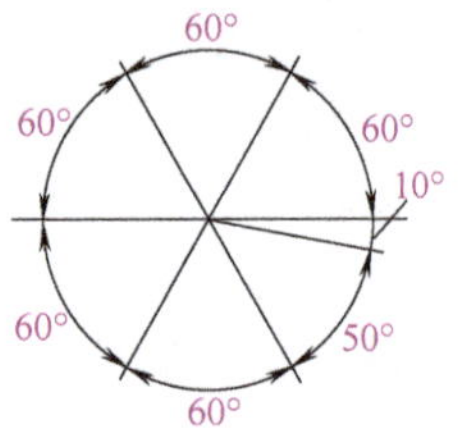

图 1-254　数字保持水平

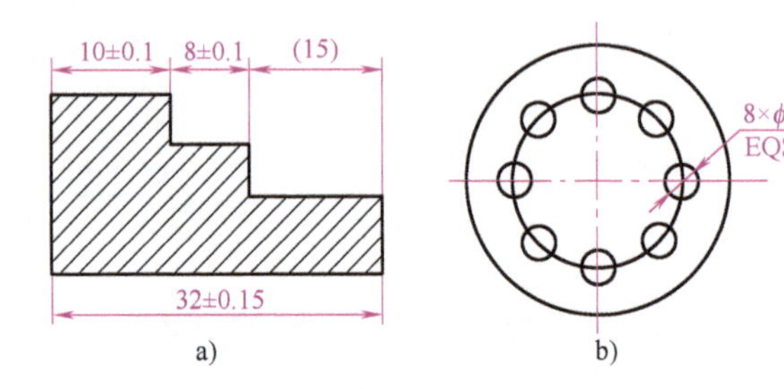

图 1-255　避免形成封闭链及重复元素的标注

a）避免尺寸形成封闭链，可标注为参考尺寸　b）重复元素的标注方法

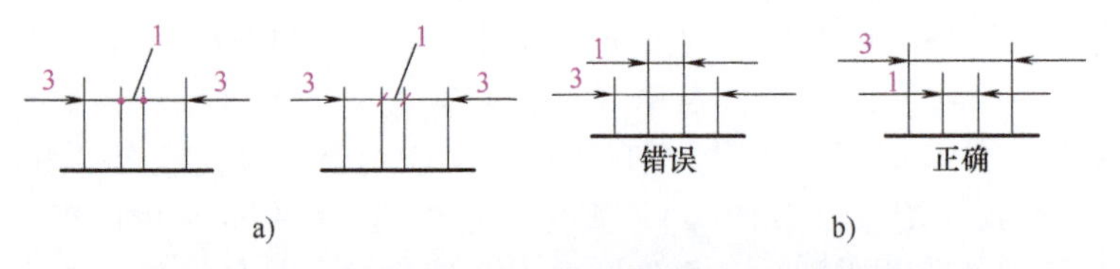

图 1-256　小尺寸的标注及避免尺寸标注的交叉

a）小尺寸的标注方式　b）标注的尺寸不能交叉

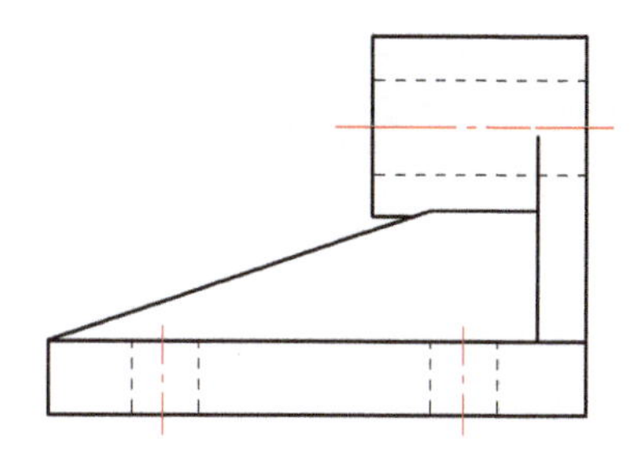

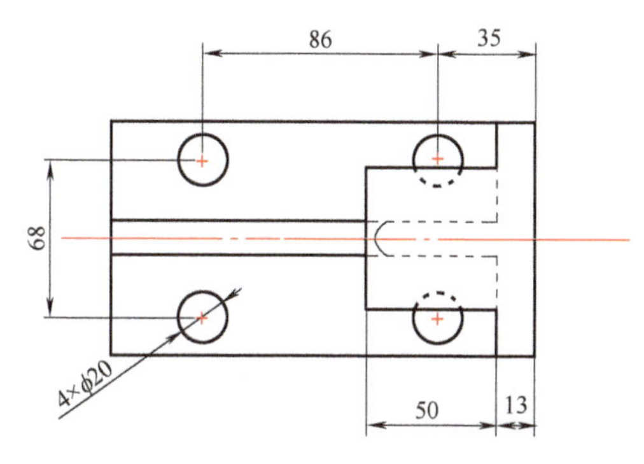

图1-257　同一结构的相关尺寸尽可能标注在同一个视图

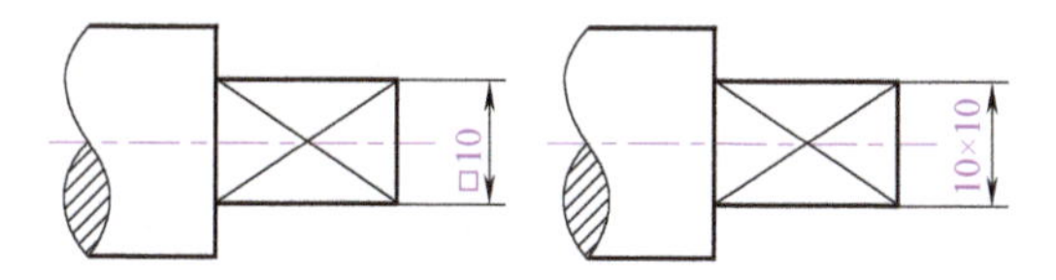

图1-258　断面为正方形的结构的标注方法

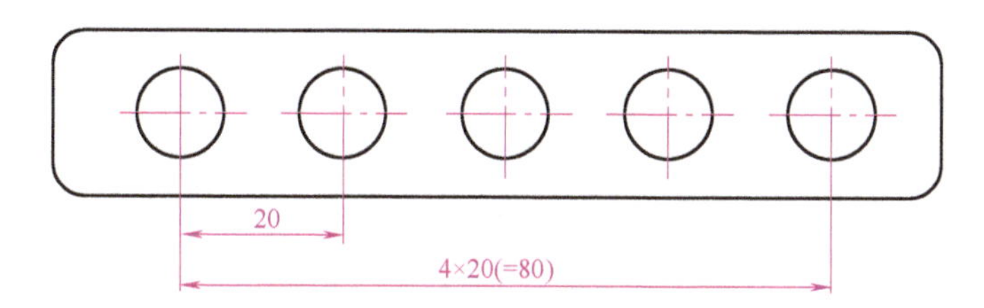

图1-259　间隔相等的链式标注方法

表1-23　某设备加工件清单

序　号	图　　号	版本	材　质	单　位	数量	备　　注
1	10124139-5221-001	A	S45C		4	
2	10124139-5221-002	A	S45C		2	
3	10124139-5221-003	A	S45C		2	
4	10124139-5221-004	A	S45C		2	
5	10124139-5221-005	A	SKD11		1	
6	10124139-5221-006	A	SKD11		1	
7	10124139-5221-007	A	S45C		2	
8	10124139-5221-008	A	SKD11		1	对称 10124139-5221-005

表 1-24 某设备标准件清单

机台名称：×设备				日期：20××年×月×日		
序号	名　称	型　号	数量	厂　商	动　作	领料人
1	气缸	CDQ2A20-25D-A73	1件	SMC	针错位气缸	
		CDQ2B16-20D-A73	1件	SMC	推针气缸	
		CDQ2D32-20D-A73	1件	SMC	夹针气缸	
		CDQ2B12-5D-A73	1件	SMC	检测气缸	
2	滑轨	SE2B13-120	3套	米思米（Misumi）		
		SEBZ10-175	1套	米思米（Misumi）		
		SSEB16-270	2套	米思米（Misumi）		
		SV2RN24-280	2套	米思米（Misumi）		
3	缓冲器	MAKC1210A	2件	米思米（Misumi）		
4	气缸活接头	JA30-10-125-25	1件	SMC		

（4）装配或调机说明书　设计人员为组装或调机技术员制作的文件，用于介绍设备的原理构成、装配要点、调试注意等，没有固定的格式，只要简单明了，起到指导和培训作用即可。现实中，很多企业的生产环节，都把这个环节省掉了，只是等到项目开展到装配调试环节，才临时给技术员演示下3D图样或简单培训。无论怎么执行都可以，但原则上都应该让技术员充分了解设备的一些装配调试方面的要点。

（5）标准操作说明书（Standard Operation Procedure，SOP）　这个是为客户的设备操作人员制作的文件，一般是省不了的（除非客户本身的管理不完善，没有要求提供），用于介绍设备的原理构成、操作要点、调试注意等，没有固定的格式，只要简单明了，能起到指导和培训作用即可。要注意的是，由于操作方面会涉及很多电控的部分，所以这个工作大部分是由电控工程师来完成的，但最后一定是要机构设计工程师进行补充和完善并最终定稿的。

2. 项目的管理文件

诸如项目进度管控表、项目可行性评审报告、投资项目申报表、投资招标方案、项目可行性评审报告等，都是需要填写的表单，由于这部分属于管理文件，不同公司的差异挺大，不多赘述。

1.3.5 组装和调试

这个环节表面看似跟设计人员没太大关系，因为一般的公司对于具体项目都有专门的装配调试人员。但是出于加强自身动手能力和确保项目进度可控的考虑，建议设计人员在从业前几年能够深度介入。例如，有些时候装配调试人员的技能不足，对于设备的设计机理和装配技巧缺乏认识，就可能会因装配引起一些设备问题（如位置不准、紧固不足、损坏元件等），导致项目的进度超出计划（设计人员就很冤枉）；再例如，可能有一些大大小小的设计疏失，但是被装配人员自行解决了，或者硬着头皮克服了，但没有从根本上解决，也没有反馈给设计人员，带着问题把设备交付给客户后，会遭到客户投诉，同时也可能造成下次犯同样的错误。从有益设计的角度看，设计人员应该注意加强以下这几个方面的动手能力。

1. 工具、量具的使用

非标自动化设备是由一个个零件组装起来的，因此就有必要熟悉相关工具、量具的使用。通常所说的设备的可调性，形象地说，就是装配调试人员在使用工具进行设备维护保养工作时，是否顺手。如图 1-260 所示，左图没有考虑到装配时内六角扳手的转动空间，会给技术员带来很大的装配和调试麻烦。如果设计人员对于内六角扳手和配套使用的螺钉尺寸有一个基本的认识，在绘制机构时就可以避免类似的疏失，见表 1-25 ~ 表 1-28。

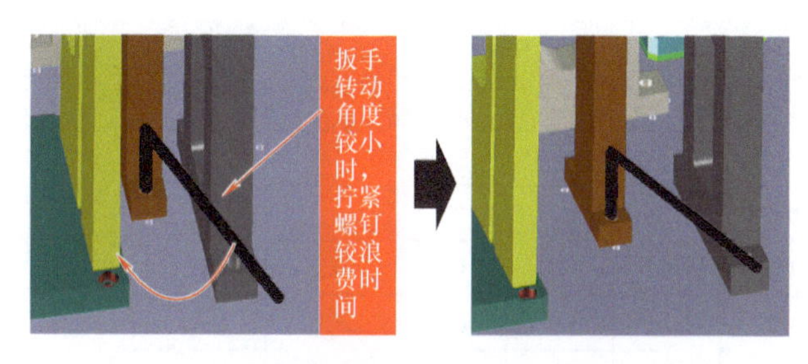

图 1-260　机构应预留内六角扳手的转动空间

表 1-25　内六角扳手和螺钉适配表

内六角扳手型号	内六角螺钉	平头螺钉	半圆头螺钉	紧定螺钉	定位螺栓
s					
1.5mm	M1.6，M2	—	—	M3	—
2mm	M2.5	M3	M3	M4	—
2.5mm	M3	M4	M4	M5	—
3mm	M4	M5	M5	M6	M5
4mm	M5	M6	M6	M8	M6
5mm	M6	M8	M8	M10	M8
5.5mm	—	—	—	—	—
6mm	M8	M10	M10	M12，M14	M10
7mm	—	—	—	—	—
8mm	M10	M12	M12	M16	M12
9mm	—	—	—	—	—
10mm	M12	M14，M16	M14，M16	M18，M20	M16
12mm	M14	M18，M20	M18，M20	M22，M24	M20
14mm	M16，M18	M22，M24	M22，M24	—	—
17mm	M20	—	—	—	—
19mm	M24	—	—	—	—
22mm	M30	—	—	—	—
24mm	M33	—	—	—	—
27mm	M36	—	—	—	—
32mm	M42	—	—	—	—

表 1-26 内六角扳手规格

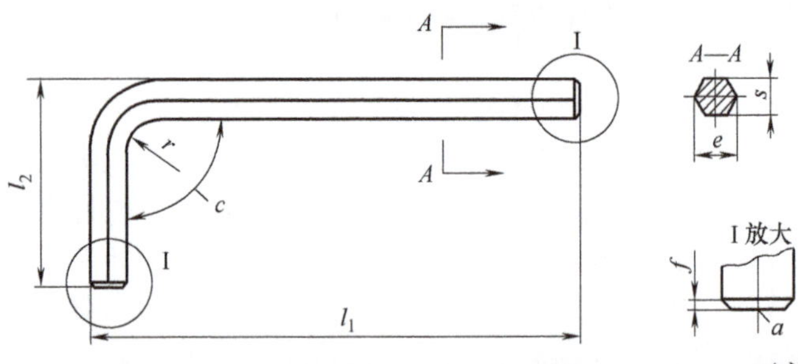

（单位：毫米）

对边尺寸 s			对角宽度 e		长度 l_1				长度 l_2	
标准	max	min	max	min	标准长	长型 M	加长型 L	公差	长度	公差
0.7	0.71	0.70	0.79	0.76	33			0 −2	7	0 −2
0.9	0.89	0.88	0.99	0.96	33				11	
1.3	1.27	1.24	1.42	1.37	41	63.5	81		13	
1.5	1.50	1.48	1.68	1.63	46.5	63.5	91.5		15.5	
2	2.00	1.96	2.25	2.18	52	77	102		18	
2.5	2.50	2.46	2.82	2.75	58.5	87.5	114.5	0 −4	20.5	
3	3.00	2.96	3.39	3.31	66	93	129		23	
3.5	3.50	3.45	3.96	3.91	69.5	98.5	140		25.5	
4	4.00	3.95	4.53	4.44	74	104	144		29	
4.5	4.50	4.45	5.10	5.04	80	114.5	156		30.5	
5	5.00	4.95	5.67	5.58	85	120	165		33	
6	6.00	5.95	6.81	6.71	96	141	186		38	
7	7.00	6.94	7.94	7.85	102	147	197	0 −6	41	
8	8.00	7.94	9.09	8.97	108	158	208		44	
9	9.00	8.94	10.23	10.10	114	169	219		47	
10	10.00	9.94	11.37	11.23	122	180	234		50	
11	11.00	10.89	12.51	12.31	129	191	247		53	
12	12.00	11.89	13.65	13.44	137	202	262		57	
13	13.00	12.89	14.79	14.56	145	213	277	0 −7	63	0 −3
14	14.00	13.89	15.93	15.70	154	229	294		70	
15	15.00	14.89	17.07	16.83	161	240	307		73	
16	16.00	15.89	18.21	17.97	168	240	307		76	
17	17.00	16.89	19.35	19.09	177	262	337		80	
18	18.00	17.89	20.19	20.21	188	262	358		84	
19	19.00	18.87	21.63	21.32	199				89	

（续）

对边尺寸 s			对角宽度 e		长度 l_1				长度 l_2	
标准	max	min	max	min	标准长	长型 M	加长型 L	公差	长度	公差
21	21.00	20.87	23.91	23.58	211			0 -12	96	0 -5
22	22.00	21.87	25.05	24.71	222				102	
23	23.00	22.87	26.16	25.86	233				108	
24	24.00	23.87	27.33	26.97	248				114	
27	27.00	26.87	30.75	30.36	277				127	
29	29.00	28.87	33.03	32.59	311				141	
30	30.00	29.87	34.17	33.75	315				142	
32	32.00	31.84	36.45	35.98	347				157	
36	36.00	35.84	41.01	40.50	391				176	

表 1-27　常用扳手和螺纹规格适配表

螺纹规格	呆扳手规格	内六角扳手规格	梅花扳手（套筒）规格
M3	—	S2.5	S5.5
M4	S7	S3	S7
M5	S8	S4	S8
M6	S10	S5	S10
M8	S14	S6	S13、S14
M10	S17	S8	S16、S17
M12	S19	S10	S18、S19

表 1-28　活扳手的基本尺寸

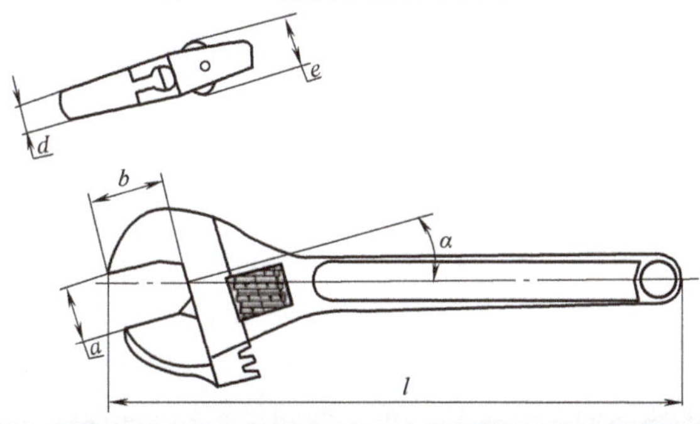

长度 l/mm		开口尺寸 a/mm ≥	开口深度 b/mm ≥	扳口前端厚度 d/mm ≤	头部厚度 e/mm ≤	夹角 α/(°)	
规格	公差					A 型	B 型
100	+15 0	13	12	6	10	15	22.5
150		19	17.5	7	13		
200		24	22	8.5	15		
250		28	26	11	17		
300	+30 0	34	31	13.5	20		
375		43	40	16	26		
450	+45 0	52	48	19	32		
600		62	57	28	36		

内六角螺钉是自动化设备机构最常用的紧固件，零件上开设的孔也是有标准的，见表 1-29。由于螺钉孔和螺钉之间有较大的间隙，因此这种紧固方式没有定位效果，被紧固的两零件之间的定位往往需要借助于定位销或者卡槽之类来实现，如图 1-261 所示。

表 1-29　内六角螺钉沉头孔尺寸

螺纹规格 d	适用于 GB/T 70. 1—2008											
	M4	M5	M6	M8	M10	M12	M14	M16	M20	M24	M30	M36
d_2(H13)	8	9	11	15	18	20	24	26	33	40	48	57
t	5	5.5	7	9	11	13	15	18	22	26	32	38
d_1(H13)	5	5.5	7	9	11	13	15	17.5	22	26	33	39

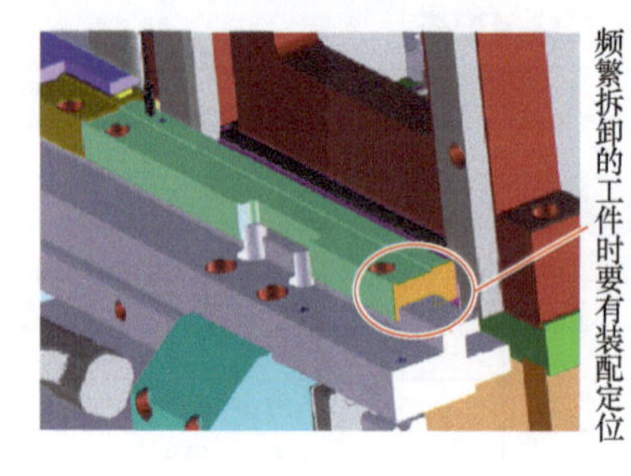

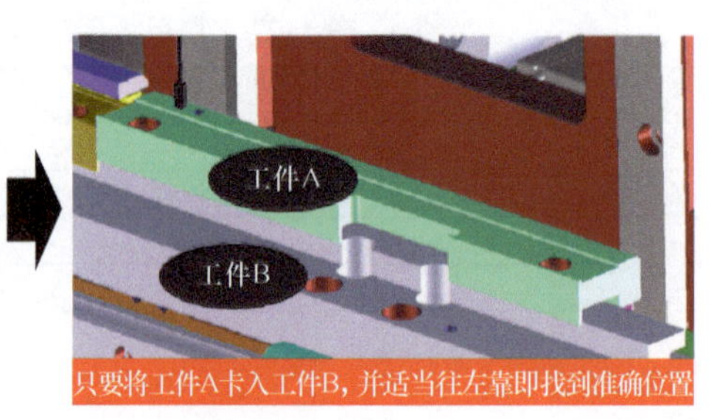

图 1-261　有装配关系的零件之间应有定位设计

2. 加工设备的使用

设备在装配和调试过程中，难免会有些工件需要维修，如能熟练使用加工设备，可以减少很多不必要的等待，略。

3. 装配技巧的讲究

装配调试设备时，经常会遇到这样一个问题：到底多大的力矩才能将机构可靠地紧固？这个问题其实不简单，首先决定于设计是否合理，现今做机构设计，很少会去做强度校核或失效分析，更多是凭着经验甚至感觉来处理，要减少失败率，就要讲究一些基本的原则，例如特别重要的场合能用 M5 就不要用 M4（能多固定几个螺钉就多几个）；其次跟装配调试的技巧也有关系，例如拧紧内六角扳手，一般是施力到扳手有适当变形即可（施加太大力可能会破坏螺钉头或直接把扳手折断），例如固定多个螺钉时是否按照正确的顺序进行，如图 1-262 所示；再例如，当对一个机构的紧固需要精确的力矩时，可采用带刻度的扭力扳手（指导技术员按此方式进行），如图 1-263 所示，或者设备的平面基准需要确保水平时，可借助水平仪来校正，如图 1-264 所示。

总之，通过动手实践，设计人员会增加大量的感性认识，如能有效贯彻到设计工作中去，可大幅提升机构的可调性和可靠性；同时通过对技术人员的有效指导和培训，能够减少大量装配调试方面的问题。

1.3.6　设备的导入和验收

这个环节表面上看也和设计人员没有太大的关系，因为一般的公司都配备有具体

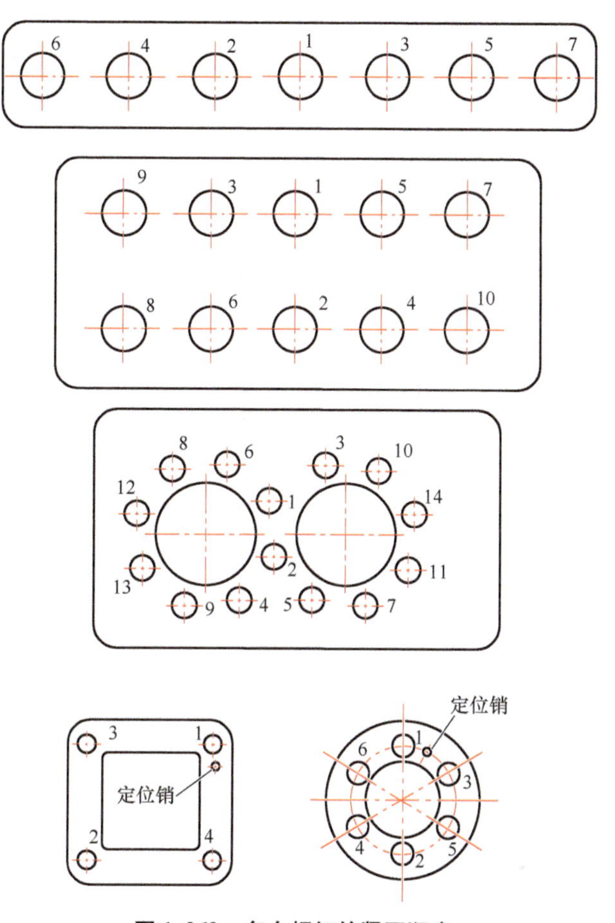

图 1-262　多个螺钉的紧固顺序

项目的业务负责人或售后人员。但是，阅读过本套书“入门篇”的读者朋友一定会有不一样的感受。我一直推崇一个观点，非标机构设计的从业人员，只有当他所负责的项目成功通过客户验收（收到钱了），才能表明他的能力是过关的，否则说再多也等于零。

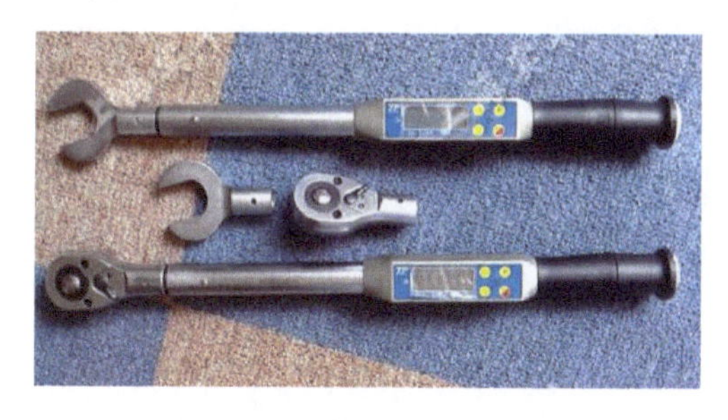

图 1-263　带刻度的扭力扳手

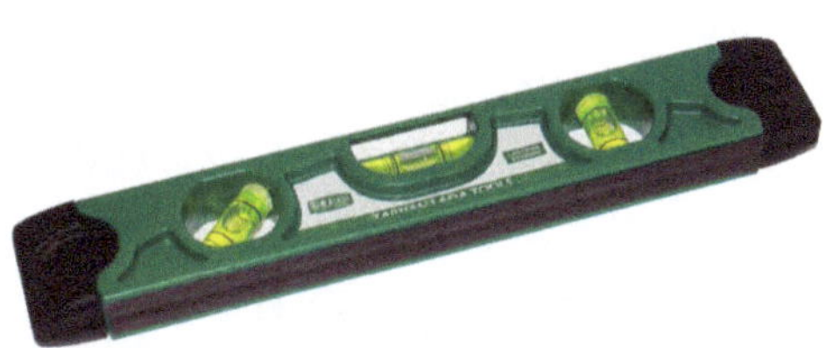

图 1-264　水平仪

很多非标设备，只有在量产的状态下，才能发现一些异常，而一旦出现问题时，设计人员的发现和分析以及解决问题的效率，也是影响项目成败的关键。下面用一个简单的案例来阐述一下这个观点。

公司先后开发了两台内存条产品（分别为SMT型和TH型）的卡扣组装设备，由于产品外形结构和组装工艺类似，如图1-265所示，因此采用相似的设备机构，如图1-266所示。

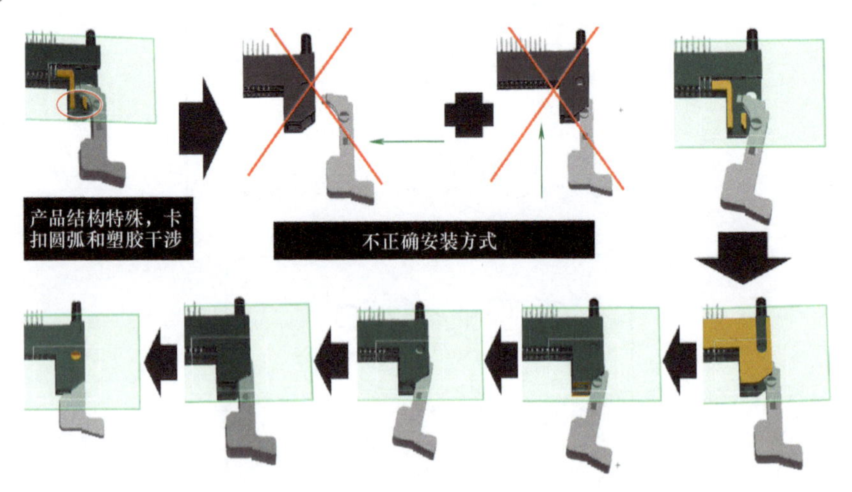

图1-265 卡扣需要摆一个角度才能装入塑胶

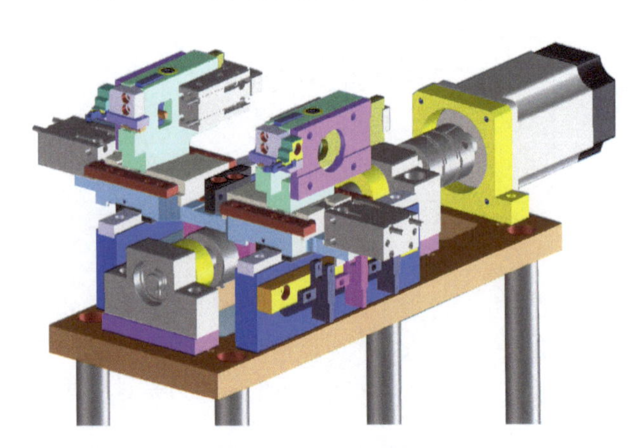

图1-266 卡扣组装机构

设备的组装调试过程比较顺畅，很快就把设备拉到生产线进行试产，然后问题来了：SMT型的设备无异常，很快就量产并被生产线验收了，但TH型的设备遇到一个难题，装配后的产品，在入口位置总会剐掉一些胶屑（见图1-267），生产线不接受，设备验收不了。可能读者朋友们会比较诧异，起码脑海中会冒出两个问题：既然有问题，为什么会说组装调试过程比较顺畅？既然设备的机构都差不多，为什么一个有问题一个没问题？

这个时候，按照常规的逻辑，很容易就得出一个结论：肯定是产品或者物料有问题。问题是，即便是产品或物料的问题，那到底是什么问题，又如何证明不是设备的问题呢？如果寄希望于其他部门或人员来回答这个问题，基本上是很困难的，遇到这样的问题时，项目管理人员（一般是设计人员）应该发挥主导作用！

首先对比TH型和SMT型两种卡扣的组装，发现在预装的时候，两者的状态不一样，TH型的角度要摆得更大才能装入塑胶，如图1-268所示。同时，发现TH型产品的手动生产线（手工装配）也有剐掉屑的现象，只是比机器组装的产品来得轻微些（掉的屑很小，所以生产线的品检部门可以接受），如图1-269所示。

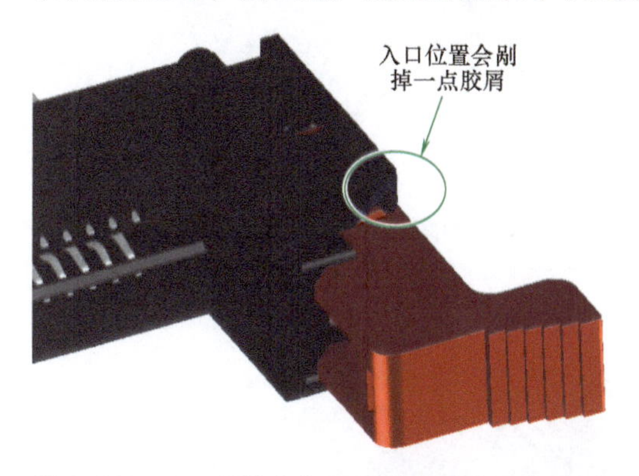

图1-267 TH型的卡扣组装后会剐掉一点胶屑

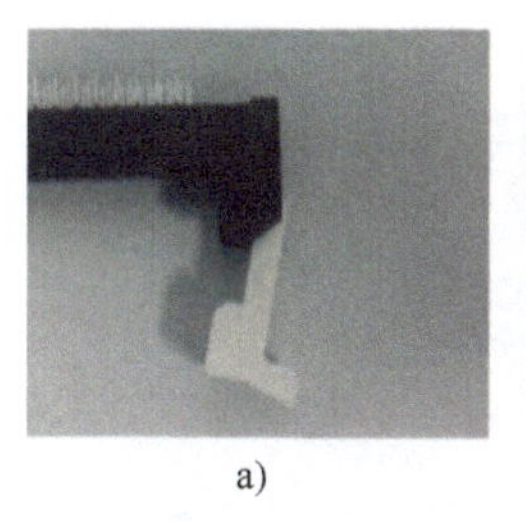

a)

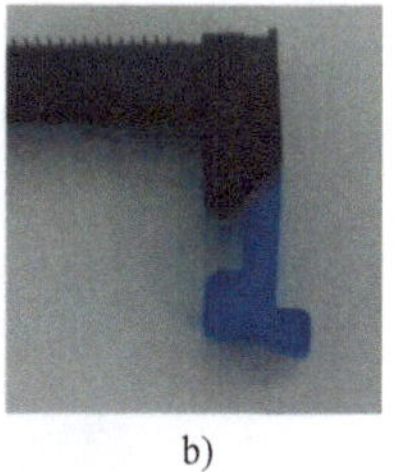

b)

图1-268 TH型的卡扣角度要摆得更大

a）TH型 b）SMT型

进一步分析产品的结构和尺寸，找到了TH型产品组装不良的原因，一个是预插时和卡扣圆弧部分接触的塑胶未倒角（SMT型的有倒角），一个是塑胶未倒角的干涉部位到端部斜口的距离和角度都偏大（SMT型的偏小），如图1-270和图1-271所示。

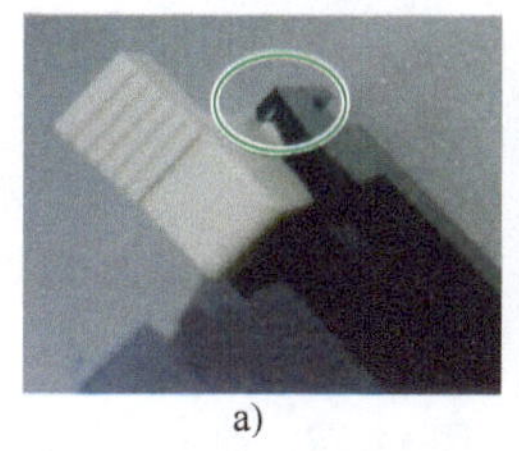

a)

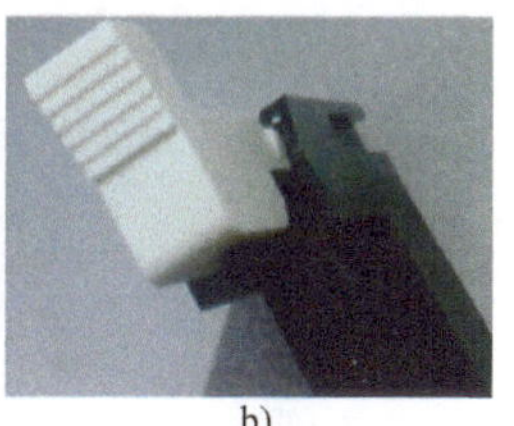

b)

图1-269 手动生产线和机器组装后的产品对比

a）手动生产线 b）机器组装

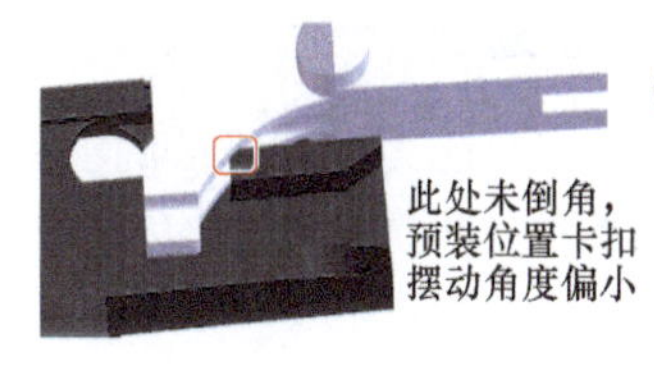

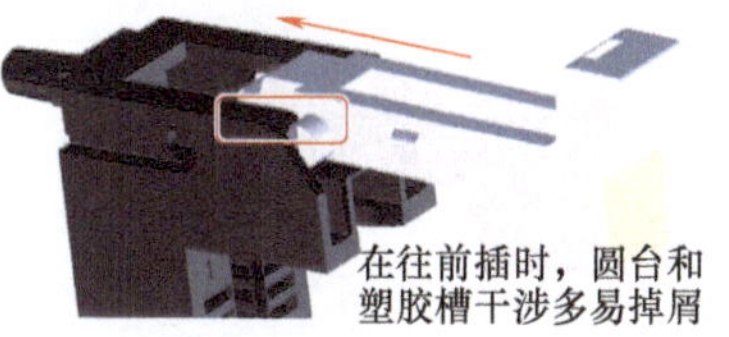

图1-270 TH型产品的塑胶结构未倒角导致干涉过大

找到原因了，还不是目的，因为问题还没得到解决！所以，还要给出一些改善建议，例如建议对干涉位置进行倒角，建议缩减影响装配的尺寸，如图1-272所示，如果做得更到位，可以做几个样品，作为上述分析报告的佐证……也许这些建议未必会得到全盘肯定或贯彻落实，作为设计人员来说，起码证明了自己的价值和能力；如果建议得到采纳，那么问题就能很快得到解决，设备也就能顺利进入量产通过验收了。

由上可见，尽管那是一个产品结构不合理造成的问题（为什么会有这种不合理的结构，属于历史原因，不在此讨论），但是在制作设备之前没有及时提出来，所以也

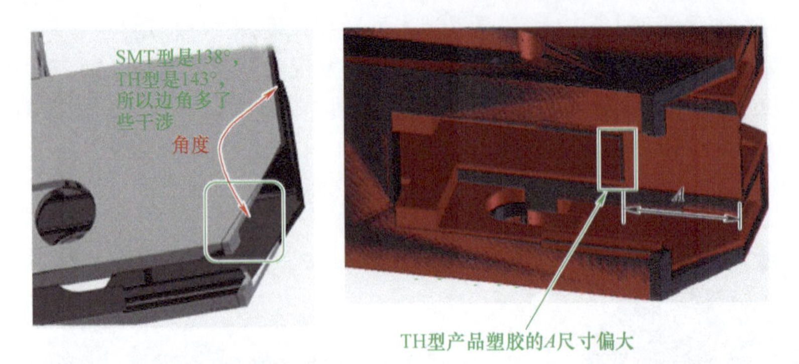

图 1-271 塑胶未倒角的干涉部位到端部斜口的距离和角度都偏大

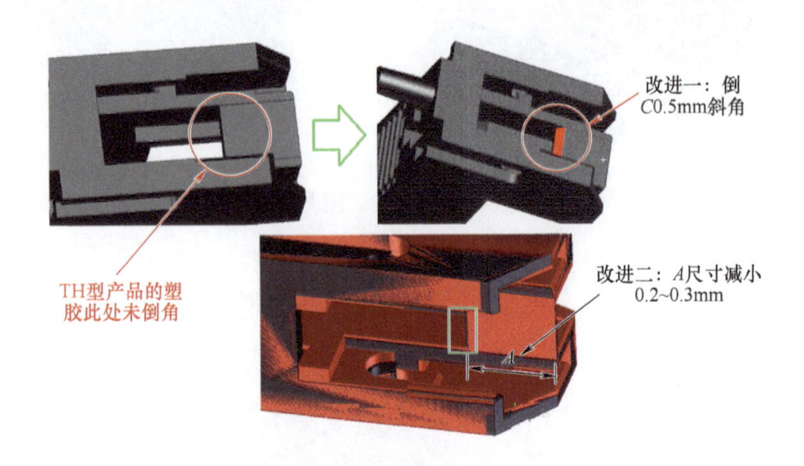

图 1-272 改进产品结构的建议

算是一个设备的设计人员疏忽或经验不足的问题，必须自我检讨！但是，追究这些没有意义，关键是找到原因，拟出对策，有效解决，形成经验，才是项目推进和管理的重点。

我们说，机构设计工程师需要有运筹帷幄的综合能力，从以上的项目执行流程可得到佐证。如果没有了解设计工作的特点，即便拥有非常强的机构处理功底，前端没处理好评估工作和方案制作，后端没做好设备的组装调试和导入验收工作，项目一样会磕磕绊绊甚至以失败告终。

非标设备的整个流程的各个环节，都可能会遇到各种意外和问题，需要“兵来将挡”“见招拆招”，那么在“入门篇”提到的从业人员必修基本功就显得非常重要！

第2章 CHAPTER 2

标准机/件的选用

2.1 标准机/件的设计意义及要点

标准机，指的是注射机、电测机、点胶机、焊接机、振动盘等独立工作的标准设备；标准件，指的是应用于机构上起动力、导引、定位、紧固、安全等功能的标准组件。现今越来越多的设备、机构采用标准机/件，既简化了设计，也节省了成本。

在本书的姊妹篇“入门篇”给大家提到过这么一个观点：标准机/件是从事设计工作最好的老师。这是有一定依据的，从设备的成本投入和硬件构成看，标准机/件占据着相当大的比重（普遍达到1/3~1/2），而且是设计工作中比较考验能力的部分。熟练掌握各种常用标准机/件的选型，对机构工程师来说，具有非常重大的实战意义。很多时候，图样画着画着卡壳了，往往是因为某个重要标准机/件不熟悉或不会用。

常用的机械标准机/件有：

1）动力标准件：电动机、机器人、气缸、真空组件等。

2）结构标准件：支架、铝质型材、角座、型钢、脚轮等。

3）传动标准件：齿轮齿条、带（轮）、链条链轮、联轴器、分割器、减速机等。

4）导引标准件：线性滑轨、滑台滑道、轴承、随动器、导柱导套等。

5）紧固标准件：螺钉、螺母、固定环、卡环、垫圈、磁铁、键、销等。

6）订制标准件：加工件的替代品、接头、加强肋等。

7）辅助配件：把手、旋钮、弹簧、快速夹、合页、柱塞等。

8）功能专机：分割器、测试仪、电批、焊接头、点胶机、振动盘、直振机、喷印机、打标机、包装机等。

机构怎么做，零件怎么“长”，有时扯不太清楚（既然是非标设计，有争议是正常的），但是标准件则不然，往往“是非”分明。因此必须十分熟悉各种常用的标准机/件，包括结构、原理、性能和使用方法等，否则机构设计效率或设备运作效果会打折扣，严重时项目可能会以失败告终。

目前多数标准件厂商的型录资料都整合了选型方法、步骤和案例，只要勤于翻阅，这块的设计障碍不大。但是请注意，选型≠选用，对于选型，专业厂商可以帮助答疑解惑，而对于选用则更多依靠自己。例如，针对某个机构，气缸选对了，但没固定好，动作时有晃动，导致不稳定或接头经常断。总之，思维不能只停留在选型上。

1. 型录的时效性

厂商的产品经常更新换代（有的还直接废止了），所以查阅标准件型录时要注意时效性，最好每年都跟厂商要到最新的型录，同时更新自己设备的图样。另一个重要的原因是，标准件都有大量客户在使用，厂商会根据客户反馈和市场反映，不定期进行一些优化和改进，所以同样的标准件，规格越新，在性价比上一般越有优势。

2. 把握性能重点

对从事机构设计的人员来说，主要考虑标准件动力学方面的性能，包括：

1）负载能力：带动机构、承受外力、克服阻力的能力宽裕程度。

2）精度级别：在达到机构设计精度要求的前提下，该标准件的精度指标。

3）速度表现：在达到机构设计速度要求的前提下，该标准件的速度指标。

4）特点优势：从若干备选方案中选择该标准件的理由和依据。

5）安装方法：将该标准件整合或固定到机构的方式、方法。

3. 工况分析很重要

很多初学者认为，如果自己不熟悉标准件，可以找专业厂商来协助选型，这是一个认识误区。例如，有个铆压工艺需要用到电动机，如果告诉厂商要多大的转矩或负载以及有什么要求，厂商的确可以给到对应的选型建议；但如果告诉厂商，现在要实现这个工艺，也不知道多大动力，厂商一般都爱莫能助。又例如，可以让厂商帮我们选择分割器，但他们一定会先问很多条件（要我们填下表单），目的是让我们自己来定义出工况；假如我们给出的使用条件和数据不正确，结果肯定会造成选型偏差乃至错误。这是因为，厂商一方面想规避"出馊主意"的风险（万一出问题要负责任），另一方面厂商可能对特定产品工艺不太了解（专业度有限）。因此，工况分析这个工作，最好交由自己认真细致地完成。换言之，标准件的选型≠选用，厂商只能帮助我们选型，给建议或支持，我们还得自己有主意，应用得靠自己主导和掌控。

本章将围绕非标机构设计常用的标准件，为大家深入浅出地介绍一些选用方面的原则、方法、技巧，希望能够帮助广大读者尽快熟悉和上手设计工作。此外，以下有几点温馨提示，也请读者朋友们特别留意。

1）由于标准件种类、品牌过于庞杂（很多型录都很厚），书的篇幅又很有限，所以只能结合从业经验，挑选几个初学者比较不好掌握的大件（如气缸、分割器、电动机等）和主流品牌（SMC、潭子、米思米等）给广大读者重点介绍。同时，有部分标准件被纳入到了传动设计的章节中（如螺旋传动的滚珠丝杠），本章则从略。

2）由于图文表达的局限性，案例细节的展示效果可能不够理想，建议读者朋友们到网站下载些类似的3D模型来进一步揣摩、学习。

3）由于本书主要面向机构设计工程师，因此不涉及过多的电控标准件及其电控方面性能参数的论述。

2.2 气动元件的选用

2.2.1 气动元件简介

气动元件，指的是以压缩气源为动力的标准件（如气缸），各行各业应用广泛。代表厂商有日本SMC、喜开理（CKD）、小金井（KOGANEI），我国台湾的亚德客（AirTAC）、气立可（CHELIC），德国的费斯托（Festo）、博世力士乐（Bosch-Rexroth）等，品牌众多。气动元件的选用，同样应该以客户为导向，品质是前提，价格是参考。进口品牌一般都比较昂贵，普通的中小企业难以承受，需要根据实际情况灵活选用。例如，同款的 AirTAC 气缸，比 SMC 的便宜不少，如非客户指定或要求，可以优先选用（出于描述的统一性和便利性，本书提到的气动元件以 SMC 品牌为主）。

1. 气动（元件）的优势

气动和液动都属于流体范畴，但各有特点。液动比较稳定，适用于大动力需求场合（如拉伸模具），电子行业一般用得不多。而气动的优势则更多体现在以下几个方面。

1）气动装置结构简单、轻便，介质为压缩空气，具有防火、防爆、防潮的能力，与液压方式相比，气动方式可在高温场合使用，故使用安全。

2）由于空气流动损失小，压缩空气可集中供应、远距离输送，空气本身不花钱，排气处理简单，不污染环境。

3）输出力以及工作速度的调节非常容易，气缸的动作速度一般小于 1m/s，比液压的动作速度快。

4）可靠性高，使用寿命长，例如一般电磁阀的寿命大于 3000 万次，某些质量好的阀甚至超过了 2 亿次。

2. 气动系统的组成

一个典型的气动系统，由方向控制阀、气动执行元件、各种气动辅助元件及气源净化元件所组成，如图 2-1 所示。从机构设计的角度看，只要关注“三联组合”（空气过滤器、减压阀、油雾器）及其之后的系统组件的选用即可，同时了解一些基本常识，例如压缩空气的压强一般是 0.5～0.7MPa，又例如设备耗气量大，则可能要为设备单独添置储气罐，再例如管道拉得越长分得支线越多，气体质量会越差等。

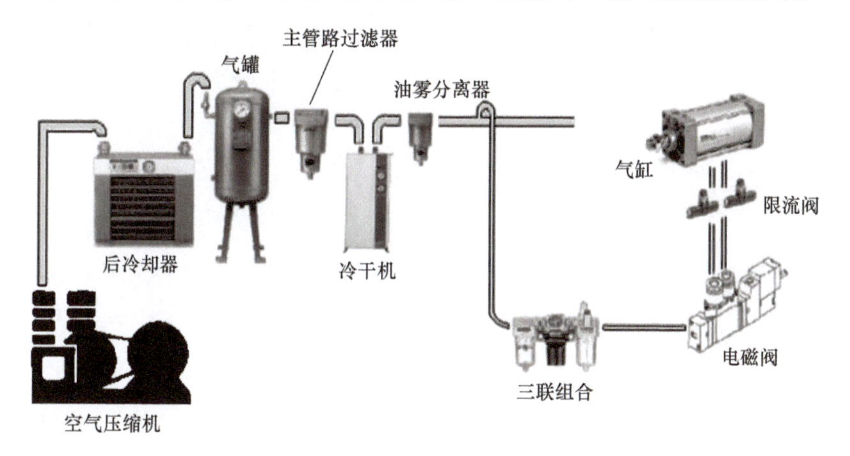

图 2-1　气动系统的组成

那么，常用的气动元件又有哪些呢？主要有储气罐、三联组合、气泵、管接头、控制阀（电磁换向阀、手动换向阀、限压阀、单向阀等）、执行元件（气缸、气动电动机、喷枪、真空元件等）等。概括起来，有图 2-2 所示的六大块内容，而要重点掌握的是执行单元（气缸及其配件）、真空系统。

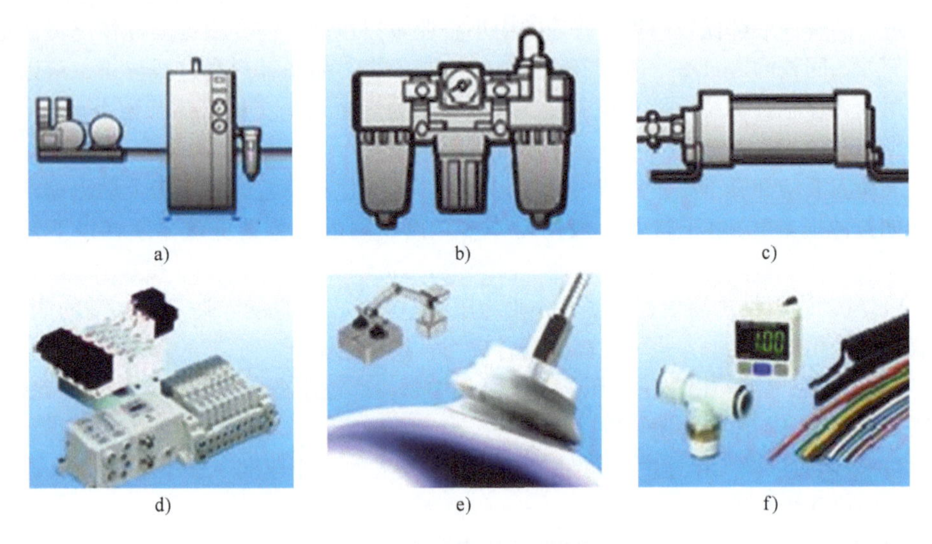

图 2-2 常用的气动元件类型

a）气源系统 b）空气处理单元 c）执行单元

d）气动控制单元 e）真空系统 f）气动辅助元件

2.2.2 气缸及其配件的选用

熟悉各种气动元件的特征特性，善于根据设备机构设计条件和要求进行正确选型，是做好气动设备的基本功。具体选型时，首要的是抓住执行元件（如气缸），如图 2-3 所示，这个选对了，接下来的基本就是“套路”了，基本上是元件匹配和性能发挥的问题。例如，某个工艺需要 ϕ50mm 缸径的气缸，却选了 ϕ40mm的气缸，结果可想而知。假设气缸选对了，其他的东西，即便选得不准确，只要能匹配到（安装作业），一般问题不大（大不了换一个，一般不涉及过多改动机构的问题）。

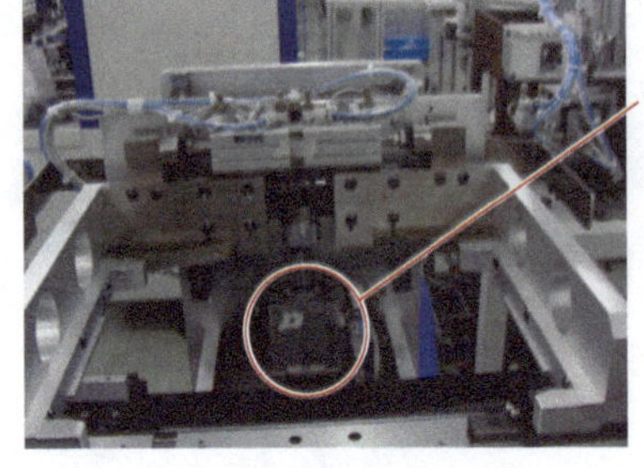

图 2-3 设备中的执行元件（气缸）

然而，传统教材，包括厂商型录大都是列出步骤，然后是很概括的只言片语，难以指导实际设计工作。例如“气缸选定程序”的第 1 步是确定气缸直径，流程虽然很明确，但如何去确定气缸直径呢？这个不是靠几个公式计算或单纯看看输出力表就可以确定的问题，还要依赖于一些经验判断和辅助计算。

1. 气缸的型号信息和学习重点

气缸的型号，在命名上只是一些数字和字母，却全面定义了空间布局、动力特性、连接固定和配件信息等相关设计要素，如图 2-4 所示。未必要去背诵具体的型号，但要熟悉标示和每个字母、数字的含义，并能快速查阅型录获得技术信息。

不要忽视型号表达的重要性，最终填在采购清单上的就是这些字符串，例如型号 MB1L32-50 和 MDB1L32-50 差别很大，前者除了控制上缺乏感应功能外，外形也是有差别的，如果刚好是布置在局促的空间里，一旦选错、用错，修改起来非常麻烦。

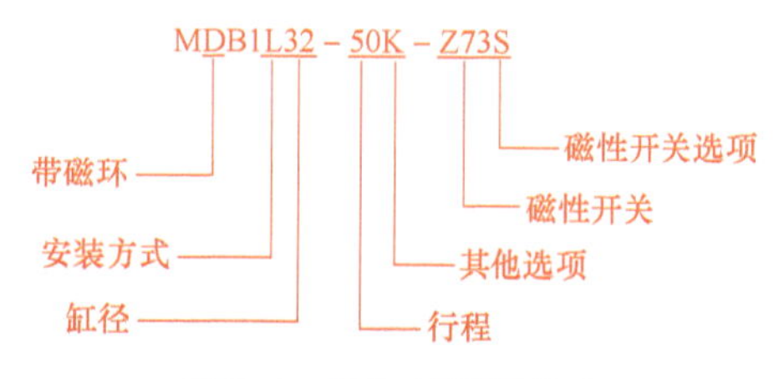

图 2-4　气缸的型号信息

此外，标准件厂商都提供 3D 零件库，在调用时务必认清型号，不要随意通过改外形尺寸来改变型号，这样特别容易出现错误，并以讹传讹（别人调用你的图样可能没发现）。

气缸选用的学习重点，主要有以下几个原则。

（1）熟悉气缸的动力特性和空间布局　打个比方，对气缸输出力、速度和行程要求不高，或者停电不会造成安全事故隐患的场合（如定位和夹紧等），可考虑用单作用气缸，其他的情况一般采用双作用气缸；需要大动力时可用串联增压气缸，运动有精度要求时可用带导杆气缸或滑台气缸。同样一个缸径的气缸有很多类型，各有适应面，例如空间有限时可用薄型 CQ2 系列，几个方向都能安装时可用自由安装型 CU 系列等。

（2）搜集或积累一些经验数据　这有助于选型，也是标准件厂商技术售后无法提供支持的内容。例如压一根（数字信号）端子进入到塑胶孔槽的压强大概是 0.98MPa，这个属于各行业特定产品制程的经验数据，供应商是不可能提供培训的。

（3）基础知识的积累　应注意积累类似以下这样的基本应用常识。

1）一般情况下，单作用气缸配两位三通电磁阀，如果只有两位五通电磁阀，则对应电磁阀只需一个出气口，另一个封住。

2）双作用气缸配两位五通电磁阀；相同体积下，采用单作用气缸所获得的行程会偏小（内部有弹簧），因此单作用气缸更适合小行程。

3）两个平行安装的气缸缸筒间距应大于 40mm，否则这两个气缸的磁性开关可能会相互干扰，造成误动作。

4）除非是防旋转的单轴气缸，否则单轴气缸的轴在运动过程中是会旋转的，这有可能会造成活塞杆头部螺栓的联接松动。

5）气缸动作过程突然断电或者断气，可能造成搬运物品掉落，砸坏机台或者损伤产品，可以选择双线圈的电磁阀，它能在断电的情况下保持气缸原本的动作。

2. 气缸的分类

（1）按动作进行分类　气缸按动作分为单作用气缸和双作用气缸，结构示意图如图 2-5 所示，前者又分为弹簧压回和弹簧压出两种气缸，一般用于行程短、对输出力和运动速度要求不高的场合（价格低、耗能少），双作用气缸则应用更为广泛（不要把单双作用气缸理解为带/不带磁环的气缸）。

（2）按功能进行分类　气缸按功能分类型较多，如标准气缸、复合型气缸、特殊气缸、摆动气缸、气爪等，如图 2-6 所示。其中比较常用的为自由安装型气缸、薄型气缸、笔形气缸、双杆气缸、滑台气缸、无杆气缸、旋转气缸、夹爪气缸等，如图 2-7 所示，只要了解各种气缸的大致特性和对应型号，平时多熟悉，应用时调出 3D 文件即可。

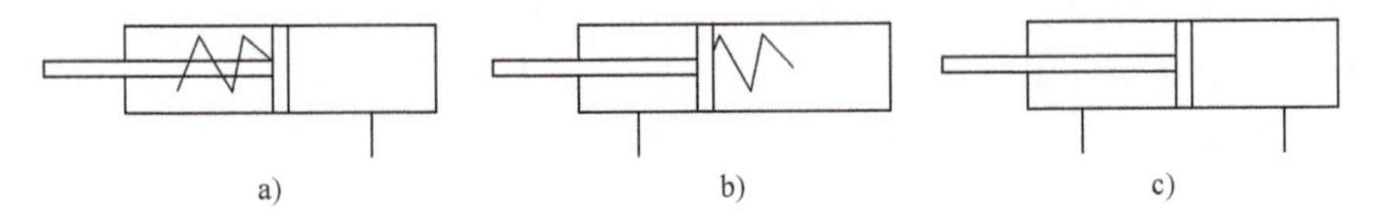

图 2-5 气缸的分类（按动作）

a）单作用弹簧压回 b）单作用弹簧压出 c）双作用（应用广泛）

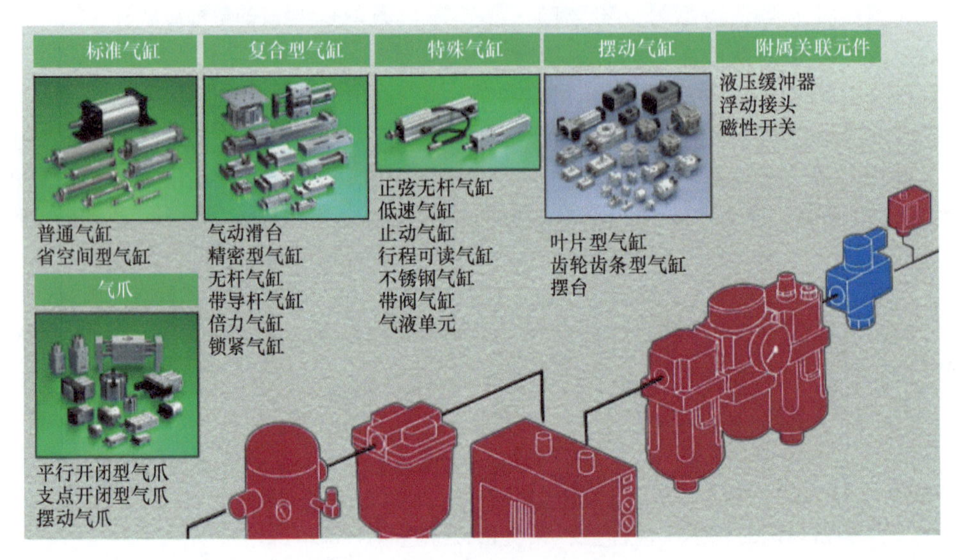

图 2-6 气缸的分类（按功能）

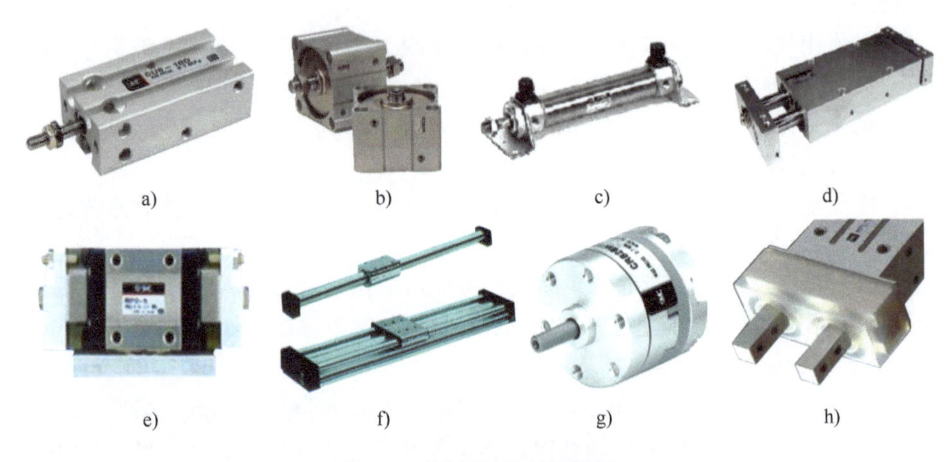

图 2-7 较常用的气缸类型

a）自由安装型气缸 b）薄型气缸 c）笔形气缸 d）双杆气缸
e）滑台气缸 f）无杆气缸 g）旋转气缸 h）夹爪气缸

基于气缸在动力特性或空间布局方面的应用特点，在实际选用气缸时，首先要确定一个合适的类别（由于型录每年都更新，部分数据仅供参考，请读者以最新型录为准）。

1）节省空间型气缸。指轴向或径向尺寸比标准气缸较小的气缸，具有结构紧凑、重量轻、占用空间小等优点，例如薄型气缸（如CQ系列，缸径$\phi12 \sim \phi100$mm，行程≤100mm）和自由安装型气缸（如CU系列，缸径$\phi6 \sim \phi32$mm，行程≤100mm），如图2-8所示。

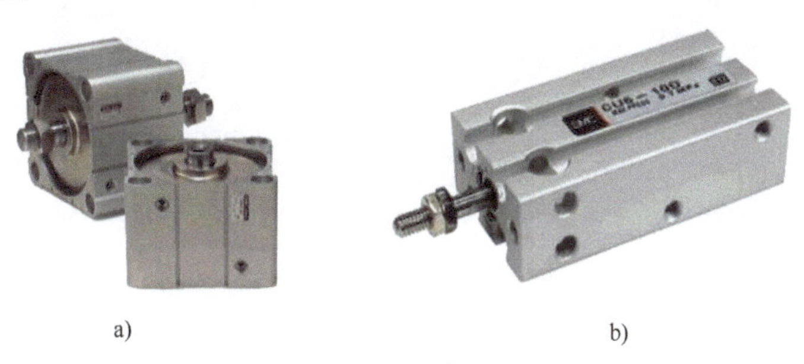

a)　　b)

图2-8　节省空间型气缸

a）薄型气缸　b）自由安装型气缸

具有节省空间特点的还有无杆气缸，形象地说，有杆气缸的安装空间约为2.2倍行程的话，无杆气缸可以缩减到约1.2倍行程，定位精度也比较高，一般需要和导引机构配套。无杆气缸有磁偶式（CY1）和机械式（MY1）两种。

① 磁偶式无杆气缸：活塞两侧受压面积相等，具有同样的推力，有利于提高定位精度，适合长行程，质量轻、结构简单、占用空间小，如图2-9所示。

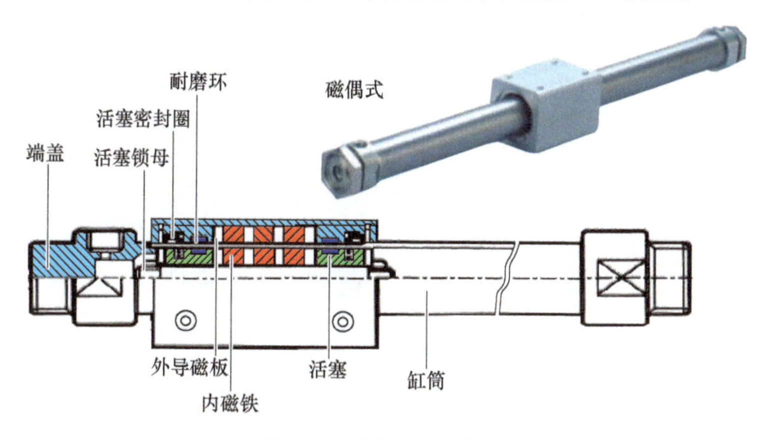

图2-9　磁偶式无杆气缸

② 机械式无杆气缸：有较大的承载能力和抗力矩能力，适用缸径$\phi10 \sim \phi80$mm，如图2-10所示，有MY1B（基本型）、MY1M（滑动导轨型）、MY1C（凸轮随动导轨型）、MY1HT（高刚度、高精度导轨双轴）、MY1H（高精度导轨型单轴）系列产品。

此外，希望节省空间的同时兼顾导向精度要求时，往往会用到双杆气缸（相当于两个单杆气缸并联成一体），如图2-11所示。

2）高精度要求型气缸。一般采用滑台气缸（将滑台与气缸紧凑组合的一体化气动组件），也有各种细分的类型，如图2-12所示。工件可安装在滑台上，通过气缸推动滑台运动，适用于精密组装、定位、传送工件等。

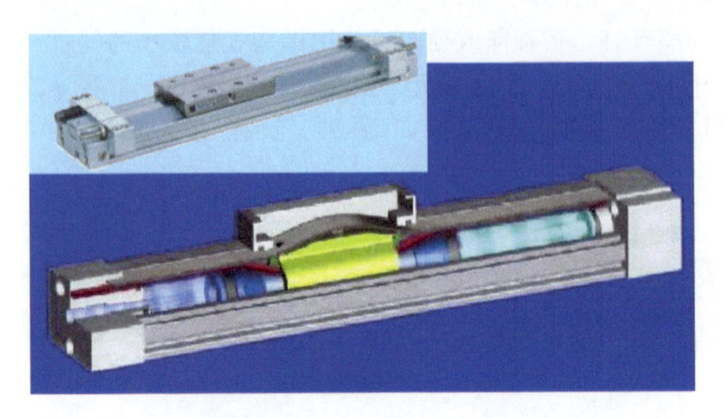

图 2-10 机械式无杆气缸

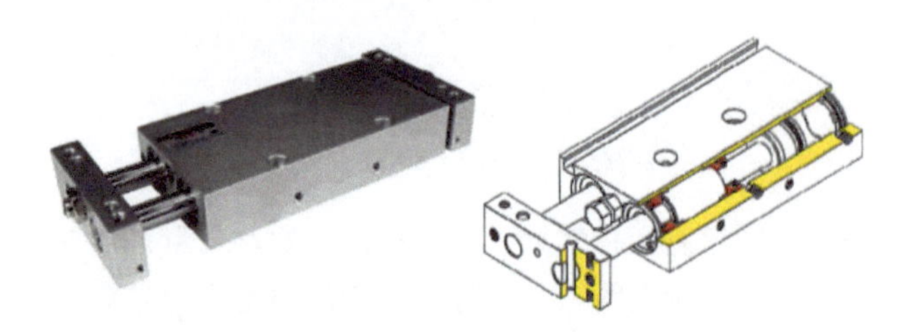

图 2-11 双杆气缸

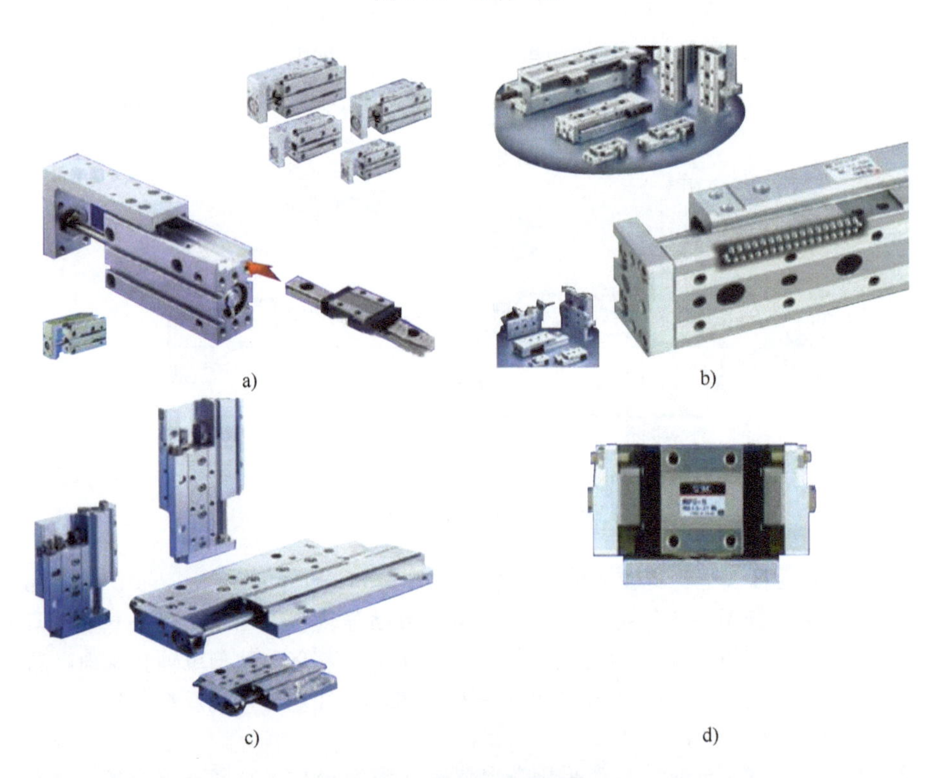

图 2-12 高精度要求型气缸

a）MXU b）MXQ c）MXW d）MXP

3）摆动/旋转运动型气缸。遇到需要摆动或转动的场合，一般采用旋转气缸，主要有叶片式旋转气缸和齿轮式旋转气缸两类。

① 叶片式旋转气缸：如图2-13所示，通过内部止动块或外部挡块来改变其摆动角度。止动块和缸体固定在一起，叶片和转轴连在一起。气压作用在叶片上，带动转轴回转，并输出转矩。叶片式摆动气缸有单片式和双片式。双片式的输出转矩比单片式大1倍，但转角小于180°。叶片式摆动气缸有CRB2、CRBU2（缸径 $\phi10\sim\phi40$mm）、CRB1（缸径 $\phi50\sim\phi100$mm）等系列可供选择。

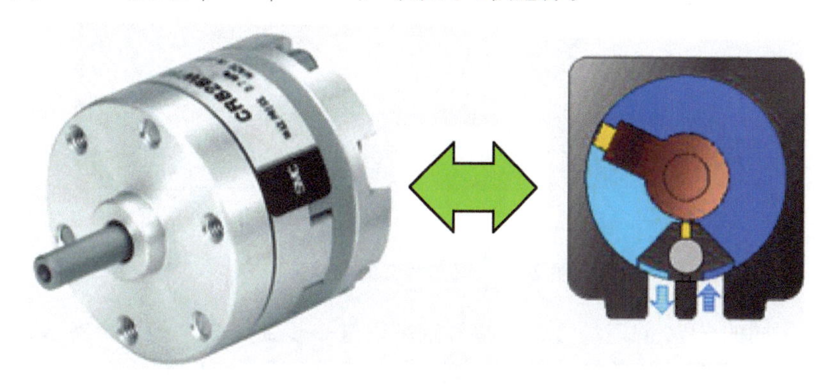

图2-13 叶片式旋转气缸

② 齿轮式旋转气缸：如图2-14所示，气压力推动活塞带动齿条做直线运动，齿条带动齿轮做回转运动，由齿轮轴输出转矩并带动外负载摆动。齿轮齿条式摆缸有CRJ、CRA1（缸径 $\phi30\sim\phi100$mm 标准型）、CRQ2（缸径 $\phi10\sim\phi40$mm 薄型）、MSQ（缸径 $\phi10\sim\phi200$mm 摆动平台）等系列可供选择。

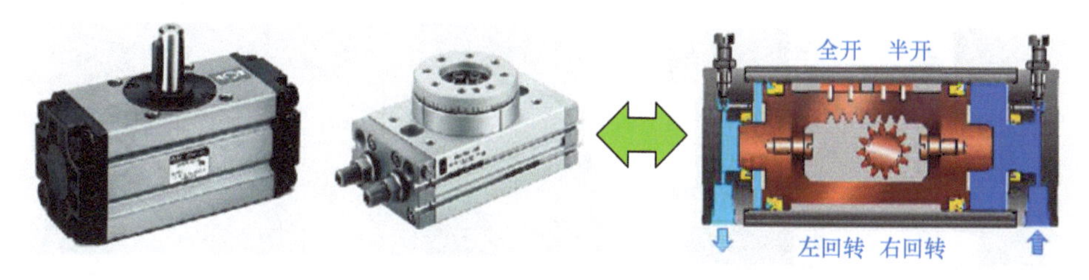

图2-14 齿轮式旋转气缸

叶片式和齿轮式两种摆动气缸的特点对比见表2-1。

表2-1 叶片式和齿轮式两种摆动气缸的特点对比

类型	体积	质量	改变摆动角的方法	设置缓冲装置	输出转矩	泄漏	摆动角度范围	最低使用压力	摆动速度	用于中途停止状态
叶片式	较小	较小	调节止动块的位置	内部设置困难	较小	有微漏	较窄	较大	不宜低速	不宜长时间使用
齿轮式	较大	较大	改变内部或外部挡块位置	容易	较大	很小	可较宽	较小	可以低速	可适当时间使用

4）夹持/固定产品型气缸。一般用气指气缸（原理：开闭一般是通过由气缸活塞产生的往复直线运动带动与夹爪相连的曲柄连杆、滚轮或齿轮等机构，驱动各个夹爪同步做开、闭运动），它可以用来抓取物体，实现机械手的各种动作，常应用在搬运、传送工件机构，内部结构示意如图 2-15 所示。

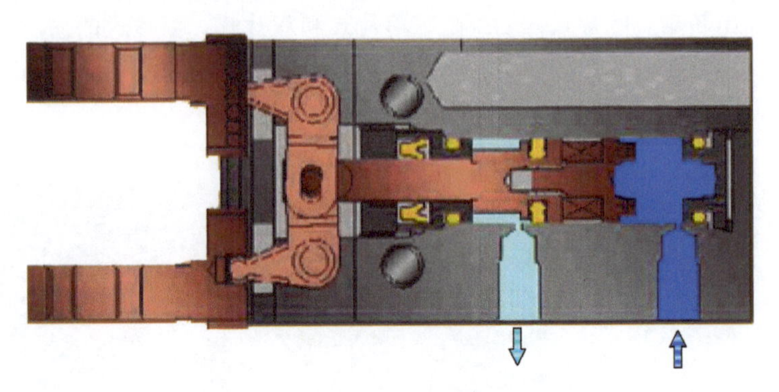

图 2-15 气指气缸的内部结构

根据不同的夹持/固定场合，气指气缸可以进一步细分为平行开合夹爪、肘节摆动开合夹爪、两爪、三爪和四爪等类型，如图 2-16 所示，应灵活选用。例如宽型 MHL2 系列行程长，适合夹持体积大的物体；肘节型 MHT2 系列，内置磁环，可安装磁性开关，即便突然失去压力，也能维持状态，适合夹持重工件；紧凑型 MHF2 系列和标准的直线导轨 MHZ2 系列相比，高度缩小约 1/3，并且精度提高，常用作机器人夹爪……

图 2-16 气指气缸的细分类型

在机构需要用到气指气缸的时候，需要留意以下几个问题。

① 气指气缸是不能直接用的，需要根据产品和工艺，设计定位夹爪并安装在上面，尽可能设计得小巧灵活，并注意互换性和可靠性。

② 要确保气指气缸有足够的夹持力（可查厂商型录，见表 2-2），以免影响夹持效果。但是反过来说，夹持力过大也容易损伤产品，所以一般来说适合外观不重要、结构有一定强度的产品，否则建议换用电动夹爪（虽然价格高，但夹持力可控），或者采用柔性更强的真空吸取的方式。

表 2-2 气指气缸（气爪）的夹持力

小型气爪						长行程型气爪				
动作方式		型号	夹持力/N（每个手指夹持力的有效值）		开闭行程（两侧）/mm	动作方式		型号	夹持力/N（每个手指夹持力的有效值）		开闭行程（两侧）/mm
			外径夹持力	内径夹持力					外径夹持力	内径夹持力	

小型气爪 动作方式	型号	外径夹持力/N	内径夹持力/N	开闭行程（两侧）/mm
双作用	MHZA2-6D MHZAJ2-6D	3.3	6.1	4
单作用 常开	MHZA2-6S MHZAJ2-6S	1.9	—	4
单作用 常闭	MHZA2-6C MHZAJ2-6C	—	3.7	4

长行程型气爪 动作方式	型号	外径夹持力/N	内径夹持力/N	开闭行程（两侧）/mm
双作用	MHZL2-10D	11	17	8
	-16D	34	45	12
	-20D	42	66	18
	-25D	65	104	22
单作用 常开	MHZL2-10S	7.1	—	8
	-16S	27		12
	-20S	33		18
	-25S	50		22
单作用 常闭	MHZL2-10C	—	13	8
	-16C		38	12
	-20C		57	18
	-25C		85	22

③ 不同品牌的销售价格，从几百元到千余元不等，也属于易损件，如果设备使用太多的夹爪，在后续维护管理方面的费用支出会较大。

④ 气指气缸的型号表达如图 2-17 所示，开时和闭时的行程（见图 2-18）是和缸径一一对应的，和气缸可能同一缸径对应不同行程不一样。

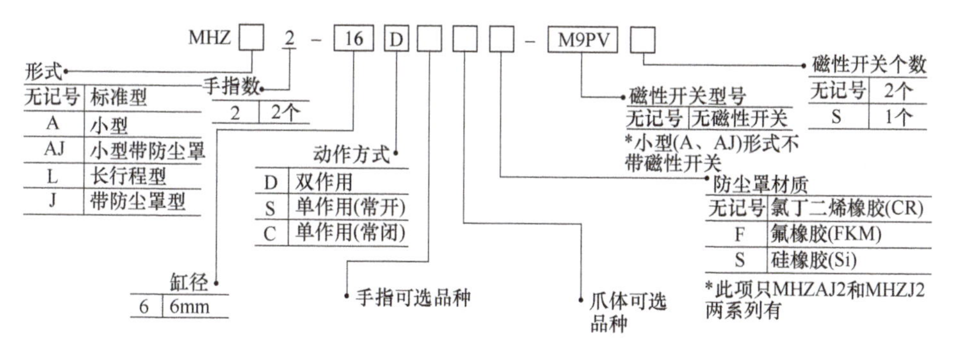

图 2-17 气指气缸（平行开闭型）的型号表达

5）其他场合型气缸。例如大行程、大动力、空间小，又分别应该用什么类型的气缸？请查阅型录，认真总结，这里从略。

需要提醒的是，只有建立在对种类繁多的气缸有类似上述这些基本认识的前提下，才可能对气缸的选型做到尽可能合理、准确，因为在实际选型过程中，都是先根

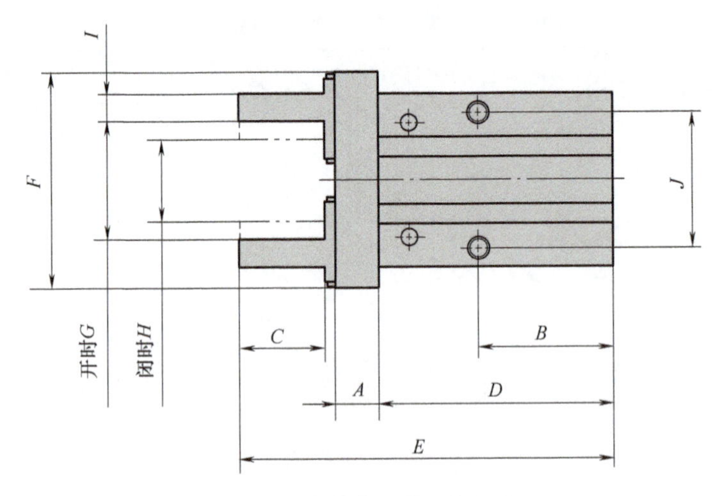

图 2-18 气指气缸的开闭行程

据工况去选择哪类气缸（对气缸不熟悉就很难对号入座），进而再确认该类气缸的各种参数和匹配附件。

3. 气缸的结构和动作原理

如图 2-19 所示，普通气缸由缸体、活塞、密封圈、磁环（有传感器的气缸）等组成。其动作原理是，压缩空气使活塞移动，通过改变进气方向，改变活塞杆的移动方向。

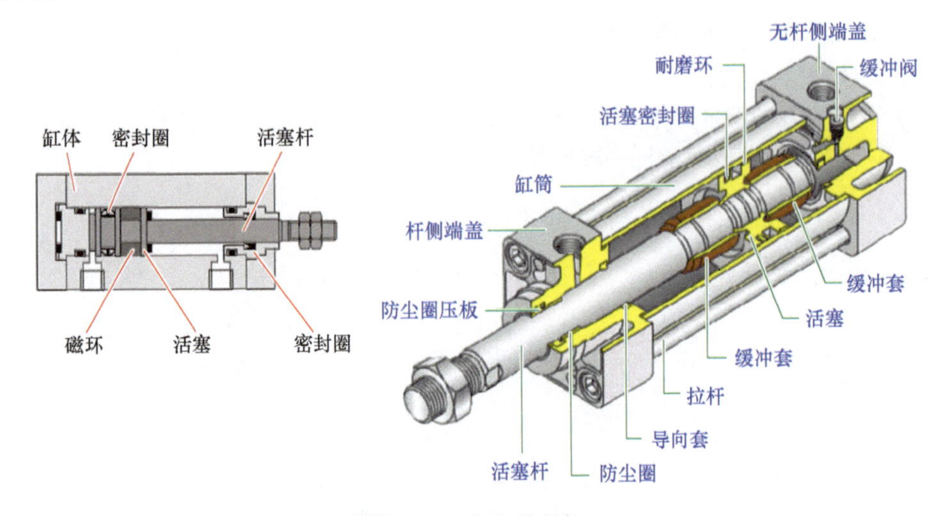

图 2-19 气缸的结构

4. 气缸的选型计算

首先表达一个观点：非标机构设计也许需要计算，但计算不等于设计，尤其是气动模式下的机构设计，很多已知条件本身就难以量化，兼之应用工况复杂多变，并不能指望通过几个公式演算就得到精确无误的设计结果。计算的意义，更多地体现在通过计算分析规避失败风险，也就是说，大部分计算只需考虑最糟糕状态。例如，我们估算某场合需要选用一个缸径 ϕ40mm 的气缸，这就是底线，但完全没有必要说，给个安全系数，然后选一个精确缸径，实际的做法应该是根据各种考虑，可能会选缸径 ϕ50mm 或者 ϕ63mm 乃至 ϕ100mm，这就叫实战设计（≠理论设计）。

如果说机构设计最后都表现为一种感觉设计，那么在入门和成长阶段下苦功夫，多做一些科学计算和推导总结，对以后形成准确的感觉是很有帮助的。平时多分析和计算，慢慢会形成感觉和能力，在评估新案子时，几乎可以直接给出一个相对合理的预估（八九不离十）。

言归正传，回到气缸选型相关计算的内容。以单活塞杆双作用气缸为例，选型计算流程大致如下。

（1）确定气缸缸径　气缸缸径的设计计算需根据其负载大小、运行速度和系统工作压力来确定。从学习的角度，下面给大家进行简单的梳理。如图 2-20 所示，气缸输出力理论值

$$F = \pi D^2 P/4$$

式中，F 为气缸理论输出力，单位为 N；D 为气缸缸径，单位为 mm；P 为工作压强，单位为 MPa。根据气源供气条件，应小于减压阀进口压强的 85%。

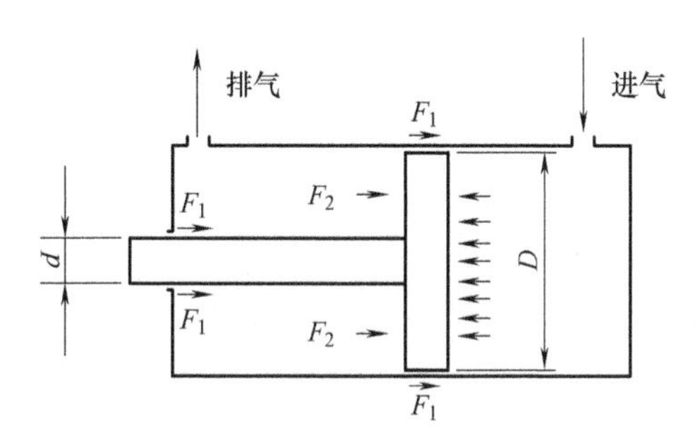

图 2-20　单活塞杆双作用气缸的动作示意图

气缸缩回力理论值

$$F' = \pi(D^2 - d^2)P/4$$

式中，F'为气缸理论缩回力，单位为 N；d 为气缸杆径，单位为 mm。

1）公式能做的事：如果工况需求的动力 N 已知，可求出气缸的理论输出力 F。

气缸的工作阻力，主要来自于缸内密封件及导向部位的阻力 F_1 和排气侧产生的阻力 F_2。F_1 是无论气缸如何动作都会有，而 F_2 与气缸的运动速度紧密相关。因此，针对气缸输出力的阻力，根据气缸尺寸、压力、速度等条件而产生变化，需选择较大的直径尺寸。

气缸实际输出力 $N = AF$，其中，气缸的实际输出力或负载力为 N，A 为安全系数（也叫负荷率），均由实际工况需求所决定，若是确定了 N 和 A，则由定义就能确定气缸的理论输出力 $F = N/A$。对于静负载（如夹紧、低速铆接等），F_2 阻力很小，$A \leqslant 0.7$；对于气缸速度在 50～500mm/s 范围内的水平或垂直动作，$A \leqslant 0.5$；对于气缸速度大于 500mm/s 的动作，F_2 影响很大，$A \leqslant 0.3$。

算出所需的气缸理论输出力，就可以算出对应的缸径。如果是双作用气缸，也可以把数据直接整理成表格形式，这样可以免得每次都临场计算，见表 2-3。例如缸径 ϕ16mm 在 0.5MPa 条件下的理论输出力是 10.1kgf（1kgf = 9.8N），如果气缸工作在 50～500mm/s 速度范围内呢，则为 5.05kgf……类似这些数据，直接查询会便利很多。

表 2-3 双作用气缸（不适用于单作用气缸）输出力计算表

缸径/mm	工作速度 50～500mm/s 时的实际输出力/kgf					根据公式 $F=\pi D^2P/4$ 算出来的理论输出力/kgf				
	使用空气压力/MPa/(kgf/cm²)					使用空气压力/MPa(kgf/cm²)				
	0.3 (3.1)	0.4 (4.1)	0.5 (5.1)	0.6 (6.1)	0.7 (7.1)	0.3 (3.1)	0.4 (4.1)	0.5 (5.1)	0.6 (6.1)	0.7 (7.1)
6	0.43	0.57	0.71	0.85	0.99	0.85	1.13	1.41	1.7	1.98
10	1.18	1.57	1.97	2.36	2.75	2.36	3.14	3.93	4.71	5.5
12	1.7	2.26	2.83	3.39	4	3.39	4.52	5.65	6.78	7.91
16	3.02	4.02	5.05	6.05	7.05	6.03	8.04	10.1	12.1	14.1
20	4.71	6.3	7.85	9.4	11	9.42	12.6	15.07	18.8	22
25	7.35	9.8	12.3	14.7	17.2	14.7	19.6	24.5	29.4	34.4
32	12.1	16.1	20.1	24.2	28.2	24.1	32.2	40.2	48.3	56.3
40	18.9	25.2	31.4	37.7	44	37.7	50.3	62.8	75.4	88
50	29.5	39.3	49.1	58.5	68.5	58.9	78.5	98.2	117	137
63	46.8	62.5	78	92.5	109	93.5	125	156	187	218
80	75.5	101	126	151	176	151	201	251	302	352
100	118	157	197	236	275	236	314	393	471	550
125	184	246	308	368	430	368	491	615	736	859
140	231	308	385	462	539	462	616	770	924	1078
160	302	402	503	603	704	603	804	1005	1206	1407
180	382	509	636	764	891	763	1018	1272	1527	1781
200	471	629	786	943	1100	942	1257	1571	1885	2199
250	737	982	1227	1473	1718	1473	1963	2454	2945	3436
300	1061	1414	1767	2121	2474	2121	2827	3534	4241	4948

注：表格只是公式的数据化，还应注意平时整理，例如工作速度 >500mm/s，本表就查不到。

2）公式不能做的事：求出机构或工艺到底需要多大的气缸输出力 N。

整个气缸选型最关键的是，首先要确定机构或工艺需要多大的气缸输出力，而这个参数有时并不容易确定，需要基于机构分析获得，有时甚至需要借助经验判断。换言之，从气缸选型计算的实战意义看，如图 2-21 所示的选型思路，A 部分才是重点和难点，也是有设计意义的部分。初学者往往缺乏这方面的实战经验，平时应该把重点放在工况确认和拟定已知条件，而不局限于用什么公式来计算。

要特别注意的是，在对机构进行力学分析时，不能遗漏重力，如图 2-22 所示，机构的水平布置与竖直布置，对气缸实际输出力大小的要求是不一样的。

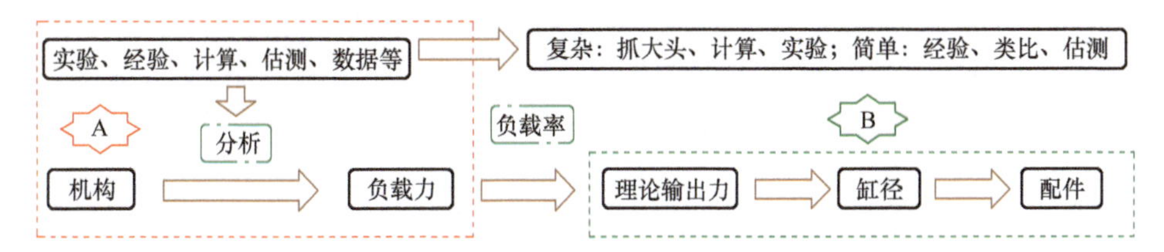

图2-21　气缸的选型思路

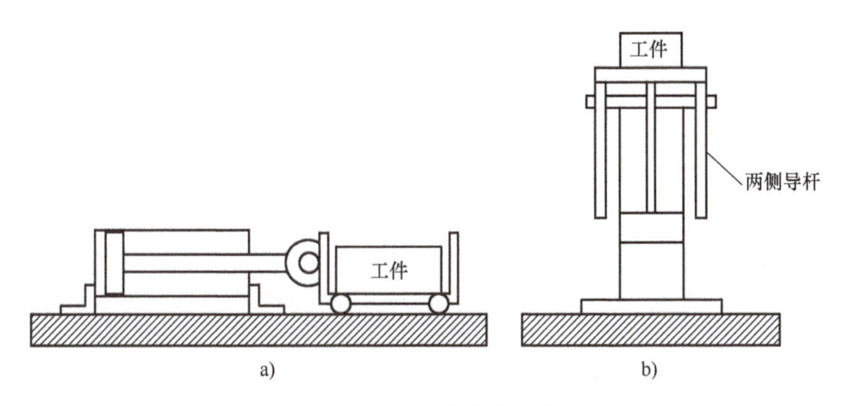

图2-22　气缸的布局方式

a）水平运动　b）竖直运动

下面以一个气动插针机构案例来简单说明确定缸径的方法。如图2-23所示，该机构是先夹持端子（薄片状的五金材料），然后整体向上把材料切成单片，再往前推动，到位后竖直向下插端子，然后张开夹持块，再退回原位。

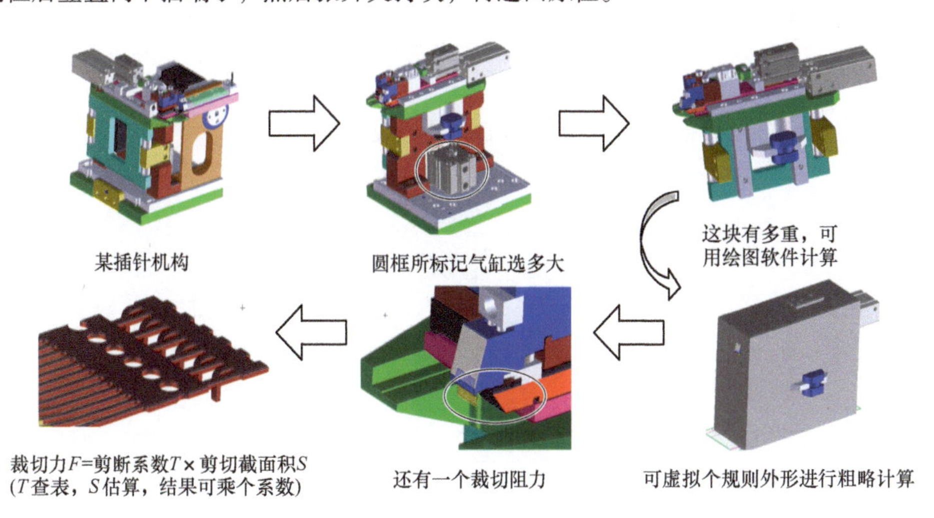

图2-23　气动插针机构的缸径选型

分两种情况来说明。

① 情况一：已经做过类似案例，有一些经验。

例如前后运动气缸，主要受到行进阻力，这个看具体的机构设计，阻力 f = 阻尼系数 $\mu \times$ 模组重力 G，平时可以试着推推类似机构，感觉一下阻力有多大，滑得很顺畅的模组，阻力很小，但加工不好导致“卡卡”的情况也有，做得多了，可以凭经验，选个 ϕ20mm 的气缸。

例如起夹紧作用的气缸，需要的力量也不大，但原则上宁可力大点，例如用个 ϕ16mm 缸径的就够了……

② 情况二：初学者经验不足，希望通过前期的计算校核提升设计的“感觉”。

例如上下运动的气缸，要承担的输出力主要是两部分，一部分是整个移动模组的重量 G，另一部分是裁断端子的剪切力 F，机构运动的过程中要克服的其他阻力，如插端子工艺，由于产品端子与塑胶干涉力远比裁切成片的力小，所以可以忽略；运动过程克服导轨的摩擦阻力也是一样，都比较小，小到多小呢，普通的导轨摩擦因数的数量级为 10^{-3}，乘上正压力（或重量），大概就能估算个粗略值……据此可以判断该机构大概需要气缸输出多大的力（考虑到加减速和意外情况，所取值应比估算的合力大一些），然后回到气缸相关的理论计算，最终确定缸径。

相比情况二的选型过程，可能很多行业新人会有疑问，情况一是不是太随便了？其实不然，气动模式下的机构设计，没有必要每次都重复做，例如做过这个案例，下次遇到类似的工况，条件或要求没有变得更加苛刻，就可以“一笔带过”，对于拿捏不准的情况，再进行细致的分析和严谨的校核。

（2）确定气缸行程　气缸的行程与使用场合、机构尺寸有关，应注意以下几点。

1）一般不选满行程，防止活塞和缸盖相碰，如用于夹紧机构等，应按计算所需的行程增加 1～2mm 以上的余量。

2）限位要“平衡稳当”，所谓“平衡”，就是不要让气缸杆“憋着”或“悬着”，所谓“稳当”，就是要有足够的力量阻挡“来势汹汹”的活动部分，并且没有摇动、晃动或松脱的倾向。

3）应尽量选为标准行程，这样可保证供货速度，降低成本。

如图 2-24 所示，实际移动 93mm，可以选 100mm（标准行程）的行程。

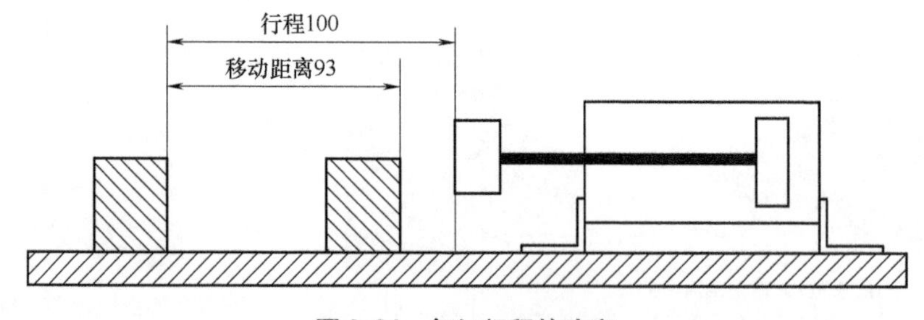

图 2-24　气缸行程的确定

（3）确定气缸系列　要充分理解并熟练地查阅厂商型录的相关表格。例如需要一个 ϕ50mm 缸径的气缸，就别看什么 CM2，没有这个规格。气缸系列和气缸缸径的对应表见表 2-4。

表 2-4　气缸系列和气缸缸径对应表

气缸系列		气缸缸径/mm																				
		4	6	8	10	12	16	20	25	32	40	50	63	80	100	125	140	160	180	200	250	300
CJ2系列	小型、不锈钢缸筒系列		•		•		•															
CM2系列	紧凑型、轻型不锈钢缸筒系列							•	•	•	•											
CG1系列	铝质缸筒、轻型							•	•	•	•	•	•	•	•							
CA2系列	拉杆型、中缸径系列										•	•	•	•	•							
MB系列										•	•	•	•	•	•							
C85 C95系列	符合CETOP标准的气缸			•	•	•	•	•	•	•	•	•	•	•	•							
CQ2系列	薄型					•	•	•	•	•	•	•	•	•	•	•	•	•	•	•		
CQS系列	紧凑、薄型					•	•	•	•													
MGQ MGP系列	带导杆薄型气缸					•	•	•	•	•	•	•	•	•	•							
MY系列	机械接触式无杆气缸						•	•	•	•	•	•	•	•	•							

注：表中黑点表示适用。

（4）安装形式　气缸的安装形式根据机构的空间限制和使用目的等决定，如图2-25所示。

（5）气缸的缓冲装置　根据活塞的速度决定是否应采用缓冲装置，要求气缸到达行程终端无冲击现象和撞击噪声时，应选缓冲气缸。气缸系列和缓冲形式对应表如图2-26所示。

（6）磁性开关　磁性开关用于检测气缸位置，实现电、气联合控制。气缸上的磁性开关，要采取防磁措施（如气缸周围有铁粉，或者处于磁场环境，则容易失效），并避免碰撞损坏。不同的气缸有不同的磁性开关，亦有不同的安装方式，设计人员应根据机构要求选用，见表2-5。

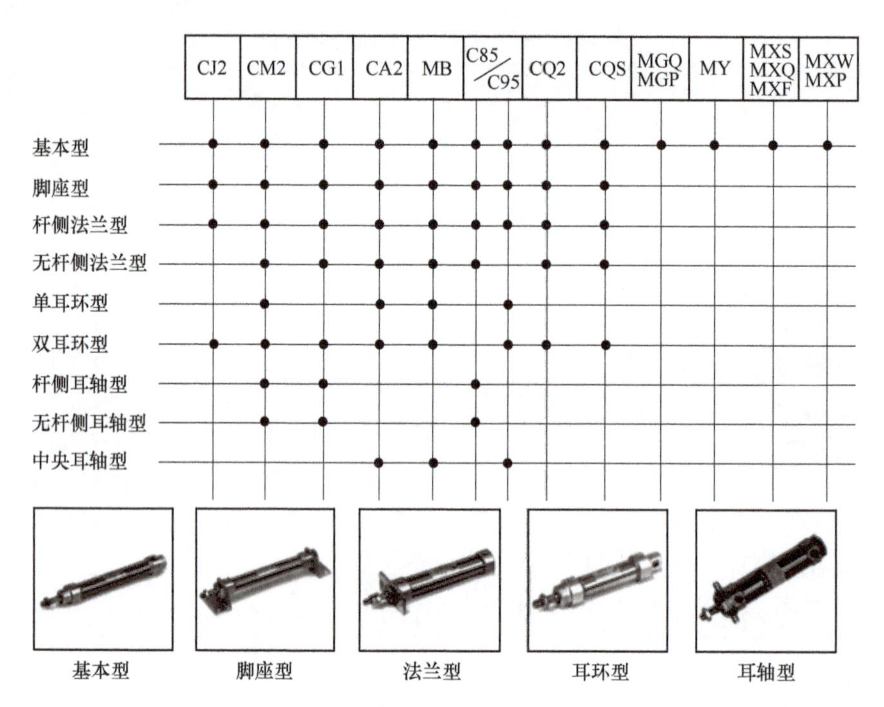

图 2-25　气缸系列和安装形式对应表

注：图中黑点表示适用。

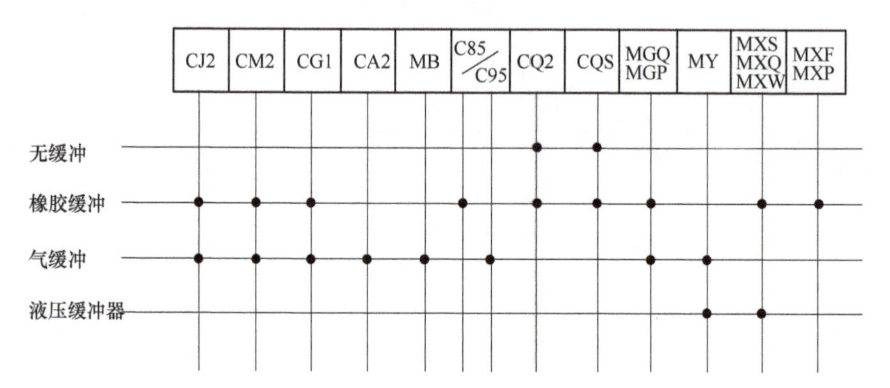

图 2-26　气缸系列和缓冲形式对应表

注：图中黑点表示适用。

表 2-5　气缸系列和磁性开关及其安装形式对应表

气缸系列	磁性开关安装形式				适合磁性开关
	钢带安装	轨道安装	拉杆安装	直接安装	
CJ2	•				D-C73L
CM2	•				D-C73L
CG1	•				D-B54L

（续）

气缸系列	磁性开关安装形式				适合磁性开关
	钢带安装	轨道安装	拉杆安装	直接安装	
CA2、MB			•		D-A54L
C85	•	•			D-C73L、D-C80L、D-A73L、D-A80L
C95			•		D-A54L、D-A56L
CQS				•	D-A93L
CQ2		•			D-A73HL
MGQ·MGP				•	D-Z73L
MY				•	D-A93L、D-Z73L
MXS、MXQ、MXF、MXW、MXP				•	D-A93L

注：表中黑点表示适用。

需要注意的是，只有选用带磁环的气缸才要配对磁性开关，不同气缸和磁性开关也是配对使用的，不能随便乱套，例如笔形气缸的磁性开关是圆环钢带固定。绘制机构时一定要考虑好磁性开关的安装方式，避免让位不够造成实际安装时无法走线和布管。

（7）其他要求　如气缸工作在有灰尘之类的恶劣环境下，需在活塞杆伸出端安装防尘罩，要求无污染时需选用无给油或无油润滑气缸……

概括地说，气缸的选型流程如图2-27所示，但实际操作起来，往往会根据设计需要提前确认程序3，然后再按部就班地确定缸径、行程等。其中，缸径的确定是最重要的，涉及对具体机构的分析和经验的判断，是初学者应该重点把握的学习内容。

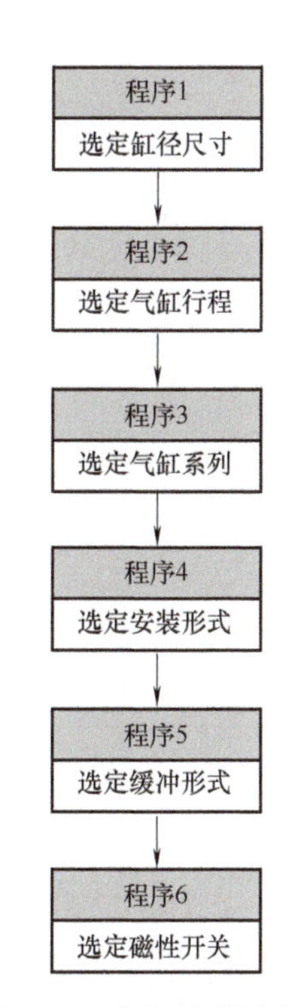

图2-27　气缸的选型流程

5. 气缸配件的选型

在气动元件选型中，气缸是一个重点，但是与之配套的附件的选用，也不是毫不讲究的，如电磁阀、节流阀、浮动接头等，如图2-28所示，都是一些看似无关紧要但影响性能的因素。

（1）气缸配件的选型表　如果说气缸配件有什么傻瓜式的选型方法，气缸配件的选型表算是一个，见表2-6。只要把执行元件（气缸）选型的问题解决了，其他的基本上可以按表格来配套。例如，已经选定了CQ2-20-10气缸，就很容易选定其他的配件，如电磁阀SY3000（或SY5000）系列，速度控制阀（弯头型）AS2201F-M5-06，浮动接头JB20-5-030，管子外径ϕ6mm等。

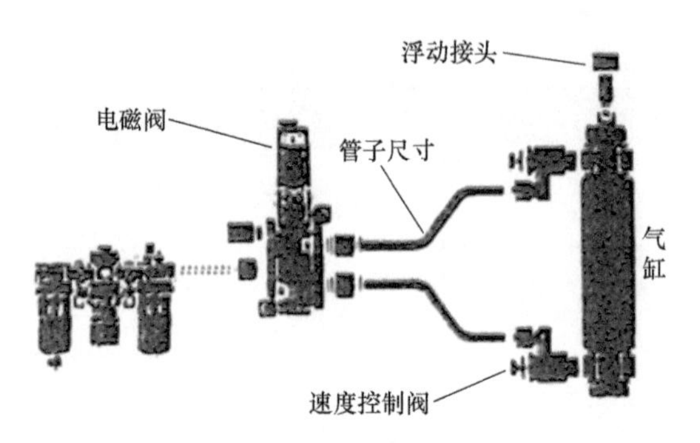

图 2-28 气缸及其配件

表 2-6 气缸配件的选型表

气缸			电磁阀						速度控制阀		配管	浮动接头
系列	缸径	接管口径Rc		SY3000	SY5000	SY7000	SY9000		弯头型	万向型	管子外径	
			SYJ3000	SYJ5000	SYJ7000							
				VQ0000	VQ1000	VQ2000	VQ4000	VQ5000				
			VQD1000									
CJ2	6	M5	■	■					AS1201F-M5-04	AS1301F-M5-04	φ4	JA6-3-050
	10		■	■								JA10-4-070
	16			■	■							JA15-5-080
CM2	20	1/8		■	■				AS2201F-01-06S	AS2301F-01-06S	φ6	JA※20-8-125
	25				■							JA※30-10-150
	32				■	■						
	40	1/4			■	■			AS2201F-02-06S	AS2301F-02-06S		JA※40-14-150
CQ2	12	M5	■	■					AS1201F-M5-04	AS1301F-M5-04	φ4	JB12-3-050
	16			■	■							JB16-4-070
	20			■	■				AS2201F-M5-06	AS2301F-M5-06	φ6	JB20-5-030
	25				■							JB25-6-100
	32				■	■			AS2201F-01-06S	AS2301F-01-06S		JB40-8-125
	40	1/8			■	■						
MGP	25	1/8			■				AS2201F-01-06S	AS2301F-01-06S	φ6	JA※30-10-150
	32				■							
	40				■							JA※40-14-150
MGQ	50	1/4				■			AS2201F-02-08S	AS2301F-02-08S	φ8	JA※63-10-150
	63					■						
	80	3/8					■		AS3201F-03-10S	AS3301F-03-10S	φ10	JA※80-22-150
	100						■					JA※100-26-150
CG1	20	1/8		■	■				AS2201F-01-06S	AS2301F-01-06S	φ6	JA※20-8-125
	25				■							JA※30-10-150
	32				■	■						
	40				■	■						JA※40-14-150
	50	1/4				■	■		AS2201F-02-08S	AS2301F-02-08S	φ8	JA※63-10-150
	63					■	■					
	80	3/8					■	■	AS3201F-03-10S	AS3301F-03-10S	φ10	JA※80-22-150
	100	1/2					■	■	AS4201F-04-10S	AS4301F-04-10S		JA※100-26-150
CA2	40	1/4			■	■			AS2201F-02-06S	AS2301F-02-06S	φ6	JA※40-14-150
	50	3/8				■	■	■	AS3201F-03-08S	AS3301F-03-08S	φ8	JA※63-18-150
	63					■	■	■				
MB	80	1/2					■	■	AS4201F-04-10S	AS4301F-04-10S	φ10	JA※80-22-150
	100						■	■				JA※100-26-150

(2) 控制阀（电磁阀）的选型　控制阀如同电路开关（实现电流通和断的切换），起着切换气缸内压缩空气“通”和“断”状态的作用，自动化设备使用最多的是电磁阀（重点），有时也用到机械阀，如图2-29所示。

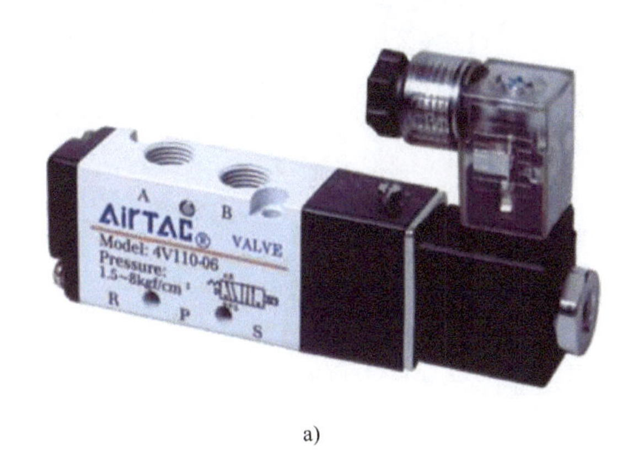

a)

b)

图2-29　自动化设备常用的控制阀

a）电磁阀　b）机械阀

以电磁阀为例，选型流程如图2-30所示，但实际操作起来比较模式化，例如常用的气缸（缸径）没怎么变，则基本上无需每次都重复电磁阀的选型。

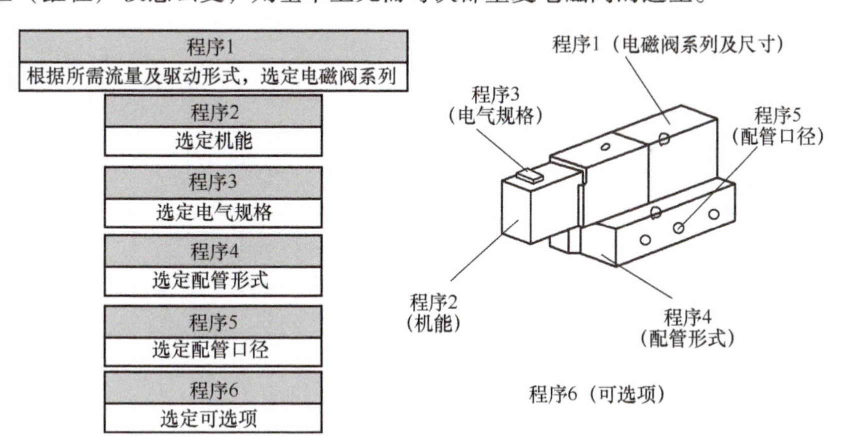

图2-30　电磁阀的选型流程

1）电磁阀型号。电磁阀的型号和实物如图2-31所示。

2）电磁阀系列。电磁阀主要依据气缸工作所需的气体流量来选型（即一方面满足阀门的有效面积和工作气缸相吻合；另一方面满足匹配气缸的工作速度），例如气缸工作速度超过300～500mm/s时，电磁阀的选型可以查阅图2-32。电子行业设备上用的气缸通常都不大，所以配套较多的是SY系列，如果是需要大动力的场合，例如缸径ϕ125mm的气缸，则可以选用其他的系列（如VQ系列）。

3）控制机能。常用的两位五通电磁阀有单线圈和双线圈两种，控制机能有差别，大多数采用双线圈，防止设备断电时带来的误动作或安全事故，见表2-7。

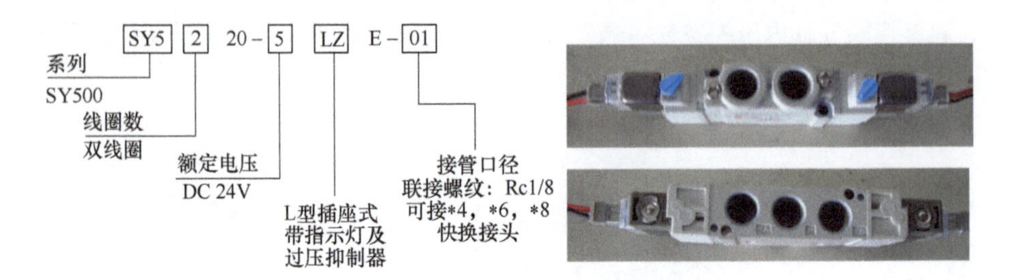

图 2-31 电磁阀的型号和实物

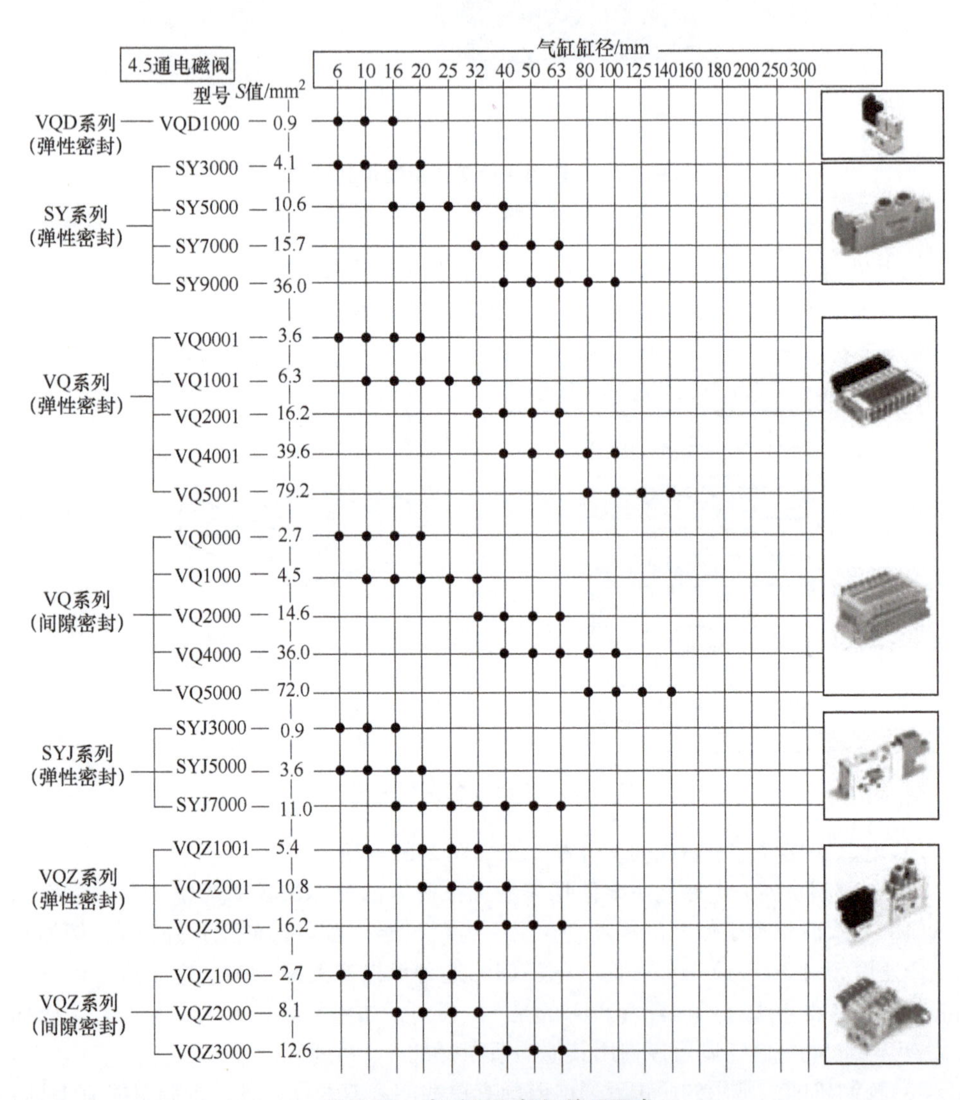

图 2-32 电磁阀和气缸的适配表

表 2-7　电磁阀的切换方式

切换方式	控制内容
2位置单线圈	断电后，恢复原来位置
2位置双线圈	哪一边供电，就回到供电一边的位置，不供电时，便保持断电前的位置

4）电气规格。自动化设备上的电磁阀，较多采用DC24V，也有用到AC110V，其他情况则较少用，见表2-8。

表 2-8　电磁阀的电气规格

电流种类	电压	
	标准	其他
AC（交流）	110V，220V	24V，48V，100V，200V，其他
DC（直流）	24V	6V，12V，48V，其他

5）导线引出方式。电磁阀的接电方式有直接出线式、L型或M型插座式、DIN插座式、接线座接线式，根据不同的场合，选择相应的接线方式。一般情况下，小型电磁阀选择直接出线式及L型或M型插座式；大型电磁阀是直接出线式及DIN插座式。

6）配管形式。电磁阀的配管方式有两种，直接配管型和底板配管型，如图2-33所示。一般来说，设备上的气缸较多时用底板配管型，如图2-34和图2-35所示，多个电磁阀通过汇流排连接到一起，汇流排之间也可以串联，这样气路和电线比较集中，方便布管走线。

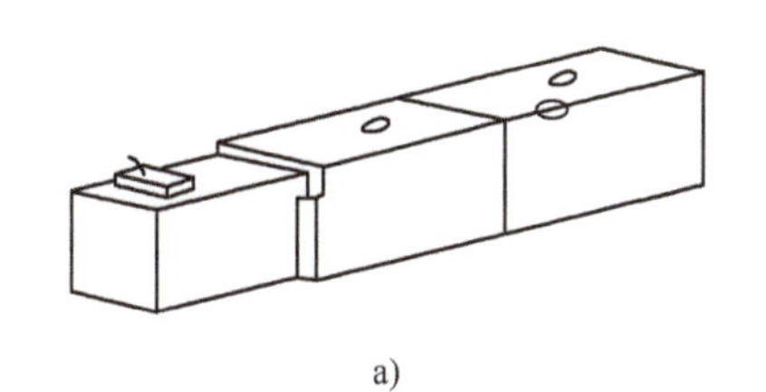

a)

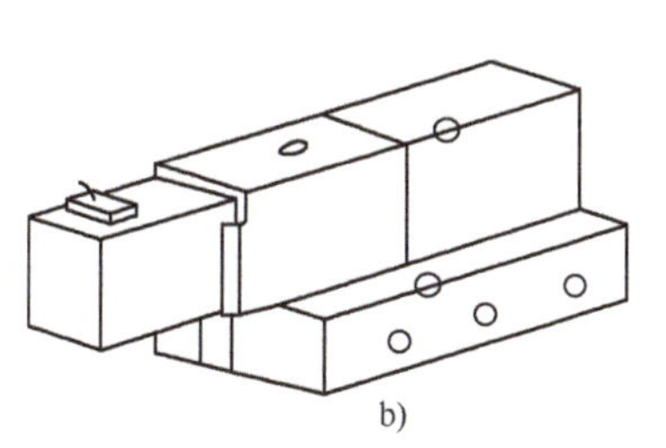

b)

图 2-33　电磁阀的配管形式

a）直接配管型　b）底板配管型

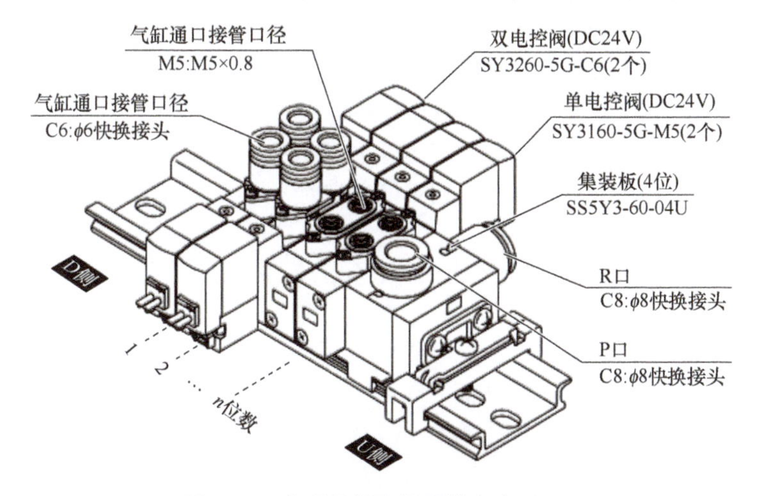

图 2-34　电磁阀的底板配管方式（一）

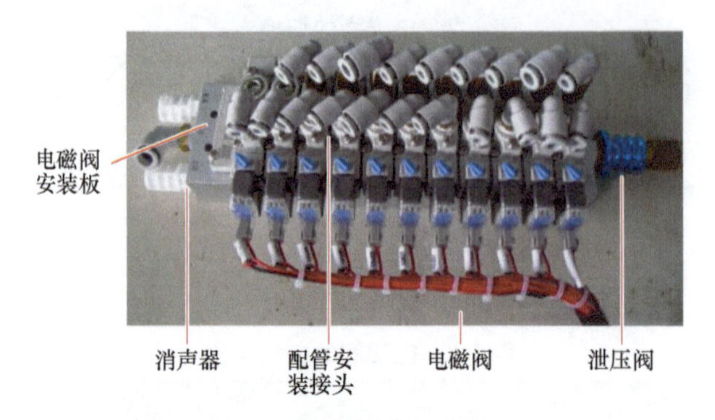

图 2-35 电磁阀的底板配管方式（二）

7）配管口径。每个电磁阀都有它指定的配管口径，有些会有一个以上口径尺寸可供选择，具体可根据执行元件适配管径（参照型录相关表格）进行综合考虑。

8）可选项（见表 2-9）。

表 2-9 电磁阀选型的可选项

项 目	可 选 项
指示灯及过电压保护装置	带指示灯及过电压保护装置
先导阀的手动操作方式	1. 无锁定按钮式（标准） 2. 螺丝刀锁定式 3. 手动操作锁定式

（3）单向节流阀（也叫调速接头或速度控制阀）的选型 气缸活塞的运动速度主要取决于气缸输入压缩空气的流量、气缸进排气口的大小及导管内径的大小。气缸运动速度一般为 50～1000mm/s，对高速运动的气缸，应选择大内径的进气管道。没有调速要求时，选用普通的快速接头，如果要调速，则一般选用调速接头。

调速接头是由单向阀（靠单向型密封圈来实现）和节流阀并联而成的流量控制阀，流量特性优良，主要用于控制气缸等执行元件的气体供应量（相当于控制速度），内部结构如图 2-36 所示。

阀体 M5 及以下的调速接头，采用垫片密封，因此不需要缠密封带，但阀体大于 M5 的 Rc 螺纹场合采用密封剂，如果已经磨损或脱落（如旧的调速接头），再次使用时则要缠密封带，不然可能会漏气。使用密封带时，螺纹头部应空出 1.5～2 个螺距，密封带的卷绕方向如图 2-37 所示。

调速接头分进气节流和排气节流两种，如图 2-38 所示。所谓进气节流，表示进气可调大小，出气不受控制；所谓排气节流，表示出气可调大小，进气不受控制，其对比见表 2-10。多数情况下用的是排气节流阀（在性能上会占优势，尤其是水平运动的场合），当然，不表示进气节流阀没用，如单动气缸（弹簧复位），要调伸出速度，必然是希望进气（克服弹力伸出）能调大小，用排气节流阀达不到调速目的。

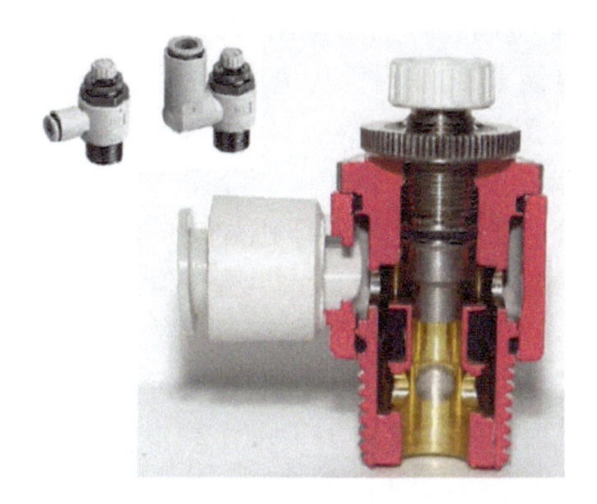

图 2-36　调速接头的内部结构

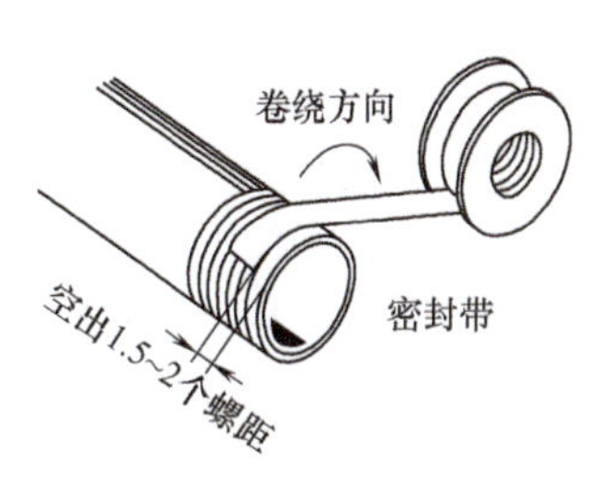

图 2-37　密封带的缠绕方法

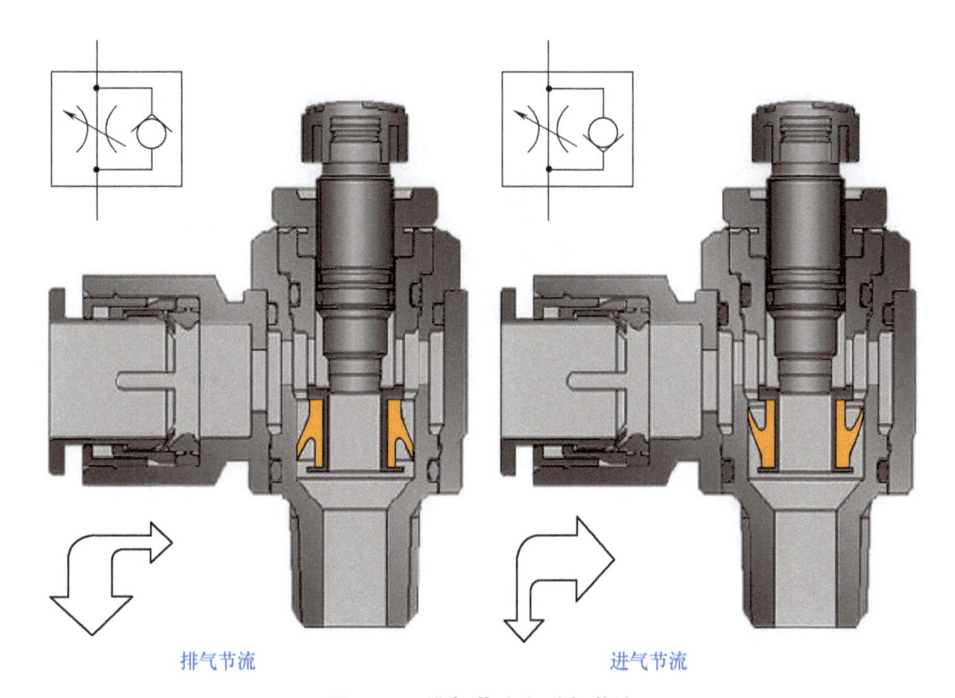

图 2-38　排气节流和进气节流

表 2-10　排气节流和进气节流对比表

特　　性	进 气 节 流	排 气 节 流
低速平稳性	易产生低速爬行	好
阀的开度与速度	没有比例关系	有比例关系
惯性的影响	对调速特性有影响	对调速特性影响很小
起动延时	小	与负载率成正比
起动加速度	小	大
行程终点速度	大	约等于平均速度
缓冲能力	小	大

强调一点的是，在调整执行元件的速度时，应将调速接头由全闭状态逐渐打开，以防止执行元件突然冲出，在拧紧调速接头的锁紧螺母时，应直接用手（勿使用工具）。

（4）其他元件的选型（三联组合、液压缓冲器、浮动接头等）

1）三联组合（Filter、Regulator、Lubricator，FRL）。从空气压缩机输出的压缩空气，含有大量的水分、油和粉尘等污染物。水分对气动元件影响较大，会使管道金属生锈，水结冰，会使润滑油变质及冲洗掉润滑脂，锈屑及粉尘会使相对运动件产生磨损，加速密封件损伤，导致漏气，液态油、水及粉尘从排气口排出，会污染环境、影响产品质量。由空气过滤器、减压阀和油雾器组合而成的三联组合（见图2-39）便能改善压缩空气的质量，一般每台单独的设备都需要配备，如图2-40所示。

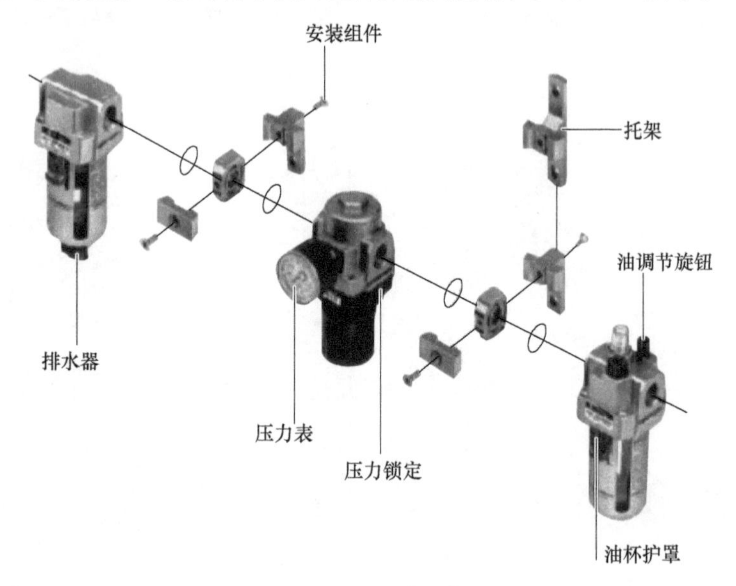

图2-39 三联组合

2）浮动接头。如图2-41所示，是连接气缸和机构的纽带，形式多样，可买现成的，也可自制。不允许将气缸杆直接固定在移动的零件上，因为气缸会偏心或憋死从而加剧磨损（类似于电动机和轴的联接需要联轴器一样的道理）。

实际设计的时候，更多采用自制的浮动接头，如图2-42所示，和浮动接头的设计原理差不多，就是确保气缸杆和机构之间为非刚性连接。但要注意的是，连接SMC气缸的活塞杆端，需要稍微留意一下其螺纹规格。内螺纹一般是普通粗牙，可以用普通螺钉或螺母固定，但外螺纹从M10开始就不一样了，需要在零件图样上标注相应的螺纹规格，例如M10×1.25、M14×1.5等，为减少工件返修量，多翻翻型录是有好处的。

3）液压缓冲器。气缸动作到行程终点停止时，如无外部制动或限位器，活塞与端盖将产生冲击，为缓和其冲击力与降低噪声，一般需要有缓冲装置。

大多数气缸动作的机构，通过图2-43所示的（液压）缓冲器来减少冲击和降低噪声。有的厂商干脆定下一条“凡气缸动作的机构必用缓冲器”的设计标准，可见其对机构稳定性的贡献有多大。

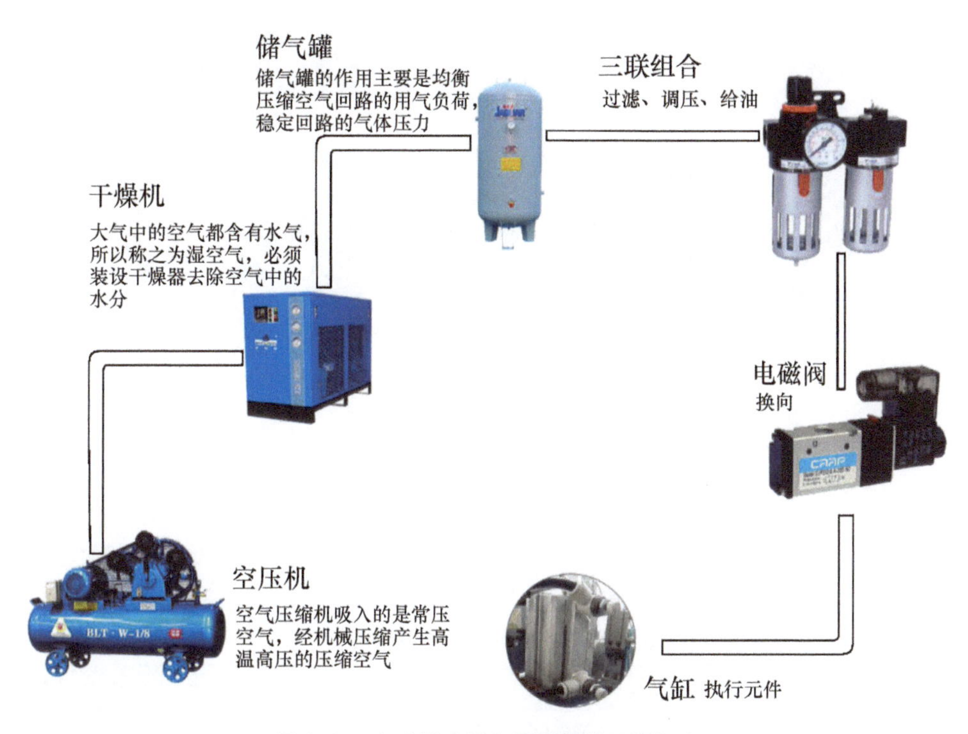

图 2-40　每台独立设备需配置的三联组合

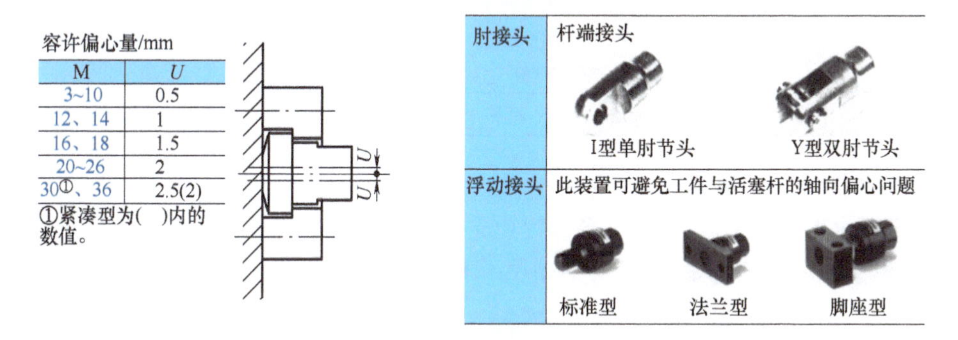
容许偏心量/mm

M	U
3~10	0.5
12、14	1
16、18	1.5
20~26	2
30①、36	2.5(2)

①紧凑型为(　)内的数值。

肘接头	杆端接头 I型单肘节头　Y型双肘节头
浮动接头	此装置可避免工件与活塞杆的轴向偏心问题 标准型　法兰型　脚座型

图 2-41　浮动接头

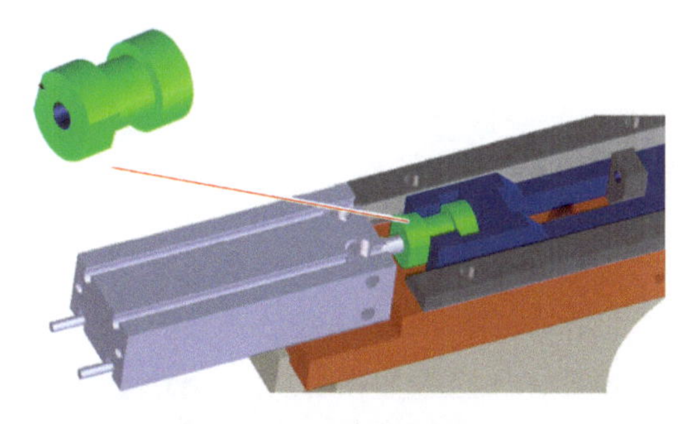

图 2-42　自制的浮动接头

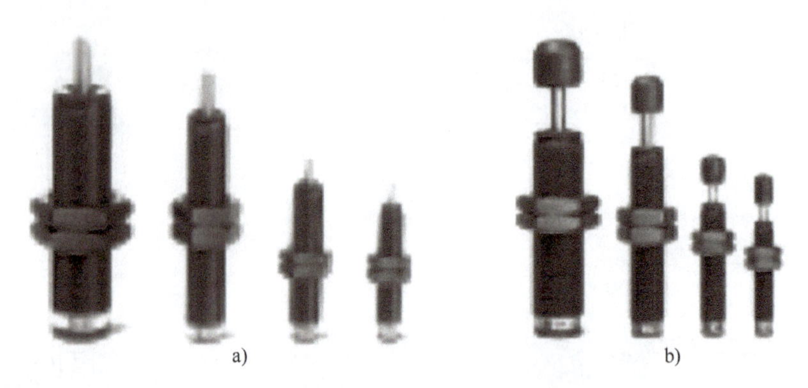

a) b)

图 2-43 液压缓冲器

a）基本型 b）带胶垫

事实上，未必一定要处处用到液压缓冲器，是否需要添加缓冲器，主要看冲击的大小（与动能有关，而动能取决于物体的质量和运动速度），而不是只看气缸多大，见表 2-11。

表 2-11 缓冲形式及其适用情况

缓冲形式	适用情况
无缓冲	适用于微型气缸、小型气缸和中小型薄型气缸
垫缓冲	适用于缸速不大于 750mm/s 的中小型气缸和缸速不大于 100mm/s 的单作用气缸
气缓冲	将动能转换为封闭空间的压力能，适用于缸速不大于 500mm/s 的大中型气缸和缸速不大于 1000mm/s 的中小型气缸
液压缓冲器	转化为热能和油压弹性能，适用于缸速大于 1000mm/s 和缸速不大的高精度气缸

在具体选用液压缓冲器时应注意以下几点：

① 缓冲器不是限位元件，一般和限位元件邻近组装在一起，如图 2-44 所示。但是，在其负荷范围内，缓冲器也可直接用于限位（阻挡工件，让其停到所需位置）。

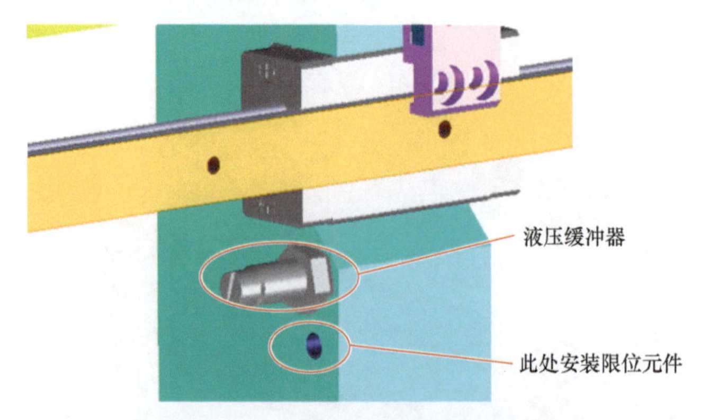

图 2-44 液压缓冲器和限位元件邻近组装

② 假设移动机构质量为 M，到达终点的最大速度为 V，可根据冲击量 $I=MV^2/2$

粗略计算动能变化量，再核对液压缓冲器的主要指标（见表2-12），选用合适的规格。

表2-12　液压缓冲器（RB系列无止动螺母型）的主要指标

尺　寸	RB0805，RB0806，RB1006，RB1007 RB1411，RB1412，RB2015，RB2725
最大缓冲能	0.98～147J
缓冲行程	5～25mm
冲击速度	0.05～5m/s
最高使用频率	80～10min^{-1}
最大推力	245～2942N
温度范围	-10～80℃（无冻结）
弹簧力	伸长时：1.96～8.83N　压缩时：3.83～20.01N
质量	15～360g
准许摆动角度	3°
最小安装半径	46～149mm

③ SMC液压缓冲器的螺纹为细牙（其他品牌则可能是粗牙），如图2-45所示，设计安装孔前要对牙型进行确认，搞错的话就安装不上了。

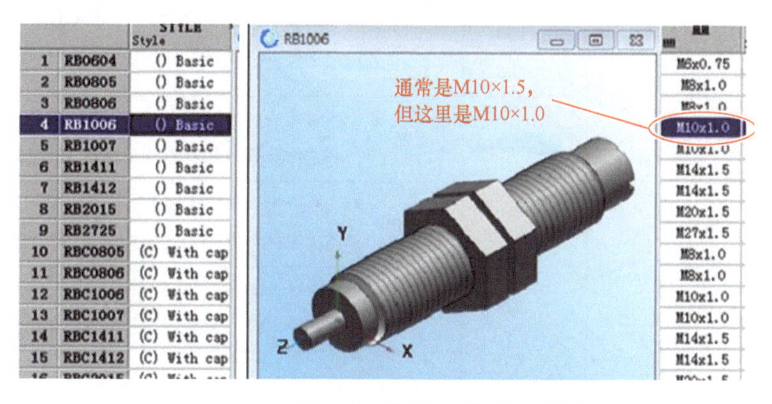

图2-45　SMC液压缓冲器的螺纹牙型

4）消声器。相当于一个有特殊性能的排气口，所以无论是电磁阀还是真空发生器的排气，一般都要接这个元件。常用的消声器如图2-46所示，型号及特性见表2-13，具体请查型录确认。

消声器主要有两种：一种为吸收型，压缩空气通过多孔吸声材料减少排气噪声，多使用聚氯乙烯纤维、玻璃纤维、烧结铜珠等；另一种为膨胀干涉型，直径比排气孔大，主要用于消除中、低频噪声。消声器的选型依据主要考虑接口口径、消声效果和有效截面积。例如电磁阀SY9000系列，外接消声器的接口口径为1/4in（1in＝25.4mm），有效断面积为32mm^2，可以选用薄型AN20-02，消声效果30dB。

图 2-46 常用的消声器

表 2-13 常用消声器的型号及性能

系列	型号	最高使用压力/MPa	环境和介质温度/℃	消声效果/dB	特点
烧结金属型	AN101	1.0	5~150	16	适合微型阀及先导阀的排气消声，吸声材料为青铜烧结金属体，连接体材料为磷青铜
	AN110-01			21	
	AN120			13~18	
紧凑型	AN103~AN403		5~60	>25	吸声材料为 PE（聚乙烯）或 PP（聚丙烯）烧结体，连接体材料为树脂类 PP 或聚醛
标准型	AN200~AN900			>30	流动阻力小，体型小，吸声材料为 PE 烧结体，连接体材料为 ADC（铝合金压铸）或聚醛
高消声型	AN202~AN402			>35	壳体使用难燃材料 PBT（聚苯并噻唑），吸声材料为 PVF（聚氟乙烯），连接体材料为 PBT
金属外壳型	2504~2511			>19	只向轴向排气，避免声音和油雾的横向扩散，耐横向冲击，联接螺纹不易损坏，吸声材料为 PVC（氯化聚氟乙烯），连接体材料为 ZDC（锌合金压铸）

2.2.3 真空发生器及其配件的选用

1. 真空系统的构成

真空系统是由真空发生器（重点介绍）、真空吸盘（重点介绍）、真空压力开关、真空过滤器等构成的元件组合，见表 2-14，回路示意图如图 2-47 所示，实物连接图如图 2-48 所示。

表 2-14　真空系统的构成

名　称	特　点	系　列	备　注
真空发生器	最大真空压力可以达到 -88kPa，吸入流量可以达到 200L/min，可以单独使用也可以集装使用，同时还有真空发生器组件	ZX、ZM、ZH、ZU、ZR、ZL	
真空吸盘	具有多种材料和口径的吸盘，能够满足从精密部件到重载应用场合的使用，同时也有其他特殊形状的吸盘，并且也配置有缓冲功能	ZP，ZPT，ZPR，ZPX	
真空压力开关	集成，数字显示控制真空状态，传感器部与输出部安装在一起，单位变换容易，输出方式为 NPN、PNP 和模拟输出三种，同时具有简单编程和多级控制功能	ZSE	
真空调压阀	调节真空压力，重量轻，安装方便	IRV	

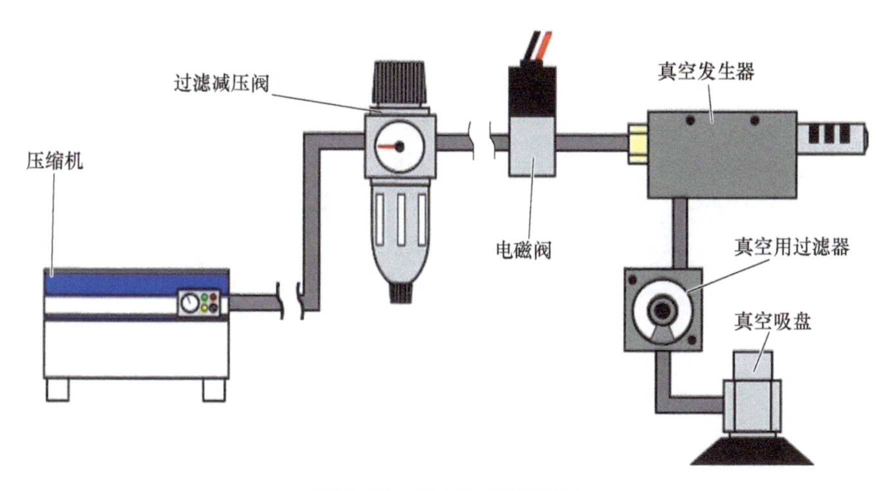

图 2-47　真空回路示意图

真空吸盘靠真空发生器产生的真空压力吸吊物体，一般用于产品的吸附、取放，尤其是一些不易抓取或外观要求高的场合，如图 2-49 所示，应用十分广泛。

2. 真空吸盘的选型

真空吸盘是直接吸吊物体的标准元件，如图 2-50 所示，通常由橡胶材料与金属骨

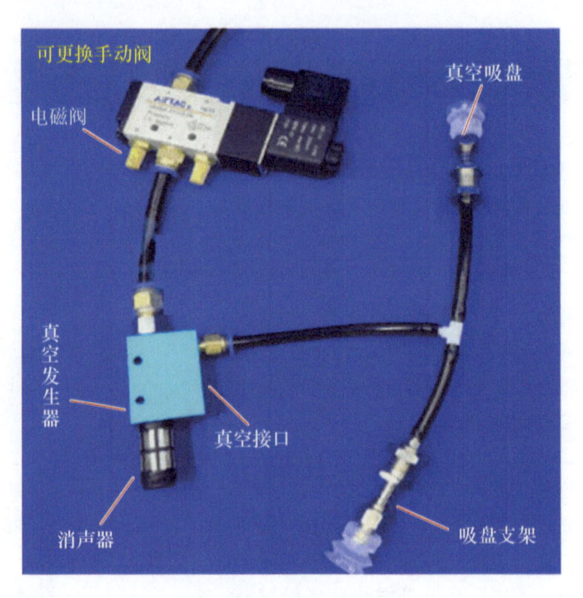

图 2-48 真空回路实物

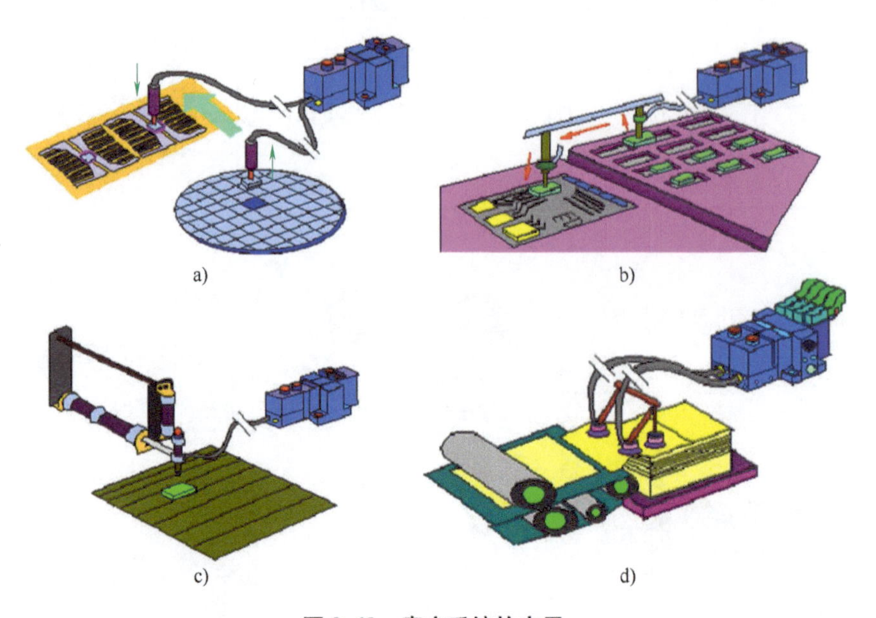

a) b) c) d)

图 2-49 真空系统的应用

a）集成电路接合 b）电路元件安装 c）拾取及传送 d）传送印刷纸张

架制成，但有些场合也自行设计非标吸盘（在 1.1.2 节已有提及）。

（1）吸吊力和吸盘直径

如图 2-51 所示，假设物体重量为 W（单位为 N），单个吸盘的有效面积为 S（单位为 cm^2），直径为 D（单位为 mm），p 为吸盘内的真空度（单位为 kPa），吸盘的吸吊力为 W'（单位为 N），安全率为 t，则有

$$S=\pi D^2/(4\times100)$$

图 2-50　真空吸盘（标准件）

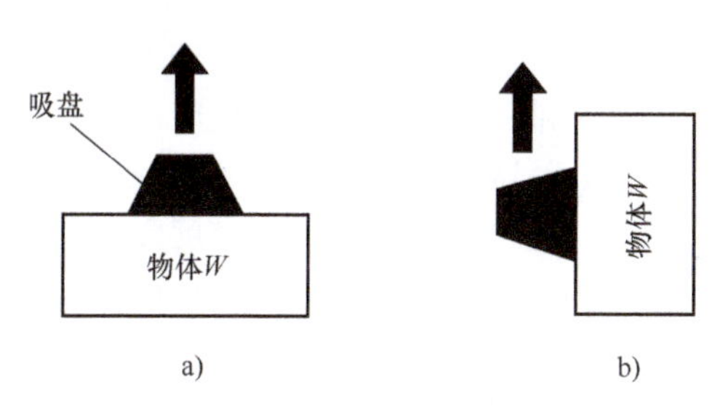

图 2-51　吸盘吸吊物体的方式

a）水平吊　b）垂直吊

$$W' = 0.1 \times pS \geqslant Wt$$

进而求得所需的真空度

$$p \geqslant (Wt)/0.1S$$

一般水平吸吊时，$t \geqslant 4$，垂直吸吊（尽量避免）时，$t \geqslant 8$。

吸盘内的真空度 p（即低于当地大气压的压力值），跟供气以及真空气路的连接、配管等因素有关，一般在真空发生器（或真空泵）的最大真空度的 63% ~95% 的范围内取值。例如某真空发生器的最大真空度为 85kPa，取个中值（80%），吸盘内的真空度约为 68kPa。

例如某真空吸盘的真空度为 75kPa，真空吸盘的直径在 ϕ80mm 时，则整个真空吸盘所产生的正向吸吊力 $W' = (0.1pS) = (0.1 \times p\pi D^2/4) = (0.1 \times 75 \times \pi \times 8^2/4)\text{N} = 376.8\text{N}$，能够吸附物体的重量 $W \leqslant W'/t = 37.68/4\text{kg} = 9.42\text{kg}$。反过来，如果需要吸吊 9.42kg 的物体时，就需要选用理论吸吊力为 376.8N 的吸盘，对应直径 ϕ80mm 的真空

吸盘（如果选的吸盘直径较小，则要适用 2 个或以上吸盘）。类似这样计算得到的数据，也可以查询型录获得，见表 2-15。

表 2-15 吸盘的理论吸吊力 （单位：N）

吸盘直径/mm		φ2	φ4	φ6	φ8	φ10	φ13	φ16	φ20	φ25	φ32	φ40	φ50
吸盘面积/cm^2		0.03	0.13	0.28	0.5	0.79	1.33	2.01	3.14	4.91	8.04	12.6	19.6
真空度/kPa	85	0.26	1.07	2.41	4.28	6.67	11.3	17.1	26.7	41.7	68.3	107	167
	80	0.25	1.01	2.26	4.02	6.28	10.6	16.1	25.1	39.3	64.3	101	157
	75	0.23	0.95	2.12	3.77	5.89	9.98	15.1	23.6	36.8	60.3	94.5	147
	70	0.22	0.88	1.98	3.52	5.50	9.31	14.1	22.0	34.4	56.3	88.2	137
	65	0.20	0.82	1.84	3.27	5.10	8.65	13.1	20.4	31.9	52.3	81.9	127
	60	0.19	0.76	1.70	3.02	4.71	7.98	12.1	18.8	29.5	48.2	75.6	118
	55	0.17	0.69	1.56	2.77	4.32	7.32	11.1	17.3	27.0	44.2	69.3	108
	50	0.16	0.63	1.42	2.52	3.93	6.65	10.1	15.7	24.6	40.2	63.0	98.0
	45	0.14	0.57	1.27	2.26	3.53	5.99	9.05	14.1	22.1	36.1	56.7	88.2
	40	0.12	0.50	1.13	2.01	3.14	5.32	8.04	12.6	19.6	32.2	50.4	78.4

此外，吸附力的大小理论上只与真空发生器的真空度和吸盘面积相关，而与真空发生器的流量无关，但在实际使用中是会受流量影响的。因为吸盘与被吸物体之间不可能做到绝对密封，总有一点漏气，在这种情况下，真空发生器的吸入流量越大，泄漏量所占的比例就越小，越有利于维持较高的真空度，从而得到更大的吸附力。例如，有两个真空度相同的发生器，极端一点，A 的流量为 1L/min，B 的流量为 10L/min，同样在 0.5L/min 的泄漏情况下，A 的真空度会降低很多，因为 0.5L/min 的泄漏对 A 而言占据了流量的 50%，很大，但 0.5L/min 的泄漏对 B 来说仅占流量的 5%，很小，吸盘仍然可以维持较高的真空度。因此，虽然二者真空度相同，但在实际中，B 产生的吸附力更大。因此选型时必须同时考虑真空度和流量两个指标，只重视真空度指标是不够的。

（2）形状和材质　真空吸盘的材质区别及用途见表 2-16。真空吸盘的形状及用途见表 2-17。吸盘是有很多种的，不同行业有不同的适用的类型，如图 2-52 所示，也有一些特殊类型，如海绵吸盘，如图 2-53 所示，它用于吸附表面粗糙不平，如纸箱之类的物品，海绵吸盘一般内置真空发生器，但如果海绵吸盘选型较大时建议外置发生器或者由真空泵带动，海绵吸盘还可以根据客户需求定做。

表 2-16 真空吸盘的材质区别及用途

材质	用途
NBR	硬壳纸、胶合板、铁板、其他一般工件
硅橡胶	半导体、金属成型制品、薄工件、食品类工件
聚氨酯	硬壳纸、铁板、胶合板
氟橡胶	药品类工件
导电性 NBR	半导体的一般工件（抗静电）
导电性硅橡胶	半导体（抗静电）

表2-17　真空吸盘的形状及用途

吸盘类型	用　途
平形	工件表面是平面且不变形等的场合
带肋平形	工件易变形的场合和工件可靠离脱的场合
深形	工件表面是曲面的场合
风琴形	没有安装缓冲空间的场合和工件吸着面是倾斜的场合
椭圆形	吸着面小的工件，工件也长，想可靠定位的场合
摆动型	吸着面不是水平的工件
长行程缓冲型	工件的高度不确定的需缓冲的场合
大型	重型工件

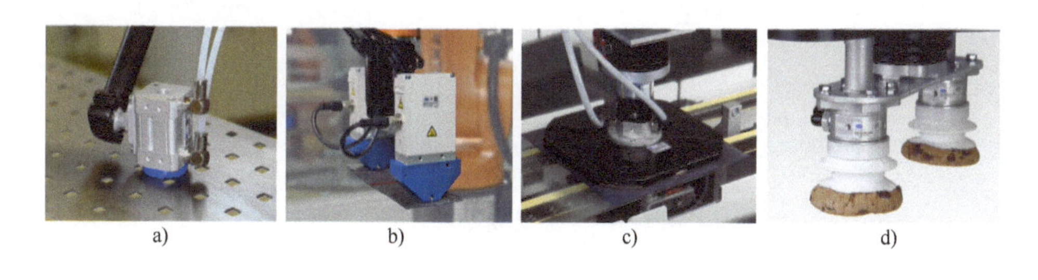

a)　b)　c)　d)

图2-52　吸盘在不同行业的应用

a）磁性吸盘（磁性件）　b）针式吸盘（多孔物）　c）光伏吸盘（光伏件）　d）柔性吸盘（饼干）

（3）使用注意　利用真空吸附搬运物体，安全性（防止脱落）是设计时的首要考虑，要留有足够的裕量，此外，类似图2-54～图2-56所示的一些使用注意，也应在设计时加以贯彻。

（4）选用流程

图2-57～图2-62所示为专业厂商所做的培训，仅供参考。

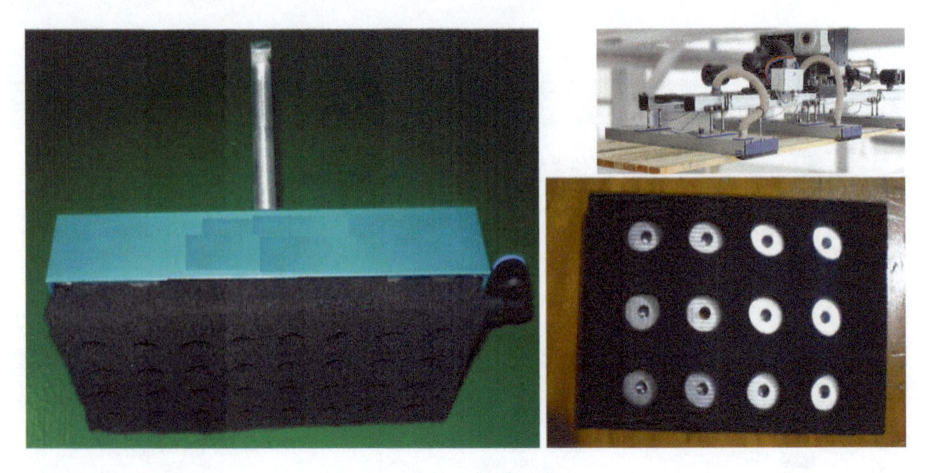

图 2-53 海绵吸盘

吸盘的吸着面积不能比工件的表面积大，以免发生泄漏，吸着不稳

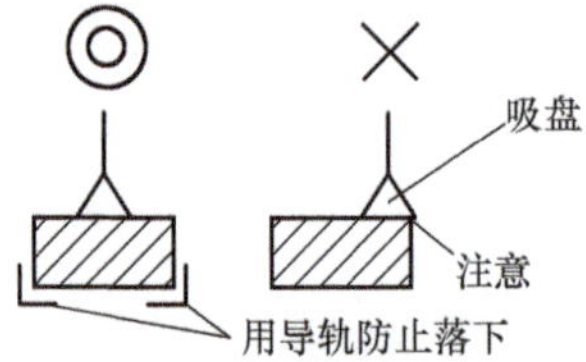

面积大的板状物用多个吸盘搬运的场合，在吸盘配置时要平衡良好。特别要注意周边部位吸盘定位时不要发生偏离

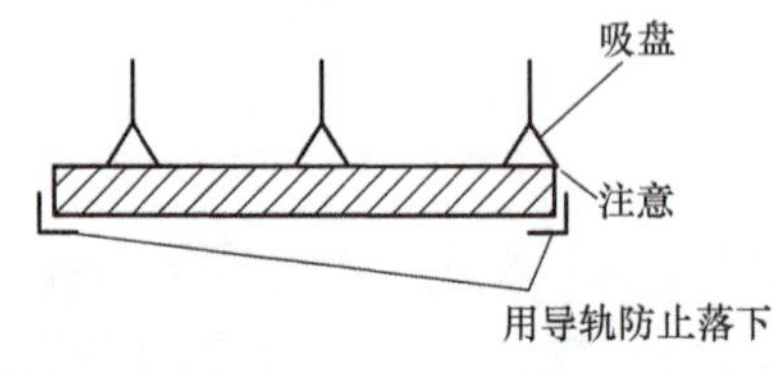

必要时，可设置防止工件脱落的辅助件，如设置防止落下用的导轨

a)

高度不定的工件的吸着，以及吸盘和工件不能定位的场合，应使用带弹簧缓冲的吸盘。方位有要求的场合，可使用不回转式的缓冲

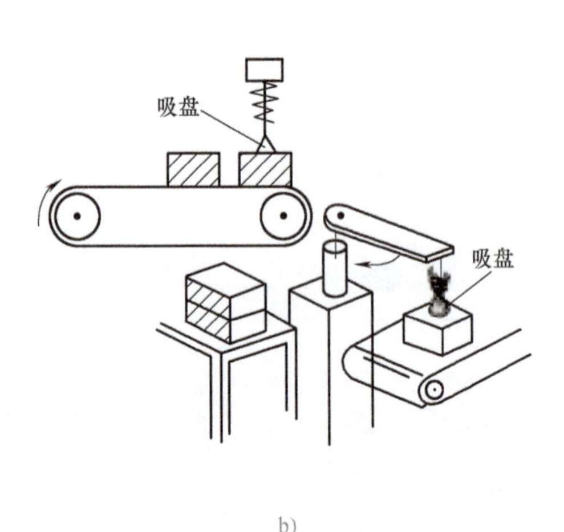

b)

图 2-54 吸盘使用注意（一）

a）保持吸盘和工件的平衡 b）吸盘和工件间的距离不定的场合

3. 真空发生器的选型

真空发生器是一种小巧而经济的产生真空的元件，适用频繁起停、流量不大的场合（连续、大流量的场合则采用真空泵）。它和气缸一样，也是自动化行业中应用广泛的执行元件，实际应用时需要配备破坏阀（破坏吸盘内的真空状态，使工件脱离吸盘，一般使用二位二通阀）、供给阀（供给真空发生器压缩空气）、单向阀（当供给阀停止供气时，保持吸盘内的真空压力）、节流阀（用于控制真空破坏的快慢，节流阀出口压力不得高于 0.5MPa）等元件，经常直接采用已整合好相关元件的真空组件（见图 2-63，左侧 3 个图）。如果设备上用到多个真空组件，也可采用图 2-64 所示的

当吸盘与工件接触时，要避免加过大的力及冲击。以免吸盘过早变形、龟裂和磨耗。因此，在吸盘侧缘的变形范围内，肋部要轻轻地碰上工件。特别是小吸盘，要正确确定位置

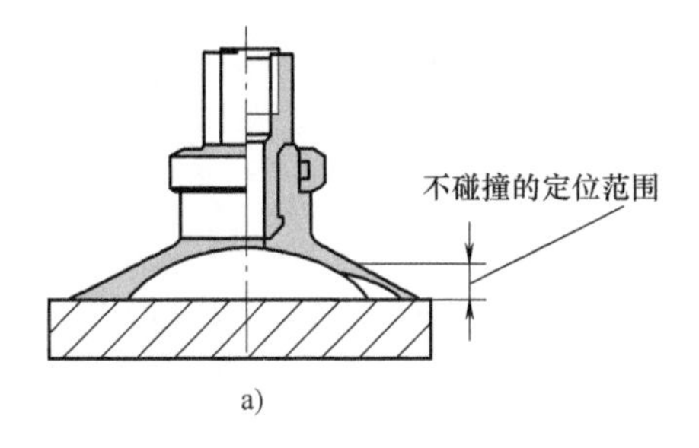

a)

吸着乙烯薄膜、纸、薄板等柔软工件时，真空压力吸着会使工件变形或折皱，应使用小吸盘和带肋吸盘，而且，真空度不宜太高

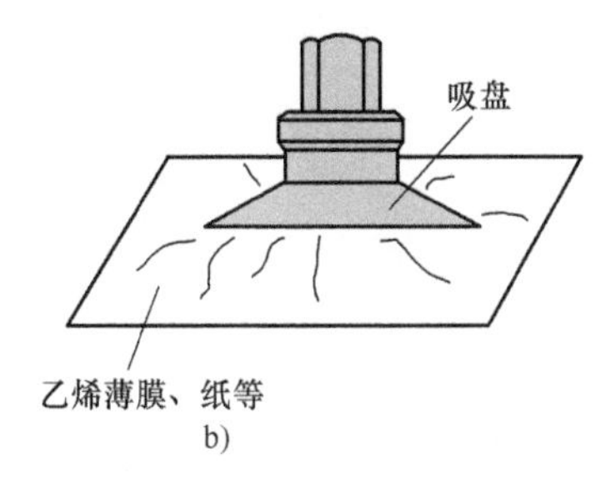

b)

图 2-55　吸盘使用注意（二）

a）吸盘的冲击　b）柔软工件的吸着

根据工件的形状和材质，选定使用吸盘的形状

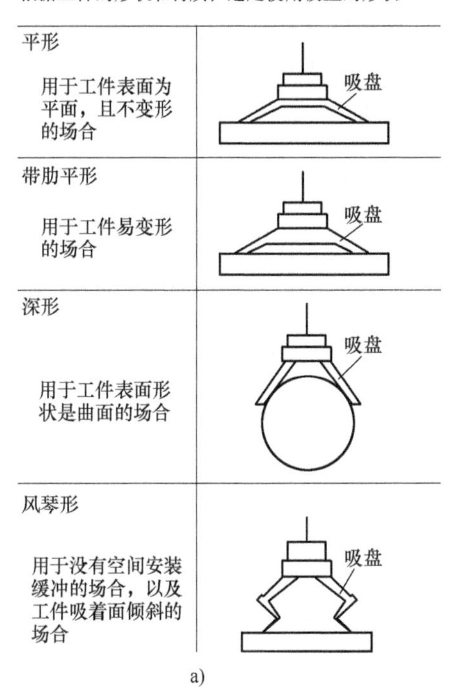

a)

吸着多孔材质和纸等透气性工件的场合，因工件被吸鼓起，有必要选十分小的吸盘。另外，空气泄漏量大的场合，由于吸着力低应提高真空发生器(或真空泵)的能力，并采取增大配管流路的有效截面积等措施

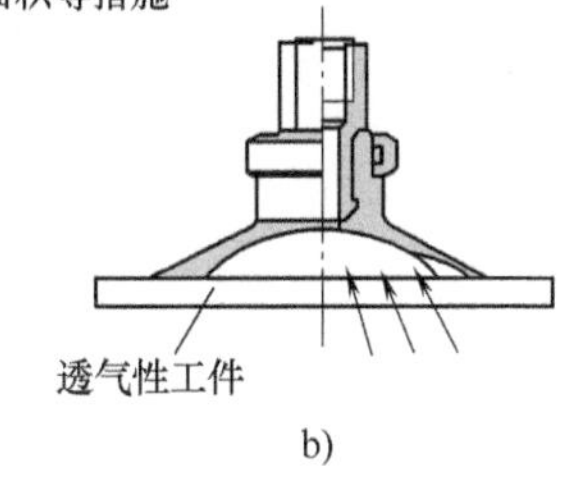

b)

吸吊面积大的玻璃板、平板的场合，考虑存在较大的风阻，由于冲击会出现波浪形，故要考虑吸盘的大小和合理配置

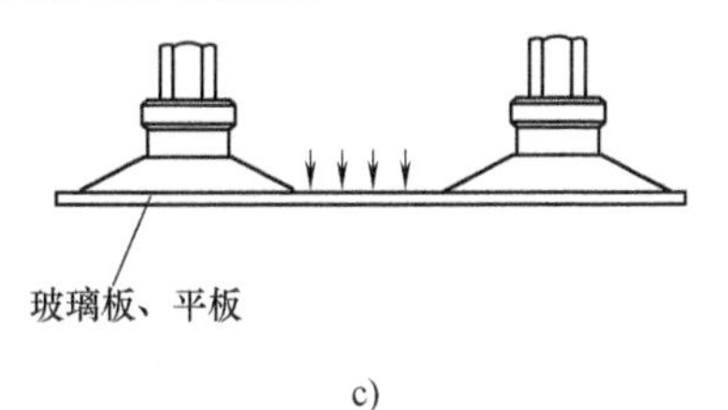

c)

图 2-56　吸盘使用注意（三）

a）根据工件选择吸盘的形状　b）透气工件和带孔工件的场合　c）平板工件的场合

集装式类型，其对比优势如图 2-65 所示。

（1）真空发生器的工作原理及性能参数　真空发生器的工作原理，如图 2-66 所示，它由先收缩后扩张的拉瓦尔喷管、负压腔和接收管等组成，有供气口、排气口和真空口。当供气口的供气压力高于一定值后，喷管射出超声速射流。由于气体的黏性，高速射流吸走负压腔内的气体，使该腔形成很低的真空度。

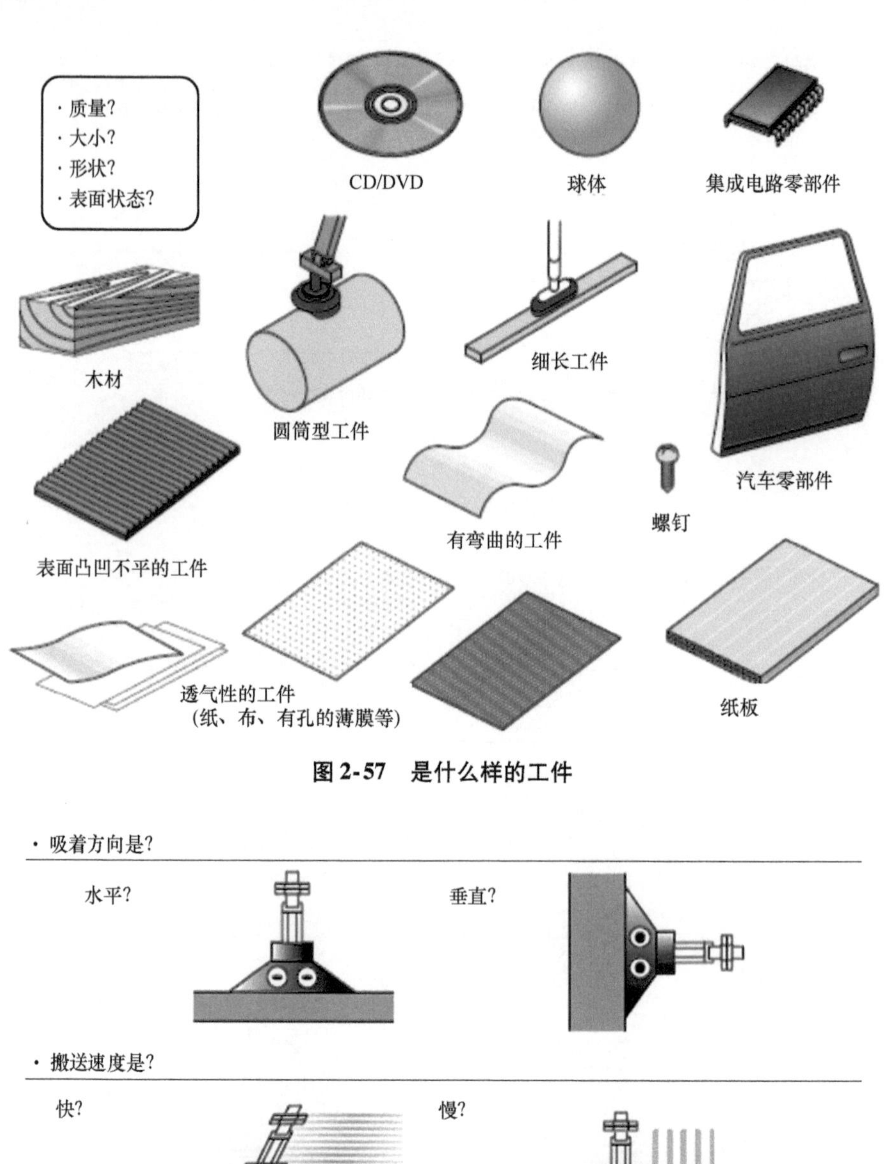

图 2-57 是什么样的工件

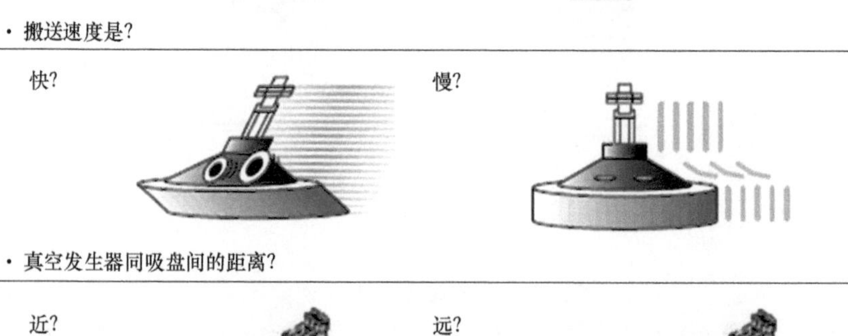

图 2-58 用在什么样的装置上，使用的环境如何

· 环境是?

· 其他

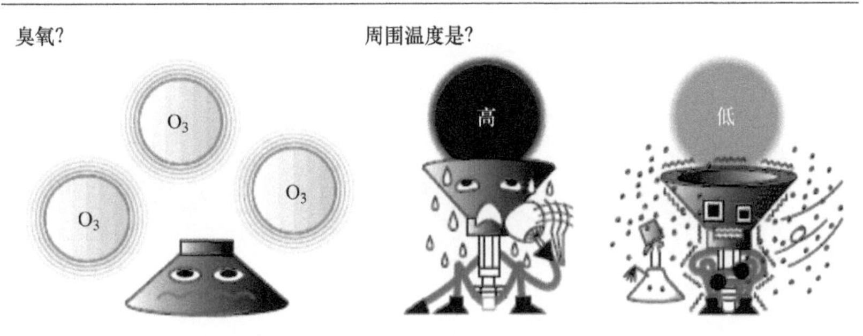

图 2-59　用在什么样的装置上，使用的环境如何

· 吸盘材质是?

材质
NBR
硅橡胶
聚氨酯
氟橡胶
导电性NBR
导电性硅橡胶

材质特性

· 连接件是?

带缓冲?　防回转?　头可摆动?

图 2-60　吸盘材质和连接件

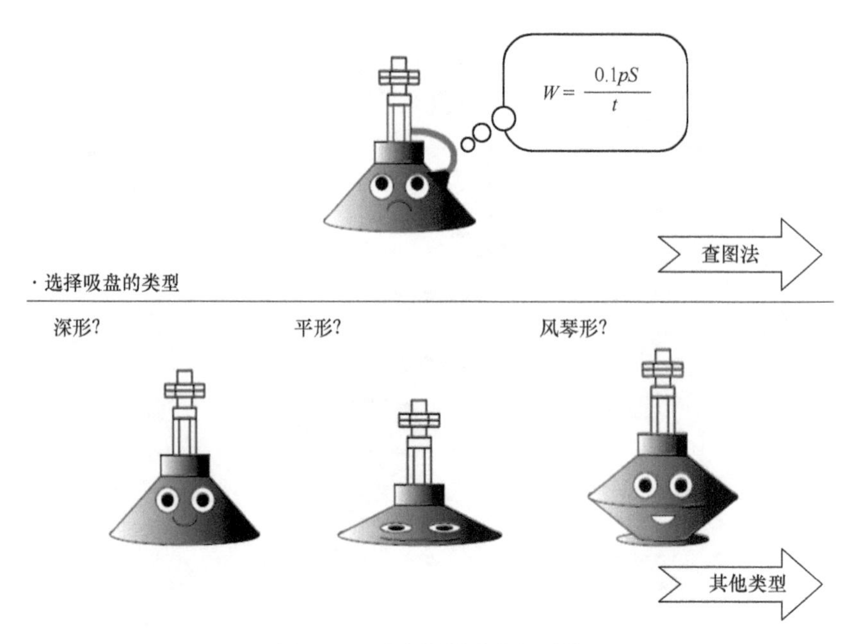

图 2-61 吸盘的提升力和形状

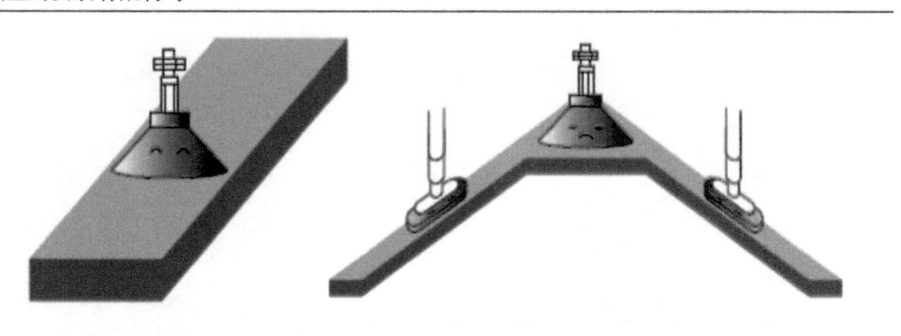

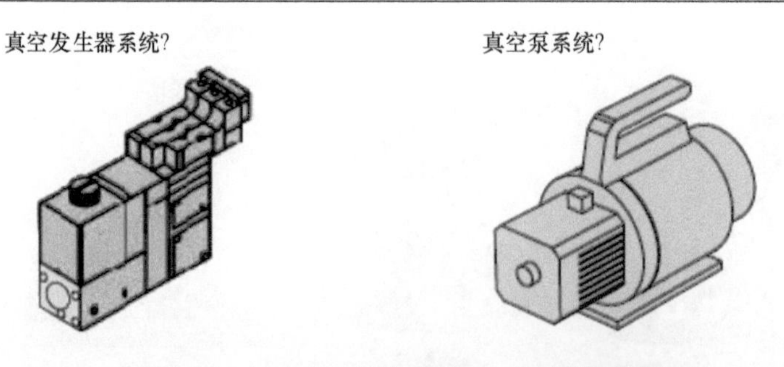

图 2-62 用在什么样的装置上，使用的环境如何

图2-63　常用的真空发生器组件和单体

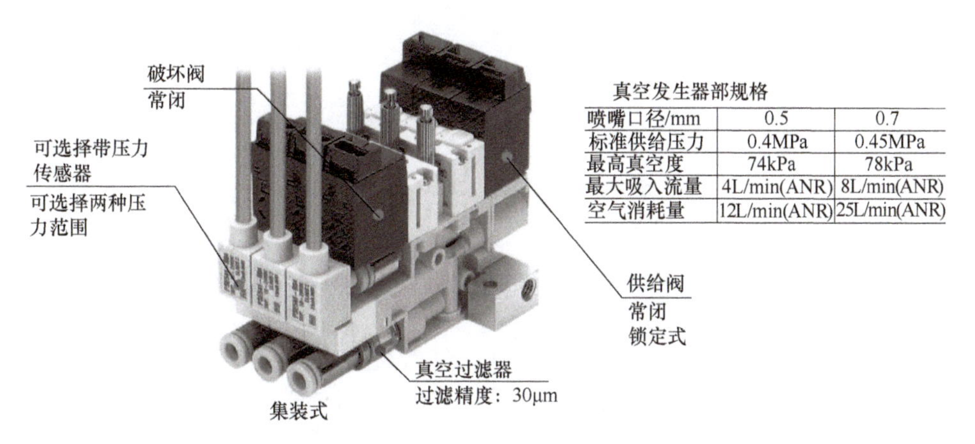

喷嘴口径/mm	0.5	0.7
标准供给压力	0.4MPa	0.45MPa
最高真空度	74kPa	78kPa
最大吸入流量	4L/min(ANR)	8L/min(ANR)
空气消耗量	12L/min(ANR)	25L/min(ANR)

图2-64　集装式真空发生器

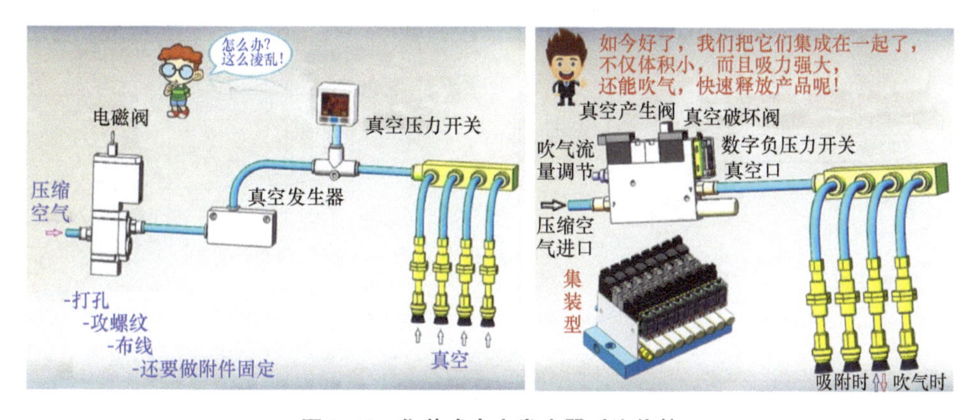

图2-65　集装式真空发生器对比优势

（某款）真空发生器的型号表达如图2-67所示，性能规格如图2-68。

显然，要掌握真空发生器的选型，必须熟悉以下几个概念。

1）最大吸入流量。当吸入口向大气敞开时，其吸入流量最大，称为最大吸入流量 Q_{max}。吸入流量越大，意味着吸着响应时间越短。该参数是真空发生器选型的必要指标，和喷管直径有关，若吸附容积大（跟配管有关系），且吸附速度快，则喷嘴直径宜大些（选用真空发生器型号必须要确定的指标）。

2）最高真空度 p_v。一般最大真空度可达88kPa（具体看型号，如果选大流量型的，则最高真空度较低），发生于吸入口被完全封闭（如吸盘吸着工件），即吸入流量

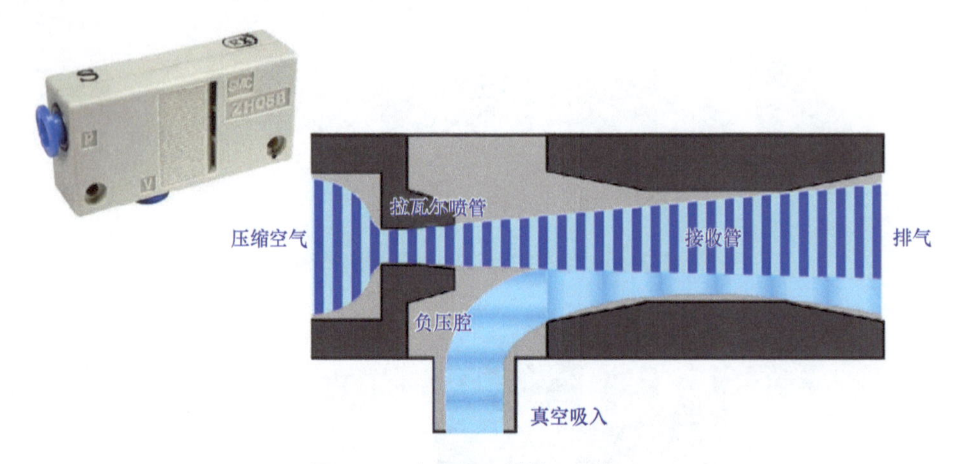

图 2-66 真空发生器的工作原理

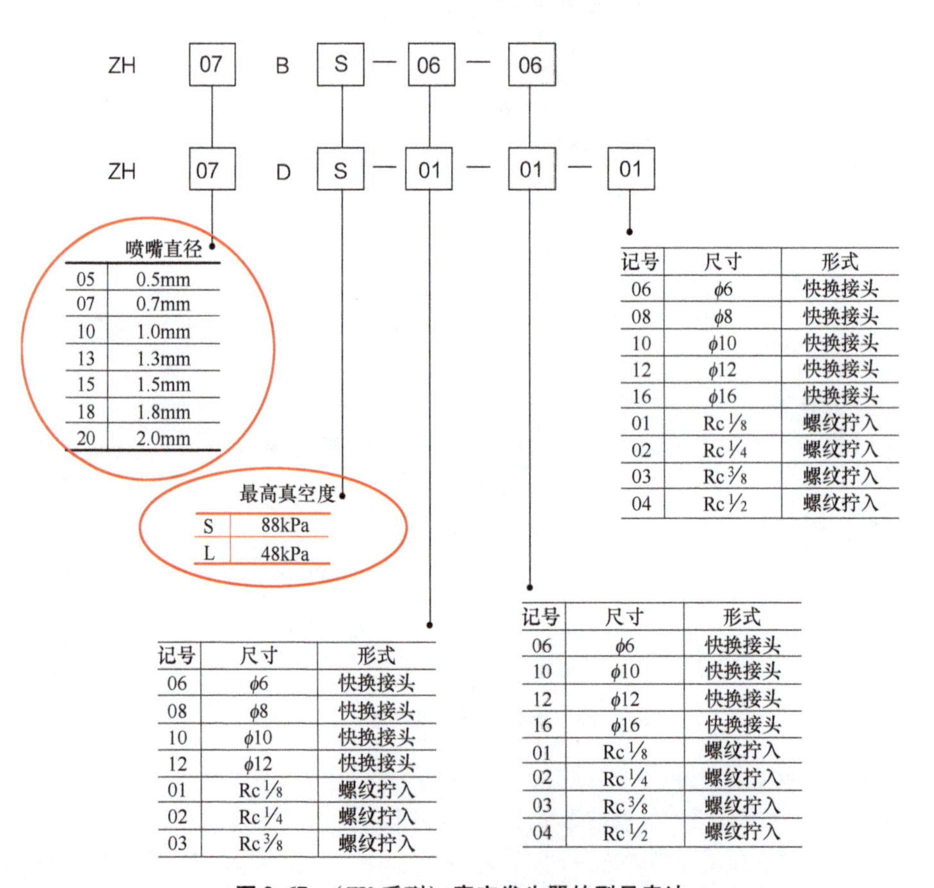

喷嘴直径	
05	0.5mm
07	0.7mm
10	1.0mm
13	1.3mm
15	1.5mm
18	1.8mm
20	2.0mm

最高真空度	
S	88kPa
L	48kPa

记号	尺寸	形式
06	$\phi6$	快换接头
08	$\phi8$	快换接头
10	$\phi10$	快换接头
12	$\phi12$	快换接头
01	Rc 1/8	螺纹拧入
02	Rc 1/4	螺纹拧入
03	Rc 3/8	螺纹拧入

记号	尺寸	形式
06	$\phi6$	快换接头
10	$\phi10$	快换接头
12	$\phi12$	快换接头
16	$\phi16$	快换接头
01	Rc 1/8	螺纹拧入
02	Rc 1/4	螺纹拧入
03	Rc 3/8	螺纹拧入
04	Rc 1/2	螺纹拧入

记号	尺寸	形式
06	$\phi6$	快换接头
08	$\phi8$	快换接头
10	$\phi10$	快换接头
12	$\phi12$	快换接头
16	$\phi16$	快换接头
01	Rc 1/8	螺纹拧入
02	Rc 1/4	螺纹拧入
03	Rc 3/8	螺纹拧入
04	Rc 1/2	螺纹拧入

图 2-67 （ZU 系列）真空发生器的型号表达

为零时。

3）耗气量。喷管流出的流量，在满足使用要求的前提下，应尽量减少空气消耗量，耗气量与压缩空气的工作压力有关，压力越大，则耗气量越大，但真空度不会再

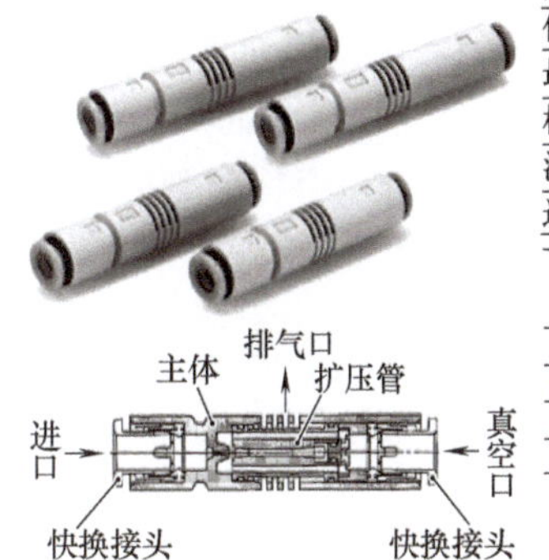

规格

使用流体	空气
最高使用压力	0.7MPa
标准使用压力	0.45MPa
流体及环境温度	5~60℃
适合管子外径	φ6(进气口及真空口)

型号	类型	喷嘴直径/mm	最高真空度/kPa	最大吸入流量/(L/min)	耗气量/(L/min)
ZU05S	高真空型	0.5	85	7	9.5
ZU07S		0.7	85	12	19
ZU05L	大流量型	0.5	48	12	9.5
ZU07L		0.7	48	21	19

拉瓦尔喷管流出的流量

吸附口向大气敞开时，其吸入流量达到最大值

直径越大，吸附速度越快

大气压强和真空腔内的绝对压强的差值，当吸附口(吸住产品)封闭时，排气量为0时获得最大真空度

图 2-68　（ZU 系列）真空发生器的性能规格

增加。一般较佳的供气供给压力为 0.4 ~ 0.5MPa，吸入口处压力一般为 20 ~ 10kPa。

4）吸着响应时间 T。从换向阀打开到系统回路达到一个必要的真空度的时间。从机构设计角度来说，一般希望 T 越小越好，因此客观上希望真空发生器的吸入流量越大越好。

5）流量特性。指供给压力为 0.45MPa 条件下，真空口处于变化的不封闭状态下，吸入流量与真空度之间的关系。真空发生器分标准（高真空）型（S 型，最大真空度可达 88kPa）和大流量型（L 型，最大真空度可达 48kPa），同样的吸入流量（泄漏量），S 型和 L 型的真空度是不同的，在选型时应通过查阅排气和流量特性曲线来确认。一般来说，选型以标准型为主，当真空度要求不高时，则选大流量型以获得更快的响应时间。

如图 2-69 所示，吸入流量为 3L/min 的场合，真空发生器 ZU05S 的真空度大概为 50kPa，ZU05L 的则不到 40kPa，显然选择 ZU05S 为宜；如果吸入流量换成 6L/min 的场合，则 ZU05S 的真空度不到 13kPa，而 ZU05L 的则接近 27kPa，显然选择 ZU05L 为佳。

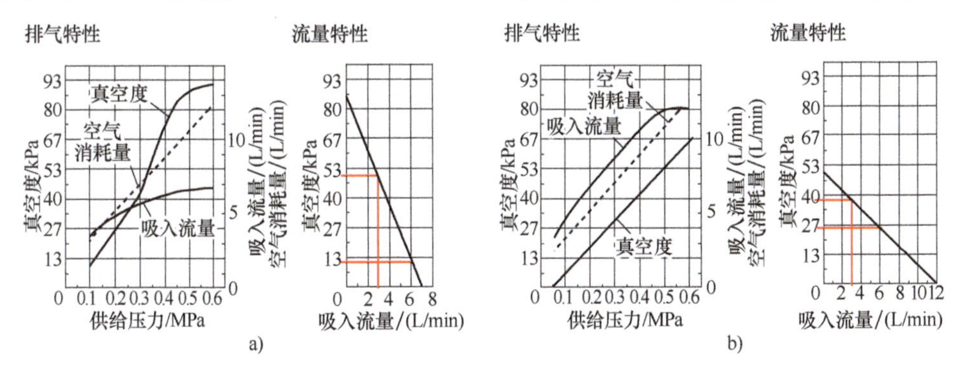

图 2-69　（ZU 系列）真空发生器的排气和流量特性

a）ZU05S，最高真空度 85kPa　b）ZU05L，最高真空度 48kPa

（2）真空发生器的选型计算

1）吸着响应时间。非泄漏工况的真空发生器流量只影响抽气时间（即真空形成时间），泄漏工况真空流量要大于泄漏量才能保证基本真空度（要有足够的吸入流量，

否则吸着不良）。

假设从真空发生器（或切换阀）到吸盘的配管长度为 L（单位为 m），配管内径为 D（单位为 mm），配管的有效面积为 S（单位为 mm^2），真空切换阀的有效面积为 S_c（单位为 mm^2），C_q 为系数（$C_q=1/3\sim1/2$，流动阻力大时取 1/3，一般取 1/2），真空发生器的最大吸入流量为 Q_{max}（单位为 L/min），配管的容积为 V（单位为 L），则有

$$V=0.001SL=0.001\times\pi D^2L/4=\pi D^2L/4000$$

在标准大气压下，通过真空发生器或真空切换阀的平均吸入流量为 Q_1（单位为 L/min），则

对真空发生器：$Q_1=C_qQ_{max}$

对真空泵（真空切换阀）：$Q_1=11.1C_qS_c$

从真空发生器或切换阀到吸盘之间配管系统的平均吸入流量为 Q_2（单位为 L/min），配管的有效截面积为 S（可根据公式计算，也可查询图 2-70），则

$$Q_2=11.1C_qS$$

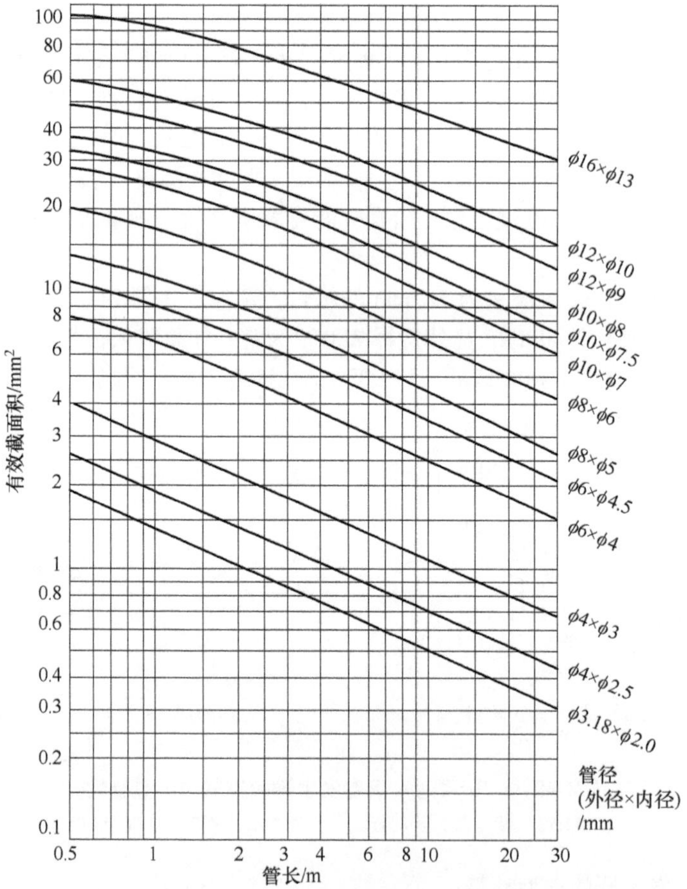

图 2-70 尼龙管的有效截面积

取 Q_1、Q_2 的较小值，记为 Q（单位为 L/min）

到达最终真空度 p_v 的 63% 的时间为 T_1（单位为 s），到达最终真空度 p_v 的 95% 的时间为 T_2（单位为 s），如图 2-71 所示，则有

$$T_1 = 60V/Q$$

$$T_2 = 3T_1$$

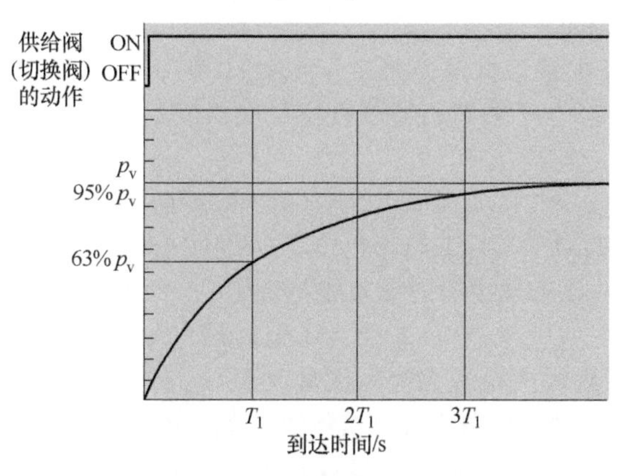

图 2-71　供给阀动作后的真空度和相应时间的关系

例如真空发生器 ZH07□S 的最大吸入流量为 12L/min，Q 取 4L/min（为最大吸入流量的 1/3），配管容积为 0.02L，则到达最终真空度的 63% 的吸着相应时间 $T_1 = 60V/Q = 0.02 \times 60/4\text{s} = 0.3\text{s}$。

2）工件吸着时的泄漏量 Q_3。

有时由于工件形状（表面粗糙）或材料（透气）的影响，很难获得较低的吸入口处压力（由于从吸盘边缘或通过工件吸入空气，造成吸入口处压力升高）。在这种情况下，就需要正确选择真空发生器的尺寸，使其能够补偿泄漏造成的吸入口处压力升高。假设工件和吸盘间的间隙或共建开口处的有效面积为 S_L（单位为 mm²），则泄漏量

$$Q_3 = 11.1S_L$$

有时很难知道泄漏时的有效截面积，一般通过真空计测得吸盘内的真空度，再查阅流量特性曲线获得工件吸着时的泄漏量。

3）真空发生器的最大吸入流量 Q_{max}。

无泄漏量 Q_3 时，吸着相应时间为 T，则真空发生器的最大吸入流量

$$Q_{max} = (2 \sim 3)Q = (2 \sim 3) \times 60V/T$$

有泄漏量 Q_3 时，真空发生器的最大吸入流量

$$Q_{max} = (2 \sim 3)(60V/T + Q_3)$$

根据 Q_{max} 查询真空发生器的排气特性曲线，则可以选定其规格。

4）真空发生器的计算案例。

水平吸吊 20kg 的平板玻璃，已知吸附容积 $V = 0.1\text{L}$，连接管长 $L = 1\text{m}$，要求吸着响应时间 $T \leqslant 1.0\text{s}$，请选择吸盘及真空发生器。

① 真空吸盘的选型

物体重量 $W=mg=20\times9.8\text{N}=196\text{N}$，由于是水平吸吊，取安全系数 $t=4$，则吸盘理论吸吊 $W'\geqslant4W=4\times196\text{N}=784\text{N}$。假设用 1 个吸盘，真空度取 65kPa，查表 2-15，如果选直径 ϕ50mm 的吸盘（截面积 $S=19.6\text{cm}^2$），理论吸吊力为 127N，需要 $784/127\approx6$ 个，由此算出吸盘的真空度为

$$p=W'/(0.1S\times6)=tW/(0.1S\times6)=784/(0.1\times19.6\times6)\text{kPa}=66.7\text{kPa}$$

② 真空发生器的选型

标准型的真空发生器最大真空度 $p_v=88\text{kPa}$，则 $p/p_v=66.7/88=75.7\%$。查询图 2-71得到相应时间 $T=1.41T_1$，通过真空发生器或真空切换阀的平均吸入流量为 Q_1，则有

$$T=1.41T_1=1.41\times60V/Q_1$$

$$Q_1=1.41\times60V/T=1.41\times0.1\times60/1\text{L/min}=8.46\text{L/min}$$

无泄漏 Q_3 场合，真空发生器的最大吸入流量

$$Q_{max}=2Q_1=2\times8.46\text{L/min}=16.92\text{L/min}$$

因此，选用喷管直径满足最大吸入流量大于 Q_{max} 的真空发生器，如 ZH10BS，查表 2-18，其最大吸入流量为 24L/min，实际通过真空发生器的平均流量

$$Q_1=24/2\text{L/min}=12\text{L/min}$$

则实际的吸着相应时间

$$T=1.41\times60V/Q_1=1.41\times0.1\times60/12\text{s}=0.70\text{s}<1\text{s}，合理。$$

表 2-18 （ZH 系列）真空发生器的性能规格

型 号	喷嘴直径/mm	主体形式	*最高真空度/kPa		最大吸入流量/(L/min)		空气消耗量/(L/min)
			S 型	L 型	S 型	L 型	S 型、L 型
ZH05B□	0.5	盒型（内置消声器）	88	48	5	8	13
ZH07B□	0.7				12	20	23
ZH10B□	1.0				24	34	46
ZH13B□	1.3				40	70	78
ZH05D□	0.5	直接配管型（无消声器）	88	48	5	8	13
ZH07D□	0.7				12	20	23
ZH10D□	1.0				24	34	46
ZH13D□	1.3				40	70	78
ZH15D□	1.5	直接配管型（无消声器）	88	53	55	75	95
ZH18D□	1.8				65	110	150
ZH20D□	2.0				85	135	185

5）其他提示

除了上述计算分析，还需要了解一些有助于选型或应用的基本常识。

① 为了简化计算和便于选型，通常型录上会有各种辅助特性图表，要学会阅读和理解，很多参数虽然可以通过分析或计算获得，但查图表会更直接便利。

② 为了获得较快的响应时间，可以选择最大吸入流量值偏大的真空发生器；反之，选择了一款真空发生器，可以通过简单计算或查表，获得响应时间。

③ 供给阀的有效面积 S 不得小于真空发生器喷嘴几何面积的 4 倍；真空发生器供气管内径不宜小于喷嘴直径的 4 倍；真空过滤器的吸入流量应比真空发生器最大流量大。

④ 对真空发生器选型来说，最大吸入流量 Q 是重要指标，而其他的，例如最高真空度，则和吸盘选型相关性大些，注意不同真空发生器能带动的负载能力不同，主要是看喷嘴直径，具体可通过查型录确认。

⑤ 应选用吸入流量合适的真空发生器，如吸入流量不足则吸着不良，吸入流量过大，则真空发生器的流量或压力开关设定困难（几毫米大小的小工件，选吸入流量过大的真空发生器，和未吸着工件时的压力之差太小）。

⑥ 真空发生器的排气口不能堵塞，否则产生不了真空，并且排气侧的配管截面积应尽量大，一旦节流，真空性能就会打折扣，总之，配管应尽量粗一些，同时不能漏气，也要避免损伤或弯曲，真空对气的流动性要求高。

⑦ 图 2-72 所示为多段式真空发生器示意图，它是由多个真空发生器组成的多段式真空发生器，可以增加吸入流量，比单段式真空发生器的吸入流量大。

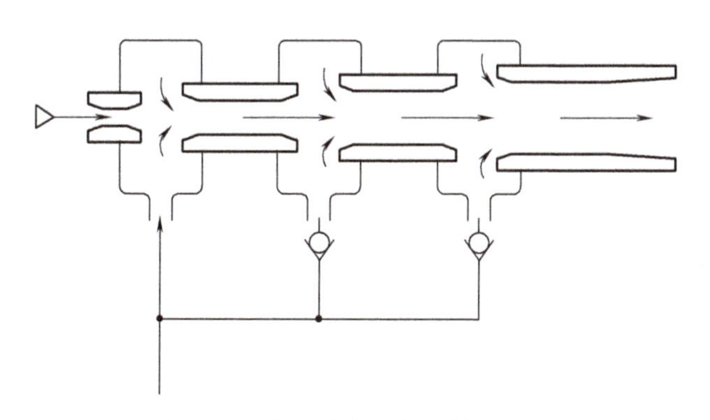

图 2-72　多段式真空发生器示意图

2.2.4　气动元件选型的建议

本章内容偏多，但相对于砖头厚的型录，充其量只能是线索。大家应该以之为参考，多翻翻厂商型录，不要放过里边任何一句有提示或培训作用的语句和图表。要知道，一台设备的标准件大概能占到 1/3～1/2 的比例，而气动元件更是其中的大头，如果能把这块选对做好，对整台设备的性能是有很大贡献的。

当然，标准件厂商多如牛毛，所以信息量是庞大的，大家要讲究学习策略和方法，不要以为气动设备就很好做，当工艺复杂冗长时，要驾驭起来并不容易，这点请大家务必警醒。

1）抓本质和重点，不要眉毛胡子一把抓。

气动元件的选型应该理清楚，首先是抓住执行元件这个重点，其他的都是匹配和性能发挥问题。其次，就执行元件本身而言，厂商或型录能提供的数据与建议，往往是非设计部分，最后还是要设计者自己拿主意。当然，这个过程也是基于对标准件的理解和熟悉的，但千万不要把选型工作寄希望于厂商技术售后，要知道，他们大都对非标机构或实际工艺一片茫然，熟悉的仅仅是标准件本身。

2）以客户为导向，以代表性品牌为重点。

标准件供应商多如牛毛，大都标榜自己的产品价格低、品质好、交期快……作为设计者，首先应该明确设备服务客户的需求癖好，以之为品牌选用前提。此外，不同厂商产品的原理和性能大同小异，只是品类和质量有些差异罢了，所以抓住代表性品牌的产品作为学习对象即可。

3）不要忽视简单的设备元素，包括不起眼的零配件。

类似消声器、接头、缓冲器这类小组件，往往不被设计者重视，有的甚至认为这部分不是自己的工作，把几个工件一拼，调几个气缸一摆，机构就设计完成了，接下来的交给装配工去自由发挥……有此观念者，比比皆是，这也意味着其技术水平已经定格。没错，这些小组件没选好确实不会有大问题，但是容易造成各种浪费，例如把安装细牙缓冲器的螺纹攻成粗牙的了，就少不了各种修补甚至重做零件，为什么不一步到位呢？

4）尽量做到知其然且知其所以然。

如果有参考到别人的现成机构，务必要做检查、评估和确认，否则容易经常受折腾。因为从业人员良莠不齐，有时一套很准确的图样，传着传着就面目全非了，如果依葫芦画瓢，可能会出现大量纰漏或较高的返修率。初学者最容易犯的坏习惯，就是在学习时不求甚解，拿来就用，结果一次两次偶然用对了，但更多时候可能会深受其害。

2.3 电动机的选用

2.3.1 电动机的基本常识

电动机的相关知识很庞杂，本章着重从自动化应用角度出发，介绍设计工作必须了解或掌握的那一部分。

（1）什么是电动机　电动机是一种以旋转形式输出动力的器件。

自动化行业有些技术含量或档次的设备，几乎都少不了电动机的应用（主要用于驱动和控制，见图2-73），必须非常熟悉它的原理、类型、特点和应用。

（2）普通电动机的原理　以基本结构来说，电动机主要由定子和转子所构成，如图2-74所示，定子和转子通过磁感应力相互牵引实现转动。定子在空间中静止不动，转子则可绕轴转动，由轴承支撑。定子与转子之间会有一定空气间隙，以确保转子能自由转动。定子与转子绕上线圈，通电流产生磁场，就成为电磁铁，定子和转子其中之一也可为永久磁铁。

（3）电动机的分类　电动机有很多不同的分类，根据供电性质，分为交流电动机（进一步分为单相220V和三相380V电动机）和直流电动机（进一步分有刷电动机和无刷电动机），如图2-75所示；根据使用场合，分为驱动用途电动机和控制用途电动机，如图2-76所示；根据感应原理，交流电动机可进一步分为异步电动机（进一步分

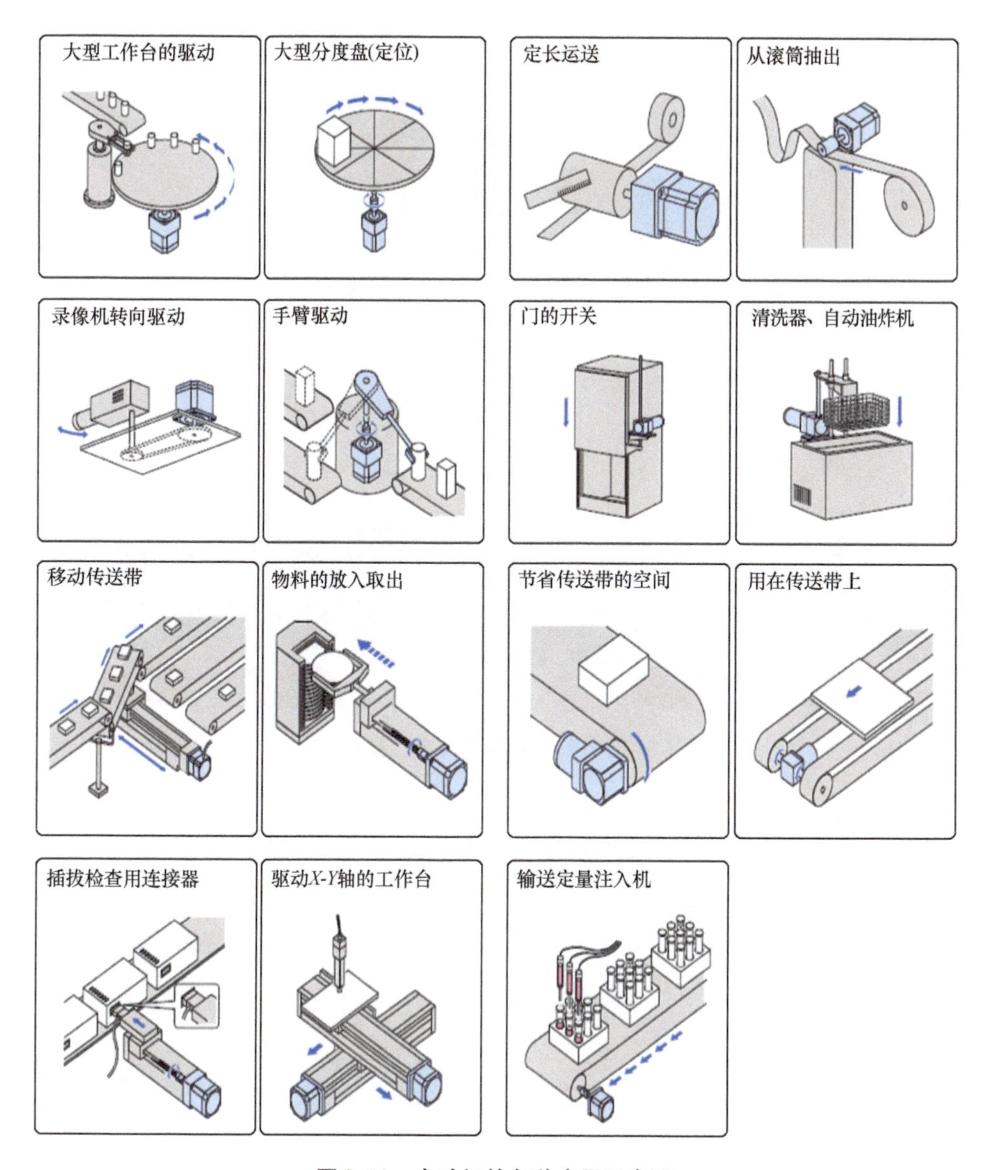

图 2-73　电动机的各种应用示意图

为感应电动机和交流换向电动机）和同步电动机，如图 2-77 所示（根据内部结构，异步电动机也可分为鼠笼式和绕线式两种）。

电动机的外观虽然接近，但内在机理不同，不同类别的电动机，名称和性能差异很大。为了便于读者理解相关的分类依据，解释下“相”“步”“刷”等概念，如图 2-78所示。

（4）电动机的常用类型及选用　电动机的应用十分广泛，普通场合，以驱动应用为主；控制场合，以定位控制为主。自动化设备常用的电动机主要有小型三相交流异步电动机（通常叫交流感应电动机）、减速电动机（带制动功能的感应电动机）、伺服

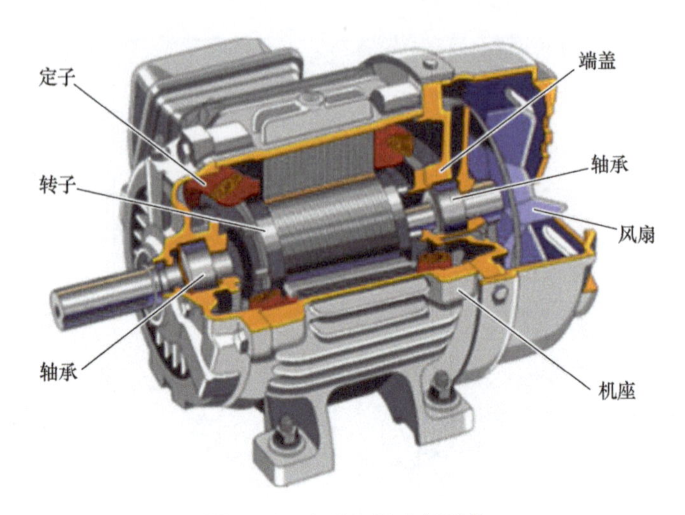

图 2-74 电动机的内部结构

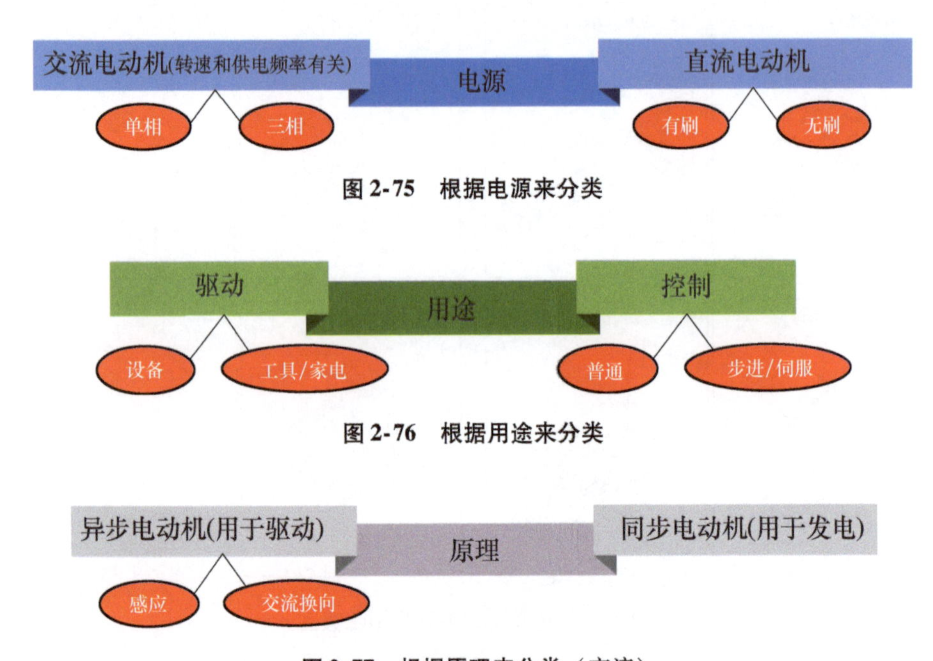

图 2-75 根据电源来分类

图 2-76 根据用途来分类

图 2-77 根据原理来分类（交流）

电动机（常配减速机）、步进电动机、直驱电动机（包括直驱式旋转电动机和直驱式直线电动机）、特殊（功用/工艺）电动机等。

1）常用的电动机类型。

① 三相交流异步电动机。如图 2-79 所示，也常称之为感应电动机，通交流电即可直接起动，用于自动化设备的动力驱动（虽然效率低，但在小功率时可忽略，因此 2500kW 以下场合一般选择异步电动机），如大型风机、提升机等。三相交流异步电动机是结构最简单的电动机，定子绕组也是平衡对称的，适用于对称的三相电源，不能

在低压配电网中，输电线路一般采用三相四线制，其中三条线路分别代表A、B、C三相，另一条是中性线N(区别于零线，在进入用户的单相输电线路中，有两条线，一条我们称为火线，另一条我们称为零线，正常情况下零线要通过电流以构成单相线路中电流的回路，而三相系统中，三相自成回路，正常情况下中性线是无电流的)。

相

- 接其中的任意一相和零线，即为单相电动机
- 接三相电的为三相电动机，有三对线圈绕组

异步电动机的转子转速小于同步速，有个转差，异步电动机的转子不用励磁(通直流电)，可以直接从定子把交流电感应到转子。由于异步电动机的转子与旋转磁场之间，只有保持相对运动才能维持电磁转矩的存在，故其转子的转速总是低于同步转速

步

- 异步电动机的定子通电，转子靠感应，结构简单，价格便宜，但调速性能不佳，效率较低，在额定范围内，转速和负荷有关，故一般用作电动机，起动转矩小，不适合带负载起动
- 同步电动机转子的转速等于同步速，转子要另加励磁(通直流电)，转速只跟电源频率有关，一般用作发电机，效率高，但结构复杂、造价高，维护工作量大

有刷电动机：定子上安装有固定的主磁极和电刷，转子上安装有电枢绕组和换向器。直流电源的电能通过电刷和换向器进入电枢绕组，产生电枢电流，电枢电流产生的磁场与主磁场相互作用产生电磁转矩，使电动机旋转带动负载。由于电刷和换向器的存在，有刷电动机的结构复杂，可靠性差，故障多，维护工作量大，寿命短，换向火花易产生电磁干扰。换向一般通过石墨电刷与安装在转子上的环形换向器相接触来实现

刷

无刷电动机：通过霍尔传感器把转子位置反馈回控制电路，使其能够获知电动机相位换向的准确时间。大多数无刷电动机生产商生产的电动机都具有三个霍尔效应定位传感器。由于无刷电动机没有电刷，故也没有相关接口，因此更干净，噪声更小，无需维护，寿命更长。用电子换向来代替传统的机械换向，性能可靠、永无磨损、故障率低，寿命比有刷电动机提高了约6倍，代表了电动机的发展方向，缺点是价格高，控制器要求高，低速起动时有轻微振动

图 2-78　电动机的“相”“步”“刷”

图 2-79　三相交流异步电动机

在单相电源下工作（会烧线圈）。

自动化设备上常用的三相交流异步电动机一般以小型居多，如图 2-80 所示。

② 带制动功能的减速电动机（简称减速电动机）。为了提高刚性和输出更大转矩，异步电动机整合了减速机（做成一体），叫减速电动机。一般异步电动机

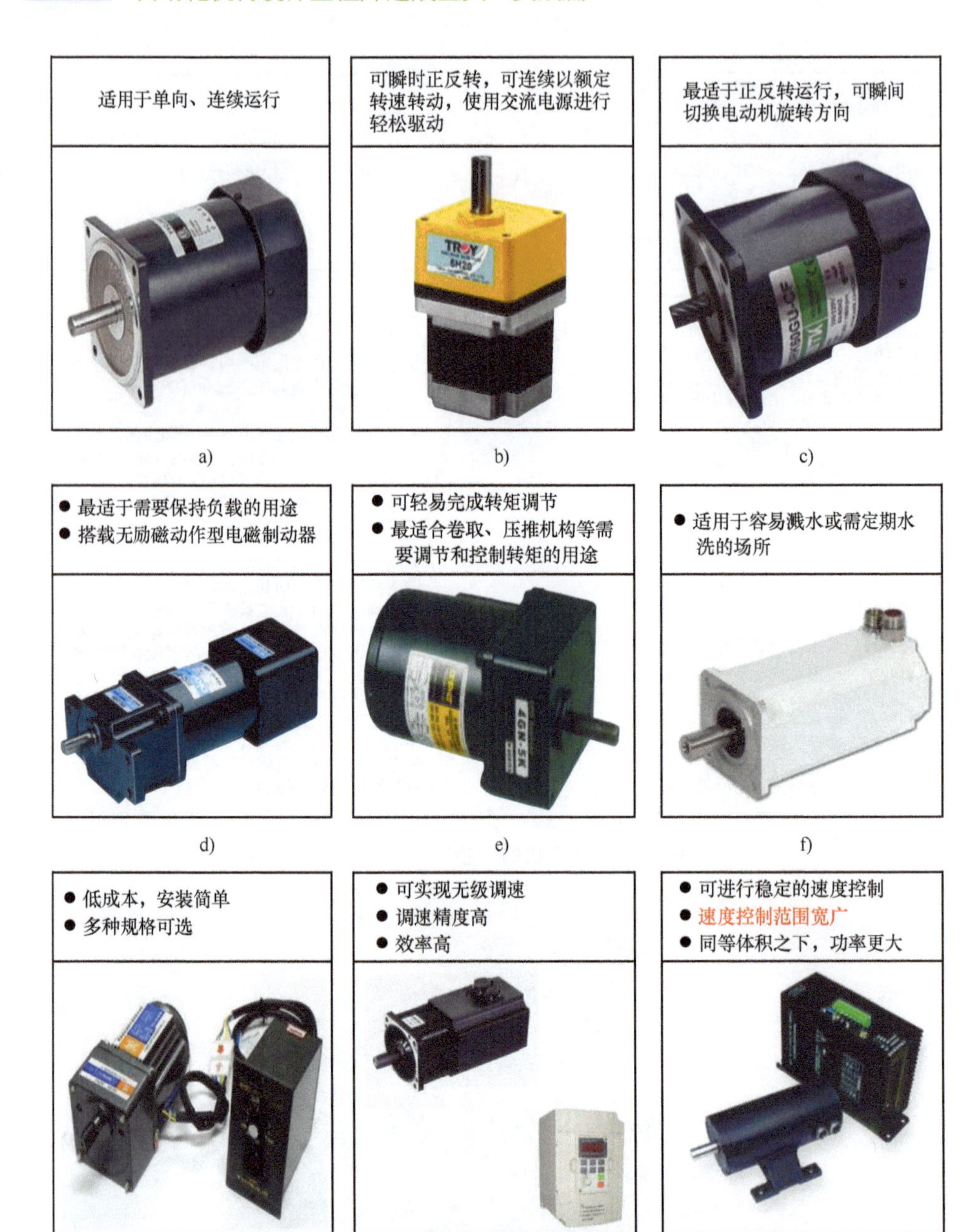

图 2-80 自动化设备上常用的三相交流异步电动机

a）感应电动机 b）超低速同步电动机 c）可逆电动机

d）带电磁制动电动机 e）力矩电动机 f）防尘、防水电动机

g）调速器 + 交流电动机 h）变频器 + 电动机 i）无刷电动机

断电不会瞬间停止，要瞬间停止就要有制动装置，减速电动机的尾部有一个电磁抱刹，电动机通电时它也通电吸合，这时它对电动机不制动，当电动机断电时它

也断电，抱刹在弹簧的作用下制动电动机，根据安装布置的不同，可分为直交型和正交型两种，如图2-81和图2-82所示（减速电动机也有直流的，但设备上不常用）。

图2-81　带制动功能的减速电动机

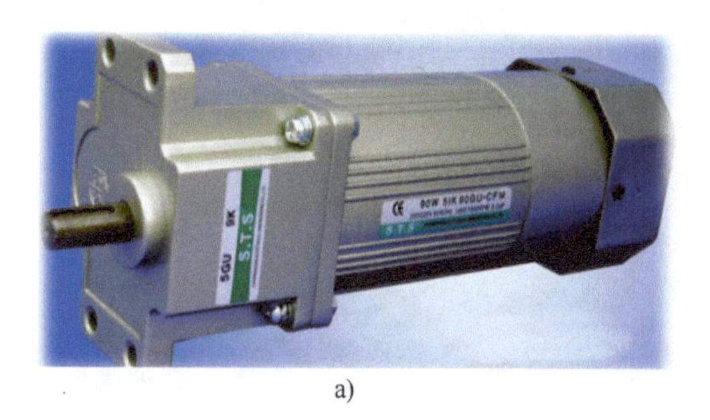

a)

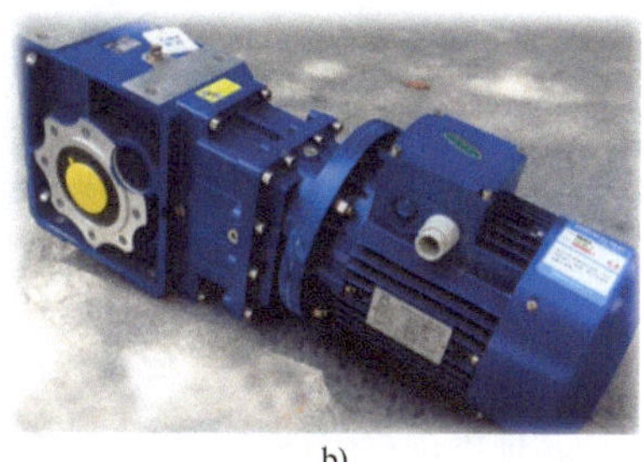

b)

图2-82　根据安装布置进行的分类

a）直交型减速电动机　b）正交型减速电动机

③ 单相交流异步电动机。如图2-83所示，单相电动机比三相电动机结构复杂一些，相同功率的单相电动机比三相的要贵一些。单相电动机只能用在小功率的场合（因为会造成三相不平衡），如电扇、空调、冰箱、洗衣机等家用电器上。单相电动机的起动转矩要大于三相电动机，不能产生旋转磁场，需要一个起动电路做支持，起动电路如有问题就起动不了了。

④ 伺服电动机。如图2-84所示，常用于有精度、速度要求的驱动或定位控制场合，如果是大负载、大惯量则一般需要加装减速机（如果伺服电动机和减速机整合成一体，则成为减速电动机）。伺服电动机也有交直流、同异步和有无刷之分，一般小功率用的是无刷同步伺服交流电动机。

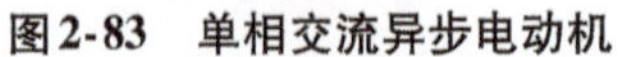

图2-83 单相交流异步电动机

图2-84 伺服电动机（和驱动器）

⑤ 步进电动机。如图2-85所示，95%以上是两相的，步距角1.8°（全步）或0.9°（半步），不能直接接工频交流或直流电源，而必须使用专用步进驱动器（驱动）。

⑥ 直驱电动机。包括两种，一种是旋转型，如图2-86所示；另一种为直线型，如图2-87所示。

图2-85 步进电动机

图2-86 直驱式旋转电动机

⑦ 其他电动机。图2-88所示为永磁同步电动机，电机结构复杂，造价高，大多数情况下作为发电机使用。

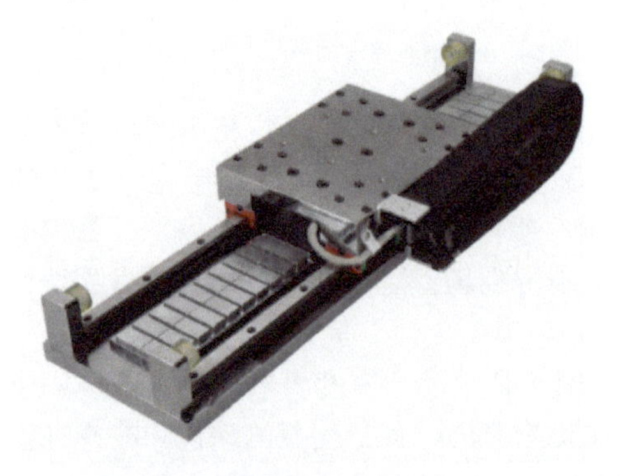

图2-87 直驱式直线电动机

图2-88 永磁同步电动机

图2-89所示为直流有刷电动机，无须齿轮减速，可实现低噪声、低成本，很多低

价位的电动自行车采用这种电动机。

图 2-90 所示为直流无刷电动机，由电动机主体和驱动器组成，是同步电动机的一种，为了减少转动惯量，通常采用细长的结构。直流电动机是依靠直流工作电压运行的电动机，广泛应用于录像机、DVD、电动剃须刀、电吹风、电子表、玩具等。

图 2-89　直流有刷电动机

图 2-90　直流无刷电动机

图 2-91 所示为直流减速电动机，是比较常见的微型减速电动机，提供较低的转速、较大的转矩。

2）电动机的选用。

具体选用电动机时，同样需要首先分析工况（主要是负载、精度、速度及使用环境方面），把握住什么场合用什么电动机（定性），见表 2-19，如图 2-92 和图 2-93 所示。

图 2-91　直流减速电动机

表 2-19　常用电动机的类别选型简表

<table>
<tr><th colspan="2" rowspan="2">类　型</th><th colspan="2">驱　动</th><th colspan="2">定　位</th><th rowspan="2">特　点</th></tr>
<tr><th>负载</th><th>速度/(r/min)</th><th>精度</th><th>分段多点</th></tr>
<tr><td rowspan="6">定速感应电动机</td><td>普通电动机</td><td>—</td><td>不变，单向连续
(50Hz；1200)
(60Hz；1500)</td><td>低</td><td rowspan="4">依靠制动器控制起动或停止，而目标位置需要设置传感器，布线繁琐，会过运转，因此定位更适合用伺服电动机或步进电动机取代</td><td>用作普通动力源，单相电动机一般串联电容，换向时需对调接线，转速取决于电源频率和极数</td></tr>
<tr><td>可逆电动机</td><td>—</td><td>恒速</td><td>—</td><td>内置简易制动器，可实现瞬时正反转，接制动器，可实现瞬时停止</td></tr>
<tr><td>带电磁制动电动机</td><td>负载保持</td><td>恒速</td><td>一般</td><td>无励磁动作型电磁制动，电源关闭时负载保持，机构的停止位置需设置传感器</td></tr>
<tr><td>超低速同步电动机</td><td>—</td><td>恒速</td><td>低</td><td>转子、定子和步进电动机的相同，适合反复起动、停止、反转，同步运转特性较好</td></tr>
<tr><td>力矩电动机</td><td>转矩固定</td><td>恒速</td><td>低</td><td>—</td><td>块状转子，通过改变施加电压来调节转矩</td></tr>
<tr><td>防尘防水电动机</td><td>—</td><td>恒速</td><td>低</td><td>—</td><td>防尘防水，符合 IEC 规格</td></tr>
</table>

（续）

类型		驱动		定位		特点
		负载	速度/(r/min)	精度	分段多点	
变速感应电动机	无刷电动机	—	稳定，调节范围广，100～4000	低	通过调速器或变频器等驱动电路，使电动机起动、停止、变速	利用传感器使其停止，因此会发生过转（运转过量），定位精度差，因此有高精度要求时，更适合用伺服或步进电动机取代
	调速器＋电动机	—	可变，90～1700	低		
	变频器＋电动机	—	可变，100～2400	低		
定位电动机	伺服电动机	一般	3000～5000	高	适合	性能佳，价格高，常用于高速和多点定位的精密场合
	步进电动机	一般	一般，普遍几百	高	适合	低速时转矩高，但有振动，高速时容易失步，适合短距离的短时间定位，不宜连续运转，不同品牌的价格差异大
大负载电动机	减速电动机	大	偏低（输出轴）	—	—	刚性好，输出转矩大（一般几十到几百牛米），视驱动还是控制用，电动机可以是伺服电动机，也可以是感应电动机

高速、大转矩、高精度、频繁正反转和加减速运行，一般选伺服电动机

类似物体输送方面的带传动，一般选用带减速机的三相异步电动机

类似卷料收发机构，一般选小功率三相异步电动机（即感应电动机）

类似铆合功能的机构，要求大负载，一般用减速电动机（电动机通常为三相交流异步电动机，如有精度要求，则用伺服电动机）

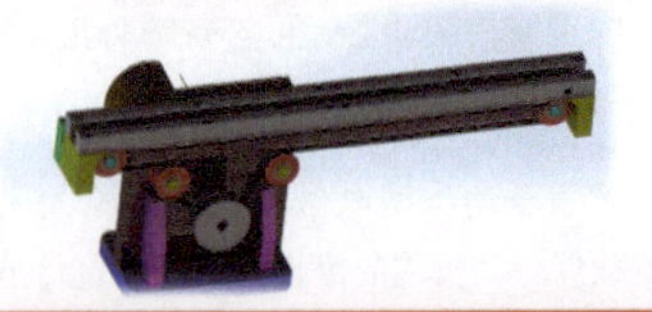

不需要频繁停动和换向，且无精确定位要求时，可选已配好减速机的普通感应电动机，有调速要求时可用调速感应电动机；对于小型输送带，如产品在输送带上有想停就停、想动就动的要求，可考虑采用伺服电动机

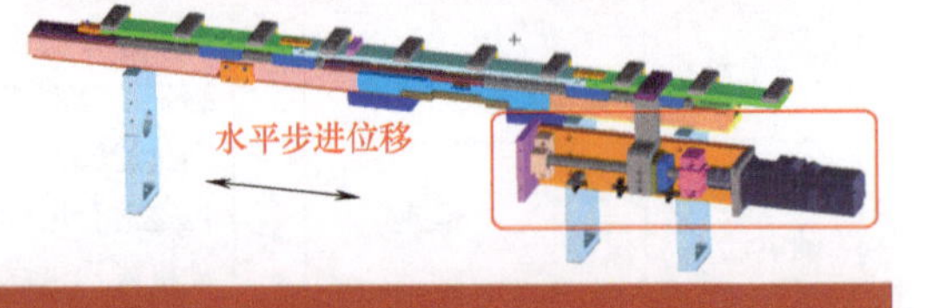

类似这类拨爪机构，一般用气缸驱动，如果用“电动机+丝杠”形式，则该电动机一般选用伺服电动机(有精度要求，也便于调整位置，但为了防止失步，不用步进电动机)

图 2-92 常见工况的电动机选用（一）

确定用对了电动机类型之后，再分析或校核该场合用什么规格的电动机（定量）。

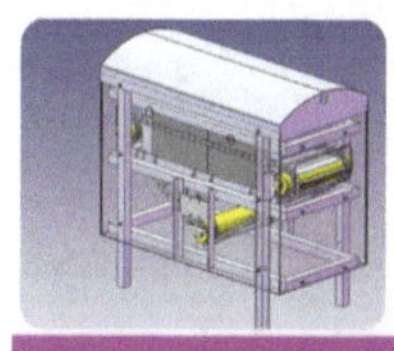

类似食品包装上的链传动输送，选用带减速机的三相异步电动机

一般用电磁制动三相异步电动机，惯量负载不大也可用步进电动机，大转矩时电动机需配上减速机

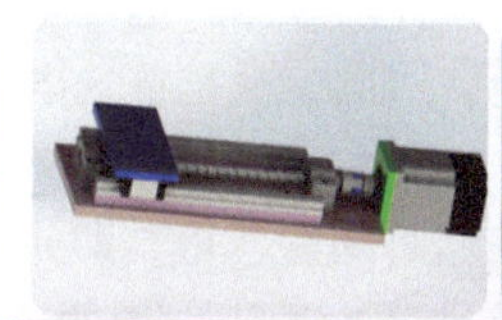

精确定位场合，一般用伺服或步进电动机，精度跟丝杠螺距和电动机分辨率等有关

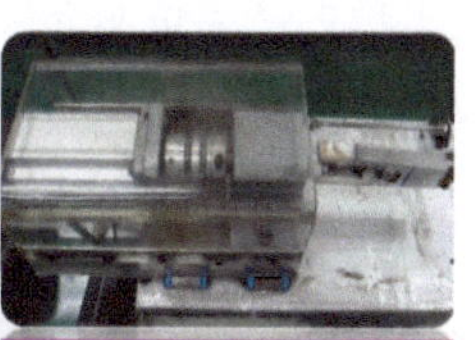

有控制要求的精密机构，一般用伺服电动机，实现和其他机构的高速联动

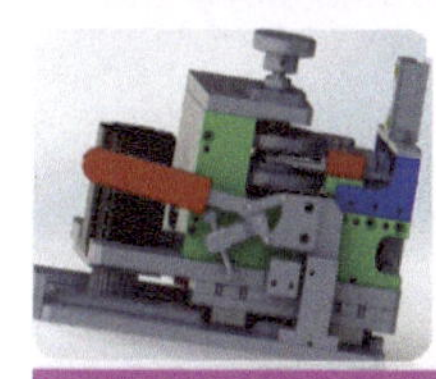

要求高速、大负载、响应快，一般选伺服电动机，其他电动机均不太适合

连续件的送料一般用步进和伺服电动机，步距精度决定于电动机分辨率和齿轮设计

这种n形机构频繁正反转，响应要求高，一般采用伺服电动机+减速机形式，用其他电动机易出问题

作业过程中需要加水，宜选三相异步电动机或感应电动机的特种防水品类

图2-93 常见工况的电动机选用（二）

例如同步电动机的定子和转子都通电，转子转速 n' 与磁极对数 p、电源频率 f（我国一般是50Hz）之间满足 $n'=60f/p$，若电网的频率不变，则稳态时同步电动机的转速恒为常数而与负载的大小无关；异步电动机的定子侧接入电源并产生旋转磁场，转子电流（磁场）是感应产生的，所以转子的转速有滞后效应，实际转速 n = 理想转速 n' ×（1－转差率 s）。

举个例子，一台三相异步电动机的型号为 Y180L-422kW，其中的数字4表示极数，极对数 p 应为 $4/2=2$，故同步转速 $n'=60f/p=60\times50/2\text{r/min}=1500\text{r/min}$，假设转差率 $s=0.02$，则该异步电动机的实际转速则为 $n=n'(1-s)=1500\times(1-0.02)\text{r/min}=1470\text{r/min}$。一般三相异步电动机铭牌上会标示功率 P 和转速 n（也有标示功率 P 和输出转矩的情况），需要简单算下三个转矩，从而确定最后的选型。

① 额定转矩 T_N。

额定转矩 T_N 是异步电动机带额定负载时，转轴上的输出转矩。

$$T_N=9550\frac{P_2}{n}$$

式中，P_2 是电动机轴上输出的机械功率，单位为kW。

当忽略电动机本身机械摩擦转矩 T_0 时，阻力转矩近似为负载转矩 T_L，电动机等速旋转时，电磁转矩 T 必与阻力转矩相等，即 $T=T_L$。额定负载时，则有 $T_N=T_L$。

② 最大转矩 T_m。

T_m 又称为临界转矩，是电动机可能产生的最大电磁转矩。它反映了电动机的过载能力。最大转矩 T_m 与额定转矩 T_N 之比称为电动机的过载系数 λ，即

$$\lambda=T_m/T_N$$

一般三相异步电动机的过载系数在1.8～2.2之间。在选用电动机时，必须考虑可

能出现的最大负载转矩，而后根据所选电动机的过载系数算出电动机的最大转矩，它必须大于最大负载转矩，否则，就是重选电动机。

③ 起动转矩 T_{st}。

T_{st}为电动机起动初始瞬间的转矩，即 $n=0$，$s=1$ 时的转矩。为确保电动机能够带额定负载起动，必须满足 $T_{st}>T_N$，一般的三相异步电动机有 $T_{st}/T_N=1\sim2.2$。

用变频器控制异步电动机调速时，必须设定起动频率。变频器的工作频率为零时，电动机尚未起动，当工作频率达到起动频率时，电动机才开始起动，这时起动转矩较大，起动的电流也较大。

2.3.2 伺服电动机

按控制命令的要求，对功率进行放大、变换与调控等处理，使驱动装置输出的转矩、速度和位置得到灵活控制，这类电动机叫伺服电动机。

伺服电动机分为直流（较便宜）和交流（较常用，分同步和异步），有优越的控制特性、精密能力和高速表现，是电动机家族中的突出成员。其自动化应用场合，主要是一些要求比较严苛的高速、高精度、频繁加减速的移载、定位、工艺机构，如图2-94所示。

图2-94 伺服电动机的应用

1. 伺服电动机的结构原理

伺服电动机比较特殊，主要靠驱动器（与电动机配套的电控器件，可触发脉冲信号）来控制：伺服电动机接收到1个脉冲，就会旋转1个对应的角度，从而实现（角）位移。因为伺服电动机也具备发出脉冲的功能，所以伺服电动机每旋转一个角度，都会发出对应数量的脉冲（反馈），这样，和伺服电动机接受的脉冲形成了呼应（即所谓的闭环控制），系统就会知道发了多少脉冲给伺服电动机，同时又收了多少脉冲回来，从而很精确地控制电动机的转动。

事实上，伺服电动机本身不能发脉冲，主要靠其内部的编码器来实现，如图2-95所示。它是一个玻璃制的圆盘（和电动机轴连接），上方印刷有能够遮住光的黑色条纹，两侧有一对光源与受光元件。圆盘转动时，遇到玻璃透明的地方光就会通过，遇到黑色条纹光就会被遮住。受光元件将光的有、无转变为电信号就成为脉冲（信号）。圆盘上条纹的密度 = 伺服电动机的分辨率，也即每转的脉冲数。

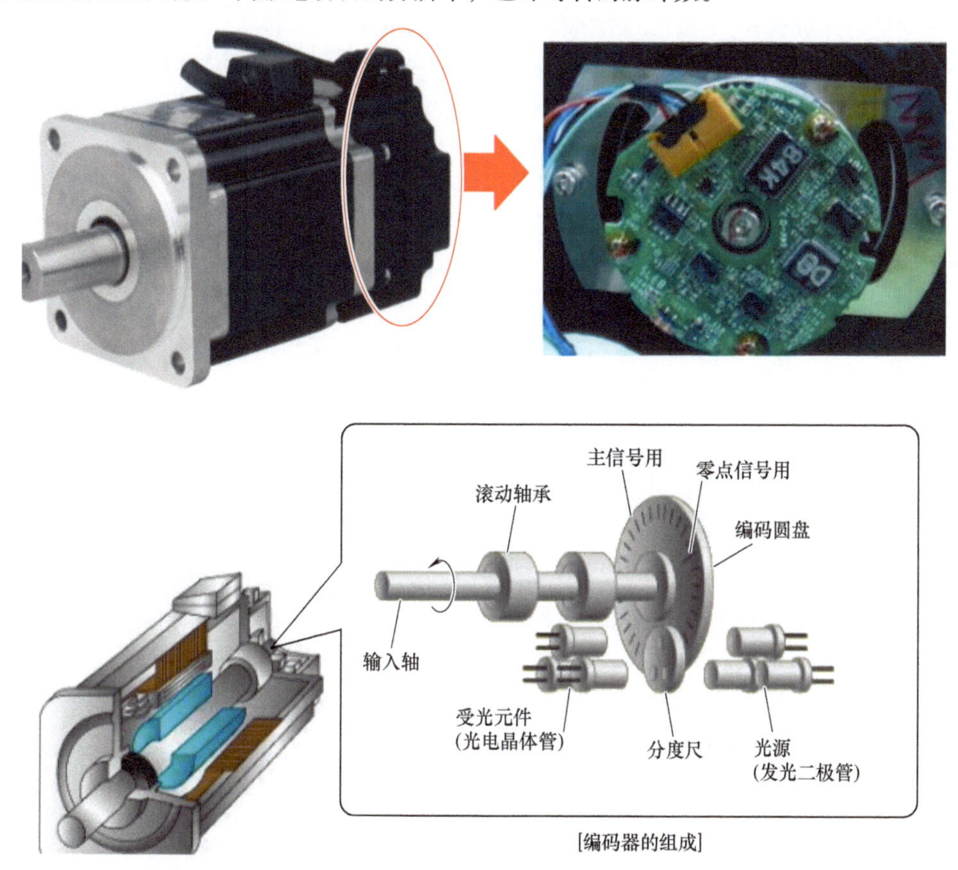

图 2-95　伺服电动机的编码器

伺服的编码器一般采用 5 线制增量式（还有 17 位 7 线制绝对式编码器，分辨率为 131072，不常用），出厂设置为 2500 脉冲/r，分辨率为 10000。可以这样理解，编码器圆盘刻了 2500 道线，一圈分为 2500 份，如果通过设置驱动器的电子齿轮比为 4 倍频，相当于 1 道线对应 4 个反馈脉冲，转一圈，2500 道线，产生 10000 个脉冲反馈，即 0.036°/脉冲（分辨率）。

需要特别注意的是，电动机的制造精度跟控制精度不是一回事。“伺服电动机的编码器圆盘刻了 2500 道线”，意味着电动机的制造精度是 0.144°/脉冲，而通过设置多倍频变为 0.036°/脉冲，这个“微分”只是从控制上的一个精度细分技术，严格来说，并没有改变电动机本身的精度，因此也不能简单地认为转角细分越多，电动机精度越高。

为了便于读者理解，这里强化下几个重要概念。

（1）电子齿轮比　就是对伺服电动机接收到上位机的脉冲频率进行放大或者缩小，其中一个参数为分子，一个为分母。如分子大于分母就是放大，分子小于分母就是缩小。例如：上位机输入频率100Hz，电子齿轮比分子设为1，分母设为2，那么伺服电动机实际运行速度按照50Hz的脉冲来进行；上位机输入频率100Hz，电子齿轮比分子设为2，分母设为1，那么伺服电动机实际运行速度按照200Hz的脉冲来进行（伺服电动机的分辨率=(上位机)指令脉冲×电子齿轮比）。

（2）脉冲 一般指数字信号，是短时间发生的信号，就像人的脉搏一样。如果用水流形容，直流就是把水龙头一直开着淌水，脉冲就是不停地开关水龙头形成水脉冲，开关一个周期为1个脉冲，反复操作，则产生脉冲信号，如图2-96所示。它的特点是：在短持续时间内突变，随后又迅速返回其初始值，有间歇性，相对于连续信号（在整个信号周期内都有的信号），大部分脉冲信号周期内是没有信号的，靠驱动器来触发。

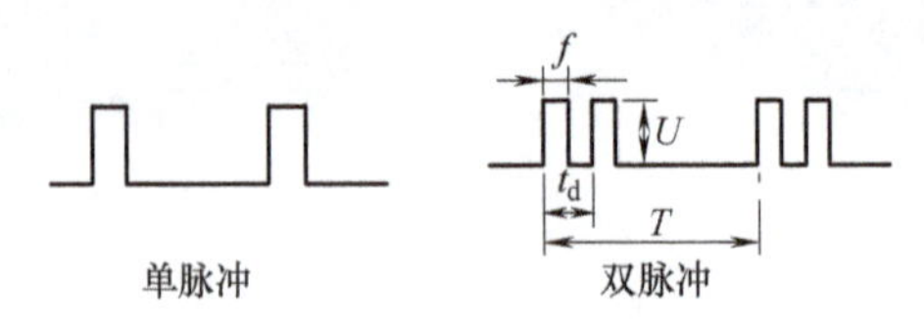

图2-96 脉冲信号

PLC本身是做逻辑控制的，发不了高频脉冲。它把命令发给伺服驱动器，再由后者发射脉冲到伺服电动机。

（3）分辨率 对电动机来说，指的是其最小的运转精度单元，由于伺服和步进电动机靠脉冲信号来控制，因此可认为其分辨率是电动机转一圈需要的脉冲数，或说是单个脉冲对应的角度。根据电动机的分辨率，可以折算不同工况下机构的精密能力，后者则更多用另一个概念脉冲当量来表述。

（4）脉冲当量 可以理解为电动机分辨率折算成特定工况下的精度，如图2-97所示，某个机构的电动机一圈需要发10000个脉冲，丝杠前进一个螺距（5mm），则脉冲当量为5/10000=0.0005mm/脉冲，反映了该机构电动机的精密能力（线性位移精度）。

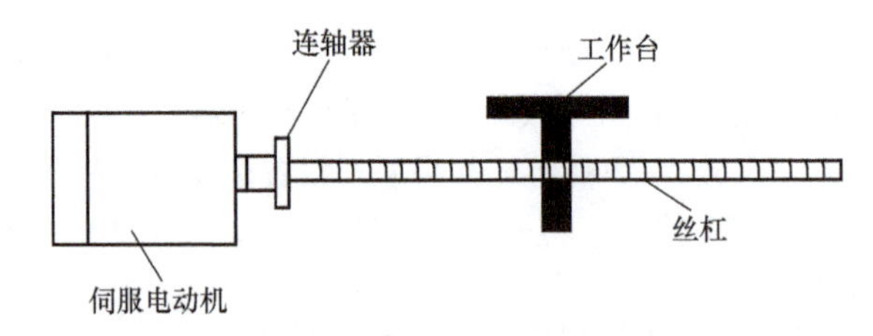

图2-97 伺服电动机+丝杠的机构示意图

2. 伺服电动机的选用

（1）伺服电动机的型号、规格 伺服电动机的代表厂商有松下、安川、三菱、台达等（不同品牌的电动机安装尺寸略有差别，例如固定400W的电动机，安川的螺纹孔是M5，而松下的则是M4），这里以松下品牌为例，其型号表达、规格见图2-98和表2-20。

表 2-20　松下伺服电动机的规格

电动机	低惯量			中惯量		高惯量	
	MSMD（小型）	MSME（小型）	MSME（大型）	MDME	MGME（低速大转矩）	MHMD	MHME
额定输出容量/kW	0.05　0.1 0.2　0.4 0.75	0.05　0.1 0.2　0.4 0.75	1.0　1.5 2.0　3.0 4.0　5.0	1.0　1.5 2.0　3.0 4.0　5.0	0.9 2.0 3.0	0.2 0.4 0.75	1.0　1.5 2.0　3.0 4.0　5.0
额定转速（最高转速）/(r/min)	3000(5000) 750W 为 3000(4500)	3000 (6000)	3000(5000) 4.0kW＊ 5.0kW 为 3000(4500)	2000 (3000)	1000 (2000)	3000(5000) 750W 为 3000(4500)	2000 (3000)
旋转编码器 20 位增量式	适用	适用	适用	适用	适用	适用	适用
旋转编码器 17 位绝对值	适用	适用	适用	适用	适用	适用	适用
保护结构	IP65(＊)	IP67(＊)	IP67(＊)	IP67(＊)	IP67(＊)	IP65(＊)	IP67(＊)
特点	导线型 小容量 最适合需要高转速的用途 大多数情况下都可使用	小容量 最适合需要高转速的用途 大多数情况下都可使用	中容量 最适用于直接连接滚珠丝杠，且机械刚性高的高频运转	中容量 最适用于带传动等机械刚性低的用途	中容量 最适用于需要低速大转矩的用途	导线型 小容量 最适用于带传动等机械刚性低的用途	中容量 最适用于大惯性，特别是负载转动惯量较大的带传动等机械刚性低的用途
用途	焊机 半导体制造设备 包装机等		安装设备 食品机械 液晶制造装置等	搬运装置 机械手 机床等	搬运装置 机械手 纤维机械等	搬运装置 机械手等	搬运装置 机械手 液晶制造装置等

（2）伺服电动机的性能指标　伺服电动机性能主要体现在精度、速度、功率等方面，例如 50W 的 MSME 系列松下伺服电动机规格，见表 2-21。

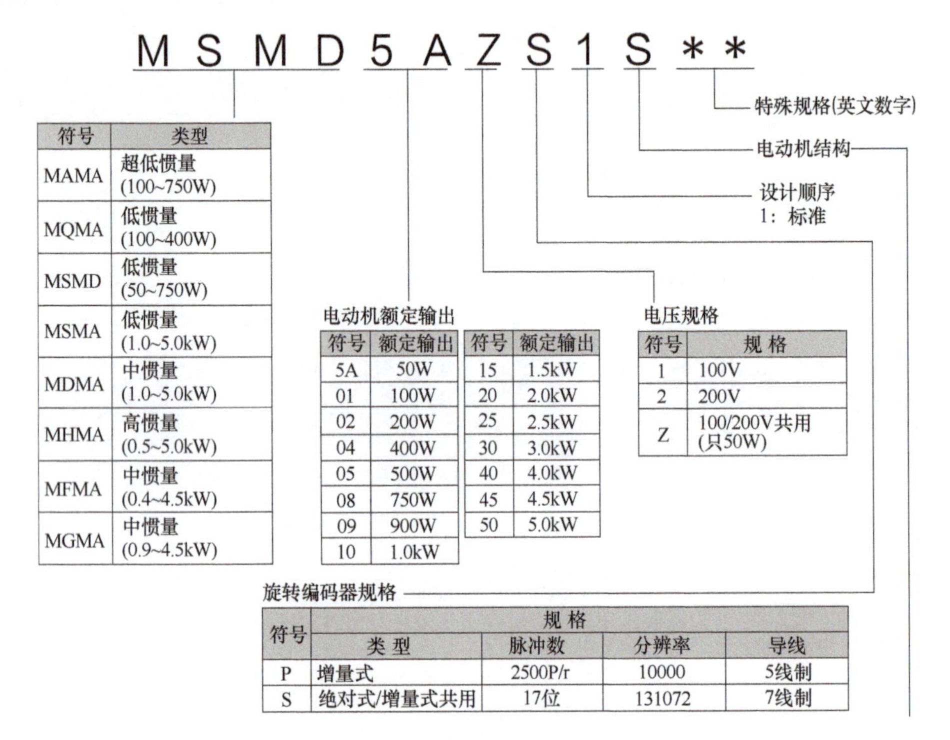

图 2-98　松下伺服电动机的型号

表 2-21　50W 的 MSME 系列松下伺服电动机规格

适用驱动器	型号	A5 系列	MADHT1105	
		A5E 系列	MADHT1105E	
	外形符号		A 型	
电源设备容量/kVA			0.4	
额定输出功率/W			50	
额定转矩/N·m			0.16	
瞬时最大转矩/N·m			0.48	
额定电流/A			1.1	
瞬时最大电流/A			4.7	
再生制动频率（次/min）	无可选择		无限制	
	DV0P4280		无限制	
额定转速/(r/min)			3000	
最高转速/(r/min)			6000	
转子转动惯量（10^{-4}kg·m^2）	无制动器		0.025	
	有制动器		0.027	
对应转子转动惯量的推荐（负载转动惯量比）			30 倍以下	
旋转编码器规格			20 位增量式	17 位绝对值
每 1 转的分辨率			1048576	131072

1）分辨率。电动机本身的精度指标，具体机构的精度，则更多用脉冲当量来描述。

2）额定速度。电动机输出额定转矩时的最高转速，一般伺服电动机的额定转速为3000r/min，最高可达6000r/min，如果超过额定转速运转，电动机受驱动器的限制，转矩会大幅下降，直到停止转动。经验上，很多机构从静止到额定转速的加速时间大概要几毫秒到几百毫秒。

3）额定功率。功率是物体做功快慢的物理量，反映带负载抗过载的能力。额定功率，就是在标准工况下输出的最大功率，体现了电动机的负载能力，例如100W的伺服电动机额定输出转矩为0.32N·m，一般电子行业用的是几瓦到几千瓦。

4）额定转矩。在额定转速下的输出转矩，此时电流额定，伺服电动机的瞬时最大转矩约为额定转矩的3倍。

5）（转子）惯量。惯量是刚体绕轴转动时惯性（回转物体保持其匀速圆周运动或静止的特性）的量度，转动惯量越大，转动体的响应性越差，单位是 $kg \cdot m^2$。

上述性能指标中，精度和速度比较容易把握，但是功率和惯量，则有一定的选用原则。电动机的（转子）惯量和容量是递增关系，功率越大，必然转子会越粗壮，导致其转动惯量也增加。一般来说，惯量较小，越适用于插件、装配等高速急走急停的场合，如MSMD、MSME系列；惯量较大，适用于负载惯量发生变动的机构和带传动等韧性较差的机械（如机器人、组装机械等），如MDME、MGME、MHMD等系列。从经验看，对于频繁加减速的场合，伺服电动机的负载惯量不宜大于转子惯量的5倍以上，超标了就可能会过载或过电压报警。

6）允许负载。电动机转轴在运行时所承受的径向和轴向负载，是有一定允许范围的，如图2-99所示。

（3）伺服电动机的控制模式　伺服电动机主要用于（定位）控制场合，大概有位置控制、速度控制、转矩控制等模式（比较常用的是位置控制或速度控制模式）。

■容许负载

在机械设计时,应防止在伺服电机运行中所承受的径向容许负载和轴向容许负载超出下表中的值。

径向容许负载 Fr(N)	轴向容许负载 Fs(N)	LR (mm)
78	54	20

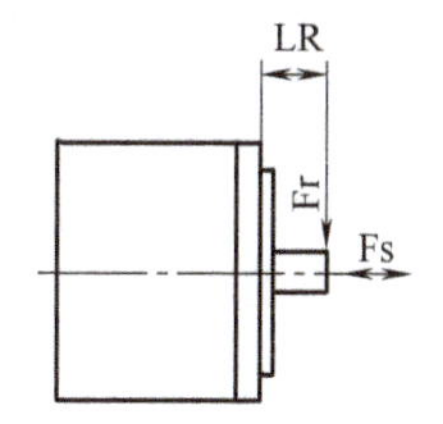

图 2-99　伺服电动机的径向、轴向容许负载

例如转矩控制模式，通过控制电流值可控制电动机的输出转矩。以卷扬装置的拉锁张力控制为例，如图2-100所示，卷取的滚轮半径越大时，负载转矩相对增加，伺服电动机的输出转矩相对增加；卷取途中材料切断时，负载瞬间变轻，

但电动机高速回转，此时伺服电动机的输出转矩减小。

（4）伺服电动机的选用 对伺服电动机的性能规格有一些基本了解后，到了选型这步，其实已经水到渠成。首先，从定性角度看，伺服电动机一般用在定位、转矩、位置控制方面，尤其是一些高速、高精度、频繁加减速的相对高端的场合，如图2-94所示。其次，从定量角度看，主要是分析工况对电动机功率、转速、转矩、转动惯量、分辨率等指标的要求，对号入座，具体选型思路，如图2-101所示。

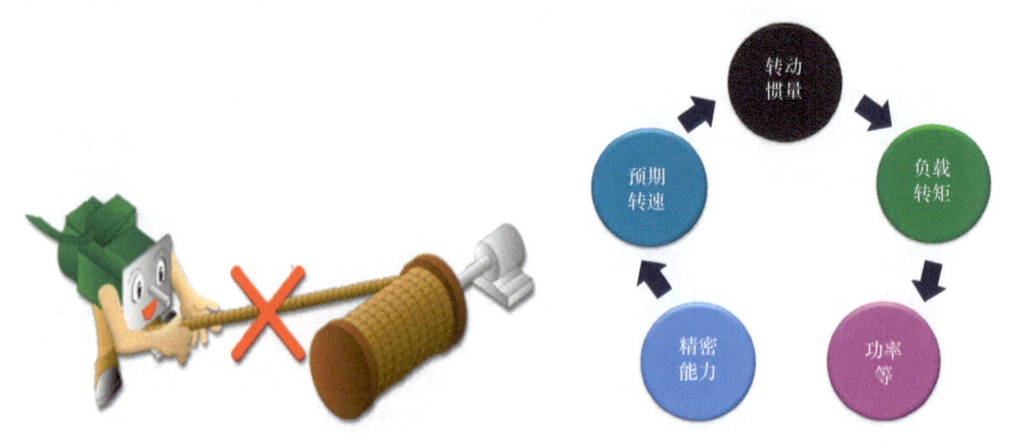

图2-100 卷扬装置的拉锁张力控制　　图2-101 伺服电动机的选型思路

3. 伺服电动机配套减速机的选用（步进电动机也可配减速机，但使用较少）

世界上用得最多的传动方式是齿轮传动，而减速机（见图2-102）则是齿轮应用的典型组合产品（传递动力），在自动化设备上的应用十分常见（但一般不自己设计）。齿轮传动有若干段的形式，如图2-103所示，减速比的范围也很宽广，从一比几到一比几百以上都有。

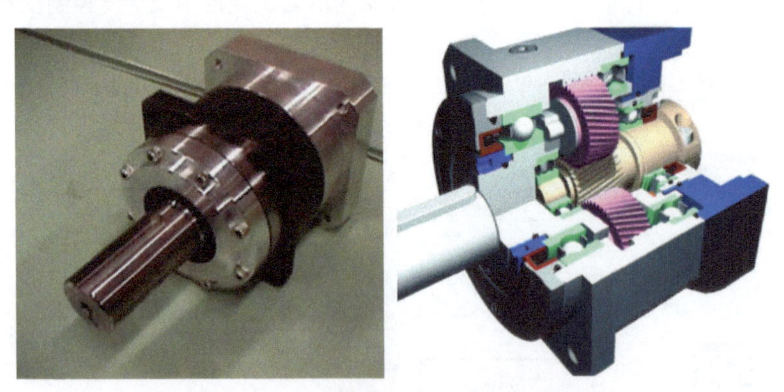

图2-102 减速机的外形和内部结构

减速机几乎是伺服电动机的标配，大部分的小功率伺服电动机常常是单独采购，然后再另行配置减速机。使用减速机，主要是为了提高机构刚性、增大输出转矩、降低输出转速，有个别情况则是由于空间限制不得不用。常见的减速机品牌如图2-104所示。

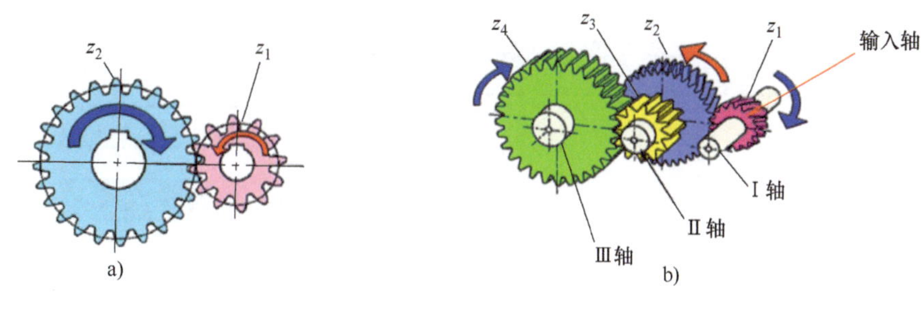

图 2-103　齿轮传动的减速比

a）1 段减速比：$z_1/z_2=10/30=1/3$　b）2 段减速比$(z_1/z_2)\times(z_3/z_4)=(10/30)\times(10\times20)=1/6$

图 2-104　常见的减速机品牌

根据安装结构，减速机的分类如图 2-105 所示。

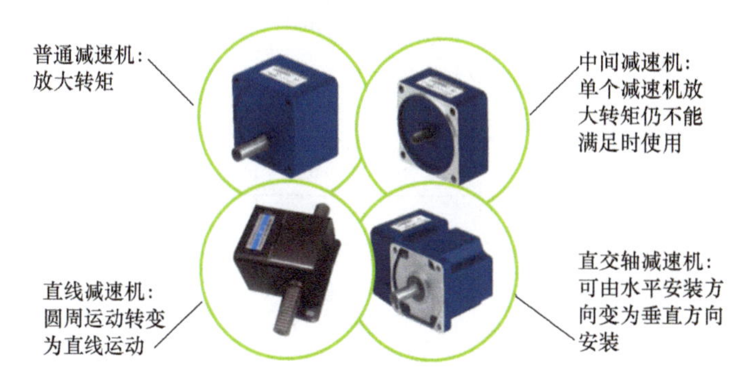

图 2-105　减速机的分类

减速机的选型学习，需要先了解相关的技术要点。图 2-106 所示为某减速机厂商的产品型号表达（各家厂商大同小异），主要包含了负载规格、减速段数、减速比、背隙、输出轴型式、匹配电动机等信息；某款型号的减速机规格参数见表 2-22，需要确认的参数主要有瞬间最大输出转矩、减速比、额定输入转速、径向和轴向负荷力、背隙、转动惯量等。

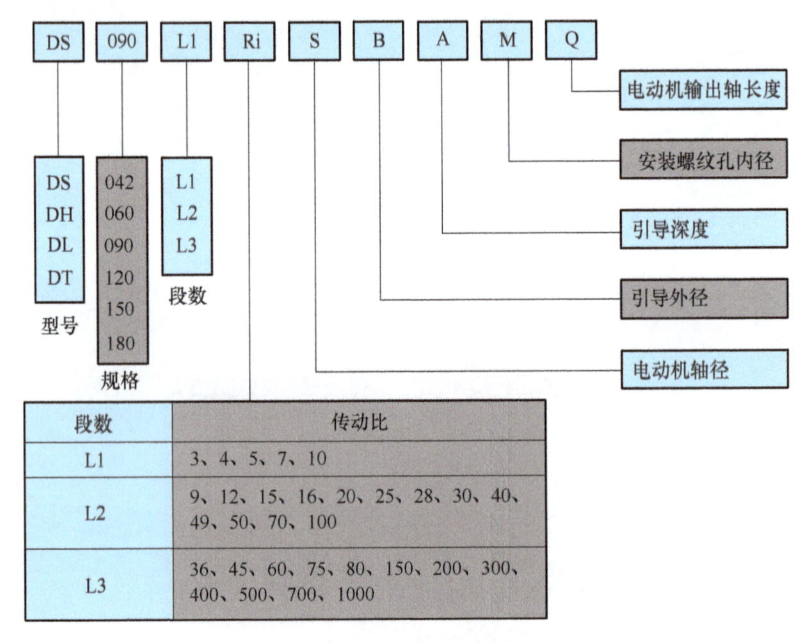

图 2-106 减速机的型号表达

表 2-22 某品牌的某款减速机规格参数

规格			DS060	DS070	DS090	DS120	DS150	DS180
瞬间最大输出转矩 T_{2B}/N·m	减速比	3/9/10/30	132	144	504	780	1428	2961
		4/15/16/20/40	162	180	564	918	1680	3840
		7/28/35/70	138	156	528	855	1560	3555
		5/50	144	168	540	876	1608	3744
额定输出转矩 T_{2N}/N·m		3/9/10/30	44	48	168	260	476	987
		4/16/20/28/40/	54	60	188	306	560	1280
		7/28/35/70	46	52	176	285	520	1185
		5/50	48	56	180	292	536	1248
减速比	段数	1 段	3/4/5/7/10					
		2 段	9/12/15/16/20/21/25/28/30/35/40/49/50/70/100					
额定输入转速 n_{1N}/(r/min)	减速比	3/4/5	3300	3300	2600	2300	2200	1500
		7/10	4000	4000	2900	2700	2700	2400
		12～40	4400	4400	3200	3000	3000	2800
		50	4800	4800	3600	3300	3200	3000
		70～100	5500	5500	4200	3900	3500	3200

（续）

规格			DS060	DS070	DS090	DS120	DS150	DS180
径向负荷力 F_{rMax}/N	减速比	3~100	2600	2600	6000	7500	9000	14000
轴向负荷力 F_{rMax}/N	减速比	3~100	2300	2300	5400	6700	9000	14000
精密背隙	减速比	3~10	≤5	≤5	≤5	≤5	≤5	≤5
	减速比	12~100	≤8	≤8	≤8	≤8	≤8	≤8
扭转刚性/[N·m/(′)]	减速比	3~100	6.5	7	14	27	48	115
允许径向力 F_{2rB2}/N	L1，L2		1,400	1,400	6,200	7,500	14,000	22,000
允许轴向力 F_{2aB2}/N	L1，L2		800	800	5,200	3,225	12,000	20,000
满载时使用效率（%）	减速比	3~10	≥97					
	减速比	12~100	≥94					
使用寿命 L_{h2}/h	减速比	3~100	20000					
重量/kg	减速比	3~10	1.1	1.3	3.2	4.6	13	36
	减速比	12~100	1.4	1.6	4.2	5.8	17	45.2
噪声值/dB			65	65	64	64	64	64
使用温度范围/℃			（-15~90℃）					
防护等级			IP64					
润滑油			人工合成润滑油 ISO VG220					
转动惯量 J_1/kg·m^2	段数 1	减速比 3	0.42	0.42	0.78	2.38	19.8	48.7
	段数 1	减速比 4	0.3	0.3	0.6	2	17	45
	段数 1	减速比 5	0.29	0.29	0.59	2	17	46.5
	段数 1	减速比 7	0.28	0.28	0.73	2	16.8	45.5
	段数 1	减速比 10	0.35	0.35	0.75	2.3	19	48
	段数 2	减速比 9	0.42	0.42	0.78	2.38	19.8	19.8
	段数 2	减速比 12	0.3	0.3	0.73	2.1	17	19
	段数 2	减速比 16	0.3	0.3	0.6	2.1	17	17
	段数 2	减速比 20	0.3	0.3	0.6	2.1	16.8	17
	段数 2	减速比 25	0.29	0.29	0.75	2.1	17	17
	段数 2	减速比 28	0.3	0.3	0.75	2.1	19	17
	段数 2	减速比 35	0.3	0.3	0.73	2.38	19	19
	段数 2	减速比 40	0.35	0.35	0.78	2.38	19	19
	段数 2	减速比 50	0.35	0.35	0.78	2.38	19	19
	段数 2	减速比 70	0.35	0.35	0.78	2.38	19	19
	段数 2	减速比 100	0.35	0.35	0.78	2.38	19.8	19.8

减速机的选型流程，如图 2-107 所示。

1）根据 i = 实际负载/电动机输出力，或者根据传动比 = 电动机转速/工作转速，算出减速比 i。

图 2-107 减速机的选型流程

2）动力方面，应满足加减速转矩 $T_m <$ 减速机的最大输出转矩，$T_m =$ 电动机最大输出转矩 $T_{max} \times$ 减速比 $i \times$ 传动效率 $\eta \times$ 负载系数 K_s，其中过载系数 K_s 的取值见表 2-23，如不足则选大一些的型号。

表 2-23 减速机的过载系数

K_s	周期次数/h
1.0	0～1,000
1.1	1,000～1,500
1.3	1,500～2,000
1.6	2,000～3,000
1.8	3,000～5,000

3）计算平均转速 n_{2m}，减速机的额定输入转速为 n_1，输出转速 $n_2 = n_1/i$，应满足 $n_{2m} < n_2$。减速机工作端的运动模式如图 2-108 所示。

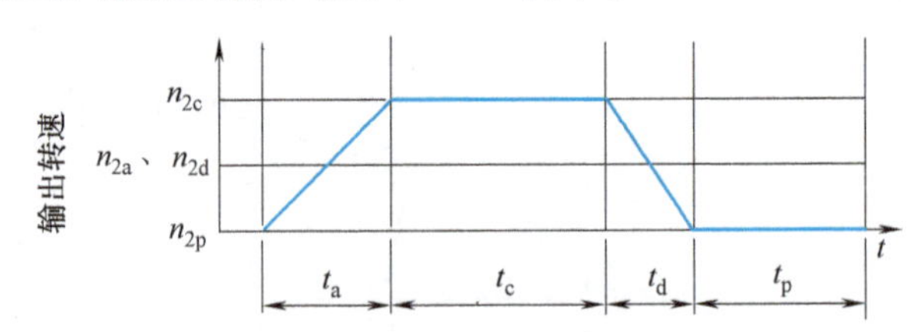

图 2-108 减速机工作端的运动模式

则有

$$n_{2a} = n_{2d} = \frac{1}{2} n_{2c}$$

$$n_{2m} = \frac{n_{2a} t_a + n_{2c} t_c + n_{2d} t_d}{t_a + t_c + t_d}$$

4）依实际工况计算轴向、径向负载（见图 2-109），核对减速机参数，如不足则选大一些的型号。

5）依机构空间布局确定安装方向（水平轴还是直交轴），确认精度是否足够（背隙值），转动惯量是多大……

由于减速机和电动机是成对使用的，如 400W 的松下 MHMD042P1U，可以配新宝 VRSF-S9C-400-T1，因此具体开展选型工作时，也可先查阅厂商型录的速配表，见表 2-24。例如电动机是 400W，减速比为 1/5，则该厂商的该系列的减速机有 DS060 和 DS090 两个规格可选，通过计算分析进行校核确认 DS060 是否满足工况要求，如果不行则换 DS090。需要注意的是，减速机换了，则电动机也要进行相应变更，因为两者

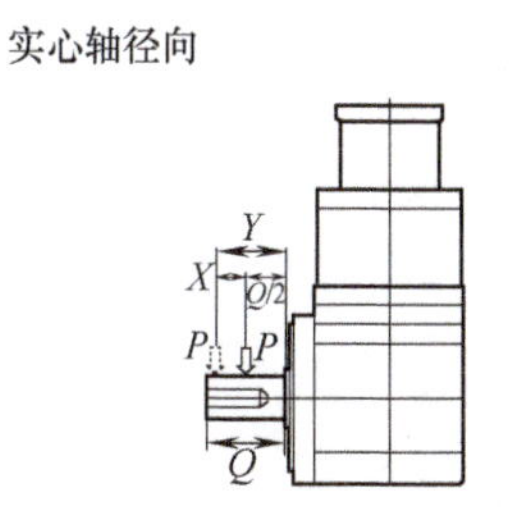

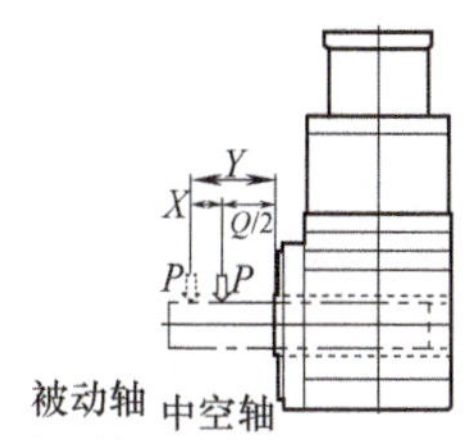

径向负载在输出轴中央部位以外时，请使用以下公式和常数计算。

※关于被动轴的强度请客户确认。

$P_x=[K/(K+X)]P$

$X=Y-Q/2$

P为允许径向负荷，单位为N；

Q为常数；

K 为常数；

X 为负荷点变位距离，单位为mm；

Y 为负荷点，单位为mm；

P_x为允许轴负荷，单位为N

段位号	常数Q	常数K
B	30	94.5
C	30	97.5
D	40	128
E	55	138.5

图 2-109　减速机轴端径向负载

螺纹孔位置和大小是匹配的。

表 2-24　某减速机品牌的伺服电动机速配表

容量＼减速比		1/3	1/4	1/5	1/7	1/9	1/10	1/15	1/20	1/25	1/30	1/35	1/40	1/50	1/70	1/100
100W	DH042	•		•												
	DS060	•	•	•	•	•	•	•	•	•	•	•	•	•	•	•
200W	DS060	•	•	•	•	•	•	•	•	•	•	•	•	•	•	
	DS090	•	•	•	•	•	•	•	•	•	•	•	•	•	•	•
400W	DS060	•	•	•	•	•	•	•	•	•	•	•	•			
	DS090	•	•	•	•	•	•	•	•	•	•	•	•	•	•	•
500W	DS090	•	•	•	•	•	•	•	•	•	•					
	DS120	•	•	•	•	•	•	•	•	•	•	•	•	•	•	•
750W	DS090	•	•	•	•	•	•	•	•	•	•	•				
	DS120	•	•	•	•	•	•	•	•	•	•	•	•	•	•	•
1kW	DS120	•	•	•	•	•	•	•	•	•	•	•	•	•		
	DS150	•	•	•	•		•	•	•	•	•	•	•	•	•	•

2.3.3　步进电动机（特殊的感应电动机）

1. 步进电动机的结构原理

步进电动机和伺服电动机类似，也是将电脉冲转化为角位移的执行器件。通俗地说，当步进驱动器接收到一个脉冲信号，它就驱动步进电动机按设定的方向转动一个固定的角度（即步进角）。可以通过控制脉冲个数来控制角位移量，从而达到准确定位的目的；同时也可以通过控制脉冲频率来控制电动机的转动速度，从而达到调速的目的。

步进电动机的内部结构如图 2-110 和图 2-111 所示。

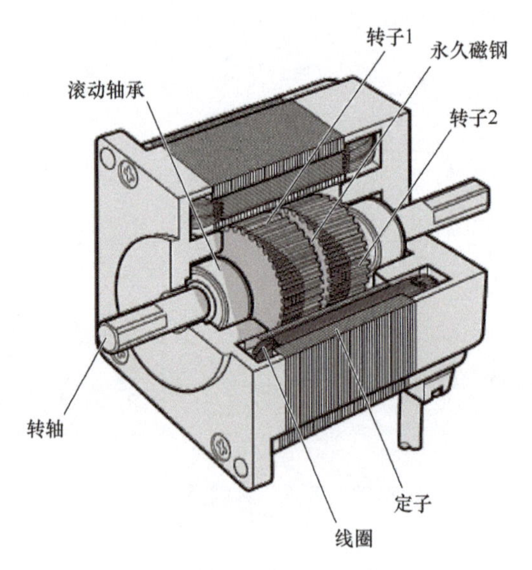

图 2-110 步进电动机的内部结构（一）

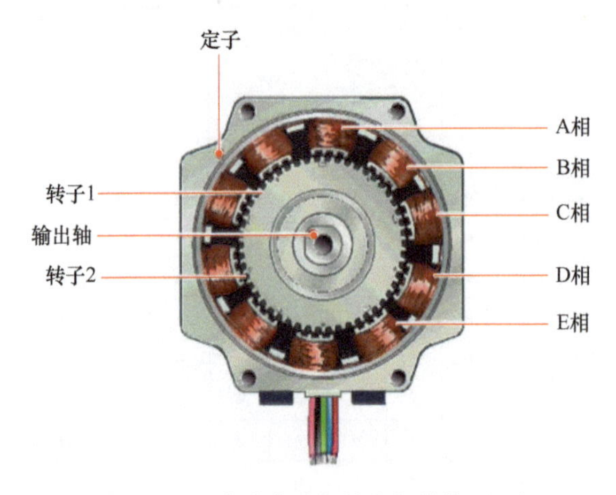

图 2-111 步进电动机的内部结构（二）

步进电动机分为永磁式（一般为三相）、反应式（一般为两相）和混合式（综合了永磁式和反应式的优点）三种。混合式步进电动机有两相（步进角为 1.8°/0.9°）、三相（步进角为 1.5°/0.75°）和五相（步进角为 0.72°/0.36°）等几种类型，随着相数（通电绕组数）的增加，步进角减小，精度提高，应用较为广泛。

步进电动机在低速运转时，输出转矩较大，但在高速运转时易失步，一般用于定位控制，单价大概几百块，相对伺服电动机有一定的成本优势。此外有以下几个特点：

1）和伺服电动机的控制类似，需要专用驱动器发出脉冲来驱动，角位移量或线位移量与电脉冲数成正比，来一个脉冲，转一个步距角，控制脉冲频率，可控制电动机转速，改变脉冲顺序，改变转动方向。

2）运转过程中，电动机表面温度在 80 ~ 90℃属于正常现象，到如果温度过高，容易导致转矩下降乃至于失步，因此步进电动机不宜连续运行（防止温度过高），建议运行时间/（运行时间 + 停转时间）<50%。

3）步进电动机在低速转动时，振动和噪声较大（跟负载情况和驱动器性能也有一定关系），一般缓解的方法对步进角进行“微分”（如五相步进电动机就比二相的振动和噪声来得低些），或者换用伺服电动机。

4）在起动时需要一个缓加速过程，而且其转速越高，输出转矩越小，本身没有反馈，因此高速下容易“丢步”（意思是高速状态下时的停止，容易过冲，失去精度或角度失控），一般工作在 200～1000r/min。跟伺服电动机相比，如图 2-112 所示，步进电动机的输出转矩随转速升高而下降，且在较高转速时会急剧下降。

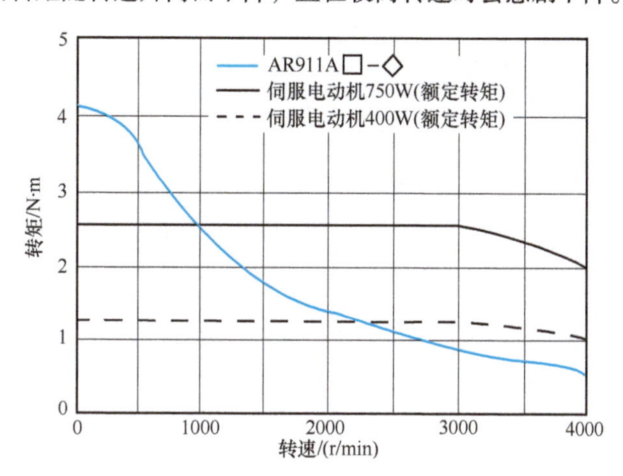

图 2-112　步进电动机（AR911 标准型）和伺服电动机的矩频特性对比

5）一般定位控制的场合，出于成本（伺服电动机一套大概几千元，是普通步进电动机的几倍）考虑，经常会用步进电动机去取代伺服电动机。但不可否认，伺服电动机整体优势是明显的，如图 2-113 所示，需要根据设计要求综合权衡，该用伺服电动机时别“手软”，尤其是频繁加减速的高速机构，用伺服电动机更合理。

2. 步进电动机的性能参数

（1）步进电动机的型号表达　步进电动机的规格大小不用功率之类的概念来定义，而是用法兰安装尺寸来衡量，见表 2-25。

表 2-25　某品牌步进电动机的型号和主要性能参数

法兰尺寸　精度指标　负载能力　影响系统加减速

规格型号	相数	步距角/(°)	相电流/A	保持转矩/N·m	转动惯量/g·cm²	重量/kg	外形尺寸/mm
28BYG250C–0071	2	0.9/1.8	0.7	0.09	12	0.15	28×28×40
35BYG250B–0081	2	0.9/1.8	0.8	0.11	14	0.18	35×35×34
39BYG250B–0051	2	0.9/1.8	0.5	0.065	11	0.12	39×39×20
42BYG250A–0151	2	0.9/1.8	1.5	0.23	38	0.21	42×42×34
42BYG250B–0151	2	0.9/1.8	1.5	0.43	57	0.23	42×42×40
42BYG250C–0151	2	0.9/1.8	1.5	0.54	82	0.36	42×42×48

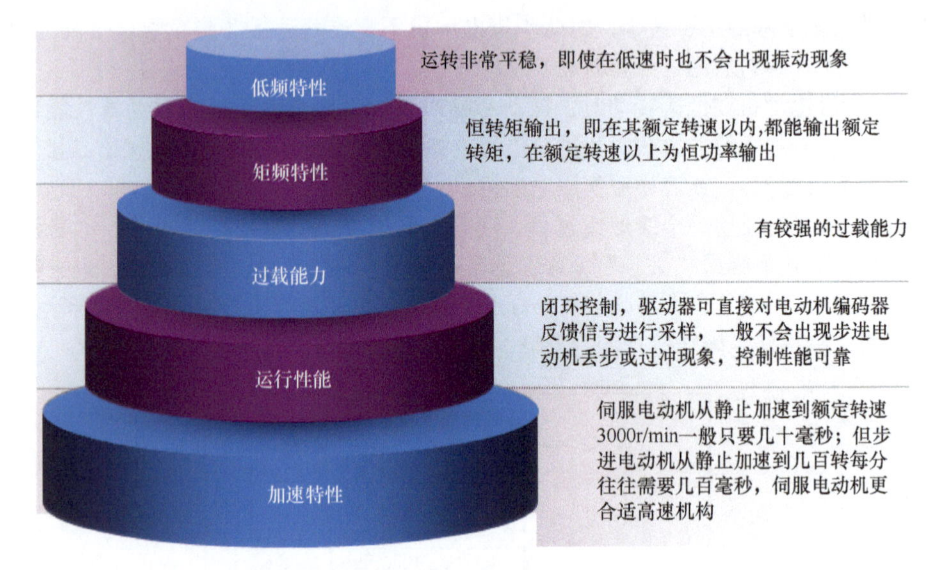

图 2-113 伺服电动机相对步进电动机的优势

（2）步进电动机的重要参数

1）步距角。这是衡量步进电动机“精密能力”的指标（和伺服电动机的分辨率类似），即最小运转单元，在具体选型时需要确定该参数是否满足工况要求。步距角越小，控制越精确，步距角一定时，通电状态的切换频率越高（即脉冲频率越高）时，步进电动机的转速越高；脉冲频率一定时，步距角越大（相当于转子旋转一周所需的脉冲数越少）时，步进电动机的转速越高。由于步距角和转速、脉冲频率之间的制约关系，在实际选用步进电动机时，应视工况侧重于精度还是速度来定。一般情况下多选用价格相对较为低廉的二相步进电动机，对于控制精度有较高要求时才用更大相数的步进电动机。

部分性能优越的步进电动机可以进行“微分”，即通过驱动器的简单设置，实现步距角的进一步细化。换言之，步进电动机驱动器有三种基本模式：整步、半步、细分。例如标准两相步进电动机转一圈是发 200 个脉冲（全步驱动方式，步距角为 1. 8°，一般不常用）；采用半步驱动方式，转一圈是发 400 个脉冲（步距角为 0. 9°），在低速运行时振动较小；采用细分驱动方式，例如进行十六细分，则转一圈发 200 × 16 = 3200 个脉冲（步距角达到 0. 1125°）。

要注意的是，这种通过控制技术来实现角度的精细化，有助于减缓电动机的振动和实现更精准的定位，主要应用于超低速、低噪声（振动）要求的场合，但并不是细分得越小越好，一方面会造成运转速度下降，另一方面也会造成程序运算缓慢。

此外，步距角的“微分”并没有从根本上改变电动机本身的精度，确切地说，电动机的精度应该由它的制造精度（如齿距或齿隙的公差）决定。步进电动机的运转误差如图 2-114 所示，一般占步距角的 3% ~5% 左右，且不累积。

2）保持转矩。指步进电动机通电但没有转动时，定子锁住转子的转矩。通常步进电动机在低速时的输出转矩接近保持转矩。由于步进电动机的输出转矩随速度的增大而不断衰减，输出功率也随速度的增大而变化，所以保持转矩就成为衡量步进电动机最重要的参数之一。例如，当说到 2N · m 的步进电动机时，在没有特殊说明的情况下，是指保持转矩为 2N · m 的步进电动机。

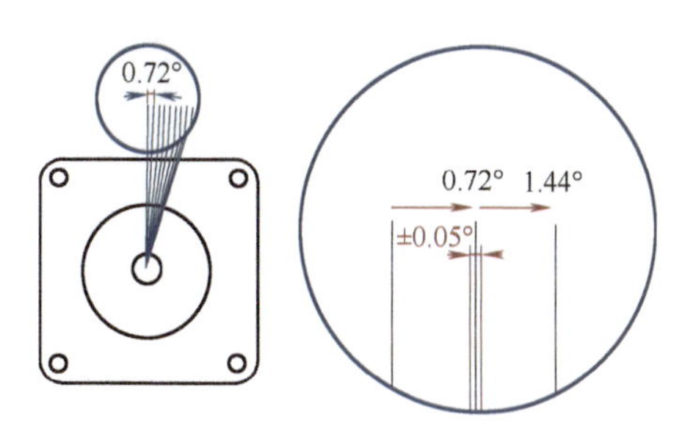

图 2-114　步进电动机的制造精度

3）起动转矩。电动机起动时瞬间产生的转矩，电动机如受比这一转矩更大的摩擦负载，则无法起动。通常，单相电动机起动转矩为额定转矩的 60% ~70%，三相电动机起动转矩为额定转矩的 2 ~3 倍。

4）最大同步转速。各种转速所能产生的最大输出转矩，一般可查阅图 2-115 所示（某款五相步进电动机）的转速-转矩特性图获得。

5）自起动频率f_s。这里的频率，指的是控制系统在单位时间发出的脉冲信号次数，即脉冲速度，也对应着电动机的转速。一般以频率 f 来定义，其与周期 T（完成一次所需时间）成反比，$T=1/f$。

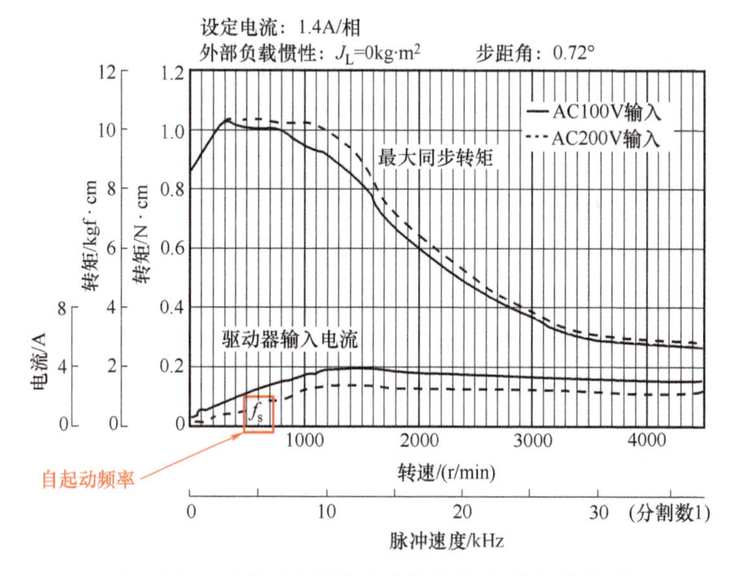

图 2-115　某款五相步进电动机的转速-转矩特性图

而自起动频率，则指的是空载时电动机由静止突然起动并进入不丢步的正常运行所允许的最高频率（见图 2-115，f_s≈2. 2kHz 即为自起动频率），如实际起动频率大于自起动频率，则电动机不能正常起动，这反映了电动机的加速性能。

步进电动机的起动和运转模式，如图 2-116 所示。步进电动机不带负载时，当实际起动频率小于自起动频率时，可直接起动，当实际起动频率高于自起动频率时，则需要首先有一个加速时间。

步进电动机带负载后，自起动频率的情况则比较复杂，跟电动机的加速性能和负

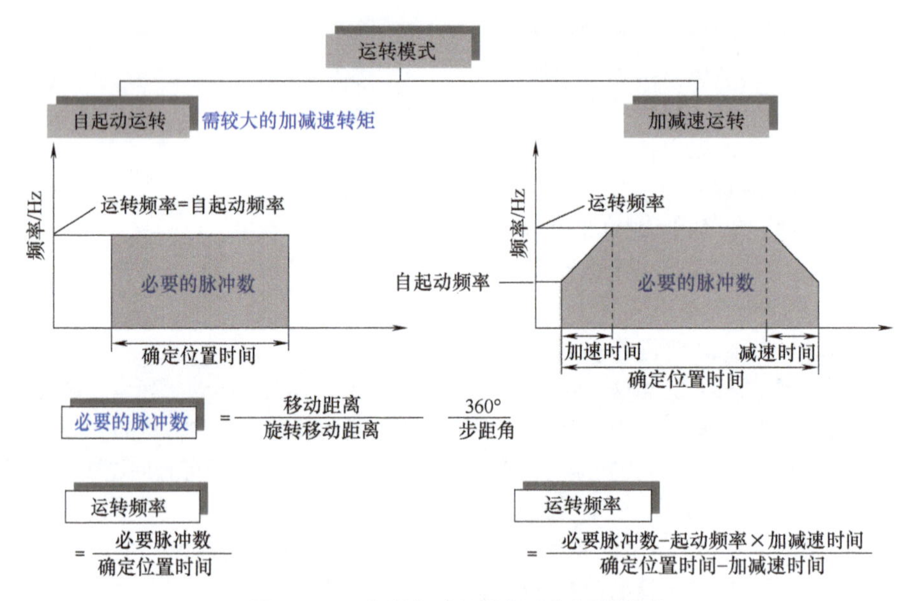

图 2-116 步进电动机的起动和运转模式

载情况均有关系，通常是通过编程进行试探性地加减速起动。例如，先按每秒钟发300个脉冲，如果可以起动，再把每秒发的脉冲数增加到350个，如果不能起动，则再试试320，如果可以起动，再340，起动不了，那么大概就定在330，这个就是该步进电动机带上负载后实际的自起动频率了。

6）运转频率f_r。步进电动机由静止到起动到正常运转（工作转速），转速的增长（或者说加速能力）是有约束的。我们把工作转速所对应的驱动器发送脉冲的频率称为运转频率f_r。显然，根据步进电动机的起动特性，在一个特定的机构中，如果运转频率低于其自起动频率（带负载情况），就可以几乎瞬间起动达到我们要的转速，如果运转频率大于自起动频率，则需要有一个加速时间。那么，这个加速时间是多少为宜，事实上跟电动机性能和负载情况等息息相关的。例如某品牌步进电动机的供应商给出的建议是这样的：

$$加速时间(ms)/(运转频率f_r-起动频率)(kHz)\geqslant 20$$

即

$$加速时间\geqslant(运转频率f_r-起动频率)\times 20$$

假设采用图2-115所示转速-转矩特性的步进电动机，应用于某工况，机构要在短时达到运转频率$f_r=2.5$kHz（转速为300r/min），此过程电动机的工作转矩不能低于0.3N·m，如图2-117所示，请分析该机构的加速时间（从静止到工作转速）多少为宜。

分析：带负载的起动频率会比空载的情况要低（情况是比较复杂的），所以在满足加速时间要求前提下，设计时尽量取一个比较小的值，如1kHz（如所带负载太重，起动频率设置过高可能会起动不了），则加速时间=(2.5-1)×20ms≥30ms，意味着如果设计该机构时，把加速时间定在30ms以内会不合理。那么，读者可能有疑问，如果把起动频率取为1.5kHz甚至更大，不就符合加速要求了？问题就在这里，负载情况未知，或者要得到一个精确的起动频率，可能要耗费很多精力和时间去验算分析，

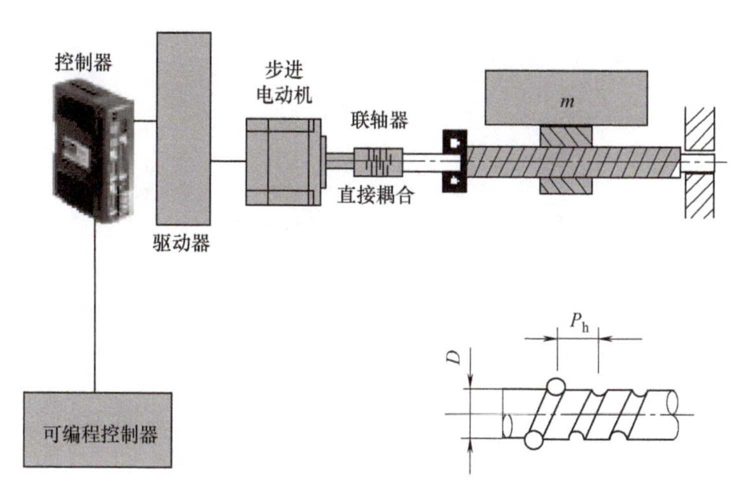

图 2-117　步进电动机带动滚珠丝杠

所以更多场合实际是结合经验（一般带了负载，起动频率定在大概几百赫兹为宜，负载轻点可适当增大，负载中等则偏小为好）来判断。

严格来说，上述是一个电控问题，但如果机构设计者能够有所了解的话，是很有好处的，即便不能做到精确，起码能对机构加速性能有个大致的研判。

7）步距差。理想的步矩角与实际的步矩角之差。

3. 步进电动机的选用

步进电动机的价格比较便宜，精密能力比较高，也有一定的加速性能，并且在低速运行时，负载能力甚至比同样尺寸的伺服电动机要来得强一些（见图 2-115），但是整体性能不如伺服电动机。因此，用到伺服电动机的情况，如果速度要求不太高、加减速要求不太苛刻，可以用步进电动机来替代；反之则未必。

2.3.4　直驱电动机

因为成本和工况的关系，直驱电动机用的不太多，但为了让读者朋友们有个基本了解，下面也简单进行下介绍。

1. 直驱式旋转电动机

直驱式旋转电动机的内部结构如图 2-118 所示，是一个特殊的中空型伺服电动机。该类产品可直接与运动装置连接，从而省去了诸如减速器、齿轮箱、带轮等连接机构。直接驱动相对传统驱动的优势，如图 2-119 所示，精度、刚性、效率更高，并且节省空间（结构紧凑），免维护。直驱式旋转电动机的应用，可以用比较通俗的语言来概括：该工况需要用到伺服电动机，但是如果负载转动惯量太大，一般就可以考虑用直驱式旋转电动机，如图 2-120 所示。

2. 直驱式直线电动机

直驱式直线电动机，如图 2-121 所示（不要跟直线减速电动机搞混了），外形有点类似线性机器人或线性移动平台，可以认为是旋转电动机在结构方面变形而来，或者看作是一台旋转电动机沿其径向剖开，然后拉平演变而成，如图 2-122 所示。悬浮

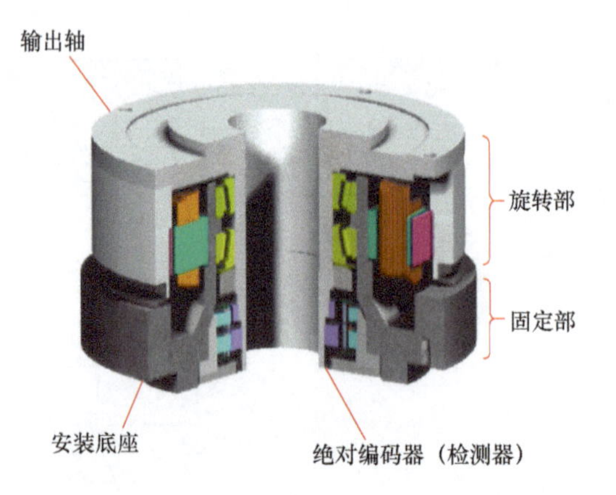

图 2-118　直驱式旋转电动机的内部结构

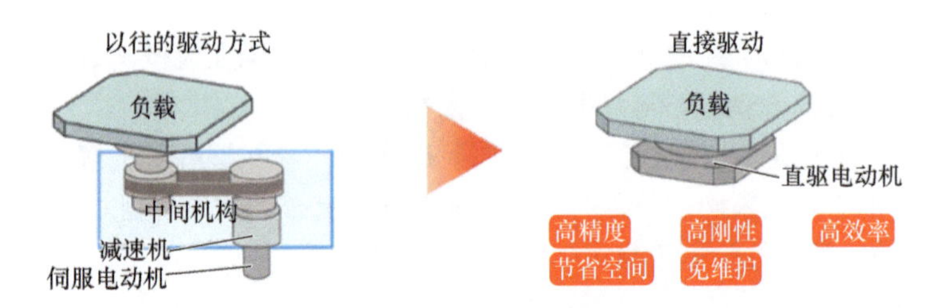

图 2-119　直接驱动的优势

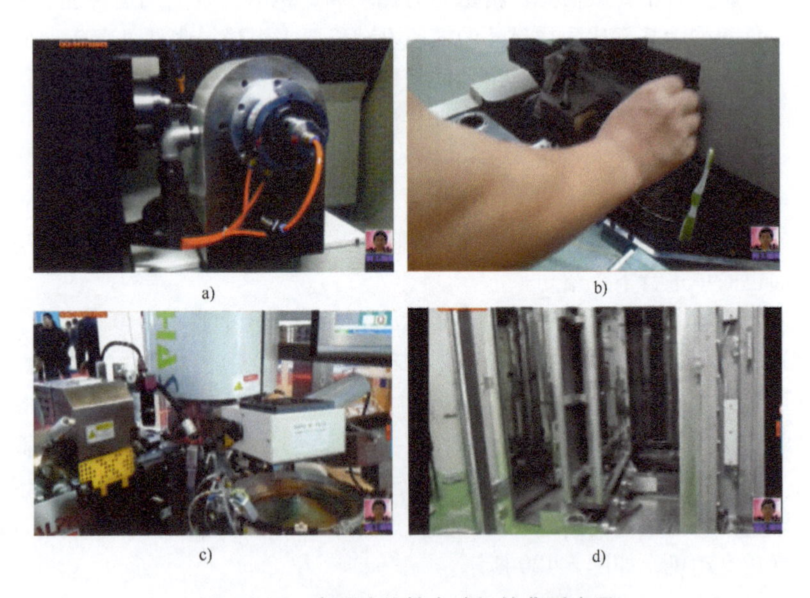

图 2-120　直驱式旋转电动机的典型应用

a）在 5 轴磨床上的应用　b）牙刷植毛机

c）在 IC 测试分选机上的应用　d）在到店玻璃镀膜生产线上应用

列车的运行就是这个原理。

直驱式直线电动机的优点很多，例如结构简单，相对普通的线性移动平台（电动机 + 丝杠，电动机 + 同步带），重量和体积较小；可消除中间环节所带来的各种定位误差，定位精度高；由于转子和定子阻力小，反应速度快、灵敏度高；机械摩擦损失几乎为零，工作安全可靠。但是，直驱式直线电动机的价格较高，并且负载能力偏小（主要用于轻载场合），兼之易受磁场影响，安装和控制的难度大，因此并没有在普通自动化设备上得到广泛应用。

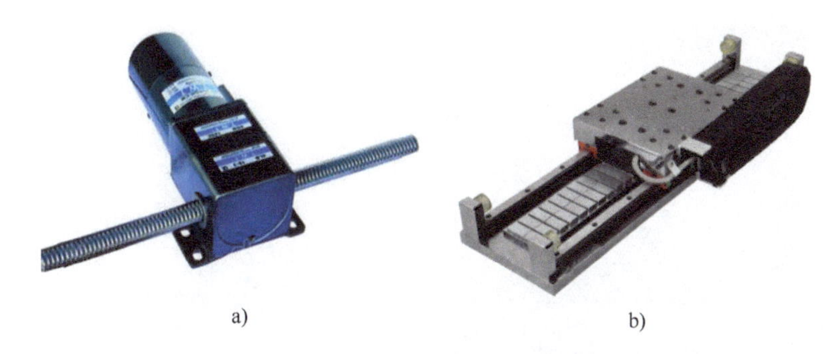

a)　　b)

图 2-121　直线减速电动机和直驱式直线电动机对比

a）直线减速电动机　b）直驱式直线电动机

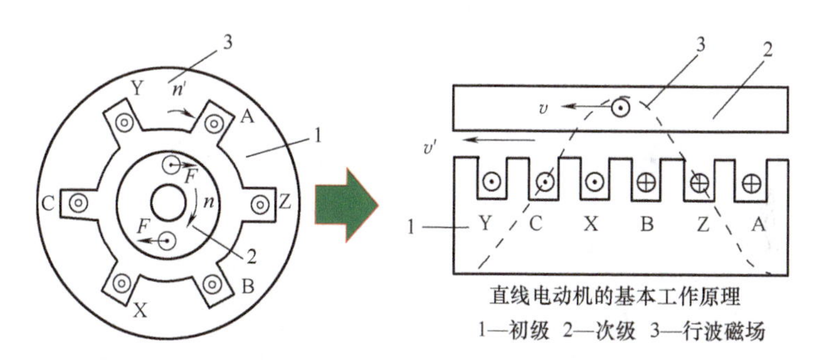

图 2-122　直线电动机的结构原理

2.3.5　电动机应用案例

本章介绍的标准件——电动机种类和品牌很多，知识点也相对杂乱，刚开始学习可能觉得有点吃力，请读者朋友们务必耐心总结和琢磨。

电动机的选型设计，一方面要着重于定性（用对类别），这个得建立在熟悉各种类型电动机的特点和性能的基础上；另一方面则要注意定量（用对规格），这个则更多是建立在掌握各种常用工况条件和要求的基础上，例如“分割器 + 电动机”“同步带 + 电动机”“丝杠 + 电动机”等，具体的分析、计算流程和内容都不太一样。

由于相关内容已经分布在本书的其他章节，所以这里不再赘述。

2.4 凸轮分割器的选用

2.4.1 应用掠影

凸轮分割器作为典型圆周型布局设备的移料机构载体，应用十分广泛，常见于各种散件组装的自动化设备上，如图2-123～图2-126所示。相关或类似的自动化设备案例，读者朋友们可以登录相关网站下载学习。

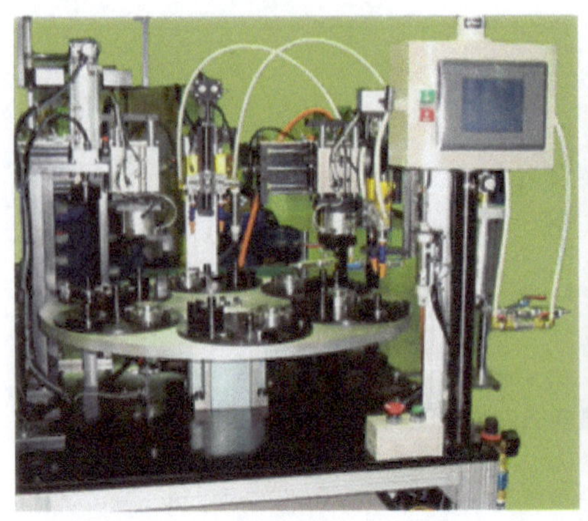

图2-123 应用分割器的自动化设备（一）

图2-124 应用分割器的自动化设备（二）

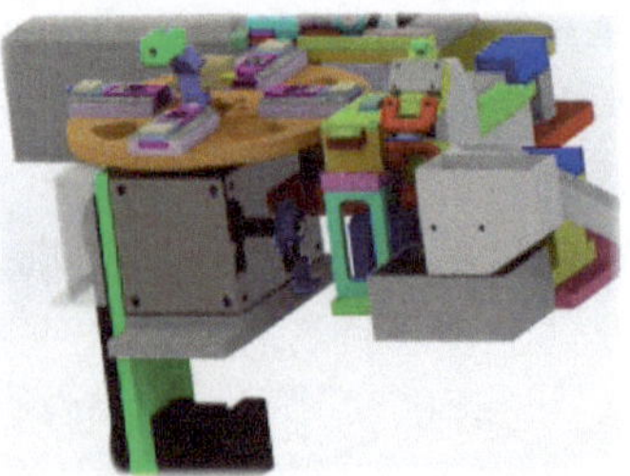

图2-125 应用分割器的自动化设备（三）

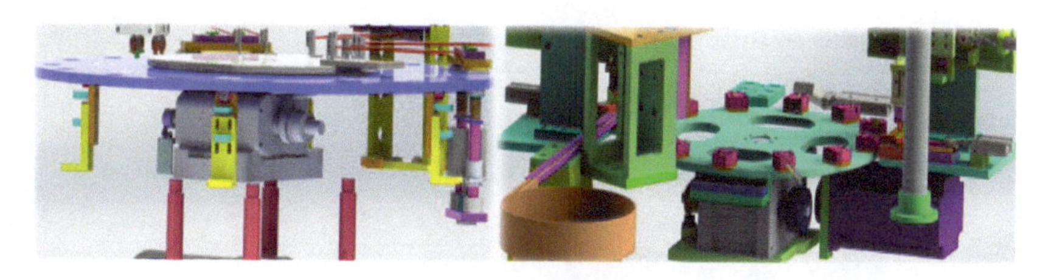

图2-126　应用分割器的自动化设备（四）

2.4.2　设计相关

1. 基本认识

如图2-127所示，凸轮分割器是一种极为精密、稳定、可靠的间歇式传动机构，通过该机构可将连续的转动输入转化为间歇式的分度运动。

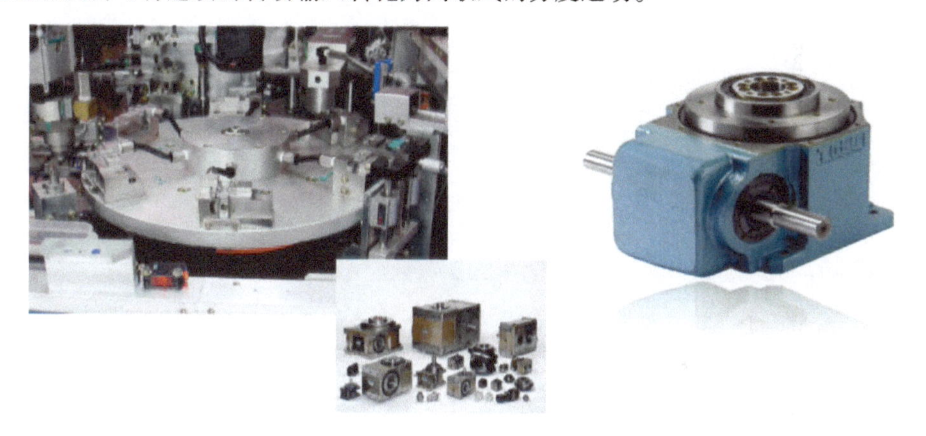

图2-127　自动化设备上的凸轮分割器

（1）分割器的历史　世界上知名的凸轮分割器生产厂家有CAMCO（美国）、CDS（意大利）、WEISS（德国）、三共（日本）、潭子（我国台湾）、CKD（日本）等。分割器应用广泛（如电子电器、玻璃陶瓷、汽车制造、食品机械、包装机器、印刷机器、制药等自动化生产线及各种通用机械设备），市场竞争也很激烈，但后期厂商走模仿或代理路线者居多，单价也是一路走低。

（2）分割器的特点　分割器的内部结构如图2-128所示，其工作原理为：通过匀速转动的输入轴上的共轭凸轮与输出轴上带有均匀分布滚针轴承的分度盘无间隙垂直啮合，凸轮轮廓面的曲线段驱使分度盘上的滚针轴承带动分度盘转位，直线段使分度盘静止，并定位自锁。通常情况下，输入轴旋转一圈（360°），输出轴便完成一个分度过程（动一次停一次）。

凸轮分割器具有以下特点：

1）结构简单：主要由立体凸轮和分割盘两部分组成，高刚性，传动转矩大；寿命长，分割器标准使用寿命为12000h。

2）动作准确：无论在分割区，还是静止区，都有准确的定位，完全不需要其他

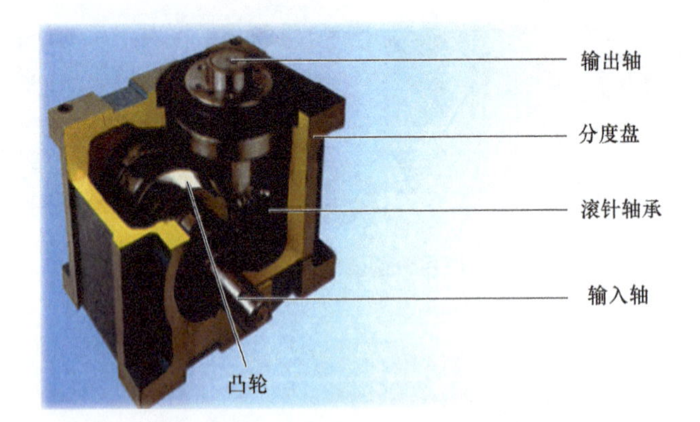

图 2-128 凸轮分割器的内部结构

锁紧装置，可实现精确的动静比和分割数。

3）传动平稳：立体凸轮曲线的运动特性好，传动是光滑连续的，振动小，噪声低。

4）输出分割精度高：分割器的输出精度一般≤±50″，高者可达≤±15″。（1°=60′=3600″，度、分、秒采用60进制。）

5）高速性能好：分割器立体凸轮和分割轮属无间隙啮合传动，冲击振动小，可实现高速运转，可以达到数百转每分，但由于工艺作业（分割器静止）耗费时间，所以设备的整体运作速度不高，一般都是几十转每分。

（3）分割器的类型　根据不同的安装场合，分割器有多种系列可供选用，如图2-129所示。例如希望高速带动转盘，则应选择小惯量的心轴型分割器，再例如，转动盘直径比较大（惯量大），便可使用平台桌面型，详情见表2-26。

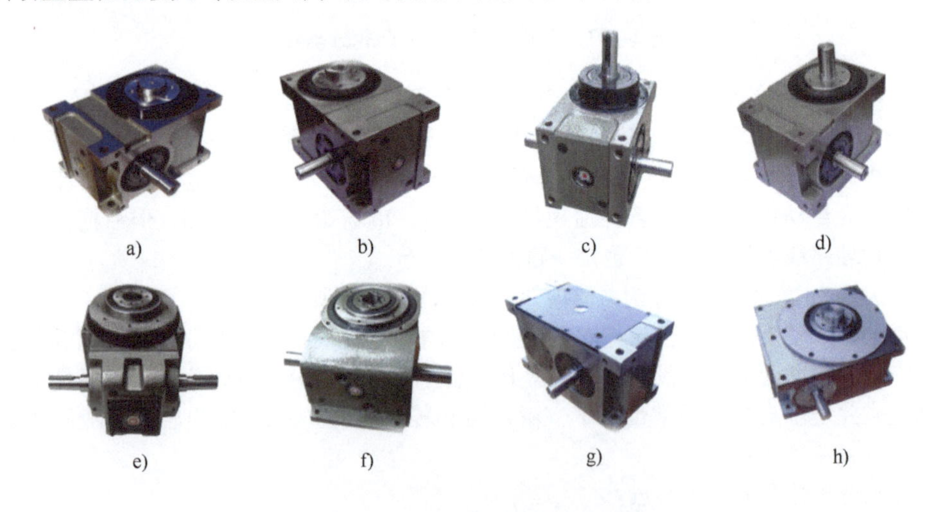

图 2-129 凸轮分割器的安装规格

a）DF凸缘法兰型　b）DF中空法兰型　c）DS心轴型　d）DE心轴型
e）DT平台桌面型　f）DA平台桌面型　g）PU平行共轭型　h）YZ圆柱重负载型

表 2-26　凸轮分割器的规格和特性

参数 系列	分度数	动作类型	左右摇摆角度/(°)	直径/mm	安装方式	速度/(r/min)	凸轮旋转方向	特性
DF 凸缘法兰型	2、3、4、5、6、10、12、16、20、24、30、32、36、48	分度、摇摆、360°任意停止	5-10-15-30-60-90	45、60、70、80、110、140、180、250	6 个面	0～800	左（L） 右（R）	重负荷特性，可承受较大的径向和轴向负荷
DF 中空法兰型	2、3、4、5、6、10、12、16、20、24、30、32、36、48	分度、摇摆、360°任意停止	5-10-15-30-60-90	45、60、70、80、110、140、180、250	6 个面	0～800	左（L） 右（R）	中空设计，特性与 DF 中空法兰型类似
DS 心轴型	2、3、4、5、6、10、12、16、20、24、30、32、36、48	分度、摇摆、360°任意停止	5-10-15-30-60-90	45、60、70、80、110、140、180	水平	0～800	左（L） 右（R）	分割时输出轴具有较小旋转惯量，适合高速
DE 心轴型	2、3、4、5、6、10、12、16、20、24、30、32、36、48	分度、摇摆、360°任意停止	5-10-15-30-60-90	45、60、70、80、110、140、180	水平	0～800	左（L） 右（R）	与 DS 型功能类似，但其附有法兰面
DT 平台桌面型	2、3、4、5、6、10、12、16、20、24、30、32、36、48	分度、360°任意停止	—	80、110、140、180、210、250、350、450	水平安装	0～300	左（L） 右（R）	中空设置、可承载较大转盘
DA 平台桌面型	2、3、4、5、6、10、12、16、20、24、30、32、36、48	分度	—	70、90、110、150、190、230、330、450	垂直、倒立	0～300	左（L） 右（R）	中空设置、可承载较大转盘、超薄设计
PU 平行共轭型	1、2、3、4、5、6、8	分度、摇摆	15-30-45	50、60、65、80、100、125、150、175、225、250	水平	0～300	左（L） 右（R）	具有较大的轴向及径向负荷，自锁力强、用于重载设备。可制作较小的分割数
YZ 圆柱重负载型	8、10、12、16、20、24、30、32、36、40、48、60、64、72、80、96、120	分度、360°任意停止	—	80、100、130、150、180、200、250、350	水平安装	0～300	左（L） 右（R）	功能上与 DT 型类似，但是其高度更矮

(4) 分割器的型号表达和性能参数 潭子某款凸轮分割器的型号表达如图 2-130 所示，注意各个字母和数字的意义。例如 R 表示右旋转方向，而 R2 表示输入轴旋转一次输出轴动作两次（多用于 16 以上分割数的情形）；输入轴可正反转的情形，则输出轴无所谓 R 还是 L 旋转方向，但如果输入轴（因为机构设计或空间限制）不能正反转，则要注意所选分割器的输出轴旋转方向是 R 还是 L。

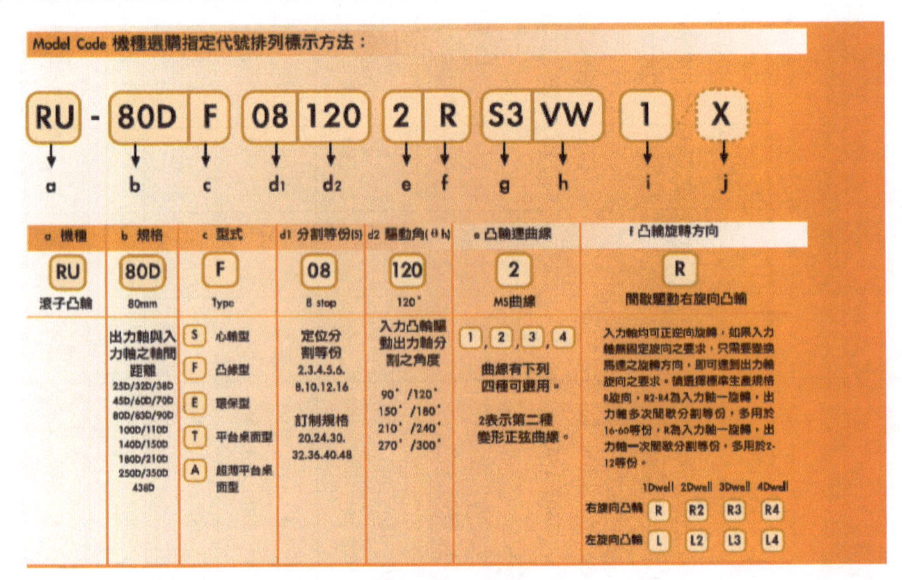

图 2-130 潭子某款分割器的型号表达（其他厂商的类似）

1）分割数。是指输出轴旋转一周所需停留的次数。小的有 2 次，大的到 48 次，分割越多效率越高，但空间趋于局促。

2）凸轮驱动角。指输入轴凸轮驱使输出轴分度所需旋转的角度。该角度越大，机构运转越平稳。当输入轴走完驱动角，输出轴便开始静止。输出轴静止时输入轴所旋转的角度称为静止角，因此，静止角 + 驱动角 = 360°

3）动静比。即输出轴一个转位时间和停止时间之比，常用的有 90°/270°、120°/240°、180°/180°、270°/90°等。动静比的大小与凸轮曲线段在整个凸轮圆周上所占的角度大小有关系（通常把这段曲线所占的角度叫作动程角或驱动角），比值越大，动程角越大，分割器运转越平稳（曲线没那么陡）。

4）分割精度。输出轴的精度一般分为三级，普通级≤±50″，精密级≤±30″高精级≤±15″。转盘是安装在输出轴上的，因此转盘的定位会影响机构的精确度。此外，载具是安装于转盘圆周上的，评估精度时应进行换算，定位误差 = 分割器的角度精度 × 载具重心到输出轴轴心的距离，换言之，同样的分割器，转盘越大，机构的精度越差。

5）转动惯量。衡量物体转动惯性的大小。规则形状的均质刚体，其转动惯量可直接计算，不规则刚体或非均质刚体的转动惯量，一般用实验法测定。

6）轴距。指的是输入轴与输出轴之间的距离，轴距越大，分割器的负载能力越强。

7）动态转矩。在分度（运转）期间，作用在输出轴上的最大转矩，是选型的重要参考之一。

8）静态转矩。在固定（静止）位置时，可以施加到输出轴上的最大转矩。如果施加的转矩大于这个数值，则会损坏分割器。

（5）分割器的动作实现　分割器能够实现的动作类型主要为分度、摇摆、360°任意停止、升降摇摆合并等，如图 2-131 所示。其中，以分度（停止-转位-停止-转位的间歇性分割回转运动）动作最常用，如图 2-132 所示，具有以下特点：

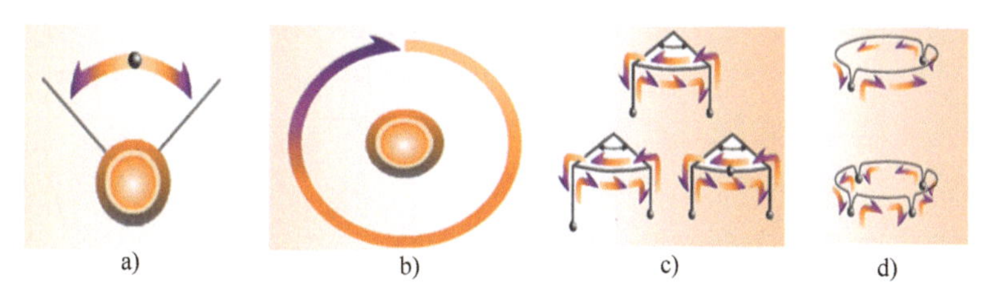

图 2-131　凸轮分割器能实现的动作

a）摇摆　b）360°任意停止　c）升降摇摆合并　d）分度并升降

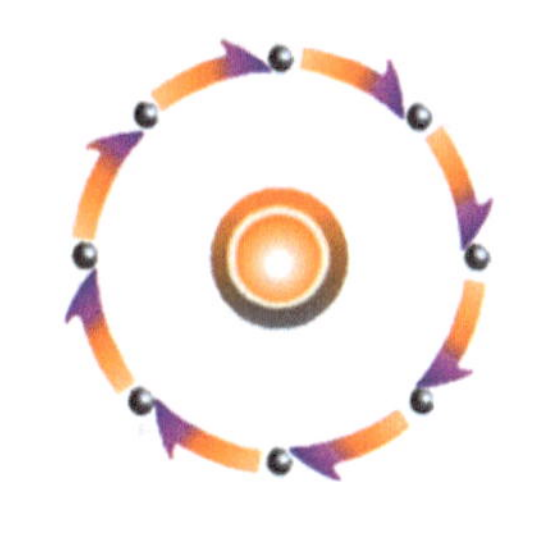

图 2-132　凸轮分割器分度动作的实现

1）停止：输入轴仍处于运动的状态或停止状态，输出轴进入不回转的区间。

2）分割：输入轴处于运动的状态，输出轴也处于回转的运动状态。

3）一般来说输入轴每一回转，输出轴完成一次分割、一次停止。

4）在停止的任何时间内，设备即可进行加工、组合、检查等作业。

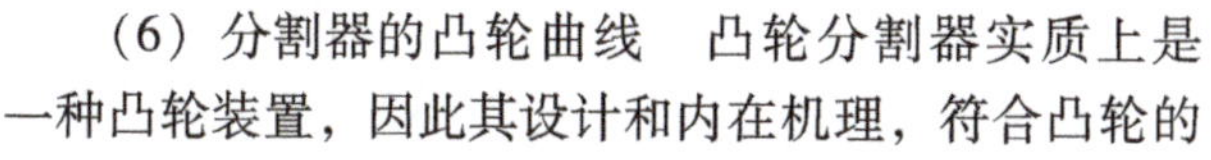

（6）分割器的凸轮曲线　凸轮分割器实质上是一种凸轮装置，因此其设计和内在机理，符合凸轮的相关理论。在具体选型时，需要确认曲线的类型，在计算校核时会用到曲线的特征值，见表 2-27。

表 2-27　凸轮分割器的曲线特征值

曲线名称	用　途	最大速度 V_m	最大加速度 a_m	急跳度 J_m	最大转矩系数 Q_m
M. T	高速 轻负荷	2.00	4.89	61.4	1.65
M. S	中速 重负荷	1.76	5.53	+69.5 −23.2	0.99
M. C. V	低速 重负荷	1.28	8.01	+201.4 −67.1	0.72

1）变形梯形曲线（M. T）。变形梯形曲线，广泛用于自动化机械的高速凸轮，其特色为最大加速度（a_m）的值小，如图 2-133 所示，因此若加工精确，则可良好地应

用在高速机构上。

2）变形正弦曲线（M. S）。此曲线为平滑曲线，由于满足曲线的连续性及较低的最大加速度（a_m）值，如图2-134所示，因此可用于负荷未知或变动的场合（尤其是中速中载场合），较为常用。

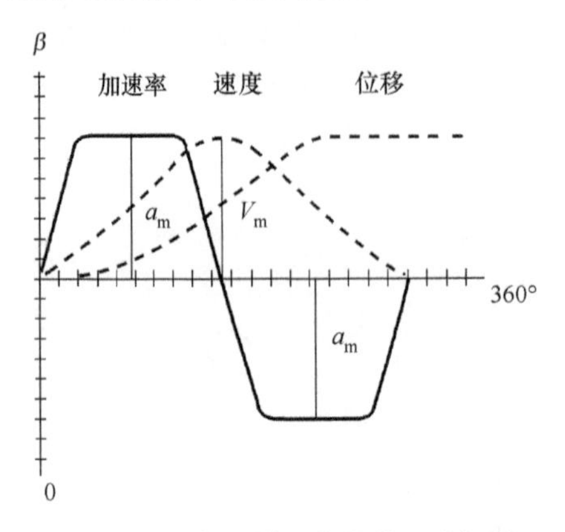

图2-133 变形梯形曲线的运动规律

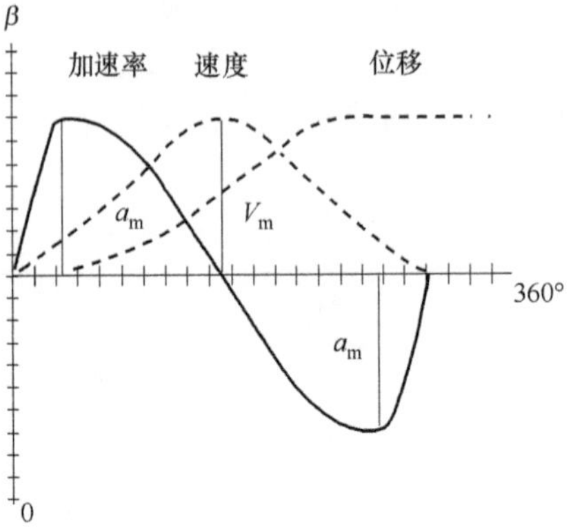

图2-134 变形正弦曲线的运动规律

3）变形等速曲线（M. C. V）。如图2-135所示，变形等速曲线适用于行程中需要等速运动的场合，但是由于此曲线的最大加速度（a_m）值过大，因此除非是等速运动的场合，否则应避免选用。

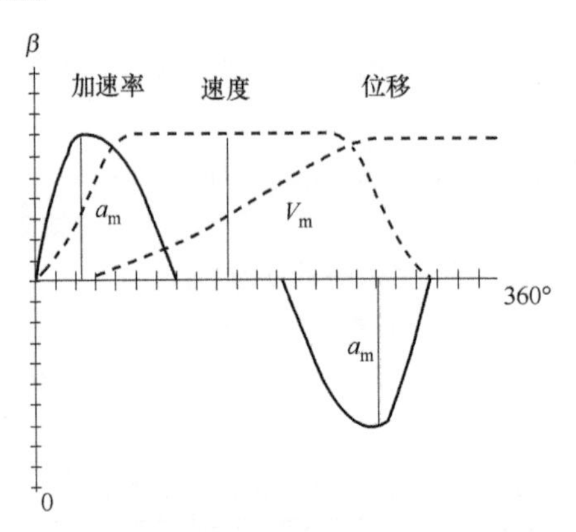

图2-135 变形等速曲线的运动规律

（7）分割器的市场概况 分割器的价格一般随着型号大小而增减，例如80D的规格会比110D便宜一些。整体市场状况，和振动盘的类似，竞争白热化，价格混乱。

从价格看，国外品牌的价格高昂，我国台湾老品牌潭子的价格也较高，紧接其后的是其他台湾品牌（赛福、尚金、德士等），我国大陆品牌的价格则相对较低。

从品质看，我国台湾品牌品质整体占优势，也处于市场垄断地位，其中潭子、赛福、德士、兆奕等产品质量和知名度都不错；大陆品牌集中于山东、浙江、广东，多为贴牌或代理商，产品精度、寿命、知名度稍低，但已逐渐有提升和超越之势。

具体选用时，不建议单纯追求知名品牌，应根据不同工况、要求来选择，合适够用即可。要求较低的场合，可以考虑我国大陆品牌（如佛山凯姆德、东莞高士达等）；要求较高时，可以选用我国台湾品牌（如潭子、赛福、德士等）；至于国外品牌，每台动辄几万元，除非客户指定，否则不太适合中国环境，现在用得越来越少。

2. 设计要点

虽然凸轮分割器只是众多能实现间歇运动的机构之一，但它的标准化/模组化程度较高，兼具良好的精密性和平稳性，因此深受广大工程师设计喜好。

（1）工艺流向的选择　资深工程师都有一个感慨，自动化机构设计的方案构思，大部分工作落在工艺流向和机构布局的规划上。一般来说，可以分为线性流线和非线性流向，见表 2-28。

表 2-28　物料流向的分类和对比

搬移方式	效　率	精　度	成　本	维护性	拓展性	占空间	适应面
线性	有机会做到 1s 以内	线性送料精度较高，而转盘精度随直径增大而下降，但两者一般都需要二次定位	两者差不多，但同样工位下，用转盘略占优势，而用载具成本稍高，具体需要看设计	看设计本身是否有充分考量	评估可行，较好实现	长度方向占空间多	1. 好定位的条形或块形物 2. 工位太多或有高速要求
非线性	基本都是 1s 以上，但特殊做法效率高				如是转盘，不便实现	紧凑，占方形空间	1. 普便适用于简单工艺散件装配 2. 不能走线性流向的物料

建议：以上是一个大概总结，但具体到设计，实际上是非常灵活的，一般来说，优先选用线性流向，在不得已或有其他考量时，再考虑非线性流向。

其中，非线性物料流向有两种典型的机构布局，分别是转盘型（本书论述重点）和环型（载具回流，本书略），如图 2-136 所示。

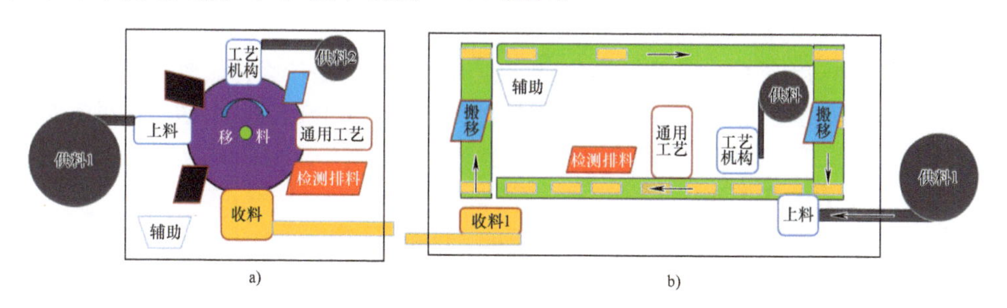

图 2-136　非线性物料流向的两种机构布局方式

a）转盘型　b）环型

（2）移料机构的组件构成　转盘型布局的设备，移料机构是设计的重点，包括动力、传动、分割器、转盘、载具等要素，如图 2-137 所示。其中，产品载具的设计看似简单，但却是初学者一时半会不容易掌握的内容，必须多画图练习。

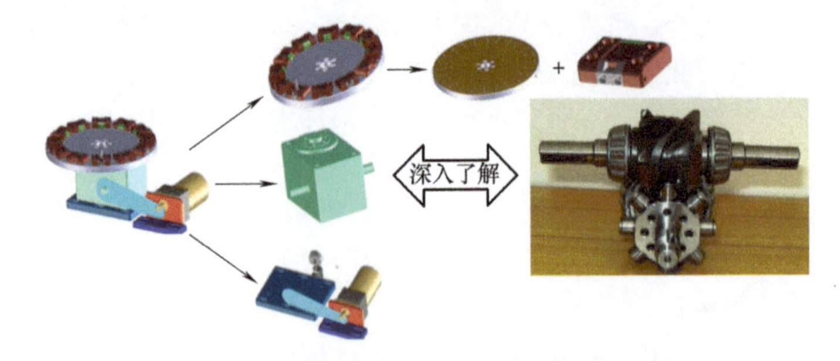

图 2-137 移料机构（转盘型）的组件构成

(3) 驱动机构的设计 驱动部分的设计，重在标准件选型（电动机、带、链条等）和结构可靠性考虑上，也就是说，对下述若干问题要心中有数。

1）机构方式的选择。要让一个转盘（包含产品载具）分度并且转动的机构或方式有很多，要清楚各种方式的特点和适用情况，例如一台七八万元投入的设备，就不要想什么 CKD 的直驱电动机了；又例如用于分离物料时，转盘小（惯量低），用步进电动机直接驱动转盘也行；更多的散件装配场合，多采用“电动机 + 分割器 + 转盘”的形式……

2）机构的具体形式。例如采用分割器是有很多种形式的，也需要有所选择，是法兰型、桌面型还是中空型？这个要根据机构布局来定。又例如，分割器和动力（电动机）之间是如何连接的，带、链条还是直接连接？这个要根据使用场合来定。最常见的是将分割器视为一个凸轮机构，和动力之间通过带传动来实现，如图 2-138 所示，这个和普通的机构设计过程大同小异，当然也是灵活多变的。

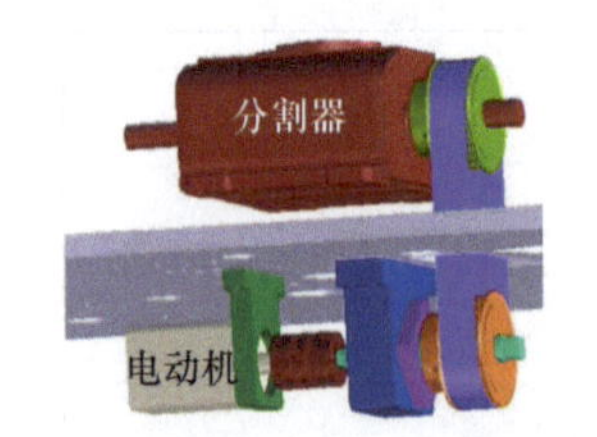

图 2-138 电动机和分割器用同步带传动

3）选型和动力搭配的校核。机构设计的预期和目标是什么，如何选用分割器来实现，又如何确定动力来实现……这些都是在实际设计中会面临的问题，如果不在平时加以训练，只是一味囫囵吞枣式地模仿和抄袭，那总有一天会出问题。

(4) 转盘上的产品载具设计 产品载具是用来定位和固定产品的，由于是不断移动的，所以需要确保产品在载具中维持状态，这个是重点。如图 2-139 所示，例如运转过程中，产品会不会跳出去；如果产品和载具之间留太大间隙，会不会因离心力靠到内

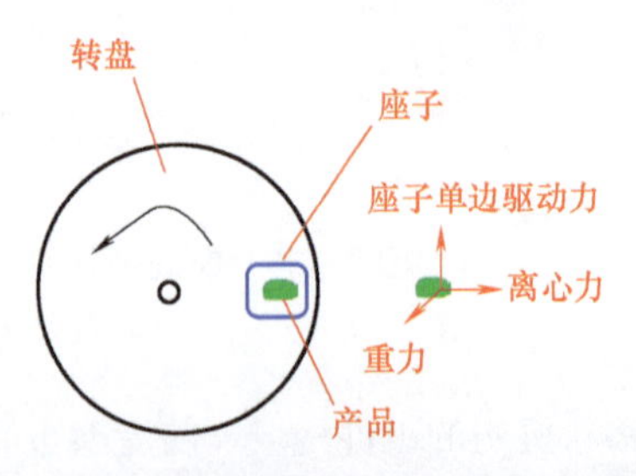

图 2-139 产品在载具上的定位和受力分析

侧，或因为惯性抖到哪一边去，造成位置偏差；设备上有 N 个工位，如果有几个载具精度不佳，这时怎么办……

有人说，判断一个工程师的设计水准如何，看他设计的夹治具到哪个层次就可以了，这是有一定道理的。产品的载具设计是很灵活的，有直接简单限位的，也有带夹持效果的，如图 2-140 所示，采用哪种类型，主要看产品定位效果和动作状态。夹持是服务搬移过程的，在需要打开的工艺位置，往往要通过辅助工件或机构来实现。具体有哪些载具方式，以及如何去实现“分”与“合”，大家可以多看看案例（看懂机构的设计并不困难，但务必思考各种设计背后的缘由，这些才是宝贵的经验）。

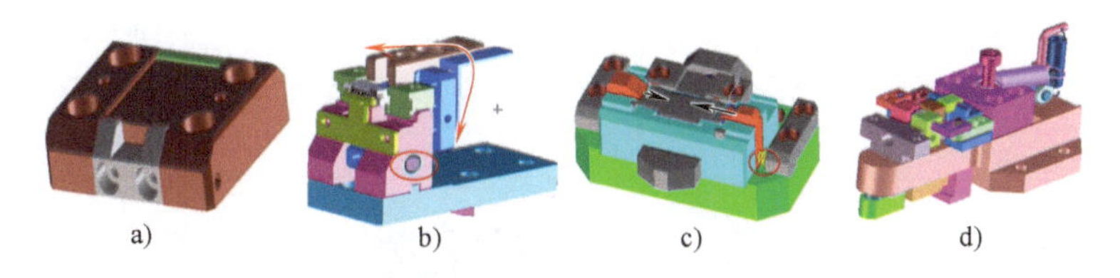

图 2-140　各种类型的产品载具设计

a）直接限位方式　b）上下夹紧方式　c）左右夹紧方式　d）多方位夹紧方式

（5）移料（圆）转盘的设计　转盘的设计比较简单，但有一些基本的原则要讲究。

例如直径要尽量做小，因为分割器的转动误差以角度来衡量，根据弧长 = 半径 × 偏差角度，显然转盘设计得越大，则误差越大。此外，直径小，也有利于降低转动惯量，这样机构的响应更快。专业厂商的建议是，转盘的直径可以定在分割器规格尺寸的 5 倍左右，转盘的最大直径系列见表 2-29，但数据仅供参考，因为实际情况比较复杂（例如转盘厚度不同，转动惯量肯定不一样）。

表 2-29　一般转盘的最大直径系列

分割器轴距	45	60	70	80	110	140	180	250
转盘直径	225	300	350	400	550	700	900	1250

再例如应尽量减小转盘的转动惯量，不要定过大的厚度（很少超过 25mm 的），或者通过掏料（见图 2-141）或换用铝合金之类密度更小的材料来实现。

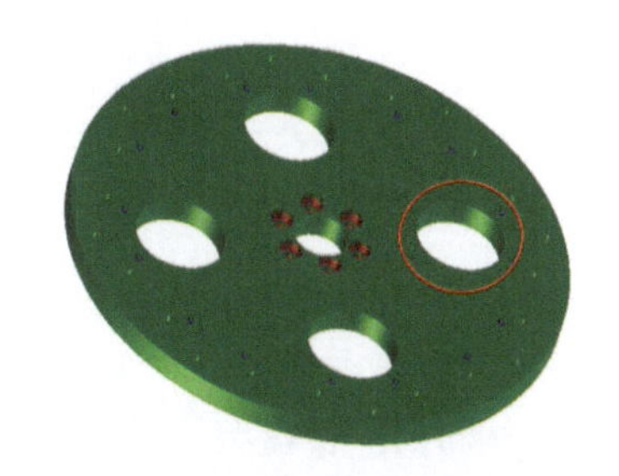

图 2-141　转盘的轻量化设计

（6）分割器的布局和安装方式

1）输入轴连接方式。输入轴的连接无太大的特殊性，就是普通的传动连接，见表 2-30。

表 2-30 分割器输入轴的连接方式

直接连接	齿轮连接	同步带连接	链条连接
使用联轴器直接联接，当空间布局需要或动力有特殊要求时再考虑用传动方式	优点：传动无延迟，传动方向可变换，可大马力传动，可在不同温度、湿度、油性的环境下工作。 缺点：易产生噪声，保养时要涂润滑油，易污染周边 注：动力与输入轴间距较近且大负载工况，可选齿轮连接，但电子行业很少用，从略	优点：兼具链、齿轮传动的优点，同步性好（无滑动），传动比准确且范围大，低噪声，寿命长，维护性好，传动效率高，节能效果好，恶劣环境条件下能正常工作，维护保养方便 注：动力与输入轴间距较远时首选同步带连接，次选链连接	优点：可承受较大的负载（高达 $P=100\text{kW}$），能在高温、油污等恶劣环境下工作，实现远距离传动，成本低 缺点：瞬时传动比不恒定，传动不平稳，传动时有冲击、噪声大，不适合高速，维护保养性差 注：大负载环境首选链连接
	—		

2）输出轴连接方式。输出轴连接方式上，较常见的是转盘直接固定在输出端，如轴向负荷大，则一般会加支撑结构（接触区域最好是滚动方式，一般用轴承或滚轮或圆盖螺母），如图 2-142 所示。

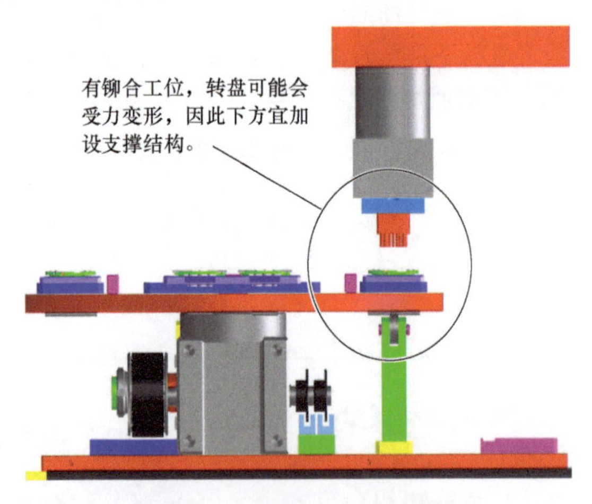

有铆合工位，转盘可能会受力变形，因此下方宜加设支撑结构。

图 2-142 转盘加设支撑结构

分割器是一个传动机构，类似减速机，因此也可以集成设计到其他机构中，用于驱动输送带生产线或者连到其他机构，如图 2-143 所示。

3）机构布局。转盘型移料机构的构成，如图 2-144 所示，强调两点。其一，分割器的选配电动机，普通场合用电磁制动的定速电动机（大转矩时用减速电动机），通常利用接近开关或“遮光片 + 光电开关”的方式检测转动位置；其二，依据实际情况

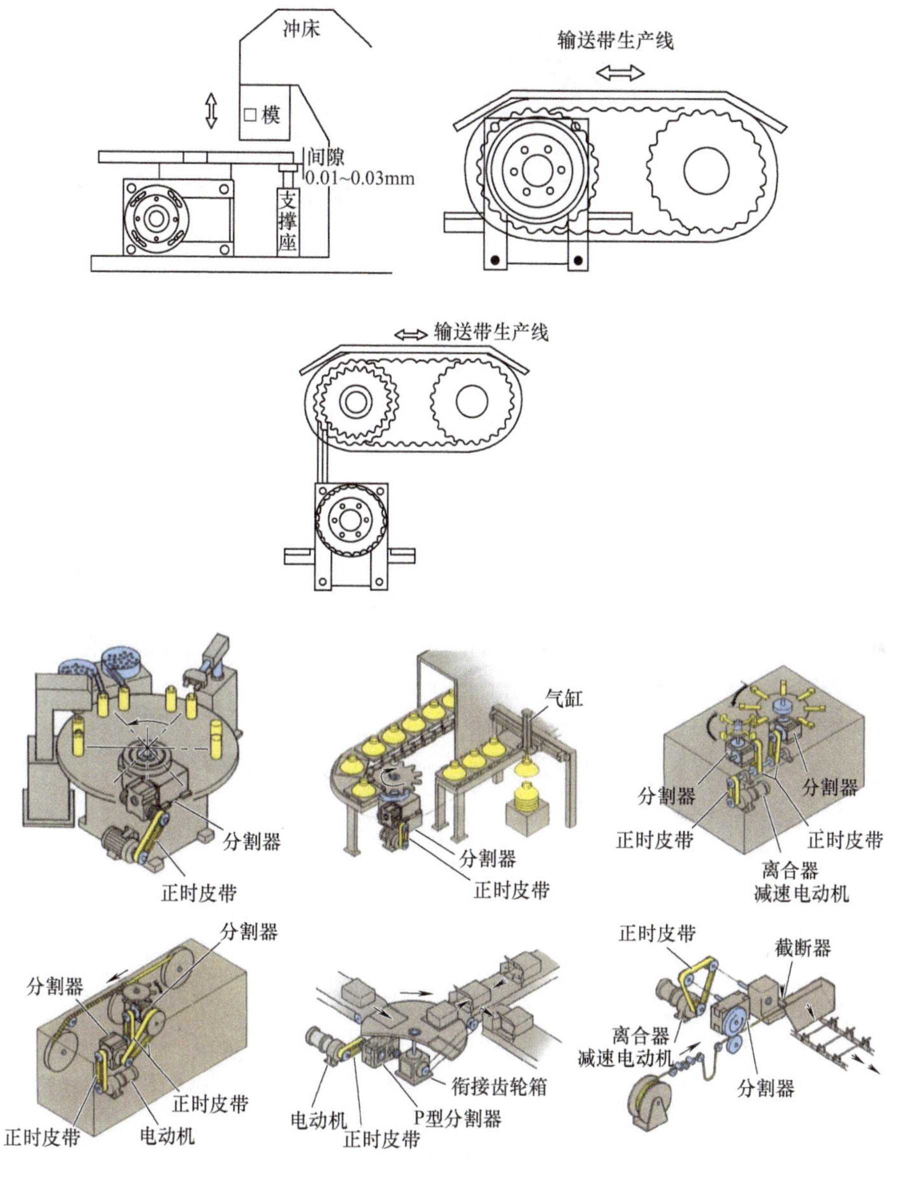

图 2-143　分割器的适用工况

考量增加过载防护装置，如增加转矩限制器、离合器、联轴器，以确保发生异常工况（如卡住），超过一定转矩值后，会空转或断开，不会强硬地伤害分割器或烧坏电动机。

2.4.3　选型计算

1. 理论基础

物体要改变状态（由动到静，或由静到动，或从匀速到非匀速），就必须施加力。对于线性运动，施加一个线性的力 F；对于圆周运动，就要施加一个转矩 T 或力矩 M

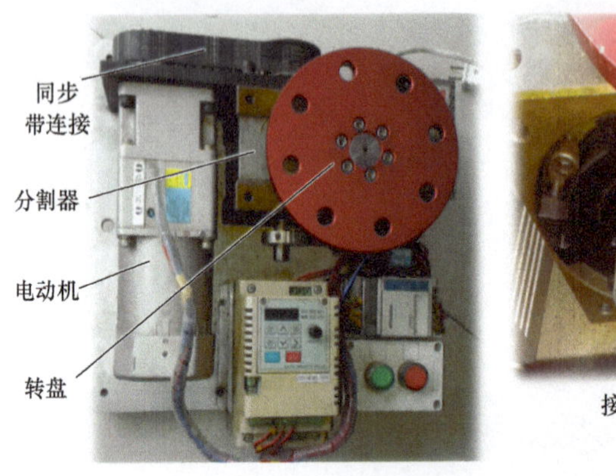

图 2-144 转盘型移料机构的机构布局

（力 × 力臂）。

对于线性运动，遵循牛顿第二定律 $F=ma$，m 为质量（单位是 kg），a 是加速度（单位是 m/s^2），即某段时间的速度 V 的变化量，$a=(V_2-V_1)/(t_2-t_1)=\Delta V/\Delta t$。

对于转动，遵循转动惯量定律 $M=J\beta$，J 表示转动惯量（单位是 $kg \cdot m^2$），表示回转物体保持其匀速圆周运动或静止的特性，不同运转体有不同的转动惯量，β 表示角加速度（单位是 rad/s^2），类似线性运动，$\beta=(\omega_2-\omega_1)/(t_2-t_1)=\Delta\omega/\Delta t$。

转矩相同，若转动惯量不同，产生的角加速度不同。显然，同样的转矩，要加速性能好，转动惯量宜偏小，这就是为什么一些转盘要掏空或者挖孔的原因（半径不变，质量减少，转动惯量减小）。

转盘及其载具的转动惯量计算公式不完全一样。

对于转盘

$$J=\frac{mr^2}{2}$$

式中，m 为转盘质量，单位为 kg；r 为旋转半径，单位为 m。

例：$m=10\text{kg}$，$r=1\text{m}$，则 $J=5\text{kg} \cdot \text{m}^2$

对于载具

$$J=\sum m_i r_i^2$$

式中，m 为质点质量，单位为 kg；r 为旋转半径，单位为 m。

例：$m=10\text{kg}$，$r=1\text{m}$，则 $J=10\text{kg} \cdot \text{m}^2$

此外注意，角速度 ω 和转速 n 的关系式是 $\omega=2\pi n/60$。

举个例子：一个直径是 80mm 的轴，长度为 500mm，材料是钢。计算一下，当在 0.1s 内使它达到 500r/min 的速度时所需要的转矩？

案例分析：知道轴的直径 $D(=2r)$ 和长度 L，以及材料，可以查到钢的密度 ρ 和算出体积 v，进而计算出这个轴的质量 m，即 $m=\rho v=\rho\times\pi r^2\times L=7.8\times10^2\times3.14\times0.04^2\times0.5\text{kg}=19.5936\text{kg}$。

根据在 0.1s 达到 500r/min 的角速度 ω，可以算出 $\omega=2\pi n/60=500\times2\pi/60\text{rad/s}=52.33\text{rad/s}$，则轴的角加速度

$$\beta=\Delta\omega/\Delta t=52.33/0.1\text{rad/s}^2=523.33\text{rad/s}^2$$

轴是圆柱体，所以 $J=mr^2/2=19.5936\times0.04^2/2\text{kg}\cdot\text{m}^2=0.01567\text{kg}\cdot\text{m}^2$。

则所需转矩 $T=J\beta=0.01567\times523.33\text{N}\cdot\text{m}=8.203\text{N}\cdot\text{m}$

2. 转盘系统受力分析

凸轮分割器是一个传动机构，选型的重点同样是落在负载能力方面，因此需要了解其规格，见表 2-31。需要确保机构工作的总负载不超过分割器输出轴的允许值（主要是输出轴允许转矩），因此首先必须对工况进行分析，尤其是受力分析。

表 2-31　某规格分割器的规格参数

项　目	符号	单位	数值	项目	符号	单位	数值	项目	符号	单位	数值
输出轴允许径向负荷	C_1	N	3300	输入轴允许径向负荷	C_3	N	3500	输入轴的 GD^2	C_6	N · m²	$9\times10^{6-2}$
输出轴允许轴向负荷	C_2	N	4200	输入轴最大弯曲负荷	C_4	N	2600	分割精度	—	(″)	±30
出力轴允许力矩	T_S	N · m	参考力矩表	输入轴最大转矩	C_5	N · m	250	重量	—	kg	32

受力分析三要素分别是对象、大小和方向，其中对象指的是受力的要研究的那部分，这里指的是“搬移圆盘 + 盘上载具 + 载具产品”。如图 2-145 所示，分割器输出轴受到轴向负载 $F=F_1+F_3-F_2$，转矩负载 $M=F_1\times$对应力臂 $-F_2\times$对应力臂。

注意，径向力（如 F_4）的力臂，是受力点到输出轴伸出起点（分割器轴承/端部）之间的垂直距离；圆盘本身由于质量均布，重心落在分割器输出轴心上，则力臂为 0。

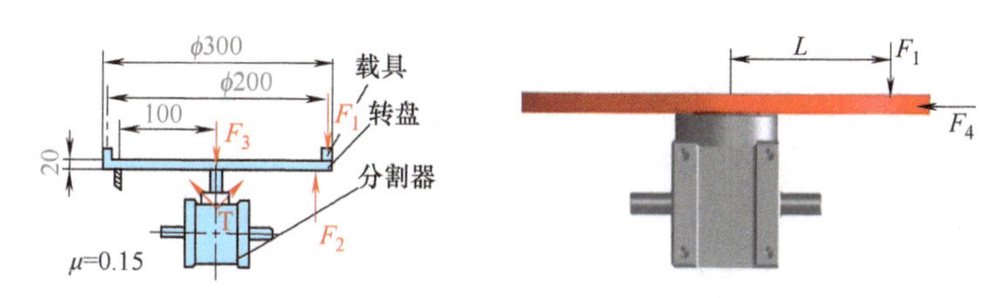

图 2-145　转盘及其载具（产品）的受力分析

如果期间还有一些其他外力，也要算进去，例如圆盘的支撑机构的力，如图 2-146 所示，在转动方向会产生摩擦力（矩）。

支撑件间底板有摩擦力

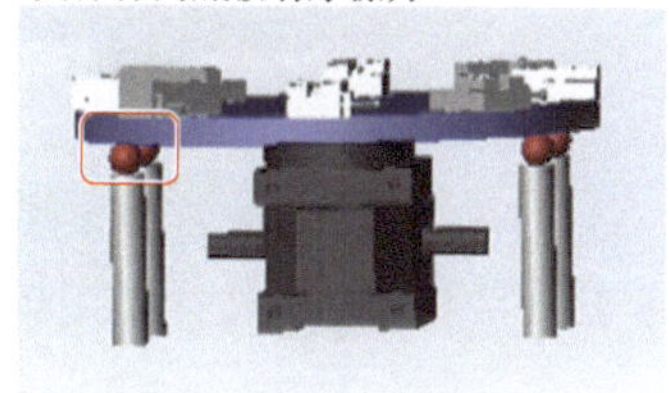

图 2-146　转盘及其载具的转动惯量计算方法

3. 计算分析案例

【已知条件】图 2-147 所示是一个应用分割器的转盘设备，假设已知：

分割器定位等份 $s=8$，输入轴转速 $n=90\text{r/min}$，动静比（回转时间：定位时间）为 3∶1，凸轮曲线：变形正弦曲线，$V_m=$

1.76，$a_m=5.53$，输入转矩系数 $Q_m=0.99$，转盘的质量 $m_1=78.414\text{kg}$，圆盘直径 $\phi800\text{mm}$，夹具的质量 $m_2=15\text{kg}$，工件的质量 $m_3=0.5\text{kg}$，转盘底部增加支撑时，接触点到转盘中心的有效半径 $R=250\text{mm}$，载具到转盘中心的距离 $r=300\text{mm}$，安全系数 $f_e=1.4$，电动机效率 $\eta=0.9$。

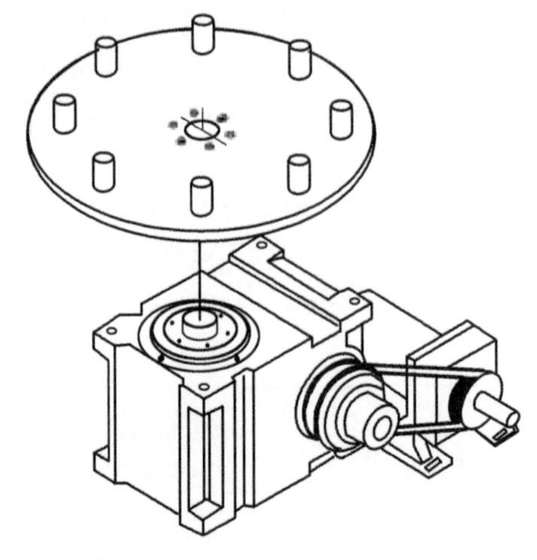

图 2-147 应用分割器的转盘设备

【温馨提示】以上信息，给到厂商，他们也可代选，但信息得靠自己提炼！多数初学者缺乏实战经验，往往不太熟悉工况，也就无从给出上述条件，从而造成往下的计算和分析存在困难。换言之，给出上述信息，事实上已完成了设计的大部分工作，接下来的计算分析，意义更多体现在对工况的确认和设计的校核上。

1）计算驱动角（回转角）θ_h。

已知动静比为3∶1

驱动角 θ_h 为 $=360°\times$(回转时间)/(回转时间+定位时间)$=270°$

2）计算负载 T_t。

负载包括：惯性转矩 T_i + 摩擦转矩 T_f + 做功转矩 T_w

转动惯量的计算

转盘的转动惯量 J_1（转盘质量 $m_1=78.414\text{kg}$）

$$J_1=m_1R^2/2=78.414\times0.4^2/2\text{kg}\cdot\text{m}^2=6.273\text{kg}\cdot\text{m}^2$$

夹具的转动惯量 J_2（夹具质量 $m_2'=15\text{kg}\times8=120\text{kg}$）

$$J_2=m_2'r^2=120\times0.3^2\text{kg}\cdot\text{m}^2=10.8\text{kg}\cdot\text{m}^2$$

工件的转动惯量 J_3（工件质量 $m_3'=0.5\text{kg}\times8=4\text{kg}$）

$$J_3=m_3'r^2=4\times0.3^2\text{kg}\cdot\text{m}^2=0.36\text{kg}\cdot\text{m}^2$$

总转动惯量：$J=J_1+J_2+J_3=(6.273+10.8+0.36)\text{kg}\cdot\text{m}^2=17.433\text{kg}\cdot\text{m}^2$

3）输出轴最大角加速度 β 的计算。

$$\begin{aligned}\text{输出轴最大角加速度}\ \beta&=a_m(2\pi/s)\times(360n/60\theta_h)^2\\&=5.53\times(3.14\times2/8)\times[360\times90/270\times60]^2\text{rad/s}^2\\&=17.374\text{rad/s}^2\end{aligned}$$

4）惯性转矩 T_i。

$$T=J\beta=17.433\times17.374\text{N}\cdot\text{m}=302.88\text{N}\cdot\text{m}$$

由于工程习惯问题，往往是用到单位 kgf · m，故折算下为

$$T_i=T/g=302.88/9.8\text{kgf}\cdot\text{m}=30.91\text{kgf}\cdot\text{m}。$$

5）摩擦转矩 T_f 和做功转矩 T_w。

μ 为摩擦因数，取值0.15，W 为"转盘+夹具+工件"质量，则

$$T_f=\mu WR=0.15\times(78.414+120+4)\times0.25\text{kgf}\cdot\text{m}=7.59\text{kgf}\cdot\text{m}。$$

做功转矩 T_w：在间歇分割时没有做功，因此 $T_w=0$。

6）实际转矩 T_e。

$$T_t=T_i+T_f+T_w=(30.91+7.59+0)\text{kgf}\cdot\text{m}=38.5\text{kgf}\cdot\text{m}$$

选型转矩 $T_e=T_t f_e=$ 实际转矩 × 安全系数 $=38.5\times1.4\text{kgf}\cdot\text{m}=53.9\text{kgf}\cdot\text{m}$

查询分割器型录规格表，找到对应已知条件 8 分割、270°转位角度、转速 100r/min（实际转速 90r/min，介于 50 ~ 100r/min），找到输出轴转矩大于选型转矩 T_e 的分割器规格（如 109.5kgf · m 对应的 180D），见表 2-32 所示。

表 2-32　分割器的规格参数

分割等份 s	转位角度 θ	规格	静转矩 /kgf · m	动转矩/kgf · m 分割器转速 n/(r/min)								摩擦转矩 I_f/kgf · m
				50	100	150	200	300	400	500	700	
8	270	45D	2.62	1.09	0.88	0.78	0.72	0.63	0.58	0.54	0.49	0.08
		60D	5.85	2.18	1.77	1.57	1.44	1.28	1.17	1.09	0.99	0.16
		70D	17.8	7.3	5.9	5.2	4.8	4.3	3.9	3.7	3.3	0.3
		80D	32.3	13.4	10.9	9.6	8.8	7.8	7.2	6.7	6.1	0.6
		83D	35.6	16.1	12.4	11.0	9.8	9.1	7.9	7.2	6.8	0.7
		100D	45.2	21.3	15.8	12.3	10.8	9.3	8.1	7.6	7.2	1.0
		110D	79.0	32.6	26.5	23.4	21.5	19.0	17.5	16.3	14.8	1.0
		140D	118.9	46.6	37.9	33.5	30.7	27.2	25.0	23.4	21.1	1.4
		180D	320.6	134.8	109.5	96.9	88.9	78.7	72.2	67.6	61.1	3.0
		250D	802.2	344.0	279.4	247.4	226.9	200.9	184.3	172.4		5.3

7）输入轴转矩 T_c（用于动力选型）。

$$T_c=[360°/(\theta_h s)]Q_m T_e=[360/(8\times270)]\times0.99\times53.9\text{kgf}\cdot\text{m}=8.89\text{kgf}\cdot\text{m}=87.12\text{N}\cdot\text{m}$$

8）电动机功率 P。

假设输入轴和动力源直接连接，且选的是三相异步电动机，则应注意步骤 7）求出来的该工况的转矩 T_c，相当于电动机的最大输出转矩 T_m，约为其额定转矩 T_N 的 2 倍，故 $T_N=T_c/2=87.12/2\text{N}\cdot\text{m}=43.56\text{N}\cdot\text{m}$，因此所选的电动机的额定功率

$$P_N=(T_N n)/(9549\eta)=(43.56\times90)/(9549\times0.9)\text{kW}=0.456\text{kW}$$

因此可选用功率为 0.55kW 或者更大功率的三相异步电动机。

假设输入轴和电动机之间有其他传动机构，或者选的不是三相异步电动机，则情况就不一样了，必须具体情况具体分析，牢牢抓住传动机构的传动比和电动机各种转矩的关系，对于动力的选择，采取“宁大勿小”的原则（因为计算始终无法完全覆盖非标设备很多意外因素，条件的拟定和罗列也趋于理想化，一旦动力不足，问题很严重，起码不利于后续的设备拓展变更），例如本案例，当工况较为复杂时，可考虑取额定转矩 $T_N=T_c$。

此外应注意，部分厂商型录提供分割器和电动机的速配表，如表 2-33。例如选 80DF 规格的分割器，则一般配功率在 180 ~ 370W 的电动机（实际对应是 200W 或 400W），这个仅供参考，因为还跟具体机构的负载情况有关，最好能自己校验一次。

表 2-33 分割器（DF 凸缘法兰型）和电动机的速配表

规格（转速 0～800）	45DF	60DF	70DF	80DF	110DF	140DF	180DF	250DF
输入轴最大转矩/kgf・m	4	6	9.5	25	40	100	340	780
输出轴允许径向负荷/kgf	130	140	220	330	560	760	1200	3200
输出轴允许轴向负荷/kgf	140	142	300	420	700	1000	1500	4150
适配电动机功率/W	60～90	90～120	120～180	180～370	370～750	750～1500	1500～2200	2200～3700

2.5 其他标准件的选用

标准件，指的是结构形式、尺寸大小、表面质量、表示方法均已标准化的零部件。一台设备的标准件，约有一半以上属于机械类元件（见图 2-148）。

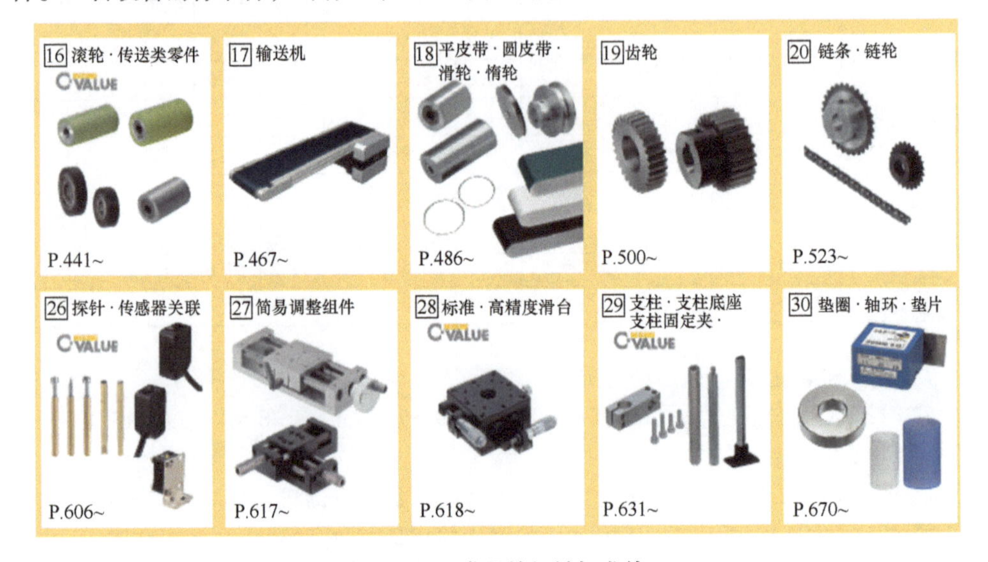

图 2-148 常见的机械标准件

2.5.1 轴系标准件

如图 2-149 所示，轴承、联轴器等标准件主要应用于旋转运动的机构上，往往在速度和精度上有较高要求，因此是选型的重点学习内容之一。而其中最重要的无疑是轴承，其次是联轴器，两者选对用好，对增强机构稳定性有很大帮助。轴承在轴系旋转机构的地位相当重要，也往往应用于精密、高速之类的设备，所以务必耐心整理大致分类、特点、型号、选型等设计相关知识，不能一知半解，更不能一窍不通。

1. 轴承

轴承就是用于支承旋转的轴并确保其准确、顺畅地旋转而使用的零件。它可以抑制轴旋转时产生的摩擦、减少能耗和发热，防止零件损坏，由滚动体、外圈和内圈组成。轴承的类型很多，常用的类型如图 2-150 所示。

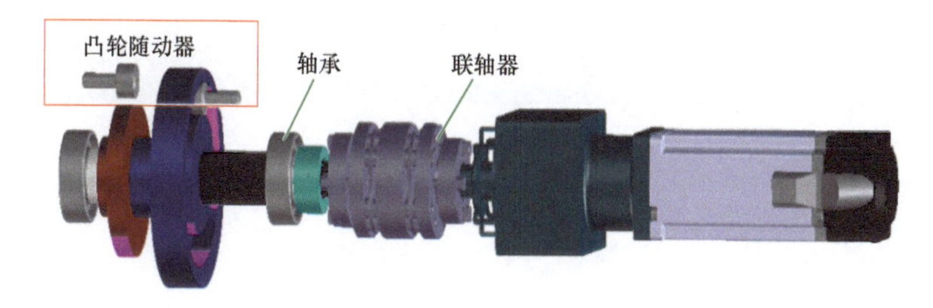

图 2-149　轴系标准件

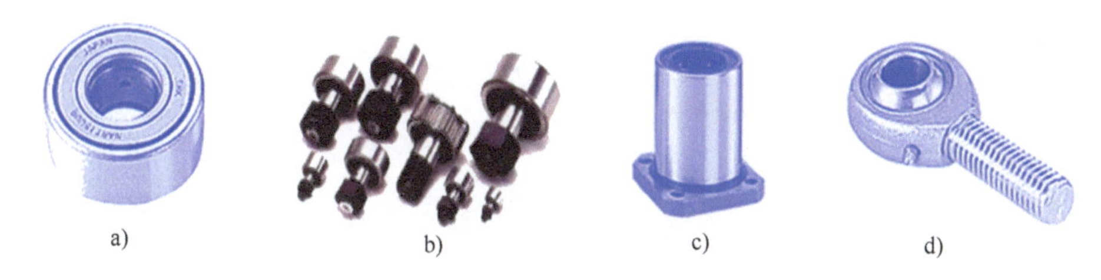

图 2-150　常用轴承

a）球/滚子轴承　b）凸轮/滚子随动器　c）直线轴承　d）鱼眼轴承

（1）球/滚子轴承　依内圈和外圈之间的介质，分为球轴承和滚子轴承，前者比较常用。球轴承依受力的方向及功用，可分为径向球轴承（见图 2-151）和推力球轴承（承受较大轴向负荷，分单列推力轴承和双列推力轴承），其中径向球轴承用得较多，可进一步分为三个类型，见表 2-34。

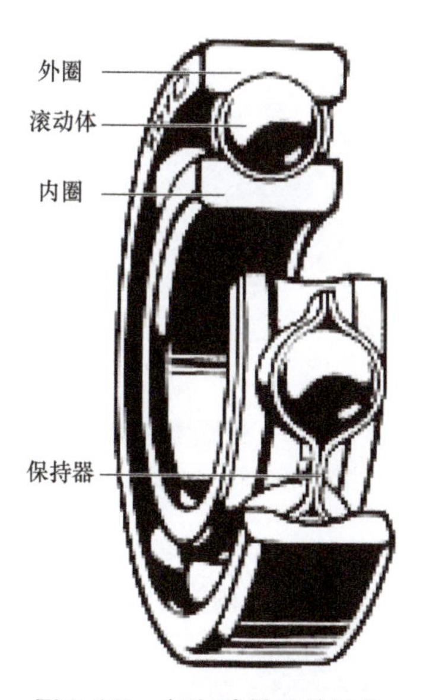

图 2-151　径向球轴承的结构

表 2-34 径向球轴承的分类

类型	特点	图例
深沟球轴承	可承受径向负荷，但不适合承受轴向负荷，低噪声，低振动，适用于高速旋转场合	
角接触球轴承	可承受径向负荷及较高的轴向负荷，滚珠与内外圈间保持 15°～40°接触角，接触角越大则轴向负载能力越强，接触角越小越适合高速	
双列向心球轴承	此种轴承可承受很大的径向负荷及轴向负荷，相当于两个向心球轴承	

（2）凸轮/滚子随动器　如图 2-152 所示，凸轮随动器是一种附螺栓、螺母及外轮的针状滚子轴承，外轮直接与轨道面接触运转；滚子随动器，相当于没有螺栓的凸轮随动器，一般通过轴销联接。

a)　　b)

图 2-152　凸轮/滚子随动器

a）凸轮随动器　b）滚子随动器

随动器内外圈的连接介质是滚针（不是滚珠），只受径向载荷，多用于凸轮机构（见图 2-153）。一般轴承是固定外圈、转内圈的，但随动器转的是外圈。由于轴承外圈直径远小于凸轮外形轮廓直径，故轴承转速远高于凸轮转速，所以轴承的润滑应尽可能采用润滑油，若无法以润滑油润滑，则至少应经常添加润滑脂。

还有一类随动器为偏心环设计，如图 2-154 所示，可自动调整中心，优点是配合套在凸轮从动轴承的心轴上，可轻易地对径向方位的位置进行调整。应用场合：一整排的轴承并不需要非常精确的支架孔，只要配合偏心环使用即可达到完美的直线性。

(3) 直线轴承 如图2-155所示，直线轴承是一个特殊的轴承，同样是用于支承轴，但这个轴不是转动的，是线性移动的。它类似于线性导轨中的滑块，不过这个滑块内腔是圆的，而导轨换成圆柱或圆棒罢了。

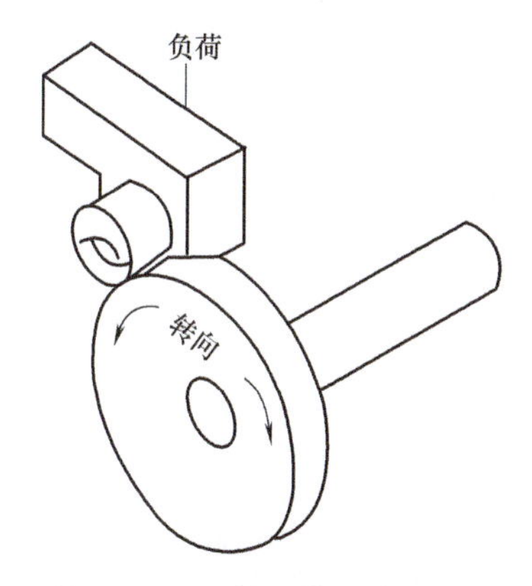

图2-153 凸轮机构上的随动器

图2-154 为偏心环设计的调心随动器

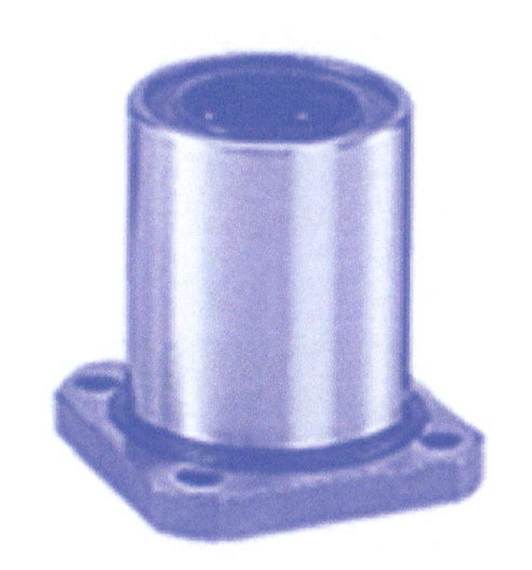

图2-155 直线轴承

直线轴承系列制品中的负荷钢珠，由一体成型的保持架沿轴方向整列引导，由于负荷钢珠与轴是点接触，故允许负荷较小。此外，直线轴承和轴的配合精度一般，线性移动的误差大概在0.01～0.05mm。因此在具体选用时，应考虑到直线轴承的上述特点，重负荷、高精度的场合尽量不用。但是，直线轴承的价格比较便宜，在很多不太严苛的工况下，是实现线性导引的重要方式之一，如图2-156所示。

直线轴承常作为物体长距离线性移动的导引件，如图2-157所示，人机界面在导引轴上的移动导向所采用的就是直线轴承，成本投入较低。机构采用的光轴和直线轴承，如图2-158和图2-159，及表2-35、表2-36均可很方便地从市场采购。

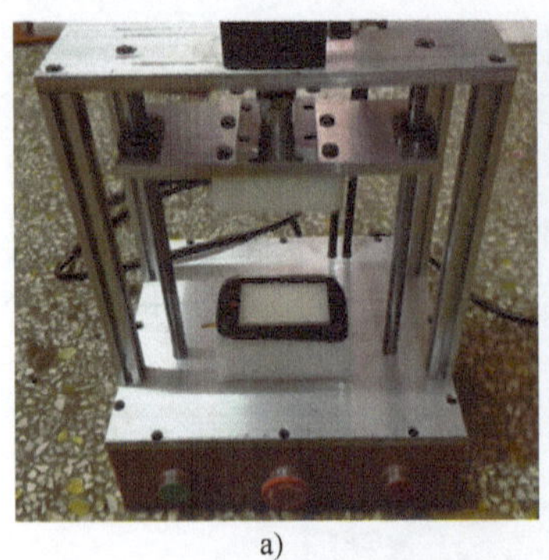
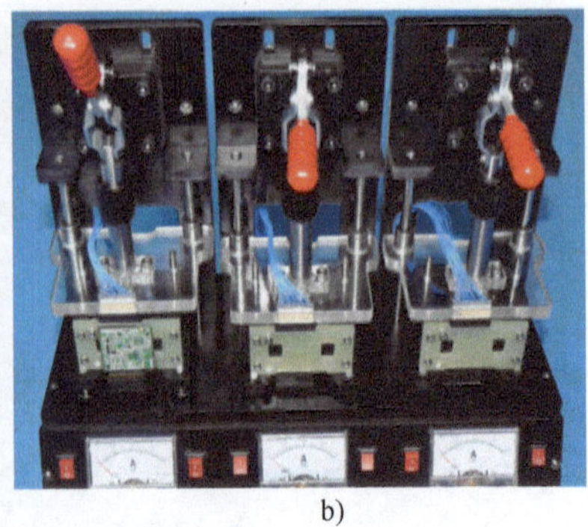

a) b)

图 2-156 直线轴承的应用

a）精度不高的铆合工艺 b）受力不大的测试工艺

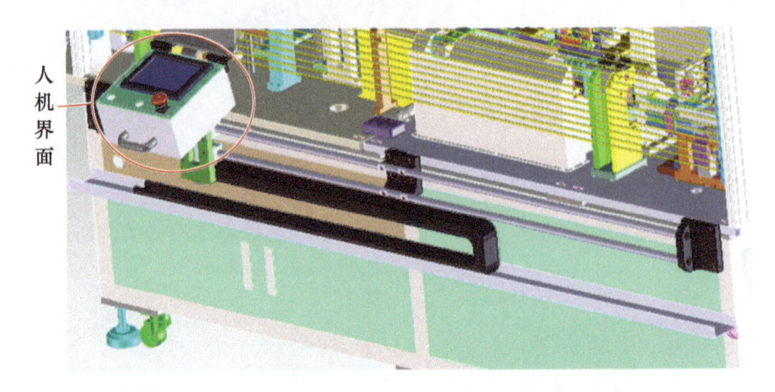

图 2-157 直线轴承常作为长距离移动的导引件

表 2-35 常用光轴参数

型号	外径 D/mm	外径公差/μm g6	最大长度 L/mm	有效硬化层深度/mm	质量/(kg/m)
SFC3	3	$\begin{matrix}-4\\-12\end{matrix}$	400	1.5 以上	0.06
SFC4	4		400		0.10
SFC5	5		2000		0.16
SFC6	6		3000		0.23
SFC8	8	$\begin{matrix}-5\\-14\end{matrix}$	3000		0.40
SFC10	10		4000		0.62

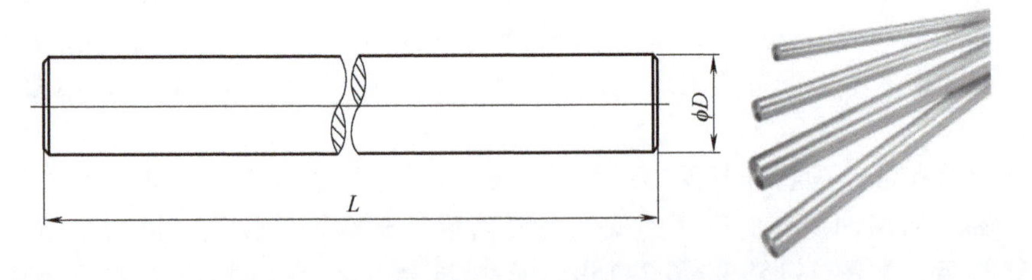

图 2-158 常用光轴（SFC 系列镀硬铬光轴）

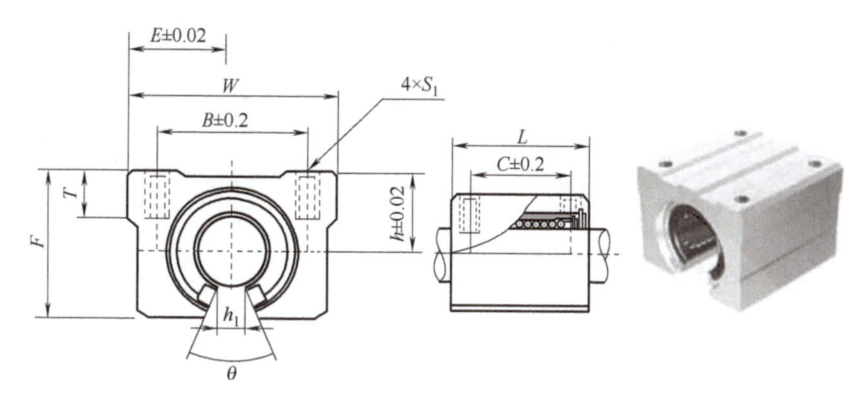

图 2-159 直线轴承

表 2-36 直线轴承参数

型号	L/B	E	W	F	θ	T	L	$S_1 \times l$	h_1	h	B	C	基本额定载荷/N		质量/10^{-3}N
													额定动载荷 C	额定静载荷 C_0	
SBR16UU	LM16UUOP	22.5	45	33	80°	9	45	M5×12	11	20	32	30	770	1170	1.5
SBR20UU	LM20UUOP	24	48	39	60°	11	50	M6×12	11	23	35	35	860	1370	2
SBR25UU	LM25UUOP	30	60	47	50°	14	65	M6×12	12	27	40	40	980	1560	4.5
SBR30UU	LM30UUOP	35	70	56	50°	15	70	M8×18	15	33	50	50	1560	2740	6.3

（4）轴承的选型　轴承的类型还有很多，适用于各种具体场合，只要平时稍加留意和总结，并不构成学习障碍，通用的方法是：对工况，查型录，抓特性配对。下面以球轴承为例，简单介绍下选型流程和方法。

1）根据负载方向选择轴承种类。根据所选的轴承受到的负荷方向确定类型，例如仅受径向负荷，可选调心球轴承，仅受轴向（推力）负荷则选推力球轴承，同时承受径向和轴向力时可选深沟球轴承。图 2-160 所示的凸轮机构，不同凸轮受力方向不一样，显然受力有径向也有轴向的，并且高速运行，综合分析，选择深沟球轴承为宜。

2）根据环境确定轴承的材质。例如普通环境，选用轴承钢 SUJ2（也是轴的常用材料之一），高湿度环境下选用不锈钢 SUS440C（耐蚀性和韧性都很强，在所有不锈钢、耐热钢中的硬度最高，HRC56～58，多用于制造工具、刀具及其他强度、硬度要求较高的场合）。

3）根据使用环境确定轴承的封装形式。不同封装形式的轴承有不同的特点，见表 2-37。

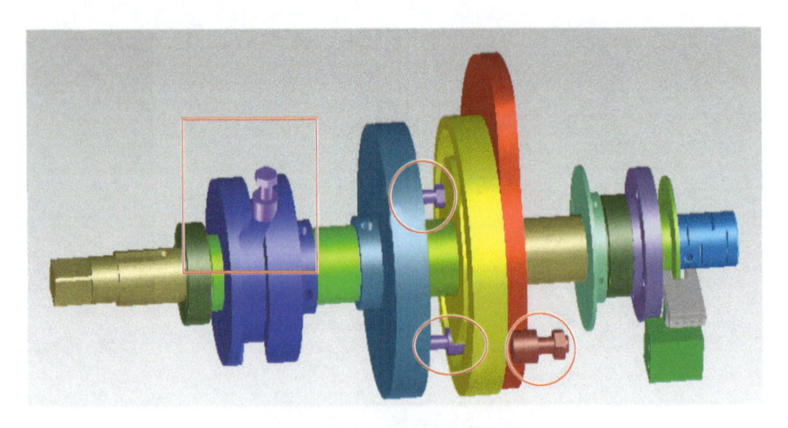

图 2-160 凸轮机构及轴承

表 2-37 轴承的封装形式

项 目	双 盖 式			单 盖 式	开 放 式
材质	不锈钢	橡胶密封圈（丁腈橡胶）		不锈钢	—
标示型号	ZZ	VV	DDU	Z	—
轴承盖与内圈的接触	非接触式	非接触式	接触式	非接触式	—
摩擦转矩	无	无	有	无	无
高速性	○	○	△	○	○
防尘性	○	○	◎	×	×
防水性（意为防止水的飞沫）	×	○	◎	×	×
特长	最普通的轴承盖。适合低转矩、高速旋转的部位	间隙比铣制的双盖式产品更小，防尘性、防水性较好	内圈与橡胶密封圈接触，因此具有最优异的防尘性、防水性	用于使装置内部的润滑脂、润滑油循环等的场合	

4）选择与所用轴相匹配的内径（公差）及与所用固定座相匹配的外径（公差）。

轴承与轴、轴承座的配合间隙过大，安装虽然方便，但轴承寿命更短（因为套圈松动、蠕变、磨损）；采用厂商推荐的适当过盈量，一般问题不大，但过盈量也不宜太大，以免套圈开裂（载荷、温差、精度、安装等因素均会影响）。

一般来说，轴和轴承内圈属于过盈或极微小的间隙配合，可以采用 g6 或 k5、m5 等级，见表 2-38。例如轴承内径是 $\phi10$（公差是 $^{0}_{-0.008}$），则轴直径 d 公差可以是 $^{-0.005}_{-0.014}$。内外圈是薄壁件，易变形，过盈量不宜大。

一般来说，轴承座孔和外圈属于微小间隙配合，座孔公差采用 H7 或 JS7 等级，见表 2-39。例如轴承外径是 $\phi30$（公差是 $^{0}_{-0.009}$），则座孔直径 D 公差可以是 $^{+0.021}_{0}$，实际还可适当加严，如 $^{+0.01}_{0}$。

表 2-38 基孔制配合公差带

（单位：μm）

公称尺寸分段/mm		轴承（0级）单一平面内径偏差 Δd_{mp}		轴公差带内各档的过盈量与间隙																	
				g6		h5		h6		js5		j5		js6		j6		k5		m5	
				间隙	过盈量	间隙	过盈量	间隙	过盈量	间隙	过盈量	间隙	过盈量	间隙	过盈量	间隙	过盈量	过盈量		过盈量	
大于	到	上	下	最大	最大	最大	最大	最大	最大	最大	最大	最大	最大	最大	最大	最大	最大	最大	最大	最大	最大
3	6	0	−8	12	4	5	8	8	8	—	—	—	—	—	—	—	—	—	—	—	—
6	10	0	−8	14	3	6	8	9	8	3	11	2	12	4.5	12.5	2	15	—	—	—	—
10	18	0	−8	17	2	8	8	11	8	4	12	3	13	5.5	13.5	3	16	—	—	—	—
18	30	0	−10	20	3	9	10	13	10	4.5	14.5	4	15	6.5	16.5	4	19	2	21	—	—
30	50	0	−12	25	3	11	12	16	12	5.5	17.5	5	18	8	20	5	23	2	25	9	32
50	65	0	−15	29	5	13	15	19	15	6.5	21.5	7	21	9.5	24.5	7	27	2	30	11	39
65	80	0	−15	29	5	13	15	19	15	6.5	21.5	7	21	9.5	24.5	7	27	2	30	11	39
80	100	0	−20	34	8	15	20	22	20	7.5	27.5	9	26	11	31	9	33	3	38	13	48
100	120	0	−20	34	8	15	20	22	20	7.5	27.5	9	26	11	31	9	33	3	38	13	48
120	140	0	−25	39	11	18	25	25	25	9	34	11	32	12.5	37.5	11	39	3	46	15	58
140	160	0	−25	39	11	18	25	25	25	9	34	11	32	12.5	37.5	11	39	3	46	15	58
160	180	0	−25	39	11	18	25	25	25	9	34	11	32	12.5	37.5	11	39	3	46	15	58
180	200	0	−30	44	15	20	30	29	30	10	40	13	37	14.5	44.5	13	46	4	54	17	67
200	225	0	−30	44	15	20	30	29	30	10	40	13	37	14.5	44.5	13	46	4	54	17	67
225	250	0	−30	44	15	20	30	29	30	10	40	13	37	14.5	44.5	13	46	4	54	17	67
250	280	0	−35	49	18	23	35	32	35	11.5	46.5	16	42	16	51	16	51	4	62	20	78
280	315	0	−35	49	18	23	35	32	35	11.5	46.5	16	42	16	51	16	51	4	62	20	78
315	355	0	−40	54	22	25	40	36	40	12.5	52.5	18	47	16	58	18	58	4	69	21	86
355	400	0	−40	54	22	25	40	36	40	12.5	52.5	18	47	18	58	18	58	4	69	21	86
400	450	0	−45	60	25	27	45	40	45	13.5	58.5	20	52	20	65	20	65	5	77	23	95
450	500	0	−45	60	25	27	45	40	45	13.5	58.5	20	52	20	65	20	65	5	77	23	95

表 2-39 基轴制配合公差带

（单位：μm）

公称尺寸分段/mm		轴承（0级）单一平面外径偏差 Δd_{mp}		轴承座孔公差带内各段的过盈量与间隙															
				G7		H6		H7		H8		J6		JS6		J7		JS7	
				间隙		间隙		间隙		间隙		间隙	过盈量	间隙	过盈量	间隙	过盈量	间隙	过盈量
超过	到	上	下	最大	最小	最大	最小	最大	最小	最大	最小	最大	最大	最大	最大	最大	最大	最大	最大
6	10	0	-8	28	5	17	0	23	0	30	0	13	4	12.5	4.5	16	7	15	7
10	18	0	-8	32	6	19	0	26	0	35	0	14	5	13.5	5.5	18	8	17	9
18	30	0	-9	37	7	22	0	30	0	42	0	17	5	15.5	6.5	21	9	19	10
30	50	0	-11	45	9	27	0	36	0	50	0	21	6	19	8	25	11	23	12
50	80	0	-13	53	10	32	0	43	0	59	0	26	6	22.5	9.5	31	12	28	15
80	120	0	-15	62	12	37	0	50	0	69	0	31	6	26	11	37	13	32	17
120	150	0	-18	72	14	43	0	58	0	81	0	36	7	30.5	12.5	44	14	38	20
150	180	0	-25	79	14	50	0	65	0	88	0	43	7	37.5	12.5	51	14	45	20
180	250	0	-30	91	15	59	0	76	0	102	0	52	7	44.5	14.5	60	16	53	23
250	315	0	-35	104	17	67	0	87	0	116	0	60	7	51	16	71	16	61	26
315	400	0	-40	115	18	76	0	97	0	129	0	69	7	58	18	79	18	68	28
400	500	0	-45	128	20	85	0	108	0	142	0	78	7	65	20	88	20	76	31
500	630	0	-50	142	22	94	0	120	0	160	0	—	—	72	22	—	—	85	35
630	800	0	-75	179	24	125	0	155	0	200	0	—	—	100	25	—	—	115	40
800	1000	0	-100	216	26	156	0	190	0	240	0	—	—	128	28	—	—	145	45

此外注意，固定凸轮随动器的是光孔（不要误以为是螺纹孔或乱标，见图 2-161），一般采用 H7 公差，例如配 CFUA10-22 的随动器，孔 $\phi10$ 公差可标为 $^{+0.015}_{\ 0}$。

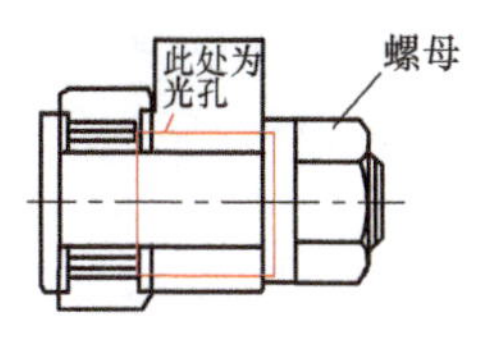

图 2-161　凸轮随动器与工件的配合特点

5）根据机械设计理论最终确定额定负载合适的轴承。这一步骤相对较麻烦，要先熟悉轴承校核相关概念，然后评估机构的负载情况，再根据轴承选用指引和查型录表格来获得型号。一般来说，如果转速较高，则进行寿命校核，防止点蚀破坏；转速较低，则进行静强度校核，防止塑性变形。以下对径向球轴承的寿命校核进行简单的介绍（静强度校核略；更多深入的探讨，如推力球轴承和其他轴承等，读者可以查阅机械设计手册，本书为速成性质难以兼顾深度内容）。

① 基本额定动载荷 C。所选轴承在基本额定寿命 L_{10} 为 10^6 转时所能承受的最大载荷。向心轴承的基本额定动载荷记为 C_r，推力轴承的基本额定动载荷记为 C_a。

② 寿命指数 ε。球轴承 $\varepsilon=3$，滚子轴承 $\varepsilon=10/3$。

③ 当量载荷 P。由于实际载荷包含径向 F_r 和轴向 F_a，如图 2-162 所示，可将其进行换算，再和基本额定载荷 C 进行比较。假设径向动载荷系数为 X，轴向动载荷系数为 Y，则有

$$P=XF_r+YF_a$$

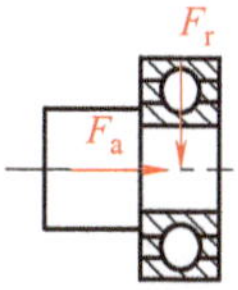

图 2-162　轴承实际所受载荷

工作中的冲击和振动会使轴承寿命降低，用载荷系数 f_d 修正，见表 2-40，则有

$$P=f_d(XF_r+YF_a)$$

表 2-40　轴承的工作载荷系数

载荷性质	无冲击、轻微冲击	中等冲击	强大冲击
f_d	1.0～1.2	1.2～1.8	1.8～3.0
举例	电机、汽轮机、通风机、水泵	车辆、机床、起重机、冶金设备、内燃机	破碎机、轧钢机、石油钻床、振动筛

首先求出 F_a/C_{0r}（C_{0r} 为基本额定静载荷），查表 2-41，确定对应的 e 值，根据其与 F_a/F_r 对比的大小确定当量载荷的计算系数 X 和 Y。

表 2-41 径向球轴承的系数 X 和 Y

轴承的型号		轴向负载比		单列轴承				双列轴承				e	
				$\frac{F_a}{F_r}\leq e$		$\frac{F_a}{F_r}>e$		$\frac{F_a}{F_r}\leq e$		$\frac{F_a}{F_r}>e$			
				X	Y	X	Y	X	Y	X	Y		
深沟球轴承		$\frac{F_a}{C_{0r}}$	$\frac{F_a}{iZD_{w2}}$										
		0.014	0.172				2.30				2.30	0.19	
		0.028	0.345				1.99				1.99	0.22	
		0.056	0.689				1.71				1.71	0.26	
		0.084	1.03				1.55				1.55	0.28	
		0.11	1.38	1	0	0.56	1.45	1	0	0.56	1.45	0.30	
		0.17	2.07				1.31				1.31	0.34	
		0.28	3.45				1.15				1.15	0.38	
		0.42	5.17				1.04				1.04	0.42	
		0.56	6.89				1.00				1.00	0.44	
	α	$\frac{iF_a}{C_{0r}}$	$\frac{F_a}{ZD_{w2}}$									单列	双列
	5°	0.014	0.172				2.30		2.78		3.74	0.19	0.23
		0.028	0.345				1.99		2.40		3.23	0.22	0.26
		0.056	0.689				1.71		2.07		2.78	0.26	0.30
		0.085	1.03				1.55		1.87		2.52	0.28	0.34
		0.11	1.38				1.45		1.75		2.36	0.30	0.36
		0.17	2.07	1	0	0.56	1.31	1	1.58	0.78	2.13	0.34	0.40
		0.28	3.45				1.15		1.39		1.87	0.38	0.45
		0.42	5.17				1.04		1.26		1.69	0.42	0.50
		0.56	6.89				1.00		1.21		1.63	0.44	0.52
	10°	0.014	0.172				1.88		2.18		3.06	0.29	
		0.029	0.345				1.71		1.98		2.78	0.32	
		0.057	0.689				1.52		1.76		2.47	0.36	

④ 滚动轴承的基本额定寿命 L_h。单位为 h，假设 n 为转速，单位为 r/min，已知 C（选定了轴承）和 P，则有

$$L_h=\frac{10^6}{60n}\left(\frac{C}{P}\right)^{\varepsilon}$$

当工作温度高于 120℃时，C 值会下降，用温度系数 f_t 修正，见表 2-42，则有

$$L_h=\frac{10^6}{60n}\left(\frac{f_t C}{P}\right)^{\varepsilon}$$

表 2-42 轴承的工作温度系数 f_t

工作温度/℃	<120	125	150	175	200	225	250	300
f_t	1.0	0.95	0.9	0.85	0.80	0.75	0.70	0.6

如果轴承待选（不知道 C），假设预期寿命 L_h' 及 P 已知，则所需的基本额定动载

荷（单位为N）C'应满足 $C' < C$。

$$C' = \frac{P}{f_t}\varepsilon\sqrt{\frac{60nL_h'}{10^6}}$$

举个案例（径向球轴承）：不考虑温度和冲击的影响，在轴向负载 $F_a = 0.16$kN、径向负载 $F_r = 55$N、转速500r/min的条件下，使用某型深沟球轴承（见表2-43），基本额定寿命为多少？

表2-43　某型轴承的规格表

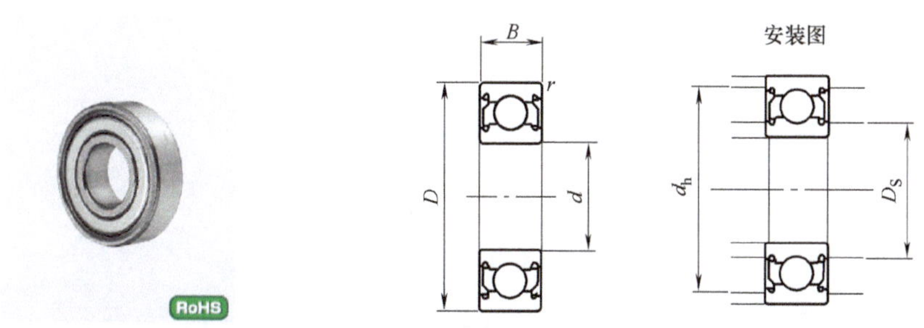

型式	d	D	B	r (min)	基本额定载荷		允许转速/(r/min)(参考)	安装尺寸		
					C_r(动)/kN	C_{0r}(静)/kN		D_s (min)	D_s (max)	d_h (max)
B6700ZZ	10	15	4	0.2	0.85	0.43	15000	10.4	11.21	14.2
B6800ZZ		19	5	0.3	1.83	0.925	34000	12	12.5	17
B6900ZZ		22	6		2.70	1.27	32000		13	20
B6000ZZ		26	8		4.55	1.96	30000		13.5	24
B6200ZZ		30	9	0.6	5.10	2.39	24000	14	16	26
B6300ZZ		35	11		8.1	3.45	21000		16.5	31
B6701ZZ	12	18	4	0.2	0.92	0.53	13000	12.4	13.86	16.7
B6801ZZ		21	5	0.3	1.92	1.04	32000	14	14.5	19
B6901ZZ		24	6		2.89	1.46	30000		15	22
B6001ZZ		28	8		5.10	2.39	27000		16	26

【分析】首先从表2-41中求得系数 X、Y，然后求出 P 的值。方法是这样的：见表2-43，找到该型号轴承的基本额定静载荷 C_{0r} 值为1.46kN，则有 $F_a/C_{0r} = 0.16/1.46 = 0.11$，查表2-41，对应 e 值为0.3，此时的轴向负载比 $F_a/F_r = 160/55 = 2.91 > e$，因此取 $X = 0.56$、$Y = 1.45$，故 $P = XF_r + YF_a = (0.56 \times 55 + 1.45 \times 160)\text{N} = 263\text{N}$。因此，$L_h = [10^6/(500 \times 60)] \times (1460/263)^3 = 5700\text{h}$。

【提醒】根据上述计算分析，虽然公式看起来比较复杂，但只要按部就班进行，并不是很繁琐，比较关键的反而是如何确定实际载荷（轴向和径向），有时工况比较复杂，还是需要一定的分析能力的（往往又是初学者欠缺的）。此外，不同的轴承和工况，就有不一样的计算校核方法，例如在求推力球轴承的 X 和 Y 时，查询的表单就不一样。

6）确定轴承的允许转速大于实际转速。轴承允许转速，基本都是上万或几万转每分，用在普通自动化设备上绰绰有余。一般来说，球轴承较适合轻载、高速、高精度场合，滚子轴承适合低速、重载场合。球轴承比滚子轴承的极限转速高，应优先选用球轴承；在高速时，选用超轻、特轻及轻系列的轴承（内径相同时，外径越小，滚动体就越轻小，产生的离心力也越小）；保持架的材料对轴承转速影响极大，实体保持架比冲压保持架允许有更高一些的转速；推力轴承的极限转速很低，当工作转速高时，若轴向载荷不是十分大，可以采用角接触球轴承来承受纯轴向力。

在机械设计中，一般先确定轴的尺寸，然后，根据轴的尺寸选择轴承。通常是小轴选用球轴承，大轴选用滚子轴承。

（5）轴承的安装 轴承的安装，指的是如何将轴承合理地布局于机构以内，是需要遵循一些理论和原则的，也是设计人员必须十分重视的内容。

1）内外圈的固定。轴承的内圈固定在轴上，常见方式如图 2-163 所示，外圈固定在轴承座上，常见方式如图 2-164 所示。

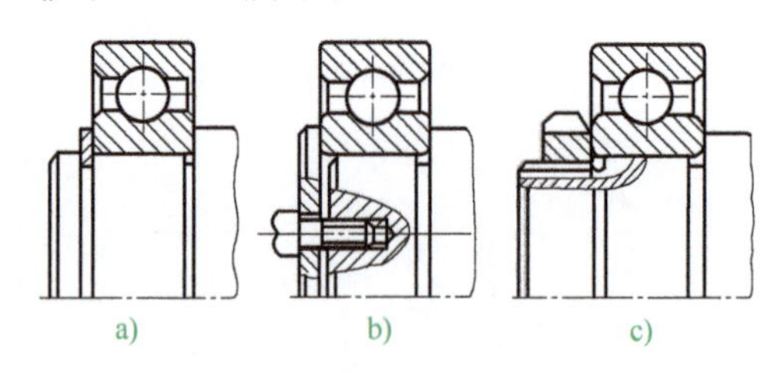

图 2-163 轴承与轴的固定方式

a）轴肩或套筒 b）轴端挡板 + 螺钉 c）圆螺母 + 止退垫圈

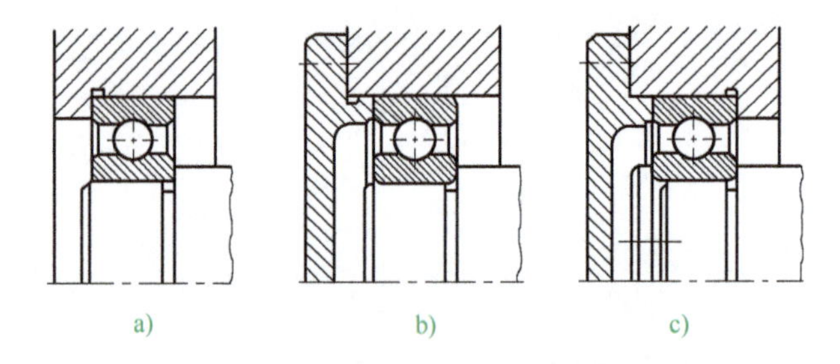

图 2-164 轴承与轴承座的固定方式

a）座孔凸肩 b）轴承端盖 c）轴承端盖 + 座孔凸肩

2）轴承布局方式。常见的布局方式有三种，轴短、温差小的场合如图 2-165 所示，轴较长、工作温差的大场合（大量凸轮机构采用这种方式）如图 2-166 所示，考虑轴承位置调整（如锥齿轮啮合）的场合如图 2-167 所示。

3）关于角接触向心轴承。经常配对使用，此时有两种装配模式，如图 2-168 所示，其中背对背方式的安装结构能承受轴更大的倾覆力矩。

图 2-169 所示是一个“伺服 + 丝杠”移动机构，配对使用角接触轴承，可以承受径向载荷与两个方向的轴向载荷。

2. 联轴器

本书略，见“入门篇”第 192 ~ 193 页。

2.5.2 导引标准件

线性运动几乎存在于任何一台自动化设备，如何维系精确度和稳定性，依赖的就是线性导引组件，这部分同样是重点学习的内容之一。具体选型上，我们关注的主要是负载能力、精度和速度等性能指标。例如精度方面，见表 2-44，高精度的线性导引标准件可以达到微米级。

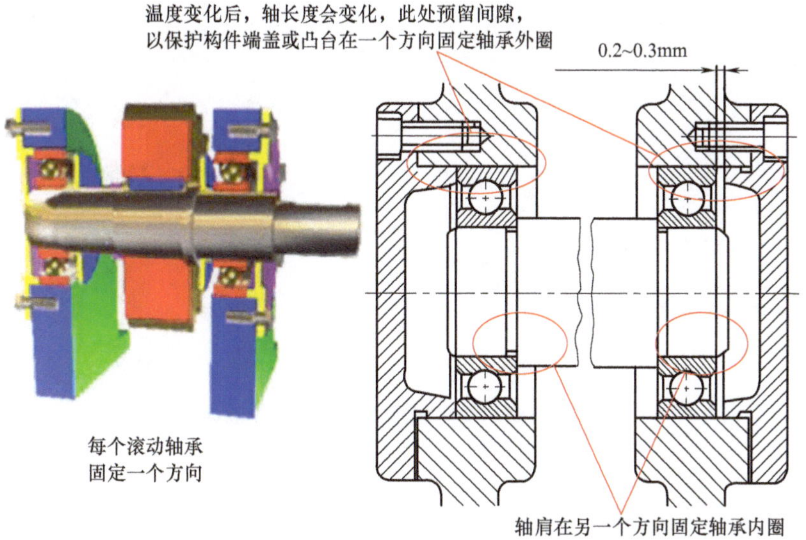

温度变化后，轴长度会变化，此处预留间隙，以保护构件端盖或凸台在一个方向固定轴承外圈

0.2~0.3mm

每个滚动轴承固定一个方向

轴肩在另一个方向固定轴承内圈

图 2-165　轴短、温差小的轴承布局

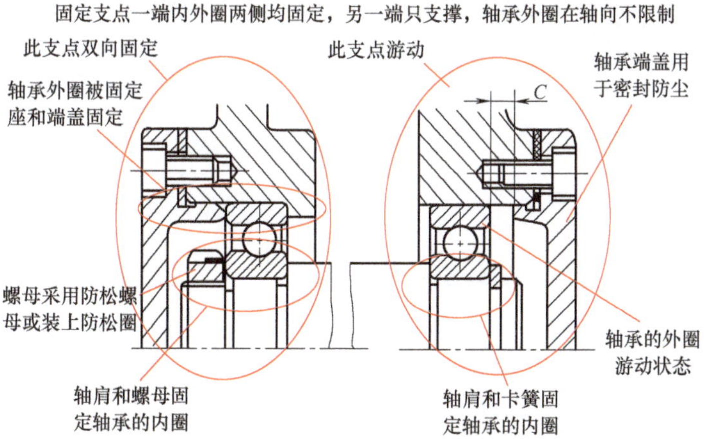

固定支点一端内外圈两侧均固定，另一端只支撑，轴承外圈在轴向不限制

此支点双向固定

此支点游动

轴承外圈被固定座和端盖固定

C

轴承端盖用于密封防尘

螺母采用防松螺母或装上防松圈

轴承的外圈游动状态

轴肩和螺母固定轴承的内圈

轴肩和卡簧固定轴承的内圈

图 2-166　轴长、温差大的轴承布局

表 2-44　常见的线性导引方式精度对比

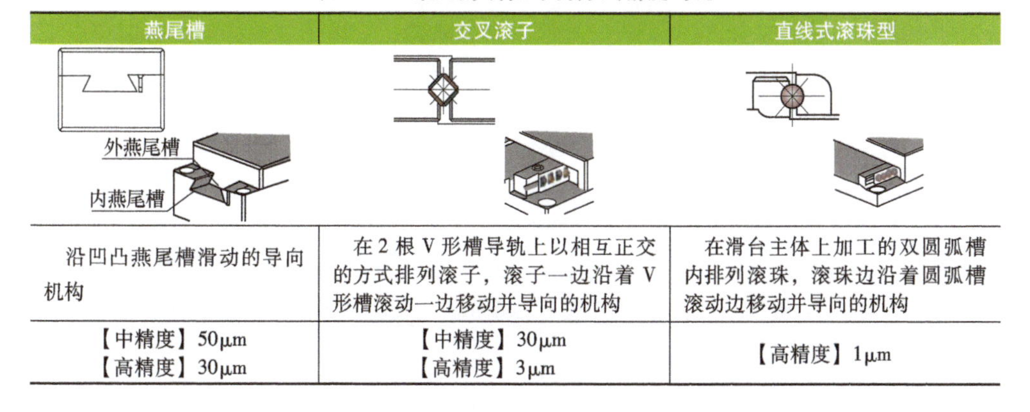

燕尾槽	交叉滚子	直线式滚珠型
沿凹凸燕尾槽滑动的导向机构	在 2 根 V 形槽导轨上以相互正交的方式排列滚子，滚子一边沿着 V 形槽滚动一边移动并导向的机构	在滑台主体上加工的双圆弧槽内排列滚珠，滚珠边沿着圆弧槽滚动边移动并导向的机构
【中精度】50μm 【高精度】30μm	【中精度】30μm 【高精度】3μm	【高精度】1μm

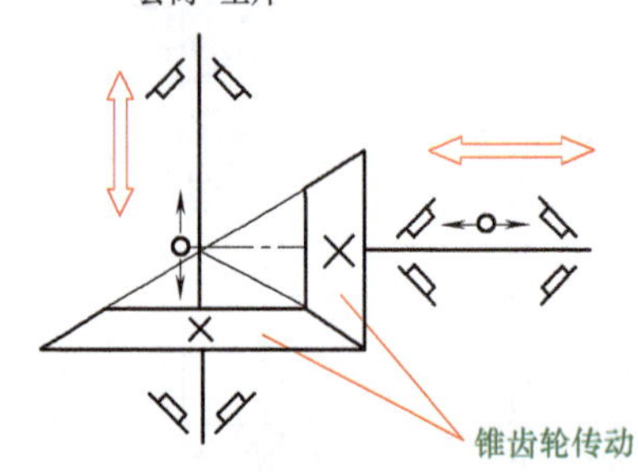

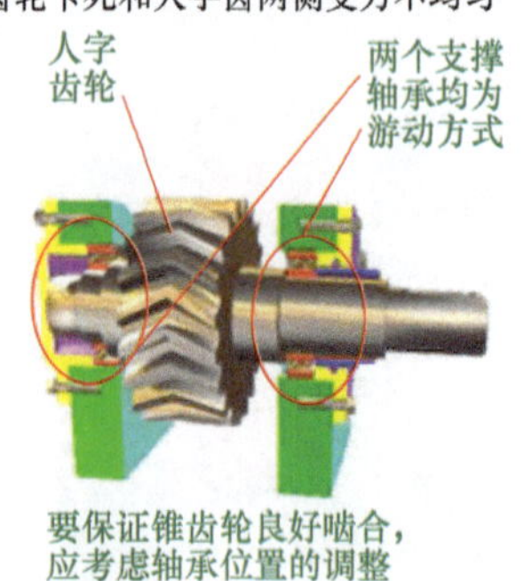

图 2-167 考虑轴承调整的轴承布局

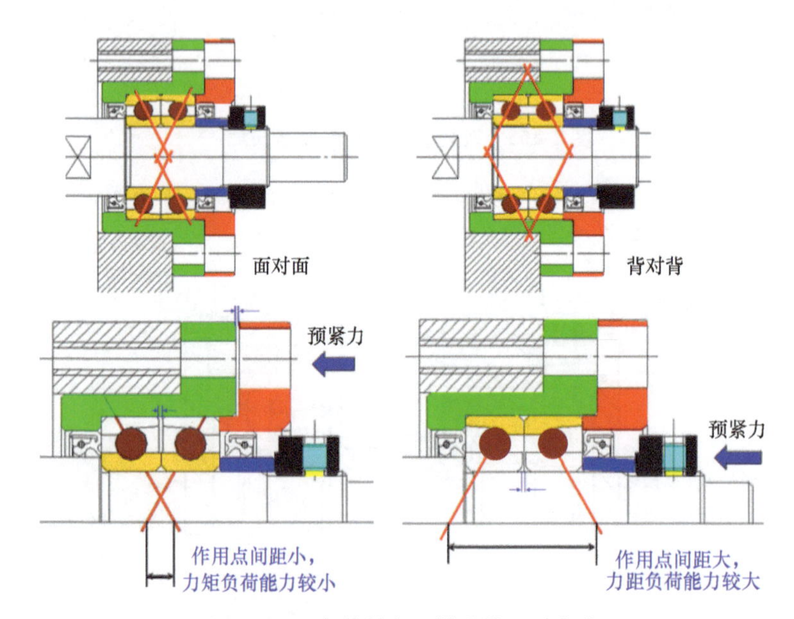

图 2-168 角接触向心轴承的配对方式

1. 线性导轨

依靠滚珠（滚柱）在精密磨削的导轨槽面上滚动，获得既定运动的机械组件，包括滑轨和滑块，如图 2-170 所示，在自动化设备上的应用，几乎无处不在，如图 2-171 所示，可实现高精度运动导引，也具备一定的大负载负荷能力。

（1）精度方面 由于线性机构的移动精度主要是由导引件决定的（停止、定位精度则由动力件决定），如图 2-172 所示，首先来了解一下线性导轨精度方面的一些概念。

1）高度 H 的配合公差、宽度 W_2 的配合公差。前者指的是 1 根导轨的多个滑块的最大高度差，后者指的是 1 根导轨的多个滑块的最大宽度差，具体的参数查阅型录，见表 2-45。当一个机构用到的线性导轨有 2 个或 2 个以上滑块时，就需要考虑这个配合误差。

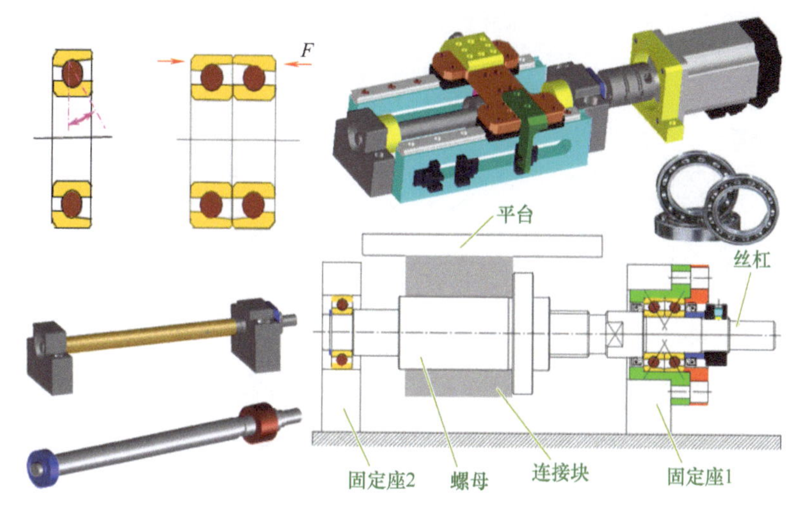

图 2-169　“伺服 + 丝杠”移动机构的轴承布局

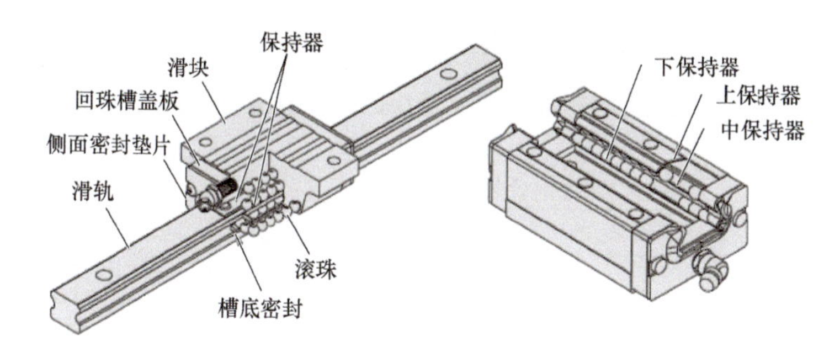

图 2-170　线性导轨的构成

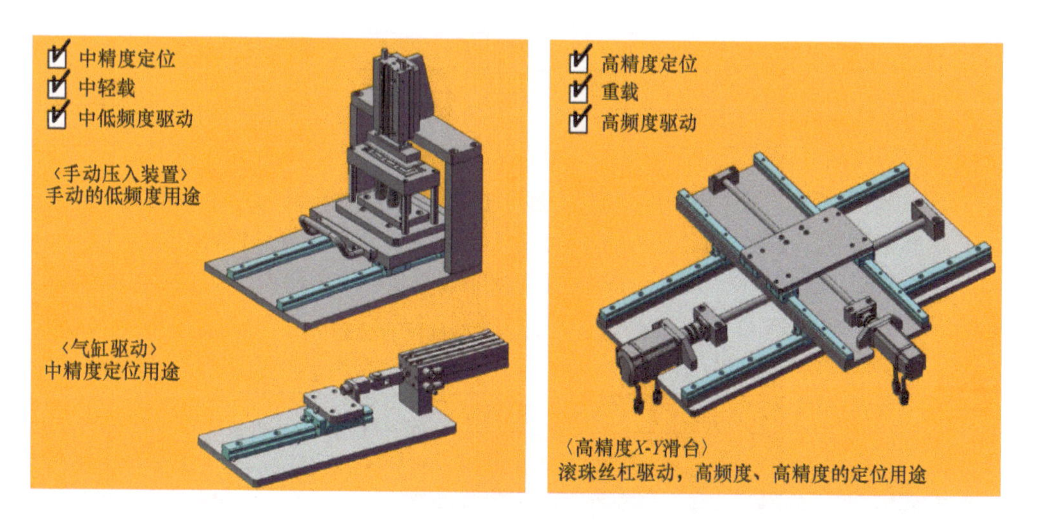

图 2-171　线性导轨的应用

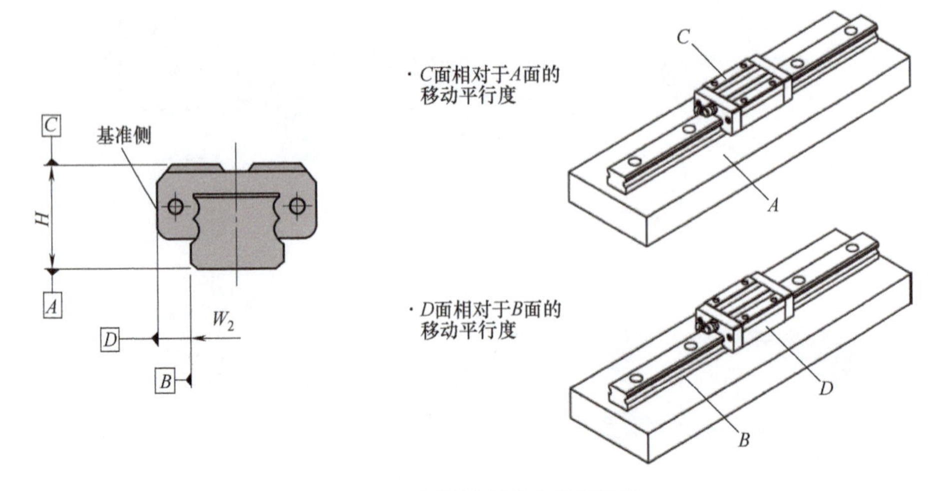

图 2-172 线性导轨配合的平行度

表 2-45 某规格线性导轨的配合公差

（单位：μm）

类型	精度标准		米思米产品		
			精密级	互换	普通级
中重载型类型	高度 H 的尺寸公差		±40	±20	±100
	高度 H 的配合公差		15	15	20
	高度 W_2 的尺寸公差		±20	±30	±100
	宽度 W_2 的配合公差	24、28	15	25	20
		33、42	15	25	30
		30、36、40、42	—	25	—
微型	高度 H 的尺寸公差		±10	±20	±20
	高度 H 的配合公差		7	15	40
	高度 W_2 的尺寸公差		±15	±25	±25
	宽度 W_2 的配合公差		10	20	40

2）移动平行度。指导轨固定在基准座，在全长范围内移动滑块，所测量得出的高度 H 和宽度 W_2 的变化值。这是评估线性导轨移动精度是否符合机构要求的重要指标，整体来说，移动的距离越长，导轨的负载能力越强，偏差越大，见表 2-46。

表 2-46 某规格线性导轨的配合公差

（单位：μm）

滑轨长度/mm		中重载型				微型		
		米思米产品			C-value	米思米产品		
大于	以下	精密级	互换	普通级	普通级	超精密级	精密级	普通级
—	50	7	6	7	10	2	3	13
50	80	7	6	7	10	2	3	13

（续）

滑轨长度/mm		中重载型				微型		
		米思米产品			C-value	米思米产品		
大于	以下	精密级	互换	普通级	普通级	超精密级	精密级	普通级
80	125	7	6.5	7	10	3	7	15
125	200	7	7	7	10	3	7	15
200	250	7	8	7	10	3.5	9	17
250	315	8	9	12	10	4	11	18
315	400	8	11	12	12	5	11	18
400	500	9	12	14	13	5	12	19
500	630	11	14	18	15	6	13.5	21
630	800	13	16	21	17	6	14	21.5
800	1000	14.5	18	23	19	—		
1000	1250	16	20	25	22	—		
1250	1600	—	23	27	23	—		
1600	2000	—	26	28.5	24	—		

3）径向间隙。指的是线性的预压程度，间隙越小，刚性越好，精度越高，一般是0或几个微米的间隙，可查阅具体型号的规格确认。滑块和导轨要配套使用，避免随意更换和搭配，以确保径向间隙（预压量和精度）。

4）安装基准。可能很多人没留意，滑块和导轨是有基准面标识的，如图2-173所示，特别是冲击、振动、重载和高精度场合，应尽量以之为机构定位基准，单边推挤靠紧固定，假设装反了，该导轨的精度性能也可能会有变化。

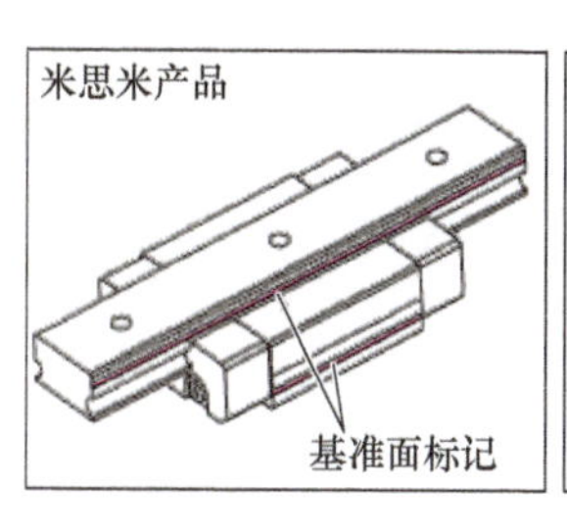

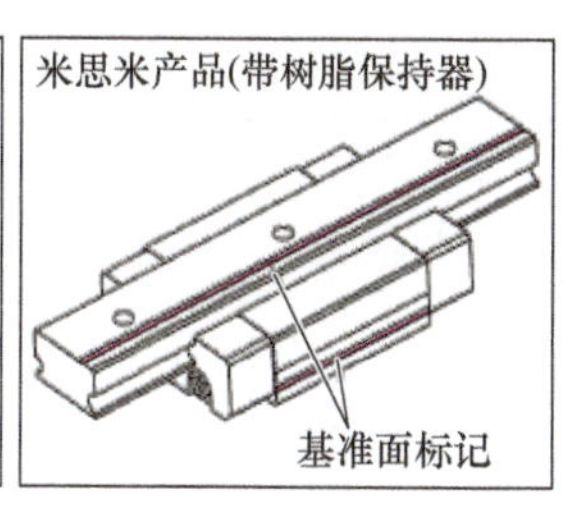

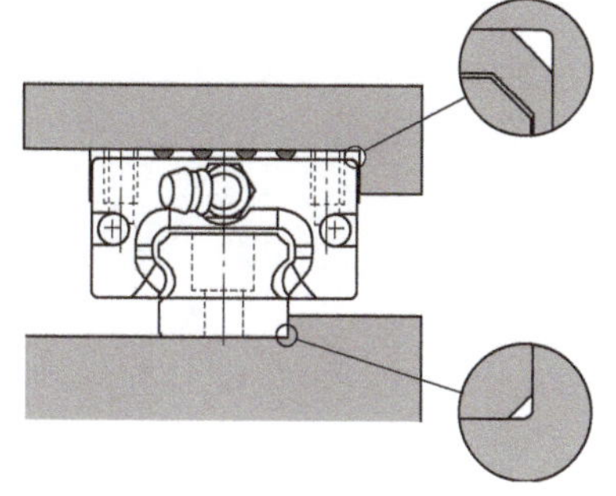

图2-173　线性导轨的安装基准

（2）负载方面　根据负载能力，线性导轨分轻载、中载、重载和超重载等类型，可适用不同的工况。首先了解下几个概念。

1）基本动态额定负载 C。基本动态额定负载是使一组相同的直线导轨在相同的条件下分别移动，其中90%不会因滚动疲劳而产生材料损坏，且以恒定方向滑动 50 ×

$10m^3$ 时的负载。

2）基本静态额定载荷 C_0。基本静态额定负载是使承受最大应力的接触部分上，滚动体的永久变形量与滚动面的永久变形量之和为滚动体直径的0.0001倍所需的静止负载。

3）静态允许负载。力矩负载发生作用时所承受的静态力矩负载限值，由基本静态额定负载 C_0 与永久变形量决定。也可以理解为线性导轨在不容易破坏的前提下，所允许受到的外力，包括力和力矩两种形式，如图2-174所示，具体线性导轨型号的允许负载，可查阅类似型录的表2-47。

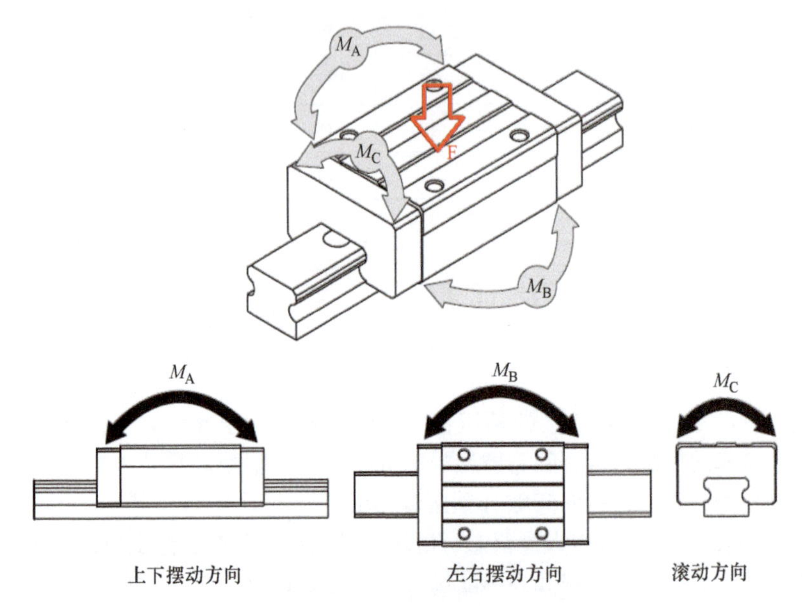

图2-174 线性导轨的受力分析

表2-47 某型号线性导轨的允许负载

H	基本额定载荷		静态允许力矩		质量		
	C(动)/kN	C_0(静)/kN	M_A、M_B /N·m	M_C/N·m	滑块/kg		导轨/(kg/m)
					标准型	加宽型	
24	5.0	8.23	33	57	0.15	0.20	1.5
28	7.2	12.1	58	135	0.20	0.25	2.4
33	11.7	19.6	109	225	0.30	0.40	3.4

假设（径向）允许载荷为 F，各方向的允许力矩为 M，静态安全系数为 f_s（见表2-48），则应满足：

$$F \leqslant C_0 / f_s$$

$$M \leqslant (M_A、M_B、M_C) / f_s$$

表 2-48　静态安全系数 f_s

使用条件	f_s 的下限
正常运行条件时	1～2
要求有平滑的移动性能时	2～4
有振动、冲击时	3～5

4）摩擦阻力。线性轨运行时的摩擦阻力因负载、速度、润滑剂的特性等而变化，假定承重 G，摩擦因数为 μ，则阻力 $f=\mu G+$ 密封阻力（2～5N）（对中重载线性导轨，$\mu=0.002\sim0.003$；对微型线性导轨，$\mu=0.004\sim0.006$）。

（3）选型方法　线性导轨的选型，严格来说要考虑的因素很多，因为机构往往存在振动、冲击，甚至连温度都会影响到线性导轨的寿命，但这对初学者来说往往不容易掌握。因此，从实战和学习的角度，对于大多数的普通应用场合，个人建议：

1）平时多看看现成的各种实际案例（尤其是各种标准设备），什么场合都用了什么类型、等级的线性导轨，性能参数是怎样的，运行的效果如何等，积累一定的经验数据。

2）具体做项目时，首先是拟定工况的实际负载条件、精度要求、安装尺寸、运动方案、使用寿命等，然后步骤 1）将发挥作用，让我们可以迅速找到一个大致的产品系列（例如重载型还是轻载型，例如精密型还是普通型）。

3）确认所选线性导轨的精度是否满足工况要求。

4）根据机构布局以及移动距离的需要，预选线性导轨应配的滑块（数）和导轨长度。

5）进行静态分析（不考虑机构加减速的惯性力）：估算下线性导轨（滑块）的受力大小，乘安全系数后，查找型录，找到符合预期的规格（同系列有多个规格）。

如果机构在精度、速度、负载能力、使用寿命等方面有较高要求，则对线性导轨进行更深入的动态（包括使用寿命）分析（详情翻阅厂商型录或机械设计手册，本书略）。

6）其他方面，诸如刚性、润滑方面的考虑。

这里要强调一个观念，非标机构设计很特殊，有太多的意外会发生，再无懈可击的选型方法、流程，都难以完全呈现实际的工作状况（条件都是预设或理想化的）。尤其是生产型设备，一旦有异常状况（难以量化）发生，很容易造成机构或部件损坏。举个例子，如图 2-175 所示，设备直线型布局的移料机构上的拨爪（设备直线型布局），有时遇到技术员调整不充分的情形，会出现线性导轨憋死的故障，那一瞬间线性导轨受到的外力或冲击极具破坏性，滑块因此逐渐

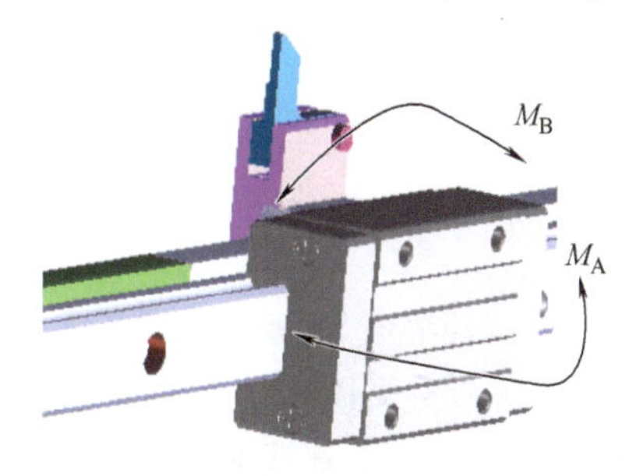

图 2-175　拨爪机构上的线性导轨

松动并丢失精度则是常有的事。因此，计算分析固然必要，但不要纠结于按精确数据去选型，因为条件都是理论化的，适用的也是正常工作的情况，相对重要的机构，可适度或有意拔高、加严规格。

（4）相关常识 由于线性导轨的应用很普遍，以下再罗列一些实用常识。

1）微型导轨的滚珠有2列（左右各1列），精度较高；中重载导轨则有4列，型号一般带V（中载）、X（重载）、H（超重载）或E（特超重载），整体精度较微型一类稍差。

2）作用于滑块的4个方向（径向、反径向、两个横向）的额定负载相同，可在任一姿态下使用，注意这个原则的实用意义。

3）由于滑块上有保持器，滑块脱离导轨并不会使其滚珠脱落，但是如果滑块高速地脱离导轨，或者滑块是斜着插入导轨的，则可能使滚珠脱落，因此拆装或更换需小心。

4）运动时会有“咻咻”响，是滚珠相互摩擦发出来的，如要降低噪声，可用带树脂保持器的类型（滚珠是隔开的）。

5）同系列的导轨，有一些特殊的类型，例如滑块带定位孔（则工件无需开定位槽），滑块加长型（大幅增加负载能力），滑块加宽型（螺纹孔大1号，可加强工件的固定）……可根据实际需要选用。

6）在特殊的工作环境下，应选用特殊的线性导轨，例如耐热型、防尘型、防锈型。

7）应尽量将安装平面的平面度精度控制在5μm以内，以避免滑块因为变形产生间隙，无法获得规定的预压和精度。此外，多条导轨安装时，有长度方向的平行度要求，也有安装基准平面的高度差要求，具体查阅型录规定，尽量避免安装不当导致的线性导轨性能打折扣问题。

8）滑块与导轨之间，有预压型，也有互换微小间隙型，前者精密度更高一些，使用寿命会长一些。因此大负载、有冲击或高精度场合，宜选用预压型线轨（刚性较高）。

9）线性导轨的型号表达，主要包含该线性导轨的规格、高度和行程来，例如SEB13-100，具体性能指标，则应翻阅型录介绍，诸如外形安装尺寸（包括导轨长L、安装孔距P、滑块宽度W、组件高度H等）、精度性能（高度H和宽度W的尺寸容差、配合误差、移动平行度）、负载能力（基本额定载荷、静态允许力矩）等。

2. 线性滑道（也叫交叉滚子导轨）

跟线性导轨功能接近的常用线性导引件还有线性滑道和线性滑台，如图2-176所示。

（1）线性滑道SV系列 由2个90°V形滑轨中装入滚柱轴承（以相互正交方式排列）构成，可承受任何方向力矩负载，而且高速和精密性能优越（摩擦阻力小，运动安静平滑），常用于各种精密的高速工艺机构。

线性滑道的尺寸规格和负载能力见表2-49，移动精度方面的表现如图2-177所示……选型计算和寿命校核，和线性导轨的类似。

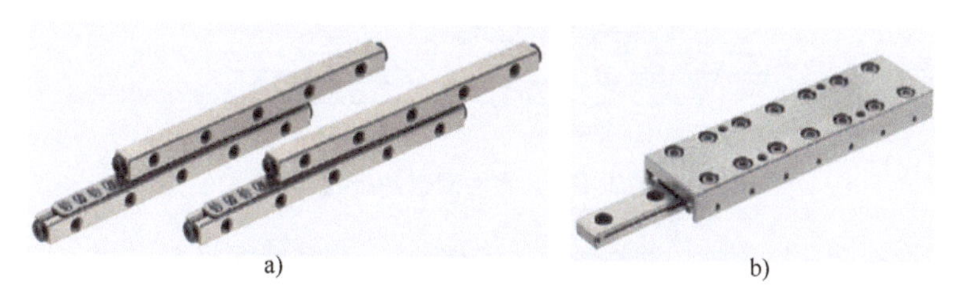

图 2-176　线性滑道和线性滑台

a）线性滑道　b）线性滑台

表 2-49　线性滑道（3000 系列）的性能规格表

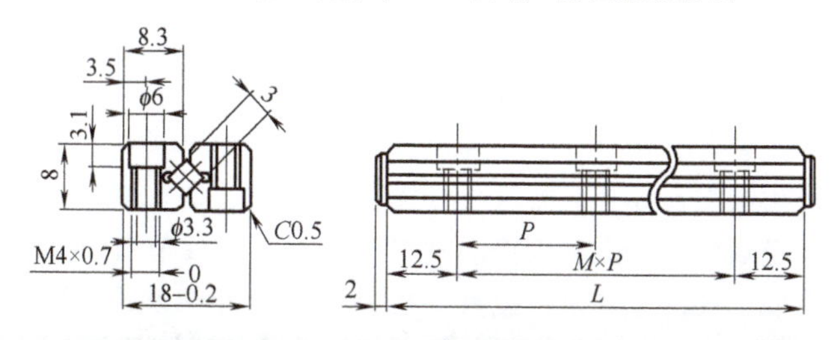

系列	型式		行程（往返）	L	M×P	每个滚轮隔距的滚轮个数	基本额定载荷	
	类型	序号					C(动)/N	C_0(静)/N
1000	CRV CRVS（不锈钢）	1020	12	20	1×10	5	465	478
		1030	20	30	2×10	7	643	717
		1040	27	40	3×10	10	962	1195
2000		2030	18	30	1×15	5	1101	1174
		2045	24	45	2×15	8	1908	2348
		2060	30	60	3×15	11	2274	2935
3000		3050	28	50	1×25	7	3617	4062
		3075	48	75	2×25	10	5409	6770

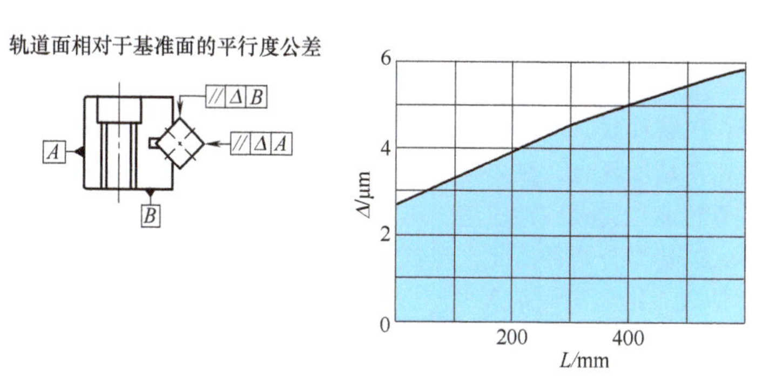

图 2-177　线性滑道的移动精度

需要注意的是，由于左右对称，线性滑道的移动距离仅为行程的一半，如图 2-178 所示。

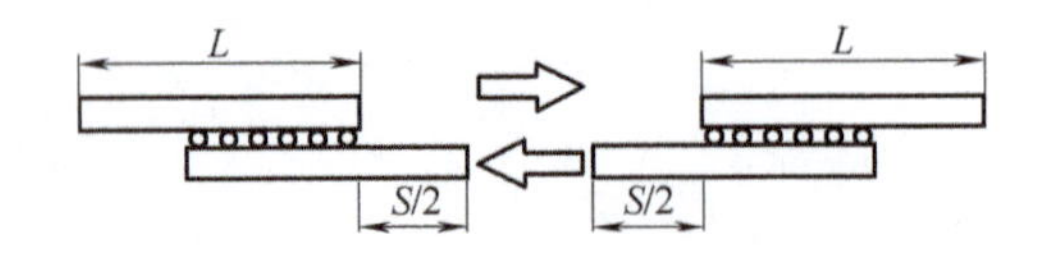

图 2-178　线性滑道的行程

（2）线性滑台　实质是“线性滑道＋工作台”，移动精度较高。

3. 直线轴承

略。

4. 导柱、导套

设备上经常有冲切或铆压工艺，需要用到简易冲模机构，因此对导柱、导套之类的选用，也是必修内容之一。从选型方法看，这部分比较模式化，多分析别人的设计，并且多查阅相关型录，还是比较好掌握的。

设计思路上，主要是利用导柱、导套设计一个通用的模具，如图 2-179 所示，然后每次需要的时候再根据具体工艺要求设计模仁（冲子、切刀等）部分。这类机构的精度高、负载大、稳定性好，因此用得恰到好处的话，不仅节省设计时间，而且能极大地提高机构的性能。要注意的是，模具结构有特殊的处理方式，需要有所了解，例如安装导套的孔如何设定公差，上下模如何对位安装，切刀镶件怎么固定……

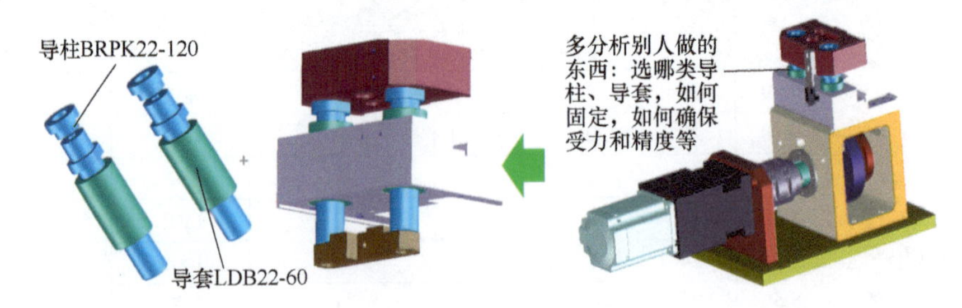

图 2-179　简易冲模结构

5. 线性机器人

线性机器人，是为固定各种行程、传动及动力需求而设计的模组化单轴机械手臂，高刚性、高精度、价格低、体积小、重量轻，重复精度一般在 ±0.01 ~ ±0.02mm。

应用场合：工装移载、定位，*XYZ* 轴工作台、点胶设备、锁螺钉机、视觉检测机、量测设备等高速高精度场合，在半导体设备、TFT-LCD 液晶面板设备、太阳能设备和 LED 线上设备等行业也得到广泛应用。

线性机器人的选型分两种情况，定位情况和推力情况。

（1）定位情况　选型案例：水平传送物重量为 10kg、移动行程为 500mm、定位时间在 1s 以内、外伸量（*A* 向）90mm。

选型分析：

1）查询线性机器人的规格一览表（见表 2-50）。

选择最大传送物重量（水平）为 10kg 左右，且移动行程为 500mm 的机型，例如 RS2（导程 6mm）、RS3（导程 6mm）、RSH1（导程 20mm），都符合要求。

表 2-50 线性机器人规格一览表

类型	导程	环境规格	最大传送物重量/kg		最大推力/N	最高速度/(mm/s)																					位置检测器	控制器输入电源
						行程/mm																						
			水平	垂直		50	100	150	200	250	300	350	400	450	500	550	600	650	700	750	800	850	900	950	1000	1050		
RS1	2	标准规格	6	4	150	100																					旋转编码器增量型	DC24V(±10%)
	6		4	2	90	300																						
	12		2	1	45	600																						
RS2	6		10	2	90	300												280	250	220	190							
	12		6	1	45	600												560	500	440	380							
	20		4	—	27	1000												933	833	733	633							
RS3	6		12	4	120	300												280	250	220	190							
	12		8	2	60	600												560	500	440	380							
	20		6	—	36	1000												933	833	733	633							
RSH1	6	标准规格	40	8	283	—		360									324	270	234	216	180						旋转编码器绝对值型增量型	AC单相100~115V 200~230V(±10%)
	12		20	4	141			720									648	540	468	432	360							
	20		12	—	84			1200									1080	900	780	720	600							
RSH2	5		50	16	339			300											255	225	195	180	165	150	135	120		
	10		40	8	169			600											510	450	390	360	330	300	270	240		
	20		20	4	84			1200											1020	900	780	720	660	600	540	480		
	30		7	—	56			1800											1530	1350	1170	1080	990	900	810	720		
RSH3	5		80	—	339			300										255	225	195	180	165	150	135	120	105		
	10		60	—	169			600										510	450	390	360	330	300	270	240	210		
	20		30	—	84			1200										1020	900	780	720	660	600	540	480	420		

2）分别查阅RS2、RS3、RSH1的循环时间线图。

分别查阅RS2、RS3、RSH1的循环时间线图，类似图2-180所示，得到其定位时间分别为1.78s、1.83s、0.83s，显然只有RSH1满足时间要求。

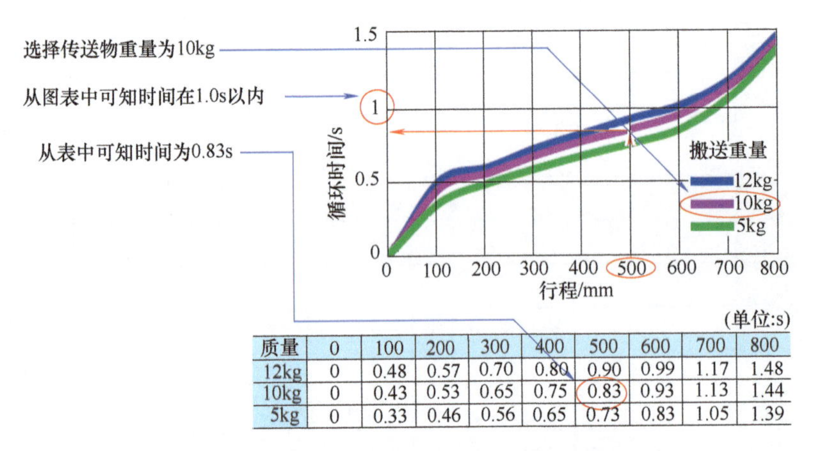

质量	0	100	200	300	400	500	600	700	800
12kg	0	0.48	0.57	0.70	0.80	0.90	0.99	1.17	1.48
10kg	0	0.43	0.53	0.65	0.75	0.83	0.93	1.13	1.44
5kg	0	0.33	0.46	0.56	0.65	0.73	0.83	1.05	1.39

图2-180 RSH1（导程20mm）的循环时间线图

3）确保移动物体中心落在RSH1（导程20mm）允许外伸量以内。

查得RSH1的允许外伸量为100mm，如图2-181所示，因此符合要求。

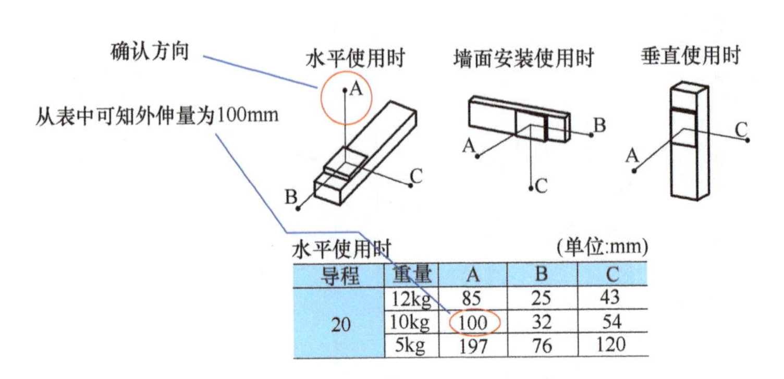

导程	重量	A	B	C
20	12kg	85	25	43
	10kg	100	32	54
	5kg	197	76	120

图2-181 RSH1（导程20mm）的允许外伸量

（2）推力情况

1）确认最大推力。见表2-51。

2）静态允许力矩。如图2-182所示。

特别提醒，线性机器人本质上是“电动机+同步带+线性导轨”或“电动机+丝杠+线性导轨”，最终体现的是一个组件的性能，这给选型带来了极大便利。此外，当自己非标设计一个类似功能的组件时，电动机、同步带、丝杠、线性导轨怎么选以及选多大能够达到怎样的性能要求，也可以对比下线性机器人的相关参数，从而给予确认，这是一个有效的学习笨方法。

表 2-51　线性机器人的性能规格

Type	リード	环境示样	最大可搬质量/kg 水平	最大可搬质量/kg 垂直	最大推力/N	最高速度/mm/…
RS1	2	标准示样	6	4	150	100
	6		4	2	90	300
	12		2	1	45	600
RS2	6		10	2	90	300
	12		6	1	45	600
	20		4	—	27	1000
RS3	6		12	4	120	300
	12		8	2	60	600
	20		6	—	36	1000
RSH1	6	标准示样	40	8	283	360
	12		20	4	141	720
	20		12	—	84	1200
	5		50	16	339	300
	10		40	8	169	600
						— 1200
						1000

选择符合所需推力的机型

确认静态允许力矩是否符合推力作用下产生的力矩

(单位:N·m)

M_Y	70
M_P	95
M_R	110

图 2-182　线性机器人 RSH1 的允许力矩

2.5.3　紧固标准件

1. 内六角螺钉

对于紧固力要求不高的场合，可优先使用一些节省空间的螺钉（最好每个螺钉都配个垫片），如图 2-183 所示，以带内六角孔型的螺钉最常用。为了让设备显得齐整美观，如果紧固位置是裸露的，零件尽量用沉头螺钉，其头部不会凸出零件表面；如果紧固位置是隐藏不见的，则用光孔即可。

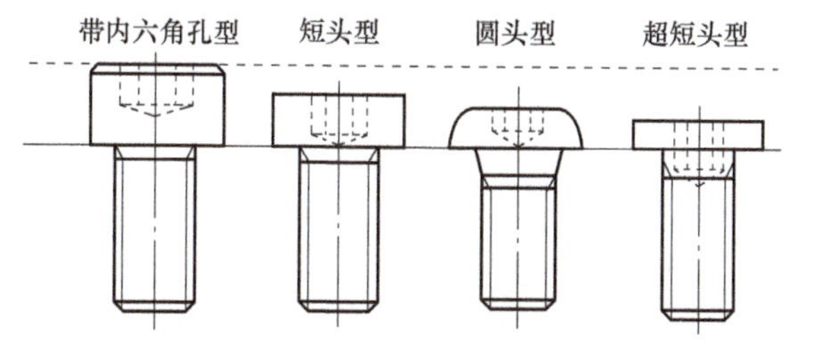

图 2-183　节省空间的螺钉类别

设计时需要大量开孔，因此需要熟记相关尺寸，沉头孔尺寸见表 2-52。但是注意，尺寸不是绝对的，对于需要调整的场合，往往有意把孔开大，例如 M6 的光孔，

可开到 $\phi7$，有时甚至是长条孔。

表 2-52 内六角螺钉沉头孔尺寸

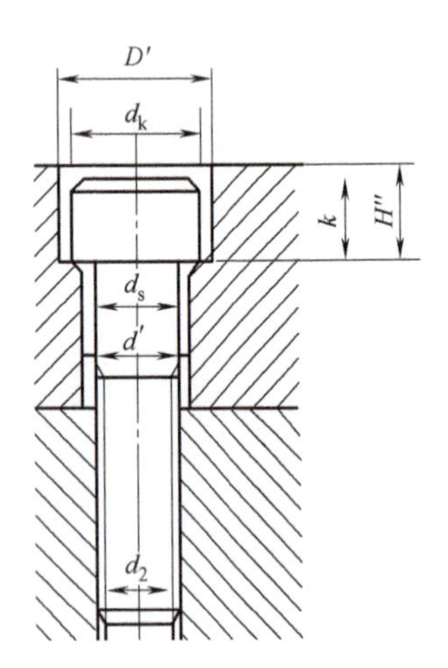

螺纹的公称直径	M3	M4	M5	M6	M8	M10	M12	M14	M16	M18
d_s	3	4	5	6	8	10	12	14	16	18
d'	3.4	4.5	5.5	6.6	9	11	14	16	18	20
d_k	5.5	7	8.5	10	13	16	18	21	24	27
D'	6.5	8	9.5	11	14	17.5	20	23	26	29
k	3	4	5	6	8	10	12	14	16	18
H''	3.3	4.4	5.4	6.5	8.6	10.8	13	15.2	17.5	19.2
d_2	2.6	3.4	4.3	5.1	6.9	8.6	10.4	12.2	14.2	15.7

2. 轴向零件（轴承）专用紧固件

轴类（轴承）的紧固对机构性能有极大影响，专用的紧固件有 HLB20、JNLK15、FUNT8 等型号。紧固要注意方法，例如螺母 FUN8，要先装入垫圈，并卡入轴键槽或凹槽，然后拧入螺母，最后将垫圈凸起齿折到螺母槽。此外，轴的牙距与该紧固件的要匹配，否则安装不了，如图 2-184 所示。——这类细节特别容易被忽略，从而造成很多无谓的浪费。

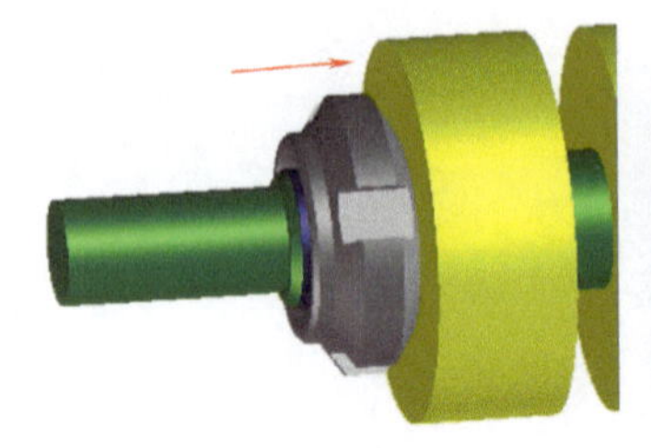
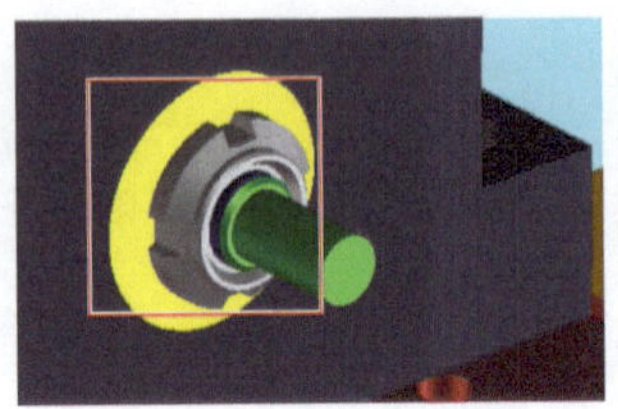

图 2-184 螺母 FUN8 的固定方法

还有一些紧固方式，如图 2-185 所示，大家平时需要留意下，可靠地确保机构零件位置，是稳定作业的关键之一。

此外，一些要求不高的场合，可用卡簧等给予固定。卡簧有 E 型和 C 型之分，后者还有适用轴和孔两种。

3. 键的设计

如图 2-186 所示，键用来联结轴与轴上传动件（如齿轮、带轮、凸轮等），以便与轴一起转动，传递转矩和旋转运动。键的大小由被联结的轴孔所传递的转矩大小所决定。常用的键有普通型平键、半圆键和楔键，如图 2-187 所示。

一般来说，轴采用 S45C 或不锈钢 SUS304，前者经高频淬火后表面硬度 50HRC。轴的直径公差，一般标为 ${}^{\ 0}_{-0.015}$mm，圆度 0.003 ~ 0.005mm，同轴度 $\phi0.01$mm。

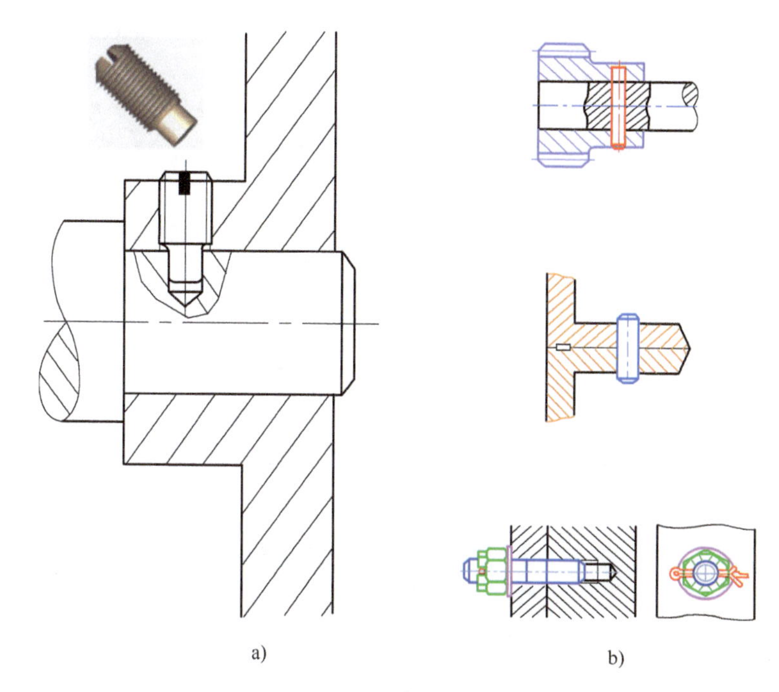

图2-185　轴的销钉紧固方式

a）止付螺钉直接固定　b）销子直接穿插固定

图2-186　键的紧固作用

图2-187　常用的键

如果轴上开有键槽，直径应尽量避免采用小于表2-53所示的推荐值。

表2-53　开键槽的轴径推荐表

键公称尺寸 $b \times H$	2×2	3×3	4×4	5×5	6×6	7×7	8×7	10×8	12×8	14×9	…
适用轴径（一般用途）	6~8	8~10	10~12	12~17	17~22	20~25	22~30	30~38	38~44	44~50	…

键传递的是转矩，采用S45C或不锈钢SUS316，抗拉强度约600~700MPa。键的尺寸是标准的，公称尺寸是 $b \times H$，适用不同的轴径，因此购买时直接填写型号，如平键KED8-45，表示45×8×7的不锈钢键（亦可买长一点的键，再自行切到所要的尺寸）。与键相配的槽尺寸，根据不同场合，有不同公差标注方式，需要留意，如图2-188所示，具体尺寸见表2-54。

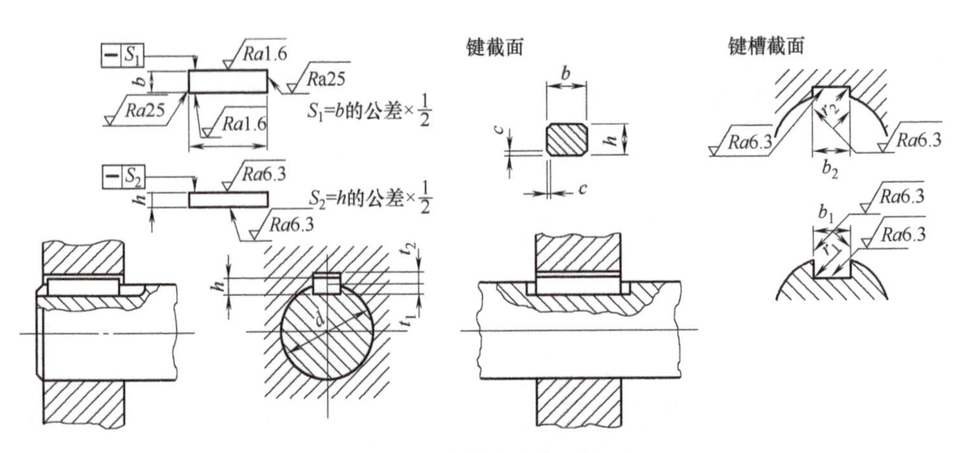

图 2-188 键槽轴配合示意图

表 2-54 键槽尺寸表 （单位：mm）

键的公称尺寸 $b \times h$	键槽尺寸										参考
	b_1、b_2的公称尺寸	松联结		正常联结		紧密联结	r_1与r_2	t_1的公称尺寸	t_2的公称尺寸	t_1、t_2的公差	适用轴径 d
		b_1	b_2	b_1	b_2	b_1与b_2					
		公差 H9	公差 D10	公差 N9	公差 JS9	公差 P9					
2×2	2	+0.025 0	+0.060 +0.020	−0.004 −0.029	±0.0125	−0.006 −0.031	0.08～0.16	1.2	1.0	+0.1 0	6～8
3×3	3							1.8	1.4		8～10
4×4	4	+0.030 0	+0.078 +0.030	0 −0.030	±0.0150	−0.012 −0.042		2.5	1.8		10～12
5×5	5						0.16～0.25	3.0	2.3		12～17
6×6	6							3.5	2.8		17～22
(7×7)	7	+0.036 0	+0.098 +0.040	0 −0.036	±0.0180	−0.015 −0.051		4.0	3.0	+0.2 0	20～25
8×7	8							4.0	3.3		22～30
10×8	10						0.25～0.40	5.0	3.3		30～38
12×8	12	+0.043 0	+0.120 +0.050	0 −0.043	±0.0215	−0.018 −0.061		5.0	3.3		38～44
14×9	14							5.5	3.8		44～50
(15×10)	15							5.0	5.0		50～55
16×10	16							6.0	4.3		50～58
18×11	18							7.0	4.4		58～65

4. 紧固设计要点

设备是由零件通过各种紧固方式组合而成的，在设计具体机构和零件时，是有一些讲究的，以下罗列部分，仅供参考。

1）螺纹有粗细牙之分，主要看应用场合，为了紧固，一般用粗牙，如果同时有调整或密封要求时，往往要用细牙，与之相配工件图样必须正确标注（默认是粗牙）。

2）螺钉的紧固，靠的是螺纹与螺纹间在轴向的挤压作用，因此不能承受径向负载（易松动），特殊情况可增加凹槽卡位设计，如图2-189所示，或者增设定位销来防松，但要避免一个方向两个销孔都是圆的（应是一个圆孔，一个长条孔），如图2-190所示。

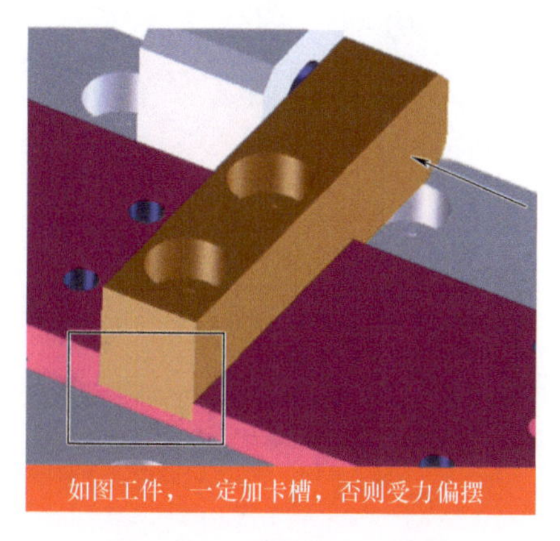

图2-189 零件的卡位设计

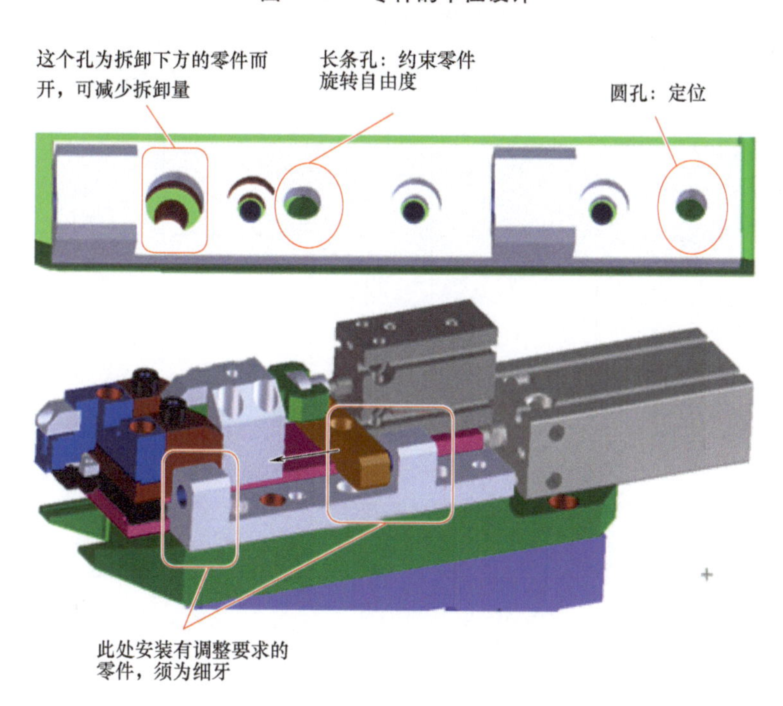

图2-190 考虑紧固和定位的设计

3）尽量让螺钉的布置方向，从上至下，从前到后，从右及左，同时注意留够紧固工具（扳手）空间，这样在维护时较为便利，如图2-191所示。

4）关于螺纹。螺纹的作用主要有密封、联接、紧固及传动等作用，气动原件的螺纹一般起密封效果。只有管螺纹里才有密封螺纹，我国国家标准的密封螺纹代号用

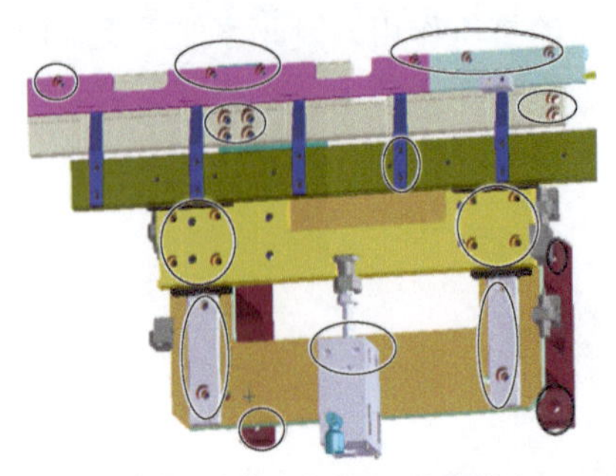

尽量让紧固方向从上到下，从前到后，从左到右，并尽可能保持一个方向

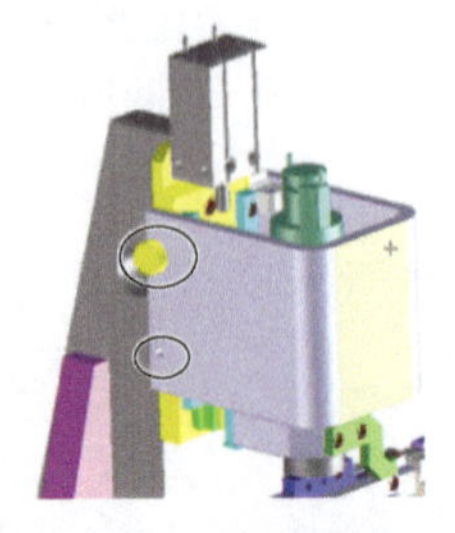

频繁拆卸而又是非重要的场合，尽量采用旋钮之类易操作标准件

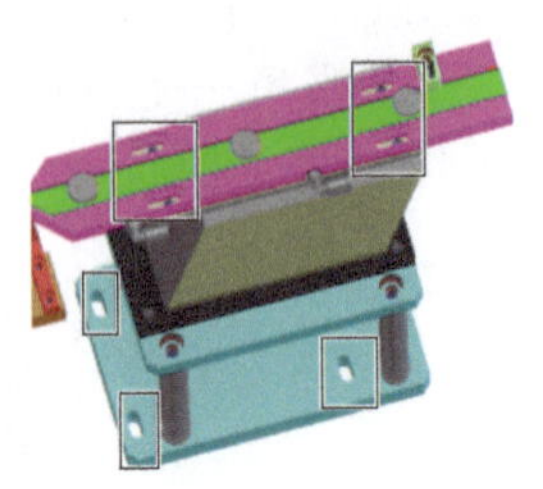

有调整需要时，提前开长条孔

图 2-191 考虑螺钉紧固便利性的设计

“R”表示，日本则用“PT”表示，联接与紧固作用的主要是普通三角螺纹，我国国家标准代号是“M”，起传动作用的主要是梯形螺纹，我国国家标准代号是“Tr”，见表 2-55 和表 2-56。

表 2-55 常用的联接螺纹

联接螺纹名称		普通螺纹	管螺纹		
			非螺纹管密封（圆柱螺纹）	密封管螺纹	
				圆锥螺纹	圆柱螺纹
代号	中国	M	G	R（外螺纹） Rc（内螺纹）	Rp（内螺纹）
	日本	M	PF	PT R(外螺纹) PT Rc(内螺纹)	RS-Rp（内螺纹）
	北美	M	—	NPT NPTF	—

表 2-56 日本 PT 螺纹及其配管的称呼

PT螺纹	名称	PT1/8	PT1/4	PT3/8	PT1/2	PT3/4	PT1	PT1 $\frac{1}{4}$	PT1 $\frac{1}{2}$	PT2
	称呼	1 分	2 分	3 分	4 分	6 分	1 英寸	1 英寸 2 分	1 英寸 4 分	2 英寸
配管称呼	*A*	6	8	10	15	20	25	32	40	50
	B	1/8	1/4	3/8	1/2	3/4	1	$1\frac{1}{4}$	$1\frac{1}{2}$	2

PT 是日本管螺纹的通称，分为 Rc（55°圆锥内螺纹）和 RP（圆柱内螺纹），还有 55°与 60°之分。注意其标注方式为 PT1/8、PT1/4、PT3/4 之类，分别表示 1 分管、2 分管、6 分管……具体的尺寸，可查阅类似表 2-57 所示的管螺纹尺寸表。

表 2-57　管螺纹尺寸表

基本尺寸							中径公差					小径公差		大径公差	
螺纹的尺寸代号	25.4mm 内包含的牙数	螺距 P	牙高 h	大　径	中　径	小　径	内螺纹		外螺纹			内螺纹		外螺纹	
							下偏差	上偏差	下偏差		上偏差	下偏差	上偏差	下偏差	上偏差
									A 级	B 级					
1/8	28	0.907	0.581	9.728	9.147	8.566	0	0.107	−0.107	−0.214	0	0	0.282	−0.214	0
1/4	19	1.337	0.856	13.157	12.301	11.445	0	0.125	−0.125	−0.250	0	0	0.445	−0.250	0
3/8	19	1.337	0.856	16.662	15.806	14.950	0	0.125	−0.125	−0.250	0	0	0.445	−0.250	0
1/2	14	1.814	1.162	20.955	19.793	18.631	0	0.142	−0.142	−0.284	0	0	0.541	−0.284	0
5/8	14	1.814	1.162	22.911	21.749	20.587	0	0.142	−0.142	−0.284	0	0	0.541	−0.284	0
3/4	14	1.814	1.162	26.441	25.279	24.117	0	0.142	−0.142	−0.284	0	0	0.541	−0.284	0
7/8	14	1.814	1.162	30.201	29.039	27.877	0	0.142	−0.142	−0.284	0	0	0.541	−0.284	0
1	11	2.309	1.479	33.249	31.770	30.291	0	0.18	−0.180	−0.360	0	0	0.640	−0.360	0
$1\frac{1}{8}$	11	2.309	1.479	37.897	36.418	34.939	0	0.18	−0.180	−0.360	0	0	0.640	−0.360	0
$1\frac{1}{4}$	11	2.309	1.479	41.910	40.431	38.952	0	0.18	−0.180	−0.360	0	0	0.640	−0.360	0
$1\frac{1}{2}$	11	2.309	1.479	47.803	46.324	44.845	0	0.18	−0.180	−0.360	0	0	0.640	−0.360	0
$1\frac{3}{4}$	11	2.309	1.479	53.746	52.267	50.788	0	0.18	−0.180	−0.360	0	0	0.640	−0.360	0

举个例子，气缸 CQ2 系列的接管口径一栏，缸径 ϕ32mm 及以下，标示 M5×0.8，此时无密封效果（连接件必须有其他密封手段，如节流阀靠垫圈密封）；较大缸径的标示为 PT1/8、PT1/4 之类，分别表示大概 ϕ10mm、ϕ13mm 的管螺纹，有密封效果。再例如快速接头 AS2201F-01-08S 系列接管口径为 PT1/8 螺纹，便能匹配上述缸径 ϕ50mm 的 CQ2 气缸，因为后者的管螺纹为 PT1/8。

师傅教导

本章从自动化机构设计实践出发，对常用标准件选型方面进行了梳理和介绍，限于篇幅，不能覆盖所有，请大家自行总结和补充。千万不要以为，标准件选用是一个简单或无聊的工作，恰恰相反，这方面的知识深度和广度，都超乎想象，其实战意义是非常重要的。

不同行业的设备，经过多年的发展，已经日渐成熟。今天的行业新人，如果好好消化前人成果，再结合个人创意和临场发挥，做起相关的设计工作，并不会觉得太困难。当然，这不代表可以疏于学习了，因为自动化技术是一直向前发展的，而且往往是被其他行业带动的。如金属片焊接，以前用得较多的是电阻焊，现在更多的是激光焊，这个转变就需要投入时间和精力去学习。

对于标准件，不仅要选对，而且要用好，这样才是真正的掌握，要达到这个层次，除了要切实学习各种标准件的性能和用法，也需要对各种设计不断检讨。

标准机/件的选用，必须以各大厂商型录或说明书为依据，平时多翻翻型录，不一定要等到需要用的时候才手忙脚乱地去翻，所谓熟在平时，用时生巧。如本章在介绍标准件选用时，大都会首先展示下该标准件的型号表达，可能读者朋友们会觉得多此一举，事实上该型号那些数字、字母正是要重点学习的对象，搞清楚来龙去脉了，选型过程，形象地说，不就是将这些数字和字母合理的组合到一起吗？如果说标准件选型有什么通用的法则或精髓，我个人的总结，如图 2-192 所示。

很多时候，经常会调用别人的成果，而习惯于直接就用，很少审视其内在机理和设计缺失，因此可能出现的情况是，设计的设备可以交付，但从设计上来考量，几乎没有属于自己的东西，甚至连标准件是怎么选的都一片茫然……这不应该是一个合格技术工程师的工作常态。

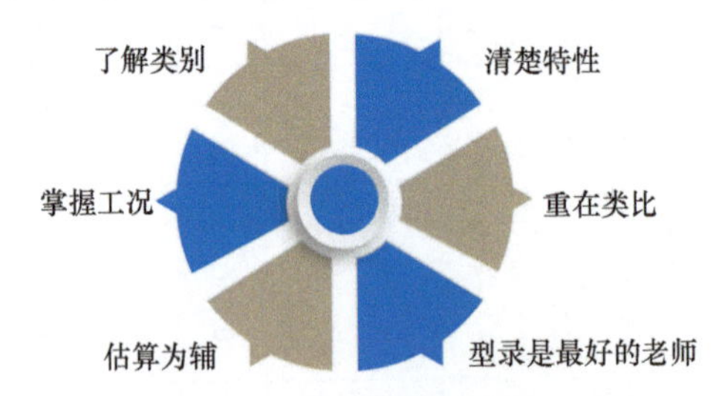

图 2-192 标准件选型的通用法则

所以，请大家重视机械设计相关的方方面面，循着“速成宝典”这套书籍，多方入手，举一反三，踏实学习，努力践行……，短时内或许没办法和同一起跑线的从业者有所区别，但坚持下去，相信大家慢慢会体察到其中的差距和进步的速度。

第3章 CHAPTER 3
常见的机构传动方式

常见的机构传动方式主要有螺旋传动、带传动、链传动、齿轮传动、凸轮传动等。由于传动会造成效率或能量损失，会增加机构的空间尺寸，会提高机构的成本投入，会产生较多的设计内容……因此，除非有必要（如图3-1所示的情形），一般不要刻意给机构增加这部分的设计。

具体采用哪种机构传动方式，一般基于空间布局、工艺要求、速度转换、承载能力等，结合传动方式本身的特点（见图3-2）进行综合考虑，没有固定铁律。

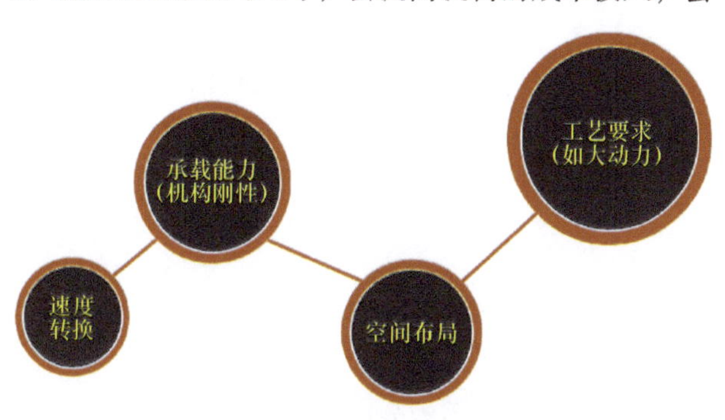

图3-1　机构需要传动部分的考虑

由于大部分传动机构都已实现标准化、模块化，因此设计的难度和工作量大幅下降，应该把更多的精力放在工况分析上，设计思路和学习重点如图3-3所示。

图3-2　常见传动方式的重要特点

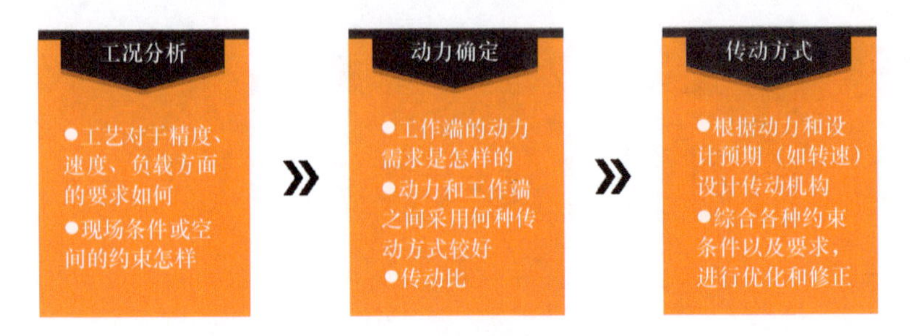

图 3-3 传动机构的设计思路和学习重点

简言之，做传动机构设计，首先一定要搞清楚工况（尤其是动力需求和转速设定），然后预设传动比并假定动力已知，结合空间布局需要选择合适的传动方式，设计过程往往少不了确认和校核的计算分析。

3.1 螺旋传动

3.1.1 基本认识

1. 螺旋传动的应用

螺旋传动的应用十分广泛，如图 3-4 ~ 图 3-6 所示。

图 3-4 螺旋传动的应用（一）

2. 螺旋传动的分类

螺旋传动是靠螺旋与螺纹牙面旋合实现回转运动与直线运动转换的机械传动，具有可逆性。如图 3-7 所示，按螺旋副间接触摩擦性质，螺旋传动机构分为滑动螺旋和滚动螺旋，前者结构简单、负载能力强，应用较广（如千斤顶用的滑动丝杠）；后者轴向间隙小、摩擦损失低、传动效率高、导程精度好，常用于高速或精密的微进给场合（如线性机器人用滚珠丝杠），是学习的重点。

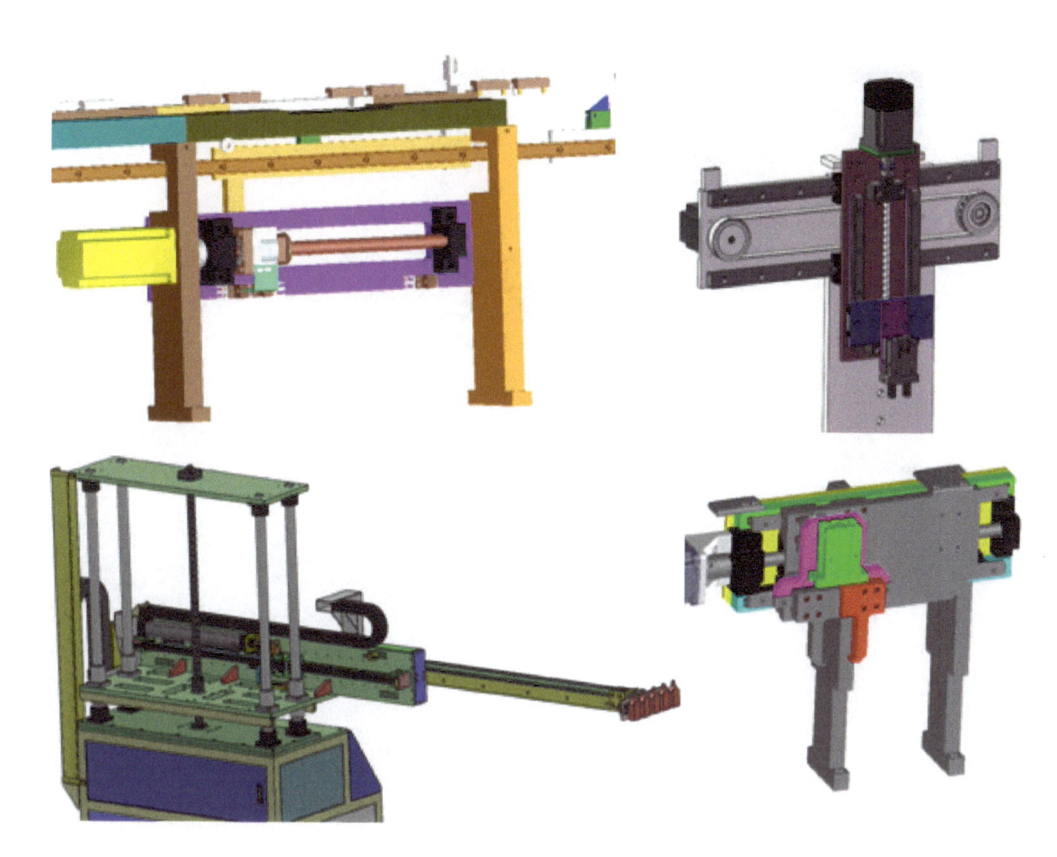

图3-5　螺旋传动的应用（二）

图3-6　螺旋传动的应用（三）

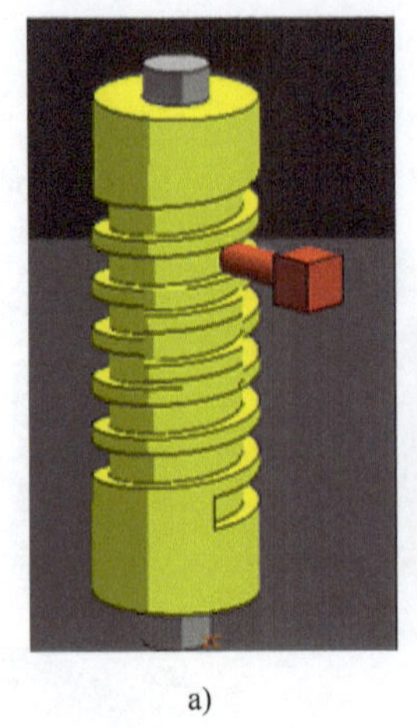
a)

b)

图 3-7 螺旋传动的分类

a）滑动螺旋 b）滚动螺旋

3.1.2 滚珠丝杠选型设计

1. 滚珠丝杠的结构

如图 3-8 所示，滚珠丝杠由丝杠轴和螺母以及一些密封件、滚珠等构成，起动转矩小，精度高，可实现微进给，摩擦力小，传动效率高，适合高速运动。

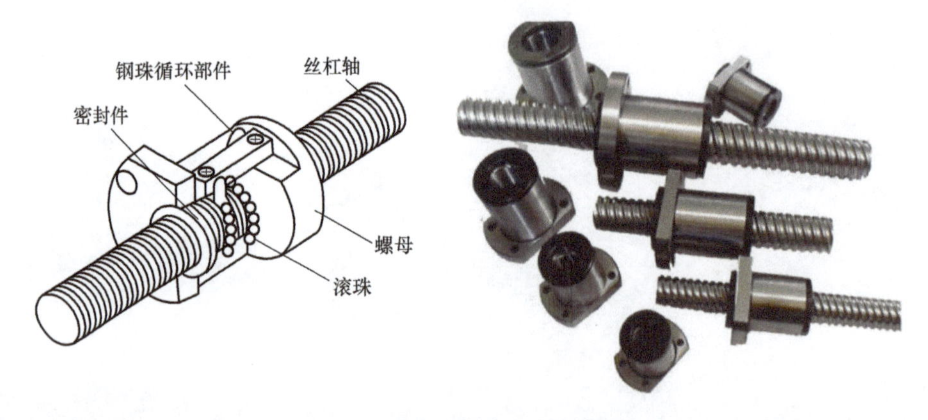

图 3-8 滚珠丝杠的结构和实物图

2. 滚珠丝杠的分类

根据使用场合，滚珠丝杠分为两类，一类叫压轧滚珠丝杠，用于传送（把物品从 *A* 点输送到 *B* 点，位置精度没要求或要求一般），一类叫精密滚珠丝杠，用于定位（把物品从 *A* 点移动到 *B* 点，位置精度要求较高），两者的性能差别主要体现在精度和成本方面，如图 3-9 所示，具体可以查阅表 3-1。

表 3-1 滚珠丝杠产品一览表（部分）

压轧滚珠丝杠系列

种类	代表	丝杠轴外径	导程	轴向间隙/mm	丝杠轴长度/mm min	丝杠轴长度/mm max
（高精度）产品 紧凑型螺母 精度等级 C10	BSSC	8	2	0.05 以下	100	400
		10	4		150	600
		12	4		150	800
		15	5	0.10 以下	150	1200
			10		200	1200
		20	5		200	2000
			10	0.05 以下	250	2000
		25	5	0.10 以下	200	2000
（高精度）产品 标准型螺母 精度等级 C10	BSSZ BSSR	8	2	0.05 以下	100	400
			4		100	380
		10	2		150	585
			4		150	600
			10		150	585
		12	4		150	800
			10	0.10 以下	150	800
		14	5		150	800
		15	5		150	1200
			10		200	1200
			20		200	1200
		20	5		200	2000
			10	0.15 以下	250	2000
			20	0.10 以下	250	2000
		25	5		200	2000
			10	0.20 以下	300	2000
			25	0.12 以下	300	2000
		28	6	0.10 以下	250	2000
		32	10	0.20 以下	300	2000
			32	0.15 以下	300	2000
（中精度） C-value 标准型螺母 精度等级 C10	C-BSSC	8	2	0.05 以下	100	400
		10	2		150	585
			4		150	600
		12	5		150	800
			10	0.10 以下	150	800
		15	5		150	1200
			10		200	1200
			20		200	1200

精密滚珠丝杠系列

种类	代表	丝杠轴外径	导程	轴向间隙/mm	丝杠轴长度/mm min	丝杠轴长度/mm max
（高精度） 标准型螺母 精度等级 C5	BSS	8	2	0.005 以下	100	210
		10	2		100	315
			4		150	380
			10		150	450
		12	2		150	445
			4		150	400
			5		150	450
			10		200	600
		15	5		150	1095
			10		200	1095
			20		230	1095
		20	5		200	1000
			10		250	1500
			20		250	1500
		25	5		300	995
			10		300	1500
			20		300	1500
（中精度） C-value 标准型螺母 精度等级 C5	C-BSS	8	2	0.008 以下	100	210
		10	2		100	315
			4		150	380
		12	2		150	445
			5		150	450
			10		200	600
		15	5	0.015 以下	150	1095
			10		200	1095
			20		230	1095
		20	5		200	1000
			10		250	1500
			20		250	1500
		25	5		300	995
			10		300	1500
			25		300	1500

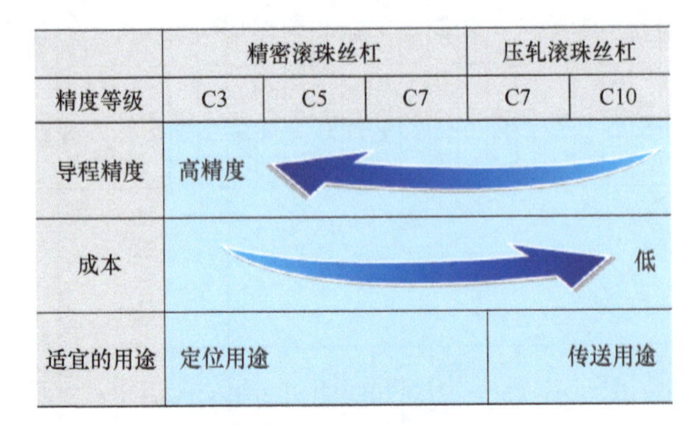

	精密滚珠丝杠			压轧滚珠丝杠	
精度等级	C3	C5	C7	C7	C10
导程精度	高精度				
成本					低
适宜的用途	定位用途				传送用途

图 3-9 滚珠丝杠的分类

3. 滚珠丝杠的用法

滚珠丝杠主要用于传送和定位，相应机构主要由滚珠丝杠（及支座）、线性导轨、电动机（及支架）、底座、工作台等组成，如图 3-10 所示，相关的机构应用案例（市场上有标准模组销售，叫线性移动平台或单轴机器人）如图 3-11 所示。

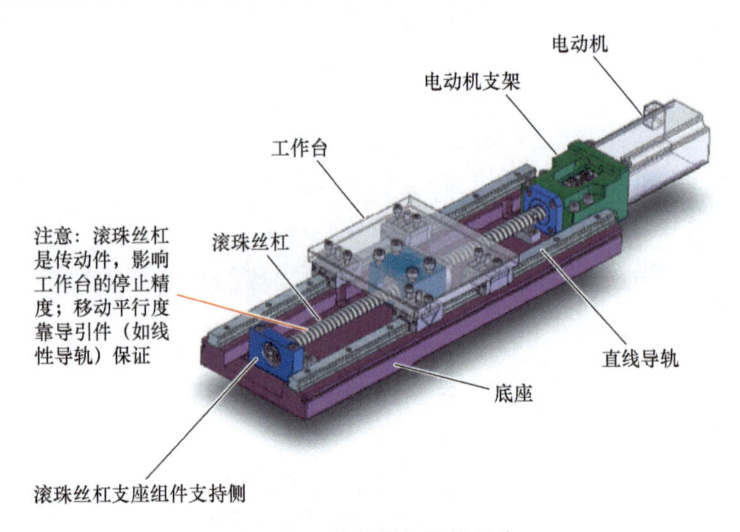

图 3-10 滚珠丝杠机构组成

（1）滚珠丝杠的性能参数 随便翻开机械标准件型录中某一个型号的滚珠丝杠介绍页，如图 3-12 所示，其主要性能参数包括精度等级、轴向间隙、额定负载、导程、丝杠轴外径和长度等。

1）精度等级。表示滚珠丝杠导程精度的等级，数字越小则（单向）定位精度越高。由于滚珠丝杠的导程精度跟丝杠轴长度有关系（见表 3-2），因此精度等级一般定义为长度 300mm 的滚珠丝杠的长度变动量，例如 C1 级和 C5 级分别对应着 0.005mm/300mm 和 0.025mm/300mm 的长度变动量。

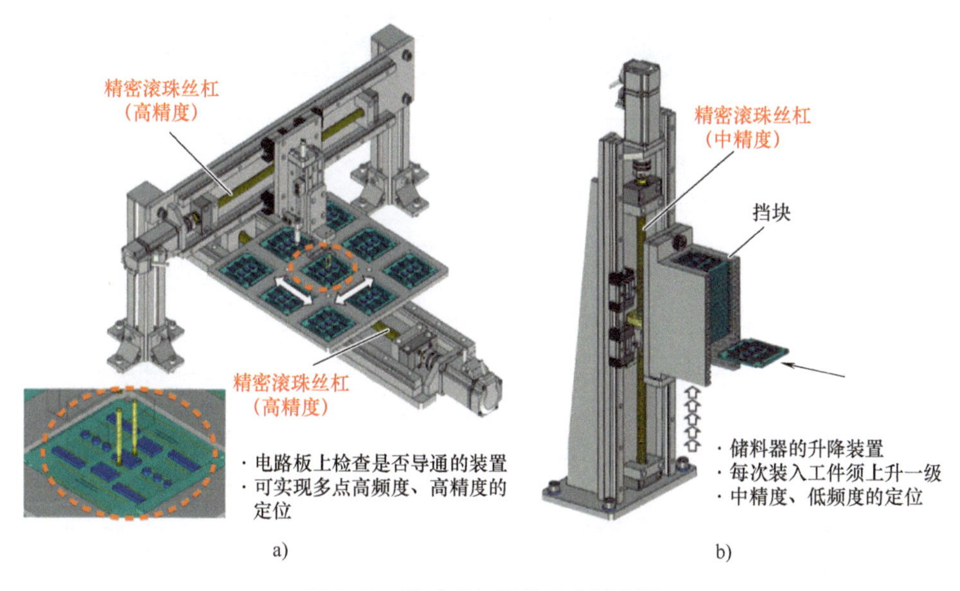

图 3-11　滚珠丝杠机构的应用案例

a）电路板检查装置　b）升降装置

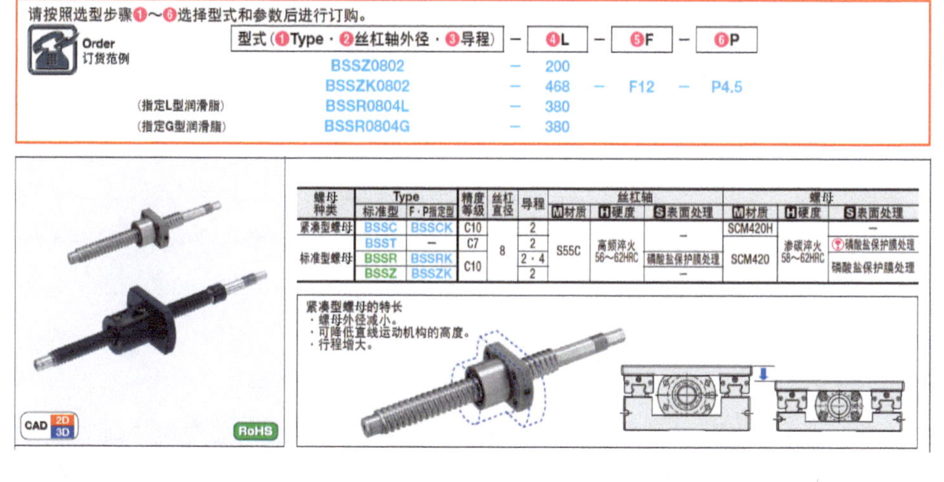

请按照选型步骤❶~❻选择型式和参数后进行订购。

Order 订货范例

型式（❶Type · ❷丝杠轴外径 · ❸导程）	—	❹L	—	❺F	—	❻P
BSSZ0802	—	200				
BSSZK0802	—	468	—	F12	—	P4.5
（指定L型润滑脂）BSSR0804L	—	380				
（指定G型润滑脂）BSSR0804G	—	380				

螺母种类	Type 标准型	Type F·P指定型	精度等级	丝杠直径	导程	丝杠轴 M材质	丝杠轴 H硬度	丝杠轴 S表面处理	螺母 M材质	螺母 H硬度	螺母 S表面处理
紧凑型螺母	BSSC	BSSCK	C10	8	2	S55C	高频淬火 56~62HRC	–	SCM420H	渗碳淬火 58~62HRC	–
标准型螺母	BSST	–	C7		2				SCM420		ⓣ磷酸盐保护膜处理
	BSSR	BSSRK	C10		2 · 4			磷酸盐保护膜处理			磷酸盐保护膜处理
	BSSZ	BSSZK			2			–			

紧凑型螺母的特长
· 螺母外径减小。
· 可降低直线运动机构的高度。
· 行程增大。

CAD 2D 3D　RoHS

螺母种类	精度等级	型式 ❶Type	型式 ❷丝杠轴外径	型式 ❸导程	指定单位1mm ❹L	指定单位1mm ❺*F	指定单位1mm ❻*P	Y	D	B	T	滚珠直径	滚珠中心直径	丝杠底径	循环数	基本额定负载 C(动) kN	基本额定负载 Co(静) kN	轴向间隙	螺旋方向
紧凑型螺母	C10	BSSC	08	2	100~400	7.5	4.5	L−46	–			1.2	8.15	(7)	4圈1列	1.17	2.1	0.05以下	右
		BSSCK				8~13	4 · 4.5	L−(38.5+F)											
标准型螺母	C7	BSST			100~380	7.5	4.5	L−46	20	22	6	1.5875	8.3	(6.6)	3.5圈1列	1.8	3.2	0.03以下	
	C10	BSSR BSSZ			100~400	7.5	4.5	L−46										0.05以下	
		BSSRK BSSZK				8~13	4 · 4.5	L−(38.5+F)											
		BSSR		4	100~380	7.5	4.5	L−46	23	23	5	2	8.4	(6.3)	2.5圈1列	1.9	3.1		
		BSSRK				8~13	4 · 4.5	L−(38.5+F)											

*F · P仅BSSCK · BSSRK · BSSZK可指定。ⓣF≤P×3。　kgf=N×0.101972

图 3-12　某型号滚珠丝杠的型录规格

表 3-2 滚珠丝杠的精度等级

行程/mm	C0 级	C1 级	C2 级	C3 级	C5 级
100 以下	3	3.05	5	8	18
100 ~ 200	3.5	4.5	7	10	20
200 ~ 315	4	6	8	12	23
315 ~ 400	5	7	9	13	25
400 ~ 500	6	8	10	15	27
500 ~ 630	6	9	11	16	30
630 ~ 800	7	10	13	18	35
800 ~ 1000	8	11	15	21	40
1000 ~ 1250	9	13	18	24	46
1250 ~ 1600	11	15	21	29	54

注：1600mm 以上参考型录，单位为 μm。

2）轴向间隙。滚珠丝杠的螺母与丝杠轴轴向的间隙值（只允许受轴向负载），一般在 0 ~ 0.1mm 左右，该参数影响物体移动的重复精度（一般在 0 ~ ±0.02mm）。

所谓重复定位精度，指的是相对于任意一点，沿同一方向反复进行多次定位后，实际停止位置的最大值与最小值之差，如图 3-13 所示。若滚珠丝杠有轴向间隙，则当进行正反双向定位运行时，即使丝杠轴在旋转，工件在间隙部分也并未移动，也就是存在一定的位置误差。

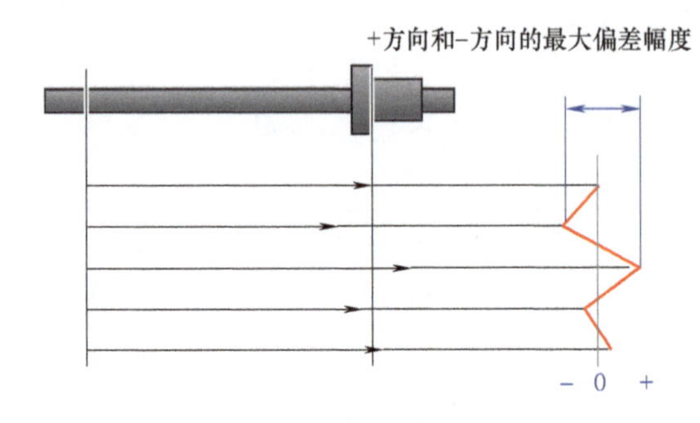

图 3-13 重复定位精度示意图

3）额定负载。额定负载为 90% 的滚动面或滚珠未发生剥离的寿命达到 100 万转的轴向负载。实际负载超过额定负载，则可能使丝杠发生屈曲，进而带来其他的运转问题。

4）导程。导程为滚珠螺母相对滚珠丝杠旋转 2π 弧度（360°）时的行程。常见丝杠导程有如下系列：4，5，6，8，10，12，16，20，25，32，50，60，80，100。

5）丝杠轴外径。略。

6）丝杠轴长度。略。

（2）滚珠丝杠的安装方式　滚珠丝杠的安装方式见表 3-3，图 3-14 所示机构为“固定-铰支”安装方式实例。

表 3-3　滚珠丝杠的安装方式

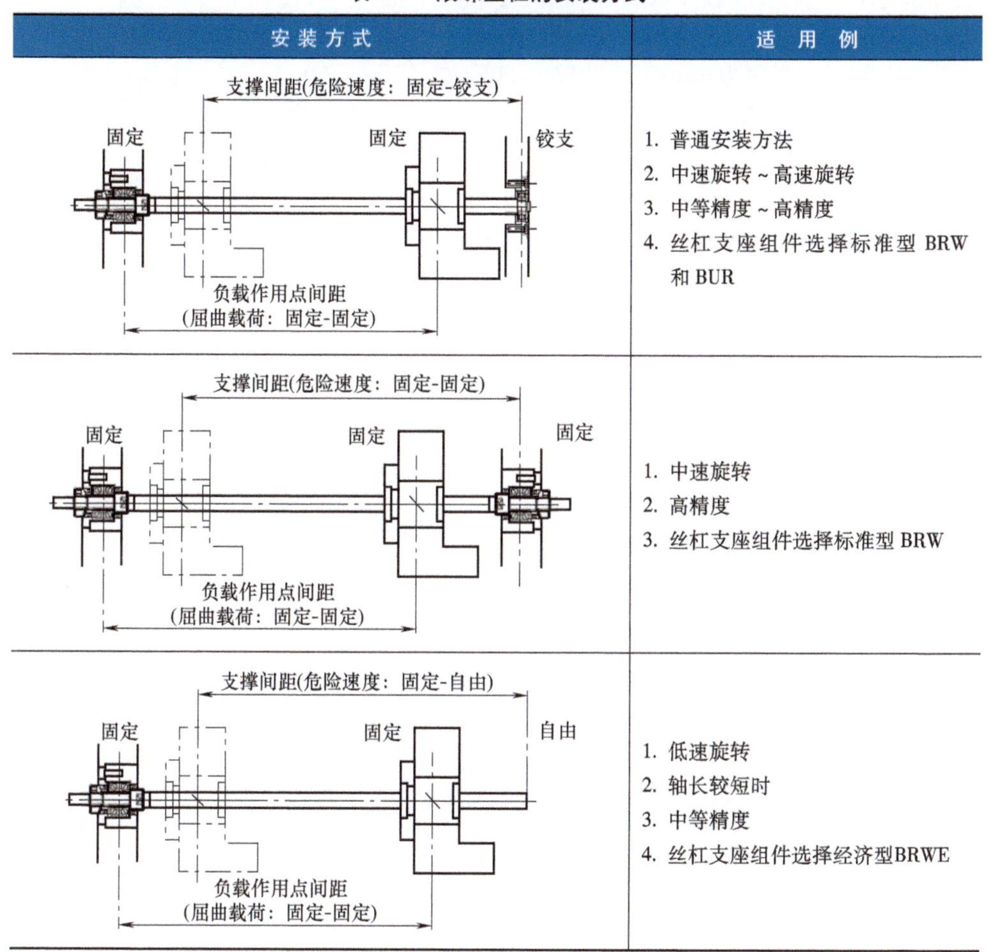

安装方式	适用例
	1. 普通安装方法 2. 中速旋转 ~ 高速旋转 3. 中等精度 ~ 高精度 4. 丝杠支座组件选择标准型 BRW 和 BUR
	1. 中速旋转 2. 高精度 3. 丝杠支座组件选择标准型 BRW
	1. 低速旋转 2. 轴长较短时 3. 中等精度 4. 丝杠支座组件选择经济型BRWE

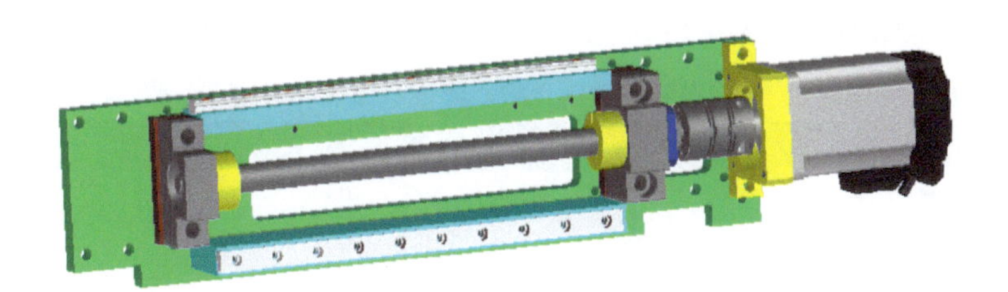

图 3-14　滚珠丝杠“固定-铰支”安装方式

（3）滚珠丝杠的选用（分析）　一般来说，用到滚珠丝杠的机构，首先要进行工况分析，拟定设计要求或已知条件，包括安装方式、工作端重量、行程、负载大小、运行模式、寿命要求、运动速度、加减速时间、定位精度、重复精度等，然后再进行滚珠丝杠的选型计算和能力校核，流程如图 3-15 所示。

以厂商型录上的一个现成选型案例（见图 3-16，初学者可能看不懂）来讲解下滚珠丝杠的选型方法。

1）求出导程 P_h（速度层面）。假设电动机的最大转速为 N_{max}（单位为 r/min），快速进给速度为 V_{max}（单位为 mm/s），则滚珠丝杠导程 $P_h \geqslant 60V_{max}/N_{max} = 60 \times 1000/3000\text{mm} = 20\text{mm}$。因此应选导程在 20mm 以上的滚珠丝杠。

2）选择螺母（负载层面）。

① 依据已知的运动循环图（见图 3-16），计算各运行模式下的轴向负载。

匀速时，轴向负载 $P_b = \mu Wg = 0.02 \times 50 \times 9.8\text{N} \approx 10\text{N}$

加速时，加速度 $a = V_{max}/(t \times 10^3) = 1000/(0.15 \times 1000)\text{m/s}^2 = 6.67\text{m/s}^2$

轴向负载 $P_a = Wa + \mu Wg = 50 \times 6.67\text{N} + 0.02 \times 50 \times 9.8\text{N} \approx 343\text{N}$

设备的工况分析

速度层面

负载层面

精度层面

丝杠能力的校核

图 3-15 滚珠丝杠的选用分析（流程）

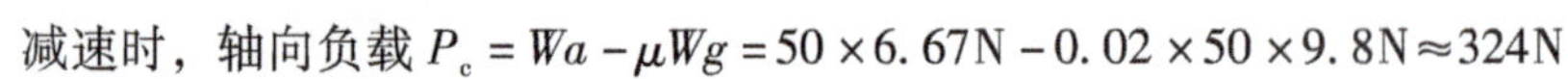

减速时，轴向负载 $P_c = Wa - \mu Wg = 50 \times 6.67\text{N} - 0.02 \times 50 \times 9.8\text{N} \approx 324\text{N}$

② 计算各运行模式一次循环的运行时间。

工作台（工件）在一次循环中，首先向前移动三次，然后再一次性回到原点。此过程共有 4 次加速（$4 \times 0.15\text{s} = 0.6\text{s}$），4 次减速（$4 \times 0.15\text{s} = 0.6\text{s}$），4 次匀速（$3 \times 0.09\text{s} + 0.57\text{s} = 0.84\text{s}$），因此一次循环运行时间汇总见表 3-4。

表 3-4 一次循环的运行时间

运行模式	加速	匀速	减速	总共所需时间
所需时间/s	0.6	0.84	0.6	2.04

③ 各运行模式下轴向负载、转速、运行时间比率汇总。

各运行模式下轴向负载、转速、运行时间比率汇总见表 3-5，其中加、减速段的转速指的是平均转速 $N = N_{max}/2 = 3000/2\text{r/min} = 1500\text{r/min}$。

表 3-5 一次循环的轴向负载、转速、运行时间比率汇总

运行模式	加速	匀速	减速
轴向负载/N	343	10	324
转速/(r/min)	1500	3000	1500
运行时间比率	29.4%	41.2%	29.4%

④ 计算轴向平均负载。

P_a、N_a、t_a 分别表示加速段的轴向负载、转速、运行时间比率，P_b、N_b、t_b 分别表示匀速段的轴向负载、转速、运行时间比率，P_c、N_c、t_c 分别表示减速段的轴向负载、转速、运行时间比率，则有

$$\text{轴向平均负载 } P_m = \left(\frac{P_a^3 N_a t_a + P_b^3 N_b t_b + P_c^3 N_c t_c}{N_a t_a + N_b t_b + N_c t_c}\right)^{\frac{1}{3}} = 250\text{N}$$

注意：由于每一段的时间分配不一样，算出来的是加权平均值。

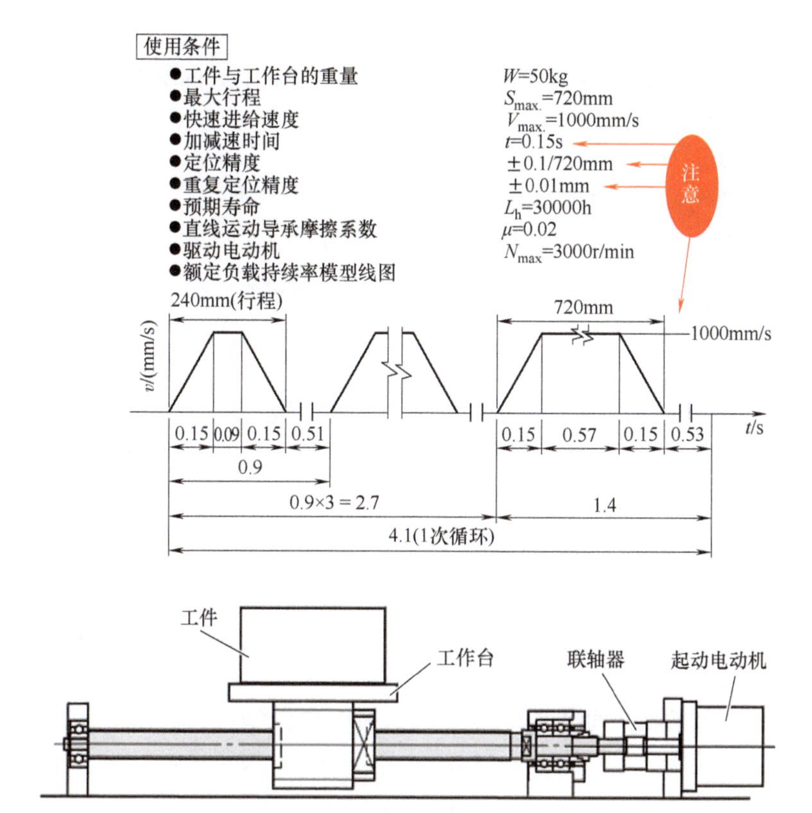

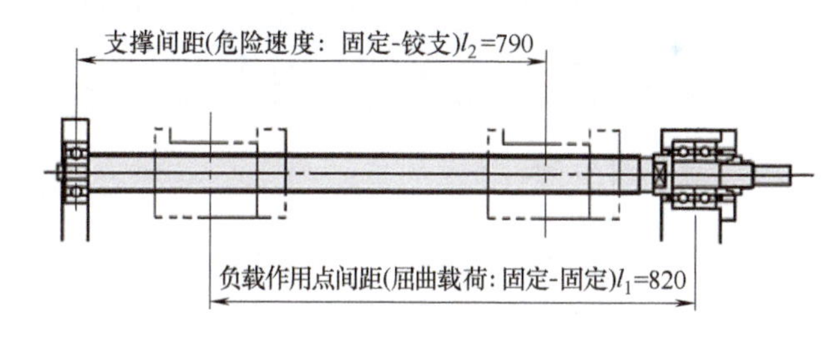

图3-16 滚珠丝杠的选型案例（已知条件）

⑤ 计算轴向平均转速。

$$\text{平均转速}\ N_m = \frac{N_a t_a + N_b t_b + N_c t_c}{t_a + t_b + t_c} = 2118\text{r/min}$$

⑥ 计算所需的基本动额定负载。

首先计算净运行使用寿命（L_{ho}），1次循环4.1s中运行时间为2.04s，运行系数为f_w（正常运行取1.2～1.5，有冲击场合取1.5～2），预期寿命（案例为30000h）扣除停机时间后的净运行使用寿命

$$L_{ho} = \text{预期寿命}(L_h) \times (2.04/4.1) = 14927\text{h}$$

然后计算所需基本动额定负载

$$c = \left(\frac{60L_{ho}N_m}{10^6}\right)^{\frac{1}{3}} \times P_m \times f_w = \left(\frac{60 \times 14927 \times 2118}{10^6}\right)^{\frac{1}{3}} \times 250 \times 1.2\text{N} = 3714\text{N}$$

⑦ 滚珠丝杠预选。

选择满足导程 20mm，基本动额定负载大于或等于 3714N 的滚珠丝杠 BSS1520。

3）精度设计（精度层面）。

① 精度等级。

精度等级和代表移动量误差的关系见表 3-6，满足案例定位精度 ±0.1mm/720mm 的移动量误差为 ±0.04/800～1000mm，精度等级为 C5，因此 BSS1520 满足使用条件。

表 3-6 精度等级和代表移动量误差的关系

螺纹部有效长度/mm		精度等级			
		C3		C5	
大于	以下	代表移动量误差	变动	代表移动量误差	变动
	315	12	8	23	18
315	400	13	10	25	20
400	500	15	10	27	20
500	630	16	12	30	23
630	800	18	13	35	25
800	1000	21	15	40	27
1000	1250	24	16	46	30
1250	1600	29	18	54	35

影响定位精度

② 轴向间隙。

精密滚珠丝杠的轴向间隙见表 3-7，可以确认 BSS1520 的轴向间隙在 0.005mm 以下，满足重复定位精度 ±0.01mm，因此 BSS1520 满足使用要求。

表 3-7 精密滚珠丝杠的轴向间隙

种类	代表类型	丝杠轴外径	导程	轴向间隙/mm	丝杠轴长度/mm	
					min	max
（高精度）标准型螺母精度等级 C5	BSS	8	2	0.005以下（影响重复精度）	100	210
		10	2		100	315
			4		150	380
			10		150	450
		12	2		150	445
			4		150	400
			5		150	450
			10		200	600
		15	5		150	1095
			10		200	1095
			20		230	1095
		20	5		200	1000
			10		250	1500
			20		250	1500
		25	5		300	995
			10		300	1500
			20		300	1500

4）丝杠轴的选择（能力校核并确定规格）。

① 丝杠轴长度。

一般超程允许量（余量）设定为导程的 1.5 ~ 2 倍，即 20 × 1.5 × 2（两侧）mm = 60mm，案例的最大行程为 720mm，预选丝杠的螺母长 62mm，轴端尺寸为 72mm，则丝杠轴全长 L = 最大行程 + 螺母长度 + 余量 + 轴端尺寸（铰支侧、固定侧）=（720 + 62 + 60 + 72）mm = 914mm。

【注意】丝杠轴全长不是行程，不要搞混了概念，不然购买回来的丝杠轴长度可能行程不够。

② 允许轴向负载的研讨。

案例为“固定-铰支”安装方式，查表 3-8 得系数 $m = 10$，负载作用点间距 l_1 为 820mm，丝杠轴螺纹底径 $d = 12.5\text{mm}$（查滚珠丝杠的规格表），则允许轴向负载

$$P = m\frac{d^4}{l^2} \times 10^4 = 10 \times \frac{12.5^4}{820^2} \times 10^4\text{N} = 3630\text{N}$$

由于最大轴向负载为 343N，小于允许轴向负载 3630N，因此满足使用条件。

表 3-8　由滚珠丝杠的支撑方式决定的系数

支撑方式	n	m
铰支-铰支	1	5
固定-铰支	2	10
固定-固定	4	19.9
固定-自由	0.25	1.2

【注意】如果最大轴向负载大于允许轴向负载，则需要加大丝杠轴的外径，可继续查图 3-17 来选定。例如采用“固定-铰支”安装方式，负载作用点间距 l_1 为 500mm，最大轴向负载应大于或等于 10000N，则水平线和垂直线交点落在直径 ϕ15mm 线上，应选大于或等于此值的外径值。

③ 允许转速的研讨

首先校验转轴危险速度，案例为“固定-铰支”安装方式，支撑间距 l 为 790mm，查表 3-9 得到系数 $g = 15.1$，丝杠轴螺纹底径 $d = 12.5\text{mm}$（查滚珠丝杠的规格表），则允许转速

$$N_c = g\frac{d}{l^2} \times 10^7 = 15.1 \times \frac{12.5}{790^2} \times 10^7\text{r/min} = 3024\text{r/min}$$

最高转速 3000r/min 小于允许转速 3024r/min，因此满足使用条件。

表 3-9　由滚珠丝杠的支撑方式决定的系数

支撑方式	g	λ
铰支-铰支	9.7	π
固定-铰支	15.1	3.927
固定-固定	21.9	4.73
固定-自由	3.4	1.875

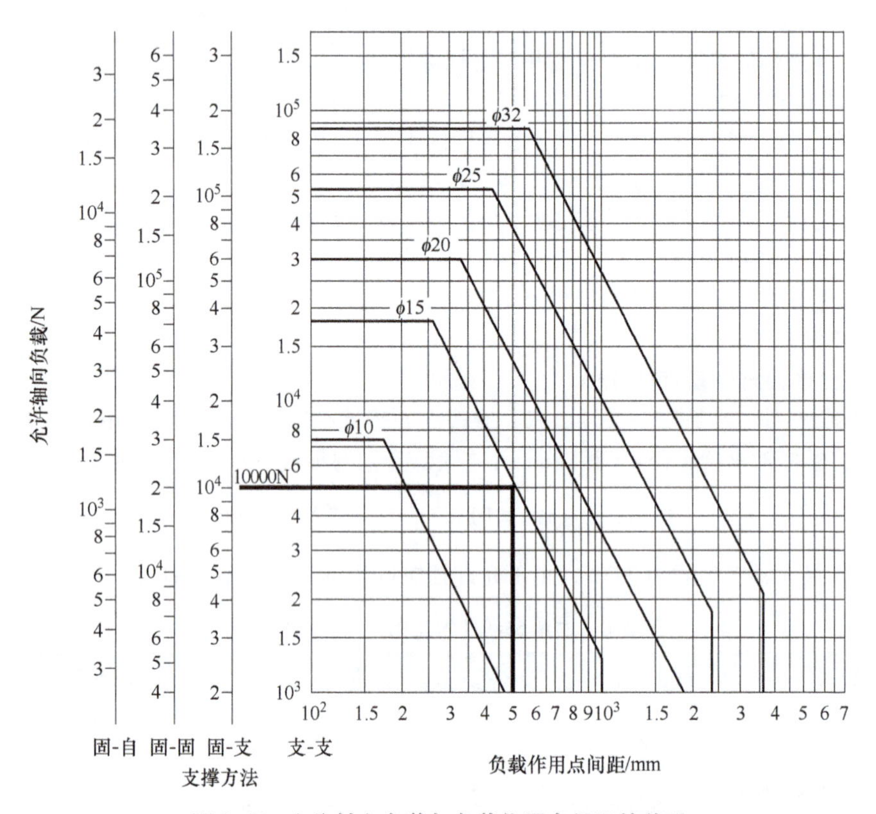

图 3-17 允许轴向负载与负载作用点间距的关系

【注意】如果最大转速大于允许转速，则需要加大丝杠轴的外径，可继续查图 3-18来选定。例如采用“固定-固定”安装方式，负载作用点间距 l 为 2000mm，最大转速为 1000r/min，则水平线和垂直线交点落在直径 ϕ25mm 线内，应选大于或等于此直径的外径值。

然后校验螺母内部循环滚珠的极限转速，A 值见表 3-10。

$D_m N$ = (丝杠轴外径 + A 值) × 最高转速 N = (15 + 0.8) × 3000r/min = 47400r/min ≤ 70000r/min

因此，可确认其满足使用条件。

表 3-10 A 值表

滚珠直径	A
1.5875	0.3
2.3812	0.6
3.175	0.8
4.7625	1.0
6.35	1.8

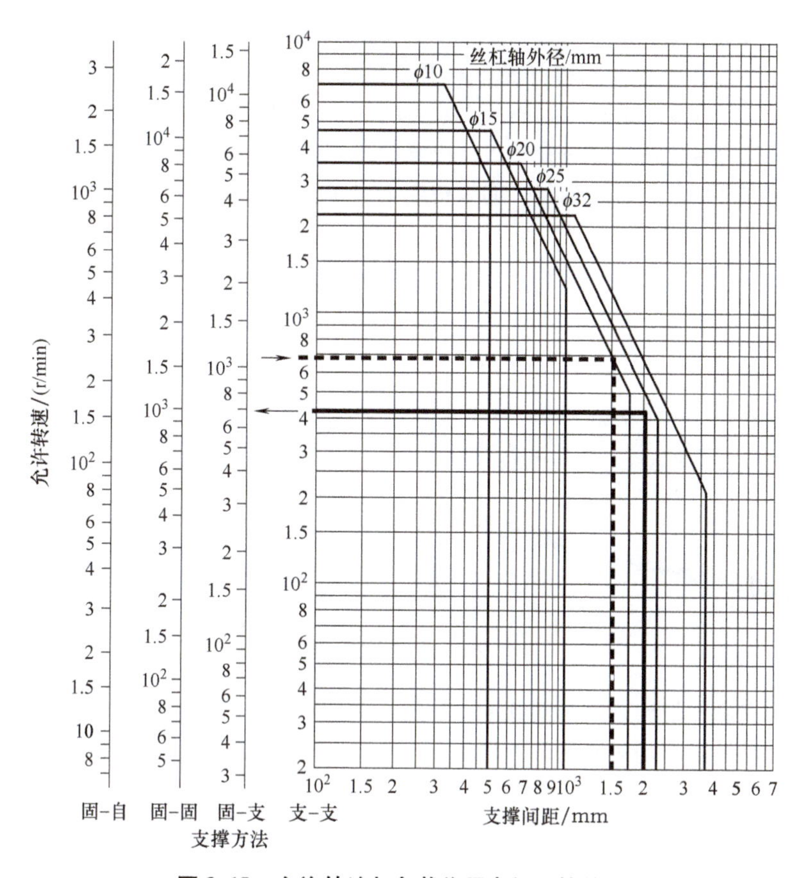

图 3-18 允许转速与负载作用点间距的关系

5）选型结果。综上所述，适用的滚珠丝杠型式为 BSS1520-914，如图 3-19 所示。

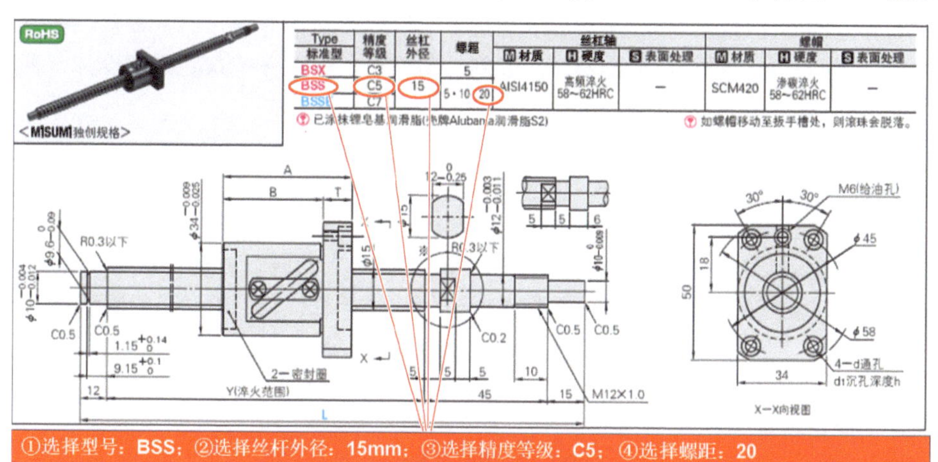

图 3-19 滚珠丝杠的规格说明

校核丝杠轴的允许负载和转速时，要特别注意，它跟安装方式也有关系，公式虽然看起来很陌生复杂，但是通过查表、推导，是比较容易得到结论的。

计算分析的意义如图 3-20 所示，本书在不同场合都强调过这样的观念，工况条件的确认或者说设计要求的拟定，事实上就是很重要的设计工作。例如本案例运动循环图的绘制，就蕴含了设计信息在里边，不是随意定的。真正做一个项目设计时，本案例的已知条件都会成为未知信息，如果拟定不出来，也就没有接下这些按部就班的工作了。

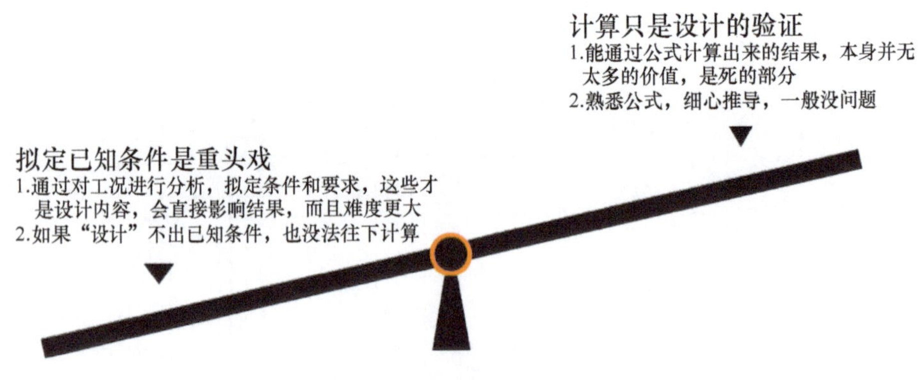

图 3-20 计算分析的意义

例如，案例中的加减速时间 0.15s 是怎么来的？我们知道，任何一个物体从动到静或从静到动，都不是瞬间的，否则就会有冲击，所以需要有个加减速时间，我们当然希望时间越短越好，但也跟系统能力有关系，如丝杠的加减速性能，用伺服电动机，从 0 到 3000r/min 一般需要几十毫秒，案例设定 0.15s 是可以的，设定 0.2s 或 0.1s 呢，也未必是错误的，如果换用步进电动机呢，则加减速时间的设定值也不一样，这些会影响到最后的计算结果。显然，非标机构设计里边计算的意义，更多体现在找出最糟糕的状态（以确保不会有问题）。

非标机构设计过程，在很多重要场合是少不了计算和推导的，但更多是一种验证和确认，例如一台转盘机用分割器，几分割、动静比、转速……这些都要设计，否则没法往下计算。

6）滚珠丝杠配件。

滚珠丝杠配件如图 3-21 所示。

7）驱动电动机（一般为伺服或步进电动机）。

假定匀速运动时的轴向外部负载为 P（单位为 N），滚珠丝杠的导程为 P_h（单位为 cm），滚珠丝杠的效率为 η（一般取 0.9），则滚珠丝杠机构的电动机的驱动转矩

$$T_1 = PP_h/2\pi\eta，单位为 N \cdot cm$$

预压负载为 P_L（单位为 N），导程为 P_h（单位为 cm），K 为内部摩擦因数，则预压引起的摩擦转矩

$$T_p = K \times P_L \times P_h/2\pi，单位为 N \cdot cm$$

假定转动机构的总惯量为 J（包括联轴器、滚珠丝杠、电动机转子、移动物体等，单位为 $kg \cdot cm^2$），电动机轴角加速度为 α，加速运动时施加在电动机输出轴上的加速转矩

■外围零件：可与下列零件组合使用。

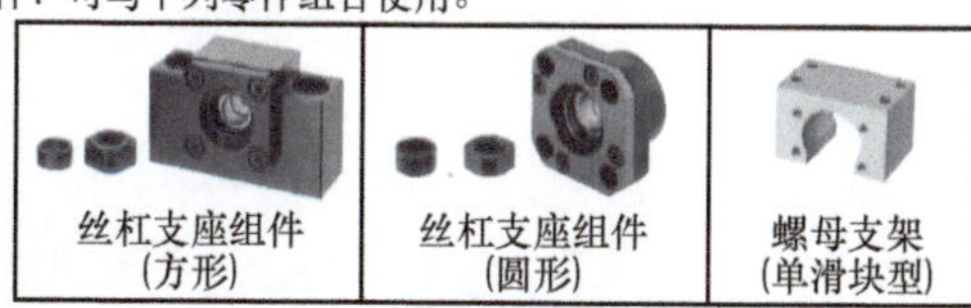

■与丝杠支座组件的组合

滚珠丝杠型式			推荐丝杠支座组件					
Type	丝杠轴外径	导程	型式 Type	型式 No.	形状	固定侧	支持侧	页码
BSX BSS BSSE	06	01	BRW	6	圆形	○		P.547
			BSW	6	方形	○		P.543
	08	01 02	BRW	8	圆形	○		P.547
			BUR	6			○	P.549
			BSW	8	方形	○		P.543
			BUN	8			○	P.545

注：丝杠支座组件除有上述型式以外，还有多种形状及表面处理类型（P.539~P.549）。

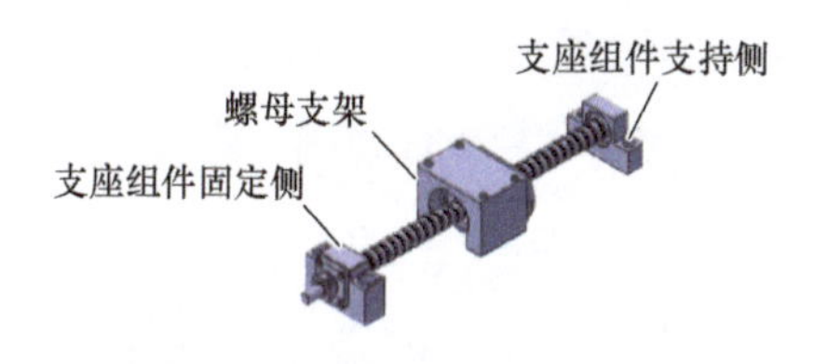

■与螺母支架的组合

滚珠丝杠型式			推荐螺母支架		
Type	丝杠轴外径	导程	型式 Type	型式 No.	页码
BSX BSS BSSE	06	01	—	—	—
	08	01	BNFB BNFM BNFR BNFA	801X	P.550
		02		802S	P.550

注：备有多种材质及表面处理类型的螺母支架（P.550）。

图 3-21　丝杆支座组件

$$T_2 = J\alpha$$

故所需电动机的输出转矩

$$T = T_1 + T_p + T_2$$

上述计算的具体案例详见本书有关章节，此处从略。

3.2　带传动

传动机构主要起着传递运动或动力的桥梁作用，如图 3-22 所示，常用方式有很多，具体依据工况条件和设计要求选用，但前提是能掌握它们各自的特点和优势（见图 3-23），本节重点来探讨带传动方面的内容。

机构A
动力源
运动A
传动
机构
机构B
工作端
运动B

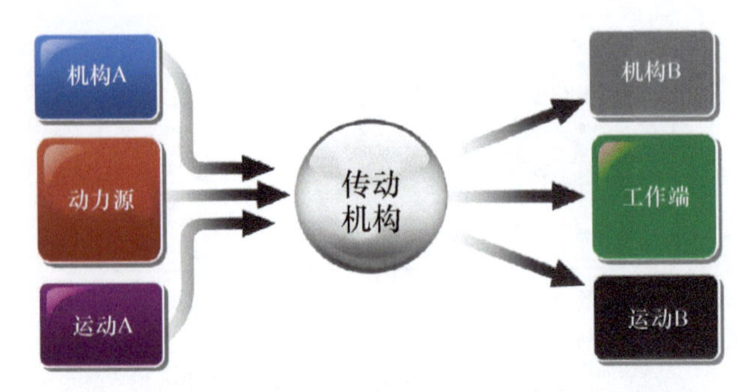

图 3-22 传动机构起着桥梁作用（传递运动或动力）

3.2.1 基本认识

1. 常用的带

根据不同的应用场合（见图 3-23），常用的带可分为同步带、平带、多锲带、V 带等，如图 3-24 所示，其中同步带的应用场合较为讲究，本节将重点介绍。

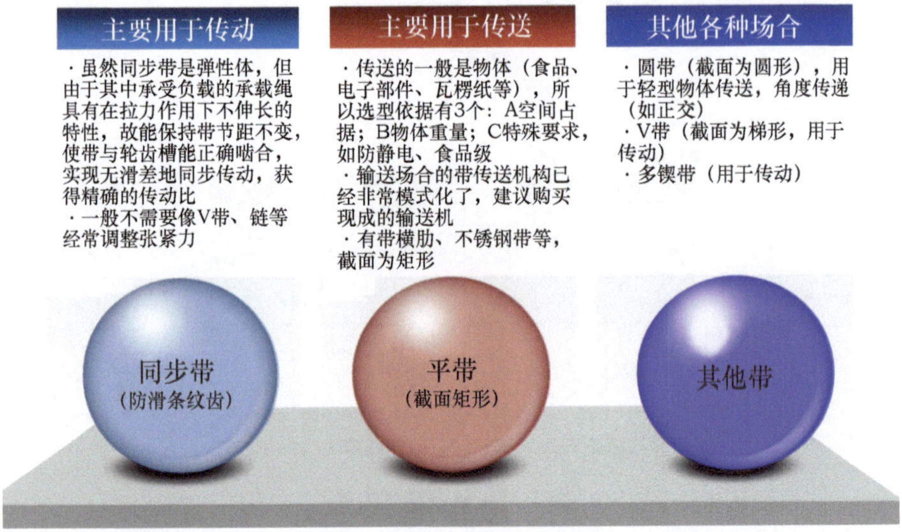

主要用于传动
·虽然同步带是弹性体，但由于其中承受负载的承载绳具有在拉力作用下不伸长的特性，故能保持带节距不变，使带与轮齿槽能正确啮合，实现无滑差地同步传动，获得精确的传动比
·一般不需要像V带、链等经常调整张紧力
主要用于传送
·传送的一般是物体（食品、电子部件、瓦楞纸等），所以选型依据有3个：A空间占据；B物体重量；C特殊要求，如防静电、食品级
·输送场合的带传送机构已经非常模式化了，建议购买现成的输送机
·有带横肋、不锈钢带等，截面为矩形
其他各种场合
·圆带（截面为圆形），用于轻型物体传送，角度传递（如正交）
·V带（截面为梯形，用于传动）
·多锲带（用于传动）
同步带
（防滑条纹齿）
平带
（截面矩形）
其他带

图 3-23 各种带的适用场合

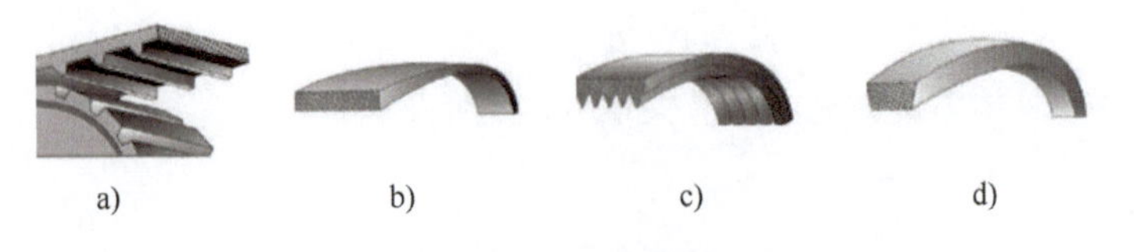

a)
b)
c)
d)

图 3-24 常用的带

a）同步带 b）平带 c）多锲带 d）V 带

2. 同步带

（1）同步带的应用 如图 3-25 所示，同步带传动的应用已渗透到了各行各业的

机械设备中，如工业机器人、仪器仪表、汽车等。归结起来，大概有传动（见图 3-26 和图 3-27）和传送（见图 3-28）两种场合。

图 3-25 同步带的应用案例

1）传动场合。这类机构一般用于实现某些工艺（如插针工艺，见图 3-26），同步带传动设计更多是基于空间布局和动力需求考虑。换言之，从设计角度看，工作端的设计比较繁琐而灵活，传动部分反而是“死”的，也不是设计过程最麻烦的地方。

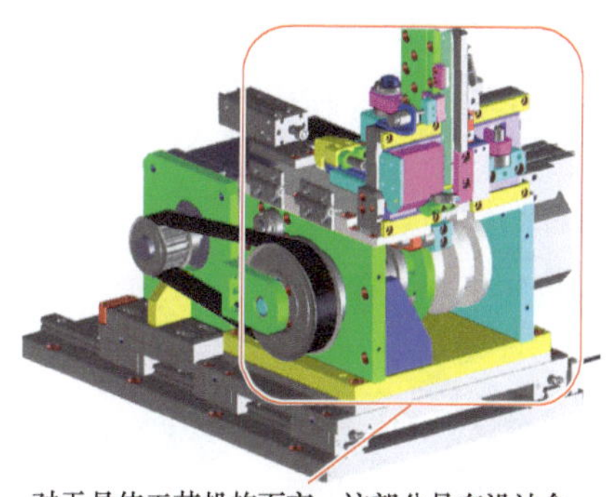

对于具体工艺机构而言，这部分是有设计含量的，往往需要一定的分析能力和经验处理

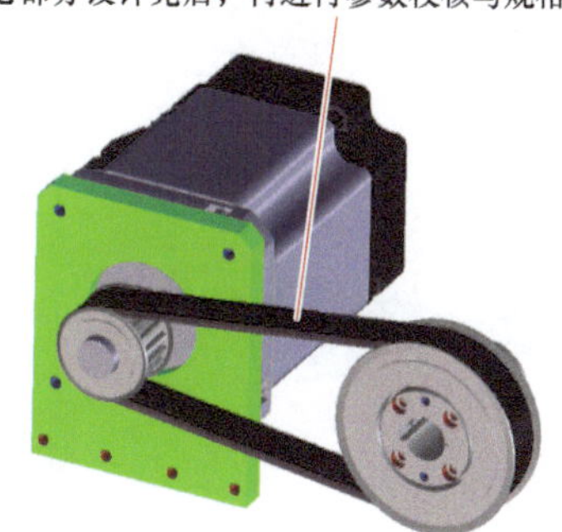

传动部分一开始往往体现为一种形式或方案，在核心部分设计完后，再进行参数校核与规格确定

图 3-26 同步带用于传动的场合（一）

多个机构需要保持同步联动（将原动机动力进行分配），或有运动形式转变的需要时，也经常会用到同步带传动机构，如图 3-27 所示。

2）传送场合。如图 3-28 所示，同步带对移动机构（等效重物）起着驱动作用，将（等效）重物从 A 点搬移到 B 点或更多位置点，尤其适合长距离输送的情形。注意机构的移动精度靠导引件保证；至于停留位置精度，则主要取决于同步带和带轮的啮合齿隙、安装状况，以及动力设备的分辨率，随着传送距离尺寸的增加，误差必然会累积放大。

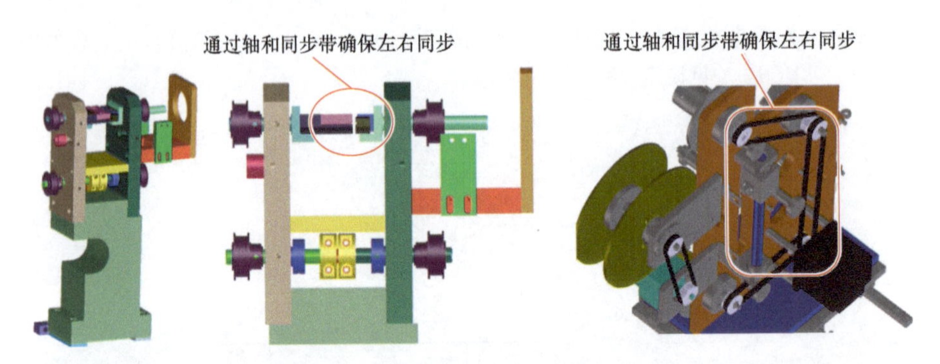

图 3-27 同步带用于传动的场合（二）

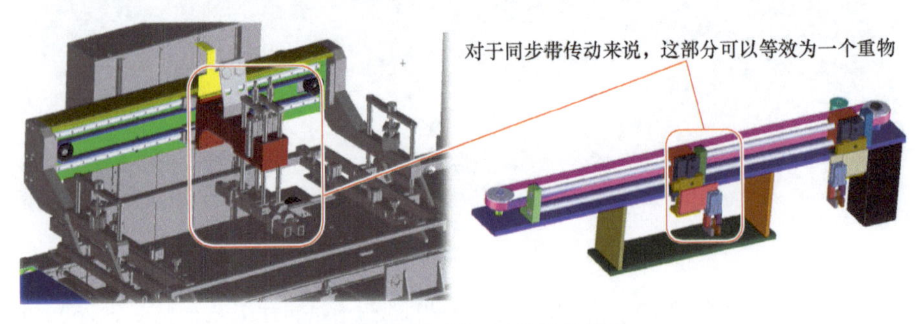

图 3-28 同步带用于传送的场合

【注意】对于速度或精度要求不高的传送或运输场合，则一般采用平带（没有必要使用同步带），如图 3-29 所示。

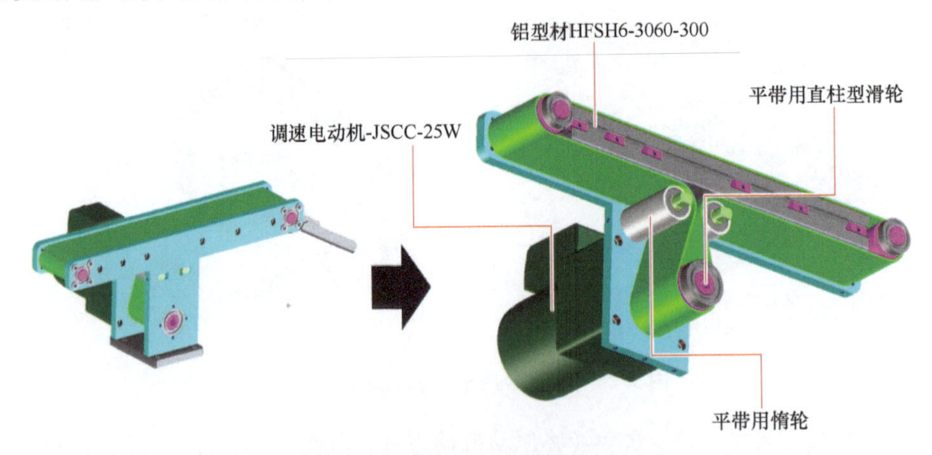

图 3-29 平带用于传送或运输的场合

（2）同步带的特点 同步带具有传动性佳（传动比准确，一般传动比 $i<10$，允许线速度 $v<50\text{m/s}$，传动功率 $P<300\text{kW}$，效率高达 0.98，节能效果明显）、平稳性好（具有缓冲、减振特征，低噪声）、维护性强（不用润滑，运作保养费用低）、适用于长距离（中心距可达 10m 以上）传动等优势。

同步带的结构和材质如图 3-30 所示，由玻璃纤维（或钢线）、尼龙、橡胶（或聚氨酯）等材料构成，虽然质地柔软但尺寸不可伸长。

米思米（Misumi）型录上的同步带，一般可分为梯形齿同步带和圆弧齿同步带两大类，两者和带轮的啮合状况如图 3-31 所示，其特性与规格见表 3-11。

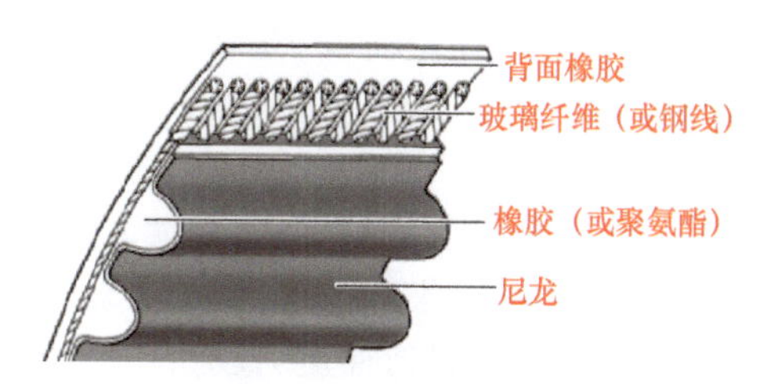

图 3-30　同步带的结构与材质

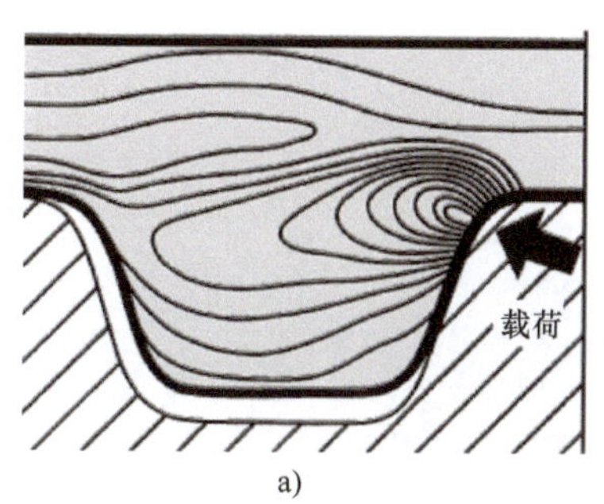

a)

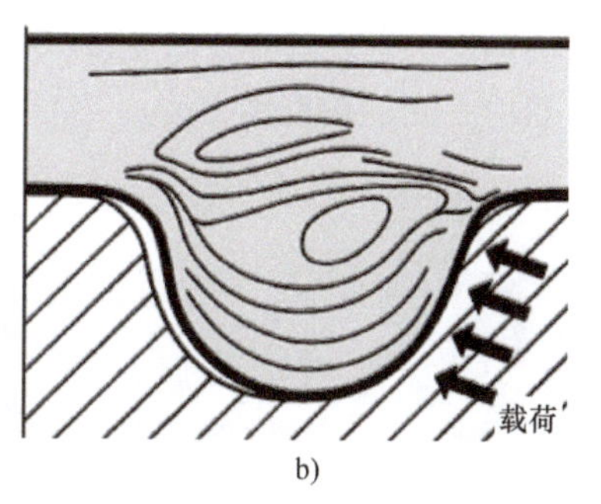

b)

图 3-31　不同类别的同步带与带轮的啮合状况

a）梯形齿同步带　b）圆弧齿同步带

表 3-11　不同类别的同步带特性与规格

Misumi 同步带	特　性	规格（依据齿形和齿距匹配带轮）				
梯型齿橡胶同步带（一般用于传送）	普通转矩传动	MXL	XL	L	H	—
	轻载传送/普通转矩传动	T2.5	T5	T10	T20	—
	高负载传送	AT5	AT10	AT20	—	—
圆弧齿同步带（一般用于传动）	高转矩传动	2M	3M	5M	8M	14M/20M
		S2M	S3M	S5M	S8M	—
		P2M	P3M	P5M	P8M	UP□M
	高转矩、高精度定位（齿隙小）	2GT	3GT	5GT	8YU	—
其他类型	附件可装夹具，安装间距公差大	带附件、加长、开口自由端等，齿形同上				

（3）同步带（轮）的型号表达　同步带和带轮是配套使用的，如图 3-32 所示。由于带轮（齿）较之同步带（齿）不易失效，一般是先确定同步带的规格型号，再匹配选择带轮（不需要校验）。

同步带的型号表达方式，类似“TTBU375T5-100”包含类型（TTBU 表示材质为聚氨酯）、带周长（375mm）、齿形参数型号（T5 齿形齿距）、宽度（10mm）、匹配带轮（T5 型）；带附件的类型则表达为“ATBT1200T10200-A-P100”，其中 A 表示附件类型（固定形式）、P100 表示附件间距（100mm）。

图 3-32　同步带与带轮的配套使用

同步带的型号定好之后，带轮是匹配的（只需确定齿数和材质），翻阅型录就能选到。但要注意空间的布局是否合理，例如带轮大小（带轮直径越小，皮带弯曲应力越大，因此不宜过小，否则易产生疲劳破坏；直径小了意味着齿数少了，各个轮齿受力更大，也是有限制的，因此需要权衡，找到相对合理的尺寸）、带轮中心距的确定，带轮的布置与安装，张紧调节方式（一般有两种方式，如图 3-33 所示）等，都有一定的讲究和方法。

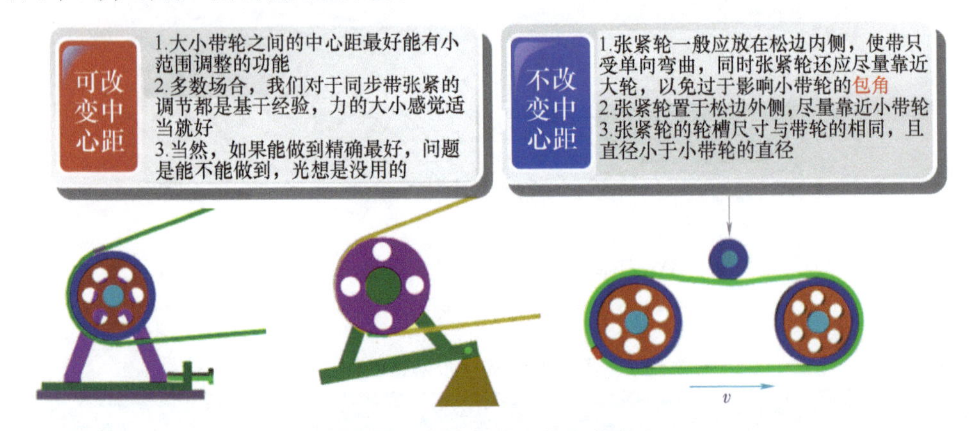

图 3-33　同步带的张紧调节方式

3.2.2　同步带选型设计

1. 同步带的失效形式

对于传动系统而言，如果制造工艺合理，带、轮的尺寸控制严格，安装调试也正确，那么许多失效形式均可避免。我们的选型过程，与其说是一个设计，不如说是一个校验和确认。那么，首先就要非常清楚，如果同步带选型不合理，会出现什么不良后果。同步带主要失效模式有打滑和跳齿，带齿的磨损和破裂，承载绳的疲劳拉断和背面橡胶裂纹等，如图 3-34 所示。相应的，同步带传动的设计准则为：确保同步带在不打滑、跳齿的前提下，具有较高的抗拉强度，保证承载绳不被拉断或带齿不破裂。

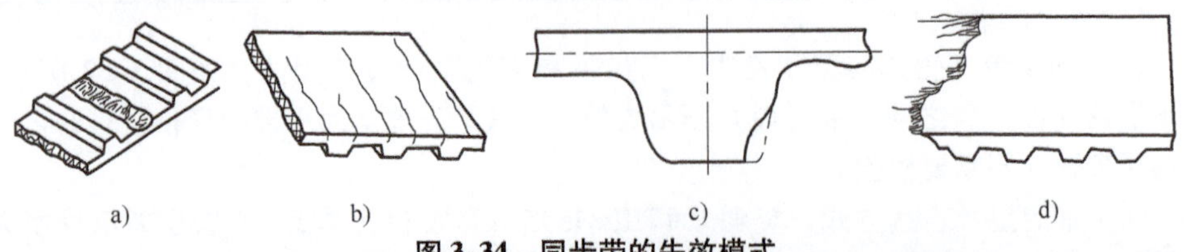

图 3-34　同步带的失效模式

a）带齿的裂纹　b）橡胶的裂纹　c）带齿的磨损　d）承载绳疲劳拉断

2. 同步带的选型设计

（1）选型思路和步骤　选型的思路如图3-35所示，具体的选型设计步骤如图3-36所示。

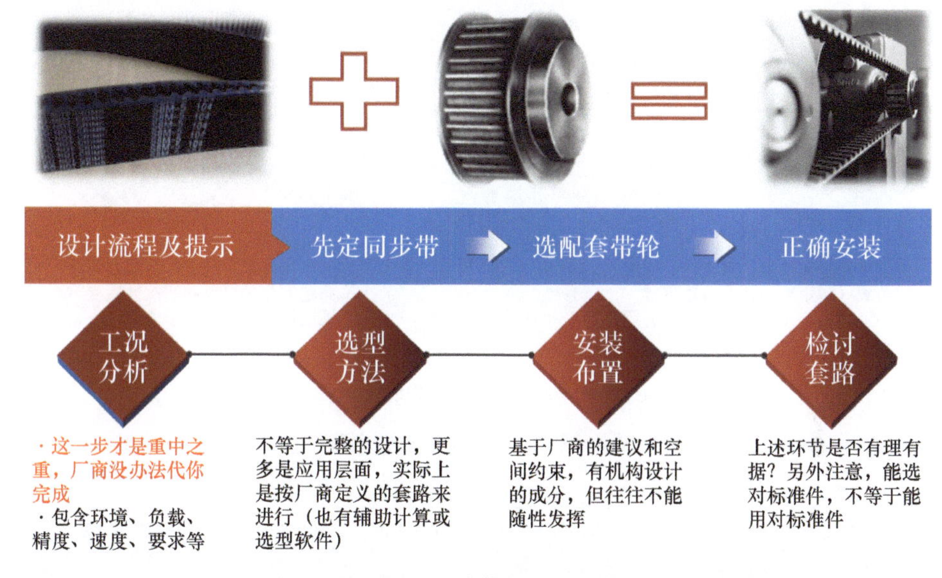

图3-35　同步带的选型思路

1）工况分析。这一步是重中之重，不外乎评估设备类型、设计要求、使用环境、工作负荷、失效模式、理论参数等内容，如图3-37所示。例如什么设备什么机构，有什么设计要求；例如用于传动还是传送，负荷、精度、转速和减速比大概什么级别；例如空间布局是什么状况（带轮极限直径、轴间距等）……

图3-36　同步带的选型设计步骤

2）设计动力 P_d（或负载转矩 T）。

电动机功率 P_t(kW) = 转矩 T(N·m) × 转速n(r/min)/9549

则同步带选型的设计动力 P_d = 电动机功率 P_t × 过载系数 K

过载系数 K = 负载补偿系数 K_o + 旋转比补偿系数 K_r + 惰轮补偿系数 K_i，如果选的是 MXL \ XL \ L \ H \ S□M \ MT S□M 同步带，则 K_o、K_r、K_i 的取值分别见表3-12～表3-14；如果选的是其他类型的同步带，则查阅其他类似的表格（不一样），一般定在1.5～2.5。此外，施加于带上的负载消耗功率未必等于电动机功率，电动机有可能联动其他机构，此时应根据实际情况进行折算。

【注意】功率跟转矩和转速都有关系，而转矩跟具体机构有关，转速是设计预期，不同机构，不同预期，就会有不同的功率要求（表现为一个结果）。只有充分了解机构和工艺，才有可能积累一些相对准确或合理的经验数据，这些都有利于提高设计工作效率。

图 3-37　工况分析的主要内容

表 3-12　负载补偿系数表 K_o

使用皮带的机械实例	原动机					
	最大输出功率为额定值的 300%以下			最大输出功率为额定值的 300%以上		
	交流电动机（标准电动机、同步电动机）直流电动机（并绕）、2 缸以上发动机			特殊电动机（高转矩）、单缸发动机直流电动机（串绕）、通过旋转轴或离合器运行		
	运行时间			运行时间		
	间歇使用 1 天 3~5h	正常使用 1 天 8~12h	连续使用 1 天 16~24h	间歇使用 1 天 3~5h	正常使用 1 天 8~12h	连续使用 1 天 16~24h
展览器具、放映机、计量设备、医疗设备	1.0	1.2	1.4	1.2	1.4	1.6
吸尘器、缝纫机、办公设备、木工车床、带锯	1.2	1.4	1.6	1.4	1.6	1.8
轻载型带输送机、包装机械、筛子	1.3	1.5	1.7	1.5	1.7	1.9
液体搅拌机、钻床、车床、螺纹加工机、圆盘锯床、刨床、洗衣机、造纸机械（纸浆除外）、印刷机械	1.4	1.6	1.8	1.6	1.8	2.0

（续）

使用皮带的机械实例	原　动　机					
	最大输出功率为额定值的300%以下			最大输出功率为额定值的300%以上		
	交流电动机（标准电动机、同步电动机）直流电动机（并绕）、2缸以上发动机			特殊电动机（高转矩）、单缸发动机直流电动机（串绕）、通过旋转轴或离合器运行		
	运行时间			运行时间		
	间歇使用 1天 3~5h	正常使用 1天 8~12h	连续使用 1天 16~24h	间歇使用 1天 3~5h	正常使用 1天 8~12h	连续使用 1天 16~24h
搅拌机（水泥、黏性体）、带输送机（矿石、煤、砂石）、磨床、牛头刨床、镗床、铣床、压缩机（离心式）、振动筛、纤维机械（整经机、卷绕机）、旋转式压缩机、压缩机（往复式）	1.5	1.7	1.9	1.7	1.9	2.1
输送机（板式、盘式、斗式、链斗式）、抽气泵、风扇、鼓风机（离心式、吸气式、排气式）、发电机、励磁器、起重机、升降机、橡胶加工机械（混炼机、辊炼机、挤出机）、纤维机械（织机、精纺机、捻纱机、卷纬机）	1.6	1.8	2.0	1.8	2.0	2.2
离心分离机、输送机（刮板式、螺旋式）、锤击式粉碎机、造纸机械（打浆机）	1.7	1.9	2.1	1.9	2.1	2.3

表3-13　旋转比补偿系数 K_r

旋　转　比	K_r
1.00以上，1.25未满	0
1.25以上，1.75未满	0.1
1.75以上，1.50未满	0.2
2.50以上，3.50未满	0.3
3.50以上	0.4

表3-14　惰轮补偿系数 K_i

惰轮的位置	K_i
位于带松弛侧，从带内侧使用时	0
位于带松弛侧，从带外侧使用时	0.1
位于带张紧侧，从带内侧使用时	0.1
位于带张紧侧，从带外侧使用时	0.2

3）确定同步带种类和系列。

根据设计动力 P_d 和使用工况，大致选一个带种类，如高转矩场合可选S□M系列，如是传动场合可选T□系列。然后根据设计动力 P_d 和设计转速 n，查询简易选型表（不同系列的表格不一样），确定该种类同步带的系列（齿距）。例如设计动力

1kW、小带轮转速 1000r/m 的交点落于 S5M 范围，因此可选 S5M（齿距是 5mm），如图 3-38 所示。

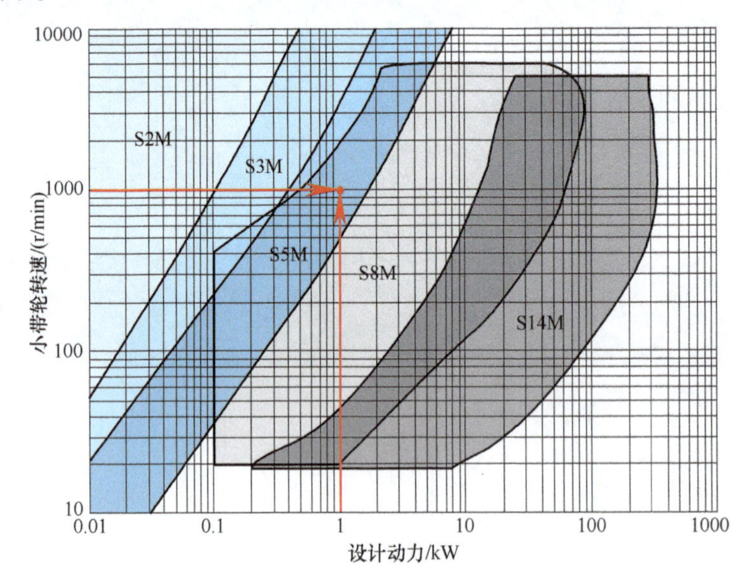

图 3-38 简易选型图（S□M 系列）

4）大小带轮参数。

① 先定小带轮齿数 z_1　根据小带轮转速和同步带系列，查询表 3-15，实际齿数应大于最小允许齿数（如在 1000r/min 时，S5M 的最小允许齿数为 16）。

表 3-15 带轮的最小允许齿数

小带轮转速/(r/min)	最小允许齿数															
	MXL	XL	L	H	S2M	S3M	S5M	S8M	S14M	MTS8M	T5	T10	2GT	3GT	EV5GT	EV8YU
900 以下	12	10	12	14	14	14	14	22	—	24	12	14	12	14	18	26
900 以上，1200 以下	12	10	12	16	14	14	16	24	34	24	12	16	14	14	20	28
1200 以上，1800 以下	14	11	14	18	16	16	20	26	38	24	14	18	16	16	24	32
1800 以上，3600 以下	16	12	16	20	18	18	24	28	40	24	16	20	18	20	28	36
3600 以上，4800 以下	—	16	20	24	20	20	26	30	48	24	20	22	20	20	30	—
4800 以上，10000 以下	—	—	—	—	20	20	26	—	—	—	—	—	—	—	—	—

那么，最小齿数具体定多少呢，这个跟同步带宽度有关系，需要结合类似表 3-16 的基准传动容量 P_s 来定，假设宽度补偿系数为 K_b，应满足 $P_s > P_d/K_b$ 或 $P_d < P_sK_b$。

举个例子，设计动力 $P_d = 1\text{kW}$，转速 $n = 1000\text{r/min}$，如选同步带 S5M 的（基准）

表 3-16 S5M 系列的基准传动容量 P_s（带宽度为 10mm 时）

（单位：W）

小带轮转速/(r/min) \ 小带轮齿数	14	15	16	18	20	22	24	25	26	28	30	32	36	40	44	48	60
节圆直径/mm	22.28	23.87	25.46	28.65	31.83	35.01	38.20	39.79	41.38	44.56	47.75	50.93	57.30	63.66	70.03	76.39	95.49
870	173	192	210	246	282	317	352	369	386	420	453	486	551	614	677	738	916
1160	216	239	263	309	355	399	443	465	487	529	572	613	695	775	854	931	1154
1750	293	326	359	425	488	551	613	643	673	733	792	949	963	1073	1181	1286	1587
3500	175	534	592	705	816	923	1029	1080	1131	1231	1330	1425	1611	1787	1955	2115	2544
50	16	18	19	22	25	28	31	33	34	37	40	43	48	54	59	64	80
100	30	32	35	41	46	62	57	60	62	68	73	78	88	98	108	118	147
150	42	46	50	58	66	73	81	85	89	96	104	111	125	140	154	168	209
200	53	48	63	74	84	94	104	108	113	123	132	142	161	179	197	215	268
250	64	70	76	89	101	113	125	131	137	149	160	172	194	217	239	260	324
300	74	81	89	103	118	122	146	153	160	173	187	200	227	253	279	304	378
350	84	92	101	118	134	150	166	174	182	198	213	228	259	288	318	346	431
400	93	103	112	131	150	168	186	195	203	221	238	255	289	323	355	388	482
450	103	113	124	145	165	185	205	215	224	244	263	282	319	356	392	428	532
500	112	123	135	158	180	202	224	234	245	266	287	308	349	389	428	467	581
550	121	133	146	170	195	218	242	254	265	288	311	333	378	421	464	506	629
600	129	143	156	183	209	235	260	272	285	310	334	358	406	453	499	544	676
650	138	152	167	195	223	250	278	291	304	331	357	383	434	484	533	581	722
700	146	161	177	207	237	266	295	309	323	351	379	407	461	514	566	618	767
750	154	171	187	219	250	281	312	327	342	372	401	431	488	544	599	654	812
800	162	179	197	231	264	296	329	345	361	392	423	454	514	574	632	689	856
850	170	188	206	242	277	311	345	362	379	412	445	477	541	603	664	724	899
900	178	197	216	253	290	328	362	379	397	432	466	500	566	632	696	759	941
950	185	205	225	264	303	344	378	396	415	451	487	522	592	660	727	793	983
1000	198	211	284	275	315	355	394	413	432	470	507	544	617	688	758	826	1025
1100	207	230	252	297	340	383	425	446	466	507	548	588	666	743	818	892	1106
1200	221	246	270	318	364	410	456	478	500	544	488	630	715	797	877	956	1185

宽度10mm，则只有当齿数为60及以上时才能得到 $P_s=1.025\text{kW}>P_d$，见表3-16。如果不希望齿数太大，则需要加宽同步带，假设加宽到25mm，查表3-17，得到宽度补偿系数 $K_b=2.84$，因此 $P_s>P_d/K_b=1000/2.84\text{W}=352\text{W}$，显然齿数需要22（对应 $P_s=355\text{W}$）或以上，如果选20齿，$P_s=315\text{W}$，则不行。

② 定大带轮齿数 z_2　传动比 i = 大带轮齿数 z_2/小带轮齿数 z_1，据此定大带轮齿数 z_2。

③ 再定大小带轮直径。根据直径 = 节距 × 齿数/π，亦可直接查表获得，大带轮直径 D_p，小带轮直径 d_p。

④ 选定周长 L_p。根据机构空间布局的需要，暂定轴间距 C'，则大致带周长

$$L_p'=2C'+\frac{\pi(D_p+d_p)}{2}+\frac{(D_p-d_p)^2}{4C'}$$

⑤ 修正轴间距 C。从产品型录中选择最接近大致带周长（L_p'）的带周长（L_p），则轴间距

$$C=\frac{b+\sqrt{b^2-8(D_p+d_p)^2}}{8}$$

其中，$b=2L_p-\pi(D_p+d_p)$。

【注意】真正的设计工作，既要遵循类似上述选型过程的原则、技巧，也没必要拘泥于条条框框，要有一系列假设、推导、校核、修正的思路和方法。

5）带宽度 B　假设小带轮转速为1000r/min，齿数为22，则 $P_s=355\text{W}$，见表3-16，W_p 为基准宽度（查表3-18，S5M的 W_p 为10），K_m 为啮合补偿系数（查表3-19，假定啮合齿数大于6，则 $K_m=1$），则大致带宽度

$$B_w'=P_dW_p/P_sK_m=(1000\times10)/(355\times1)\text{mm}\approx28\text{mm}$$

选定最接近的或大一号的带宽度 $B(\approx B_w')=25\text{mm}$。

简单校核一下：假设 K_b 为宽度补偿系数（查表3-17，宽度25mm时，$K_b=2.84$），则

$P_d=1000\text{W}<P_s\times K_b=355\text{W}\times2.84=1008\text{W}$，合理。

最后根据上述选型分析，定下同步带的型号，再据此选定带轮即可。

表3-17　宽度补偿系数 K_b

带种类	公称规格	带宽度/mm	宽度补偿系数 K_b	带种类	公称规格	带宽度/mm	宽度补偿系数 K_b
MXL	019	4.8	0.72	P2M	40	4	1.00
	025	6.4	1.00		60	6	1.59
	037	9.5	1.57	P3M	100	10	1.78
	050	12.7	2.18		150	15	2.84
XL	025	6.4	0.15	UP5M P5M	100	10	1.00
	031	7.9	0.21		150	15	1.59
	037	9.5	0.28	UP8M P8M	150	15	1.00
	050	12.7	0.42		250	25	1.79

（续）

带种类	公称规格	带宽度/mm	宽度补偿系数 K_b
L	050	12.7	0.42
	075	19.1	0.71
	100	25.4	1.00
	150	38.1	1.56
H	075	19.1	0.71
	100	25.4	1.00
	150	38.1	1.56
	200	50.8	2.14
S2M	040	4	1.00
	060	6	1.59
	100	10	2.84
S3M	060	6	1.00
	100	10	1.79
	150	15	2.84
S5M	100	10	1.00
	150	15	1.59
	250	25	2.84
S8M MTS8M	150	15	0.21
	250	25	0.37
	300	30	0.45
	400	40	0.63
S14M	400	40	0.29
	600	60	0.45
T5	100	10	1.00
	150	15	1.60
	200	20	2.30
	250	25	2.90
T10	150	15	1.60
	200	20	2.30
	250	25	2.90
	300	30	3.50
	400	40	4.60
	500	50	5.80
2GT	4	4	1.00
	6	6	1.67
	9	9	2.67
3GT	6	6	1.00
	9	9	1.66
	15	15	2.97
EV5GT	9	9	0.53
	12	12	0.76
	15	15	1.00
EV8YU	15	15	0.71
	20	20	1.00
	25	25	1.29

表 3-18　基准宽度 W_p

带种类	MXL	XL	L	H	S2M	S3M	S5M	S8M	S14M	MTS8M
基准宽度	6.4	25.4	25.4	25.4	4	6	10	60	120	60
带种类	P2M	P3M	P5M	P8M	T5	T10	2GT	3GT	EV5GT	EV8YU
基准宽度	4	6	10	15	10	10	4	6	15	20

表 3-19 啮合补偿系数 K_m

啮合齿数 z_m	6 以上	5	4	3	2
K_m	1.0	0.8	0.6	0.4	0.2

注：$z_m = \dfrac{z_1\theta}{360°}$

$$\theta = 180° - \frac{57.3(D_p - d_p)}{C}$$

【注意】不要把选型计算过程简单等同于设计过程。类似图 3-39 所示的机构，不同人来设计，机构的工作部分或许会不一样，理论上来说，需求的电动机动力也就不一样。如果对于 A 部分的机构掌控不够准确深入，不知道电动机的动力应该多大，那 B 部分的选型分析流程第一步就会卡住（别忘了，上述选型流程，是假定电动机功率已知的）。而所谓的工作部分，一般深度结合产品工艺，也就是说，需要有一些该行业的基本认识和经验数据，否则就无从下手。作为新人而言，刚开始入行，就要特别注意那些非标部分的技术积累，例如一个插针机构，需要了解它的“夹切插”工艺，以及常用的机构都是怎么做的，然后到了自己来做设计时，先模仿着进行，等到自己能轻松驾驭机构设计的时候，再来做一些创新和改良甚至发明的事。非标设备很特殊，评估它的最重要的准则就是能否稳定生产，跟技术含量无必然联系。各行业经过多年的沉淀，也积累了大量成熟的技术方案，经验欠缺的初学者，怀揣设计就一定要创新的理念固然精神可嘉，但千万不要凭空想象着要去颠覆。

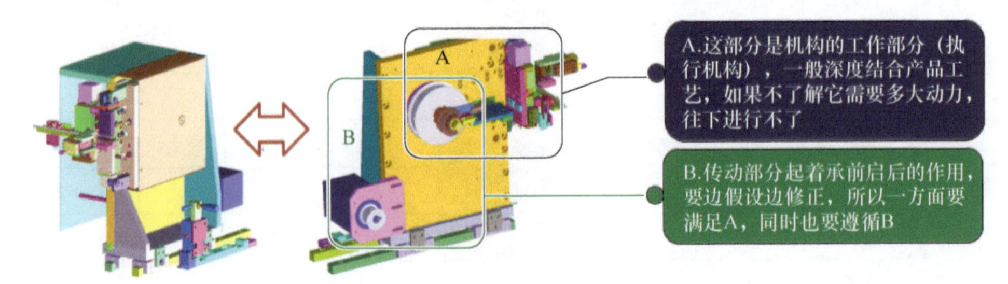

图 3-39 同步带传动设计的意义

图 3-40 所示的实战设计，是一个理论和实践结合、不断解决由约束和条件造成的

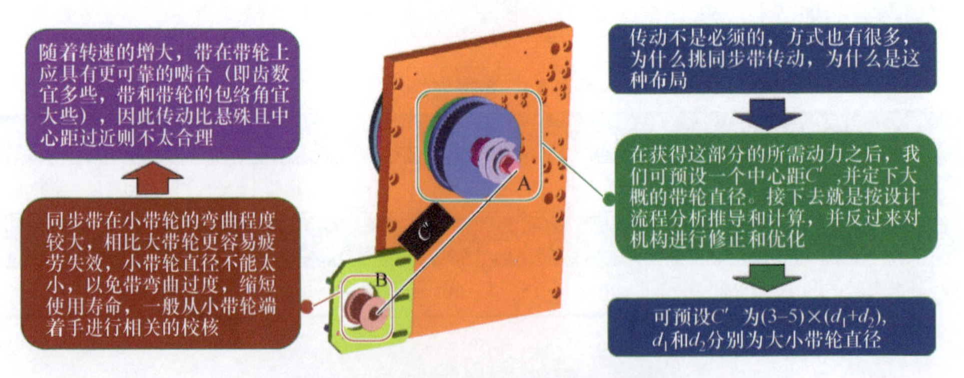

图 3-40 同步带选型的实战设计思路

一系列问题的过程。一方面在固有空间里要展开想象进行机构布局和搭建（不要太拘泥于理论），另一方面又要通过理论来检讨和修正那些不科学或不合理的重要环节。

3. 圆带/平带的选型设计（略）

选型设计流程如图3-41所示，大家只要翻翻型录、查查表单就可以掌握，这里不再赘述。

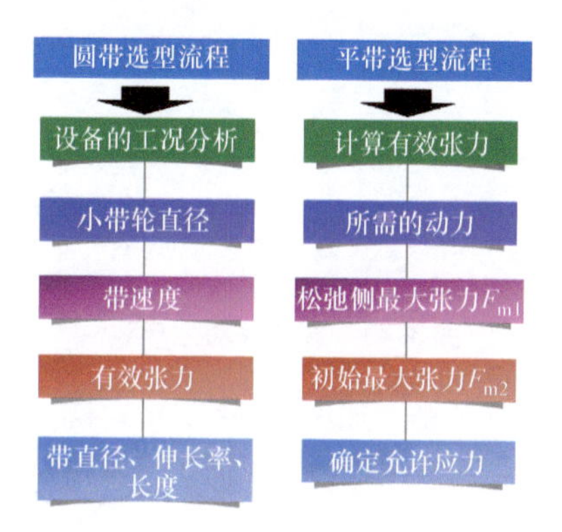

图3-41　圆带和平带的选型步骤

3.3　链传动

3.3.1　基本认识

1. 链传动的应用

链传动和带传动有类似之处，都可以用于传动和传送场合，如图3-42所示。

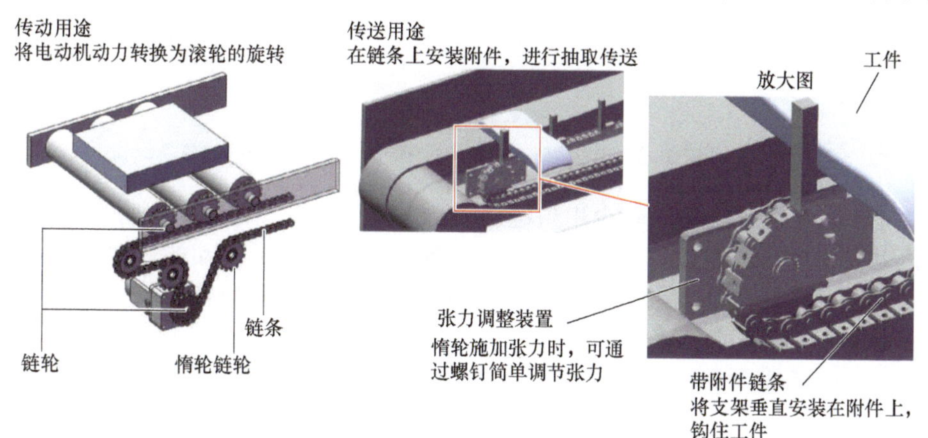

图3-42　链传动的传动和传送应用

链传动的负荷能力较强（允许张力高），适合长距离（数米）平行轴间传动，可在高温或油污等恶劣环境下工作，制造和安装精度低，成本低廉。但是，链传动的瞬时转速和传动比不是常数，因而传动的平稳性较差，有一定冲击和噪声，多用于矿山、农业、石油、摩托/自行车等行业及机械，大量五金、家电、电子行业的生产流水线，也采用倍速链进行工装载具的输送，如图 3-43 所示。

图 3-43 载具移动生产线

所谓的倍速链，是一种滚子链，如图 3-44 所示，链条的移动速度 v_0 保持不变，一般滚子的速度 $v=(2\sim3)v_0$，（常用的为 2.5 或 3 倍规格）。

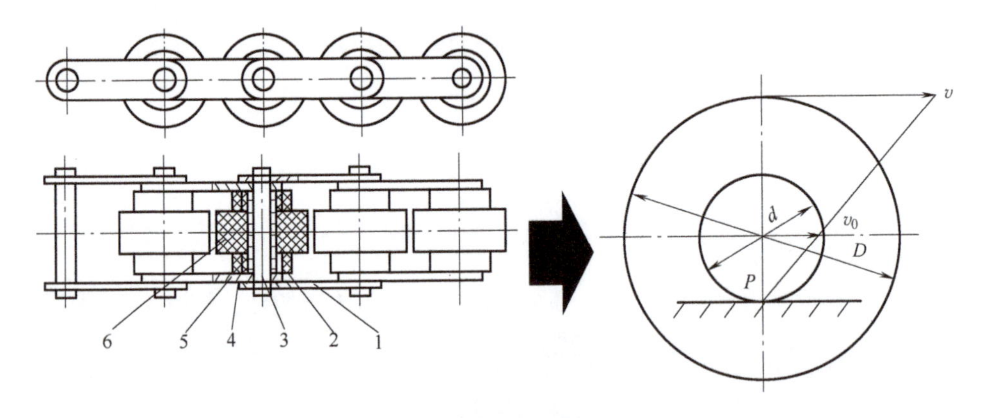

图 3-44 倍速链

1—外链板 2—套筒 3—销轴 4—内链板 5—滚子 6—滚轮

普通的自动化设备则较少用到链传动，因为一般工况的负载能力要求不高，更强调高速度、高精度、少维护、低噪声等，这些都是链传动的软肋。图 3-45 所示是一台早期设计的动力轴通过链传动带动多个机构运作的设备（完成系列工艺动作）。这种“一轴多动”的设备机构模式看上去有技术含量，现在反而不流行了（柔性较差，调整不便，设计要求高），因为企业内部大量的应用以气动设备为主，各个机构都有独立的动力（气缸），动作很容易通过编程实现柔性控制。

2. 链传动的构成

链传动是链条通过滚子与链轮的齿部啮合传递动力的一种传动方式。链传动涉及的零件包括链轮、链条、惰轮以及相关配件（如张力调整器、链条导向件，可选），根据实际情况进行灵活搭配适用，见表 3-20。其中，链条由滚子、内外板、衬套、销等零件构成，如图 3-46 所示。

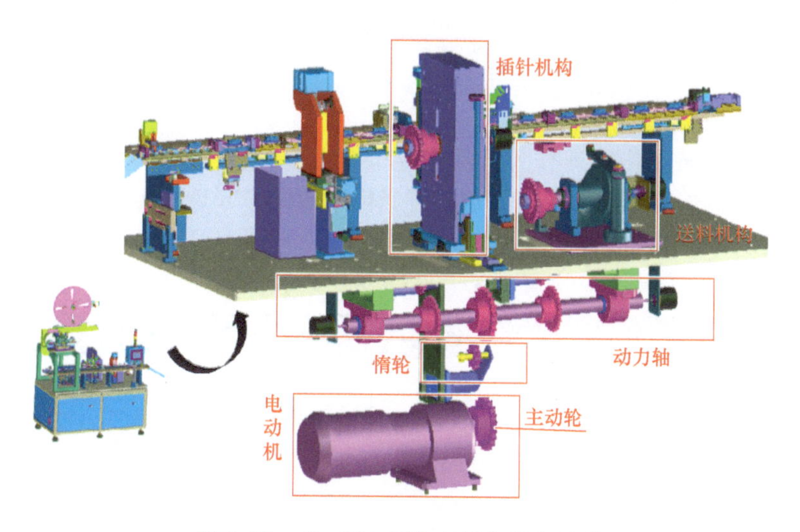

图 3-45　“一轴多动”的设备机构模式

表 3-20　链传动主要零件

名称	链　轮	链　条	惰　轮	张力调整器、链条导向件
照片				
产品说明	与链条啮合并传递动力的机械部件	与链轮的旋转联动并传递动力的机械部件	在链轮中装入轴承的机械部件。对链条施加张力，防止链条的振动、噪声及链轮的啮合不良	在链条周围使用的机械部件。可节省对松弛链条进行调节的时间

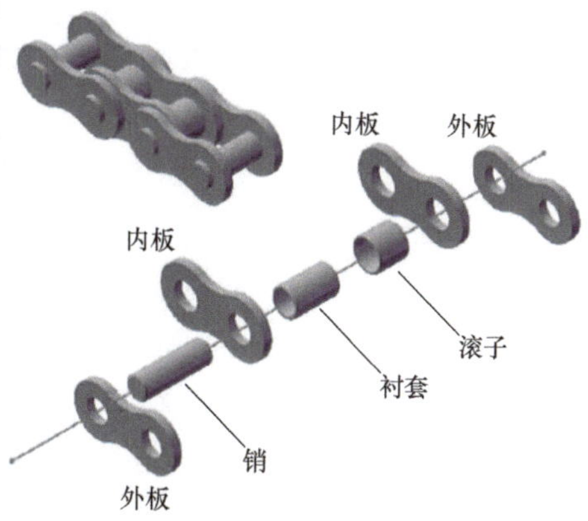

图 3-46　链条的零件构成

3.3.2 链传动选型设计

1. 链条的规格系列和型号表达

某厂商的链条规格系列分为传送、传动等用途，见表 3-21。型号表达方式如图 3-47所示，例如 CHE15 的链条（链数可变化）应配 SP15B 的链轮（齿数可变化），具体多大的规格，主要看允许最大张力是否满足工况的要求。

表 3-21 某厂商的链条规格

某厂商链条	类 型	规 格			
用于传送	双节距 S 型	CHEW40	CHEW50	—	—
	双节距 R 型	CHEWR40	CHEWR50	CHEWR60	—
	带附件链条（接头链节）	CHEL40A	CHEL50A	CHEL60A	CHEL80A
用于传动	允许张力 0.05 ~26kN	CHE15	CHE25	CHE35	CHE40
		CHE50	CHE60	CHE80	CHE100
		CHES11	CHES25	CHES35	CHES40
其他类型	工程塑料链条/专用链条	CHEED40、CHEED60			
	倍速链条	WCHE3、WCHE4、WCHE5			
	平顶链	TPCH826、TPCH1143			

注：1. 链条的长度是用节距数（偶数）来表达的，如 CHEL40A-200，节距是 12.7mm，200 节，A 表示全链节加附件。

2. 链条确定后，链轮是匹配的，在选型时只要注意下齿数即可，如链条 CHE15-U 配链轮 SP15B30，后面的 30 为齿数。

3. 倍速链采用了小直径滚轮与大直径滚轮组装的结构，传送工件的速度可达到链条速度的 2.5 倍左右，适用自流式输送机。

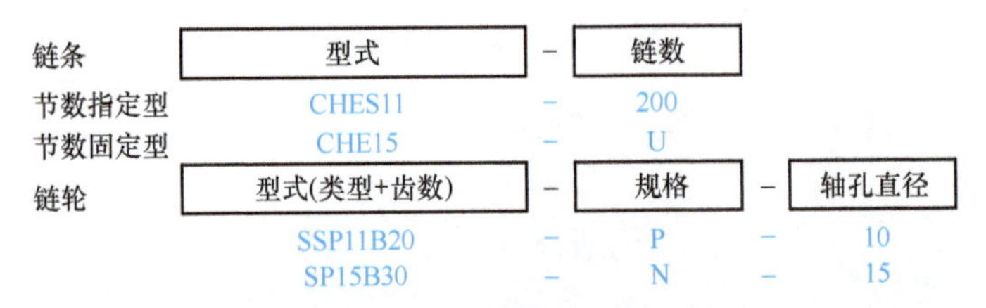

图 3-47 链条、链轮的型号表达

2. 链传动的重要参数

（1）节距 p 滚子链上相邻两滚子中心间的距离，节距越大，则零件尺寸越大，可传递更高功率和承受更大负载（对低速重载的滚子链传动，应选用节距大的规格）。一般情况则应选择具有所需传动能力（如单列链条能力不足，可选择多列链条）的最小节距的链条，以获得低噪声和平稳性。

（2）瞬时传动比 链传动瞬时传动比为 $i=\omega_1/\omega_2$，其中 ω_1、ω_2 分别为主动链轮、从动链轮的转速，i 要满足一定条件（两链轮齿数相等，紧边长度恰好是节距的整数倍）才为常数。

（3）小链轮齿数　适当增大小链轮齿数，可减轻运动不均匀性和动载荷，一般限定链轮：①当传动比 $1 \leqslant i \leqslant 2$ 时，小链轮齿数 $27 \leqslant z_1 \leqslant 31$；$3 \leqslant i \leqslant 4$ 时，$22 \leqslant z_1 \leqslant 25$；$5 \leqslant i \leqslant 6$ 时，$27 \leqslant z_1 \leqslant 31$；$i \geqslant 7$ 时，$z_1 \geqslant 17$；②不同的链速，取不同的最小齿数值，见表 3-22。

表 3-22　链速和小链轮齿数关系

链速 v/(m/s)	0.63~3	3~8	≥8
齿数 z_1	≥17	≥21	≥25

（4）其他　滚子直径 d_1、内链节内宽 b_1 以及多排链排距 p_t（一排链轮与另一排链轮之间的距离）等，均应熟悉，知道各自指的是什么，如图 3-48 所示。

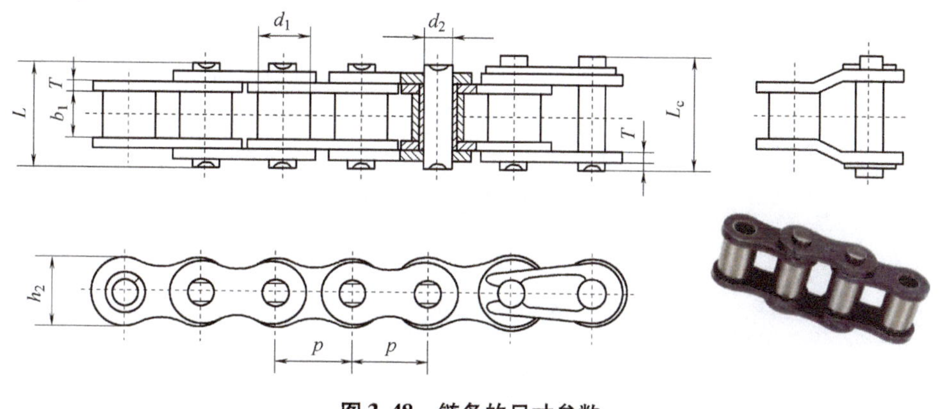

图 3-48　链条的尺寸参数

3. 链传动的失效方式（见图 3-49）

链条由于静强度不够而被拉断的现象，多发生在低速重载或严重过载情况下，低速链传动的主要失效形式是过载拉断，为此应进行静强度计算；在润滑良好、中等链

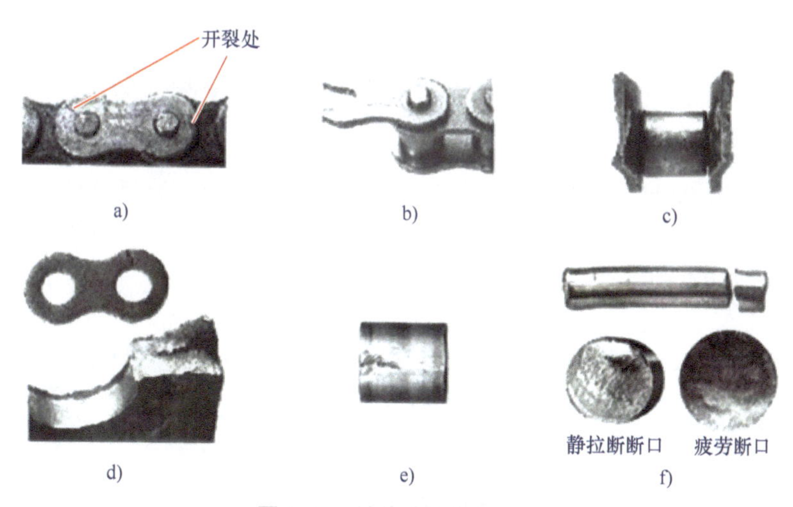

图 3-49　链传动的失效方式

a）链板开裂　b）链板静力拉断　c）链板断裂
d）链板疲劳断裂　e）滚子疲劳　f）销轴断裂

速的链传动中，其承载能力主要取决于链板的疲劳强度；当链传动的速度增高到一定程度时，其传动能力主要取决于滚子和套筒的冲击疲劳强度。

在一定使用寿命和良好润滑条件下，链传动承载能力决定于铰链元件的疲劳强度。

4. 链传动的选型设计

典型的链传动示意图如图 3-50 所示。

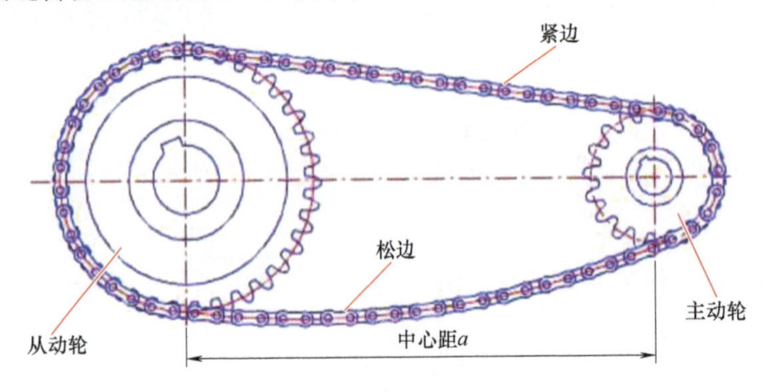

图 3-50 链传动示意图

（1）链速 $V \geqslant 50$m/min 场合（选型设计流程见图 3-51）

图 3-51 链传动（线速 $V \geqslant 50$m/min 时）的选型设计流程

1）设计动力（功率 P_d）（或最大张力）。

电动机动力 P_t(kW) = 转矩 T(N·m) × 转速 n(r/min)/9549，则链传动的设计动力 $P_d = P_t$ × 使用系数/多列系数。使用系数根据不同工况来定，一般取 1 ~ 1.7，见表 3-23；多列系数则见表 3-24。

表 3-23 链传动的使用系数

冲击的种类	原动机的种类 / 使用机械事例	电动机、涡轮机	内燃机	
			带流体机构	无流体机构
平滑传动	负载变动较小的带输送机、链条输送机、离心泵、离心鼓风机、一般机械	1.0	1.0	1.2

（续）

冲击的种类	原动机的种类 使用机械事例	电动机、涡轮机	内燃机	
			带流体机构	无流体机构
伴随有轻微冲击的传动	离心压缩机、船用推进器、负载轻微变动的输送机、自动炉、干燥机、粉碎机、一般加工机械、压缩机、一般土建机械、一般造纸机械	1.3	1.2	1.4
伴随有较大冲击的传动	冲压机、碎石机、土木矿山机械、振动机械、石油钻探机、橡胶搅拌机、压路机、输送辊道、反转或施加冲击负载的一般机械	1.5	1.4	1.7

表 3-24　链传动的多列系数

滚轮链条列数	多列系数	滚轮链条列数	多列系数
2 列	1.7	5 列	3.9
3 列	2.5	6 列	4.6
4 列	3.3		

2）链条和链轮的规格。

根据设计动力 P_d 和要求转速 n，查询简易选型表（见图 3-52）。例如设计动力为 5kW（纵轴）与转速 300r/min（横轴）的交点位于比 CHE 60 的 23T（23 齿）小、比 17T（17 齿）大的范围内，再查询 CHE60（单列）的传动能力表（见表 3-25）进行确认，可选 19T（对应设计动力为 5.21kW）及以上。

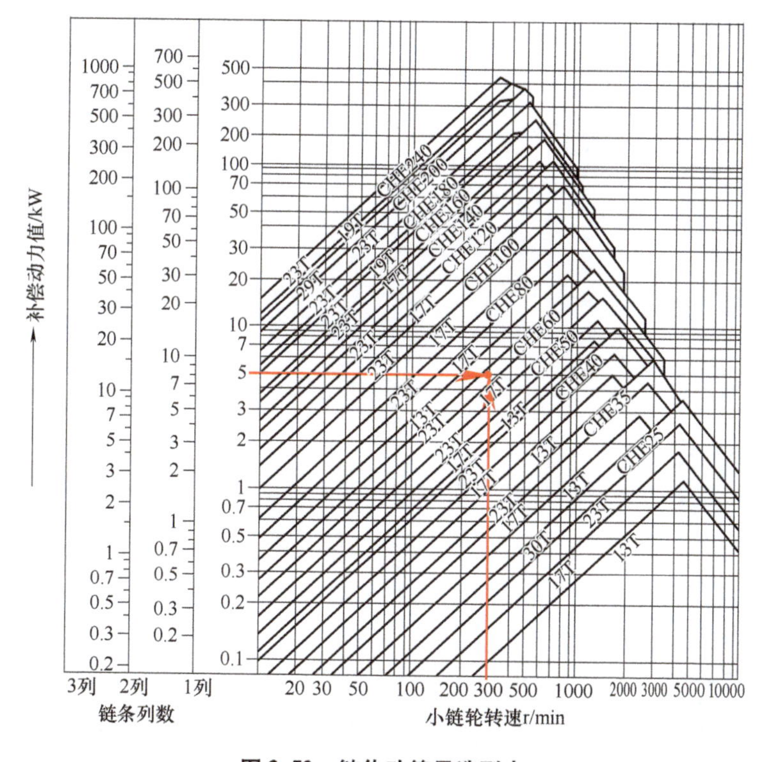

图 3-52　链传动简易选型表

表 3-25　链传动的传动能力表（节选）（CHE60）

（单位：kW）

小链轮齿数	小链轮转速/（r/min）																								
	10	25	50	100	150	200	300	400	500	600	700	800	900	1000	1100	1200	1400	1600	1800	2000	2500	3000	3500	4000	4500
9	0.11	0.25	0.46	0.87	1.25	1.61	2.33	3.01	3.69	4.34	4.98	5.62	6.25	6.87	7.45	6.54	5.19	4.25	3.56	3.04	2.18	1.66	1.31	1.07	0.90
10	0.12	0.28	0.52	0.97	1.40	1.81	1.86	3.38	4.13	4.86	5.59	6.30	7.00	7.68	8.36	7.68	6.08	4.98	4.17	3.56	2.55	1.94	1.54	1.26	1.05
11	0.13	0.31	0.57	1.07	1.54	2.01	2.89	3.74	4.57	5.39	6.19	6.98	7.76	8.50	9.33	8.88	7.02	5.74	4.81	4.11	2.94	2.24	1.78	1.45	1.22
12	0.15	0.34	0.63	1.18	1.70	2.20	3.17	4.11	5.03	5.92	6.80	7.68	8.50	9.40	10.2	10.1	7.98	6.54	5.48	4.68	3.35	2.55	2.02	1.66	1.39
13	0.16	0.37	0.69	1.29	1.86	2.40	3.46	4.48	5.48	6.45	7.42	8.36	9.33	10.2	11.1	11.3	9.03	7.38	6.18	5.28	3.77	2.87	2.28	1.87	0
14	0.18	0.40	0.75	1.40	2.01	2.60	3.74	4.86	5.94	6.99	8.06	9.03	10.1	11.0	12.1	12.7	10.1	8.28	6.91	5.90	4.22	3.22	2.55	2.09	0
15	0.19	0.43	0.81	1.50	2.16	2.80	4.04	5.28	6.39	7.53	8.65	9.77	10.8	11.9	13.0	14.0	11.2	9.18	7.68	6.54	4.68	3.56	2.83	2.31	0
16	0.20	0.46	0.87	1.61	2.32	3.01	4.33	5.61	6.86	8.06	9.25	10.4	11.6	12.8	14.0	15.1	12.3	10.1	8.43	7.21	5.15	3.92	3.11	2.55	0
17	0.22	0.49	0.93	1.72	2.48	3.21	4.63	5.99	7.32	8.65	9.92	11.2	12.5	13.7	14.8	16.1	13.5	11.0	9.25	7.91	5.65	4.30	3.41	2.79	0
18	0.23	0.52	0.98	1.83	2.63	3.42	4.92	6.37	7.76	9.18	10.5	11.9	13.2	14.5	15.8	17.1	14.7	12.0	10.1	8.58	6.15	4.68	3.72	3.04	0
19	0.25	0.56	1.04	1.94	2.79	3.62	5.21	6.75	8.28	9.70	11.2	12.6	14.0	15.4	16.8	18.1	16.0	13.1	10.9	9.33	6.68	5.08	4.03	3.30	0
20	0.26	0.59	1.10	2.05	2.95	3.83	5.51	7.14	8.73	10.3	11.8	13.4	14.8	16.3	17.8	19.2	17.2	14.1	11.8	10.1	7.21	5.48	4.35	0	

3）大小链轮参数。

大链轮齿数 z_2 = 小链轮齿数 z_1 × 速度比 i。一般小链轮的齿数为 17 齿以上，高速时 21 齿以上，低速时 12 齿即可，但大链轮齿数最好不要超过 120 齿。速度比为 1∶1 或 2∶1 时，尽可能选择大齿数链轮，通常使用时，将速度比设定在 1∶7 以下，最好是 1∶5以内。此外链轮齿数为奇数，最好互为质数，以使链齿磨损均匀。

4）校核轴径。

查询具体链轮型号的规格表，检查所选小链轮是否可在所需的轴径下使用；轮毂直径较大时，增加链轮齿数或选择较大链条。

5）中心距。

如图 3-53 所示，链轮中心距

$$a=\frac{p}{4}\left[L_p-\frac{z_1+z_2}{2}+\sqrt{\left(L_p-\frac{z_1+z_2}{2}\right)^2-8\left(\frac{z_2-z_1}{2\pi}\right)^2}\right]$$

式中，L_p 是链节数；z_2 是大链轮的齿数；z_1 是小链轮的齿数。

中心距太大，链条容易抖动；中心距过小，小链轮包角减小，啮合齿数减少，磨损加快。一般来说，最短轴间距是两轮不干涉（满足小链轮 120°以上的包角），理想状态是链节距的 30～50 倍，脉动负载发生作用时，选择 20 倍以下，最大中心距应小于或等于链节距的 80 倍。

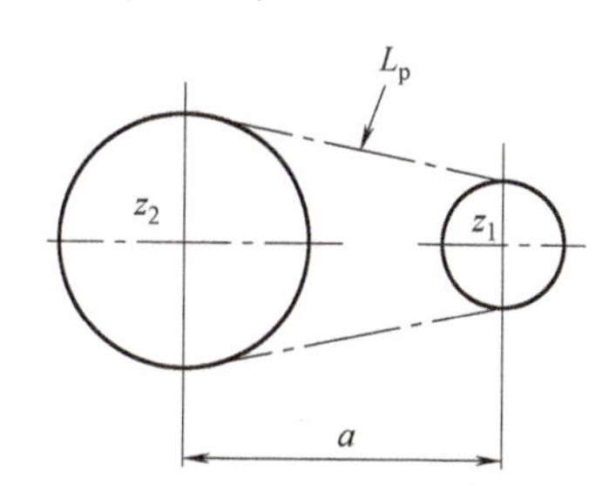

图 3-53　链传动中心距

6）链长度。

如图 3-53 所示，链长度常用链节数 L_p 表示，求出链轮中心距 a 后，可求出链长度

$$L_p=\frac{z_2+z_1}{2}+2\frac{a}{p}+\left(\frac{z_2-z_1}{2\pi}\right)^2\frac{p}{a}$$

【注意】①一般来说，选择的链条长度应尽可能四舍五入成偶数链节。如果由于轴间距的关系而无法避免奇数链节，则必须使用偏置链节，但应尽可能通过改变链轮齿数或轴间距的方式使其变成偶数链节；②通过滚轮链条所需长度计算公式求出的节距数几乎不可能与任意轴间距完全吻合，只能求出近似值，因此应根据所需全长（实际选型）再次对两轴中心距离进行精密计算，并对机构中心距进行微调整。

（2）链速 V<50m/min 场合

流程如图 3-54 所示，由于具体步骤大同小异，并且厂商型录上有介绍，这里不再赘述，广大读者可查阅自习。

5. 链传动的安装方式

链传动的布局方式如图 3-55 所示，两轮轴线不在同一水平面的链传动，链条的紧边应布置在上面，松边应布置在下面，这样可以使松边下垂量增大后不致与链条卡死。

链传动张紧的目的是为了避免在链条垂直过大时产生啮合不良和链条的振动现象，同时也可以增大链条与链轮的啮合包角，常用的张紧方法有调整中心距和使用张紧装置，后者如图 3-56 所示。

图 3-54 链传动的失效方式

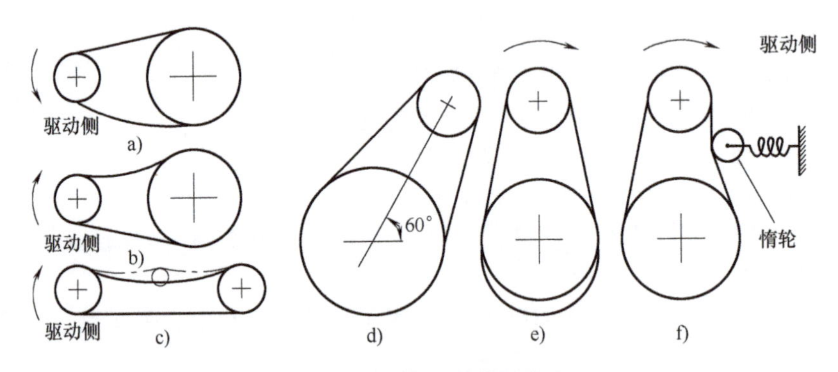

图 3-55 链传动的布局方式

a) 良 b) 否 c) 否 d) 良 e) 否 f) 良

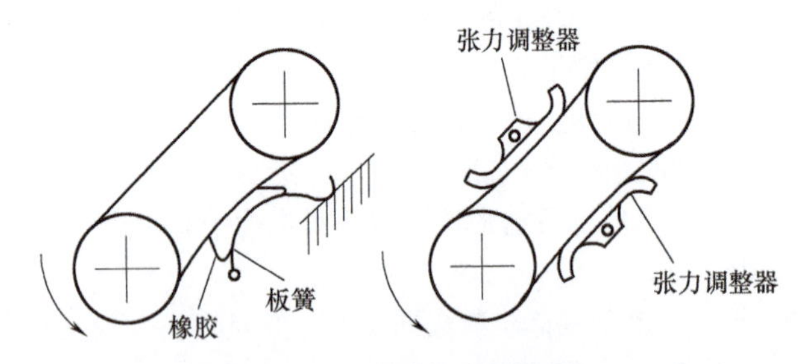

图 3-56 链传动的张紧调整

链传动所用的惰轮是有轴承的，型号和普通链轮也不一样，例如 CHE40B 一般配惰轮 DRC40，以此类推。

6. 链传动的相关常识

1）只有相同规格的链轮和链条才能组合使用，价格低于带传动。

2）链传动作用在轴上的压力要比带传动小，因为啮合传动不需要很大的初拉力。

3）链传动速度不均匀的原因是链条围绕在链轮上形成了正多边形，即产生了多边形效应。

4）链传动的传动比过大，则链在小链轮上的包角会过小，包角过小的缺点是，同时啮合的齿数少，链条和轮齿的磨损快，容易出现跳齿。

5）若一传动装置由带传动、齿轮传动和链传动组成，则3种传动方式由高速到低速的排列次序为带-齿轮-链。

6）一般小链轮采用的材料较大链轮好，这是由于小链轮轮齿啮合的次数比大链轮轮齿啮合的次数多的原因。

7）旧自行车的后链轮（小链轮）比前链轮（大链轮）容易脱链——磨损多，小链轮包角小，同时啮合齿数少。

3.4　齿轮传动

有些场合可能用到齿轮传动，大多数可以用减速机（只要会选型即可）来代替，只有极少数特殊情况，才需要非标设计齿轮传动机构，如图3-57所示。

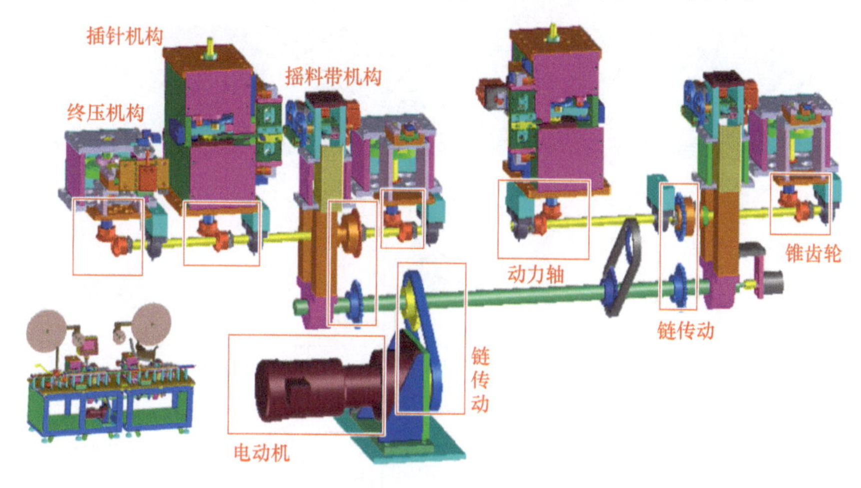

图3-57　非标设计的齿轮传动机构

（1）齿轮的应用　齿轮是轮缘上有齿、能连续啮合传递运动和动力的机械元件，一般成对使用。

齿轮的直径从几毫米到数十米，能够传递任意两轴（平行、正交、错开）间的运动和动力，传动平稳、可靠，效率高，寿命长，结构紧凑，传动速度和功率范围广，但需要专门的设备制造，加工精度和安装精度要求较高，且不适宜远距离传动，和同步带、链传动互补使用。

通俗地说，齿轮传动适合高精度、高速度、高负载，尤其是空间紧凑的工况场合，如图3-58所示。

（2）齿轮的分类　根据空间布局，常用的齿轮可以分为平行安装的直齿轮，正交安装的锥齿轮（直齿或斜齿），错位安装的螺旋齿轮，实现转动和直动变换的齿条等，见表3-26（齿轮还有很多类型，但很少需要非标设计，略）。

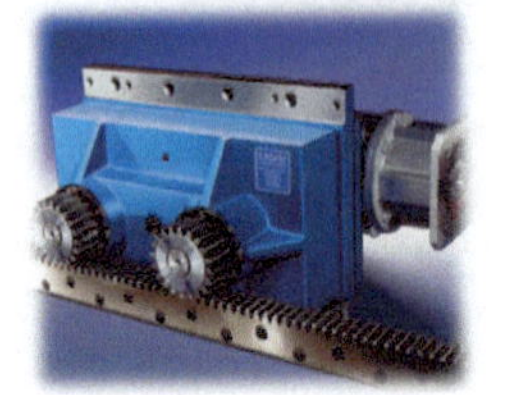

图 3-58 齿轮的应用

表 3-26 齿轮、齿条的类别

类 型	直 齿 轮			免 键 齿 轮
材质及工艺	S45C、SUS304	S45C，高频淬火、研磨	树 脂	S45C
图例				
特点	最标准的直齿轮。而且，对应模数范围宽广（0.5～3.0）、齿轮丰富	强度、耐磨性优良的直齿轮。齿面强度大，可实现更紧凑的设计	与金属齿轮不同，具有啮合时较安静、加工性良好、不生锈的特点	无需对轴进行加工的直齿轮。组合容易，与轴的联接力强
类 型	锥 齿 轮	螺 旋 齿 轮	非接触性磁力齿轮	齿 条
材质及工艺	S45C、SUS304	S45C、SUS304、树脂	磁铁等	S45C、SUS304
图例				
特点	用于直交轴传动的齿轮。齿形可选择直型和螺旋型	通过交错轴的直角传动，适用于大幅减速和高转矩传动的齿轮	通过磁力以非接触方式传动。使用时起尘量超低、半永久性免维护	可在旋转运动与直线运动之间进行转换。可指定长度和安装孔加工

（续）

类　型	齿条轮齿研磨	圆　齿　条
材质及工艺	S45C，高频淬火、研磨	S45C、SUS304
图例		
特点	强度、耐磨性优异，齿面强度大、精度高	使齿条侧来回运动时非常方便。圆形设计，易安装

【注】斜齿轮比直齿轮传动能力强，噪声小，转动平稳，制造成本与直齿轮相当，结构紧凑，适用于高速、大功率传动，但会产生轴向力。直齿轮和斜齿轮的对比见表 3-27。此外，厂商型录的产品规格参数中，直齿轮有“允许传递力”一栏，而斜齿轮是没有的，可参考直齿轮（选相同模数的齿轮即可）。

表 3-27　直齿轮和斜齿轮的对比

齿轮的类型	啮　合　线	优　缺　点	适　　用
直齿轮	平行线	加工简单、无轴向分力，但平稳性差、有振动	普通
斜齿轮	斜线	加工难、有轴向力，但平稳性好、振动小	高速重载

（3）齿轮、齿条的型号表达　齿轮、齿条可以自行设计加工，也可以购买标准件，某厂商齿轮、齿条规格，见表 3-28。

表 3-28　某厂商的齿轮、齿条规格

某厂商齿轮、齿条	类　　型	规　　格			
一般齿轮	直齿轮	GEAHBN	GEABM（树脂）	GEAHBG	GEAL（免键）
	锥齿轮	KGHS	KGEASH	—	—
	螺旋齿轮	NEGHB	NEGHN	NEGHM	—
非接触性齿轮	磁力齿轮	MDQ	MDY	MEQ	—
齿条	直齿条	RGEA	RGEAS	RGEAM	—
	圆齿条	RGMA（S）	RGMA（S）L	—	—

以直齿轮为例，翻到该厂商的型录内页，可以看到具体型号的规格介绍，如图 3-59。具体选型时，需要对工况进行分析确认，确保负载转矩不大于齿轮的允许传递力。

（4）齿轮的规格参数　齿轮的规格参数，比较重要的有模数、压力角、分度圆直径等，如图 3-60 所示，其中模数和压力角相同是两个齿轮啮合的必要条件。

1）模数 m。表示轮齿的大小，是齿轮啮合的条件之一（见图 3-61），标准齿轮都

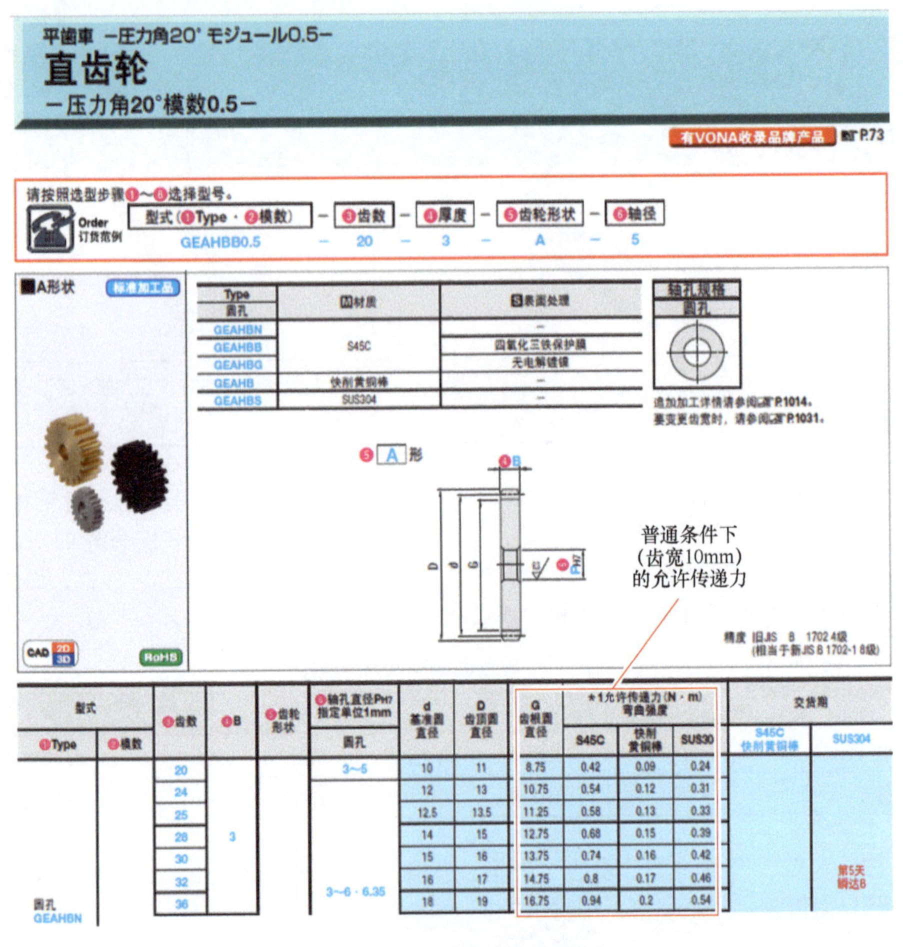
平歯車 −圧力角20° モジュール0.5−

直齿轮

−压力角20°模数0.5−

有VONA收录品牌产品 P.73

请按照选型步骤①~⑥选择型号。

Order 订货范例

型式（①Type · ②模数）	−	③齿数	−	④厚度	−	⑤齿轮形状	−	⑥轴径
GEAHBB0.5	−	20	−	3	−	A	−	5

■A形状 标准加工品

Type 圆孔	M材质	S表面处理
GEAHBN	S45C	−
GEAHBB	S45C	四氧化三铁保护膜
GEAHBG	S45C	无电解镀镍
GEAHB	快削黄铜棒	−
GEAHBS	SUS304	−

轴孔规格 圆孔

追加加工详情请参阅P.1014。
要变更齿宽时，请参阅P.1031。

⑤ A 形

普通条件下（齿宽10mm）的允许传递力

精度 旧JIS B 1702 4级（相当于新JIS B 1702-1 8级）

CAD 2D 3D RoHS

型式 ①Type	型式 ②模数	③齿数	④B	⑤齿轮形状	⑥轴孔直径PH7 指定单位1mm 圆孔	d 基准圆直径	D 齿顶圆直径	G 齿根圆直径	★1允许传递力(N·m) 弯曲强度 S45C	快削黄铜棒	SUS30	交货期 S45C 快削黄铜棒	SUS304
圆孔 GEAHBN		20	3		3~5	10	11	8.75	0.42	0.09	0.24		第5天 瞬达B
		24			3~6 · 6.35	12	13	10.75	0.54	0.12	0.31		
		25				12.5	13.5	11.25	0.58	0.13	0.33		
		28				14	15	12.75	0.68	0.15	0.39		
		30				15	16	13.75	0.74	0.16	0.42		
		32				16	17	14.75	0.8	0.17	0.46		
		36				18	19	16.75	0.94	0.2	0.54		

图 3-59 某型号齿轮规格型录

有模数，见表3-29，优先选用第一系列。假设分度圆直径为d，分度圆齿距为p，则分度圆周长$l=\pi d=zp$，所以$d=zp/\pi$，而p/π称之为模数，即$m=d/z=p/\pi$。可以认为，决定轮齿大小的是模数和齿数，模数m越大，齿距p越大，随之齿厚、齿高也大，故承载能力也增强。

表 3-29 标准齿轮的模数系列

第一系列	1	1.25	1.5	2	2.5	3	4	5	6
	8	10	12	16	20	25	32	40	50
第二系列	1.125	1.375	1.75	2.25	2.75	3.5	4.5	5.5	7
	9	11	14	18	22	28	36	45	—

2）压力角α。渐开线上任一点法向压力的方向线和该点速度方向之间的夹角称为该点的压力角（一般指分度圆的压力角，最普遍的是20°，也有其他的角度），如图3-62所示。

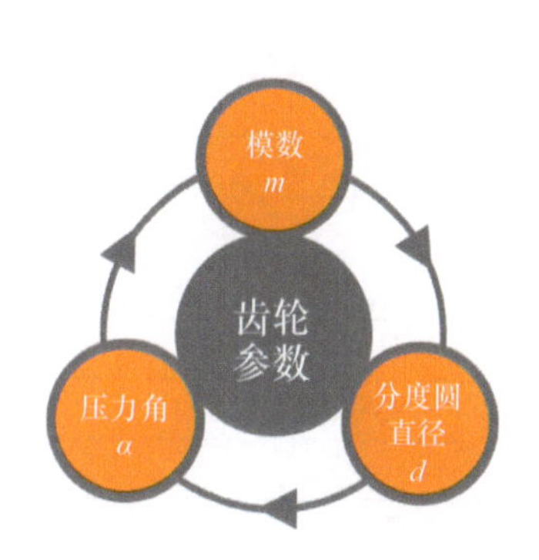

图 3-60　齿轮的重要规格参数

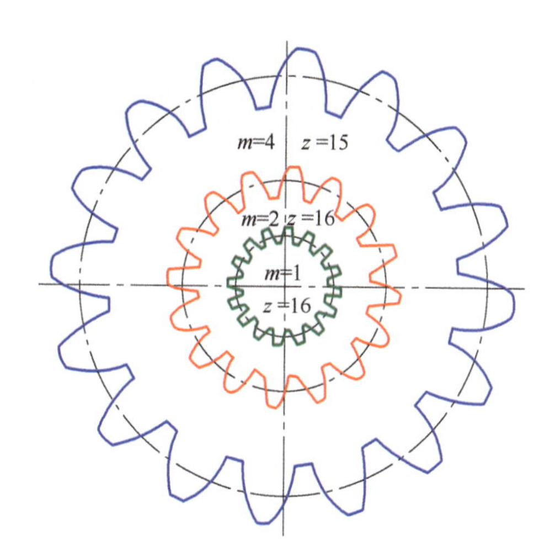

图 3-61　齿轮模数

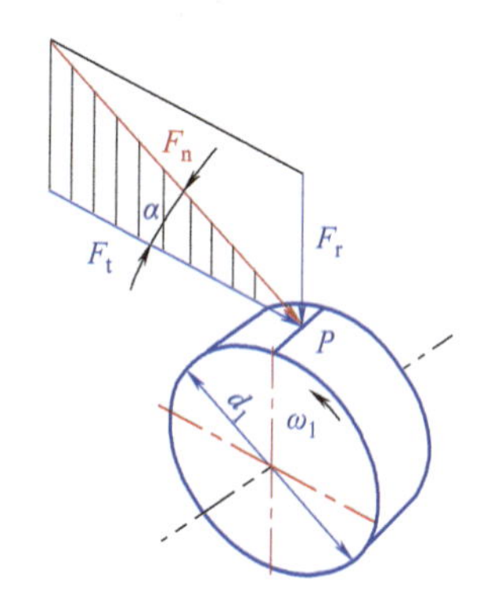

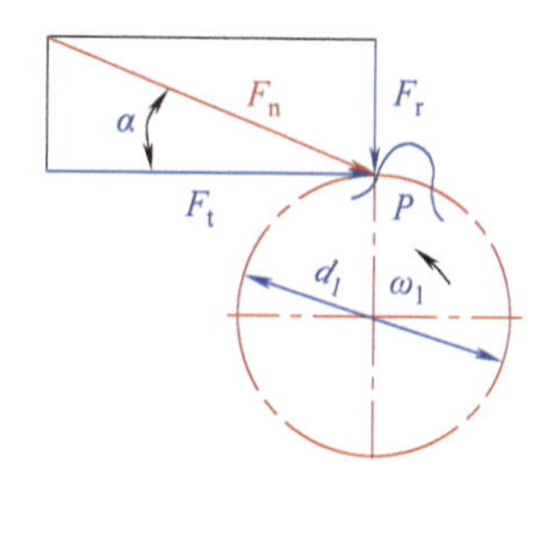

图 3-62　齿轮的压力角

3）分度圆直径 d。分度圆直径 d = 模数 m × 齿数 z，轮齿其他部分参数（如齿顶圆直径、齿根圆直径等，如图 3-63 所示）的计算，同时可参考表 3-30。

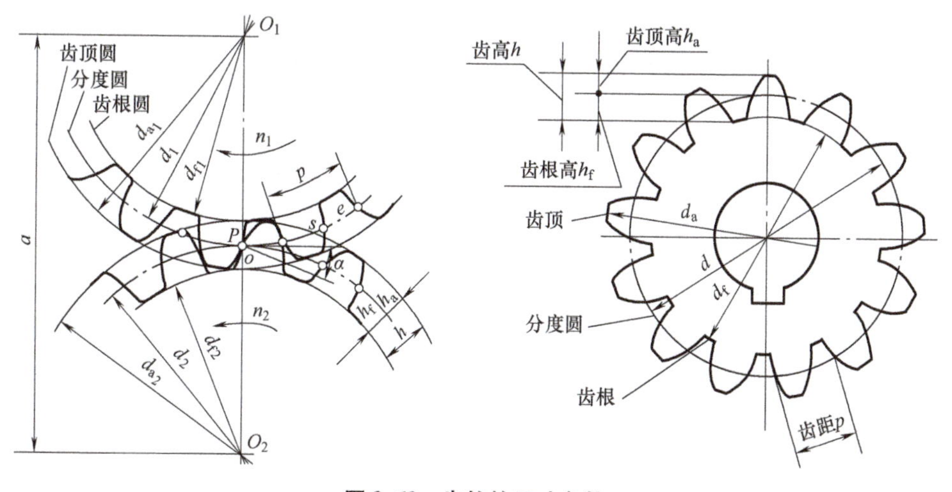

图 3-63　齿轮的尺寸参数

表 3-30　标准齿轮各参数的计算公式

	名　称	代　号	计算公式
渐开线圆柱齿轮各参数计算公式	模数	m	根据设计或测绘定出
	齿数	z	根据运动要求选定 z_1 为主动齿轮，z_2 为从动齿轮
	分度圆直径	d	$d_1=mz_1$，$d_2=mz_2$
	齿顶高	h_a	$h_a=m$
	齿根高	h_f	$h_f=1.25m$
	齿高	h	$h=h_a+h_f$
	齿顶圆直径	d_a	$d_{a_1}=m(z_1+2)$，$d_{a_2}=m(z_2+2)$
	齿根圆直径	d_f	$d_{f1}=m(z_1-2.5)$，$d_{f2}=m(z_2-2.5)$
	齿距	p	$p=\pi m$
	中心距	a	$a=1/2(d_1+d_2)=m/2(z_1+z_2)$
	传动比	i	$i=n_1/n_2=d_2/d_1=z_2/z_1$
	斜齿分度圆螺旋角	β	$\cos\beta=m(z_1+z_2)/2a$
锥齿轮各参数计算公式	分锥角	δ	$\tan\delta_1=z_1/z_2$，$\delta_2=90-\delta_1$ 或 $\tan\delta_2=z_2/z_1$
	分度圆直径	d	$d_1=mz_1$，$d_2=mz_2$
	齿顶高	h_a	$h_a=m$
	齿根高	h_f	$h_f=1.2m$
	齿高	h	$h=h_a+h_f$
	齿顶圆直径	d_a	$d_a=m(z+2\cos\delta)$
	齿根圆直径	d_f	$d_f=m(z-2.4\cos\delta)$
	外锥距	R	$R=mz/2\sin\delta$

4）中心距 a。一对齿轮的轴间距离，影响齿隙，越大齿隙越大，一般 $a=(d_1+d_2)/2=m(z_1+z_2)/2$，其中 d_1 和 d_2 为大小齿轮的分度圆直径，z_1 和 z_2 为大小齿轮的齿数。

5）传动比 i。传动比 $i=n_1/n_2=z_2/z_1$，其中 n_1 和 n_2 分别为主从动轮转速。

6）齿厚 s，齿距 p，槽宽 e。标准齿轮 $s=e$，$p=s+e$，$s=p/2$。

（5）齿轮的失效模式　一般来说，齿轮传动的失效主要是轮齿的失效，而轮齿的失效形式又是多种多样的，较为常见的是轮齿折断和工作面磨损、点蚀、胶合及塑性变形。至于齿轮的其他部分（如齿圈、轮辐、轮毂等），除了对齿轮的质量大小需加严格限制外，通常只需按经验设计，所定的尺寸对强度及刚度均较富裕，实践中也极少失效。

齿轮的强度校核一般应从弯曲强度和齿面强度两方面考虑。弯曲强度是传递动力的轮齿抵抗由于弯曲力的作用，轮齿在齿根部折断的强度。齿面强度是啮合的轮齿在反复接触中，齿面的抗摩擦强度。普通场合（使用频度少、低速啮合）一般只考虑弯曲强度的校核（跟模数有关系，形象地说，就是确认模数是否符合要求）。

在实际设计工作中，除非是在齿轮厂工作，往往不需要设计齿轮（本身），有现成的可以采购。厂商已经把各种规格的齿轮的性能规格展示出来，我们要做的，就是把工况条件拟定出来，然后找到符合那个条件的齿轮。举个例子，现在要设计一个平行轴的齿轮传动机构，可先估算下工况的负载转矩，然后翻阅型录找到符合要求的规格（要求负载转矩 < 允许传递力，先看模数 m，再看齿数 z，因为两者共同决定了齿轮的强壮程度），进而确认其他相关的参数（分度圆直径、中心距、轴孔直径等），如果合适，就直接选用减速机来完成这个设计工作。（齿轮相关的强度校核方法非常繁琐，基础不扎实的人员基本上驾驭不了，因为设计齿轮本身是有较大难度的）

师傅教导

相对来说，本章介绍的传动设计有较多的理论量，需要设计人员吸收和消化。但由于本书面向初学者（理论基础较为薄弱），书的篇幅也有限（每一个传动至少可以单独出一本书），也考虑到速成特点，便不再展开论述，广大读者如果有需要，可详细查阅相关机械设计手册或者厂商的型录/说明书（都是模式化的内容）。

最后再次强调：当您的机构需要传动设计时，请注意重点不是传动机构，而是工作（端）机构，您得先会熟练设计，这部分往往深度结合行业工艺，是需要您在工作中总结和积累的，也只有在此基础上，传动设计才是有意义的。

第4章 CHAPTER 4
自动化设备的设计方法和技巧

本书前三章给广大读者介绍了行业新人应知必会的一些设计知识，由于篇幅关系，无法面面俱到，希望大家能够以之为线索，自行拓展加强学习，只要功夫下到了，进步会很快的。接下来，再为大家分享一些从业经验，主要是设计方法和技巧。

4.1 非标机构设计的思路是怎么炼成的

4.1.1 非标机构设计的定制性

企业应用级别的非标设备很特殊，如图4-1所示，由于是量身定制性质，所以设计时的考虑要点很多，不是仅有机械设计基础就可以了。例如，在进行分割器选型时，少不了要拟定一些工况和设计要求，就是所谓的已知条件，然后再按部就班地进行选型计算和分析。从设计的本质看，给出已知条件的那个过程就是设计内容，到了能用公式解决的部分（虽然也很重要），反而不算真正意义上的设计了（如果非要叫设计，对实战的意义而言，顶多就是学生的毕业设计）。

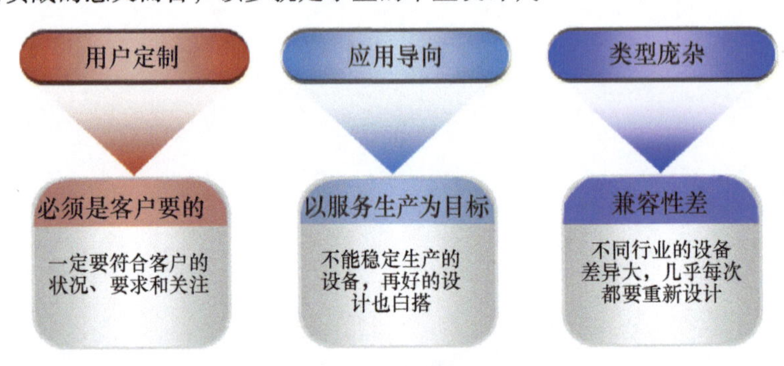

图4-1 非标设备的特殊性

或者可以这么来理解，若思维局限于设备或机构本身，则往往会以失败告终（我在“入门篇”对机构之外的内容着墨很多便是这个原因）；如果能牢牢抓住非标设备的定制特性，全面评估，运筹帷幄，结合设备或机构方面的基础和能力，则能大大提高项目开展和运作的顺畅度和成功率。

一个非标设备项目能否成功，取决于很多因素，基于大量案例的总结结果如图4-2所示。例如前期的项目调研工作（项目基本信息、行业既有资源、解决什么问题等）是否做充分；例如实施过程中自己的九大“应知必会”和“铁人五项”是否足够扎实；例如对于项目的约束和条件（产品、工艺、品质、现场、指标等）的把握是否足够准确合理；例如对客户状况、需求和关注点的评估是否真实客观；例如对技术可行性的评估是否到位……都或多或少会影响到项目，这也是为什么非标机构设计看起来容易，但真正去做的时候会感觉困难、障碍很多的原因。

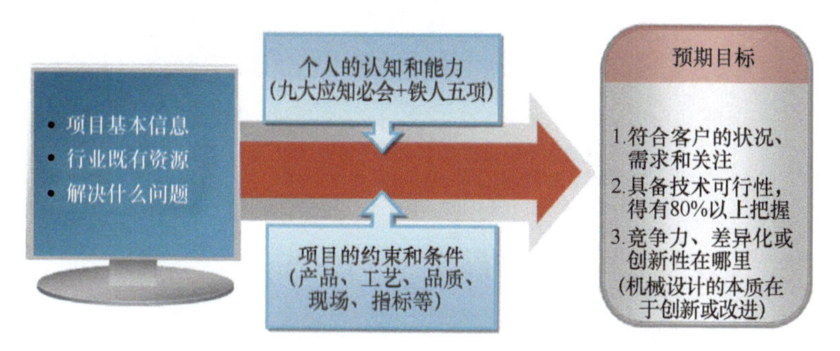

图 4-2　非标设备能否制作成功的影响因素

4.1.2　非标机构设计的实战流程

机构设计，就是有预见性地赋予设备新的功能和数据。预见性何来呢？主要依赖于个人经验、相关资料、他人指导。作为初学者而言，显然经验是欠缺的，也未必有机会得到他人指导，所以很关键的一点就是要善于查询和收集相关资料。换言之，接到一个具体的设计项目，第一反应不是风风火火开始做方案，而是调查和处理相关的信息，包括项目具体信息，行业既有资源，项目问题点、难点等。换言之，从实战的角度看，非标机构设计的实战流程如图 4-3 所示。

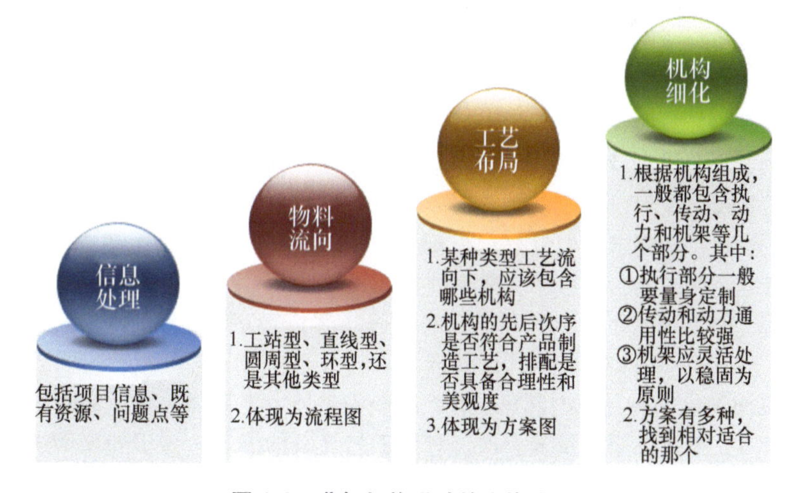

图 4-3　非标机构设计的实战流程

（1）信息处理　在做非标机构设计之前，这是一个不可或缺的环节，必须做好充分的评估和确认工作。信息处理的要点如图 4-4 所示。

（2）物料流向　从物料到产品的过程，应该采用什么类型的流向，是设备方案制作的重中之重。典型的非标设备物料流向如图 4-5 所示。

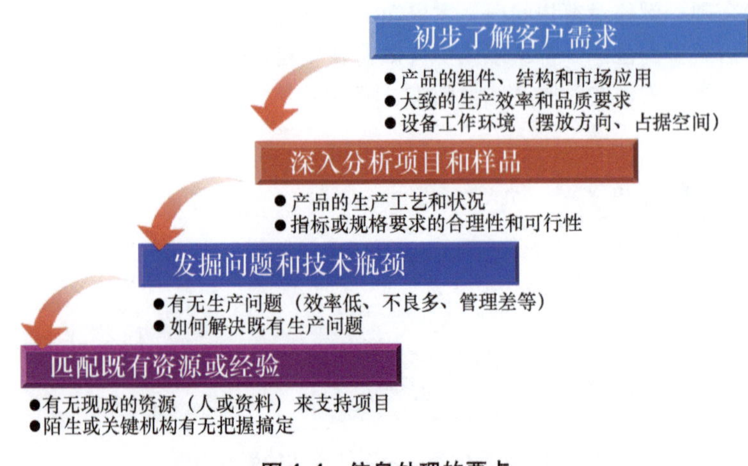

图 4-4　信息处理的要点

图 4-5　典型的非标设备物料流向

（3）工艺布局　对生产线而言，是设备的布局，对设备而言，是机构的布局，要能符合现场和制造流程以及工艺的要求，呈现的是一个大局方案或总体规划。至于表达的方式，没有特别要求，但最好能做到具象化，某产品的组装生产或布局如图 4-6 所示，某组装生产或某台设备的工艺布局如图 4-7 所示，尽量避免用简单的文字或流程图来表达，因为一方面会影响和客户的沟通（客户看不懂也听不懂），另一方面不便于下一个环节——机构细化工作的开展。

（4）机构细化　在具体绘制机构时，一般先整体方案后做零件，有时因为零件问题会反过来修正整体方案，反复多次。对于工艺复杂的场合，考虑要全面细致，同时注意揉入细节描述，这样更能获得客户的技术加分和正面评价。

例如，在描述插端子工艺时，制程成熟，大同小异，都是三字诀：夹、切、插。但是，如果有个客户的端子比较细长，或者装配工艺不是很好实现时，简单三字诀就可能受质疑。如图 4-8 所示，大家看看下述三个方式，如果在报告中展示，客户会觉得哪个比较靠谱（除非有现成设备证明不需要导向功能，否则右边两种方案相对较容易接受，因为考虑到细长端子容易变形影响插针装配）？

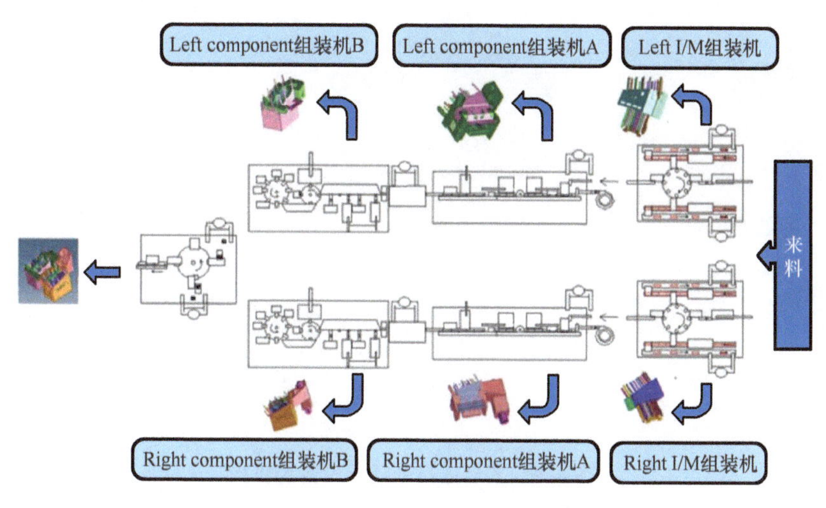

图 4-6　某产品的组装生产线布局

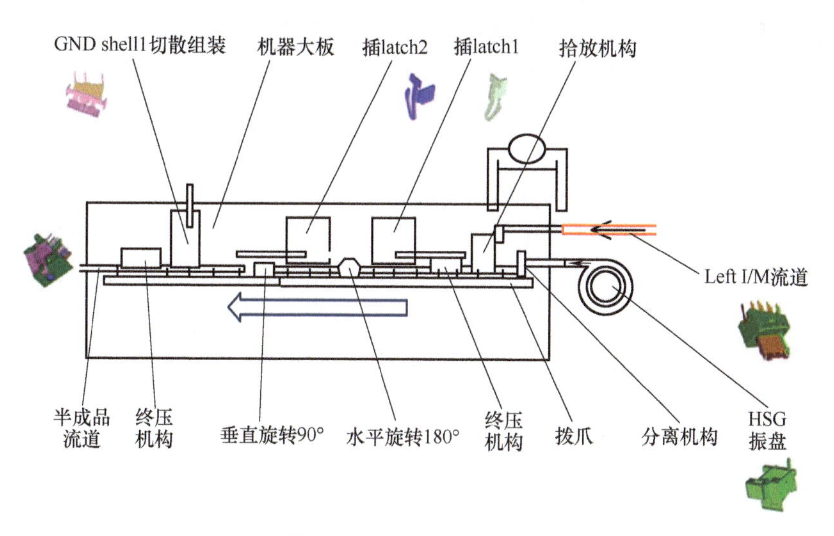

图 4-7　某组装生产线某台设备的工艺布局

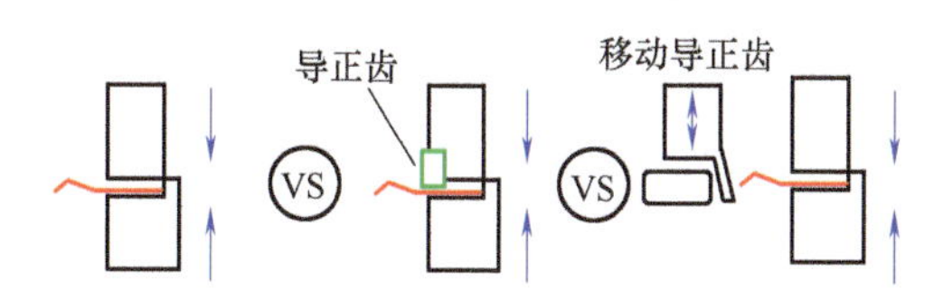

图 4-8　考虑端子变形的“夹、切、插”机构方案

每个行业都有大量的资源积淀，需要从 0 开始绘制的机构几乎没有，大都是在原有基础上进行拓展和改进。初学者进入某个行业时，首先要多了解该行业常用的工艺和机构，然后到了自己设计的时候，才会有方向和素材。图 4-9 所示是一台连接器插针设备的机构，当有些基本认识之后，遇到类似的项目，就大概知道要怎么来着手进行设计了。

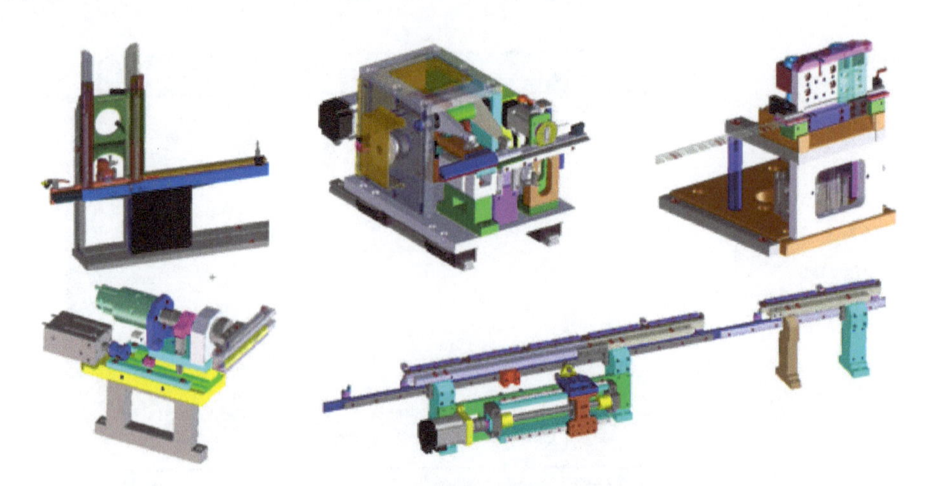

图 4-9 某台连接器插针设备的机构

可能读者朋友们就有问题了，这不是让我来抄袭吗，那设计师的价值体现在哪里呢？其实答案很简单：从来都不看别人文章就能下笔如有神的天才作家有几个？才刚入行，凭着一腔创新和发明的热血和骨气，就能够做出颠覆行业的设计吗……先踏踏实实把已经有的东西学会搞懂、化为己有，等自己成为技术担当或行业专家时，再来谈研究和创新并不晚。

事实上，如果各行业的机构真的能够做到拿来就用，那就太完美了，问题是现实情况恰恰相反，每个新项目，无论是有成功的案例借鉴，还是找到了多类似的参考资源，总要费不少精力去做设计工作，去解决各种非标的问题和困难，有时甚至无从下手，并不像想象的那么容易，这是非标设计工作的特质。例如，做过一个某产品的组装设备，生产周期 2s，现在有另一家客户需要同样的设备，但要求生产周期缩短到 1s（哪怕不合理），我们就不能随便套用成功案例。我们也许可以据理力争，最后争取到客户的让步，例如把生产周期定到 1. 5s、1. 6s，却很少能够让客户完全妥协，因为市场还有很多竞争对手，你做不到或不愿意做，自然有人会做。

4. 1. 3 非标机构设计的思路和技巧

构思，就是根据项目已知约束和条件，想着能够怎么来实现，主要发生在方案（包括 3D 制作）拟定阶段。从学习的角度看，是有一些方法和技巧的，如图 4-10 所示。例如以产品为核心，从工艺入手，做动作模拟，把握好细节……详情参考上册《自动化机构设计工程师宝典入门篇》第 96 ~ 99 页介绍。

以“动作模拟”的构思方法为例，顾名思义，就是模拟人工作业，进行机构/设备的设计，适用很多散件组装的情况，有一定原则和技巧，如图 4-11 所示。

图 4-12 所示是某款内存条连接器的卡扣装配细节，构思过程如下。

（1）动作分析　首先需要将卡扣摆一个角度（假设 10°）插入塑胶，在卡扣的圆凸台进入到塑胶卡槽内后，需要将卡扣摆回原来直线状态继续插入塑胶，直到卡扣的圆凸台和塑胶的圆孔重叠。

（2）动作提炼　主要有两个动作同步进行，一个是往前插的直线动作，一个是摆

图 4-10　非标机构设计的构思方法和技巧

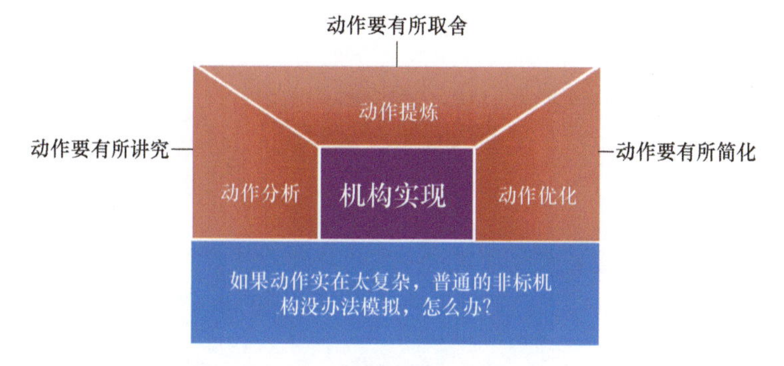

图 4-11　机构设计构思方法之动作模拟

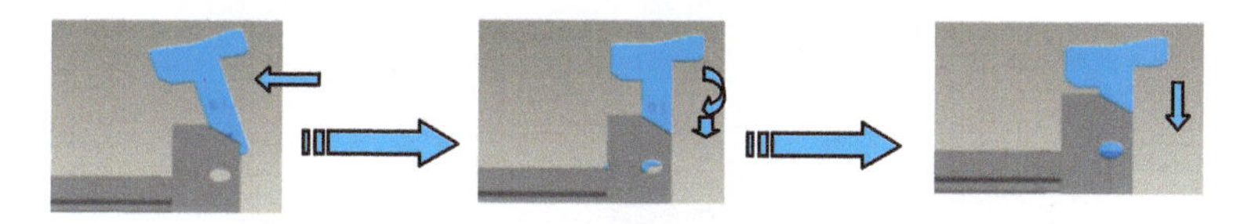

图 4-12　卡扣装入内存条连接器（塑胶）的工艺

动动作，两个动作之间必须有明确的位置关系（往前插的过程，什么位置该摆动要确定），因为在产品组装过程中，卡扣摆动得过早或过晚都装不进塑胶。此外，由于卡扣在往前直线运动的过程中，卡扣需要摆动两次，说明这个直线运动采用普通气缸驱动是难以实现的。

（3）动作优化　所谓的直线动作当然好实现，但摆动呢，是不是要有确定的轨迹或是曲线？这就需要试验或判断，找到最简单的动作方式，例如不需要走复杂轨迹，那么就可以进一步简化为小角度的圆周运动。

在上述基础上，就可以把产品（塑胶和卡扣）展开，设计塑胶怎么走料，卡扣又怎么供料和上料，然后在工艺位置，通过装配机构来实现上述动作，完成产品装配，细节如图 4-13 ~ 图 4-15 所示。

到了这里，读者朋友们可能会觉得机构看上去挺简单的，设计并不困难。这是一个认识误区，机构的简单或复杂，并不是衡量设计难度或价值的标准，就像很多文学

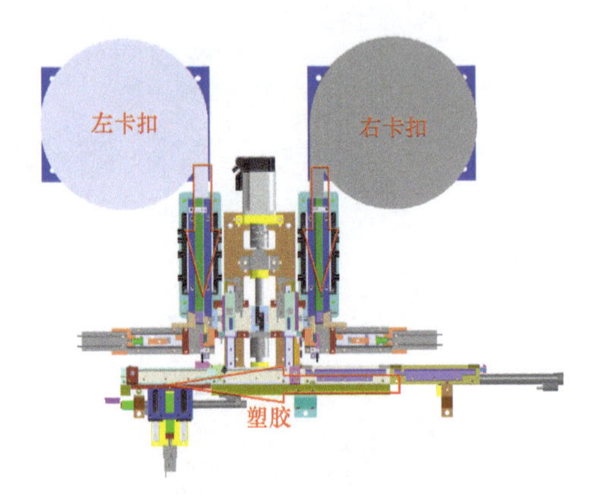

图 4-13 塑胶和卡扣的物料流向和机构布局

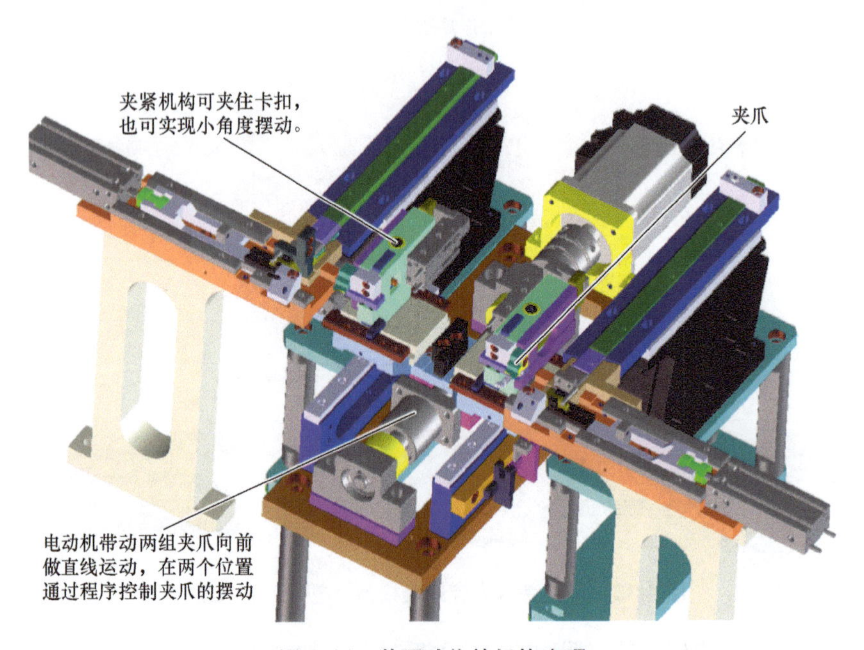

图 4-14 装配动作的机构实现

作品，难道那些词句、文字我们都看不懂吗，但也许就那么简单地组合一下，就是一部优秀的文学作品。

事实上，该行业的自动化的确较为普及，但某产品的工艺却没有人做过（笔者在做信息处理时，费很大劲也没有查找到能够借鉴的资料，最后只能研发），这说明什么呢？非标机构设计的难度，往往不会直接体现在设备有多少个零部件，或者采用什么高精尖的技术。同样的产品工艺，可能有的设计人员会想，用两台工业机器人来实现不是更容易？那当然也是一个思路，但问题是，老板会同意花几十万元来实现这个仅耗 1 个人装配的生产工艺吗，或者反过来，有些设计人员可能尝试想用简单的方式，但一时半会儿没有找到有把握的设计思路……

要在设计工作上有一些创新和成就，是需要一些努力和能力的，这不是一日炼成

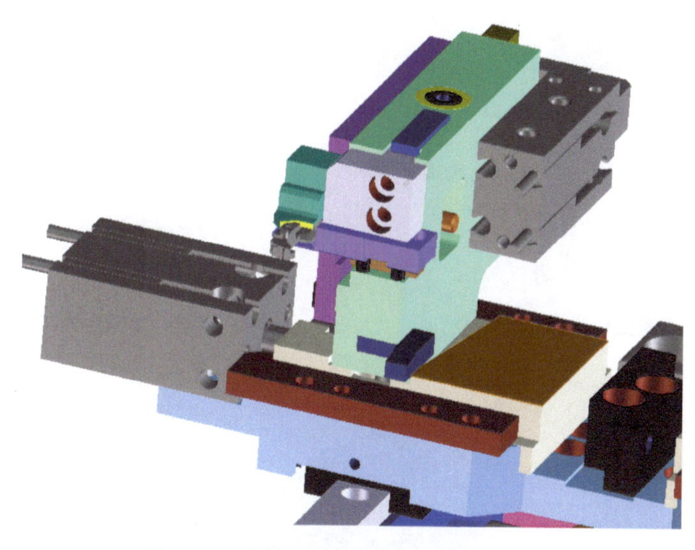

图 4-15　非标设计的夹爪（夹紧 + 摆动）

的，提高设计能力的建议如图 4-16 所示（“三部曲”指的是信息处理、物料流向、机构布局）。

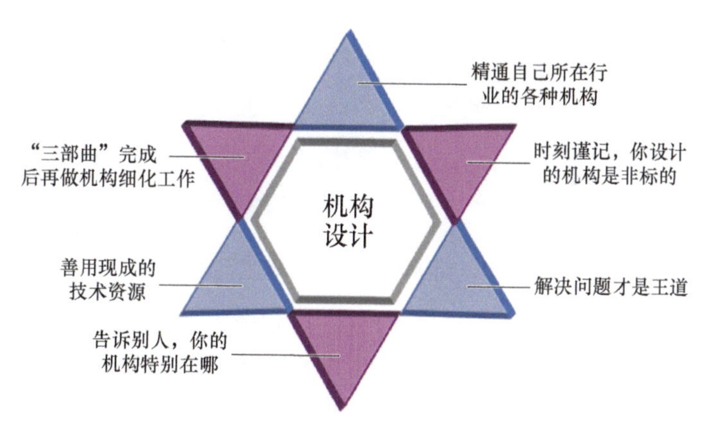

图 4-16　提高设计能力（不是绘图能力）**的建议**

4.1.4　非标机构设计构思案例

以“工艺入手”的构思方法为例，图 4-17 所示是一个变压器骨架产品（物料如图 4-18 所示），要求设计一台小型的设备，将两根散料端子插入到（塑胶）骨架，并完成折弯工艺。设计要求为①本工装属于桌面型，体积不要太大；②人工放塑胶骨架，自动推动骨架移动；③针脚采用振动盘方式，一次出两根针；④插针进去的位置可调节，可前后移动；⑤压痕的位置可调节，可前后移动；⑥压痕的深度可调整；⑦打弯与塑胶面平行；⑧塑胶不能断裂。从机构上来说，这个案例是一个非常简单的插针机，但是其设计意义比类似的插针机要更大一些，体现在产品工艺的改进上。

构思流程中，首先是“三部曲”，如图 4-19 所示。

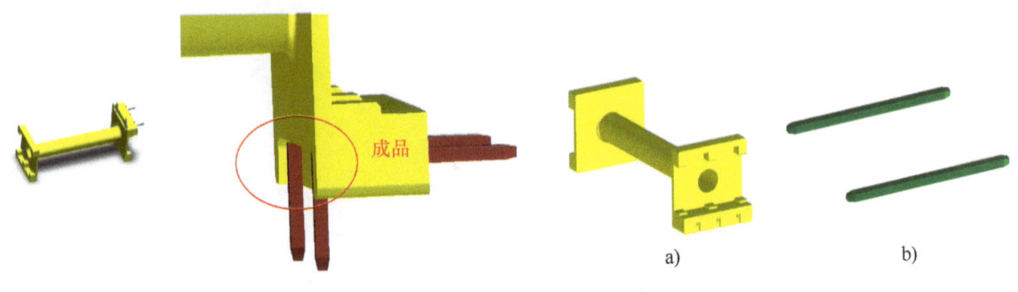

图 4-17 小型插针设备的设计要求

图 4-18 变压器骨架的塑胶和端子

a）塑胶 b）端子

图 4-19 非标机构设计构思“三部曲”

例如信息处理，通过网络找到了该插针和折弯工艺的类似案例（不完全一样），如图 4-20 和图 4-21 所示，但在充分了解客户的特定要求后做出判断：插针工艺和机构可以借鉴，直接修改成如图 4-22 所示的机构，而针脚折弯工艺和机构（旋转式）则不适合当前客户产品（因为空间限制），必须另行设计，最后决定把针脚折弯工艺设计成模具式，如图 4-23 所示，细节如图 4-24 所示（预折-终折-终压……）。

例如物料流向，根据“简单要求”“工艺单一”，设计成工站型（桌面型），把产品展开成物料，并评估好怎么供应和输送塑胶和端子，如图 4-25 所示。

例如机构布局，需要设计和绘制的机构包括插针机构、摆塑胶机构、折弯机构、机架、振盘、直振等机构和装置，如图 4-26 所示，最终该小型设备方案（3D）如图 4-27所示。

由上述内容可见，本案例的设计和构思，一方面受客户特定要求的制约，另一方面也是靠对工艺实现的理解深度和广度来驱动的。如针的折弯工艺，手头上只有旋转式折弯的技术储备，我们能判断它不适合该产品工艺，说明对该工艺比较了解，但如果没能找到其他解决方案，就很难再进行下去，说明从事非标机构设计，眼界也是非

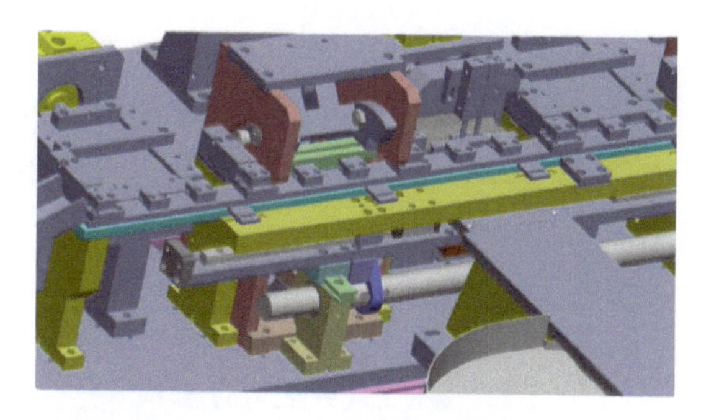

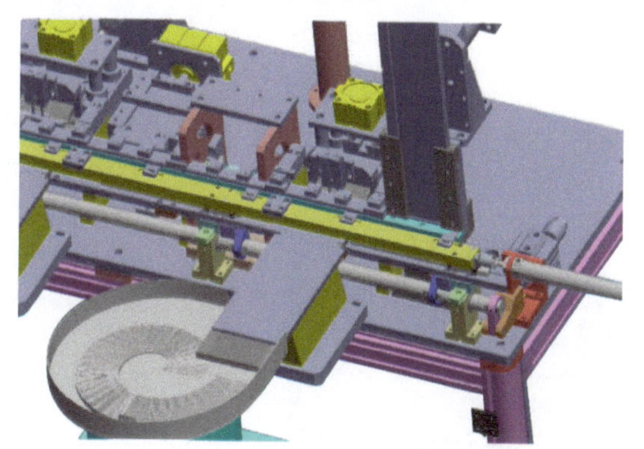

图4-20　某产品的散（方）针插针机

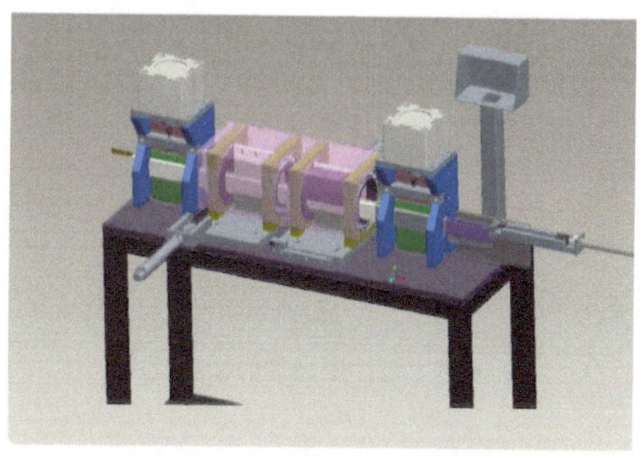

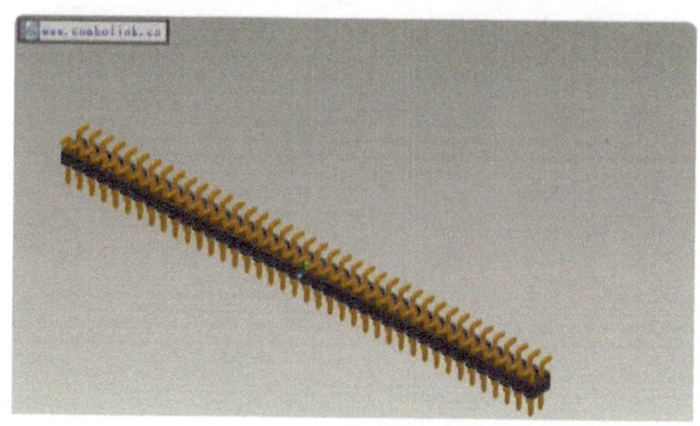

图4-21　某产品的（方）针脚折弯设备

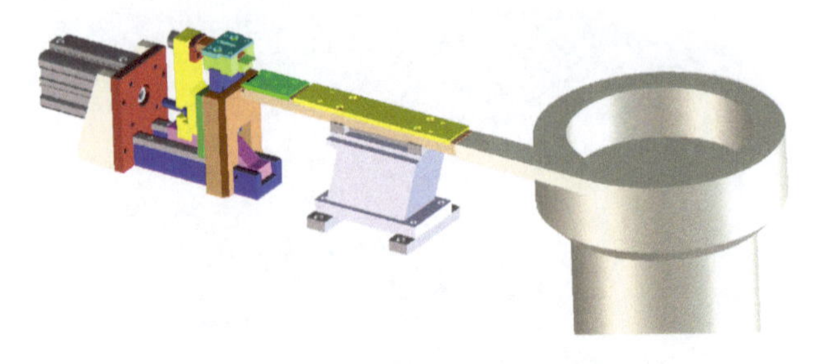

图 4-22 经过二次设计的插针机构

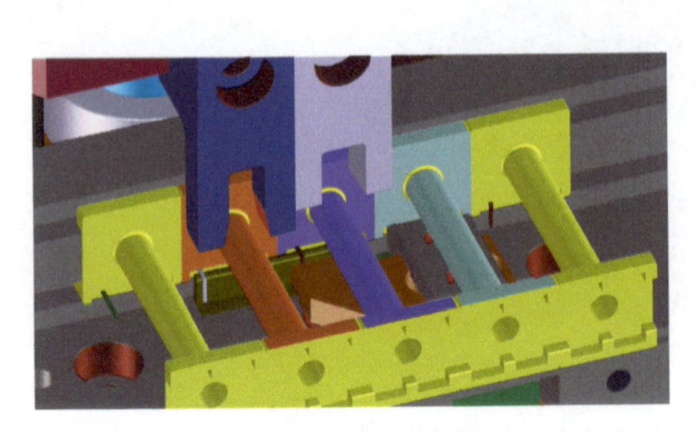

图 4-23 针脚的折弯工艺（模具式）

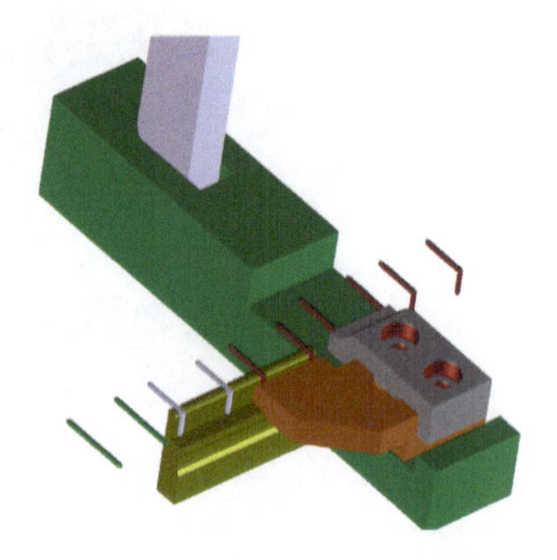

图 4-24 折弯工艺动作的拆解

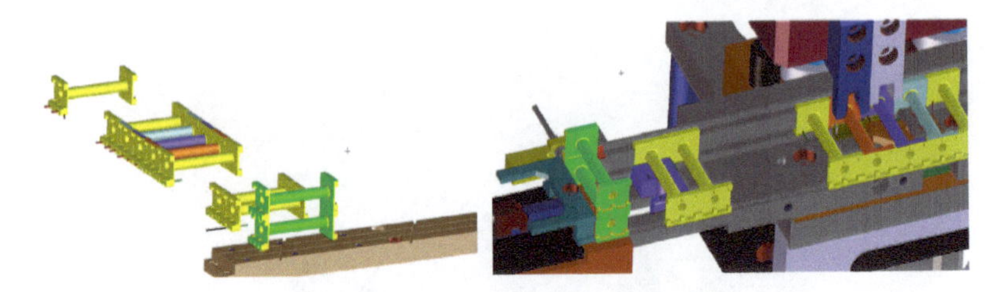

图 4-25 该小型设备的物料流向

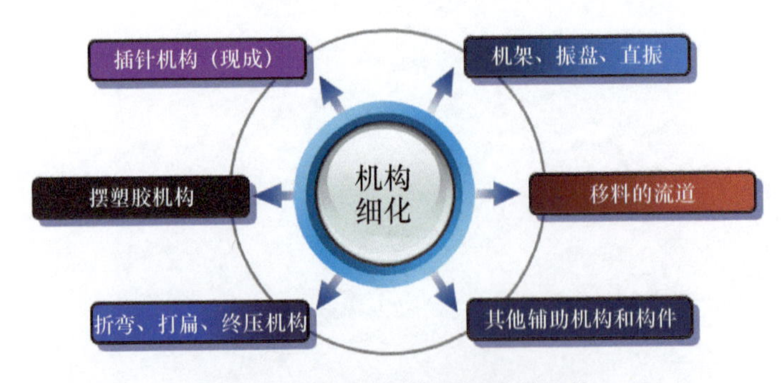

图 4-26 该小型设备要细化的机构

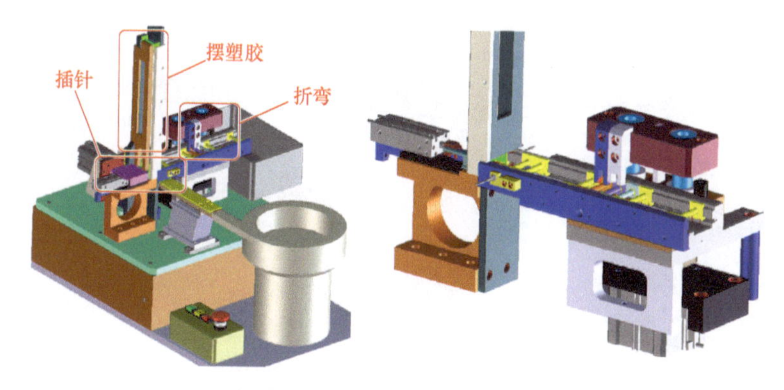

图4-27　该小型设备的最终方案

常重要的，知道得越多，思路就越开阔，而什么场合用什么机构，就是很重要的构思能力了。

4.2　如何做好非标设备的细节设计

4.2.1　细节设计的意义

设计细节，就是工艺的具体实现方式，同样的方案，细节处理不同，结果可能就有差异。所谓细节决定成败，自动化机构设计也是这样，有很多细节需要讲究。无论方案做到什么程度，最后都要落到细节实处，因此认识和经验不足很容易导致捉襟见肘。初学者在设计细节这方面的掌控是比较薄弱的，所以很容易产生各种工作困扰。如很多细节不确定合不合理，心里有点忐忑；如机构明明很简单，但产品、工艺、要求或现场条件等变更了，就感觉难以下手；如有一些经验了，但遇到复杂或困难的场合，思路不开阔，“不知道怎么做”；如借鉴了成功案例，但在实施后，却遇到各种各样的问题和“放枪”（疏漏）……

人家说，这个人挺有经验的，除了指他什么都会做，其实更重要的一层意思是，这个人在做某个机构时，能够非常全面地考虑和充分做好细节。细节一定要经过“大脑消化”，并且经常梳理，例如这些：机架用铝材，比较美观轻化，但要注意，一般适合测试或没有大动作的场合；如果机台本身有冲裁或剧烈运动的机构，则容易晃动，最好采用方通（如果需要更稳点，内部还可以灌砂）。收料架或端子盘需美观、轻便，如非必要，不要从设备单独出来，应该和机台做到一起。如非必要，不要把机构坐在底板下面（例如切废料部分很多人做在大板下）。细薄产品，物料的一点飞边瑕疵都会造成流道卡料。电控箱内部需做隔离，以防端子掉进去……

总之，大家务必多多见识，多多思考，多多总结，积少成多，积多成精！

4.2.2　细节设计的类别

从设计的需要出发，设计细节大概有四类，如图4-28所示。

（1）观念细节　两个从业经验接近的人，如果做出来的机器水准有距离，往往是观念使然（做技术的人，要改变观念比较困难）。观念细节包含三个重点：安全性、

观念细节
机构的安全性、维护性、
人性化方面是否落实到位
功能细节
工艺、品质、要求等是如何
体现的，有没有疏漏或不妥
之处？有没有预见性和风险
管控
外观细节
是一种合理化的考究和锤炼，
呈现出来更多体现为技术美感
其他细节
观念左右优劣，细节决定成
败，好的观念是要细节来支
撑的

图 4-28 机构设计细节的类别

维护性、人性化。

（2）功能细节 设备有评价指标或参数，要比拼谁的效率高，谁的品质好，谁的价格低……这些都要靠设计细节来支撑。

（3）外观细节 除了功用，大家都想把机器做美观点，自然也离不开细节的呈现。

（4）其他细节 或者干脆叫做法，同样方案下，A 这样做，B 那样做……

4.2.3 细节设计的案例

为了加强读者对于细节重要性的认识，下面掠影式介绍一些案例。

（1）观念细节 安全性方面如图 4-29 和图 4-30 所示，维护性方面如图 4-31 所示，人性化（人机工程学）方面如图 4-32 和图 4-33 所示。

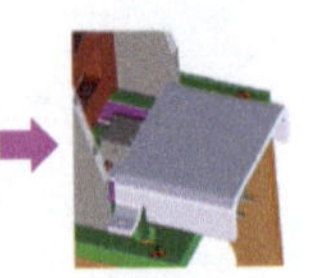
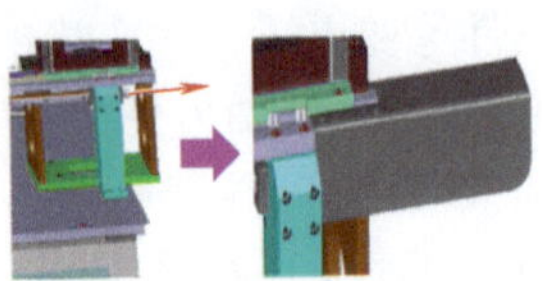

图 4-29 观念细节——安全性（一）

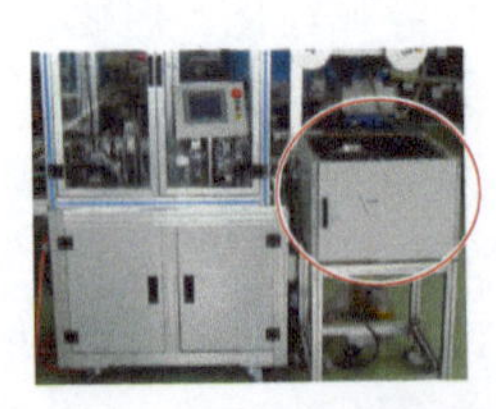
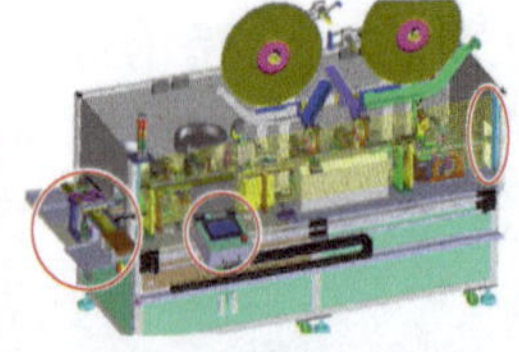

图 4-30 观念细节——安全性（二）

（2）功能细节 如果说观念细节做不到位，还不至于让设备扣太多分，可以混过去，那功能细节的疏忽或不足，则几乎决定了设计的成败，没有最好，只有更好。举个例子，如图 4-34 所示，两个铜片要铆合到一起（将其中一片的凸台外翻并压紧到另一片），冲针的设计就很重要，设计成不同的形状和尺寸，就会有不同的铆合效果。图 4-35 所示的几种形式，最早做成左边形式，铆出来的外观

图 4-31　观念细节——维护性

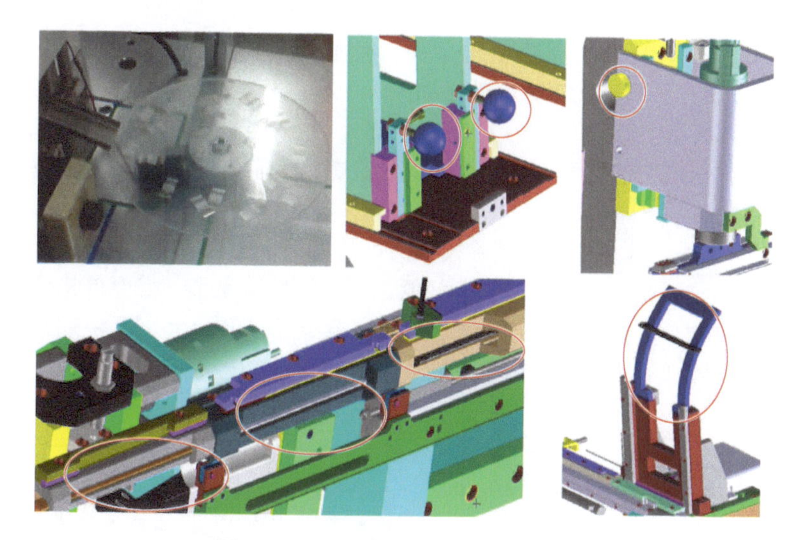

图 4-32　观念细节——人性化（一）

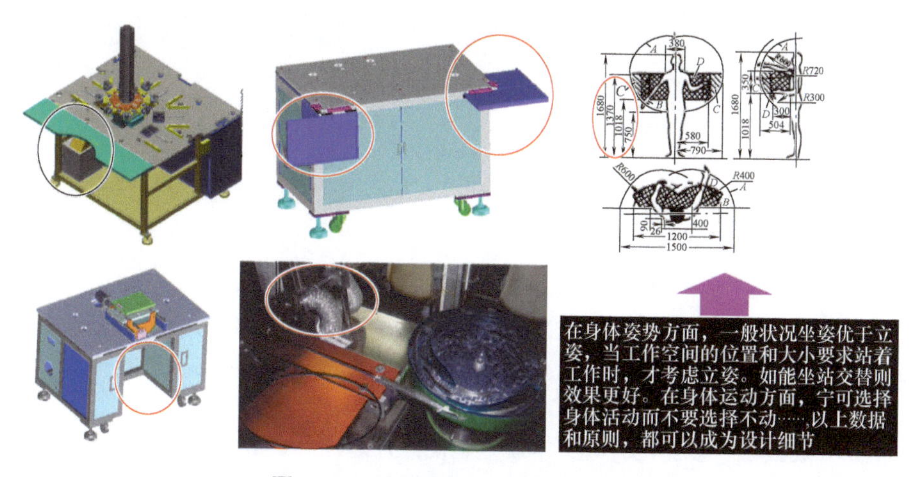

在身体姿势方面，一般状况坐姿优于立
姿，当工作空间的位置和大小要求站着
工作时，才考虑立姿。如能坐站交替则
效果更好。在身体运动方面，宁可选择
身体活动而不要选择不动……以上数据
和原则，都可以成为设计细节

图 4-33　观念细节——人性化（二）

较好，但保持力不够（一拉就分开，凸台翻边不足），根据持续改善的经验，右边的形状铆合得最紧。如果有这样的细节储备，一旦遇到类似的项目，就可以一步到位，减少设计的摸索。

图 4-34 铜片的铆压工艺

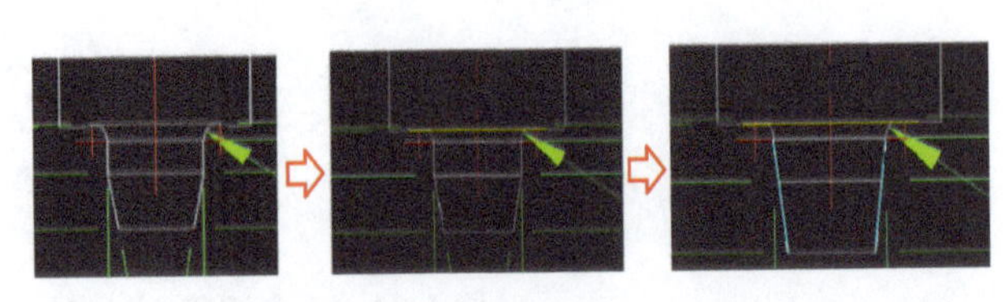

图 4-35 冲针的头部设计（改进）

一般来说，初学者可以在以下几个方面，加强设计的功能细节修炼。

1）深入了解产品特点和工艺特性，如图 4-36 所示，插完端子后需要将料带折断或摇断，但是预断位置偏离塑胶一个距离的话，则在实施工艺时要考虑对端子的保护，否则可能会导致端子变形；如果预断位置跟塑胶面平齐或伸出长度很短，则可以直接折断或摇断。

2）掌控机构的动作，避免及消除模棱两可的情形，图 4-37 所示是一个插针机构的送料（连料端子）部分，要考虑一些问题，例如物料用完了，需要停机换料，例如物料重叠（两段物料的接口，由于是人工拼凑一起，厚度和尺寸均不一致）时，需要报警由人工来清理（否则会在流道卡住）……如果这些功能细节没做或做不好，故障就会频发。

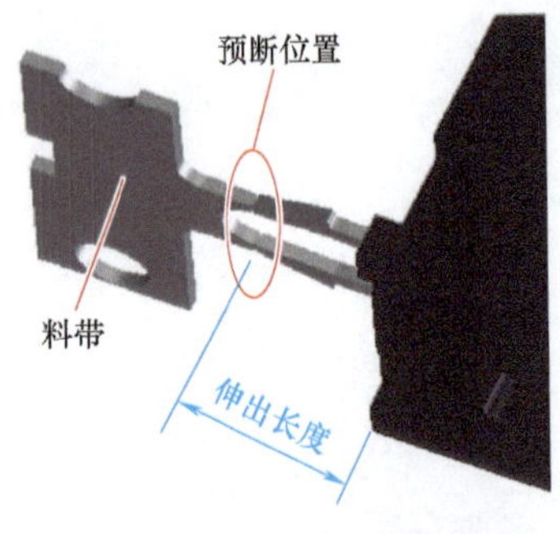

图 4-36 折断或摇断料带应考虑预断位置偏离塑胶的长度

图 4-37 插针机构的检测机构

3）博闻广识，多记录多总结，听到的，看到的，现在未必用上，但以后可能有用。如图 4-38 所示，左图是一个插针机构，加了隔音罩和 LED 灯，右图是包装机上的废屑抽吸装置，类似这样的细节，如果在必要的时候用上，将会大大提高设计的合理性，因此平时应该多看多积累。

（3）外观细节 设备的外观，本质上是设计合理性和讲究的一个结果，所以也可以认为外观细节是属于观念细节的范畴，这里分开来说明，是因为外观设计越来越重要，所谓“佛要金装，人要衣装”，设备缺乏“看点”，扣分也挺严重，具体将在本章

图 4-38　自动化设备上应留意的“细节”

4.3 节再单独论述。

（4）其他细节　非标自动化设备非常庞杂，所以细节要素也多如牛毛，难以在有限篇幅罗列完，下面再补充一些，如图 4-39 ~ 图 4-48 所示。

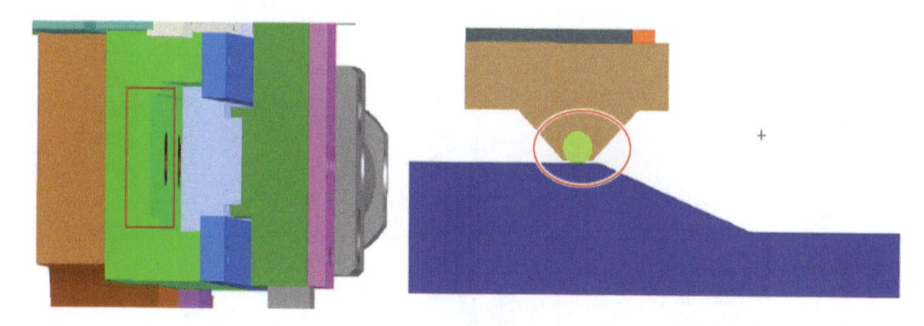

图 4-39　考虑两相对运动零件磨损情况的设计细节

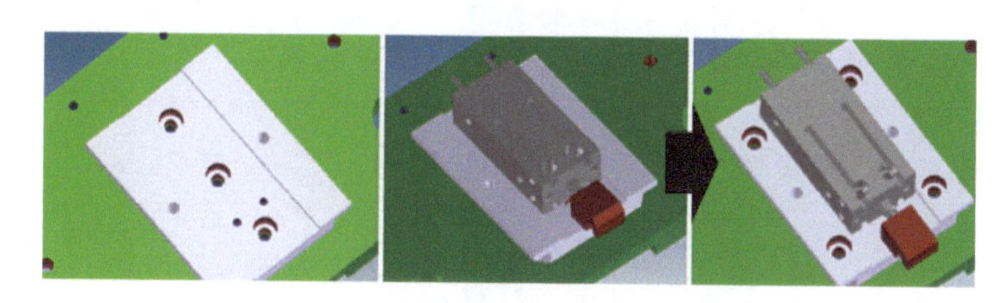

图 4-40　考虑零件拆卸的设计细节

总之，细节，细节，还是细节……

细节是实实在在的东西，平时要多学习和积累，从现在起，请大家努力建立一个强大的细节应用仓库吧！所谓应用仓库，就是保存一些有设计细节的机构或案例，等设计需要的时候，就可以便捷地调用。仓库中的素材来源是很多的，例如各种技术资料，例如来自客户的回馈，例如部门同事的头脑风暴，例如行业展会、论坛等，如图 4-49所示。

以“改善回馈”为例，只要经常关注客户或生产部门的设备检讨或改善记录（不要轻视，那些往往是多数设计人员容易忽略和不足的地方），引以为戒，加以规避，无形中就等于设计水平的提高。很多所谓做自动化的，都瞧不起其他部门做报告的人，但是有没有花点心思去阅读下他们的报告或反馈呢？也许不是每份都值得去看，但只有多去看了，才会挑出一些有用的细节素材，见表 4-1 ~ 表 4-4。

表 4-1 生产部门改善案例（一）

改善前的图片	改善前存在的问题	采取的改善措施	改善的结果（数据）	改善后的图片
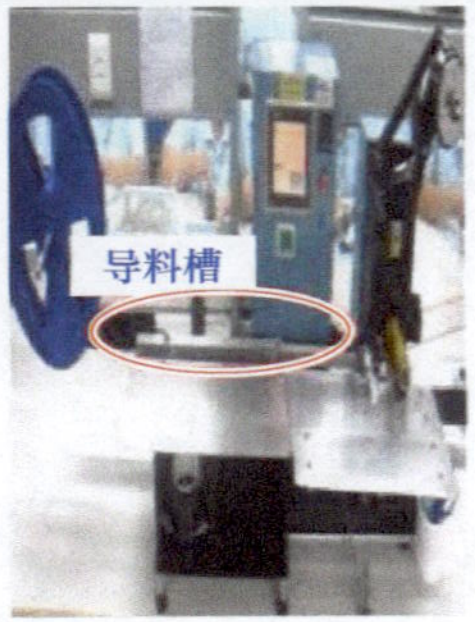 导料槽	1）每台包装机在速度方面没多大问题，只是操作员摆放产品的速度已达极限，都无法满足包装机的速度，设备因稍有问题而停机则易造成产品堆积 2）现每台包装机每班产量为21000，三台机每天产量为126000 3）设备工作时间长且较为紧凑，操作员工作压力大	1）在不影响设备功能情况下 2）延长产品导料槽，增加人员摆放产品，从而达到产量要求	1）操作简单、使用方便 2）工作轻松，压力小 3）设备稳定，效率高，现每台包装机每班产量为原来的两倍，即为42000	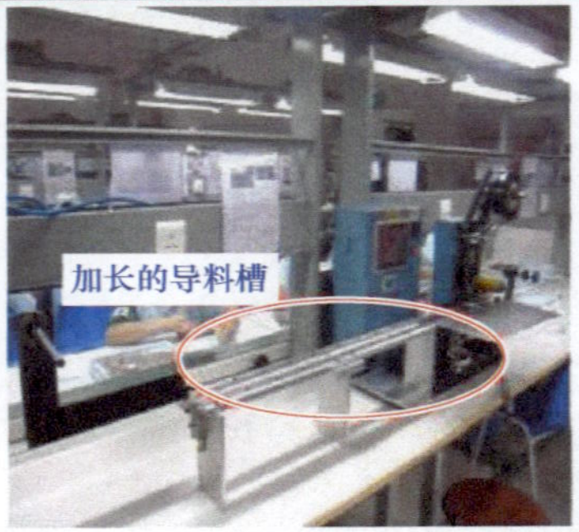 加长的导料槽

表 4-2 生产部门改善案例（二）

改善前的图片	改善前存在的问题	采取的改善措施	改善的结果（数据）	改善后的图片
 整体式齿轮	1）产品定单大，操作员流动大，常因卡料处理不当而断齿 2）送料齿轮为整体式，加工成本大，受力差易断 3）维修不方便，几乎断齿后就报废 4）出货压力大	根据端子间距加工齿轮片	1）操作简单、维修方便 2）加工成本低，齿轮片价格是整体齿轮的八分之一左右，且使用寿命长 3）设备稳定、品质高、效率高 4）产能提升快，出货压力低	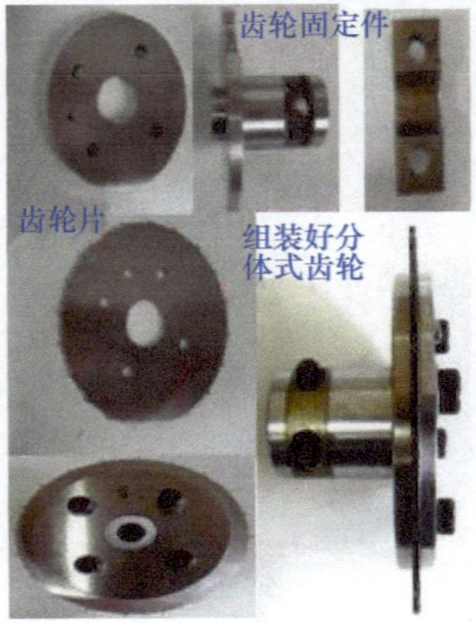 齿轮固定件 齿轮片 组装好分体式齿轮

表 4-3　生产部门改善案例（三）

改善前的图片	改善前存在的问题	采取的改善措施	改善的结果（数据）	改善后的图片
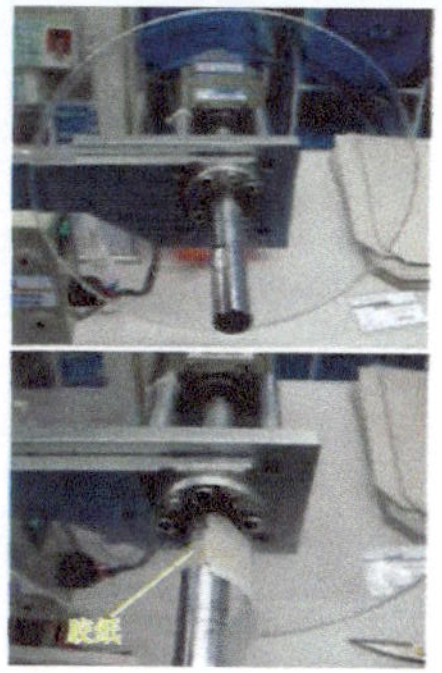 胶纸	改善前存在的问题： 所有设备的卷纸盘都是用胶纸将纸带粘在轴上，有四个缺陷： 1）现场没有胶纸时要去找，浪费时间 2）纸带粘上后不易取下来，影响作业效率 3）轴上粘有残余的胶后，挡盘不易取出 4）这种作业方式不是正常的，影响现场5S以及公司形象（是一个很容易解决的技术问题）	进行了以下改善工作： 制作一个挡销，装在内侧挡板上，使用时可以把纸带在挡销上绕一下后再绕到轴上，这样就有足够的摩擦力了，无需用胶纸粘上去（根据纸带的不同宽度，只要做三种不同的挡销就可以满足使用要求了，而且更换灵活，就算是通用的卷料架也很适用）	改善后： 达到了预期目的，不用再用胶纸粘纸带了！一劳永逸，节省了胶纸	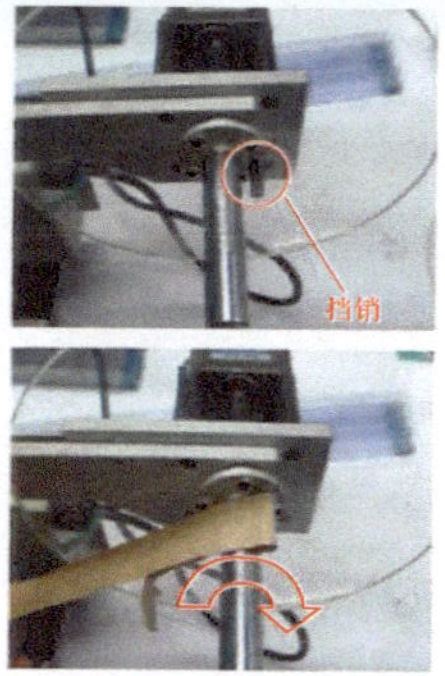 挡销

表 4-4　生产部门改善案例（四）

改善前的图片	改善前存在的问题	采取的改善措施	改善的结果（数据）	改善后的图片
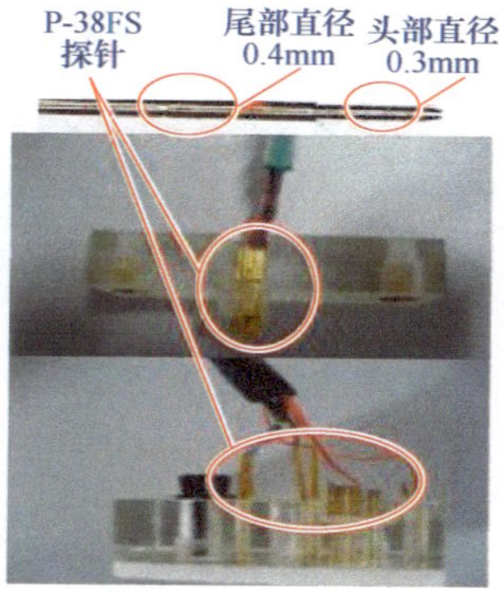 P-38FS 探针 尾部直径 0.4mm 头部直径 0.3mm	1）产品定单大，操作员流动大，培训不到位，易造成探针变形 2）P-38FS 探针细、强度低易变形、折断，每月损耗大，约 2500 根，而且探针价格高，3.4 元每根 3）维修不方便，且频率高，工作强度大	根据治具、产品结构加工 P-0F1 粗探针针板	1）维修方便、简单且频率低、工作强度减小 2）设备稳定、品质高、效率高 3）P-0F1 探针比 P-38FS 探针强度大，使用寿命长，每月消耗量约 600 根，是原来的四分之一，且 P-0F1 粗探针价格低，为 1.1 元每根，是原来的三分之一	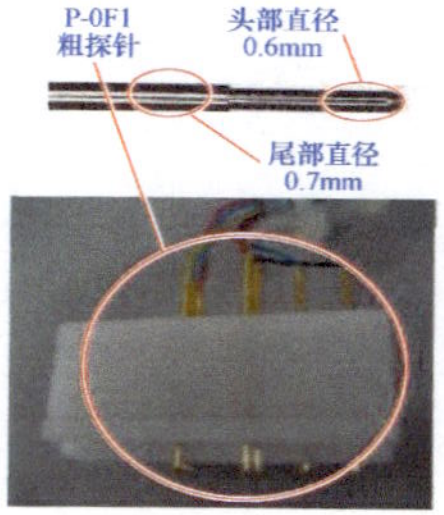 P-0F1 粗探针 头部直径 0.6mm 尾部直径 0.7mm

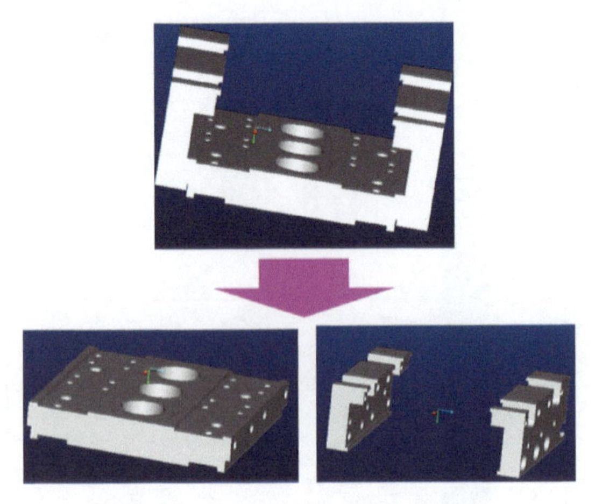

图 4-41 考虑零件加工的设计细节

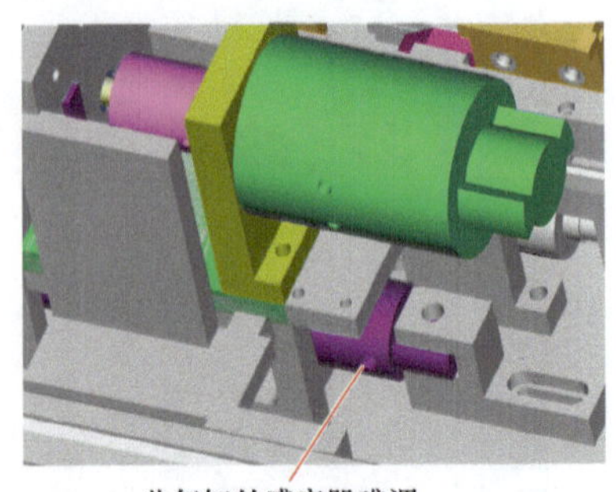

图 4-42 考虑后期维护的设计细节

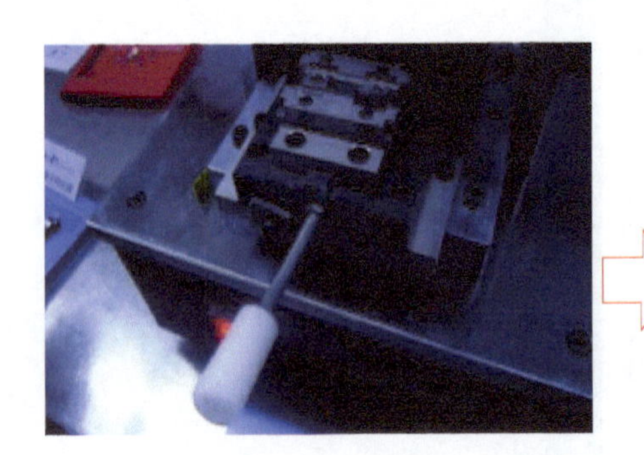

图 4-43 考虑人工摆放产品舒适性的设计细节

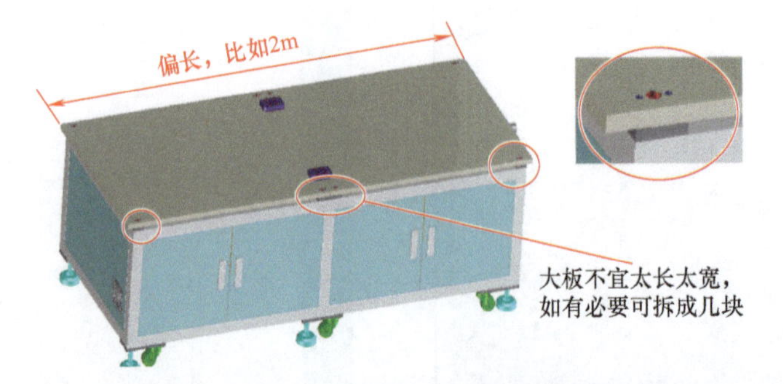

图 4-44 考虑大板与机架可靠安装的设计细节

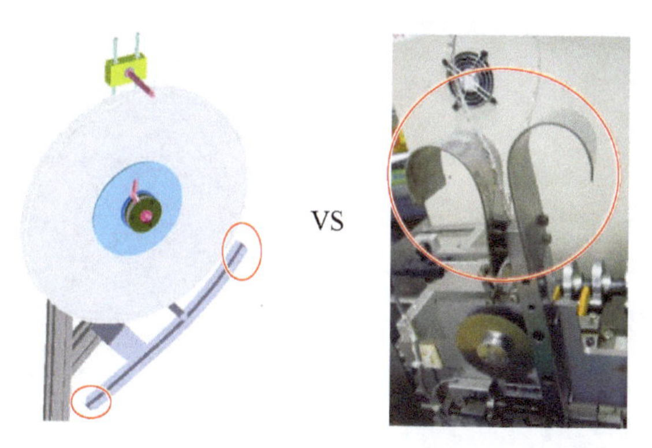

图4-45　考虑物料输送碰触变形的设计细节（右图较优）

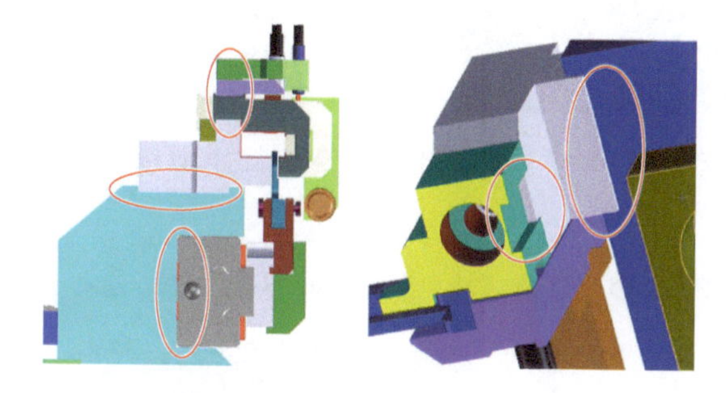

图4-46　考虑零件装配基准与定位的设计细节（右图较优）

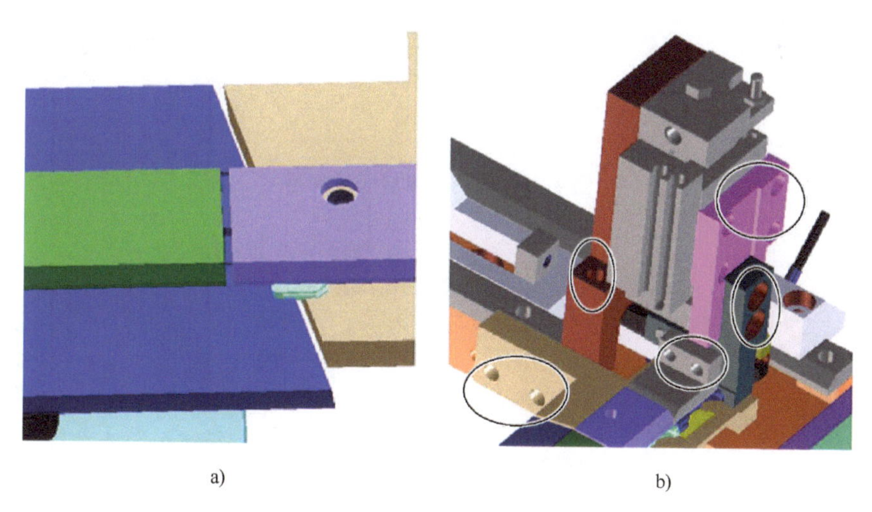

图4-47　考虑产品导向和零件紧固的设计细节
a）产品导向　b）螺钉紧固

需要特别强调的是，机构的应用仓库是设计人员的技术储备库，是需要用心经营的，个人的建议如图4-50所示。

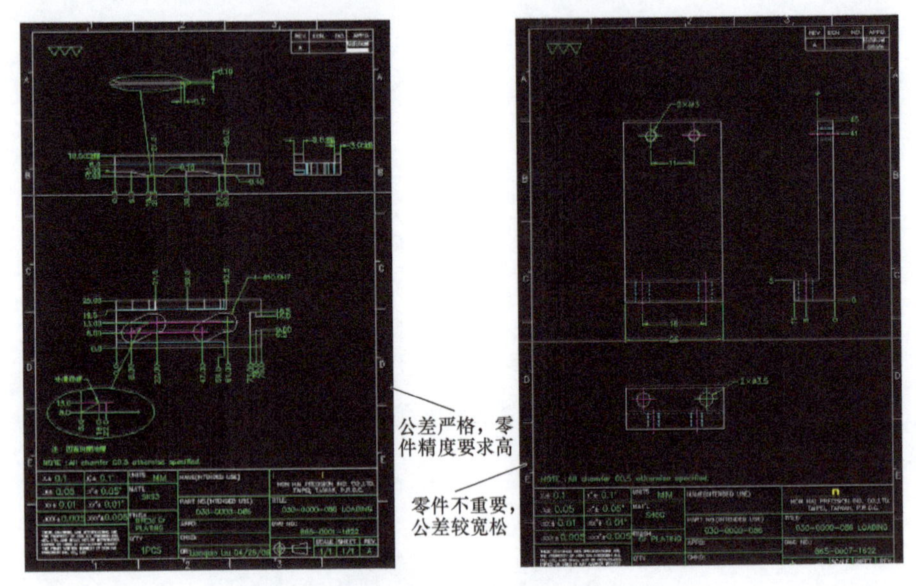

图 4-48 考虑零件加工经济性的设计细节

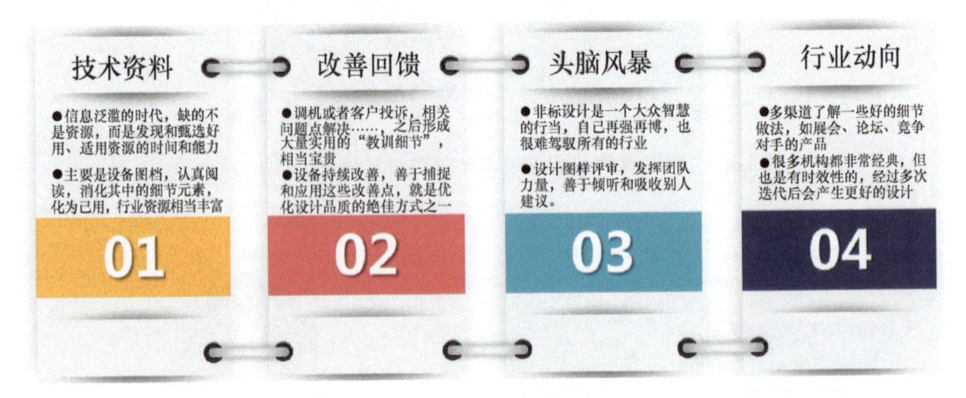

图 4-49 应用仓库的素材来源

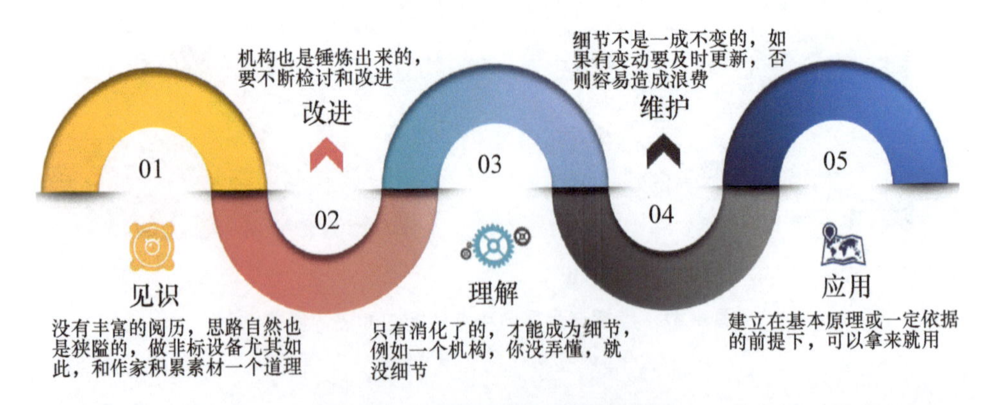

图 4-50 机构应用仓库的经营要点

4.3 如何设计出美观的设备

4.3.1 基本认识

外观设计，不是给设备雕龙画凤或镶金戴银，是一种合理化的考究和锤炼，呈现出来更多体现为技术美感。方案合理、机构优化做到位了，美观自然而然就会有所呈现，要是觉得自己的设备很丑，多半是合理性或优化功夫不足。也就是说，判断设备的美丑，理性成分占大头，如图4-51所示，一看整体风格（适合所有人），二看局部细节（适合技术群体）。如果认为自动化设备的外观设计可有可无，那就一定是没有认识到外观设计带来的潜在好处（见图4-52）。

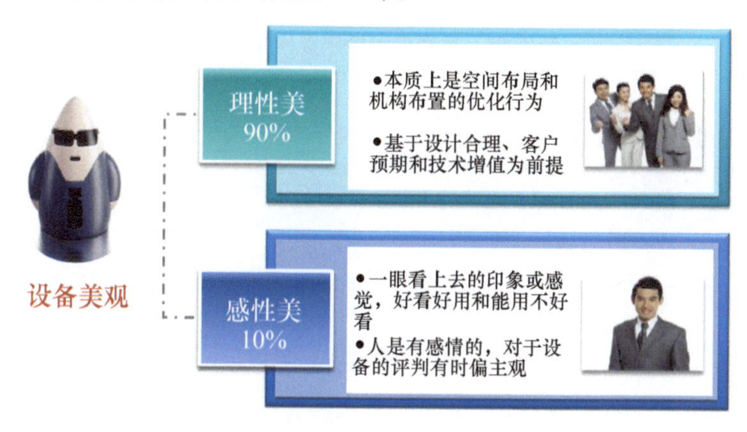

图4-51 自动化设备的美观更多来自理性的判断

不妨设想下：您是某用人单位的技术主管，来了三个面试人员，均提交了作品案例（姑且不论作品实际做得怎样，只看它的照片或截图），那么对于各自的身价，您难道不会有如图4-53所示的评估趋向？

图4-52 设备美观带来的潜在好处

很多设计大师都说，工程师要有工匠精神，要把设备当作艺术品来雕刻，那为什么我们往往做不到呢？原因就在于大多数从业人员没有把设备当作一个产品来看待，更没有研发的概念和合理的产品设计流程，如图4-54所示。

有些人可能会觉得，美观这个概念是见仁见智的，很难扯清楚。所谓萝卜青菜，各有所好，对于美好的事物，人们的观感确实是千差万别的。但是，技术上的美观不一样，如上所说，更多体现为理性美，包含整体风格和局部细节。对于整体风格，一般容易打印象分，图4-55和图4-56所示的两组设备，显然后者更具观赏性；对局部细节，则需要具备一定的鉴赏能力（技术水平），如果我们暂时发现不了，只是说明

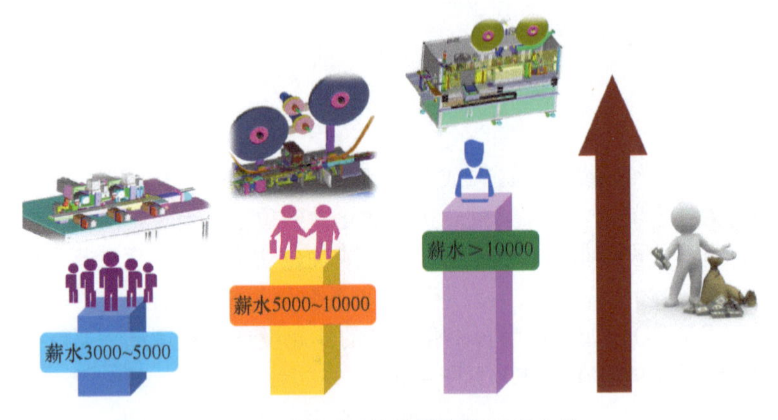

图 4-53 外观设计能提高作品印象分

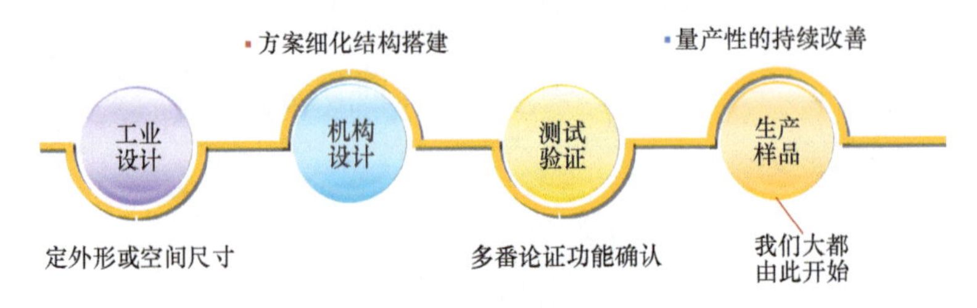

图 4-54 产品的制造从工业设计开始

功力不足，但随着自己技术经验的提升，这种能力也会慢慢得到提升。

图 4-55 自动化设备（一）

如果进行一个总结，要想把设备外观设计得高大上（美观形式之一），有两个重点。

1）正视图、侧视图看上去饱满充实（≠花哨），如图 4-57 和图 4-58 所示，右图

图4-56　自动化设备（二）

相对要美观些。

2）俯视图上，模组化布局明显，各个机构一组一组地协调布局于机器大板上，如图4-59所示，下图设备虽然更加复杂，但模组化布局明显。

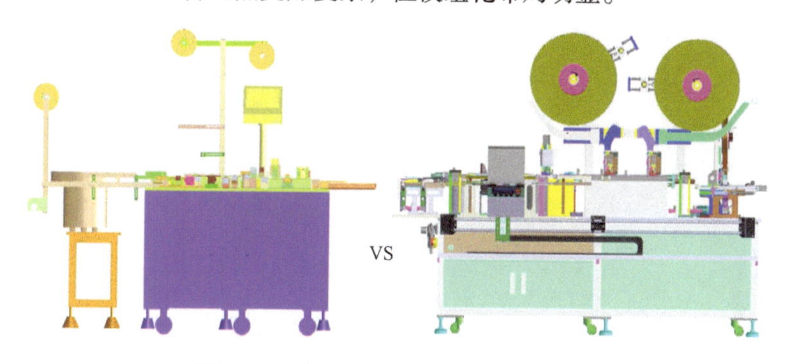

图4-57　右图设备相对饱满充实（一）

不同行业设备外观可能有差异，但基本原则差不多，一看大局，二看细节。设备整体格调要想大气、壮观，首要一点肯定是看上去有料，其次是注意合理充分的展示细节（如防护罩的折角处设计成圆弧形），如图4-60所示。

4.3.2　如何设计

有些人把设备外观设计简单理解为“机座/机架+机罩”的颜色和线条设计，这有一定道理，但还不够完整。所谓设备美观，是要考虑很多受众的，如图4-61和图4-62所示，更多来自于技术同行的观感，因此不是披个“马甲”就够了，还需要有大量的细节来打动这个特殊的群体。

那么，具体要如何来加强学习，才能把设备的外观做好呢？如图4-62所示，首先整体方案要以客户为导向，其次是机构的布局要协调、可靠，再者是零件的“长法”要合理，同时留意下高端设备颜色与外形的搭配特点，此外要有良好的绘图习惯等。

（1）整体方案　方案必须要和特定客户的喜好、标准、要求相吻合，如图4-63

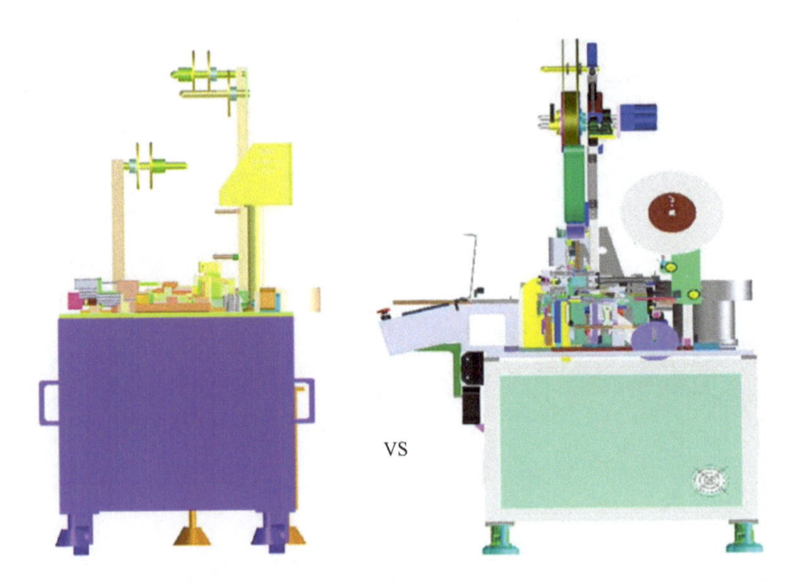

图 4-58 右图设备相对饱满充实（二）

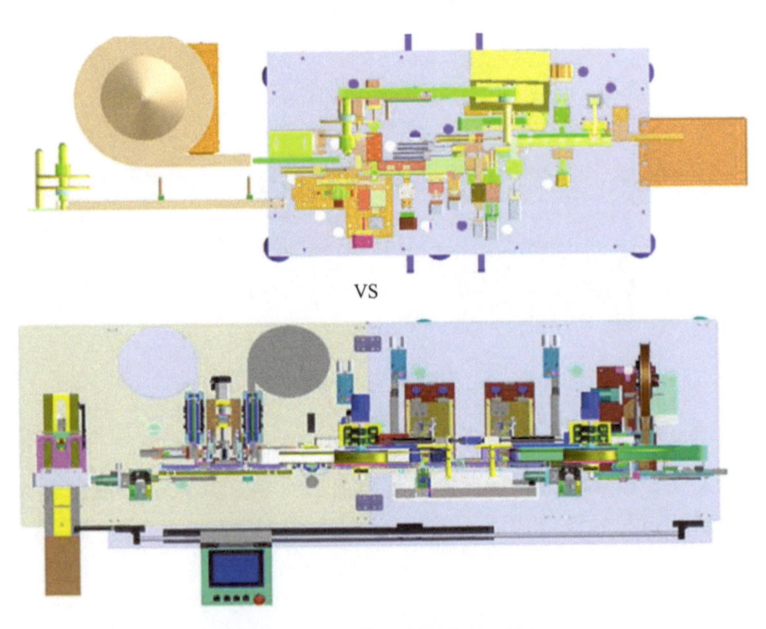

图 4-59 下图设备模组化布局明显

所示。要着力于提高外在印象分（包含风格、色调、人性、布局等），如图 4-64 所示。有些标准的设备，如图 4-65，是很好的学习素材，可多揣摩和总结其外观设计讲究的地方。

（2）机构布局 大概有三方面的内容需要讲究，例如标准件优先，理论依据为主、感觉为辅，以人为本，如图 4-66 所示。例如以人为本，意思是设备要针对不同群体考虑到一些设计细节，如图 4-67 所示。例如头重脚轻、逗积木、悬臂之类的结构，不符合力学规律，看上去也有问题，应尽量避免，如图 4-68 所示。例如标准件优先，

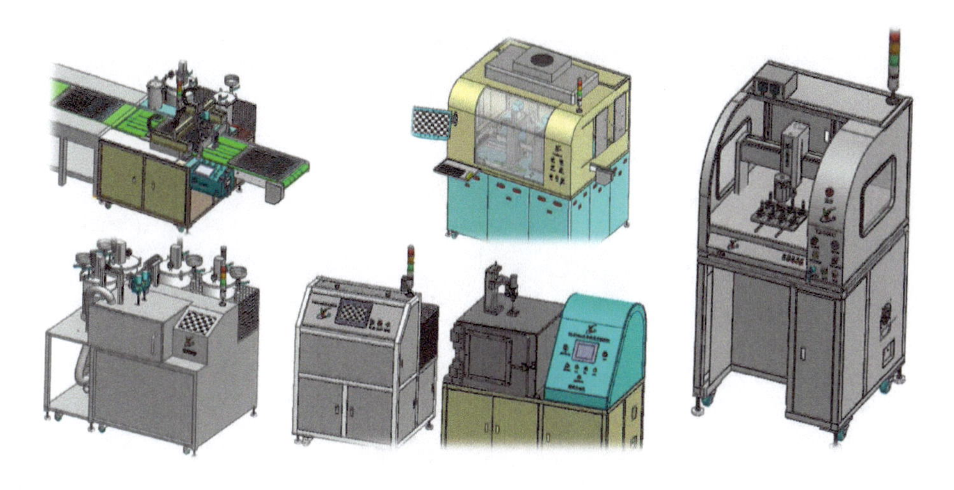

图4-60 外观讲究的非标设备

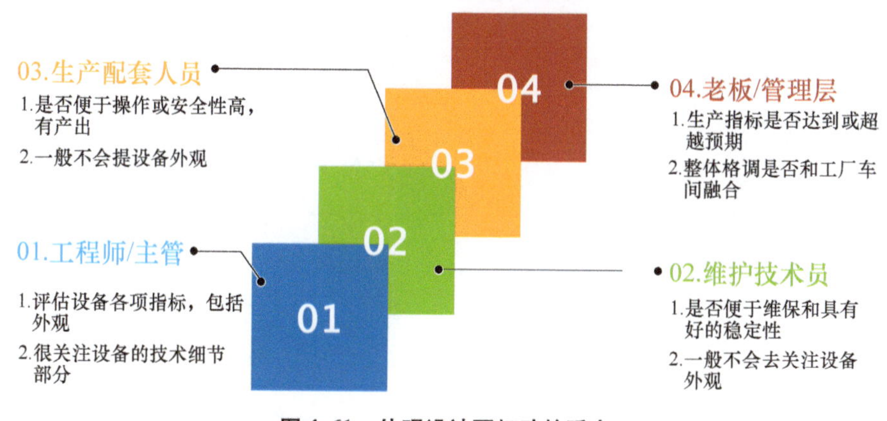

图4-61 外观设计要打动的受众

一方面是因为多数场合标准件有成本优势，另一方面是专业厂商制作的，外观和性能一般占优。总之，只要有心，可以发现机构布局是有很多要讲究的，如图4-69~图4-73所示。

（3）零件的“长法” 机构都是由零件构成的，除了机构的布局要协调外，零件本身的“长法”也要有所讲究，主要体现在三个方面，结构合理，有过渡和导引，适当补强与掏料，如图4-74所示。经验丰富的设计者在绘制零件时，几乎都会有这些方面的考虑和处理，反过来说，有时候根据零件长法几乎可推测出设计者的大致经验。如图4-75所示，相关的零件通过箭头所指的方式去设计，视觉效果自然而然就出来了。如图4-76所示，零件非常薄弱的时候，过渡是非常重要的，应逐渐过渡，不能随便“长”。

（4）感官协调度 如图4-77所示，主要指的是外形尺寸（落差大）、色调（不统一）方面的讲究，要考虑人的观感和审美趋势。

（5）绘图习惯 机器图档是静态的，但最终的实体机是要动起来的，必然牵涉到方方面面的细节元素，例如电线、气管、物料，包括一些调整维护上的假设空间（假

图 4-62　内功是怎样炼成的

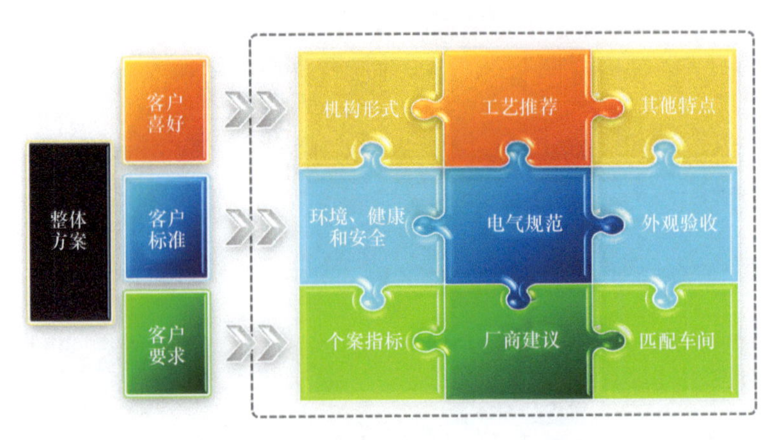

图 4-63　整体方案包含客户关注的重点

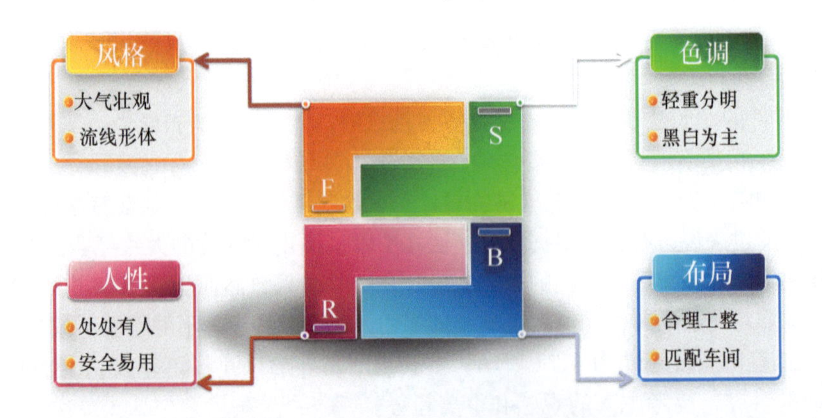

图 4-64　提高外观设计印象分的重点

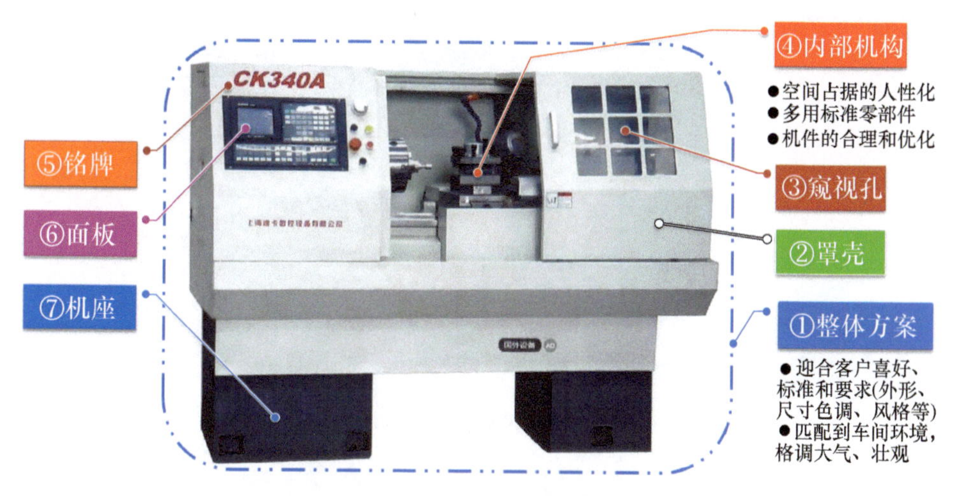

图4-65　标准设备是很好的学习素材

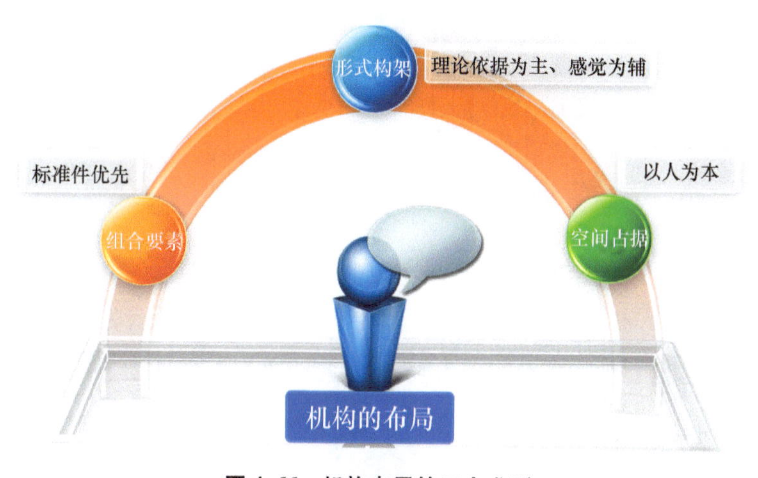

图4-66　机构布局的三大准则

图4-67　机构设计以人为本的考虑重点

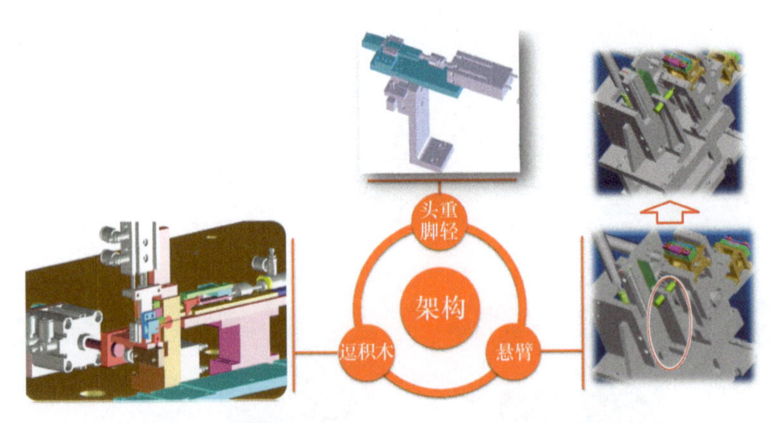

图 4-68 不符合基本准则的三大设计（尽量避免）

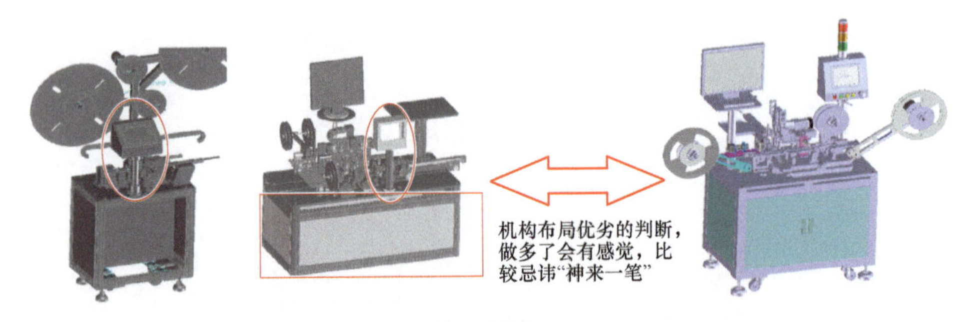

图 4-69 机构布局要考虑协调（避免随意性）

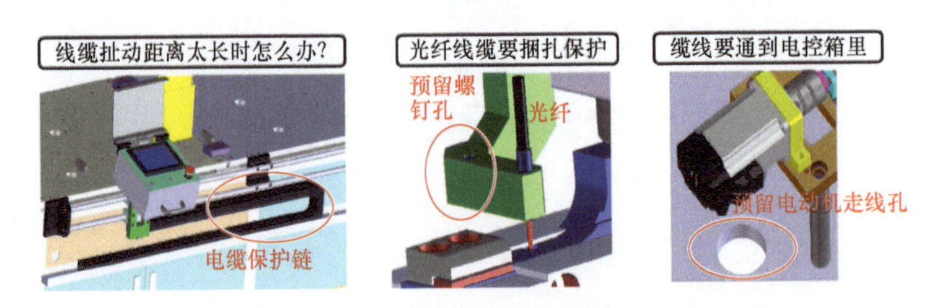

图 4-70 机构要考虑电线、气管的布置

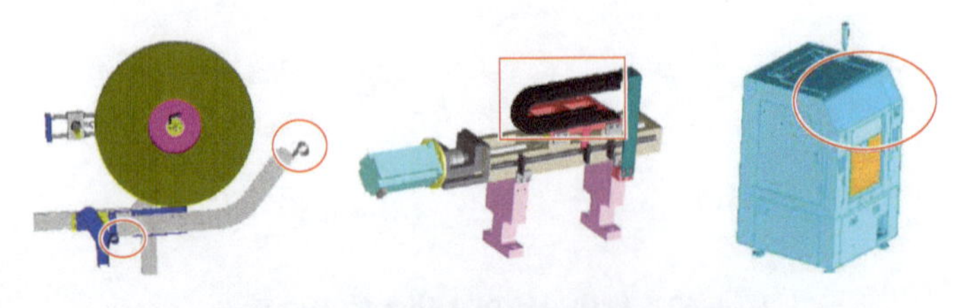

图 4-71 平滑过渡设备的转角、折角

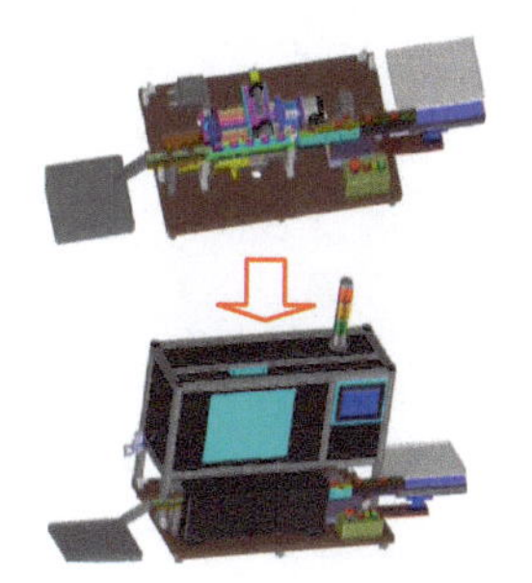

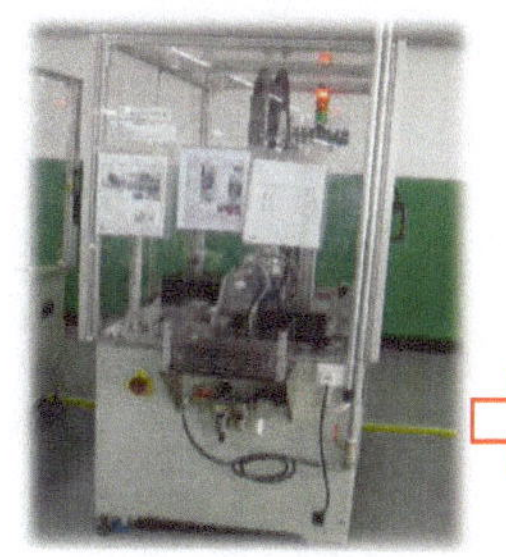

图 4-72　防护罩起安全和美观作用

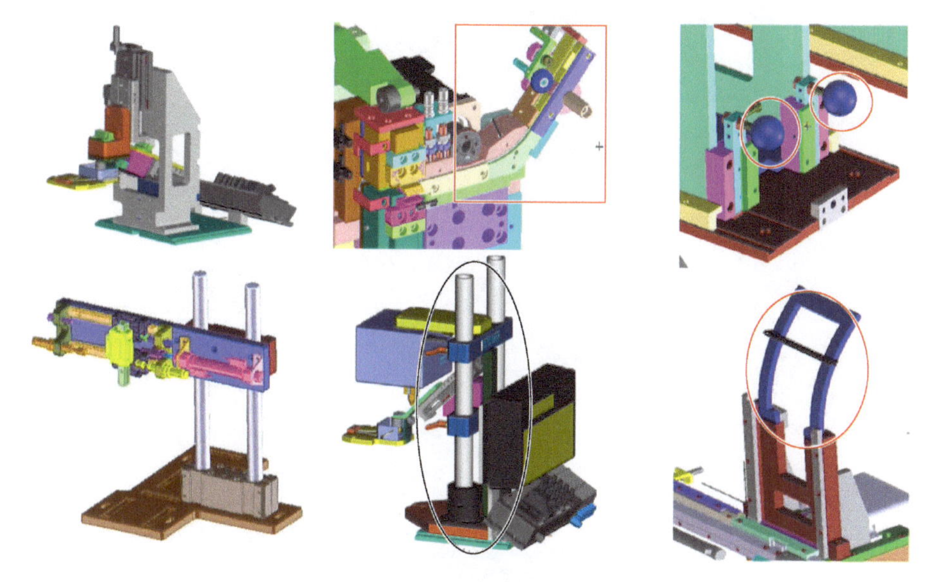

图 4-73　其他各种体现设计思维的细节

围绕着材质、工况(负载)、强度、刚度、刚性等综合考虑

主要体现为圆角和斜角，避免尺寸突变

补强：顾名思义
掏料：减重、避位、走线管，但应避免尺寸突变

图 4-74　工件“长法”三大技巧

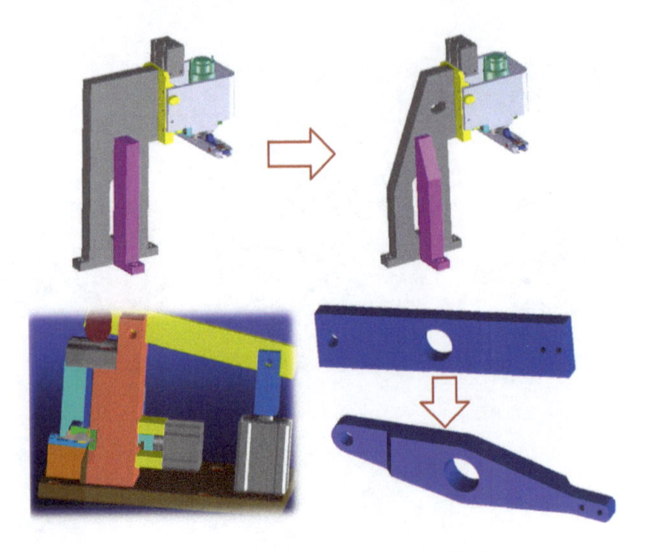

图 4-75 考虑零件的受力、过渡

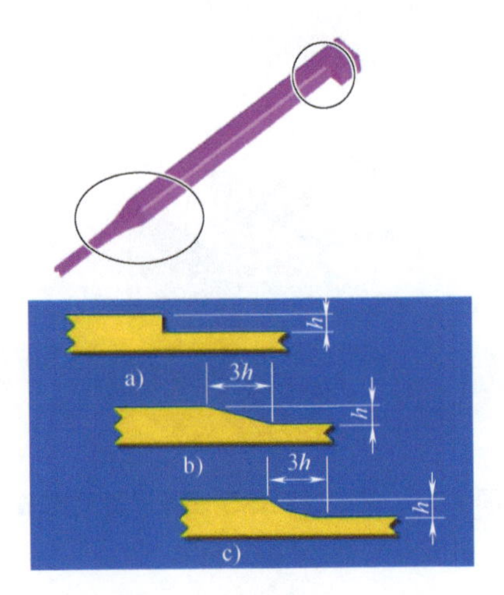
h
a)
3h
h
b)
3h
h
c)

图 4-76 细薄零件的“长法”
a) 差 b) 好 c) 最好

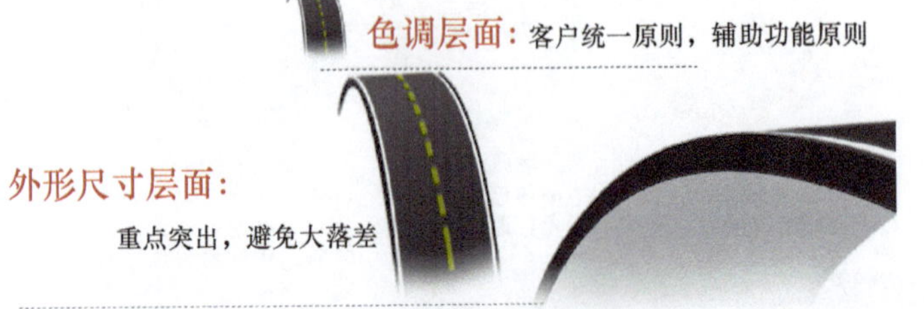
感官层面：说白了，只要方案合理和机构讲究了，技术美感就出来了
色调层面：客户统一原则，辅助功能原则
外形尺寸层面：
重点突出，避免大落差

图 4-77 提高感官协调度的形与色

设空间不是幻想或无意义的，例如拧一个螺钉需要多大空间，就要先了解扳手大小及拧的方式）……这些都需要设计者提前规划，也是经验丰富与否的重要体现之一，如果考虑不周，到时就会有这补一块那挖一个洞，把本来良好的外观预期整得面目全非。因此，3D 图样的表达效果很重要，如图 4-78 所示，应尽量逼真，适当渲染，最好能动态化，具体处理方式也很多。

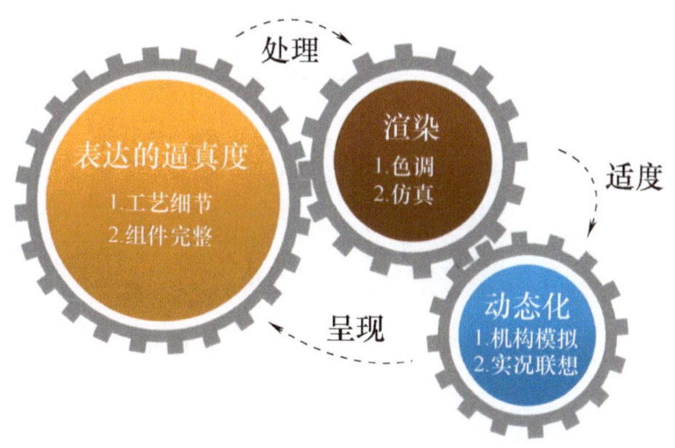

图 4-78　3D 图样的表达效果

机构布局和标准件完整度越高，机台越好看，如图 4-79 所示。工程图样不是抽象画，所以需要完整清晰表达，虽然详细未必就一定美观，但美观的一定是详细的，零部件应该完整到位，包括一个接头，一根光纤，一个开关，甚至一个仿形作业员。

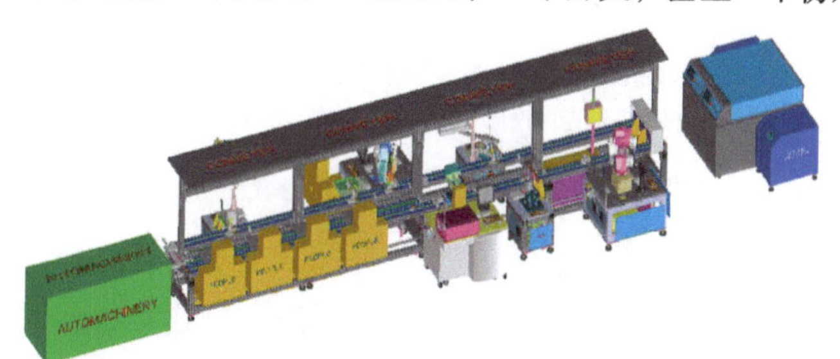

图 4-79　机构布局和标准件完整度越高，机台越好看

增强图样可读性有一些基本的方法，例如让静态机构动起来（点灯、动作模拟曲线、辅助件点缀……），如图 4-80 所示。还例如相似功能或相同工件尽量用相同颜色、同种色彩，可以分重轻去标示，但不要五颜六色，整体色彩要淡化，尽量用实物颜色（如模具弹簧、端子、三色灯、料盘、机架、铝合金、产品本身……）。

（6）其他提示　与其说外观设计是一种设计技巧，不如说它是设计人员的自我追求。图 4-81 所示的机构，有的人会觉得乱糟糟，有的人可能不以为然。觉得乱的人，在设计时一定会想着，如何把气管、电线藏（起来）、束（捆扎）、理（清楚）、（标）识（好）、（保护）护……美观，自然而然就出来了；反之，觉得还好的人，就顺其自然了。

最后从学习的角度做个总结，要把设备做得美观一些，初学者需要在整体方案、机构设计、审美能力、图样表达方面努力，建议如图 4-82 所示。具体的学习途径也很多，如图 4-83 所示。

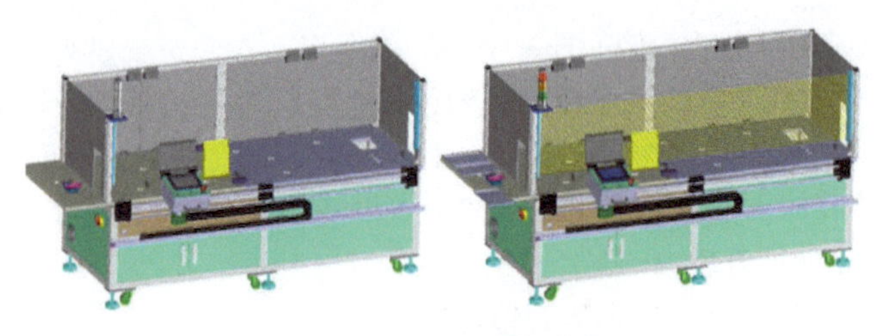

图 4-80 让静态图样动起来

图 4-81 气管、电线布置考虑不足的情形

设备美观

1 整体方案部分

学习建议：
- 向行业标杆企业看齐，清楚何为美观
- 以客户为导向，熟悉其喜好和要求等
- 结合企业实际，灵活控制成本问题

2 机构设计部分

学习建议：
- 机架、罩壳的设计是一个重点，多参考
- 倒三角、T形、悬臂等不稳定架构尽量避免
- 零件的“长法”要有规矩，尤其对于精密小件

3 审美能力部分

学习建议：
- 从本质上认识设备的外观设计意义
- 多训练感官判断能力如外形、尺寸、色调
- 工匠精神，如果可能，把设备当产品来打造

4 图样表达部分

学习建议：
- 以动态眼光看待工程图样，3D表达细致
- 不要认为图样无所谓，最后是要出实体机的
- 动手做案例，期间有意识融入本课程建议

图 4-82 外观设计可以努力的四个方面

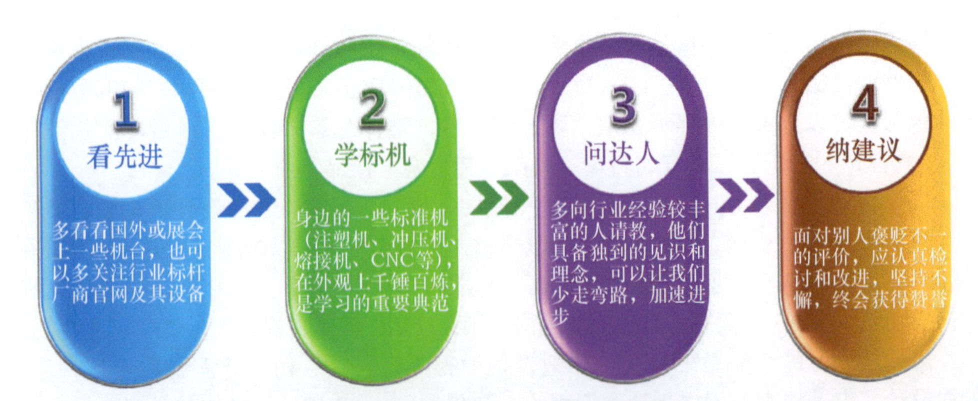

图 4-83 设备外观设计的学习途径

4.4　问题机构剖析

从事非标机构设计的人员都有一个感慨：干这行的，没有哪个项目不出纰漏的。但是，这话只说对了一半，从业多年，的确没有发现有非标项目能按规划标准化运作的，但是，有很多的问题，设计人员只要稍微用点心、动点脑、费点劲是可以避免或减缓的，最起码能避免重复发生，例如以下这些情形。

（1）缺乏解决问题的能力或意识（个人原因）　例如设计直线型机构布局设备的 *X-Y* 移料机构（拨爪）时，经常遇到整组拨爪机构长度偏大的情形（如1m以上），这时很多设计人员会考虑到受力均衡的问题，给机构的两端（有线性导轨）各加一个（气缸）动力，如图4-84所示。这个考虑本来无可厚非，但是会带来另一个问题，两个气缸的动作做不到同步，会导致两边受力不均衡，如果导引件选得不够强劲（或气缸选得太强劲），则很容易受到破坏（如果气缸偏小或导引件足够强劲，则一般问题不大，所以这也是一个解决问题的办法）。

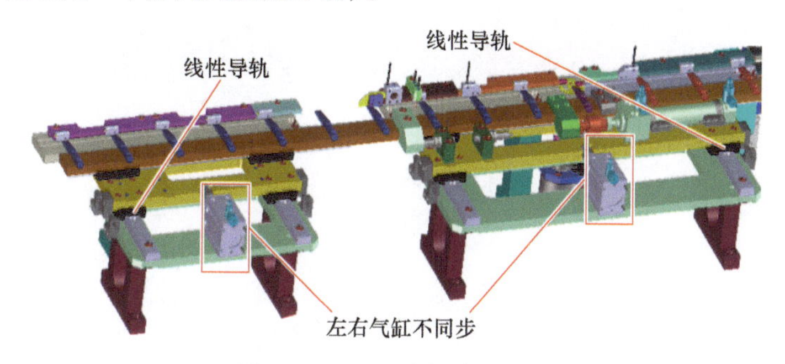

图4-84　*X-Y* 移料拨爪机构

遇到这样的问题，不同经验或思维的设计人员就会有不同的解决方法。有的说，让一个电磁阀控制两个气缸，有的说，改用凸轮控制转轴的方式，有的说干脆用一个气缸……事实上都没有解决问题，或者解决得不够巧妙。

换个思路，如图4-85所示，同样用两个气缸，既然不同步，就把两边一分为二，改为柔性连接（一个U形工件，一个凸轮随动器）。这样两边在 *Y* 方向相互影响不大，*X* 方向能维持原有的精度，动作也没有什么变化。而且，这种做法的好处在于，即便这组机构再长也适用，只要拆解成若干个单元再连接起来即可。

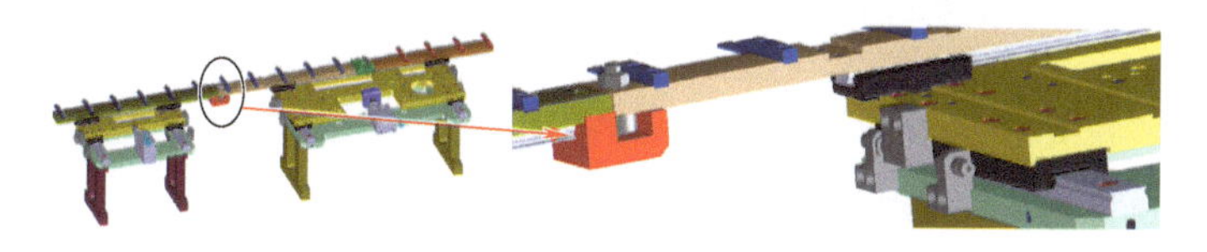

图4-85　解决两气缸不同步的简单方法

那么这种解决问题的方式是从哪里来的呢？一定要经验丰富的老工程师才想得到？不是的。一个注意是要在平时多留意和积累一些别人的巧妙机构，另一个要注意解决问题的基本能力（如果对气动有深刻认识，就不会认为一个电磁阀可以实现两个气缸的同步动作）。

（2）设计过程不够严谨（个人原因） 设计新人完成作品后，一般需要提交给上司或老板审查，挨骂是常有的事。而最直接的导火索，往往是他认为该设计缺乏严谨的态度，用个俗语叫“瞎搞”。

所谓严谨，未必一定要有缜密的计算分析，而是说不要经验至上或者稀里糊涂（这种坏习惯也容易发生在一些基层成长起来的资深工程师身上）。图4-86所示的线性移动机构，左图的明显是过定位，安装和固定时很容易因为搭配问题卡死、憋死，所以应该设计成右图的模式。

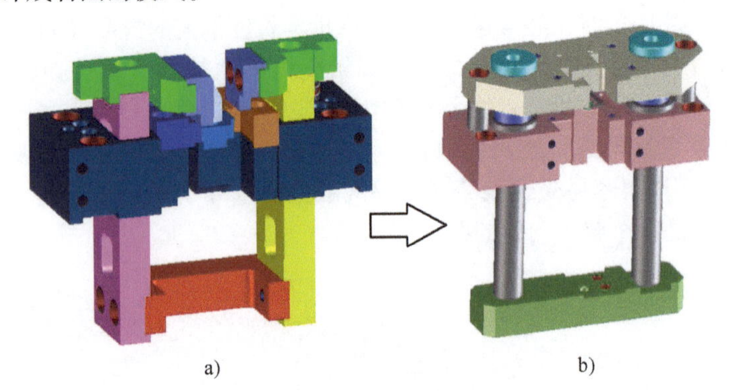

图4-86 线性移动机构

a）过定位 b）常用

老板或上司看图样，一般着眼于大局方面，即：①大致转几下视图，看机器布局协调度；②核对组装流程是否符合预期；③检查装配工艺实现方式的可行性和稳定性；④跟人相关的部分，如作业空间是否留够；⑤检讨和质疑他没见过的机构——你要有足够的理据佐证，否则他心里也是悬的。因此，本书零零碎碎提到的那些知识点，设计新人可不要一眼扫过，最好能融合到自己的设计中去。

此外，要让设计严谨一些，就不得不提提计算分析这个方法。类似物理规律和数学分析计算，是很多基层成长起来的初学者比较头疼的事，例如看公式很简单，但总是算不出来或算出来的结果不正确。这个一方面跟基础薄弱有关系，另一方面是没把握到方法，例如计算比较容易出错的原因是混淆量纲，可以总结一下，见表4-5。实际需要计算的时候，要么把所有量统一为国际单位制，然后对比公式按部就班来进行，要么就按常用的工程单位制和现成的推导公式来直接计算，一般不会出错。

举个例子，已知转矩 $T=9.8\mathrm{N \cdot m}$，转速 $n=60\mathrm{r/min}$，不考虑效率，试计算电动机的功率 P（单位是kW），则可以这样进行：

1）国际单位制方式（已知参数量纲和公式的不一致，先进行转化）

$$\omega=2\pi n/60=2\times3.14\times60/60\mathrm{rad/s}=6.28\mathrm{rad/s}$$

$$P=T\omega=9.8\times6.28\mathrm{W}=61.54\mathrm{W}=0.06\mathrm{kW}$$

2）工程单位制方式（已知参数量纲和公式一致，直接代入）

$$P=Tn/9554=9.8\times60/9554\mathrm{kW}=0.06\mathrm{kW}$$

那么，公式中的9554又是怎么来的呢？事实上它是一个系数，因为原始的公式是

$P = T\omega$，如果量纲和已知量的不一致，会导致计算过程需要换算，如果提前把换算的关系推导出来，即 $P = T\omega/1000 = T2\pi n/(60\times1000) = Tn/[(60\times1000)/2\pi] = Tn/9554$，这样就可直接代入，大大简化计算。

表 4-5 常用单位的量纲

量的名称	符号	法定单位		非法定单位		备注
		单位名称	单位符号	单位名称	单位符号	
位移/长度	s/L	米	m	毫米	mm	
时间	t	秒	s			
速度	v	米每秒	m/s	毫米每秒	mm/s	
加速度	a	米每二次方秒	m/s^2	毫米每二次方秒	mm/s^2	
外力	F	牛［顿］	N	千克力	kgf	
质量	M 或 m	千克	kg			
转速	N 或 n	转每分钟	r/min			$n=60\omega/2\pi$
角位移	ψ	弧度	rad			
角速度	ω	弧度每秒	rad/s			
角加速度	α	弧度每二次方秒	rad/s^2			
转矩/扭矩	M/T	牛米	N·m	千克力米	kgf·m	
转动惯量	J	千克二次方米	$kg\cdot m^2$			
功率	P	瓦［特］	W	千瓦	kW	
功	W	焦［耳］	J			

要特别提醒的是，非标机构设计所涉及的技术参数，能够精确量化的情形不多（不然就不叫非标机构了），大多数情况都要根据项目要求和案例经验来确定，实际数据可能会有些调整或变化，有时甚至大跌眼镜。例如设计的时候，机构的动作周期是1s，但实际运作起来，发现只有调整到1.5s才能稳定作业……类似情况比比皆是。所以很多初学者会觉得非标机构设计无章可循，这是正常的，原理性设备跟生产型设备差别很大，后者有太多的不可控因素，尤其牵涉到产品工艺方面，是很难算出来的。也就是说，要用计算这个工具，首先得保证已知条件可以量化或有确定的数值（如涉及电的部分机构），否则即便算出的结果再漂亮也没有任何实践意义。

尽管如此，提升机构成功率和可靠性，还是不能忽视机构本身的原理、规律、方法，离开了这些有理有据的分析计算，有些设计也是无从下手的，经验也不是万能的，做任何判断总得有所依据（哪怕是粗略的）吧？说经验更重要，问题是每个人都有第一次，鉴于经验的缺乏，你还是得有一个严谨的分析和确认过程，否则会“挂”得稀里糊涂（××都说可以这样做，为什么我就不行呢）。

（3）从业态度有待改进（个人原因） 笔者曾经到一家民营企业短暂待过，在评估部门一个工程师画的图样（见图4-87）时，跟他说，你的气缸不小，固定块要补两个加强肋，他说，以前都这么做的，为啥要浪费成本呢？一时无语。如图4-88所示，我又说，你这个机构头重脚轻，有点像逗积木，不太符合机构设计的原则，看看能否修改下，他说，空间就那样，改不了啊，这里又没受什么力，肯定没问题。结果，前一个机构一动作摇来摇去，后一个机构每次拆下来装回去总是对不到位置。后来，我特别关心这位工程师，终于了解到，他是从基层成长起来的，跳槽非常频繁，而且几乎每次都是被公司开除的，后来我也把这尊“神”请走了。

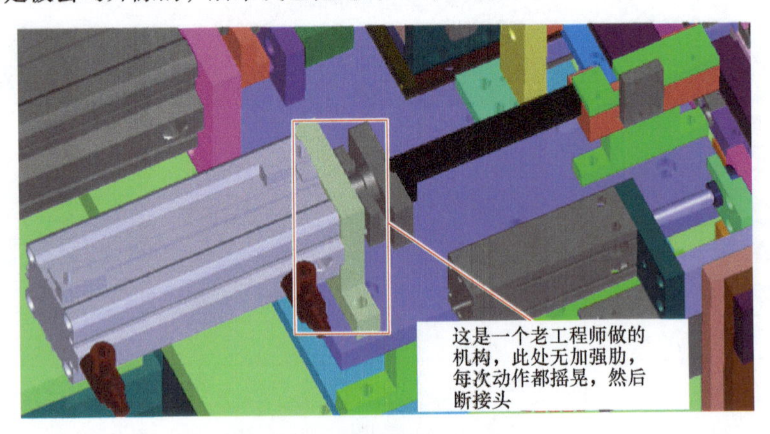

图 4-87 不考虑机构刚性的设计

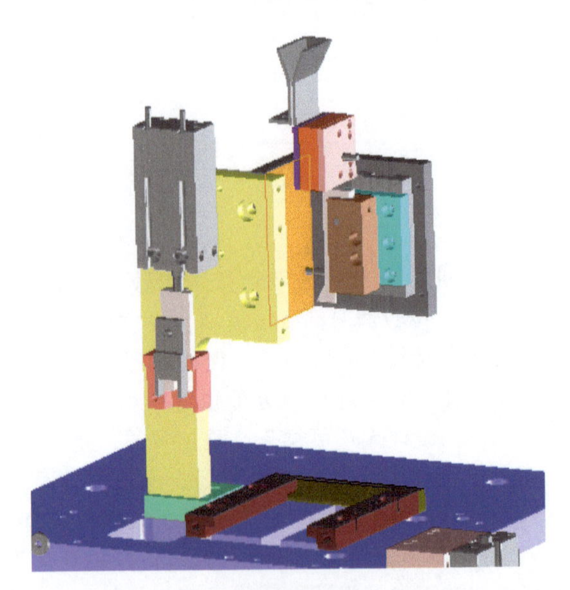

图 4-88 头重脚轻的逗积木结构

类似上面这种设计，我们可以认为模棱两可、见仁见智，因为很难用数据来量化，但是不代表可以脱离机构设计的基本原则，可以天马行空到无所谓。机构设计，跟工业设计类似但不太一样，后者只要造型，前者还要功能。如果说设计人员有一些起码的意识，能够听取别人的意见，我想就能少干很多滑稽的事。不能奢望每个老板或上司都精通于技术，但是大多数的批评、意见对新人来说，还是有助于成长的（即便随着个人能力的提升，你会发现当初的老板或上司也有很多错误的地方），在没有把握和依据的前提下，不要轻易跟老板或上司对着干。

（4）沟通工作没做到位（综合原因）　因为这种原因造成的纰漏还是挺多的，例如连料产品的输送，看错图样或者理解错误，结果把左右进料颠倒了，导致最后必须去改机构，既浪费时间又浪费成本……在“入门篇”谈了很多，这里不再赘述。

（5）项目管理推进失控（公司层面）　所谓心急吃不得热豆腐，客户或老板天天催进度，或者遇到项目要求不断临时变更的情形，整个项目进展混乱，难免增添各种问题……这种工作状态下，要么因为构思不充分而容易出现些设计纰漏，要么因为绘图太匆忙而出现些绘图或数据上的偏差，从而造成大量成本浪费。企业应该检讨和反省，员工的能力和精力毕竟是有限度的，做事又快又好的，毕竟不多，出了问题就责怪员工不负责、不勤快，这不是很公平。

师傅教导

细心的读者可能会有疑问，本书没有提到凸轮、连杆之类的机构，甚至连轴的设计都没涉及，难道这些都不需要学习掌握？当然不是，原因在于设计新人基本上没机会接到这类机构的设计任务轴系机构相对比较繁琐，将在《凸轮机构设计七日通》展开论述，反之，到了那个阶段，事实上已经不是本书的阅读对象了。

非标自动化机构设计是一项涉及方方面面的庞杂的工作，并不是仅仅精通机械原理或机构设计就能轻松驾驭的，在本书的姊妹篇（“入门篇”）也给大家以漫谈的形式进行了介绍，希望广大读者对两册书都能够认真阅读。

此外，本套书名曰“速成宝典”，定位于让自动化行业技术新兵系统性了解非标自动化机构设计的基本特性和常识，并快速上手进入工作状态，但并不能让读者朋友们迅速成为高手或专家，您还需要在工作实践中不断努力和提升！

要成为作家，不是光看看别人的作品就可以的，要写出情真意切的文章，还少不了生活的体验和感悟，当然更少不了大量的写作练习。同样道理，非标机构设计工作也一样，还有大量经验、知识是需要通过实战才能获取和验证的。